U0298525

广义地震地层学

——在油气勘探和开发中的应用

刘 震 主编

石油工业出版社

内 容 提 要

本书系统总结了地震地层学的基本原理和核心技术，强调和展示了沉积盆地沉积物源地震预测的新技术及其巨大应用潜力，形成了盆地烃源岩地震早期预测和评价方法体系，构建了实用的薄储层地震处理—定量解释预测关键技术和技术流程，提出了盆地储盖组合分布定量预测和动态评价方法，改进和发展了地层压力地震预测新技术，并在利用时移地震技术解释剩余油分布方面取得重要进展，提出"比值法时移地震解释新技术"。

本书可供从事油气勘探和开发研究工作的专业人员参考和应用，也可作为高等院校油气资源与地质工程学科研究生的参考书。

图书在版编目（CIP）数据

广义地震地层学 / 刘震主编 . —北京：石油工业出版社，2024.2

ISBN 978-7-5183-5483-2

Ⅰ . ① 广… Ⅱ . ① 刘… Ⅲ . ① 地震地层学 Ⅳ . ① P539.1

中国版本图书馆 CIP 数据核字（2022）第 119075 号

出版发行：石油工业出版社

（北京安定门外安华里 2 区 1 号　100011）

网　　址：www.petropub.com

编辑部：（010）64253017　　图书营销中心：（010）64523633

经　　销：全国新华书店

印　　刷：北京中石油彩色印刷有限责任公司

2024 年 2 月第 1 版　2024 年 2 月第 1 次印刷

787×1092 毫米　开本：1/16　印张：32.75

字数：800 千字

定价：300.00 元

（如出现印装质量问题，我社图书营销中心负责调换）

版权所有，翻印必究

《广义地震地层学
——在油气勘探和开发中的应用》

编写人员

刘　震　李　晋　刘静静　徐兆辉　李　蒙

郭志峰　齐　宇　彭　俊　黄艳辉　卢朝进

刘敏珠　赵　振

序　一

　　《广义地震地层学》包含了刘震教授研究团队多年研究探索获得的经验和方法，是近年来该领域不多见的综合性技术成果。

　　刘震教授等在本书中系统总结了地震地层学的基本原理和核心技术，强调和展示了沉积盆地沉积物源地震预测的巨大潜力，形成了盆地烃源岩地震早期预测和评价方法体系，构建了实用的薄储层地震处理—定量解释预测技术流程，提出了盆地储盖组合分布定量预测和动态评价方法，改进和发展了地层压力地震预测新技术，并在利用时移地震技术解释剩余油分布方面取得重要进展，提出"比值法时移地震解释新技术"。

　　本书把经典的地震地层学研究从沉积层序、地震相、储层分布和岩性圈闭预测扩展到烃源岩地震预测评价、油气储盖组合早期地震预测和评价、盆地流体动力场分布地震预测等研究领域，同时也将地震地层学研究和应用从油气勘探领域拓展到油气开发领域，并创新了剩余油分布预测的"比值法时移地震解释新技术"。显然，《广义地震地层学》专著是对传统地震地层学的重要发展和补充。

　　可以看出，作者在《广义地震地层学》方面研究的时间跨度长达30多年，新书是作者团队长年工作的成果结晶。特别是在：（1）利用地震前积相—充填相组合模式寻找盆地斜向物源；（2）利用地震资料预测烃源岩分布；（3）改进地震分频处理算法提高地震解释精度；（4）创新油气储盖组合地震预测技术；（5）改进地层超压预测模型；（6）首创比值法时移地震解释新技术共六个方面创新比较突出，提出了许多新思路和独到见解，改进和发展了一批传统的解释技术和方法，并列举了大量成功应用的案例，展现出作者勇于探索和大胆实践的科学精神。相信本书能够为广大读者同行提供全新的参考和借鉴。

　　同时也期望刘震教授及其团队再接再厉，在《广义地震地层学》的新起点上，继续探索和创新，不断取得新的研究成果。

中国科学院院士　贾承造

序 二

　　刘震教授编著的《广义地震地层学》一书把经典的地震地层学研究从沉积层序、地震相、储层分布、岩性圈闭评价扩展到烃源岩地震预测、油气储盖组合早期地震预测、盆地流体动力场分布地震预测等研究领域，同时将地震地层学研究从油气勘探领域拓展到油气开发领域，并开创性提出了剩余油分布预测的比值法时移地震解释技术。

　　本书系统论述了地震地层学的基本原理和核心技术，展现了沉积盆地沉积物源地震预测的巨大潜力，形成了盆地烃源岩地震早期预测和评价方法体系，构建了实用的薄储层地震处理—定量解释预测技术流程，提出了盆地储盖组合分布定量预测和动态评价方法，发展了地层压力地震预测新技术，并在利用时移地震技术解释剩余油分布方面取得重要进展，提出比值法时移地震解释新技术。

　　刘震教授在地震地层学方面进行了三十多年研究工作，《广义地震地层学》是作者长年探索工作的成果积累。此书在以下六个方面取得较突出的创新和研究进展：（1）利用地震前积相—充填相组合模式寻找盆地斜向物源；（2）利用地震资料预测烃源岩分布；（3）改进地震分频处理算法提高地震解释精度；（4）创新油气储盖组合地震预测技术；（5）改进地层超压预测模型；（6）首创比值法时移地震剩余油分布解释新技术。

　　该书提出了许多新的思路和独到见解，改进和发展了一批实用的地震解释技术和方法，并列举了大量应用案例，展现出作者勤于探索、勇于实践的科学精神。

　　相信本书能够为广大读者提供重要的参考和借鉴。

　　是以为序。

中国工程院院士　邓运华

序 三

专著《广义地震地层学》是刘震教授研究团队多年研究探索获得的经验和方法，是近年来该领域不多见的综合性技术成果。

本书把主要研究地震层序、地震相、地震储层分布和岩性地层圈闭的经典《地震地层学》扩展到烃源岩地震预测评价、油气储盖组合早期地震预测和评价、盆地流体动力场分布地震预测等新的研究领域，同时也将地震地层学研究和应用从油气勘探领域拓展到油气开发领域，并创新了剩余油分布预测的"比值法时移地震解释新技术"。可以看出《广义地震地层学》专著是对传统地震地层学的重要发展和补充。

刘震教授带领研究团队在系统总结地震地层学基本原理和核心技术的基础上，创新地震地层学方法研究，挖掘和展示了沉积盆地沉积物源地震预测的巨大潜力，形成了盆地烃源岩地震早期预测和评价方法体系，构建了实用的薄储层地震处理—定量解释预测技术流程，提出了盆地储盖组合分布定量预测和动态评价方法，改进和发展了地层压力地震预测新技术，并在利用时移地震技术解释剩余油分布方面取得重要进展，提出"比值法时移地震解释新技术"。

作为刘震教授的导师，见证《广义地震地层学》专著的出版，深感欣慰。弟子刘震教授从事广义地震地层学方面研究的时间跨度长达三十多年，该书是作者研究团队长年工作的成果结晶。特别是在：（1）利用地震前积相—充填相组合模式寻找盆地斜向物源；（2）利用地震资料预测烃源岩分布；（3）改进地震分频处理算法提高地震解释精度；（4）创新油气储盖组合地震预测技术；（5）改进地层超压预测模型；（6）首创比值法时移地震解释新技术共六个方面创新比较突出，提出了许多新的思路和独到的见解，改进和发展了一批传统的解释技术和方法，并列举了大量成功应用的案例，展现出作者勇于探索和大胆实践的科学工作精神。相信本书能够为广大读者同行提供全新的参考和借鉴。

同时也期望刘震教授及其团队在"广义地震地层学"领域不断取得新的创新成果。

中国石油大学教授 张学礼

前　言

1985 年暑期，正在读研二的我参加了牟永光老师和张厚福老师组织的石油工业部
"京津地区地震地质高级解释班"，去涿州物探局参加"廊固凹陷地质—地球物理综合研
究项目"，当时被分在"柳泉—曹家务项目组"，跟随曾洪流师兄学习地震解释。从那时
起至今 30 多年，我参与了大量的地震解释研究工作，与地震解释结下了深缘。加上姓
名的缘故，好像生来就是要做地震解释工作的。

20 世纪 80 年代初，地震地层学刚刚引入中国，张万选和张厚福作为著名的国内石
油地质学家立刻敏锐地判定地震地层学是一项前所未有的实用勘探技术，也是石油地质
学应用的有效手段。当时这两位老师很快投入"陆相地震地层学"方法研究，并在 1987
年出版了《陆相断陷盆地区域地震地层学》，之后在 1993 年出版了《陆相地震地层学》。
由于形成了全套方法和流程，当时受到中国石油天然气集团总公司科技局和下属油田的
高度重视，他二人应邀在国内各个油田举办地震地层学应用培训班，一下子把地震地层
学方法推广到了全国主要油田，甚至为不少油田的采油厂进行了专门的技术方法培训。
到了 20 世纪 90 年代初，形成了包括地震层序分析、地震相分析、地震速度岩性分析、
地层岩性圈闭识别、烃源岩热成熟度早期预测、薄储层地震预测等多项实用技术在内的
方法体系，国内培养了大批研究生和现场技术骨干，推动了国内陆相油气勘探的快速
发展。

在两位张老师的指导下，我的博士论文主攻储层地震地层学方法研究，在 20 世纪
90 年代末先后出版了《储层地震地层学》和《层序地层框架与油气勘探》两部专著，之
后又把地震地层学基本方法应用在低勘探阶段的新区、陆上深层和海上深水三大新领
域，逐渐形成了一套稀井条件下解决盆地地质问题（如层位穿时、物源不清和沉积相认
识矛盾等）和石油地质问题（如生、储、圈和运等）的实用地震地层学方法。

21 世纪以来，我又开始研究开发地震应用方法，把时移地震方法应用到油田开发阶
段，改进并提出了一些新的实用方法，取得良好的应用效果。

经过 30 多年的实践，逐渐意识到地震地层学作为地质与地球物理相交叉的学科，
在油气勘探和开发领域发挥出越来越大的作用。地震地层学从 1977 年诞生时的基本原
理和基本方法，发展到今天可以在油气勘探和开发多个领域应用的实用技术和方法，是
这个新学科发展的必然结果，而且今后它还要继续发展下去。

作为地震地层学的应用者和研究参与者，我深感地震地层学给油气勘探和开发领域带来的巨大推动成效，深感地震地层学方法本身的快速发展和技术进步，深感当今国际能源挑战背景下地震地层学技术需求的巨大潜力，体会到地震地层学与时俱进的特色，最终形成了本书编写思路。历时三年多时间，组织研究生完成本书的编写。

本书集成了三代人的心血。从两位张老师，到我这一代人，再到我的研究生们，先后有近百人参与和付出，包含四十余项科研课题的完成和总结，发表了近百篇学术论文。

本书包括两大部分：第一部分是地震地层学四大基本原理和四大基本方法的总结；第二部分是盆地新物源识别、烃源岩分布早期预测、薄储层预测、储盖组合定量预测、异常地层压力预测和剩余油分布预测共六大应用方面的研究成果。

本书共有三十余人参与编写。第一章由刘震、李晋、刘静静和李蒙编写；第二章由刘震、刘静静、赵振和彭俊编写；第三章由李晋执笔，卢朝进、任梦怡、刘欣、李薇、曹东升等参与编写；第四章由刘敏珠执笔，黄艳辉、武彦、林璐、陈婕、刘鹏、陈宇航、王标、雷乔参与编写；第五章由彭俊执笔，徐兆辉、齐宇、严寒、申培旸、严寒、王傲林、刘诗敏参与编写；第六章由刘静静编写；第七章由郭志峰编写；第八章由李蒙执笔，王大伟参与编写。姜锐负责了本书部分图件的清绘工作。全书由刘震和李晋统稿。

由于本书内容涉及较广，加之自身水平有限，书中难免存在不妥之处，敬请读者批评指正。

目 录

第一章 地震地层学基本原理

地震地层学诞生已经 40 余年。经过 40 多年的发展，地震地层学已经成为沉积盆地地质研究和油气等矿产资源勘探的基本理论和常规技术手段。迄今还未见到一门交叉学科像地震地层学一样，推动了传统地层学的快速发展和应用，带来了地质学的革命（层序地层学的应用），并产生了越来越多的油气勘探实用新技术和新方法。地震地层学改变油气勘探历史进程的关键理论包括全球海平面升降控制海相沉积、主要地震反射具有年代地层意义、层序地层格架等时对比和薄层地震调谐原理。

正是由于上述四项基本原理，地震地层学延续了其强大的生命力，得到不断的发展和深化，衍生出了一系列新方法和新技术，并不断延伸其应用领域。地震地层学四大基本原理是理解和掌握地震地层学方法的理论基础，也是应用地震地层学进行创新研究的基石，更是地震地层学本身发展前行的基本支柱。

第一节 全球海平面升降控制沉积分布原理

全球海平面的升降变化是地球运动的直观表现，也是地震地层学理论形成的基础。一方面，全球海平面是海水量、水圈运动、地壳运动和地球形态变化的综合反映，也是地球演化的一个重要体现；另一方面，海平面升降旋回变化具有周期性，因此成为地震地层学理论的核心内容。地震地层学探讨了层序的形成与全球海平面变化的关系，促使地震地层学的发展很快进入层序地层学阶段，即基于全球海平面旋回建立发展的层序地层学强调地层层序的形成受到了构造运动、全球海平面升降和沉积作用的相互影响和作用，并表现为不同的级别、规模和时间间隔。在此基础上，提出了全球统一的成因地层划分方案（成因地层年表）。此外，海平面变化对不整合面和层序的形成及其内部沉积体系域的作用不仅会形成构造不整合和整合，还会形成更多的、更为重要的关键性界面，如低位体系域底部的不整合、海侵面和最大海泛面等。这些界面为地层分布模式的建立提供了基础。本节首先介绍了全球海平面的相关概念、观测方法及早期的认识，其次系统呈现初代全球海平面曲线及其完善过程的制作步骤，最后阐述"全球海平面波动对海相沉积的控制"基本原理。

一、全球海平面升降曲线

（一）基本概念

海平面（sea-level）是指与海洋有关沉积盆地中液态水体与大气圈的交界面，即位于地壳之上的由大洋及与大洋相通的大陆海、海湾、海湖等构成的水圈与大气圈的交界面。古海平面（paleo-sea level）与现代海平面含义相同，它是在一定时间尺度上（例如0.01Ma 以上）的平均海平面（average sea-level；以下简称海平面）。一般将海平面分为全球海平面（eustasy）和相对海平面（relative sea-level）两种类型。

海平面变化（sea-level change）是指海平面随时间迁移而相对于某一基准面发生的上下变动，海平面升降（sea-level rising-falling）则是海平面变化的具体体现，指一定时间范围内海平面变化的幅度、周期及其频率的总合。全球海平面变化（eustasy 或 global sea-level change）一词自 Suess 于 1888 年创立以来广被引用，Mórner 先后对其定义做过两次修改[1,2]，并拓展为"洋面变化"或"不论成因的绝对海平面变动"，换言之，指海平面相对于某一固定基准面（如地心）位置的变化，与局部因素无关[3]。相对海平面变化（relative sea-level change）指海平面距海底或接近海底的某一基准面发生的相对位置迁移，与局部沉降或隆升、沉积速率关系密切[3]。海平面波动及振荡并非十分专业的术语。海平面波动（sea-level fluctuation）在相关文献中出现频率仅次于海平面变化和升降，虽然没有专门定义，从英文单词"fluctuation"原意"连续反复的变化"理解，应用于第四纪以上高频海平面变化似乎更贴切些。多数学者遵从于此，常用于高频或米兰柯维奇旋回等词。海平面振荡（sea-level oscillation）概念相对而言在文献中出现频率较低，常与第四纪气候、冰川旋回或高分辨率合用。

就全球性海平面变化而言，它是反映气候变化的一个重要方面，随着化石燃料消耗量剧增，导致大气中 CO_2 浓度增加，提高了地表气温、促使冰川的融化和海水膨胀，导致海平面上升。据研究，近 100 年里，全球平均气温上升了 0.2～0.6℃，全球海平面上升了 10～25cm。根据联合国政府间气候变化专门委员会（IPCC）1995 年给出的预测值，21世纪末，全球海平面将上升 30～90cm，由于海平面高度及变化速率在全球分布并不是均匀的，对于海平面上升幅度的估计仍然差别很大。1961—2003 年，全球平均海平面以 1.8mm/a 的速度上升；1993—2003 年，全球平均海平面以 3.1mm/a 的速度上升[4]。海平面上升淹没滨海低地，破坏海岸带生态系统，加剧风暴潮、海岸侵蚀、洪涝、咸潮、海水入侵与土壤盐渍化等灾害，威胁沿海基础设施安全，给沿海地区经济社会发展带来多方面的不利影响。由于海平面上升对经济相对发达的沿海地区将产生重大影响，全球海平面的上升还会造成大片海滩的损失。海平面上升会导致海岸带侵蚀加剧，盐水入侵增强，并影响沿海地区红树林和珊瑚礁生态系统的正常生长。海平面上升还导致热带气旋频率和强度的增加，海洋灾害越来越频繁，危害程度越来越高，沿海国家海洋环境安全的研究也越加急迫。而海平面变化研究是沿海城市环境安全的基础，其研究成果对沿海地区城市基础设施建设和经济发展具有重大意义。据中国科技网（2016）估计，在美国海平面上升 50cm 的经济损失为 300 亿～400 亿美元。

（二）海平面变化的观测手段

海平面变化有两种直接测量方法：一是验潮站观测，二是卫星高程监测。

验潮站指在选定的地点，设置自记验潮仪或水尺来记录水位的变化，进而了解海区的潮汐变化规律的观测站。为确定平均海面和建立统一的高程基准，需要在验潮站上长期观测潮位的升降，根据验潮记录求出该验潮站海面的平均位置。验潮站测量法是一种基本的海平面数据收集方法，历史悠久。目前全球分布有 2000 多个验潮站，其数据采集的时间序列从几十年到几百年不等。全球海平面观测系统（GLOSS）的核心工作网（GCN，又称 GLOSS02）就是由分布在全球的 290 个验潮站组成。这些验潮站对全球海平面变化趋势和上升速率进行监测；并为长期气候变化研究提供帮助，如为 IPCC 提供数据支持等。由于选取的验潮站数量和时间序列不同，结论差异很大，即使选取相同的时间段和验潮站数量，由于使用不同的模型和计算方法，得出的结果也不一样。尽管验潮站数据有时间序列较长的优势，但也有其自身不能克服的弱点：（1）站点分布具有局限性，验潮站只能分布在大陆边缘地区和岛屿附近，缺乏远海的潮高测量数据；（2）分布在陆地上或是大陆架附近的站点，会随着局部地区陆地的垂直运动而发生变动，使测量数据受到干扰。

卫星高程监测法指使用卫星定位技术测定海平面高度的方法。近 10 年来，卫星高程监测法逐渐成为海平面数据的主要获取方式。1992 年美国发射的 TOPEX/POSEIDON（T/P）卫星标志着精确的海洋卫星高程监测法的开始。从此，卫星监测海平面技术成为研究海平面变化的一个重要的手段和数据来源。卫星以一定的周期沿着某一路径对地表进行监测，再根据数据的空间分布状态，就可以通过取平均值的方法计算出全球海平面高程。卫星测量技术的出现彻底解决了验潮站分布的地域局限，扩大了数据采集的区域，使数据获取的时间序列更加规范和连续，并且能够收集到以前数据极度缺乏的南大洋地区资料。

（三）关于海平面变化的早期认识

海平面及海平面变化有着悠久的研究历史，但真正认识到海平面变化对人类自身的影响始于 17 世纪，而对于地质历史时期的海平面变迁史则建立于更早的"水成说"。18 世纪 Lyell、Runeberg、Frisi、Telliamed 的有关海平面概念及成因假说对后期研究有着深远影响。19 世纪末到 21 世纪初 Suess 的构造与充填海平面变化、Deli 的冰川海平面、Chamblin 的灾变海平面、Grabau 的全球海平面等假说标志着关于全球海平面变化认识的日趋成熟。

1841 年麦克拉伦（Maclaren）首先提出更新世海平面的振荡性，认为海平面变化是气候变化所致，并称之为冰川型海面变化。1865 年杰米森（Jamieson）提出冰川均衡运动理论，认为气候变化引起冰盖消长，使地壳发生变形。他将海平面变化主要归结于区域构造运动的性质和幅度，以及沉积物压缩性等原因。1906 年，休斯（Suess）提出（全球）海面升降（eustasy）理论，认为沉积物增加会引起全球性海面上升；地壳沉降形成洋盆时，则引起海面下降。海进和海退是洋盆容积变化的结果，全球性海面变化并不包括海水量的增减。20 世纪 50 年代末至 70 年代早期，海平面变化研究工作迅速地由定性阶段发展到定量阶段。大量 ^{14}C 数据表明，最后一次冰川作用始于 70000 年前，距今 18000 年左右达到最盛期，约止于 10000 年前。冰川最盛期的最低海面位置，随着冰盖厚度研究的深入而有较大进展：1950 年以前估算值为 –100m；1969 年弗林特（Flint）根据 1953 年以后南极大冰盖厚度，修正为 –132m；中国黄海、东海大陆架，距今 15000 年前的最低海面为 –150～–160m。对全新世早期海平面迅速上升运动，已获得比较一致的看法。

从图 1-1 曲线上还可以看出距今 15000～17000 年前，海平面开始上升。开始时，海平面上升速率为 8～10mm/a；在 15～10.5kaBP 的冰消期，海平面的上升速率因仙女木期的气候变冷而下降，但 10.5kaBP 以来又恢复了快速上升。这次海面快速上升是近代最重要的地质事件之一，与第四纪冰盖发育的海退事件同样重要。

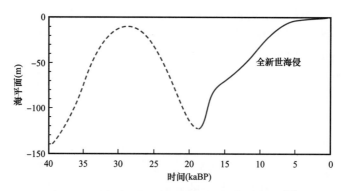

图 1-1　陆架水下物质推测的海平面变化曲线[5]

海平面快速上升持续到约距今 7000 年。20 世纪 70 年代发表的全新世 10.5kaBP 以来海平面变化序列的曲线，足有 20～30 条，有代表性的不过 3 条。Fairbridge 在 1961 年发表的曲线表明，7kaBP 以来 5.7kaBP、4.9kaBP、3.7kaBP、3.4kaBP、2.4kaBP、2.2kaBP 和 1.0kaBP 的海面高出现代海面，其中 5.7kaBP 和 4.9kaBP 的海面高出现代海面 3.7m 左右[6]。1976 年 Fairbridge 又用巴西资料修改曲线为 7kaBP 以来只有 5kaBP 左右的海面高于现今海面，可用大西洋东岸、地中海、北欧、日本和中国北方广泛分布的高 2～4m、形成于 5kaBP 的海成阶地印证。人们称其为中全新世高海面观点。它与 Shepard 和 Morner 的距今 7ka 以来海面总是缓慢上升的曲线形成鲜明对照（图 1-2）并认为上述 Fairbridge 的那些阶地是暴风浪产物或解释为局部现象。

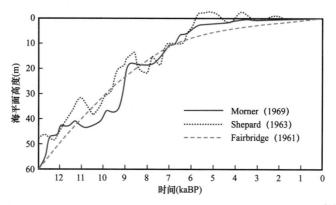

图 1-2　Fairbridge-Morner 和 Shepard 的全新世海平面变化曲线[7]

（四）Vail 海平面变化曲线（第一代海平面变化曲线）

1977 年 Exxon 公司的 Vail 等首次发表了根据海相层序中海岸沉积物的上超现象确定海平面相对变化的曲线。这是依据地质现象提出来的第一条地质历史中古海平面变化曲线，具有划时代的意义。首先，判定了海岸线的横向摆动，一定与海平面的垂向升降有关联，大胆地指出地质历史中古上超点的移动代表了古海平面的变化，从今天静止的地层剖面中看到地质历史中波浪滚滚的古代海平面升降画面，为其后的地质学家提供了一个全新的动力地层学手段。

同时，由于当时提出来利用地震剖面确定海岸上超的移动，实际上又将当时比较新的地震反射技术引入海平面升降的研究中来，开创了地震技术与地质成因理论相结合的先河，成为 20 世纪 70 年代末世界油气勘探领域中的热点。

1. 海平面相对变化的识别标志

Vail 等于 1977 年将海平面相对变化定义为"海平面相对于地面的视上升和视下降"，而且明确提出，"海平面相对变化的最可靠的地层标志，是海域层序的海岸相中的上超和顶超的沉积边界"。

1）海平面相对上升标志

Vail 等在 1977 年指出，一个海平面的相对上升，是相对于下面原始的沉积作用表面的视上升，可由海岸沉积物的上超来指示，即海岸上超是海平面相对上升的标志（图 1-3）[8]。为了解释这个推断，当时用了三种不同陆源碎屑注入量来证明，只要海平面发生相对上升，都会出现海岸上超（图 1-4）。

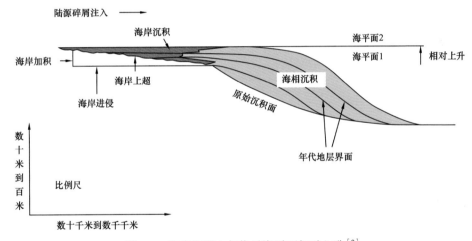

图 1-3 海岸沉积上超指示海平面相对上升[9]

基准面的相对上升使得海域层序中的海岸沉积加积和上超于原始沉积表面之上

但是需要指出，海平面的相对上升，不能简单地等同于海岸线的进退。从图 1-4 中可以看出，在海平面相对上升期间，海岸线根据陆源碎屑注入量的大小可以出现海进、海退和岸线静止三种完全不同的结果。显然，海岸上超与岸线摆动属于两个不同的概念。

2）海平面相对静止标志

Vail 等在 1977 年指出，海岸沉积物的顶超现象是海平面相对静止的标志，是海平面相对于下伏原始沉积表面相对固定的结果[8]。现在看来，这是一个大胆的推断，因为当时提出顶超代表海平面相对静止，Vail 等并没有提出太多的机理性解释，只是强调顶超是由"过路作用"形成，而"过路作用"需要海平面保持相对的稳定（图 1-5）。

3）海平面相对下降标志

Vail 等在 1977 年指出，海岸上超的向下转移是海平面相对下降的标志（图 1-6）[8]。关键是何为"海岸上超的向下转移"？从后来的应用来看，海平面相对下降的标志并未被后人较好地应用。相对于海平面相对上升和相对静止所对应的上超和顶超标志，"海岸上超的向下转移"标志是比较确定的。一方面在于发生海岸上超往往出现一组规则性的上超点，比较容易识别，但是在发生海平面相对下降时，海岸上超点的回落可能并不多见，地层记录中可能难以看到上超点向下转移的证据，这就是后来人们普遍理解海平面下降时速度要比上升时速度更快的原因。另外，当时也已经指出，伴随着海平面下降，沉积基准面发生下降，原始沉积地层有可能遭受剥蚀，"海岸上超的向下转移"标志往往被剥蚀掉了，无法在地层剖面中找到。

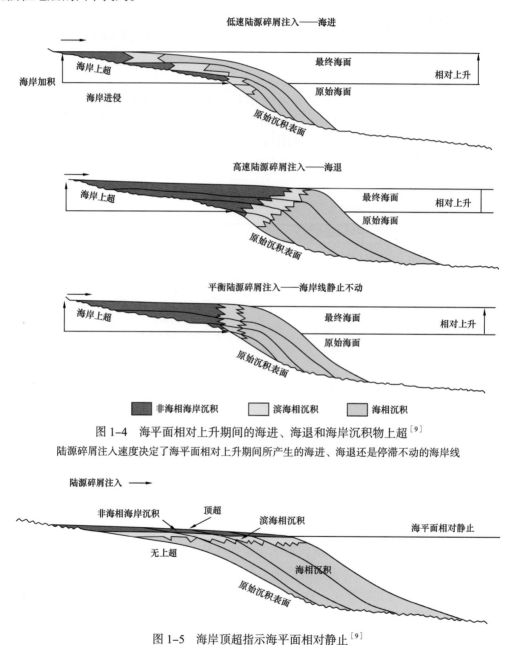

图 1-4　海平面相对上升期间的海进、海退和海岸沉积物上超[9]

陆源碎屑注入速度决定了海平面相对上升期间所产生的海进、海退还是停滞不动的海岸线

图 1-5　海岸顶超指示海平面相对静止[9]

由于没有基准面的相对上升，非海相海岸沉积和 / 或滨海相沉积不可能加积，所以不会产生上超；反之，过路作用却产生了顶超

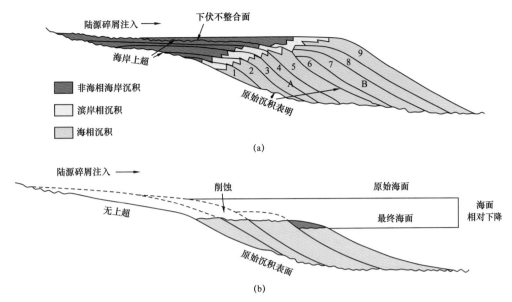

图 1-6　海岸上超的向下转移指示海平面相对下降，伴随着基准面相对下降的很可能是侵蚀作用；在随后的海面上升期间，随着海岸上超，重新开始沉积作用

（a）海岸上超的向下转移指示了海平面的迅速下降，就研究过的所有情况中所观察到的都是这样；（b）在沉积斜坡面模式中的向下转移指示了海平面的逐步下降[10]

2. 根据地震剖面编制区域性海平面相对变化曲线

Vail 等在 1977 年提出，利用地震反射剖面，就可以依据海岸上超和顶超等标志来确定区域性海平面的相对变化曲线[8]。第一步，利用局部地震剖面识别海岸上超和顶超标志，确定地震层序的边界类型，解释出深度域的地层剖面（图 1-7a）；第二步，将区域性的地层剖面转换成为年代地层图（图 1-7b），即将静态的地层剖面变成地质年代域的沉积和沉积间断过程图；第三步，利用海岸上超、顶超和海岸上超点回落三种标志，编制本地区的海平面相对变化曲线，并划分海平面相对变化周期（图 1-7c）。

可以说，这一项工作是地质动力学研究方法的革命性进展。在此之前，地质学家分析地质历史中海陆变迁过程，基本都是定性的，无法达到定量成图的水平。从该项方法提出之后，海平面相对变化研究就可以工业制图了。

3. 全球海平面变化的周期性

1）海平面相对变化周期的定义和划分

正是在 20 世纪 70 年代末，Vail 等[9]将海平面相对变化周期定义为"发生了海平面的相对上升和相对下降一个时间段"[8]。也就是说，一个典型的海平面相对升降周期是由一个海平面的逐步相对上升、一个静止时期和一个迅速的相对下降组成，见图 1-8。

更为有趣的是，当时就已经认识到了海平面升降周期存在不同的级别。当时 Vail 等[9]将海平面相对升降周期划分为三级：最小一级是准周期，规模最小，由一个海平面的相对上升和静止期组成；第二级是周期，一个周期是由若干个准周期组成，末期包含一个海平面相对下降期，显然，一个周期的开始和结束分别对应两个明显的海平面相对下降；第三级是超周期，一个超周期是由若干个周期组成，是由两期更大的海平面相对下降之间的一系列海平面相对上升和相对下降所构成。

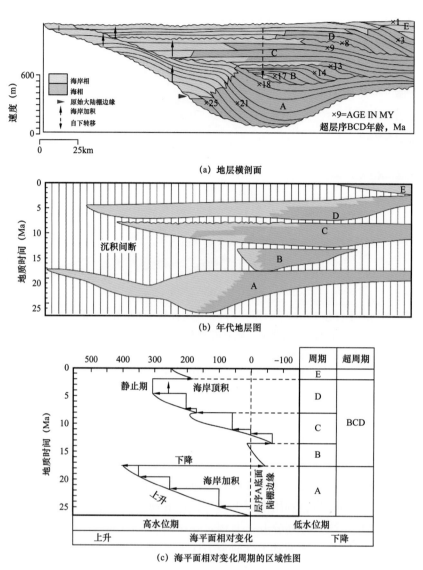

（a）地层横剖面

（b）年代地层图

（c）海平面相对变化周期的区域性图

图 1-7　编制区域性海平面相对变化周期图的步骤

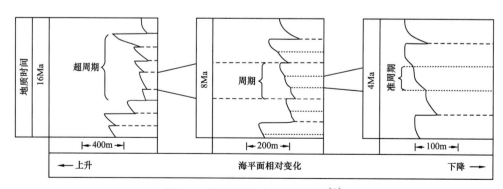

图 1-8　海平面相对变化周期图[9]

周期内海平面的相对上升和下降组成，通常包含几个准周期，准周期是小型的从相对上升到静止的波动。几个周期通常形成一个更高一级的周期（超周期），其图形是在两个重大降落之间连续上升。注意不同规模的每一个周期上逐步上升和突然下降的不对称性

2）海平面相对变化的全球性周期

虽然 Fairbridge[11] 总结了全球规模的海平面变化概念的历史发展，但是明确海平面变化具有全球性周期的观点是从 Exxon 公司的研究成果开始的。Vail 等[9] 首次发表了一套全球性海平面相对变化周期曲线，包括三张经典的曲线图，分别是：（1）显生宙时期的一级和二级全球海平面相对变化周期（图 1-9）；（2）侏罗纪—新近纪时期全球海平面相对变化周期（图 1-10）；（3）新生代时期全球海平面相对变化周期（图 1-11）。

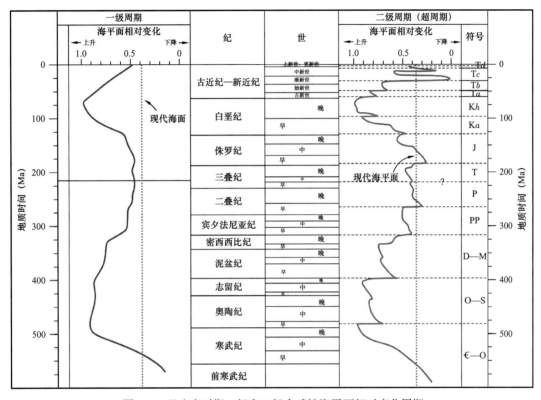

图 1-9　显生宙时期一级和二级全球性海平面相对变化周期

以这一套曲线的出现作为标志，世界范围的地质学和油气勘探研究进入了全球海平面变化所涉及的相同周期性、不同大陆边缘海平面升降幅度差异性以及对全球海域沉积地层格架的等时性等问题的讨论新阶段。

首先，人们关心这些曲线是如何做出来的。Exxon 公司研究者的解释十分简单，Vail 等[9] 指出了重要的依据，即发现不同大陆边缘上的海平面变化的相对幅度是相似的，因此判定许多区域性海平面升降周期是同时发生的。只一点很容易得到认同，因为全球海洋是连通的，加上海水的重力作用，海平面需要尽量维持水平状态，结果就会造成全球海平面升降变化表现出一致性，当全球海平面上升时，各大陆边缘均表现出海平面的相对上升，而当全球海平面下降时，各大陆边缘均表现出海平面的相对下降。

同时人们也看到，全球海平面升降周期的一致性，带来了地层学解释的革命。这是因为，全球海平面变化的周期性，必然在各大陆边缘沉积地层中留下周期性的地层界面记录，同时由于全球海平面升降周期性的相似性，告诉地质学家海相沉积地层的旋回性应该也是相似的，其地层年代有可能进行全球性对比。

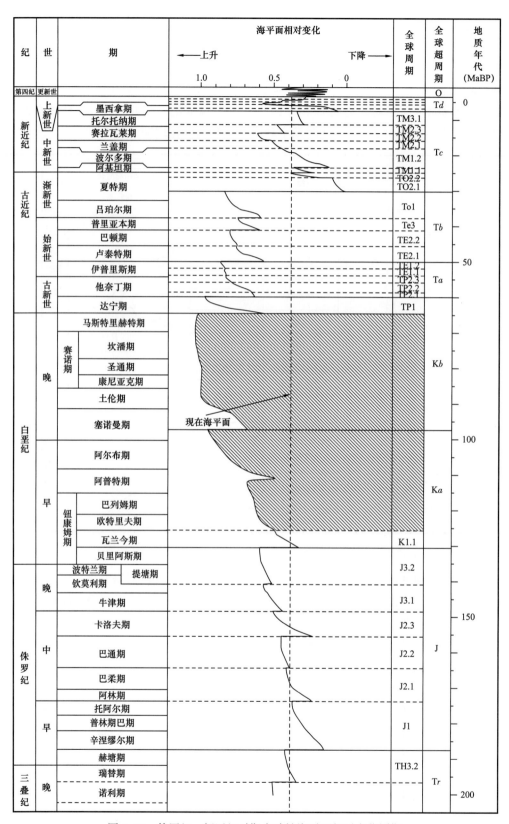

图 1-10　侏罗纪—新近纪时期全球性海平面相对变化周期

白垩纪周期（阴影区）尚未公开发表

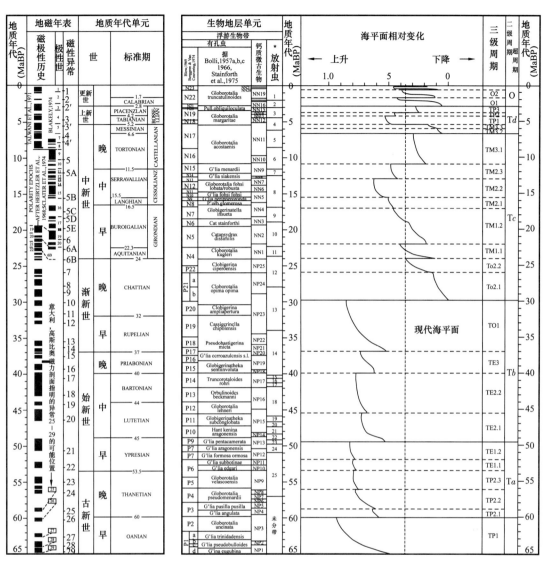

图 1-11　新生代时期海平面相对变化和 Hardenbol 的全球性周期

曲线图的地层部分主要参考 Hardenbol 及 Berggren 的资料[12]

从这个意义上讲，Vail 全球海平面升降曲线将经典的地层学和沉积学两个领域同时带入一个新的历史阶段。

（五）Haq 海平面变化曲线

1977 年，Exxon 生产研究公司（简称 EPR）以 Vail 为首的研究人员根据地震资料识别以不整合为界的层序，利用上超和顶超等标志测量地质历史时期的海平面变化，并综合全球若干大陆边缘地震地层学成果，编制了一条全球海平面变化曲线，即前文的"Vail 曲线"[9]。

1987 年后，EPR 研究人员将他们从地震地层学中获得的经验推广到包括露头、钻井和地震资料的综合分析，正式提出"层序地层学"方法，并发表了根据层序地层学研究得出的第二代全球海平面变化曲线，或称 Haq 曲线。EPR 地震地层学和层序地层学方法的提出，特别是其两代全球海平面变化曲线的发表，极大地激发了人们对大陆边缘地层记录和历史时期海平面变化研究的兴趣。

1. 全球海平面变化曲线制作方法的改进

1987 年 Exxon 开发研究公司的 Haq、Hardenbol 和 Vail 提出了描述过去 250Ma 期间全球海平面变化曲线的迄今最为详细的修改方案。该曲线还可供地质学家用作鉴别和确定世界任何地方判读海洋地质记录中沉积物年代的一套时间标志。

自从 Vail 于 1977 年提出他的第一个方案以来，这一对地质学有重要影响的贡献早已成为"一个激烈争论的主题"，业内也存在不同的观点和认识。Exxon 公司在 1977 年提出的曲线实际上不是海洋本身高度变化的量度，而是海平面、地壳沉降和其他因素相互影响的综合量度。早期方案中的一个棘手的瞬时海平面下降问题至此已经解决。一些突兀的大幅度海平面变动也已得到缓和。Vail 曲线当时产生一些争议的另一个原因，是 Exxon 公司未能及时公布其推导曲线所用的陆架沉积物的大部分资料。后来 Exxon 公司研究人员发表的文章中列出了全世界的约 40 个基岩露头，每个露头都公认为一组特定几百万年间的地质记录的标准沉积层序。他们观察了这些得到确证的著名露头和所提及的其他地区的露头，核对并修正早期根据大陆架钻孔和地震反射剖面测量资料绘得的曲线。

经过整整 10 年的时间，增加了露头研究以后得到了一条"新曲线"，以替代 1977 年的因不完整而遭到非难的方案，以前在地震剖面和钻井中对同一海平面变化的对比是"推测的、很粗略而间接的"，但新曲线根据地震测量剖面能够像在露头上一样看到沉积层的层序，并可以把这些曲线运用于任何一个盆地，作为识别和确定沉积单元年代的准绳。新曲线还包括 58 个次要的海平面旋回（过去 250Ma 全部旋回的一半），这些旋回很少能在地震剖面中辨认出来。Exxon 公司的研究人员说，现在 Vail 曲线显然是经得起检验的。

2. 全球海平面变化确定方法的探讨

确定全球海平面变化的视垂直幅度需要一个公共的基准面，但却不存在一个固定不变的基准面。这是由于地球表面本身一直处于永恒的变动之中，这些变动包括：（1）沉积物的压实作用；（2）地壳对处于其上沉积物和水柱负载变化的均衡响应；（3）热构造运动。

自 Vail 海平面变化曲线提出以来，业内加强了全球海平面变化测定方法的讨论。有几种方法被用来确定全球海平面变化的幅度。

1）利用大陆被海相沉积物覆盖面积的变化确定海面变化的幅度

一是利用测高曲线确定海平面变化。针对现今大陆地形，Kossinna 编辑了测高曲线[13, 14]，如图 1-12 所示。该曲线不仅为计算全球海平面变化幅度搭好了基础，也为计算与被海相沉积物覆盖的大陆面积成比例的海平面上升幅度提供了一种工具[15-25]。

二是利用地震剖面中沉积物加积和上超几何形态确定海平面的变化。Vail 等[9]、Hardenbol 等[26]和 Vail 等[27]曾经开发了一种技术，作为 Wheeler[28]、Sloss 等[29-31]研究成果的一个延伸。

2）根据沉积记录确定全球海平面变化幅度

主要是结合古水深与古滨岸线位置，综合确定全球海平面变化幅度。这些标志包括在变浅旋回中指示高水位的沉积构造、古海滩线和古水深的化石标志，如底栖生物、藻叠层石、浅穴、珊瑚礁阶地和泥炭层等[32-39]，如图 1-13 所示。

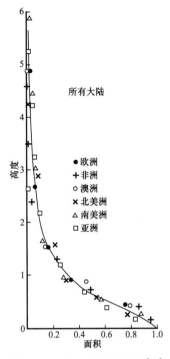

图 1-12　归一化测高曲线[24]

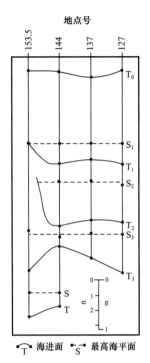

图 1-13　纽约州中部 Manlius 组四个研究地点最大高海平面（S）和海进面（T）的对比[32]

3）利用回剥沉降法确定全球海平面变迁幅度

由于根据埋藏史确定的地壳沉降曲线与理论构造沉降曲线之间存在差别，Hardenbol 等认为可以利用地壳沉降曲线与理论构造沉降曲线之间存在差别作为全球海平面变化的幅度[26]，如图 1-14 所示。

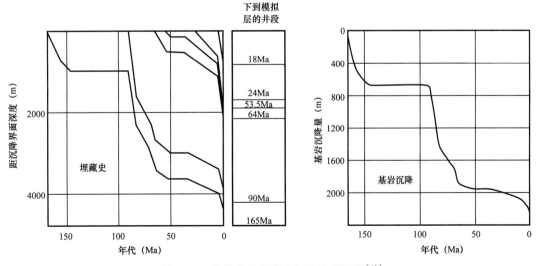

图 1-14　北海井的埋藏史加上地壳沉降[40]

4）根据同位素比和与更新世冰期伴生的珊瑚礁阶地确定全球海平面变化幅度

根据取自深海的浮游微古生物测得的 $^{18}O/^{16}O$ 的变化，可以测定年代，并有人把它与冰川全球海平面变化事件联系起来（图 1-15）[41-43]。

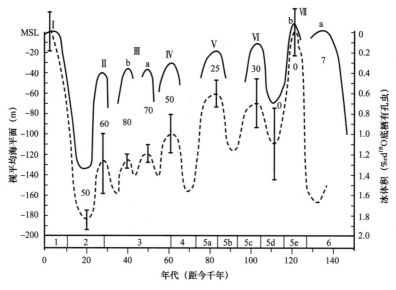

图 1-15 晚更新世全球海平面曲线

表示海平面随时间变化的幅度；据 Chappell[44, 45]、Moore[46] 和其他一些地点[47] 以及主要洋盆海底"冰体积" $\delta^{18}O$ 记录做出[43]

总体来讲，似乎没有一种完全可行的办法来准确地获得全球海平面变化幅度。但是不同方法的相互印证可能是有益的（表 1-1）。

表 1-1 估算全球海平面变化幅度的方法

方法		测量变量	假定	问题
测高线		面积测量获得的等面积投影时间间段内海相沉积覆盖的陆地面积	现今大陆起伏与大陆面积间的关系与过去一样	（1）时间间段可能太长；（2）古地理图不准确；（3）构造特征未知；（4）大陆厚度未知
Vail 沉积物上超		（1）垂直岸线方向上地震反射在不整合面上的上超距离；（2）上超高度	上超不是构造沉降、压实、地壳均衡响应的产物	不能把计算维次加到构造沉降、压实或地壳均衡的响应上
古水深测量标志	浅水周期	高水位标志间的周期厚度	（1）厚度是全球海平面变化的结果；（2）构造沉降、压实和地壳均衡可以忽略不计	构造沉降压实和地壳均衡效果未知
	海岸线标志（海滩、礁、泥岩等）	高于现今海平面的海拔和海岸标志间的海拔	全球海平面变化是构造恒速上升的结果	构造上升速度未知，恒速上升习性未知

方法		测量变量	假定	问题
地壳沉降曲线	与热构造曲线偏离	一口井的地质沉降曲线与同一地区预测的热构造曲线间的差异	（1）平均1%的孔隙度和基岩的深度； （2）沉积物负载对地壳产生的压实历史； （3）热构造模型	1%孔隙度和基岩深度可能不知道。压实历史、地壳均衡的情况可能知道，热构造习性不知道，不可能确定这些假定
	叠合地壳沉降曲线之上的摄动	从综合叠加沉降曲线量得摄动幅度	（1）平均1%的孔隙度和基岩深度； （2）压实历史； （3）地壳上沉积物水负载的地壳均衡响应； （4）岩石圈刚性和热构造模型	
氧同位素		$\delta^{18}O$ 值	（1）$\delta^{18}O$ 值变化是大洋体积变化的结果； （2）地壳对水重的地壳均衡响应各处是一样的； （3）作为时间的函数，可以估算大陆冰和大洋冰的体积； （4）没有成岩作用影响	不可能证实任何假设

3. 采用新方法编制 Haq 全球海平面变化曲线

Exxon 生产研究公司的研究人员对世界上不同地区的海相露头层序地层特征进行编录和地质年龄标定，获得了更高分辨率的新一代的全球海平面变化曲线。采用的具体改进方法包括地质年龄的标定、生物地层时代与磁性地层年代的结合等工作。

1）地质年龄的标定

采用同位素衰变的内在时钟直接测定地层的地质年代。根据已知的衰变速率，利用放射性成因母体与子体元素的比例，确定被测试体系自发生以来所经历的时间。

氧同位素变化所反映的气候事件以及诸如碳同位素变化所体现的生物产率波动等其他环境事件，日益被用于区域和全球性对比中。

实际工作中，利用生物地层年代与放射性同位素年龄进行对比，通过同位素年龄刻度，将标准化石或化石组合确定的相对地质年代变成绝对地层年代。

2）生物地层时代与磁性地层年代的结合

在层序格架内（图1-16至图1-18），利用生物地层事件标定磁性地层表的方法，形成了磁性—生物年代地层学。如果洋盆的大洋中脊的扩张速率是恒定的，那么洋底扩张形成的磁性条带的年龄就可以按直线关系简单确定。但是却无法证明大洋中脊扩张速率都是匀速的。因此需要利用已知代的生物地层事件去标定相应磁性条带的年代。

Exxon 生产研究公司的做法是将同位素年代学、生物地层学和磁性地层学三者相互对比，相互标定，综合形成一套较为准确的年代地层格架，并利用该格架对 Vail 曲线进行的标定和修改，得到第二代全球海平面变化新曲线，即 Haq 曲线（图1-19至图1-22）[48]。

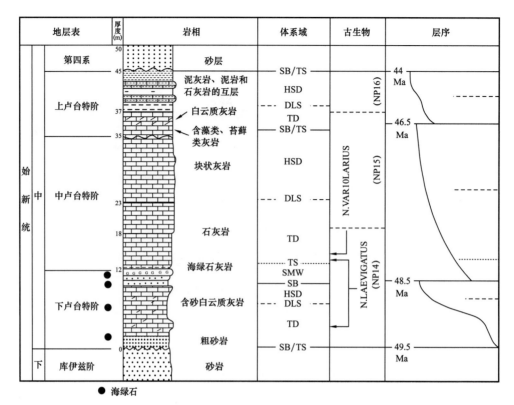

图 1-16　巴黎盆地卢台特阶（中始新世）新层型剖面的岩石相、生物地层表和层序地层表

剖面是 St. Leu d' E sserent 的下卢台特阶和 St. Vaastles-Mello 的中—上卢台特阶的综合；地层划分和岩性剖面据 Blondeau 等[48]；在古生物栏里，间接的超微古化石带配置据 Bukry[49] 和 Aubry[50]；SB—层序边界，TS—海进界面，TD—海进沉积，HSD—高水位沉积，SMW—陆架边缘楔

这个暂时性的前卡洛夫期前磁极反转模型（用灰色和白色显示）是根据已知古地磁资料综合而成的，随着这段地层更多数据可供使用，这个模型将会得到修正。

4. 基于区域海平面变化对全球海平面升降曲线的校准

Haq 等详细讨论了在各种年代测定标准（如放射测量学、生物地层学、磁地层学、同位素地层学）中建立时间尺度和误差校正[51, 52]。应该指出的是，较年轻的地层（即晚白垩世至新生代）可以获得较高的生物和年代地层分辨率，但在较老的地层，这些信息分辨率较低甚至缺失。2005 年 Haq 和 Al-Qahtani 通过对阿拉伯台地沉积序列的研究提出了一个基于显生宙地表和近地台层序地层数据的区域海平面波动控制下的台地综合柱状图[52]，也代表了对 Haq 等所建立的海平面升降曲线的重新校准和完善。研究过程中将区域事件和全球旋回的直接比较不仅可以厘清控制台地的主控因素，也可以获得更好的年代地层信息，并改善台地及台地周围区域研究的相关性，时间尺度依据 GTS 2004（Geological Time Scale 2004）。为了排除区域性事件，古生代的校准工作以 Vail 等[9] 和 Hallam[53] 的古生代曲线为基础，结合 Ross C A 和 Ross J P[54]、欧美大陆泥盆纪柱状图、加拿大西部和北部盆地奥陶纪至泥盆纪数据、中国西北部晚古生代、北非地区的公开信息、阿尔及利亚古生代研究和美国内部盆地未发表的数据。必须说明的是，古生代的全球曲线在年代地层上的约束相对于年轻地层的要少得多，因此认为是一条近似的曲线。中生代和新生代的校准工作是对 Haq 等建立的曲线进行重新标度[51]。校准图件如图 1-23～图 1-27 所示[52]。

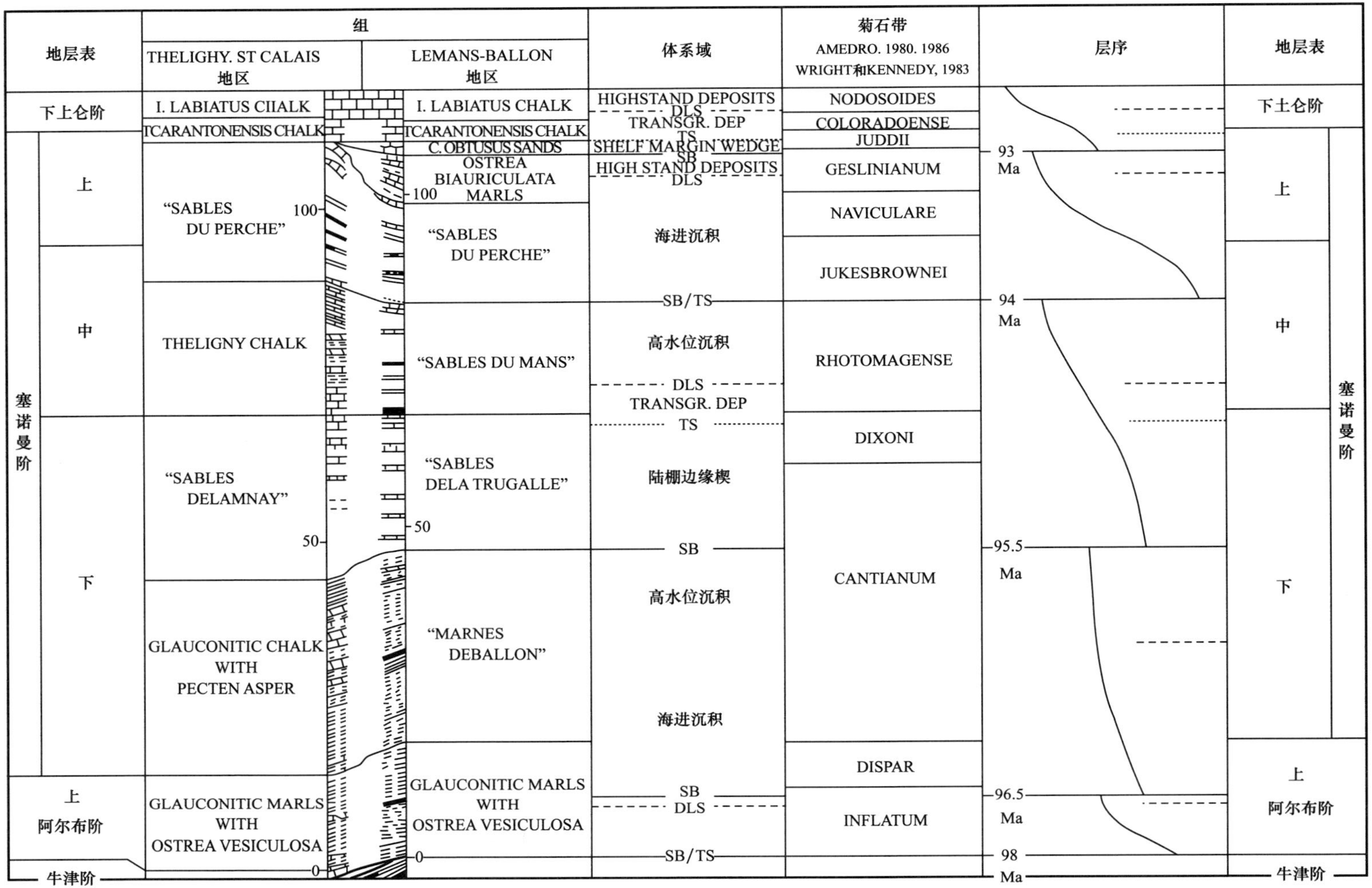

图 1-17 塞诺曼阶标准地区（Theligny—St. Calais 和 Le Mans—Ballon 地区）岩性地层表[55]、生物地层表[56, 57] 和层序地层解释综合图

SB—层序边界；TS—海进界面；DLS—下超面

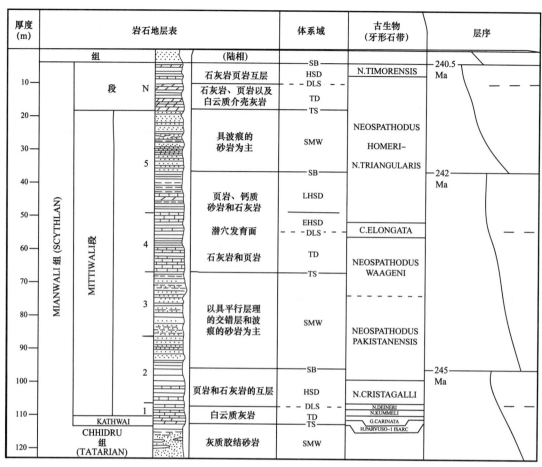

图 1-18　巴基斯坦 Salt Range，Nammal Gerge 赛特阶（早三叠世）剖面的岩石地层、古生物和层序地层资料

岩石地层表据 Nakazawa 等[57]，古生物分带据 Matsuda[58]；SB—层序边界；TD—海进沉积；TS—海进界面；DLS—下超面；HSD—高水位沉积；SMW—陆架边缘楔；EHSD—早期高水位沉积；LHSD—晚期高水位沉

二、全球海平面升降主要成因

　　海水面的升降变动是海水量、水圈运动、地壳运动和地球形态变化的综合反映，是地球演化的一个重要方面。海水时刻在运动，海平面也不断在变动。这种变动有短期的，如日变动、季节性变动、年变动和偶发性变动等，主要与波浪、潮汐、大气压、海水温度、盐度、风暴、海啸等因素有关，其升降幅度小，且常是局部的（见平均海平面）；也有长期的，即地质历史期间的海平面变动，其变动幅度大，是大区域性的，甚至是全球性的。海洋地质学主要是研究长期的海平面变动。

　　长期海平面变动引起的最直接后果是海侵或海退。它导致海岸线移动、海陆变迁，对大陆架和海岸地貌、浅海与近岸沉积和矿产的基本特征产生很大影响，使海岸工程、港湾建筑遭受侵袭或废弃，河道由于基准面变化或淤或冲。因此研究海平面变化规律，预测其发展趋势，对研究第四纪地质、新构造运动、探索气候变化规律及对于人类生活和生产都极为重要。

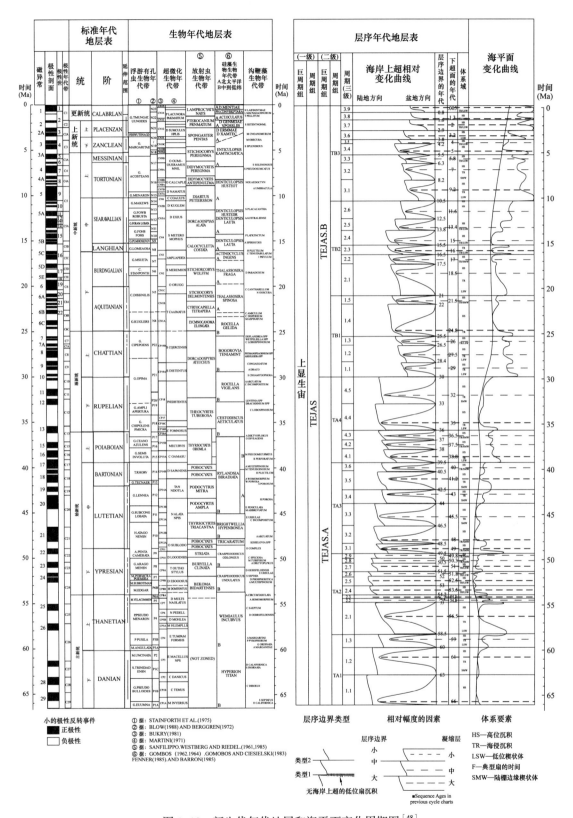

图 1-19　新生代年代地层和海平面变化周期图[48]

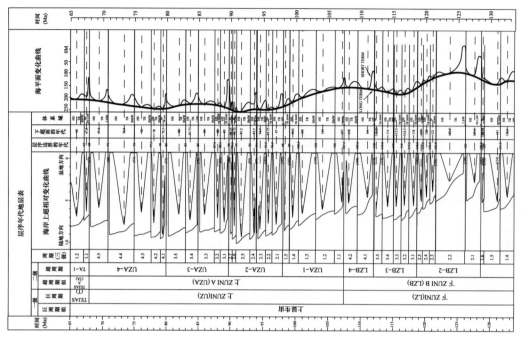

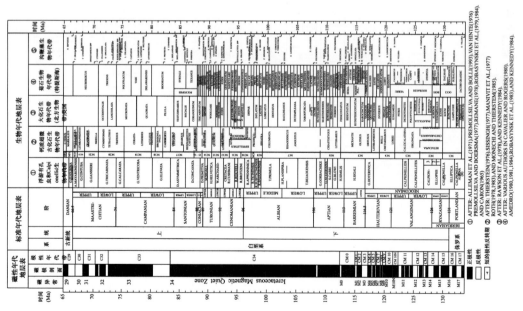

图 1-20 白垩纪年代地层和海平面周期图 [48]

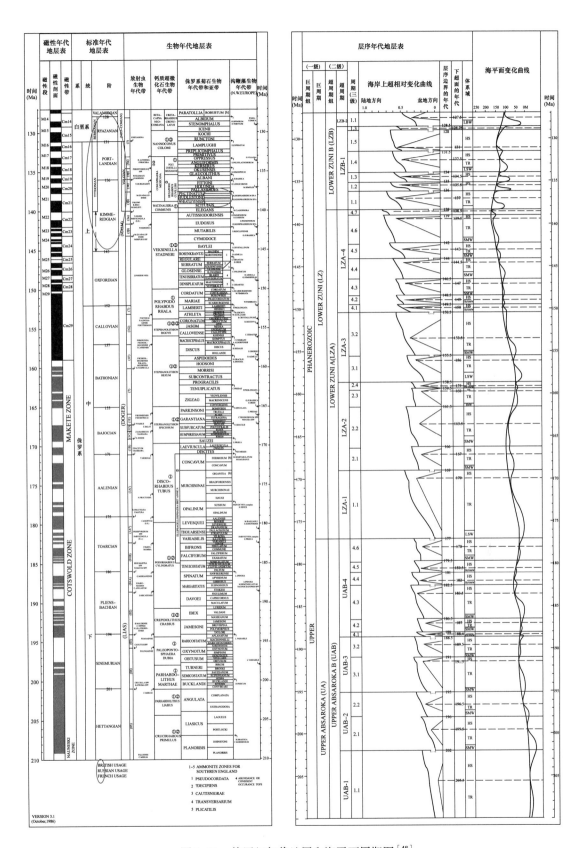

图 1-21　侏罗纪年代地层和海平面周期图[48]

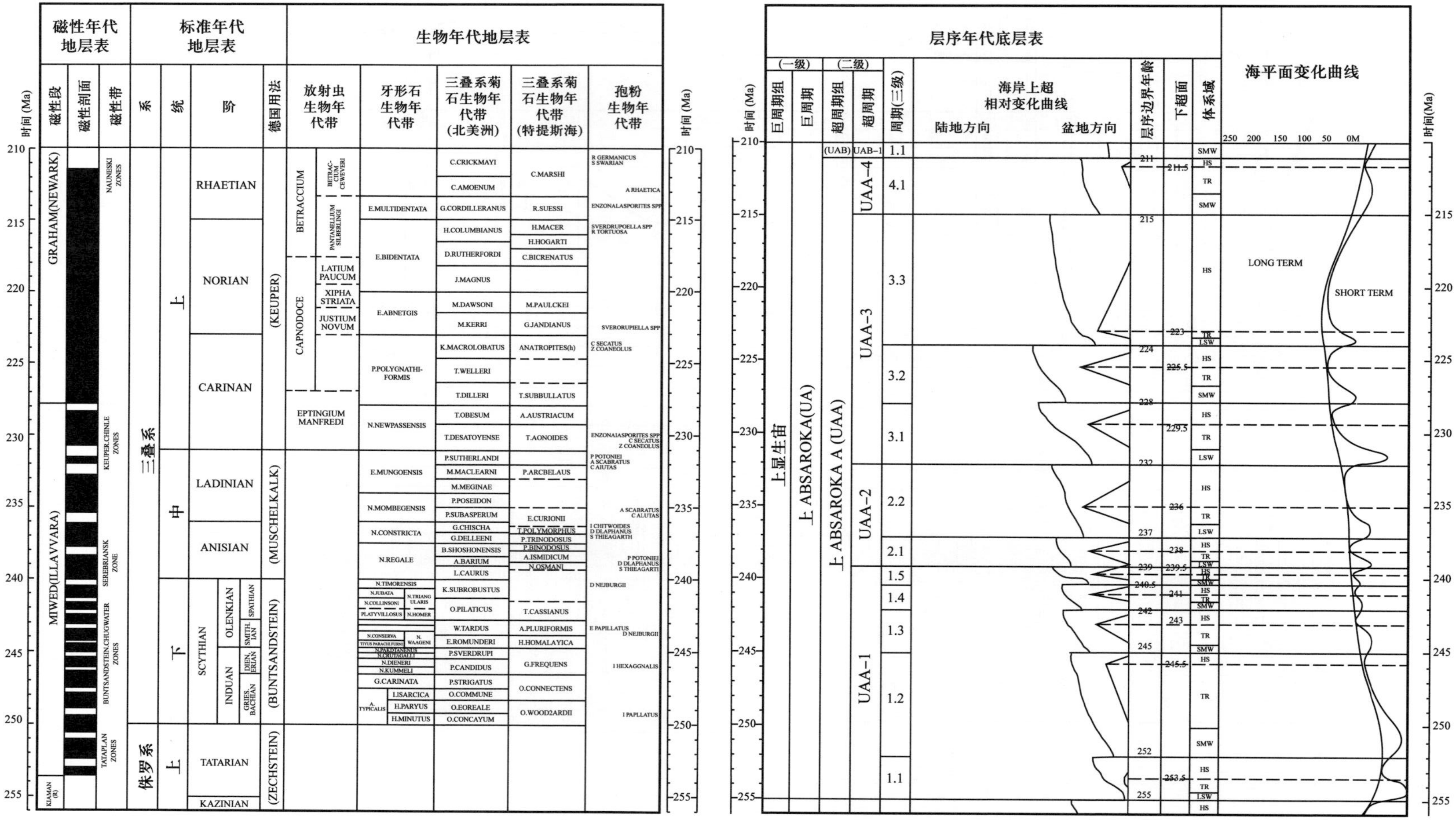

图 1—22 三叠纪年代地层和海平面周期图 [48]

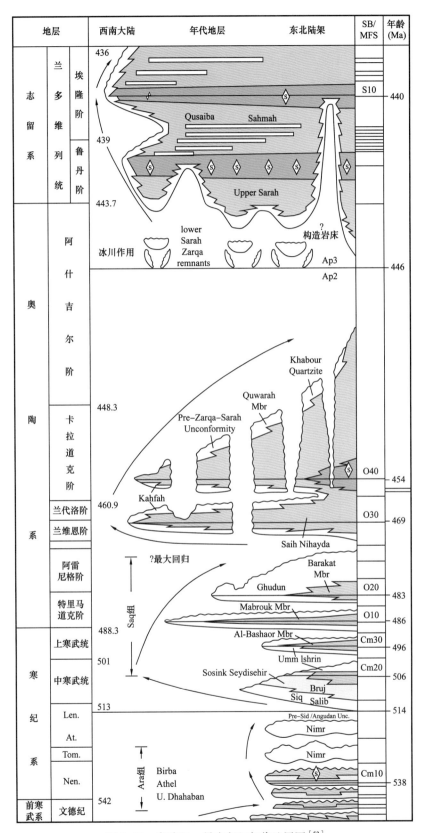

图 1-23　寒武纪—早志留纪年代地层图 [53]

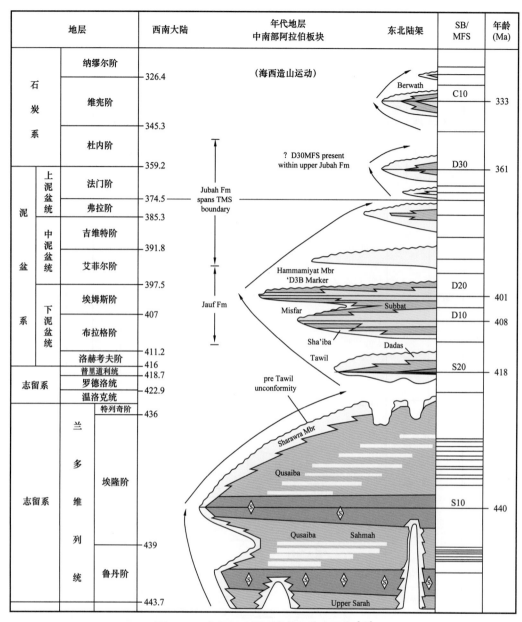

图 1-24　志留纪—早石炭世年代地层图[53]

1906 年，奥地利地质学家修斯提出了全球性海面变动的概念。他认为地史上主要的海侵和海退是由海洋盆地容积变化引起的。20 世纪 30 年代，戴利发展了"冰川控制"概念，并对冰川消长引起的海平面升降值作了估算。60 年代，板块构造说提出，板块扩张速率变动可导致洋盆容积的变化，进而控制海平面的升降。70 年代，一些学者把地壳和水体当作统一的平衡体系，用地球流变观点研究地球各区域之间海平面升降的关系。1974 年国际地球科学计划（IGCP）设立了海平面研究组织，加强了全球海面变化的对比研究。当前研究重点是关于世界海面变化的起因与未来发展的趋势问题。

目前通常认为全球海平面变化主要受到以下因素的影响，即冰川规模、构造运动、大地水准面变动、水压均衡作用、冰川均衡作用、流变均衡作用和海洋物理性质变化等。

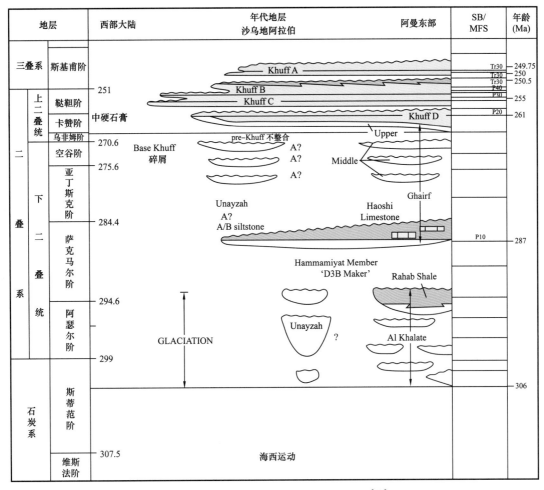

图1-25 二叠纪—早三叠世年代地层图[53]

（一）冰川融化引起海平面变动

在气候寒冷的地质时期，极地周围形成冰盖，海洋中的海水量减少，海平面降低。当气候转暖，冰盖融化，冰水流回大洋，海平面升高。不同学者估计全球现代冰川体积在（20～34.75）×10⁶km³之间，如果全部融化，将使海面升高50～85m（未考虑因海水增多而发生的海底均衡下沉）。按第四纪末次冰期冰盖的体积估算，当时的海平面比目前低135m。这种海面升降的幅度各学者估计不尽相同，主要看如何估计南极大陆的冰盖厚度。尽管如此，第四纪以来海平面变动主要是由冰川消长所引起的论点已基本上得到公认。

（二）构造运动引起海平面变动

因构造而引起的海平面变动有的是全球性的，有的是局部地区性的。引起全球性海平面升降变动的构造作用是洋盆容积的变化、洋底下沉或新洋盆形成。世界洋盆的总容积增大，导致海平面降低。相反，洋底抬升，某些洋盆消失，可使海平面升高。板块构造学说认为海平面变动与海底扩张速率有关。大洋中脊上增生的物质是热的，随着时间的推移而

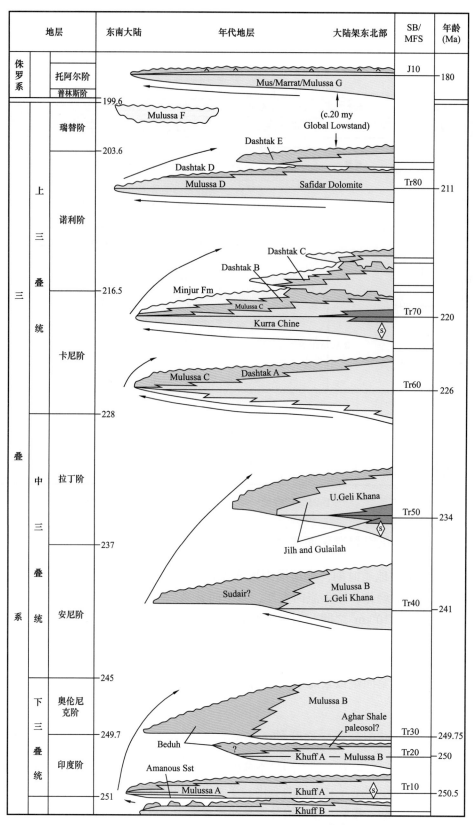

图 1-26　三叠纪—早侏罗世年代地层图 [53]

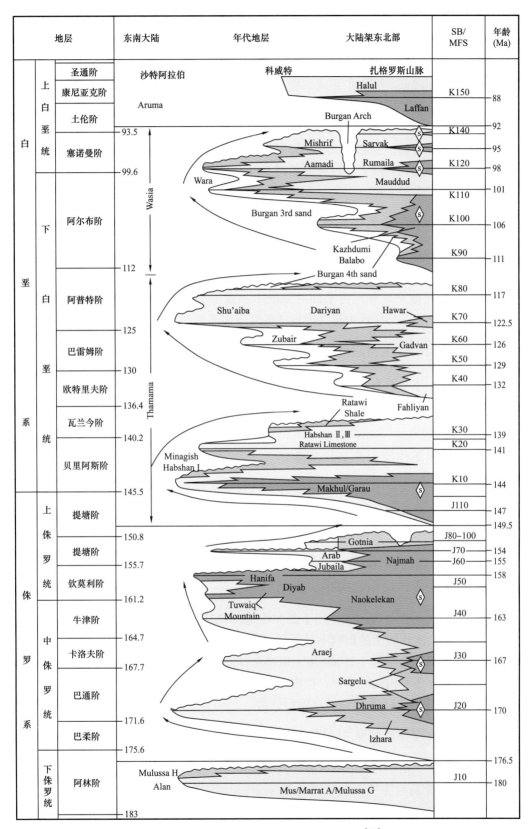

图 1-27　早侏罗世—白垩纪年代地层图[53]

逐渐冷却，变得致密，因而洋底岩石圈在横向扩张移动过程中随时间而下沉。如果海底扩张速率很快，距中脊顶部一定距离的洋底没有足够时间以冷却到"正常"程度，洋底就比正常情况下高，因而即使海水量不变，由于洋盆容积减小，海面也会升高。相反，海底扩张速率很慢，海面降低。海底扩张速率变化引起的海平面变动，周期长达数百万年，变化幅度可达 300～500m。另外，还有人认为大洋中脊系长度变化会影响洋盆的容积。在大陆分裂期大洋中脊发展，导致世界范围的海侵，而在大陆汇聚形成超大陆时，则造成海退。局部性的地壳升降运动，引起区域性的海平面变动。这种变动不是海平面与地心之间的距离变化，而是由于地壳升降，导致海面相对于陆面之间的距离发生变化。这种变动往往叠加在全球性海平面变动之上。

（三）大地水准面变化引起海平面变动

大地水准面受地球重力控制。由于地球内部物质分布不均匀，由此引起重力的变化，大地水准面的形态也随之变化。这种海平面变动表现为有些海区海平面升高，另一些海区海平面降低，从而使全球各地海平面升降既不一致，也不规则。如 1976 年默纳尔指出，新几内亚的高海平面与马尔代夫群岛附近的低海平面高差约 180m。

（四）水压均衡作用引起海平面变动

当冰盖融化，冰水回流入海，海底因水负载增加而下沉，直到新的平衡建立为止。有人估计近 7000 年来因负载影响洋盆下沉了 8m，大陆上升了 16m。其对陆架区的影响更显著。

（五）冰川均衡作用引起海平面变动

在覆冰区，巨大的冰盖使下伏的地壳下沉，因岩石圈具有弹性，下沉范围远超过覆冰区；而在冰前沉陷区外侧，地壳向上弹性隆起。当冰盖消融后，地壳又因弹性恢复到原来的状态。末次冰期以来，在斯堪的纳维亚地区均衡上升了约 300m，现仍以 1m/100a 的速度继续上。

（六）流变均衡作用引起海平面变动

地球流变论认为在各种因素作用下黏弹性地球和其上的水体一起调整达到平衡状态。因此上述的冰川及水压均衡的影响不是局部性的，它波及全球，形成若干海面上升区和下降区。克拉克提出了全新世（15000 年）以来全球海平面变化的数学模式，他把世界大洋分为 6 个海面升降各不相同的地带，指出由冰川作用引起的海平面变动，在各地是不一致的。这一模式已在全球 13 个观测地点得到证实。

（七）海洋物理性质变化引起的海平面变动

海洋物理性质变化影响海平面位置的机制包括以下三个方面。

1. 海水温度升高对海平面变化的作用

在未来的 100 年里热膨胀被认为是引起海平面上升的最重要因素。由于海洋的热容量巨大，表层的受热完全传导至整个海洋会有相当长的延迟，结果是海洋不会处在平衡状态，而且当大气中温室气体浓度稳定后，全球海平面还将继续上升。海水热膨胀是海平面上升的主要影响因素。Cabanes 在 1998 年最先发现了热膨胀对海平面上升的影响。但是，全球的热膨胀变化并不一致，在长时间尺度和大空间尺度上都存在巨大差异，例如，印度洋的升温开始于 20 世纪 60 年代，而大西洋开始明显的升温相比之下却晚了大约 30 年。所以说，全球海平面变化具有区域性特征，海水热膨胀曲线呈现 10 年的变化周期，目前这种周期变化还不能得到很好的解释。

2. 盐度对海平面变化的影响

大洋盐度变化对局部和季节性海域海水密度和海平面变化有着重要的意义，但对全球平均海平面变化的影响却很微弱。近年来有研究者指出，过去 50 年盐度的变化对海平面上升的影响大约为 0.05mm/a，这比热膨胀的影响明显要小得多。Antonov 对盐度变化与注入海洋的淡水量按比例作了换算，发现海洋淡化过程相当于使海平面上升了（1.35 ± 0.5）mm/a。需要注意的是，海冰和冰山的融化会使盐度降低，但并不会使海平面增高，在计算时要考虑它们的影响，并且它们最近的融化速度在加快。

3. 陆地水体对海平面变化的影响

20 世纪以来由于全球变暖，山岳冰川在后退，尤其是近 10 年后退的速度在加快。根据目前科学家的研究数据表明，山岳冰川目前对海平面的影响值约为 0.66mm/a。山岳冰川虽只占陆地冰川很小的一部分，但其对海平面变化的作用程度仅次于海水的热膨胀[61]。南极冰盖和格陵兰冰盖固结着地球表面大约 99% 的淡水资源，如果全部融化将使全球的海平面上升约 70m。即使是一小部分融化也会对海平面带来巨大的影响。由于格陵兰岛和南极大陆具有不同的海陆分布状况和地形特征，冰盖的消融特征也不相同：在南极大陆上冰盖的消融主要通过冰架底部融化和冰山的脱离，冰盖表面的融化十分微弱；而格陵兰岛冰盖物质的损失则主要是通过表层融化和冰山崩解[62]。Rignot 认为西南极冰盖的融化速度在过去几年加快了，冰架的厚度在变薄。最近的观察指出在过去 10 年里冰盖物质收支差额导致海平面上升了（0.3 ± 0.1）mm/a。另外，人类活动能够改变陆地水体的循环周期和循环路线，也会对海平面变化产生影响。地下水的开采、化石燃料燃烧和生物分解、森林砍伐、人工湖的建设和灌溉都会对海平面产生影响，综合人类行为，对海平面的作用范围为 –1.1～0.4mm/a。

上述各种因素中，全球性构造运动对整个地史时期的海平面变动起决定性作用。第四纪以来，冰川作用对海平面变动影响最大，其他诸因素由这两个因素派生出来。此外，影响海平面变化的因素还有海洋中沉积物的堆积、地球内部的水通过海底火山作用进入大洋、河流湖泊的变化等。

第四纪海平面变动的控制因素是冰川作用。随冰期—间冰期的交替，海平面脉动降升。35000 年以前，海平面大致接近现在位置，末次冰期最盛期（15000～20000 年前），海平面比现代海平面低 130m 左右，随后迅速上升到现代位置。对于全新世海平面上升的过程，大致有以下 3 种意见：（1）距今 6000 年前，海平面比现代海平面高 3～4m，此后海平面上下波动，最后达到现代位置；（2）海平面持续上升，但在距今 15000～5000 年前迅速上升，之后缓慢上升到现代位置；（3）认为在 3000～5000 年前，海平面已升至现代位置，以后无大变动。很多人认为目前海平面正以每年 1mm 的速度上升。但是考虑到大地水准面—海平面变动等因素，不同地区的海平面变动过程应有所差异。

根据调查得知，在冰期低海面时，大片陆架浅海出露成陆，从而使日本与中国、亚洲与北美洲（沿白令海峡）、英国与欧洲大陆、澳大利亚与新几内亚岛等相互连接，这对植物群和动物群（包括古人类）的迁移，有着深远的影响。

中国海洋地质学者在东海陆架边缘发现了古海岸线，用 ^{14}C 法测出其中生物残骸的年龄为 15000 年左右，陆架上发现有阶地和古河谷。学者们几乎一致认为距今 15000 年前，东海的海平面处于最低位置，比现代海平面低 130～160m，古海岸线在东海冲绳海槽西坡的陆架外缘。距今 15000～6000 年期间海面迅速上升到现代位置，至于是否曾高出现代海平面认识不一。5000 年以来海平面变动不大。中国沿海的大陆架就是因冰川消融、海面上升而使滨海平原被海水淹没而形成的。

研究方法和存在问题：短期的海平面变动主要通过验潮站的直接水位测量和大地水准重复测量以及历史资料整理得出；长期的海平面变动主要通过保留的沉积层和地貌特征确定古海岸线位置和海平面高度，并使用同位素分析方法测定其年代，常选择稳定地区（如地盾）或大洋岛作为研究海平面变动的场所。目前只能定量计算 15000 年以来的海平面变动幅度。人们对海平面变动及其历史的认识还很不完善，由于海平面变动因素复杂，调查测量技术上又存在许多问题，例如软体动物遗骸在沉积后发生搬移、碳的放射性污染、泥炭堆积深度估计误差等，都影响定量精度。大陆边缘没有绝对稳定的地区，确定海平面变动幅度须排除局部构造运动的影响，但目前还无可靠的方法把它区分出来，因而对于最后一次冰期海平面下降的深度认识很不一致。

对近 6000 多年来的海面变化，主要有 3 种不同的观点：（1）大西洋期结束时海平面比现在高约 3m；（2）全新世不存在高海面；（3）3600 年来海平面是稳定的。有人从地球流变学观点出发，认为地球是黏弹性体，冰盖消长引起的冰川均衡作用（glacio-isostasy）对远距离地区也是重要的；冰盖消长引起的洋盆水体积变化——水力均衡运动（hydro-isostasy），对海底也有作用；地球内部和表面质量的重新分布造成大地水准面变形，即大地水准面—海面变化（geoided eustasy）。Clark 在 1980 年提出的黏弹性地球体海面变化数值模型，将世界大洋划分为 6 个具有不同海面变化的曲线带，认为全球不存在统一的海平面曲线，这为研究全新世海面变化提出新的思路。

三、全球海平面变化控制海相沉积的基本原理

20 世纪 70 年代末，Exxon 公司研究人员首次明确提出"全球海平面变化控制海域的地层和沉积分布"的新观点，引起地质学和勘探方法的大讨论和明显进步。到了 80 年代末，经过十年的完善和发展，Exxon 公司研究人员提出了"全球海平面控制的沉积体系域演化模式"，该模式风靡全球至今，很好地推动了地层学和沉积学以及油气勘探方法的进步。

（一）20 世纪 70 年代末提出基本观点

Vail 等在 1977 年[8]第一次明确提出"全球性海平面升降周期控制了海洋和海岸环境中重大沉积层序的总体分布"，并且指出"在有地震覆盖的地区，可在钻井之前，利用全

球性海平面变化周期图件，比较好地预测沉积层序的时代、分布和沉积相"。

这是一个重要的论断。之前人们知道局部海平面升降影响海岸沉积相的分布（图1-28），但没有考虑到不同大陆边缘同时期的沉积层序和沉积相组合会受到一个统一因素的控制，及全球海平面升降周期。

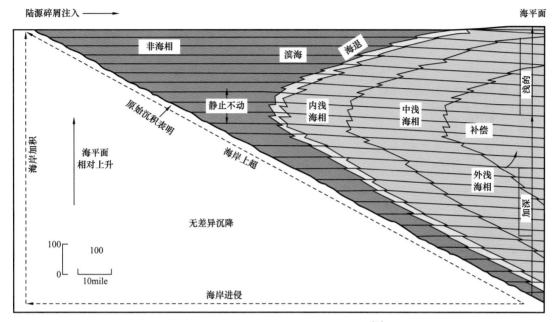

图 1-28　带有海进和海退的海岸上超[8]

在海平面相对上升期间，滨海相可以是海进、静止不动或者是海退，而浅海相可以是加深、补偿或者变浅

Mitchum 等在 1977 年又提出"根据海相层序中海岸沉积物的上超现象，可以确定海平面的相对变化[8]。利用这些变化的持续时间和变化幅度，可以编制一些表示海平面相对升降周期的图件。这些海平面的浮动控制沉积层序及其内部地层的分布"这一观点。

同时，Vail 等[9]指出："大的区际不整合面与海平面的全球高水位期和低水位期的周期有关，许多沉积层序的研究和总的分布模式也和这个周期有关。"

显然，观点已经明确提出了，但是，除了海平面升降产生海岸上超、顶超和上超点回落以外，当时对全球海平面升降控制海相沉积的具体机制和模式并不清楚。因此，该时期的观点只能作为这一理论的基础性论述。

（二）20 世纪 80 年代末期形成系统模式

Exxon 公司研究人员经过几十年的努力，在 20 世纪 80 年代末，提出了近乎完美的海平面升降控制下的沉积层序及其沉积体系域演化模式。Van Wagoner、Posamentier 和 Vail[63-65]提出了"一个理解全球性海平面变化效应控制着沉积地层分布模式的概念性构架"，这就是海平面升降控制下的沉积体系域演化动态模式（图1-29）。

该模式认为，在任何一个相对海面变化周期中，都可发育三种主要的体系域类型。I型层序的内部结构依据沉积物展布范围是局限于陆棚坡折以下，还是陆棚坡折以上，可划分为如下三种体系域：高（水）位体系域（HST）、水（海）进体系域（TST）、低

（水）位体系域（LST）。Ⅱ型层序的内部结构依据沉积物展布范围及其在层序中的位置，其内部结构也可划分为三种体系域，即高（水）位体系域（HST）、水（海）进体系域（TST）、陆棚边缘体系域（SMST）。

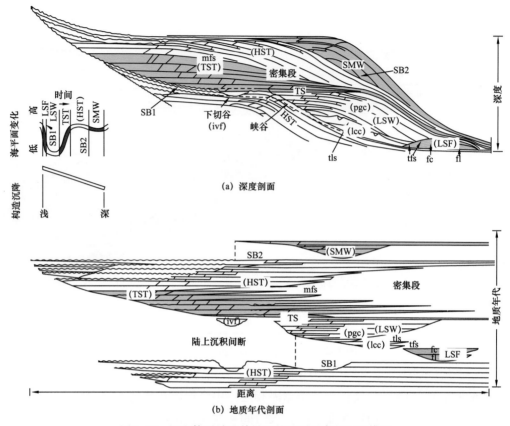

(a) 深度剖面

(b) 地质年代剖面

图 1-29　沉积体系域及其界面的地层层序的沉积模型

模型显示了与Ⅰ型边界有关的体系域（即低水位扇、低水位楔、海进体系域和高水位体系域）。陆架边缘体系发育在Ⅱ型层序边界之上；（a）展示了体系域在深度上的几何形态；（b）展示了（a）中的特征同地质年代的关系；SB—层序边界，SB1—Ⅰ型，SB2—Ⅱ型；DLS—下超面，mfs—最大洪泛面；tfs—具堤的水道顶面；TS—海进面（最大海退之上的第一个洪泛面）

1. 低（水）位体系（LST）

低（水）位体系是在海平面缓慢下降，然后又开始缓慢上升阶段的沉积。在不同的盆地边缘发育不同的低（水）位体系。在有不连续的陆架边缘的盆地中，低（水）位体系由不同时的上下两部分组成：下部为低（水）位扇或盆底扇；上部为低（水）位楔。

1）盆底扇

盆底扇是在低的斜坡和盆底沉积的以海底扇为特征的低（水）位体系的一部分，扇的形成与峡谷侵蚀到斜坡和河谷下切至大陆架有关。硅质碎屑沉积物通过河谷和峡谷穿过斜坡和大陆架形成盆底扇。尽管盆底扇的出现远离峡谷口，或者峡谷口不明显，但是盆底扇可能形成于峡谷口。盆底扇的底面（与低水位体系的底面一致）是Ⅰ型层序界面，扇顶则是下超面[63]。

2）斜坡扇

斜坡扇是由浊积有堤水道和越岸沉积物组成的扇状体，盖在盆底扇上且被上覆的低（水）位楔下超[63, 65]。

3）低水位楔

由一个或多个进积小层序组组成的沉积楔。向海方向被陆架坡折限制，上超在先前形成的层序斜坡上。因此，低（水）位体系域的准层序组有加积（盆底扇和斜坡扇）、进积等形式（低水位楔）。

2. 陆架边缘体系域

陆架边缘体系域是Ⅱ型层序的最下部的体系域，即Ⅱ型层序界面之上的第一个体系域，它由一个或多个微显进积至加积的小层序或小层序组组成。在沉积滨岸线坡折的向海一侧，该体系域下超在Ⅱ型层序界面之上。特点是陆架边缘体系域沉积期间，随着海退的不断进展，陆架虽有暴露，但其大部分可暂时被半咸水淹没，因此陆架边缘体系域顶部附近可有广泛的煤系分布。一般来说，陆架（棚）边缘体系域内部沉积相的叠置特征是自下而上海相沉积逐渐增多，与上覆的海进体系域的分界面为海进面。

3. 海进体系域

海进体系域是Ⅰ型和Ⅱ型层序的中部体系域，其下界面为海进面，下伏体系为LST或SMST。海进体系域是海平面上升期间的沉积，因此它由一个至多个退积小层序组成。不同类型的层序中海进体系域发育程度不尽相同，比较而言Ⅱ型层序中的TST更为发育。

（1）在发育Ⅰ型层序界面的情况下，海进早期阶段的沉积局限于深切谷内，而且，LST沉积之后海平面仍在陆架之下，广大的陆架地区没有海进沉积。只有在海平面开始迅速上升之后，陆架才逐渐覆水并最终被淹没，沉积中心也逐渐向陆迁移，此时才有较为广泛的海进沉积。

（2）在发育Ⅱ型层序界面的情况下，由于没有深切谷，而且陆架也未全部露出水面，因而海进一开始便有沉积的广阔空间，所以Ⅱ型层序中的海进体系域发育更为广泛。

4. 高（水）位体系域

高（水）位体系域是层序最上部的体系域，是海平面高位期的沉积。在海进体系域形成之后，海平面上升已非常缓慢，在其上升到最高水位这段时期内沉积的HST，以加积小层序为特色，为早期HST；此后，海平面开始缓慢下降，此阶段形成的HST则以进积小层序为主，为晚期HST。HST内的小层序在向陆方向可上超在层序界面上，在向盆地方向则下超在海进体系域或低位体系域之上。

各类体系域的存在及其发育程度受海平面升降影响甚大。同时，不同类型的盆地中三种体系域的沉积特征与发育情况也有所不同。低位体系域主要分布于盆地斜坡及其下部。当海平面下降速度超过盆地边缘构造沉降速度时，就会出现陆架暴露和河流下切作用，形成不整合面。河流携带的沉积物及陆架和陆坡上剥蚀下来的物质向着盆地方向搬运，以盆底扇、斜坡扇和低位（前积）楔状体的形式沉积在陆架边缘以下的部位，构成了低位体系域。

其中，低位期的盆底扇是通过深切谷和斜坡峡谷以点物源的形式沉积下来的，表现出重力流沉积物特征，沉积物较粗；斜坡扇沿着陆架边缘呈裙边状分布，发育有堤岸活动水道和溢岸席状砂；前积楔状体由进积到加积准层序组组成，主要分布在陆棚坡折向海一侧，楔状体的近源部分有深切谷充填沉积物，远源部分由砂泥互层的楔状前积单元组成。

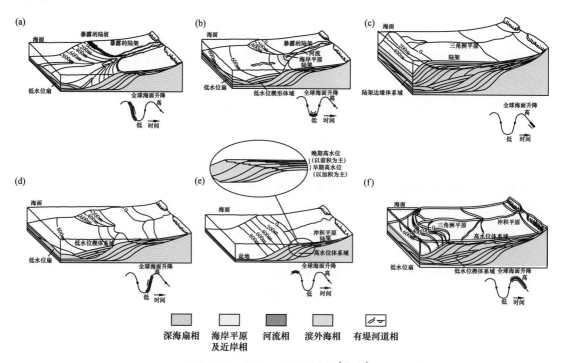

图 1-30　体系域演化模式图 [63, 65]

（a）低（水）位体系域—低（水）位扇；（b）低（水）位体系域—低（水）位楔；（c）陆架边缘体系域；（d）海进体系域；（e）高（水）位体系域—Ⅰ型；（f）高（水）位体系域—Ⅱ型

在此之后，海平面逐渐回升，陆架逐步被淹没，沉积中心向陆地方向转移，形成以退积为主要特征的海侵体系域。海侵体系域由一系列较薄的、不断向陆地方向呈阶梯状后退的准层序组组成，主要的沉积体系有陆棚三角洲、滨岸平原、富煤的海陆交互沉积以及湖与湖泊沉积等。当海侵达到高峰时，陆架中部、外部及陆坡区沉积物供给不足，形成缓慢沉积作用下以细粒物为特征的凝缩段（或密集段），它构成一个层序中主要的生油层段和盖层层段。

随着高位期海平面上升速度减缓，滨海和浅海相的沉积开始向海推进，形成以进积作用为主要特征的高位体系域。它以一个或多个加积至进积的准层序组组成，常以三角洲和河道砂体发育为特点。在高位体系域的末期，海平面再次下降，在其顶部形成另一个不整合面。

在高位体系域中，实际上包含着相对海平面缓慢上升至缓慢下降的沉积过程，前者以加积作用为主，后者以进积作用为主。Posamentier 后期的研究强调了两者的区别，将相对海平面上升过程中形成的加积准层序组称为高位体系域，而将相对海平面下降过程中形成的进积准层序组称为海退体系域。

综上所述，到了 20 世纪 80 年代末期，全球海平面控制海相地层沉积发育的猜想就变成了一套系统的动力学沉积模式，开始指导全球相关的地质研究和油气勘探部署。

（三）20 世纪 90 年代达成统一观点

早期以 Vail 为代表的 Exxon 公司提出了将沉积层序细分为四个组分的体系域[65]，随后由 Posamentier 和 Vail[64]，Posamentier 等[66]进行了详细描述，包括了低位体系域、海侵体系域、高位体系域和陆架边缘体系域。由于都与参考海平面曲线（下降—早期上升阶段）中的同一部分相关，因此低位体系域和陆架边缘体系域具有相似的概念[65, 66, 68]。这二者间的区别，也暗示了 I 型层序和 II 型层序之间的区别，而这些区别很大程度上依赖于对 I 型层序和 II 型层序不整合界面的识别。从理论观点来说，不整合面形成时期，对陆架边缘处的全球海平面和沉降相对速率的评估是十分困难和容易混淆的。从应用领域出发，I 型和 II 型不整合面之间的区别被假想是基于各自的侵蚀范围和分布领域之间的差异[27]。因此，Posamentier[66]提出了取消 I 型和 II 型层序之分，也形成了 Exxon 公司沉积层序模型现的三分方案，包括低位、海侵和高位体系域。

在 20 世纪 80 年代末和 90 年代初主要争论的是关于下降时期低位扇沉积的层序边界的位置问题。归其根本，这些概念都没能从术语的观点得到完美的解释，因为基准面下降时期起始于高位而终止于低位位置。在实际中，"低位"和"高位"都不可能完全应用到强制海退沉积中；在早期下降时期的地层中是接近高位的，而当基准面接近低位位置时下降晚期的地层开始沉积[63, 66, 68]。这也造成了 Exxon 术语的矛盾性。这个矛盾性得到 Hunt 和 Tucker 的重视[69]。他们重新定义了低位扇沉积为"强制海退楔体系域"，并将层序边界置于新定义的体系域顶部（如在基准面下降结束的位置）。这样所有下降时期沉积物的底部（如 Posamentier 等提出的相对应整合面[63]）都变成"强制海退底面"。这种说法与 Posamentier 和 Vail[64]的说法恰好相反。依据 Hunt 和 Tucker[69]所提出的体系域的术语，沉积层序可划分为四个体系域，即两个正常海退、一个海侵和一个强制海退。这种新的方案经实践证明是合理的。

1. 高位体系域

高位体系域形成于基准面上升的晚期阶段。当上升速率小于沉积速率时，就产生了滨线的正常海退。因此，沉积趋势和叠置方式是被加积和进积过程的混合作用控制的（图 1-31a）。

高位体系域被两个面所限定，一是其底界面——最大洪泛面，二是综合的顶界面，包括陆上不整合面的一部分、强制海退底面和海退侵蚀面中最古老的一部分。随着水面上升，可容空间增大，虽然上升速度在减小，但是基准面、高位沉积楔通常被希望于能够包括一整个沉积体系，从河流到海岸、浅海和深海。然而，"高位柱体"的基本部分是由河流、海岸和滨面沉积组成，位于离盆地边缘相对较近的地方。高位三角洲通常远离陆架边缘，它们形成于大陆架最大海侵之后，发育了三角洲平原和冲积平原地层加积和进积的标准顶积层地层组合。沿着开放的滨线，在基准面低速上升的高位条件下，海岸进积作用就很可能促成了海滨平原的形成，并且此地在随后的基准面下降时期缺少河流沉积。高位柱体在基准面下降的后期容易受到之前的河流下切的限制，因为高位楔的前端通常比河流平衡剖面要陡，而高位楔前端是继承滨面或是三角洲平原环境的坡度的。

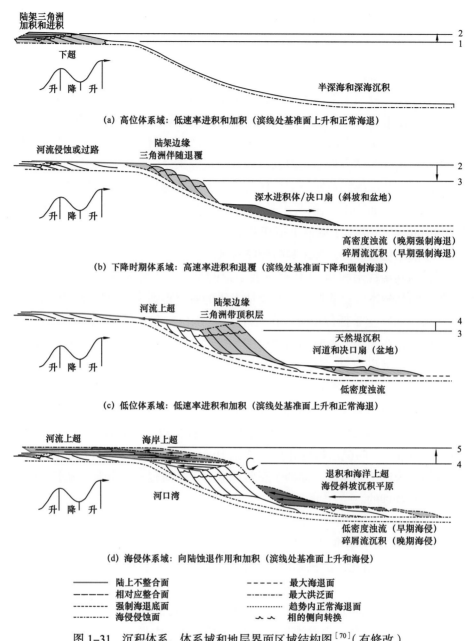

（a）高位体系域：低速率进积和加积（滨线处基准面上升和正常海退）

（b）下降时期体系域：高速率进积和退覆（滨线处基准面下降和强制海退）

（c）低位体系域：低速率进积和加积（滨线处基准面上升和正常海退）

（d）海侵体系域：向陆蚀退作用和加积（滨线处基准面上升和海侵）

———	陆上不整合面	- - -	最大海退面
- · -	相对应整合面	- - - -	最大洪泛面
- - -	强制海退底面	········	趋势内正常海退面
- · · -	海侵侵蚀面	∿ ∿	相的侧向转换

图 1-31　沉积体系、体系域和地层界面区域结构图[70]（有修改）

体系域的术语依照 Hunt 和 Tucker[69] 的方案，在滨线处相对于基准面曲线被推断出的时段内，体系域通过地层叠置样式和边界界面被定义。

2. 下降期体系域

下降期体系域对应的是 Posamentier 等在 1988 年提出的"低位扇"，在 20 世纪 90 年代早期作为明显的体系域被区分出来[66]，因此 Ainsworth、Hunt、Tucker、Nummedal 开始对其单独做研究工作。明确的体系域的术语从"下降期"变化到"强制海退楔"和"下降海平面"，慢慢地，Ainsworth 提出的最简单的专业名称被逐渐接受，随后在近期更多的研究工作中被采用（如 Plint 和 Nummedal）[70-77]。

下降期体系域包括在滨线强制海退期间所有堆积在沉积盆地中的地层。根据标准层序地层模型，强制海退沉积主要由浅水和深水相组成（图 1-31b）。在这里浅水相和深水相在盆地的非海相部分随着陆上不整合面的形成同时堆积。在顶部，下降期体系域被复合的作用面所限制，包括陆上不整合面和与之对应的整合面[69]，及海退侵蚀面中最年轻的部分。在底部，下降期体系域被强制海退底面（相对于 Posamentier[66] 所提到的相对整合面）和海退侵蚀面的最古老的部分所限制。对于基准面低幅度的下降，强制海退期间基准面保持在陆架边缘海拔之上的时候，下降期典型的沉积包括超覆三角洲、滨面朵体、陆架巨厚层和深海（斜坡和盆地）湖底扇。在这些情况中，陆架一部分地区仍然是被浸没的，没有陆架边缘三角洲形成，深水扇以细粒沉积物为主。

3. 低位体系域

低位体系域限于在正常海退上升早期堆积的所有沉积物，其在底部以陆上不整合面及海相与之对应的整合面为界，在顶部以最大海退面为界[69]，如图 1-31c 所示。随着强制海退，大陆架的位置在基准面上升初期仍然有部分被浸没，低位体系域在底部混合边界可能也包括海退侵蚀面的最年轻的部分。当上升速率被沉积速率超过的时候，基准面上升的早期阶段期间，低位体系域形成了。因此，整个沉积盆地沉积过程和重叠模式由低速加积和进积所控制。由于可容纳空间是由基准面上升所创造，这个"低位楔"通常被认为包括整套沉积体系，从河流到岸边、浅海到深海。

典型的低位沉积由非海相和浅海部分最粗的沉积碎屑组成，即非海相向上变细剖面的低部位和海相连续沉积向上变粗剖面中的最上部位。在低位正常海退期间，水部分主要受低密度浊流控制，强制海退晚期主要发育高密度浊流相。低位正常海退期间的海岸加积作用引发了河流体系下游部分斜坡坡度的降低，这也使得河流搬运能力随着时间而降低，颗粒粒度向上变细。这些降低了河流的搬运能力和陆架上被有效建造的河流带来的沉积物的颗粒大小，也解释了低位期间由重力流输送到深水环境中沉积物最大颗粒变小的原因。

4. 海侵体系域

海侵体系域以最大海退面为底界面、最大洪泛面为顶界面，形成于滨线处于沉积速率小于基准面上升速率的时期（图 1-31d）。它具有明显的退积式叠加序列，以至于海相和非海相沉积序列中沉积物颗粒向上变细。在滨线海侵中可容纳空间的增加速率最大。海侵体系域非常普遍，几乎包含了沉积盆地边缘倾斜处的所有沉积体系，从河流到滨岸、浅海及深海也会出现海侵体系域。

第二节　地震反射年代意义解释原理

从理论上讲，地震反射界面是地层反射系数界面，是由于上下地层存在波阻抗差异所形成的。过去曾有人认为反射主要代表岩性分界面，但实际上，有些地层中岩性往往是渐变的，几乎没有严格的岩性界面，岩性在横向上通常也是有变化的，很难产生大范围的连续反射。地震反射界面基本上是追随地层沉积表面的年代地层界面，而不是没有时间意义的单纯岩性地层界面。

在赋予地震反射剖面地质意义的时候，通常存在两个前提：其一认为地震反射同向轴代表了不同岩性的地层界面，即沉积界面；其二认为同向轴基本反映了等时格架，即认为连续的同向轴代表了地史的等时界面。任何地下介质之间存在的波阻抗差异均会引起地震反射，除构造活动形成的拆离面、沉积盆地内部的沉积地层界面会引起地震反射，一些物理因素也会引起一系列假反射同向轴，比如构造、流体、成岩作用等。因此，在进行地震地质解释时，厘定地震反射同向轴的真正地质含义，对真正反映原始沉积面和等时地层框架的地震反射有着重要作用。

地震剖面的反射同向轴只有在代表原始沉积界面的情况下才具有等时意义，也才能是地震地质解释、层序地层学研究的基础。但是挠曲构造作用、成岩、碎屑流沉积作用、重力滑塌和天然气水合物等也均可改变或形成新的、具有足够波阻抗差的地层界面并形成地震反射。因此，在地震地质解释中必须识别并排除此类反射轴。

一、地震反射的地球物理机制

（一）地震反射首先是波阻抗界面

地震波波前的传播过程可以用射线简化表示。这些射线均服从斯奈尔定律。该定律规定入射角等于反射角，并可预测折射方向的变化（图 1-32），入射角即射线与地层界面垂线的夹角，反射角即为反射射线与地层界面垂线的夹角。如果地层水平或近似水平，则反射能量将返回所要测量的地面位置，并可测出至该层的旅行时间。

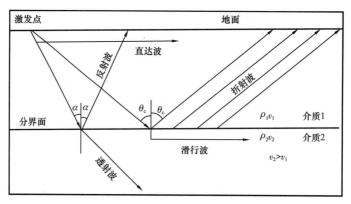

图 1-32　地震反射原理示意图

沉积岩原本都是近似水平沉积的，然而在以后的地质历史中其产状可能有所变化。沉积岩在沉积过程中形成了具有不同物性和厚度的地层，值得注意的是圈闭油气的沉积部位。层状地层是由经历了不同程度压实作用的各种物质所组成，影响地震波传播的主要因素是声波在岩层中的速度及其密度，在声学中速度与密度的乘积称为声阻抗，在地震学中习惯叫作波阻抗。在介质分界面上能产生反射的条件是分界面两边介质的波阻抗不相等，也即严格地说，波阻抗界面才是反射界面，速度界面不一定是反射界面。在两个具有不同声阻抗的地层界面处，从上一层向下传播的一部分能量反射回地面，其大部分能量将继续传播下去，并产生折射或弯曲。

反射能量的大小由两相邻地层的声阻抗差所决定。反射振幅与入射振幅之比称为该界面的反射系数。反射能量的振幅与上下两层波阻抗之差成正比。反射系数既可能为所产生的绕射波形成一个中心点道上的侧面波正值，也可能为负值。地下地层界面的反射系数一般在 0.001～0.1 之间，当遇到海底或浅层含气砂岩时，其值可达 0.3。

继续向下传播的地震波产生折射或弯曲，正如光线在水中会弯曲一样。当地震波通过两个各向同性介质的分界面时，地震波改变方向，其入射角正弦与上层介质速度之比等于折射角正弦与下层介质速度之比，由于沉积岩一般是成层沉积，其速度与密度一般也都向下递增，因此应用上述基本原理去研究地下地质情况应该是很容易的。但是，地震波的激发、记录及研究由于受若干因素的影响而复杂化，其结果往往不像上述讨论那样直观。

（二）构造变动、沉积作用和成岩作用都能产生地震反射

地下任何存在波阻抗差的介质均会引起地震反射，不论是大地构造活动形成的拆离面[78]，还是沉积盆地内部的地层或物理界面，都会引起波阻抗差的反映[79]。然而反过来，由已知地震反射同相轴求解其对应的波阻抗界面的地质含义却十分困难。

构造活动、含生物硅地层的成岩作用、天然气水合物、碎屑流的凝结作用、地层中的钙质结核、海水含盐度的变化等均可改变或形成新的地震响应，从而在地震剖面上出现非原始沉积界面的地震反射轴[80]。

1. 构造活动成因的地震反射

因构造活动导致沉积地层发生差异沉降或隆升，进而通过差异性的侵蚀—沉积作用，形成了不整合面，而这种不整合面本身就可形成很好的地震反射，如在巴伦支海和南极西部的阿穆森海域的松岛海湾，因构造活动和冰川作用互动形成的不整合面，在地震剖面上呈现明显的地震反射特征[81-82]。挠曲作用是常见构造动力机制之一，在各种构造背景（包括挤压背景、伸展背景和走滑背景）下均可产生规模不同的挠曲应力机制，从而形成复杂的、类型多样的形变响应。其中挠曲成因的地层错滑现象非常普遍[83-84]，这种错滑作用通过碾磨、破碎和后期的再胶结，使得原来阻抗差很小的上、下岩层之间产生了足够的阻抗差，足以形成地震反射。王海荣等[84]在东海南部发现，古近纪楔状地层（图 1-33 中深色区域）在遭受挠曲作用后，出现了挠曲地貌特征（图 1-33 中部）。图 1-33 中深色椭圆内的剖面具有如下特征：一是反射同相轴较之两翼更为密集；二是自两翼向中部，出现了大量同相轴的分叉、合并、反射强度不稳定、反射轴宽窄不一的变化。考虑到这种特征反射体的层段位置、近斜方形的几何形态、发育的时间段和规模（双程旅行时近 800ms），恐怕无法用沉积因素予以解释。这是因构造挠曲作用形成反射轴的很好实例，显然这种反射轴不应在层序界面的识别和追踪中予以利用。

2. 成岩作用导致的地震反射

在沉积盆地内的流体、温度、压力的综合背景下，成岩作用会导致硅质沉积物物理属性的重大变化[85]。如成岩作用通过对孔隙空间进行矿物或胶结充填而改变了岩石属性，足以引起波阻抗差的扩大，形成地震反射[86-87]。图 1-34 展示了富硅地层在温度作用下，导致蛋白石晶态发生变化，由蛋白石 A 转变为蛋白石 CT，从而引起地层阻抗差增大，形成了地震反射轴，该反射轴切穿了原始地层的沉积界面，并且地层沉积物中的孔隙度由转变前的 70% 减小为 45%[87]。

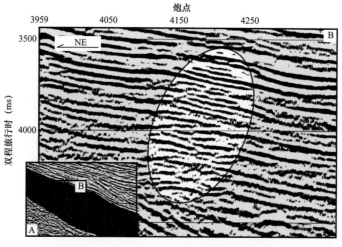

图 1-33　挠曲作用形成的地震响应特征

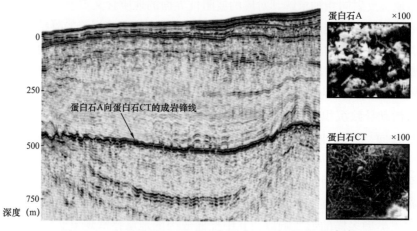

图 1-34　大西洋法罗—舍得兰水道内的二维地震剖面[87]

剖面显示了蛋白石不同晶态的成岩转变导致的地震反射，切穿上、下地层；右侧为成岩锋线上、下的蛋白石晶态，分别是蛋白石 A 和蛋白石 CT

3. 碎屑流沉积作用成因的地震反射

碎屑流和浊流都是重力流的一种类型，二者具有完全不同的流态和卸载方式。碎屑流主要依靠颗粒之间的碰撞保持颗粒的悬浮，它们的流线是平行的，剪切作用强，可以支撑粗砂、砾石和角砾，因而一旦流体坍塌，就会发生瞬间卸载而发生堆积，形成块状沉积或反粒序沉积。而浊流不同，浊流是依靠流体紊流支撑其间颗粒，流线紊乱，随着流速降低和能量减小，颗粒由大到小有序发生沉降而沉积，形成正粒序沉积。

碎屑流沉积体呈丘状，上界面凹凸不平，且侧向延伸不远；不同碎屑流沉积体之间发生侧向为主的加积作用。碎屑流内强烈的剪切作用有利于形成反粒序，即两次碎屑流沉积界面常常构成波阻抗差很大的正极性反射（图 1-35c）。图 1-35b 是北海的一条二维地震测线，图中两个丘状沉积体具有上述碎屑流沉积特征，经井震标定，钻井岩心上的三个剪切面（图 1-35a）对应剖面上丘状地震体的三个界面，显然这三个界面本身并非通常意义的、代表不同岩性的原始沉积界面，而是多个碎屑流的底部、上部剪切面，这种界面的形态和内部充填显然并非层序地层学意义的界面。

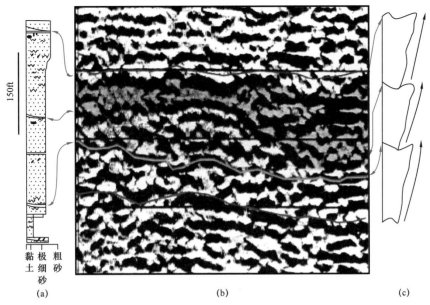

图1-35　碎屑流沉积作用形成的强地震反射[88]

（a）钻井岩心上的剪切面；（b）二维地震测线；（c）波阻抗剖面

此外，大规模的水下（尤其在陆坡上）滑动滑塌事件也会形成滑动面，导致地震数据上得到响应。

剖面表明，沉积物波主要发育在斜坡区，近邻沉积物波区域，发育了一个陡峭且强的反射轴，是滑塌陡坎的反射，其上为薄的沉积物波所覆盖。和滑塌陡坎一道，发育了巨厚的滑塌沉积（空白反射区），滑塌体内部和底部发育了若干强而连续的、凹面向上的反射轴[89]，如图1-35所示。显然这些反射轴及其对应的滑塌沉积代表重要的重力流作用事件，并不一定代表原始沉积界面，与层序地层学意义的界面也无必然关系。类似情况在法罗大陆边缘[90]和加蓬大陆边缘都有发现，特征也基本类似[91]。

4. 天然气水合物和海水含盐度导致的地震反射

在盐构造活跃的大西洋两岸和墨西哥湾，强烈的盐活动深刻改变了深水陆坡、陆隆地貌，形成了许多微盆地、地貌陡坎等。在海底某些地方，盐层甚至在陡坎处暴露，大量盐类流出，溶解在海水中的盐类增大了毗邻海水的密度，在海水柱内造成了阻抗差异明显的分层界面，并引起相应的地震响应。图1-36a中显示真实地层呈高角度暴露在海底遭受海流的侵蚀，在剖面最低洼处发育了水平反射体，它们和周围的高角度地层构成了角度不整合，似乎是盆地内的最新充填沉积物；然而，它们却是典型的水柱反射，和盐类流入海底有关[92]。

天然气水合物是受温度和压力控制的沉积成岩的产物，受温压控制，它们的分布和海底构造密切相关，通常称其反射界面为BSR[93]。它们之所以在地震剖面上表现得特征明显（横切地层、极性相反、上部发育了空白反射区）是因为水合物形成了新的阻抗界面，水合物本身与岩性关系不大，因而构成了BSR反射区（图1-37）。

此外，在地层埋藏过程中，钙质结核、钙质汇集往往也会改变原始地层的阻抗状况，形成相应的地震反射，识别此类反射有助于进行地质—地球物理响应的标定，从而得出符合真实地质情况的认识。

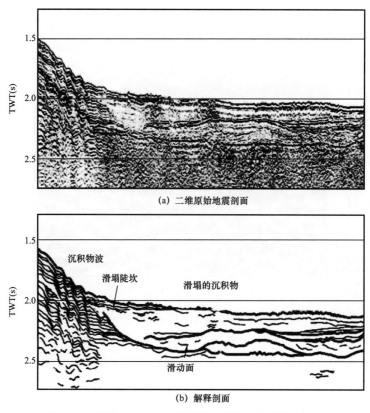

（a）二维原始地震剖面

（b）解释剖面

图 1-36　鄂霍次克海的二维原始地震剖面及其解释剖面

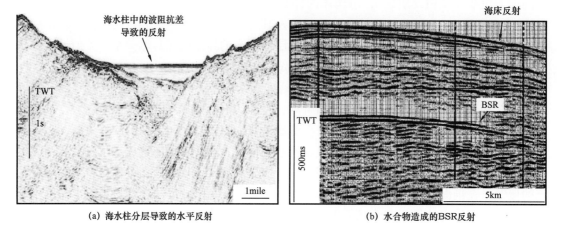

（a）海水柱分层导致的水平反射

（b）水合物造成的BSR反射

图 1-37　海水柱分层导致的水平反射及由水合物造成的 BSR 反射

二、地震反射主要代表年代界面

地震反射的主要界面被认为代表年代地层界面的原因包括以下几个方面：（1）区域性地震反射界面与大型地层界面平行；（2）不整合界面是很清楚的地震反射界面；（3）大型岩层界面也是很清楚的地震反射界面；（4）深海或深湖区地震反射与年代地层界面相平行；（5）三角洲相的前积反射界面是年代界面而不是岩相界面等。

（一）地震反射具有地质年代意义

1. 区域性地震反射界面与大型年代地层界面一致

反射地震剖面之所以被人们关注，最初的原因还是从地面得到的地下反射地震剖面与该地区的地下地层结构非常相似，而地层结构的界线一般又是用年代地层界面来表示的。打开一张地震剖面，总体印象是地震反射界面比较多，而且比较平缓。那些延伸比较远、反射比较清楚的地震反射同相轴，经过井孔标定后，大多被证实为地下区域性的年代地层界面。这是因为受沉积环境变化的影响，不同时代地层岩性差异较大，通常更容易产生强烈的反射界面。如图 1-38 所示，T_2 界面附近的反射波组在松辽盆地非常稳定，且大部分地区为强振幅、高连续性反射特征，一般由两到三个波组组成，其上和其下的多个波组都为相对较弱的反射特征，对应松辽盆地青山口组河流沉积与泉头组三角洲沉积的分界面，是松辽盆地一级标准层。实际上，在地震剖面上往往具有分段性，由浅往深常常表现出特征不同的反射层段，而这些层段的分界线就是区域性的地层年代界面（图 1-39），T_{60} 为渐新统与中新统的分界面，T_{50} 为早—中中新统的分界面，T_{40} 为中—晚中新统的分界面，T_{30} 为中新统与上新统的分界面。

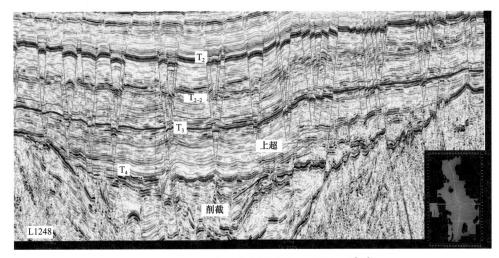

图 1-38 松辽盆地徐家围子地区地震剖面[94]

T_2 为泉头组顶界面和青山口组底界面

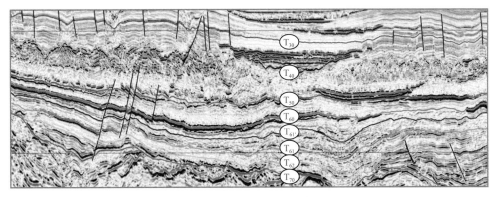

图 1-39 南海某盆地地震剖面

2. 不整合界面是很清楚的地震反射界面

不整合界面在地震剖面上一般比较清楚，特别是角度不整合，会表现出一个地震反射中断面出来，通常很容易识别（图1-40）。有些平行不整合界面，一般也会产生一个比较明显的反射同相轴。这是因为不整合面代表一个新老地层的分界面，由于两个时代地层的波阻抗差异比较大，因此产生的地震反射自然会比较强。尤其需要强调的是，不整合面本质上是地层时代不连续的界面，发生了地层缺失或沉积间断，导致不整合界面上下地层的性质差异比较大，因而形成比较明显的地震反射。不整合面存在不同的级别，可以想象，级别越高的不整合面，越容易产生明显的区域性反射界面，倒不是它的反射强度有多大，也不一定是反射连续性有多好，而是高级别不整合面延伸范围比较大，在地震剖面上容易识别出来。

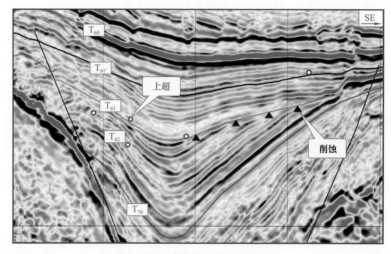

图1-40　南海某凹陷地震剖面

3. 大型岩层界面是很清楚的地震反射界面

"大型岩层界面"一般指有一定厚度的岩层的分界面，如厚层石灰岩与厚层砂岩的界面，又如厚层砂砾岩与厚层暗色泥岩的分界面等。根据反射地震学原理，地震波在这些界面上都会产生明显的反射。大型岩层界面代表了沉积地质环境发生了较大的改变，岩性出现显著的变化，界面上下的波阻抗差应该比较明显，故反射同相轴比较清楚。

大型岩层界面往往也是高级别年代地层分界面，如东营凹陷古近系东营组砂泥岩互层与上部新近系馆陶组厚层块状砂砾岩之间的界面，又如鄂尔多斯盆地下古生界马家沟灰岩与上覆石炭系海陆交互相煤系砂泥岩的大型分界面（图1-41），地震反射都比较清楚。

4. 盆地中部地震反射与年代地层界面相平行

在盆地边缘，地震反射轴也会发生倾斜，但是到了盆地内部，由于地层比较平坦，产生的反射也都比较平缓。在浅海陆棚区和深海盆内，地形平坦，地震反射基本是水平的；在湖盆里的浅湖区和半深湖—深湖区，地形往往也比较平缓，地震反射也基本是水平的（图1-42）。这种情况下，由于地层产状水平，所有的年代地层界面也是水平的，所以波阻抗界面与地层时代界面要么重合，要么平行。值得注意的是盆地边缘坡脚的范围是有限的，而盆地中相对平缓的区域占到绝大多数的范围。因此，在地震剖面上我们看到的绝大多数地震反射同相轴是水平的或者近乎水平，而这些地震反射轴就与时代地层界面相平行了。

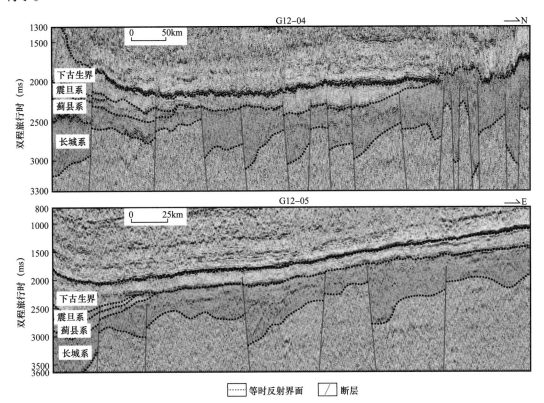

图 1-41 贯穿鄂尔多斯盆地南北、东西向大剖面[95]

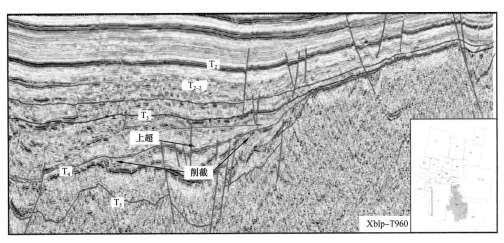

图 1-42 松辽盆地古龙地区白垩系地震剖面

5. 三角洲相的前积反射界面是年代界面而不是岩相界面

当人们从地震剖面上看到三角洲沉积相的地震反射同相明显倾斜时，就更加相信地震反射代表年代地层界面，而不是代表岩性或岩相界面。因为三角洲环境发育了三角洲平原、三角洲前缘和前三角洲三种亚相，按照经典的吉尔伯特三角洲模式，这三个亚相以次叠置，相互的分界面大体水平，地震剖面上应该呈现出明显的水平反射轴。但是，实际地震剖面上，三角洲相的地震反射多表现出"前积反射"特征（图1-43），代表岩相界面的水平反射反而不清楚。显然，不同时代地层之间的岩性差异造成了波阻抗的显著差异，三角洲前缘亚相不同时代地层本身产状是倾斜的，才会出现三角洲前缘亚相地震反射同相轴呈倾斜状态。

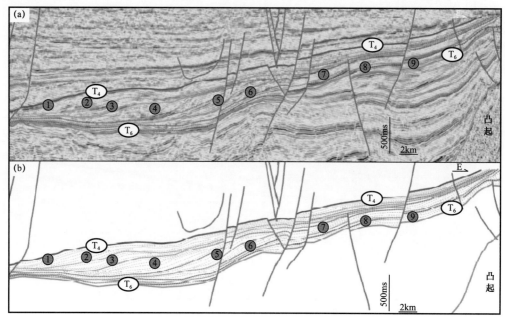

图1-43　东营凹陷沙三中亚段东营三角洲对应地震剖面[96]

同时，三角洲不同亚相水平界面地震反射不明显的原因长期困惑了地震资料解释人员，很多人想不通为什么这些部位的水平反射不明显。此问题需要从几个方面做出解释：一是三角洲相的三层结构是一个概念模式，是一个抽象出来的模型，它与实际地层分布并不相同，两个水平的亚相分界面是画出来的线条，而不是实际的地层界面；二是沉积亚相通常是按水动力强度来划分界限，而水动力强度又与水深相关，但是水深变化是连续的，相应的水动力变化大体也是连续的，因此实际的三角洲环境里，不存在两个截然的分界点，在剖面上把三角洲相分成三个亚相；三是这些不同亚相之间存在岩性局部突变面，如三角洲平原分流河道砂砾岩与三角洲前缘粉砂质泥岩之间存在岩性突变界面，就会产生地震反射，但是这个界面是局部的，是不连续的，因此在地震上形成不了较长的反射同相轴，所以不明显。

（二）地震反射局部会受到岩性和含烃性变化界面的影响

地震剖面上还有一些反射轴，与主要地震界面成一定的角度关系。最明显的就是断面波，在地震剖面上比较容易识别出来。断面波是由于断层两盘岩性差异巨大造成的反射界面，它与总体地层产状相差很大，不是等时面，与年代地层界面之间存在明显的角度。

背斜油气藏的亮点模式和平点模式是最常见的含烃性变化反射界面。由于油气与地层水在波阻抗上的明显差异，在地下油藏范围内出现较强的反射，始终保持水平的气水界面与地层界面存在明显的角度关系。如墨西哥湾某亮点气藏，其上部薄层砂岩下倾边界出现中等强度的平点反射，下部厚砂岩底界面出现了明显的强振幅的短轴平点反射（图1-44a），说明砂岩厚度与平点反射有直接的关系。马来西亚沙巴州近海某大型气藏，其流体界面表现为典型的极性反转的长轴平点反射特征（图1-44b）。挪威海上某侏罗系气田，其流体界面处表现为强振幅的长轴平点反射，平点上部的流体为弱振幅特征，为典型的暗点型平点（图1-44c）。但是，亮点和平点反射都是局部的，很容易与主要地震反射区分开来。

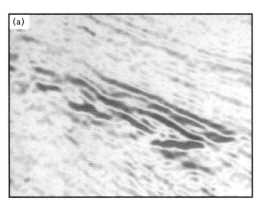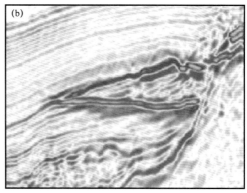

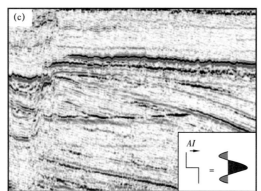

图1-44　国外典型油气藏平点剖面[97]

（a）亮点型平点；（b）极性反转型平点；（c）暗点型平点

三、岩相和岩性界面的穿时性

（一）岩石地层单位的穿时性

1. 中国北方本溪组的穿时性

本溪组指中国北方奥陶系石灰岩不整合面之上、石炭系—二叠系含煤岩系之下，由碎屑岩夹石灰岩或石灰岩凸镜体所组成的一套海陆交互相地层。随着研究的深入，特别是地层学理论的发展及认识的不同，对本溪组岩石地层和年代地层的划分形成了多种争议。彭玉鲸等[98]按地层多重划分的观点和方法研究认为组是一个岩石地层的自然实体，并有区别于相邻自然实体单位的岩石内容和反映其发育的某一特定过程。为此，建议以层型剖面（本溪市新洞沟与蚂蚁村沟间的牛毛岭）为准，将本溪组岩石地层单位定义到"全国地层多重划分对比研究"的成果上来，即奥陶系石灰岩顶部不整合面之上、下蚂蚁沟石灰岩底界之下的一套碎屑岩层。从该石灰岩层（即华北各地下部第一层石灰岩）始，到最上部一层石灰岩顶界（如山西太原的东大窑石灰岩、河南禹州 L8 石灰岩）为上覆太原组。该组下部产 G、F 两层铝土页岩，称为湖田段；上部为紫色—杂色富碳岩系（夹一薄煤层或碳质页岩）称为新洞沟段。本溪组的地质时代或年代地层，依据各地所产化石及上覆太原组第一层石灰岩（即顶界）所产化石，不同地区时限不同，在吉南—辽东地区为大塘阶—德鸣阶；在晋冀鲁为罗苏阶—滑石板阶；而在河南禹州其顶界进入逍遥阶（或小独山阶）—阿瑟尔阶；明显地反映出岩石地层单位穿时的普遍性规律（图 1-45）。

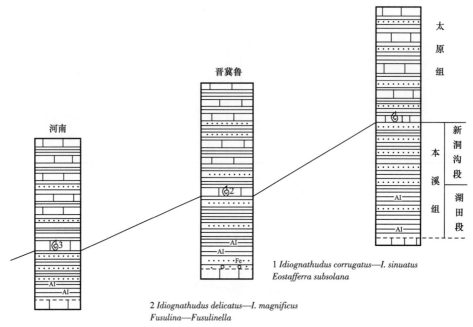

1 *Idiognathudus corrugatus—I. sinuatus*
Eostafferra subsolana

2 *Idiognathudus delicatus—I. magnificus*
Fusulina—Fusulinella

3 *Streptognathodus elegantulas—S.oppletus*
Triticites simples

图 1-45　代表性地区太原组底部第一层石灰岩多产生物化石反映岩石地层单位的穿时性[98]

2. 滇黔桂盆地泥盆系的穿时

滇黔桂地区泥盆系总体上构成一个自南向北厚度逐渐减小的楔状体，这是泥盆纪早期海侵尖灭与晚期海退尖灭的结果，研究区层序地层格架清楚地体现了地层记录的不完整性和穿时普遍性[99]。

滇黔桂盆地泥盆系自下而上从海侵砂岩到碎屑岩—碳酸盐混合岩系，再到碳酸盐岩的三段式沉积特点是相对海平面升降变化所产生的海侵—海退旋回过程中沉积相带侧向迁移的结果。根据基本层序地层模式和地层学、沉积古地理等资料为基础建立的滇黔桂盆地泥盆纪层序地层格架，不仅展示了研究区不同古地理背景下岩石地层的时空分布规律、各岩相单元的空间接触关系，而且清楚地再现了导致岩石地层穿时普遍性的原因的两种沉积作用——侧向加积和垂向加积[99]。地层格架中两种相变面所代表的岩石地层的两种穿时性——间断面穿时和相变面穿时（图 1-46），构成了地层记录中穿时的两种基本形式。

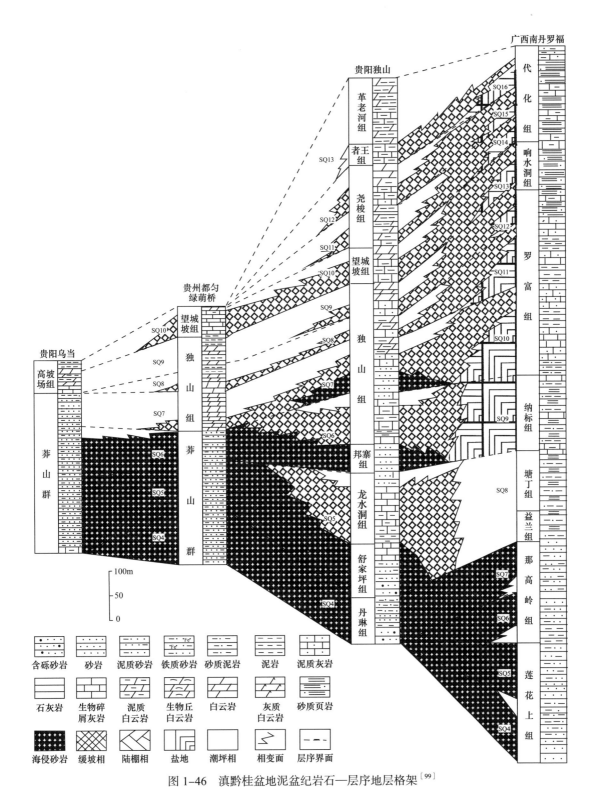

图 1-46　滇黔桂盆地泥盆纪岩石—层序地层格架[99]

3. 滇西古生代界的穿时性

奥陶纪—志留纪时滇西海槽西部的陆缘海域沉积的沙河群，在不大的范围内可以看出它是一个穿时的地层体[100]。根据现有对笔石地层的研究，可以初步说明该群上部具南北方向的穿时性，而下部也都是一些跨时的岩石地层单位。又根据该海槽内各相区的纵向相序演变关系和在横向上的结合关系，表明各岩石组在东西方向上也具有穿时性。组、层段界面可切穿统、阶相当的时间面。

滇西地区在奥陶纪—志留纪时有一对在东西两侧彼此相向的陆缘海域，其间既无古陆的存在，也无洋壳、地幔涌出的岩石及火山岛弧存在的迹象。这对陆缘海域至少从寒武纪就开始并一直延续至石炭纪或二叠纪以后才封闭。在此长期的地质历程中，有过多次大规模的海侵，在海退时也未被填积淤塞，表现出为一向南北延伸而在东西方向是相对狭窄的海槽。这是一个陆间海槽，其东是康滇古陆，其西也有一个原始古陆。海槽内部无论在海进或海退过程中都会发生海水的整体迁移，致使岩石地层单位界面具穿时性（图1-47）。这种迁移到处都在不断地进行着，但不同的区域则可以有不同的方向。同一区域在不同时期的迁移方向也是不同的，例如上述潞西至金平之间的海区内，早奥陶世后期至早志留世的海水西迁，中志留世开始则又东进[100]。

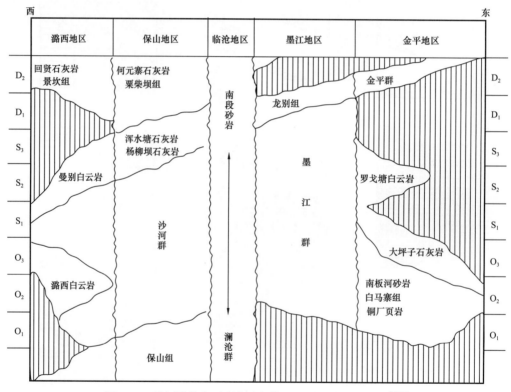

图 1-47　沙河群的穿时现象及与邻区地层的关系示意图[100]

4. 太行山地区寒武系崮山组的穿时性

崮山组是以页岩为主的岩石地层单位，在太行山地区表现了明显的穿时性。王立峰[100]认为在井陉地区，崮山组仅限于崮山阶下部的 Blackwelderia 延限带，厚 2～5m；在曲阳地区，崮山组包括崮山阶及长山阶的中部，位于 Blackwelderia 与 Changshania 延限带之间；在涞源地区，它包括了崮山阶、长山阶及凤山阶中部，其界线位于 Blackwelderia 延限带与 Tsinania-Ptychaspis 组合带之间。崮山组是一个自北向南增厚、向上穿时的岩石地层单位（图 1-48）。

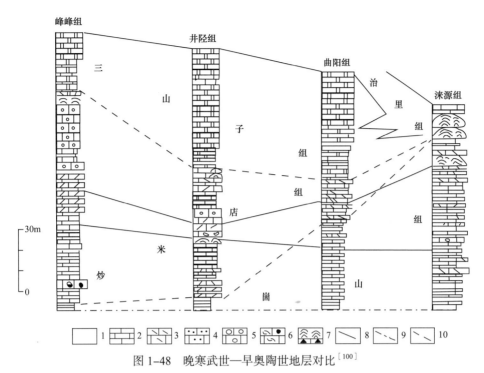

图 1-48　晚寒武世—早奥陶世地层对比[100]

1—页岩；2—泥质条带灰岩；3—砾屑灰岩；4—砂屑灰岩；5—鲕粒灰岩；6—生物碎屑灰岩；7—叠层石及礁体；8—年代地层界线；9—岩石地层界线；10—年代与岩石地层重合界线

崮山组是指张夏组之上、炒米店组之下的地层，以黄绿色（夹紫红色）页岩、灰色薄层疙瘩状—链条状灰岩、竹叶状灰岩互层为主，夹蓝灰色薄板状灰岩和砂屑灰岩为特征的岩石地层单位。以薄层砾屑灰岩夹页岩出现为其底界与张夏组整合接触；以页岩结束为其顶界。按其定义，太行山地区崮山组自南向北表现了明显的穿时性，呈楔状向太行山南段变薄。

（二）岩相界面的穿时性

有些相同岩性的沉积体是在不同的时期沉积形成的，当这些相同岩性的界面穿过时间界面时，就会发生"穿时"现象。

以三角洲沉积体系为例，三角洲沉积会随时间而迁移，随着三角洲前积式向海推进，早先的沉积界面就成了三角洲前积层的等时线或者等时面，每两个等时线间所限制的前积层都包含了同一时期形成的三角洲平原、三角洲前缘、前三角洲三个不同亚相，称为同期异相；而在一个大的三角洲沉积体系中，同一亚相（比如三角洲平原）是不同时期形成的该亚相的叠加，称为同相异期，这里说的同相异期就是"三角洲穿时"的现象。

如图 1-49 所示，该三角洲沉积一共发育了 3 期，红线为不同期次沉积的三角洲的等时界面，两红线之间同期沉积的三角洲向盆地方向通常依次发育三角洲平原—三角洲前缘—前三角洲，岩性逐渐变细，从图中可以看出，红线所表示的等时界面并不是岩性界面。黄线表示岩性界面，当多期沉积的三角洲在纵向上叠加时，岩性界面往往穿时，如图中多期三角洲平原底、三角洲前缘的底等为岩性界面，其实它们是穿时的。

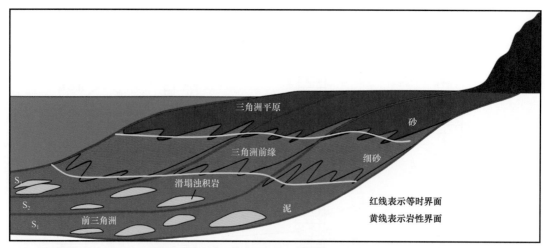

图 1-49　三角洲沉积界面的等时性与穿时性[101]

（三）标志层的穿时性

地层对比过程中最常见的一种标志层就是煤层。煤层是一种沉积地层，它遵循沉积学、地层学、岩石学及矿床学的基本规律，也有其特殊性。传统煤地质学的核心观点是煤层由泥炭沼泽演化而成，其本质就是成煤物质的垂向加积。赵万福[102]通过对煤层垂向和侧向加积的分析对比以及大面积稳定展布的厚煤层低自然伽马多峰现象、层理与条带结构等沉积特征的研究，认为成煤物质是机械沉积的，煤层像大多数沉积岩层一样是侧向加积形成的。因此，对于厚煤层而言，其形成过程不是一个简单的、连续的、线性的垂向累加过程，而是一个复杂的、不连续的、非线性的侧向叠合过程，且成煤物质也是不连续的、多期多源的，厚煤层中普遍存在的夹矸便是其不连续的证据。综上所述，厚煤层是穿时的。

如图 1-50 所示，山西省东南部 3 号煤层厚度稳定。分布范围广，纵向自然伽马曲线大范围内稳定存在四个峰，指示其内部含有三层稳定的薄夹层，主要为高岭石及其转化物，且已有多口钻井揭示了这三套夹层。再往北，到山西阳泉一带这四个分层是完全分开

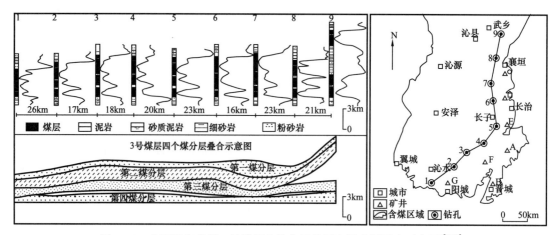

图 1-50　山西省东南部 3 号煤层自然伽马特征和煤分层叠合示意图[102]

的，在太原西山也同样如此。向西在山西沁源一带分叉，在鄂尔多斯东缘分为多层。向东跨过太行山进入河北、山东，最终在鲁西南分叉。钻井资料显示煤层中的灰分向着煤层分叉的方向（物源方向）增加。绝大多数煤层呈低放射性，但厚煤层的低放射性在垂向上并不是均质的。山西省东南部 3 号煤层对应四期侧向加积造成的次生垂向加积。三层稳定的薄夹层分别对应三期成煤物质沉积间断期间的缓慢沉积。煤层与围岩存在较大的波阻抗差异，在地震剖面上形成明显的反射界面，往往作为标志层。

第三节　沉积层序等时地层对比原理

沉积层序等时地层对比是地震地层学在油气勘探中实践的关键工作内容。在等时地层对比的基础上，层序地层格架得以建立，是后续层序内岩相间断、地层分布模式和沉积环境分析的基础。建立等时地层框架需要利用不同尺度、不同种类的资料，如地震数据，测井信息和露头数据。Vail 总结了从沿海平原到被动大陆边缘的陆架斜坡的地层沉积模式，提出了层序地层学。层序地层学以年代地层单元的划分为核心，年代地层单元之间通常以侵蚀面、非沉积面或不整合面为边界，利用地震、测井和露头数据解释地层分布模式、沉积环境、岩相特征，进而分析与推测沉积物的系统发育、演化和分布，最终可以提高岩性圈闭的预测准确度。美国层序地层划分方法存在四种流派：（1）Vail 等在 Exxon 生产研究公司工作期间建立了改进理论，认为层序边界是不整合或相对不整合；（2）Galloway 则提出最大洪泛面（MFSs）是序列边界；（3）Johnson 认为一个层序是一个海侵退的循环，其边界为不整合或海泛面成因的不整合面；（4）以 Cross 为代表的科罗拉多矿业学院认为基准面是解释地层层序形成的主要因素，并且他根据"过程—响应沉积动力学"对层级进行了划分。在这些理论中，Vail 理论更加流行，其被应用于大陆裂谷盆地，建立三级层序地层格架时具有优势。在勘探程度较高的盆地含油地区，Cross 理论则更具优势，可建立局部高分辨率的层序地层格架实现准确地预测岩性圈闭。

目前层序地层学的影响已经渗入油气勘探开发的各个环节，通过结合生物地层和构造沉降信息，层序地层理论提供了一个更精确的年代地层相关框架以及古地理重建和储层、源层和盖层岩层预测的方法。层序地层学的概念统一了对地层的初步认识，类似于板块构造已经提供了一套地球构造的统一认识框架一样。本节先介绍了层序地层的基本概念，然后阐述了不同尺度年代对比单元特点和对比方式，最后总结了沉积层序等时地层对比相比于传统岩性地层对比方式的优点。

一、层序划分对比原则

层序地层学的概念是由 Exxon 石油生产研究公司的一组研究人员开发的，Vail 是其中的一员。地震地层学研究始于 20 世纪 70 年代中期，经过 10 年的发展，通过许多学者的合作，形成了统一的层序地层法方法体系。Vail[67] 总结了层序地层学的最新进展，并补充了以前在他的文章中被忽略的层序结构，指出"沉积层序是一个地层单元，它由一套整一的、连续的、成因上有联系的地层组成，其顶和底以不整合面或者与之可以对比的整合面为界"。层序概念提出之前，地质时代主要利用生物地层学和岩石地层学方法进行划分。

往往某个地区的某一个地层时代归属经过长期的争论也无法得到统一的认识，或在同一个时代内出现不同地名命名的地层名称，或在一个地区习惯利用特定的标志层来判定地层的时代。但是当沉积层序概念出现以后，人们认识到年代意义划分终于迎来了统一的标准。

（一）层序界面特征

Vail 提出的层序概念是根据 Sloss[29] 的概念修改而来，是比群、大群或超群更高一级的地层单元，在一个大陆的大部分地区可以追踪，并且以区际的不整合面为界。Sloss 认为这样一些层序具有年代地层学的意义。实际工作中，层序不仅以区际不整合面为界，而且以与之相当的整合面为界，并且是在大陆和洋盆的大部分地区上可以追踪，这也是层序划分和对比的基本准则。明显叠加在一起的沉积层序组合称之为超层序，人们承认有这种超层序，它们和 Sloss 当初提出的沉积层序同一数量级的。

沉积层序所具备的年代地层意义显而易见，因为它是层序边界的年龄所限制的一定地质时代范围内沉积下来的地层组合，尽管在边界为不整合的地方，层序内的地层的年龄范围可能随地而异。有两种年代地层表面与层序有关：（1）不整合面和与之相当的整合面，它们构成了层序的边界；（2）层序内的层（层理）面。这些界面由一个沉积层序边界的不整合面部分所代表的沉积间断一般是可以变化的。它可以从大约一百万年变化到几亿年；然而，这个不整合面是具有年代地层上意义，因为在不整合面上边的岩层总是比它下边的岩层年轻。层序边界的整合面部分实际是同年代的，因为这些沉积间断是无法测量的：其时间间隔一般不到 1Ma。在一个层序中，分隔各组地层单层和纹层的物理界面实质上是同年代的。

为了准确地确定和对比一个沉积层序，必须确定并追踪层序的边界。通常这些边界是根据地层不整一关系所在的不整合面确定的（图 1-51）。此外，不整合面上、下岩层的地质年代的确定，为一定区域内沉积间断的长短提供了一个度量的尺度。随着对一特定沉积层序边界的侧向追踪，界面上下的地层可能变成整一关系，但是一个足够长的沉积间断可能是标志着一个不整合面（假整合界面）存在的证据。这个界面可以在整一的地层之间继续追踪到没有沉积间断迹象的地方为止，而这个不整合面也就被追踪到它的可以与之对比的整合面里。

（二）不整合面和整合面

不整合面是一个侵蚀面或者无沉积作用面，它把新地层和老地层分开，并代表了一个明显的沉积间断（图 1-52）。整合面是一个区分新地层和老地层的界面，但是沿着它没有侵蚀作用和无沉积作用，也没有重大的沉积间断标志。

Dunbar 和 Rodgers 解释过常用的不整合面分类，并且定义了假整合、不整合、平行不整合和角度不整合等常见术语（图 1-53）。该分类更多强调了不整合上下地层的角度关系或是平行关系，而非地层与不整合面本身的关系。尽管这一分类指明了不整合面发生前下伏地层的褶皱程度，但却没有指出其年代地层学意义，因此实际工作中很少使用这种不整合面分类。

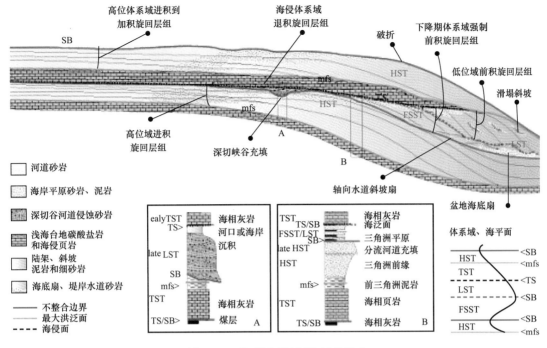

图1-51 典型层序地层格架的组成

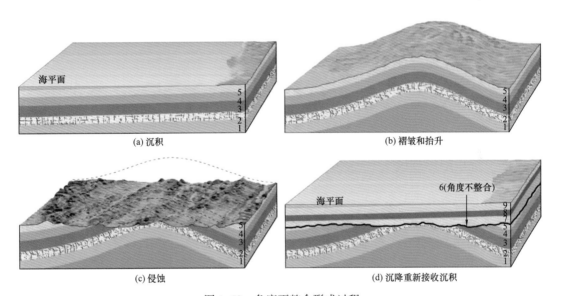

图1-52 角度不整合形成过程

沉积间断表明沿某一地层界面存在地层缺失。如果沉积间断所代表的地质时间间隔十分显著，那么这个地层界面就是一个不整合面。为了确定一个沉积层序在标准的年代地层系统中的位置，必须对沿着不整合的层序边界上的沉积间断进行测量。此外，只有在沿着层序边界的沉积间断的地质时间间隔确已降到无关紧要的地方，才能够确定标志着一个沉积层序的最大地质时间间隔（层序年龄）。在理想情况下，这种沉积间断是用某些放射性年龄测定法进行定量测量的。但实际上，这种沉积间断常常是通过生物地层学、古地磁反向对比，或者某些其他方法，用定性的单位（如纪、世或化石分带）来度量的。而后把这些层位与放射性年龄测定的量度进行对比，求得以百万年计算的年龄的最佳估值。一个沿层序边界的沉积间断的量级的概念，与沉积层序的量级概念相类似。其量级取决于所用手段的分辨能力。不过，一个地震层序常常包括了几百万年的地质时间间隔，所以它的缺失就说明有一个这么大规模的沉积间断。

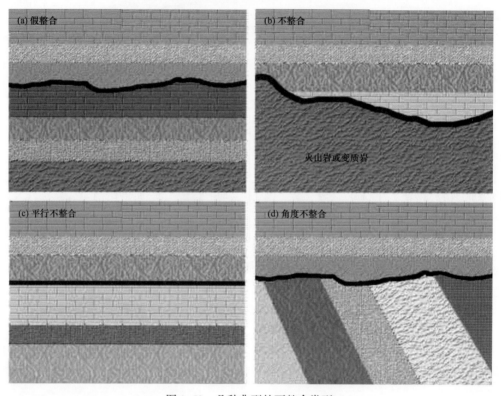

图 1-53　几种典型的不整合类型

（三）沉积层序规模

沉积层序通常有几十米至几百米厚，尽管其变化范围可以从几千米降到几毫米。一般来说，规模较小的层序只能在很短的距离内对比。此外，还存在着对比手段（地震剖面、测井曲线对比或者露头）分辨率的大小所带来的精度限制问题。

沉积层序可以在地震剖面上鉴别出来（地震层序只能和最近的反射周期对比）。在目前资料质量较好的情况下，一个地震周期代表了一个厚度至少为几十米的地层单元。如果这些地层是连续的，则在横穿盆地的倾向方向上，通过地震周期对比，可以把层序追踪出数千千米，而在走向上追踪还要更远。地震反射趋向于平行层理面，而不是平行可以跨越层理面的岩性单元的粗劣界面。因此，地震反射对比接近于年代地层对比，其结果提供了一个与地层所代表的规模级别相当的地质等时面。然而，一个地震反射可能因所代表的地层单元变薄而在地震剖面中消失，但这个地层单元却在低于地震手段的分辨力的情况下继续存在。在根据钻井取样且做过生物地层学的年代确定的大多数第四纪以前的地震层序中，它们的持续时间一般相当于约为阶或者统级的标准的年代地层单元，并跨越一个量级为 1~10Ma 的地质时间间隔。

测井资料不仅可以用于识别大型层序，而且也可以检测出中等大小的层序。利用电测或放射性测井仪器，可以在测井曲线上区分出厚 1m 或者不到 1m 的地层单元。因为层理面既可以产生地震反射，也可以在测井曲线上有所反应，所以这些方法都可以用来进行精确的年代地层对比。然而，测井标准层的对比可以求得级别更精确的地质同时面，因为它可以识别出与比较小的地层单元有关的不整合面。一般来说，利用测井曲线对比检测出来的比较小的层序，在量级上比许多标准的年代地层单位要低。测井曲线对比的主要缺点是缺乏井与井之间的连续对比，尽管密集井位控制几乎和地震对比一样有效。

利用岩心或者地面出露的良好露头进行地层对比，可以达到最详细的年代地层对比，在露头上每个地层甚至纹层都可以追索。控制点常常强烈地限制了可以进行地层对比的面积大小。然而，在用测井标准层单元所识别的最小的地层单元中，人们可能看到层面对着测井标准层边界的中断现象，以及纹层对着层面中断的现象。

二、体系域划分对比原则

Vail 等认为序列中的不整合面、沉积体系和体系域是由全球海平面变化控制的，将 Brown 和 Fishers 的沉积体系概念应用到层序地层学理论中，并将一个沉积体系分为四种体系域，即低位体系域（LST）、海侵体系域（TST）、高位体系域（HST）和陆架边缘体系域（SMST）。

沉积体系域（systems tract）是由一连串有成因联系的同时代的沉积体系所组成的。层序中的沉积体系域是根据界面类型及其在层序内的位置、准层序及准层序叠置模式客观地加以定义的，它的形成取决于海平面变化、构造沉降和沉积物供给速度之间的相互关系，可用几何形态、内部结构和相组合加以表征。

层位通常可划分为 I 型或 I 型层序，每个层序包含三个体系域，其中 I 型层序通常由低位体系域、海侵体系域和高位体系域组成；II 型层序通常由陆棚边缘体系域、海侵体系域和高位体系域组成（图 1-54）。

三、准层序划分对比原则

准层序是一个以海泛面或与之对应的面为界、成因上有联系的层或层组构成的相对整合序列[62]，是测井层序地层分析的最小基本单元；厚度为几米到几十米。有成因关联的一套准层序构成准层序组，根据准层序的叠置样式，准层序组可划分为进积、加积、退积三种类型（图 1-55）。

准层序由层组、层、纹层组组成。陆相沉积的准层序是以沉积间断或小的湖侵面为界的一套地层组。按层序地层学观点，准层序发育初期沉积空间突然增大，也就是说准层序边界是一个沉积空间突变面（即一个沉积间断面）。Waither 相律指出："只有那些成因相近且横向上紧密相邻而发育的相才能在垂向上依次叠覆出现而没有间断"。反过来说，如果横向上不可能紧密相邻发育着的两种相，因环境快速变化而在纵向上叠覆出现，则这两种沉积物之间的接触面就是沉积间断面。实际上，在很多例子中，井距相隔数千米的各井之间湖相泥岩和海相泥岩是可对比的，这一现象也说明了这种研究思路的正确性。

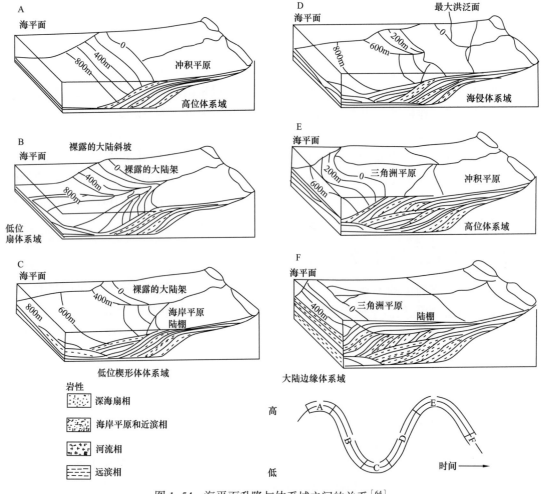

图 1-54 海平面升降与体系域之间的关系[64]

通常根据相序组合关系划分准层序，把纵向上沉积相演变趋势相同的多个砂岩和泥岩层的组合作为一套准层序，而准层序边界是相序演变趋势的不连续面。有三种沉积机制形成准层序边界：第一种机制是水深相对快速增加；第二种机制是海平面相对快速上升；第三种机制是海平面升降。

大多数准层序是进积的，即时代越来越新的砂岩层组的远端是在越来越朝盆地深处的方向沉积下来的。这种沉积形式造成了向上变浅的沉积相组合。也有一些准层序是加积或退积的，这与构造背景和沉积环境有关。

海泛面作为准层序边界，反映了水深突然增加事件。海泛面识别要综合以下因素：岩性突变；层厚突然增加或减少；可能的冲刷与侵蚀；层面附近出现丰富的海绿石、磷灰石、黄铁矿等自生矿物；生物扰动现象向下突然增加或减少。准层序是一个向上变粗的粒序组合。准层序内的岩性与厚度变化在常规测井中都有显示，可以通过岩性测井与曲线形态分析来确定。地球化学测井和成像测井能够识别海绿石和生物扰动的存在。不同的准层序组类型在测井曲线上的响应也有差异。前积准层序组为一向上变粗的电相组合；加积准层序组为一箱状电相组合；退积准层序组为一向上变细的电相组合。

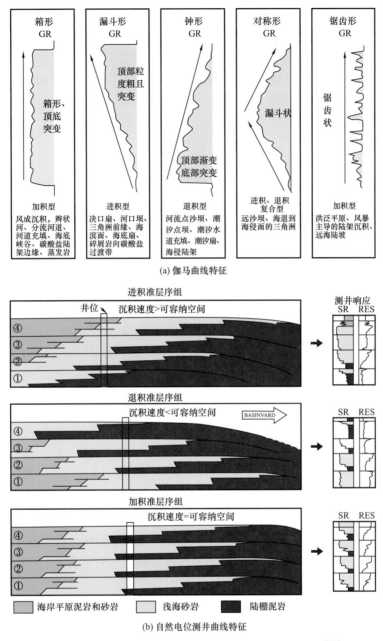

(a) 伽马曲线特征

(b) 自然电位测井曲线特征

图 1-55　进积、退积和加积过程中的准层序组合特征[62]

四、沉积层序地层划分优势

地层划分方式通常可分为岩石地层单元划分、生物地层单元划分和沉积层序地层单元划分。

（一）岩石地层单元具有穿时性

岩石地层单位是根据其岩性和地层关系定义和表征的，有层或无层的岩石体。岩石地层单位也是地质制图的基本单位。岩石地层学的要素是基于岩石地层的描述和命名法。岩石地层分类根据岩石的岩性和地层关系将岩体组织为单位。岩石地层单位根据岩石的岩性或组合定义和识别。岩石地层单元可能由沉积岩、火成岩或变质岩组成。

值得注意的是，岩石地层单位是通过可观察的物理特征而不是根据其推断的年龄、其所代表的时间跨度、推断的地质历史或形成方式来定义和识别的。岩相地层单位的地理范围完全由其诊断岩性的连续性和程度来控制，因此岩石地层单元有可能发生穿时（图 1-56）。

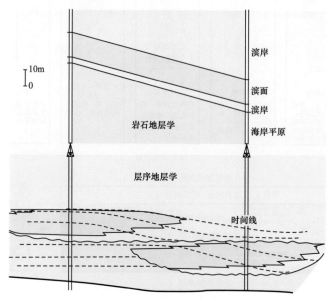

图 1-56　岩性地层划分所发生的穿时现象

（二）生物地层单元年代分辨率比较低

生物地层单位是依据岩石中的化石内容建立的（图 1-57）。它的建立与选择不受岩石岩相影响。生物地层单位与岩性地层单位是根本不同的两类地层单位，各自所依据的鉴别标准不同。两者的界线可能在局部相符，或位于不同的地层面，或相互交错。所有岩石（沉积岩、火成岩、变质岩）都可以划分为岩石地层单位，而生物地层单位只能在含化石的岩层中建立。

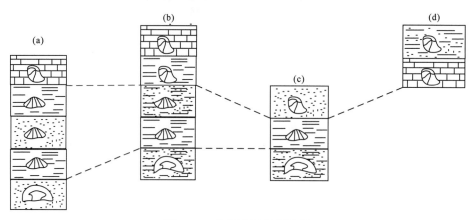

图 1-57　生物地层划分原理

生物地层单位和岩性地层单位均反映沉积环境，但生物地层单位更受时代的影响，而且可指示地质年代。因为生物地层单位是以生物的进化演变为基础的，在特征上几乎不重复。

划分一个生物地层单位的依据是多种多样的：（1）根据化石的所有种类，或只根据某一特殊种类化石；（2）根据作为某一地层间隔特征的所有化石分类单位组合，或仅根据所选定的化石分类单位；（3）根据某一特殊的化石自然共生组合；（4）根据一个化石分类单位，或更多的化石分类单位的延续范围；（5）根据化石的富集情况；（6）根据化石的形态特征；（7）根据化石所显示的习性和方式；（8）根据生物进化发展阶段。一个生物地层单位的建立一定要说明其依据。基本生物地层单位叫作"生物地层带"或简称"生物带"。生物地层单位与年代地层单位不同，两者的界线有时一致，有时前者穿越后者的界线。生物地层单位与岩石地层单位也不同，有时两者的界线一致，有时则互相穿越。

生物带是生物地层带的简称，它是任何一种生物地层单位的统称。生物地层划分可采用不同生物特征（如以全部化石或某类化石的组合特征、共生情况、延续范围、富集程度、形态特征等）为根据。因此，有含义和内容很不相同的多种生物带。为指明生物带的种类，对每种生物带应有不同的、专用的和定义完善的术语。经常使用的生物带有五种，即延限带、间隔带、谱系带、组合带和富集带。它们之间不存在从属关系，也不相互排斥，更不是代表生物地层单位的不同等级。例如，延限带不应该划分成组合带，反之亦然。然而某些种类生物带（如组合带）可再细分为亚带，或将有共同生物地层特征的几个生物带组成一个超带。因此，生物亚带、生物带和生物超带成为生物地层单位的一种等级。此外，一个种的延限带附属于它隶属的属延限带，这是生物分类等级含义已延至生物地层单位上的结果，不再需要一个生物带的等级术语。

物种是形态稳定的生物分类单位，而化石种是生物地层学研究的基础材料。在利用化石种作地层对比时，含有相同化石种的地层被认为是同期的地层。但一个化石种的持续期估计在50万～200万年之间，不同化石种的时间延限不同，所以，以化石为基础的"地质同时"，不是一个精确的时间值。因此，生物地层学的地质同时性必须与通常的时间概念相区别。

进化快慢是地层对比中衡量化石价值的主要标志。对进化速度快，如笔石、菊石等类别的属种的时限只占"阶"的一部分，它们的结构特征更替迅速，可较精确地代表一定层位的相对时代，利用这种化石作地层对比的标准性较高；进化缓慢的属，如舌形贝 *Lingula*（从奥陶纪延续到现代）等保守类型，用于地层对比的标准性就低。

（三）层序地层划分的特点

层序地层学不是基于利用岩性、化石或其他地层学方法对岩石的相关性进行分析，也不是基于岩相分析来构造过去的沉积环境和系统，而是将两种方式结合起来，识别出在一个周期内沉积的地层组合、相对海平面变化和沉积物供应变化。

层序地层分析的优势是试图了解和预测沉积记录中的间隙（不整合面），并将沉积记录划分为与时间相关的成因单位，这对地层岩性和沉积相的预测至关重要。利用年代地层划分方案可以获得沉积相在时间和空间上的分布的整体视图，确定海平面变化的幅度和速率，从而有助于我们了解海平面的性质、地壳运动（如断层运动等）以及过去的气候变化，进而有助于识别、分类和理解地层记录中沉积循环的复杂层次。因此，基于层序地层学的沉积年代地层划分方式克服了传统岩石地层单元的穿时性和生物地层单元的低分辨率和多解性，在固体矿床或油气勘探中效果更显著，实现更简便。

第四节　薄层地震反射调谐原理

"薄层"现象是油气储层的基本特征。在组成一个储集体的若干个储层中，它们的厚度可以是几米厚，也可以是几十米厚，甚至上百米厚，但是往往单层的一般厚度也就是十几米到几十米。在地震垂向分辨率发展有限的今天，对于十几米的储层来说，地震技术仍然显得十分无奈。不过地震资料除了具备基本的分辨能力外，还有一种十分喜人的功能，那就是检测能力。它可以在地震资料无法分辨的情况下，利用地震波动力学特征继续检测或估算细微地层的变化。联合动用分辨技术和检测技术，解释人员就能够识别和圈定薄的储层。

所谓"薄层"，也是相对的概念。在一个层位中属于薄层的单元，到了其他埋深条件下，可能就不属于薄层了。地层单元是否属于薄层，要看在当时具体情况下，地震子波的分辨率是多少。如地层厚度大于分辨率，则地层属于厚层，反之，若地层厚度小于分辨率，则地层属于薄层。

在现代地震薄层分析中，应用的基本地震理论模型是褶积模型。随着地震技术的发展，一些其他更为先进的理论模型将会被应用到薄层定量分析中。

一、褶积模型

在地面观测到的地震响应究竟是什么东西？有一个数学模型可以全面地概括它，这就是褶积模型，即记录到的地震反射信号 $S(t)$ 是地震子波 $W(t)$ 与地下反射率 $r(t)$ 的褶积。

而实际地震记录道 $g(t)$ 应该是地震信号 $S(t)$ 与可加噪声 $n(t)$ 之和：

$$g(t) = S(t) + n(t) \tag{1-1}$$

因此可以把地震道看作是一种有噪声的、经过了滤波的地下反射系数的变形。显然在低噪声水平下，褶积模型与地震记录道可以达到令人满意的近似。

（一）地震子波

严格地讲，地震子波是地震能量由震源通过复杂的地下路程返回接收器时质点运动的一种图形。一般假设地震波的传播路程是一个多层的层系，其中的每一层对具有地震波长的脉冲来说，都是均匀的和弹性的。

与地震处理和解释密切相关的野外子波和解释子波有很重要的意义。野外子波是野外接收系统特别采集到的地震子波，它对资料处理十分重要。解释子波则是解释人员旨在提高资料分辨率的可解释性而期望的一种零相位子波，它可以用于地层的定量解释。

（二）反射率

狭义地讲，反射率就是反射系数。当地震波法向入射到一个界面时，反射系数 R 等于反射波振幅 A_r 与入射波振幅 A_i 之比。广义地讲，反射率 $r(t)$ 被定义为层状介质对上面法向入射的单位脉冲波的总响应（即广义反射系数）。

（三）褶积模型与实际地震道的关系

虽然褶积模型可以令人坦然地相信，地震反射道能够用一个数学公式简单地表达并模拟计算出来，但由于该模型中有许多难以完全确定的因素在起作用，使得该模型与地下原型之间总有一定的差别。

图1-58是用褶积模型制作合成地震记录的过程。首先要选一个合理的子波。通常选择雷克子波来做模型，子波的主频应根据实际地震道的频带分布来定。最好编制一个时变子波，有时为简便起见，也可用某一主频的雷克子波。然后就是求取反射系数序列。选用VSP校正过的声波测井曲线计算出声波测井速度曲线，如果有密度测井曲线时，可先用密度曲线与相应的速度曲线关联，按Gardner公式求出拟合系数，然后用该组拟合系数把整条声波速度曲线转换成密度曲线。若无密度测井，则只好将密度值视为常数值，一般取2。密度确定后，就用速度曲线与密度曲线（或密度常数）对应相乘，得到一条声阻抗曲线。接下来就按反射系数公式由浅往深对声阻抗曲线进行计算，获得重要的反射系数序列。这时，就可以让地震子波与反射系数序列相褶积，最终得到合成地震记录。

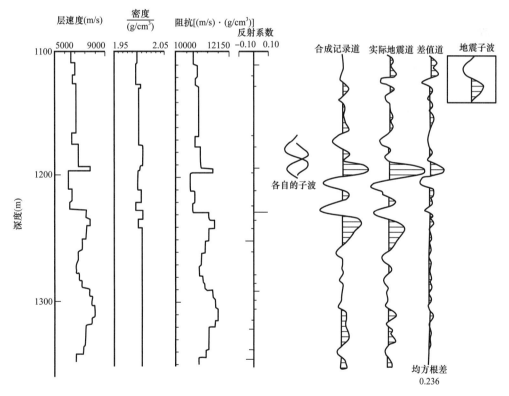

图1-58　合成地震记录制作过程

图1-59和图1-60是两个合成地震记录与实际地震道对比的实例。图中表明了合成地震记录的确与井旁地震道有良好的对应关系，能够大体上反映地层的反射特征。但是，也必须承认，合成记录与井旁地震道的对应关系是有限的，一般达不到波组的一一对应。有时浅层对应比较好，但到了深层又变得很不理想。当然，解释人员可以修改和调整子波参

数和其他参数（如极性、自动增益控制参数等），但实际情况是，无论采取哪种合理的模拟方案，剖面上总有一些反射轴对不上。因此，合成记录与井旁道在对比时，浅层较理想，到了深层（3000m 以下）后，一般也只能求得波组的对应。

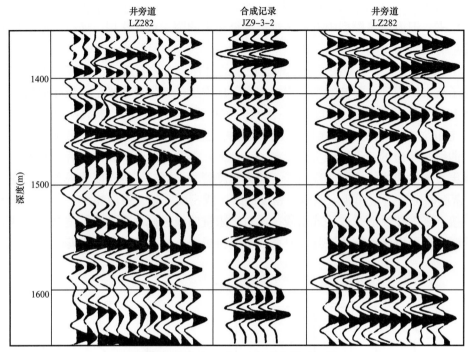

图 1-59　合成地震记录与井旁道对比图

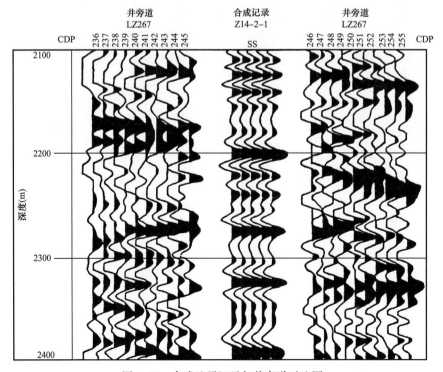

图 1-60　合成地震记录与井旁道对比图

二、薄层的地震反射特征

（一）薄层地震反射的基本特征

雷克（Ricker）在讨论褶积模型时就对地层进行了地震模拟。图 1-61 是雷克在 1940 年合成的地震记录，他发现，合成的地震记录波形与野外地震记录波形十分相近。更重要的是，他认识到，当地震子波遇到一个单一反射界面时，只产生一个与子波波形相近但幅度变小的反射波，但当地震子波遇到一个较薄的夹层时，却产生了一个与子波波形完全不同的波形，而这个波形正好与原子波的一次导数波形相近（图 1-62）。也就是说，薄层的反射波形就是反射子波的一次导数。

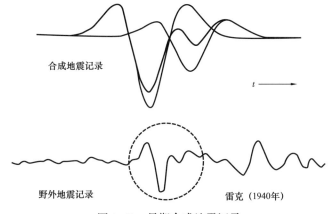

图 1-61　早期合成地震记录

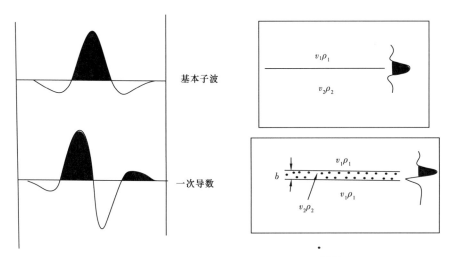

图 1-62　薄层地震反射波形的基本特征[103]

（二）楔状夹层地震反射特征

楔状夹层反映了地层厚度从零逐渐增大的变化过程，其地震响应必须代表层厚变化引起的地震波动力学变化规律。Widess、Lindsey、Nath、Meckel 和 Neidell 等先后讨论了楔状夹层地震响应的重要性（图 1-63、图 1-64）。其中，Lindsey、Nath 和 Meckel 对楔状夹层地震响应做了详细的分析。首先，对于一套低速夹层产生的地震响应做出以下参数定义（图 1-65）。

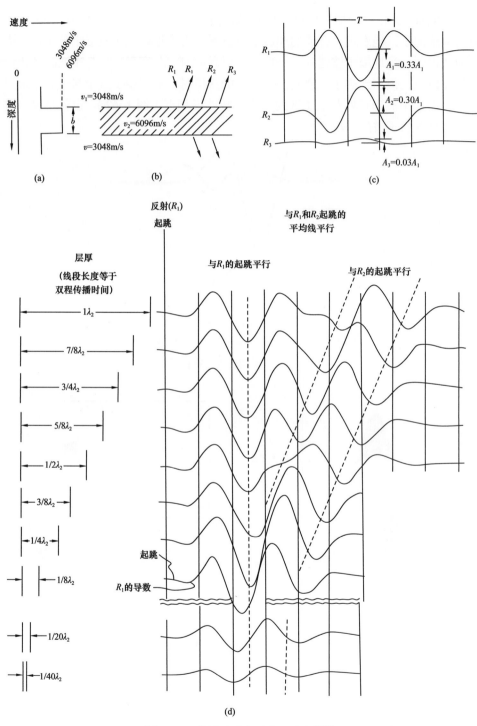

图 1-63　薄层对雷克子波的响应[104]

视厚度或时差：将楔状夹层地震响应复合波形中波谷到波峰的双程旅行时间差，称为视厚度，或者称为时差，单位为 ms。

相对振幅：将楔状夹层地震响应复合波形中波谷点到波峰点的水平间距，称为相对振幅，单位为 dB。

真厚度：将原始楔状夹层地层模型中每一道上夹层顶界面与底界面之间的实际双程旅行时间差，称为真厚度，单位为 ms。

Lindsey 和 Nath 根据以上参数定义编制了地震响应的量板图（图 1-66）。在这个量板图中清楚地显示出以下的规律：当地层厚度相当大时，测量出的峰到谷双程时间即视厚度与实际厚度非常吻合（图 1-66），位于图中的 45° 线上。而当厚度开始减小时，测量的时间先是稍稍偏离这条 45° 线，随即在某个点以后渐近地趋向于一个常数值。

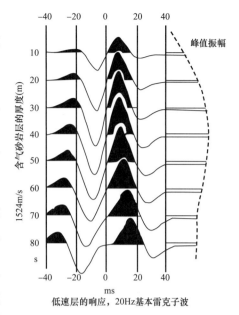

图 1-64　薄层对雷克子波的地震响应[104]

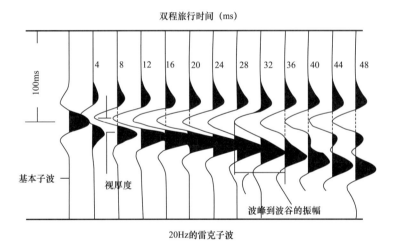

图 1-65　楔状夹层地震响应及其参数[105]

也就是说，当地层厚度比较大时，测量出的视厚度可以代表真厚度。这个结论其实长期以来早已被采用。例如，在利用常规地震剖面编绘较厚地层单元的等厚图时，就是根据测量的地震反射的视厚度值来做图。这个道理十分简单，因为当地层较厚时，顶与底的两个反射单波距离很远，几乎无干涉作用，这时顶、底反射的波谷和波峰的位置就正好对应地层顶和底的实际位置，那就有视厚度等于真厚度这一情况。

但当地层较薄时，不论地层真厚度如何变化，视厚度都不再改变，也就是说，视厚度已经变得不再反映真厚度的变化。这是因为当地层厚度很小时，顶和底的两个反射单波相距很近，它们叠加复合后形成一个单峰—单谷复合波，而该复合波的波谷点和波峰点的位置已不再对应原地层顶和底的实际位置。

进一步观察可以看出，视厚度曲线从楔状地层的较薄端到较厚端之间有一个分界点，该点将视厚度曲线划分出两段，一段是与较薄端对应的平直段，另一段是与较厚端对应的45°对角线。

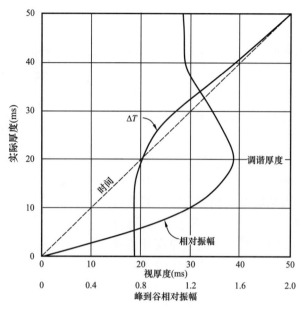

图1-66 楔状夹层地震响应的量板[105]

（三）相对振幅曲线

当层厚较大时，相对振幅是常数。随着层厚的减小，振幅先增加到一个极大值，然后以非线性的方式减小到零。

也就是说，当楔状夹层很厚时，相对振幅是不随层厚的改变而改变的。当两个子波相距较远时，它的波峰和波谷未受干涉，从而保证了峰—谷相对幅度为一常数。换句话说，当地层厚度比较大时，相对振幅已经不能反映地层厚度的大小。

但是，当地层比较薄时，情况就完全不同了。这时相对振幅值随着地层真厚度的增大而单调递增，一直增大到一个振幅极大值。这一条规律是地震波运动学理论应用中未曾遇到过的，它只在地层很薄时才出现。既然相对振幅能反映薄地层厚度的变化，那么相对振幅在薄层定量解释中就占有十分重要的地位。

同时，还应该看到，相对振幅曲线存在一个极大值点，该极大值点把整条相对振幅曲线分截为两段，一段是薄层端的单调递增曲线，另一段是厚层端的平直段。

三、调谐原理及其应用

在楔状夹层地震响应中，相对振幅值达到极大值时，称为振幅发生调谐（tuning）。调谐现象是十分重要的地震波动力学特征。

（一）调谐原理的概念

1.基本术语

调谐振幅：相对振幅曲线发生调谐时的振幅极大值，称为调谐振幅。

调谐厚度：相对振幅曲线发生调谐时所对应的地层真厚度，称为调谐厚度。

2. 调谐点的特征

由图 1-66 可以看出，相对振幅极大值点与视厚度平直段向 45° 对角线过渡点相一致，正好对应调谐点。

调谐点成为一个"分水岭"，它将整个量板分为两个区间：厚层区间，在这个区间，相对振幅不随真厚度变化，但时差即视厚度近似等于真厚度；薄层区间，在这个区间内，时差已经与地层真厚度无关，但相对振幅值随地层真厚度的增加而增加。

在厚层区间，地层真厚度可由视厚度来表示，而在薄层区间，地层真厚度由相对振幅来表达。

3. 调谐点的成因

楔状夹层的地震响应为什么会发生调谐现象呢？由图 1-67 可以看出，夹层顶和底产生的波形的极性正好相反，当这两个波形发生重叠时，会有一定波形幅度的抵消。如当地层厚度为零时，相当于顶、底界时差为零，必然有两个极性相反的波形完全抵消，相对振幅为零。如果地层有一很小的厚度，则来自顶界和底界的波形有一定时间延迟，这时，两个极性相反的波形虽然仍有抵消，但都没有完全抵消，叠加的剩余值就是一个单峰—单谷复合波形。随着地层厚度的增加，会有那么一点，使底界面的旁瓣时间正好与顶界面的主峰时间一致，这时叠加的性质属于同相相加，必然叠加出一个极大振幅值。也就是说，当地层厚度的时间距正好等于子波旁瓣到主峰间距时，因波形同相叠加而产生调谐现象。

4. 薄层的定义

根据调谐现象及其特征，凡是厚度小于调谐厚度的地层均视为薄层，而把厚度大于调谐厚度的地层称为厚层。显然，薄层的厚度只能用相对振幅来反映，而不能用视厚度反映。

由于调谐形成的条件是地层厚度等于子波峰—谷间距，而峰—谷间距正好就是半周期，因此可知，调谐时间间距就等于半周期：

$$T_t = \frac{1}{2}T \qquad (1-2)$$

式中，T_t 为调谐时间间距，ms；T 为子波周期，ms。

若用单程距离来表示，调谐地层实际厚度变成：

$$d_t = \frac{1}{2}T_t v \qquad (1-3)$$

式中，d_t 为调谐单程地层厚度，m；v 为地层速度，ms。

进而存在：

$$d_t = \frac{1}{2}\frac{1}{2}Tv \qquad (1-4)$$

即

$$d_t = \frac{1}{4}\lambda \qquad (1-5)$$

式中，λ 为子波的主波长，m。

式（1-5）表明，调谐点处地层实际单程厚度为主波长的 1/4。因此，实际应用中，把 1/4 主波长这一刻度作为衡量薄层的标准，凡小于 1/4 主波长的地层，均称为薄层，反之，称为厚层。

一般把楔状夹层地震响应的调谐特征、调谐成因、薄层的定义，以及调谐现象与地层厚度的关系综合起来，统称为调谐原理。调谐原理表达了不同厚度地层的地震波动力学特征的差异，奠定了薄层定量解释的理论基础。

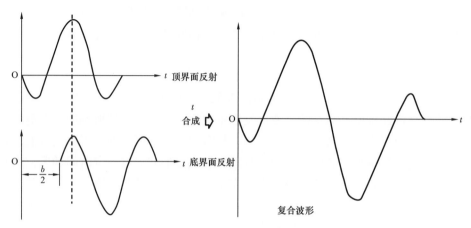

图 1-67　薄层调谐现象成因示意图

（二）调谐与分辨率的关系

由上文可知，调谐厚度相当于子波的 1/4 主波长，而子波的 1/4 主波长实为子波的垂向分辨率。因此可知，调谐点就是分辨极限，而且薄层的定义也就是分辨能力的定义。

当地层厚度大于调谐厚度时，地层的顶和底可以从地震剖面上通过视厚度直接分辨出来，这个区间称为时间分辨区。

当地层厚度小于调谐厚度时，地层的顶和底无法从地震剖面上用时差分辨，但在这个区间内，地层的厚度可以通过相对振幅检测出来，故这个薄层区又称为厚度检测区。

（三）调谐原理的应用

调谐原理表达了厚层和薄层的地震响应特征的差异，反过来，就可以利用地震响应的差异，按调谐原理来估算地层的厚度。

1. 基本计算公式

（1）当地层厚度大于调谐厚度时，地层厚度可由视厚度，即时差直接转换：

$$d = \frac{1}{2} \Delta T v \qquad (1-6)$$

式中，d 为地层厚度，m；ΔT 为时差，实为双程时间，s；v 为地震波速度，m/s。

（2）当地层厚度小于调谐厚度时，地层厚度则可以用相对振幅来表达：

$$d = f(A_{mp}) \qquad (1-7)$$

式中，$f(A_{mp})$ 为函数一般表达式；A_{mp} 为相对振幅，dB。函数的形式受子波波形影响很

大，而且比较复杂。有时也可用多项式来表达，即

$$d=a_0+a_1A_{mp}+a_2A_{mp}{}^2+a_3A_{mp}{}^3+a_4A_{mp}{}^4 \qquad (1-8)$$

其中，a_0，…，a_4 均为拟合系数，对于某一个子波，它们均为常数。当拟合系数确定后，只要在地震剖面上拾取一个相对振幅值，代入式（1-8），就可以计算出一个厚度值，这个厚度就是薄层的厚度。

2. 实际应用

由上述两类厚度计算公式可知，无论是厚层还是薄层的厚度，在计算时并不复杂，只要确定了目的层属于厚层还是薄层，就能很容易地计算出地层的厚度。实际上，判定地层为厚层还是薄层，这一环节就变得十分重要。

1）调谐点的识别标志

在调谐原理的实际应用中，一张地震剖面上某一反射波的相对振幅和视厚度，可以按炮点或 CDP 点形成两条交会曲线（图 1-68），一条是相对振幅—CDP 点交会曲线，另一条是视厚度—CDP 点交会曲线。在这两条曲线上判定调谐点时，必须遵循两个条件：（1）相对振幅值应该为极大值；（2）时差曲线一侧表现为低平，另一侧表现为整体抬升。只有当相对振幅达到极大值的同时，时差曲线从一侧的低平开始向另一侧整体抬升，这个点才是调谐点。

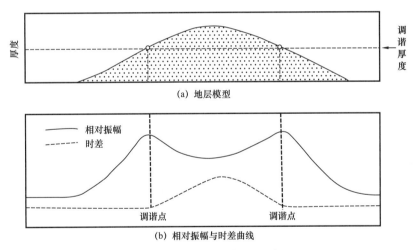

图 1-68　调谐点识别标志示意图

仅仅出现相对振幅极大值的点，并不一定都是调谐点。图 1-69 很清楚地表明了这种情况：当砂体厚度均小于调谐厚度时，因砂体厚度的高低变化，也能在相对振幅曲线上产生极值点，但这个极值点并不是调谐点。应该看到，这种情况下时差曲线根本就没有什么起伏，保持低平状态。因此，参照时差曲线的变化特征，就能准确判定调谐点的位置。

但为什么调谐点识别标志中要求时差曲线要朝某一端整体抬升呢？这是由于实际地震资料中的时差曲线，会因噪声干扰，发生经常的跳动，但是噪声引起的跳动，往往是没有规律的，或者是随机性的，时常表现为单点或曲线局部的起跳，它与地层厚度毫无关系。可是解释过程中，事先不知道哪个起跳是厚度改变造成的，因此需要进行判断，把局部的

或单点的无规则时差起跳作为噪声。只有当时差从某一点起出现整体抬升时，才认为时差受到地层厚度的影响，而这一点才应该是调谐点。

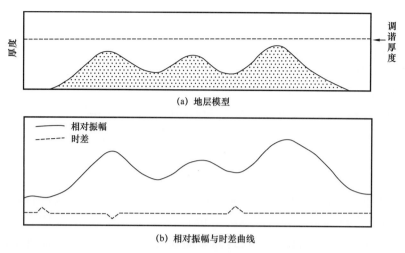

图1-69　薄层产生相对振幅极值点的示意图

2）应用实例

（1）应用实例一。

图1-70是调谐原理应用实例之一。图1-70（a）为地下地层模型，在它的断褶顶部靠右端，发育一套含气砂岩，两侧分别是粉砂岩和含水砂岩；（b）为该地层模型的地震响应；（c）为检测出的相对振幅和时差曲线；（d）为解释出的含气砂层厚度图。

从图1-70（b）中用肉眼很难看出地层厚度变化特征，但编制出图1-70（c）后，就可按调谐原理分析地层厚度变化。首先判断是否达到调谐。虽然相对振幅曲线上有极值点，但时差曲线从左至右全部保持低平，没有出现有规律的起伏。因此可以断定，该砂体比较薄，砂体上没有一处的厚度达到调谐厚度，即整个砂体全部处于薄层范围。实际上，该含气砂层的最大厚度仅有15m，远远没有达到1/4主波长的调谐厚度。目前一般子波波长为80～100m，调谐厚度为20～25m。

当砂体厚度的区间确定后，就可以按该区间对应的计算公式求地层厚度。在这个实例中，相当于把相对振幅曲线标定为地层厚度曲线。标定时一般要借助测井资料。当有声波测井曲线时，可以提取比较可靠边地震子波，然后用该子波与声波测井曲线读出的砂体顶和底的反射系数值，制作合成地震反射剖面，进而编制相对振幅和时间量板。只要对量板中的相对振幅曲线进行拟合，就能获得一条真厚度随相对振幅变化的关系曲线。最后用该关系曲线把图1-70（c）中的实际相对振幅曲线转化为层厚度曲线，如图1-70（d）所示。

有时为了简便起见，也可用钻井地层厚度与井旁地震道相对振幅的对应关系，直接求出一个比例因子，然后用该因子把实际相对振幅曲线转化成地层厚度曲线。

（2）应用实例二。

图1-71是墨西哥湾岸地区一个61m含气砂岩地震厚度分析示意图。同样，在进行厚度分析时，首先应判定调谐点的位置。在图1-71（c）的右端有一个振幅极值点，同时时差曲线在其右端保持相对振幅平直，而在其左端开始整体抬升。因此，该振幅极值点就是调谐点。那么在调谐点到振幅变为零值这一区间，砂层应为薄层，故要用振幅值来标定出

薄层的厚度。而在调谐点左侧区间，因属厚层区，振幅值的变化不再与厚度保持单调递增（或递减）关系，这时时差值就是真厚度值，因此可用实测时差值直接作为厚砂层的厚度值。

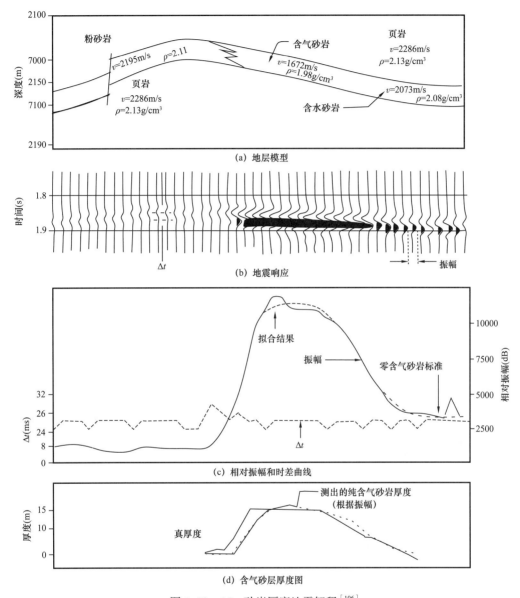

(a) 地层模型

(b) 地震响应

(c) 相对振幅和时差曲线

(d) 含气砂层厚度图

图 1-70　15m 砂岩厚度地震解释[106]

在这个实例中存在一个十分有趣的现象。一个砂体在剖面上按道理会出现两个调谐点，而且当地层的波阻抗值固定且子波不变时，这两个调谐点的调谐振幅应该相同。但图 1-71（c）的左边虽然有一个极大值，但该极大值要小于右边那个调谐振幅。而且左边振幅从极大值很快向左变为零振幅，同时视厚度曲线也急剧变到低平值，与右边不太相像。这个现象的实质在于该含气砂层在左端中断，成因与右端不同，右端为地层尖灭，而左端为厚层状快速指状尖灭，从而没有表现出调谐点应有的全部特征。实际上地下很多地质现象都会产生类似现象，如断层将砂层断开，振幅曲线和时差曲线在断层处会出现异常。

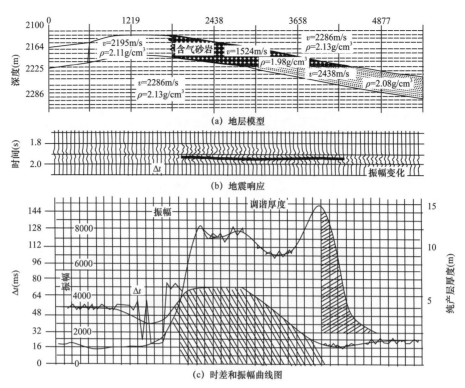

(a) 地层模型

(b) 地震响应

(c) 时差和振幅曲线图

图 1-71　61m 厚砂层地震厚度分析[106]

（3）应用实例三。

图 1-72 是某砂体厚度定量实例。砂体在左端出现一个明显的调谐点：相对振幅达到极大值，同时视厚度曲线向右端整体抬升。但砂体的右端调谐点不明显，解释为地震测线切过砂体快速尖灭边缘，未能完整地反映出调谐现象。图下部是总体定量解释结果。

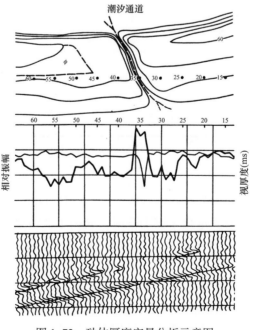

图 1-72　砂体厚度定量分析示意图

（4）应用实例四。

图 1-73 也是一个砂体厚度地震分析实例。上图中的时差曲线基本保持低平值，从而判断该砂体属薄层，故只要将其相对振幅曲线刻度成实际厚度值即可。显然，该砂体比较小，厚度也较薄。但在地震剖面上可以定量解释出来。

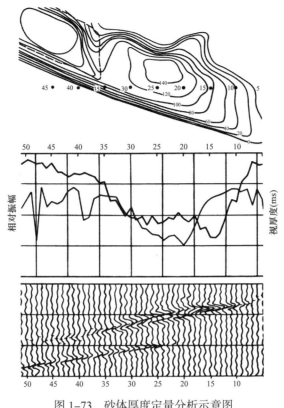

图 1-73　砂体厚度定量分析示意图

四、薄互层地震厚度分析

假如地震子波是类似雷克子波的对称子波，则单一薄夹层的地震响应就变成一个单峰—单谷斜对称复合波形。但是当地层是由两个或两个以上单层构成时，其复合波形就变得比较复杂。图 1-74、图 1-75、图 1-76、图 1-77 是 4 个地震模型，它们的地层结构都是表现为几个砂层相邻近且厚度变化。从中可以看出，存在雷克子波一样的反射单波，也存在类似于单夹层的单峰—单谷斜对称复合波形，还存在多峰不规则波形。

实际上，沉积层序中最常见的是砂岩和泥岩互层，如图 1-78 所示。单夹层不过是砂泥岩互层中抽取出的一个更小的单元，实际上是以互层形式为主，巨厚层中只夹一个单层的情况是较少见的。这主要是因为地下沉积层序中普遍存在岩性的宏观非均质性。一套砂岩层可以在横向上发生很大的变化，时而表现为一个单一厚砂层，时而分叉成几个薄砂层组成的含泥岩夹层的砂岩体，时而又以指状分叉方式在横向泥岩中尖灭。

（一）基本薄互层地震响应

显然，薄互层地层结构和相应的地震反射波形都是十分复杂的，难以看到它们的规律。但是，无论薄互层的内部结构如何变化，它们都由单层组成。对于砂泥岩地层而言，能够成为薄互层的最低条件是泥岩背景上出现两个薄砂层。因此，可将两个靠近的薄砂层形成的薄互层称为基本薄互层（图1-79a）。基本薄互层的分析是研究复杂薄互层的基础。

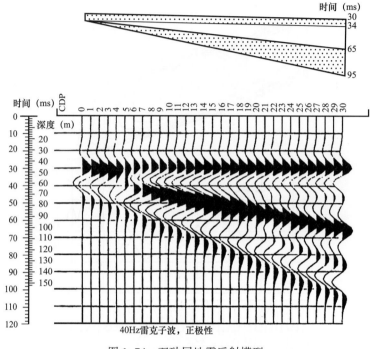

图1-74　双砂层地震反射模型

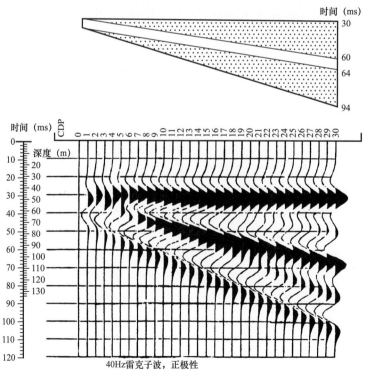

图1-75　双砂层地震反射模型

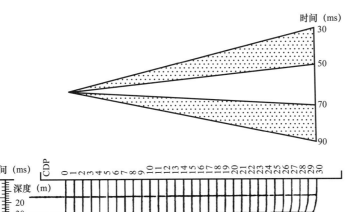

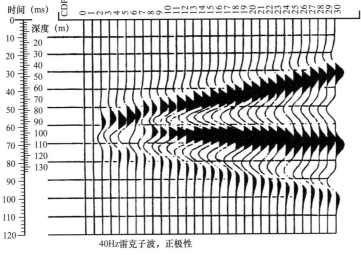

图 1-76　双砂层地震反射模型

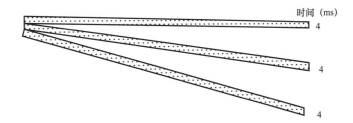

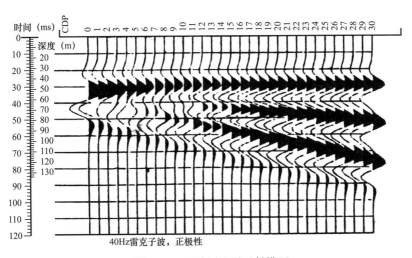

图 1-77　三砂层地震反射模型

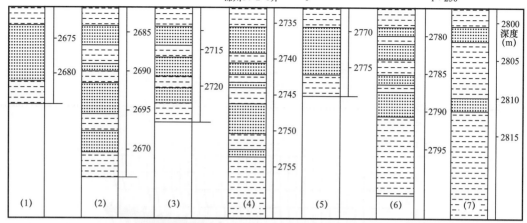

图 1-78　锦州 14-2-1 井沙二段砂泥岩组合

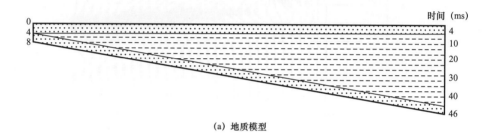

(a) 地质模型

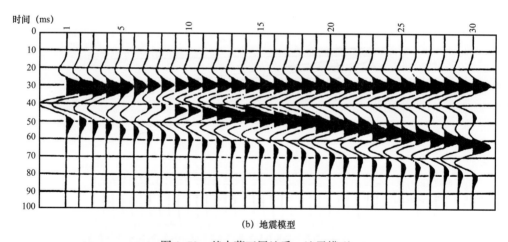

(b) 地震模型

图 1-79　基本薄互层地质—地震模型

基本薄互层的地震响应粗一看好像楔状夹层的地震响应，但实际上有很大的不同。当两砂层相距很远时，相当于图 1-79（b）的右端，出现两个反射波形，但这两个反射波形已不是雷克子波的对称波形，而是单峰—单谷斜对称复合波形。这两个反射波形，实际上分别是上下两个砂层的顶和底界面反射单波的合成波形。由于两个波形分离较远，干涉作用不明显。

当两砂层相距很近时，相当于图 1-79（b）的左端，很有趣的现象是，只出现了一个单峰—单谷斜对称复合波形，但这个单峰—单谷斜对称复合波的振幅明显高于图 1-79（b）

中右端每一个单峰—单谷斜对称复合波形的振幅。

当两砂层相距介于很远和很近之间的距离时，也就是图1-79（b）中位于大约第7道至第20道之间，反射波的波形出现双峰—双谷特征。

可以明显地看出，第6道是一个界线，小于第6道的区间似乎是一个单砂层，而大于第6道的区间似乎已变为两个砂层，但实际上从第2道开始全部都是两个砂层。

从分辨的角度讲，当两个砂层相距很近时（小于第6道），地震反射波形已经不能分辨这两个砂层，复合波形与一个砂层的响应相似，但幅度要大一些；当两个砂层相距一定距离时（从第7道开始），从地震反射波形上能够分辨出两个砂层。

（二）薄的薄互层及其地震响应特征

薄互层总体上有厚有薄。当总厚度小于1/4子波主波长时，这种薄互层即为薄的薄互层；反之，当总厚度大于1/4子波主波长时，该薄互层就被称为厚的薄互层。

图1-80是一组薄的薄互层及其地震响应。图中地层模型的地层厚度为双程时间厚度，单位为ms。三个模型中薄互层的总厚度均为16ms，子波主周期为36ms，以半周期为调谐厚度，故调谐厚度为18ms。那么这三个地层模型的总厚度小于1/4波长，属于薄的薄互层。另外这三个模型中砂层的累计总厚度相同，都是10ms，泥岩的累计总厚度也相同，都是6ms。

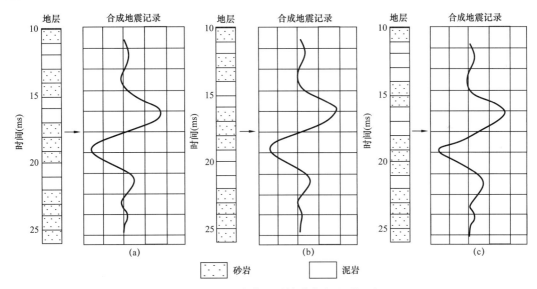

图1-80　砂泥岩薄互层单道合成地震记录

但是，这三个模型中的内部岩性排列方式有明显差别：（1）图1-80（a）中砂层厚度由浅往深逐渐增厚，泥岩夹层均为2ms厚；（2）图1-80（b）中砂层厚度由浅往深逐渐增大，泥岩夹层的厚度也是由浅往深逐层加大；（3）图1-80（c）中砂层厚度由浅往深逐渐增大，但泥岩夹层厚度由浅往深逐渐变薄。

从三个地震反射波形上看，三个砂泥岩层内部排列方式不同的薄互层的地震响应几乎完全相同。也就是说，只要薄的薄互层的总厚度和纯砂岩的总厚度保持不变，不论内部相互排列方式如何，其反射波形都是相同的。

图 1-81 是另一组薄的薄互层地震响应。结果是相同的：对于薄互层总厚度为 13ms 的两个模型，它们纯砂层总厚度约为 10ms，纯泥岩总厚度为 3ms。虽然这两个模型中砂层的排列方式有很大差别，但其合成的地震波形基本相同。

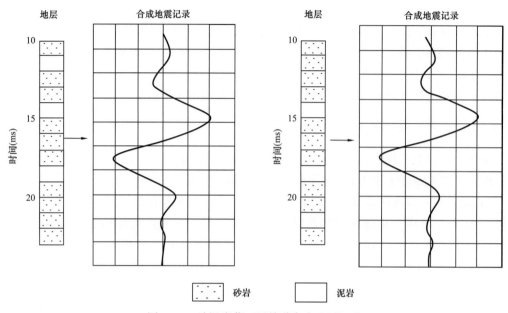

图 1-81　砂泥岩薄互层单道合成地震记录

综上所述，可以得出以下结论：薄的薄互层的地震响应只与互层中纯砂岩的总厚度有关，而与互层内部小层的排列关系无关。

由以上结论可知，既然薄的薄互层产生的地震反射波形已与互层中砂岩和泥岩的相互排列位置无关，只与互层中纯砂层的总厚度有关，那么不论薄互层内部排列结构如何变化，其地震波形，都相当于将全部小砂层靠拢排列后形成的单一砂层产生的复合波形。

这是一个非常有价值的结论。因为薄的薄互层的地震反射，早已无法分辨内部的单一小层，也无法检测每个小单层的厚度，只能检测出薄互层中砂层的总厚度。

（三）厚的薄互层及其地震响应特征

厚的砂泥岩薄互层的地震响应，要比薄的薄互层地震反射更为复杂。

图 1-82 代表一组厚的砂泥岩薄互层地质模型和相应的地震模型。图 1-82（a）为地质模型，最左边为 80ms 双程时间厚度的均质单砂层，向左依次排列了 10 个砂泥岩薄互层，其单一砂层和泥岩层的厚度，由 1ms 逐渐增加到 10ms，且每个模型中单砂层与单泥岩层的厚度均相等。图 1-82（b）为地震响应，均与上部地层模型相对应，使用了主频为 31Hz 的对称子波。

这一组互层模型可以分为三个部分：

（1）第一部分是单层厚度为 1ms 和 2ms 时，相当于单层厚度小于 1/32 子波波长的程度，这时厚的互层的总体反射波形与厚的均质单支的波形相似，即只在互层的顶部和底部有单界面的反射，而互层内部无反射。内部没有反射的原因，主要是单层太薄，来自单层顶与底界的反射单波时差几乎为零，从而内部单层的顶与底的反射波互相抵消，只留下互层顶和底界的反射单波。

（2）第二部分是单层厚度介于3～7ms之间的模型，这时单层厚度相当于1/32λ～1/8λ（λ为子波主波长）之间的范围。这一类互层形成的反射波既在互层顶部和底部有较强的反射，也在互层内部出现了小的波形起伏，这种小的尖齿状波形起伏称为尖峰复合波形。

（3）第三部分是单层厚度属于8ms以上的模型，相当于单层厚度在1/8λ以上。这时产生的互层反射表现为互层顶和底部出现较强的反射单波，同时互层内出现平缓的复合波形。

由以上波形分布规律可知，对于厚的薄互层来讲，当其单层薄至一定程度后，只能等效为一个均质单层，内部小层毫无反映；而当单层厚度增加到一定程度后，强的干涉作用会形成多峰复合波形。

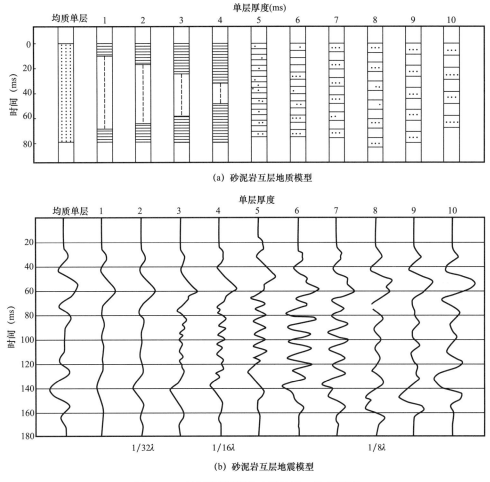

(a) 砂泥岩互层地质模型

(b) 砂泥岩互层地震模型

图 1-82　较厚砂泥岩薄互层地质—地震模型

（四）薄互层厚度定量解释

从薄的薄互层与厚的薄互层地震响应的差别可以知道，当薄互层总厚度小于子波1/4主波长时，完全可以用调谐原理来估算某种岩层的厚度，只不过这时估算出的岩层厚度为同类小层的总厚度。

而当薄互层总厚度大于子波 1/4 主波长时，若单层极薄时可按等效厚层来估算一个总厚度，无法求出每个小夹层以及某种岩性的总厚度；若单层比较厚时，产生的复合波形有可能分解为若干个薄的薄互层来处理，个别情况下，因强干涉作用，使厚的薄互层地震波形无法分离，也就不能完全求准地层厚度。

总体上讲，薄互层在许多情况下，仍可采用调谐原理来定量分析厚度变化。

1. 泥岩薄互层厚度解释模型一

图 1-83 是薄互层含气砂岩厚度定量解释模型。图 1-83（a）为两套含气砂层组，表现为薄的薄互层。图 1-83（b）是它们的地震响应。图 1-83（c）是解释结果：由于属于薄的薄互层，故含气砂层的总厚度，可以按调谐原理中薄层厚度估算方法计算，即可以用反射波的振幅信息检测砂层总厚度，厚度计算十分简单。图 1-83（c）中实线为地震振幅转换的砂层厚度，虚线是纯含气砂岩实际厚度。可以看出，这两条曲线相关性很强，也就是说，振幅检测出的砂层厚度与砂层实际总厚度十分接近。

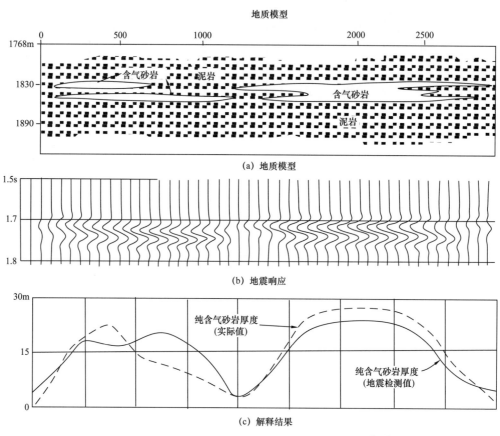

图 1-83　含气砂岩—泥岩互层厚度定量解释示意图[106]

2. 砂泥岩薄互层厚度解释模型二

图 1-84 代表一个砂泥岩薄互层，其总厚度仅有 15.2m，远远小于普通地震调谐厚度（20～25m）。模型中页岩的厚度和纵向位置都在逐点变化。从地震响应上看，凡是嵌入的泥岩变薄处就是砂岩总厚度增大的地方，地震反射波的振幅就明显增大。发育的三个高振幅区分别对应着三个砂层变厚带。图下部测定的振幅曲线与实际厚度曲线十分接近，表明

由振幅值标定的砂层厚度，就是纯砂岩的总厚度。凡是砂岩总厚度相同的部位，其反射振幅都相等；砂层总厚度越小，其反射波的振幅值也越低。

综上所述，砂泥岩薄互层在一定条件下也可用调谐原理估算砂层的总厚度。在实际勘探中应用时，由反射波算出的薄砂层总厚度，往往不是一个单层所致，而是一系列更小砂层的累积。但在勘探阶段，互层内部的细微分布，可能还没有互层中砂层的总厚度值重要。实际上，这时互层内部小层的细微分布，也不可能靠地震技术探明。

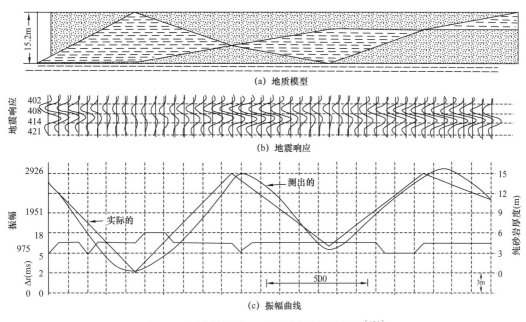

图 1-84 砂泥岩薄互层厚度定量解释模型[106]

本 章 小 结

上述四项地震地层学基本原理是地震解释的基础。四项基本原理也是地震地层学—层序地层学带来全球地学革命最精华的内容。全球海平面控制海相沉积分布，促进全球沉积盆地年代地层的大范围对比；主要地震反射具有年代地层意义，推动了盆地等时地层格架的建立，消除了大量的地层穿时现象；层序地层划分原则实现了地层单元按照不整合面划分单元边界从而达到等时地层对比水平；地震薄层调谐原理从根本上阐明了地震垂向分辨率定义和地震薄层的定义。深刻理解和掌握地震地层学四项基本原理，是做好地震解释工作的前提条件。

参 考 文 献

[1]Mörner N A. Eustasy and Geoid Changes [J]. Journal of Geology, 1976, 84: 123-151.

[2]Mörner N A. Pre-Quaternary Long-Term Changes in Sea Level [M] // Sea Surface Studies. Netherlands: Springer, 1987: 242-263.

[3]Posamentier, Henry W, Summerhayes, Colin P, et al. Sequence Stratigraphy and Facies Associations [J]. 1993, 18: 644.

［4］王永红.海岸动力地貌学［M］.北京：科学出版社，2012.

［5］Curray J R. Late Quaternary history, continental shelves of the United States［M］. The Quaternary of the United States. Princeton Univ., 1965, 723–735.

［6］Shepard F P. Thirty–five thousand years of sea level［M］. Los Angeles : Univ. South California Press, 1963: 1–10.

［7］Komar P D, et al. The responses of beaches to sea–level changes : A review of predictive model［J］. Journal of Coastal Research, 1991, 7: 895–921.

［8］jr Mitchum R M , Thompson S. Seismic stratigraphy and global changes of sea level, Part 3: Relative changes of sea level from coastal onlap ［M］// Seismic Stratigraphy–applications to hydrocarbon exploration. 1977.

［9］Weller J M. Stratigraphic principles and practices ［M］. New York : Harper and Brothers, 1960.

［10］Fairbridge R W. Eustatic changes in sea level ［J］. Physics and chemistry of the earth, 1961, 4: 99–185.

［11］Vail P R , Mitchum R M J , Thompson S I . Seismic stratigraphy and global changes of sea level, Part 4: Global cycles of relative changes of sea level ［J］. AAPG Memoir, 1977: 26.

［12］Hardenbol J,W A Berggren. A new Paleogene numerical time scale ［J］. AAPG Studies Geology,1977,6.

［13］Kossinna E.Die Tiefen des Weltmeeres : Berlin Univ. Inst. Meereskunde, Veroff, Geogr ［J］. Naturwiss, 1921: 9, 70.

［14］Kossinna E.Die Erdoberflache in Gutenberg// der Handbuch B.Geophysik Aufbau der Erde ［M］. Berlin : Gebruder Borntraeger, Abschuitt VI, 1933.

［15］Egyed L. Determination of Changes in the Dimensions of the Earth from Palægeographical Data ［J］. Nature, 1956, 178（4532）: 534–534.

［16］Hallam A. Major epeirogenic and eustatic changes since the Cretaceous, and their possible relationship to crustal structure ［J］. American Journal of Science, 1963, 261（5）: 397–423.

［17］Hallam A. Pre–Quaternary Sea–Level Changes ［J］. Annual Review of Earth and Planetary Sciences, 1984, 12（1）: 205–243.

［18］Forney G G. Permo–Triassic Sea–Level Change ［J］. The Journal of Geology, 1975, 83（6）: 773–779.

［19］Bond G C. Evidence for continental subsidence in North America during the Late Cretaceous global submergence ［J］. Geology, 1976, 4（9）: 557–560.

［20］Bond G C. Evidence for Late Tertiary Uplift of Africa Relative to North America, South America, Australia and Europe ［J］. The Journal of Geology, 1978, 86（1）: 47–65.

［21］Bond G C. Speculations on real sea–level changes and vertical motions of continents at selected times in the Cretaceous and Tertiary Periods ［J］. Geology, 1978, 6（4）: 247–250.

［22］Cogley J G. Late Phanerozoic extent of dry land ［J］. Nature, 1981, 291（5810）: 56–58.

［23］Cogley J G. Continental margins and the extent and number of the continents ［J］. Reviews of Geophysics & Space Physics, 1984, 22（2）: 101–122.

［24］Harrison C G A, Brass G W, Saltzman E, et al. Sea level variations, global sedimentation rates and the hypsographic curve ［J］. Earth & Planetary Science Letters, 1981, 54（1）: 1–16.

［25］Wyatt A R. Relationship between continental area and elevation ［J］. Nature, 1984, 311（5984）: 370–372.

［26］Hardenbol J, Vail P, Ferrer J, et al. Interpreting Paleoenvironments, Subsidence History and Sea–Level Changes of Passive Margins From Seismic and Biostratigraphy ［J］. Oceanologica Acta, Special issue, 1981.

［27］Vail P, Hardenbol J, Todd R. Jurassic Unconformities, Chronostratigraphy, and Sea–Level Changes from Seismic Stratigraphy and Biostratigraphy ［M］//Schlee J S.Interregional Unconformities and

Hydrocarbon Accumulation : American Association of Petroleum Geologists Memoir 36, 1984: 347-363.

[28]Wheeler H G. Time-Stratigraphy[J]. American Association of Petroleum Geologists Bulletin,1958,42(5): 1047-1063.

[29]Sloss L L. Sequences in the Cratonic Interior of North America [J] . Geological Society of America Bulletin, 1963, 74 (2): 93-93.

[30]Sloss L L. Synchrony of Phanerozoic sedimentary-tectonic events of the North American craton and the Russian platform [J] . 24th International Geological Congress, 1972, 24-32.

[31]Sloss L L, Speed R C. Relationships of cratonic and continental-margin tectonic episodes [J] . Tectonics and Sedimentation : Society of Economic Paleontologists and Mineralogists Special Publication 22, 1974: 98-119.

[32]Busch R M. Sea level correlation of punctuated aggradational cycles (PACs) of the Manlius Formation, central New York [J] . Northeastern Geology, 1983, 5 (1): 82-91.

[33]Beukes N J. Transition from siliciclastic to carbonate sedimentation near the base of the Transvaal Supergroup, northern Cape Province, South Africa [J] . Sedimentary Geology, 1977, 18 (1-3): 201-221.

[34]Kauffman E G. Geological and biological overview ; Western Interior Cretaceous basin [J] . The mountain Geologist, 1977, 14.

[35]Harris P M, Frost S H, Seiglie G A, et al. Regional unconformities and depositional cycles, Cretaceous of the Arabian Peninsula [J] . Interregional Unconformities and Hydrocarbon Accumulation : American Association of Petroleum Geologists Memoir 36, 1984: 67-80.

[36]Seiglie G A, Baker M B. Relative sea-level changes during the middle and Late Cretaceous from Zaire to Cameroon (central West Africa) [J] . Interregional Unconformities and Hydrocarbon Accumulation : American Association of Petroleum Geologists Memoir 36, 1984: 81-88.

[37]Seiglie G A, Moussa M T. Late Oligocene-Pliocene transgression-regression cycles of sedimentation in northwestern Puerto Rico [J] . Interregional Unconformities and Hydrocarbon Accumulation : American Association of Petroleum Geologists Memoir 36, 1984: 89-96.

[38]Weimer R J. Relation of unconformities, tectonics, and sea-level changes, Cretaceous of Western Interior, USA [J] . Interregional Unconformities and Hydrocarbon Accumulation : American Association of Petroleum Geologists Memoir 36, 1984: 7-36.

[39]Guidish T M, Lerche I, Kendall C G, et al. Relationship Between Eustatic Sea Level Changes and Basement Subsidence [J] . AAPG Bulletin, 1984, 68 (2): 164-177.

[40]Broecker W S, Van Donk J. Insolation changes, ice volumes, and the O^{18} record in deep-sea cores [J] . Reviews of Geophysics, 1970, 8 (1): 169-198.

[41]Shackleton N J, Opdyke N D. Oxygen-Isotope and Paleomagnetic Stratigraphy of Pacific Core V28-239: oxygen isotope temperature and ice volumes on a 105 year and 106 year scale [J] . Quaternary Research, 1973, 3: 39-55.

[42]Fillon R H, Williams D F. Glacial evolution of the plio-pleistocene : Role of continental and arctic ocean ice sheets [J] . Palaeogeography Palaeoclimatology Palaeoecology, 1983, 42 (1-2): 1-33.

[43]Mesolella K J, Matthews R K, Thurber B D L. The Astronomical Theory of Climatic Change : Barbados Data [J] . Journal of Geology, 1969, 77 (3): 250-274.

[44]Chappell J. Geology of Coral Terraces, Huon Peninsula, New Guinea : A Study of Quaternary Tectonic Movements and Sea-Level Changes [J] . Geological Society of America Bulletin, 1974, 85 (4): 553-570.

[45]Chappell J, Veeh H H. Late Quaternary tectonic movements and sea-level changes at Timor and Atauro Island [J] . Geological Society of America Bulletin, 1978, 89 (3): 356-368.

[46] Moore A D. Late Pleistocene sea-level history, in Ivanovich, M, and Harmon R, eds, Uranium-Series Disequilibrium Applications to Environment Problems in the Earth Sciences [M]. New York : Oxford University Press, 1982.

[47] Haq B U, Hardenbol J, Vail P R. Chronology of fluctuating sea level since the Triassic [J]. Science, 1987, 235: 1156-1167.

[48] Blondeau A Lutetien, Cavelier C, Roger J. Les étages français et leurs stratotypes [M]. Vyreay de Recherches Géologiques et Miniéres, 1980, 109: 211-223.

[49] Bukry D. Cenozoic coccoliths from the Deep Sea Drilling Project [M] // The Deep Sea Drilling Project : A Decade of Progress, 1981.

[50] Aubry M P. Biostratigraphy du paleogene epicontinental de l' Europe du Nord-Quest. Etude fondée sur les nannofossiles calcaires [J]. Documents Laboratoire de Geologie Lyon, 1983, 89: 317

[51] Amedro F. Synthése biostratigraphique de l' Aptien et Santonien du Boulonnais a partir de sept groups paleontologiques [J]. Revue de Micropaleontologie, 1980, 2: 195-321.

[52] Amedro F. Biostratigraphie des craies cenomaniennes du Boulonnais par les ammonites [J]. Annales Societé Geologique du Nord, V, CV, 1986: 159-167.

[53] Nakazawa K, Ali S T, Bando Y et al. Permian and Triassic Systems in the Salt Range and Surghar Range, Pakistan [J]. Tethys Her Paleogeography & Paleobiogeography from Paleozoc to Mesozoic, 1985: 221-312

[54] Matsuda T. Late Permian to Early Triassic conodont paleobiogeography in the "Tethys Realm"//Nakazawa K, Dickins J M. The Tethys-Her Paleogeography and Paleobiogeography from the Paleozoic to Mesozoic. Tokyo : Tokai University Press, 1985: 157-170.

[55] Sloss L L. Sequences in the Cratonic Interior of North America [J]. Geological Society of America Bulletin, 1963, 74 (2): 93-93.

[56] Haq B U, van Eysinga F. A geological time table. Amsterdam [M]. Elsevier Science Publishers, 1998.

[57] Haq B U, Alqahtani A M. Phanerozoic cycles of sea-level change on the Arabian Platform [J]. GeoArabia, 2005, 10 (2): 127-160.

[58] Hallam A. Phanerozoic Sea-level Changes [M]. New York : Columbia University Press, 1992: 266.

[59] Ross C A, Ross J P. Late Paleozoic transgressive-regressive deposition [J]. Society of Economic Paleontologists and Mineralogists, Special Publication, 1988, 42: 227-247.

[60] Abdalati W, Krabill W, Frederick E, et al. Outlet glacier and margin elevation changes : Near-coastal thinning of the Greenland ice sheet [J]. Journal of Geophysical Research, 2001, 106 (D24): 33729.

[61] Davis C H, Kluever C A, Haines B J, et al. Improved elevation-change measurement of the southern Greenland ice sheet from satellite radar altimetry [J]. IEEE Transactions on Geoscience and Remote Sensing, 2000, 38 (3): 1367-1378.

[62] Van Wagoner J C, Posamentire H W, Mitchum R M Jr, et al. An overview of sequence stratigraphy and key definitions [J]. In Sea Level Changes-An Integrated Approach, SEPM Special Publication 42, 1988: 33-45.

[63] Posamentire H W, Jervey M T, Vail P R. Eustatic controls on Clastic Deposition-Conceptual Framework [J]. In Sea Level Changes-An Integrated Approach, SEPM Special Publication 42, 1988: 110-124.

[64] Posamentire H W, Vail P R. Eustatic controls on Clastic Deposition II : sequence and systems tract models [J]. In Sea Level Changes-An Integrated Approach, SEPM Special Publication 42, 1988: 125-154.

[65] Vail, P R. Seismic Stratigraphy Interpretation Using Sequence Stratigraphy Part I : Seismic Stratigraphy Interpretation Procedure [M]. 1987.

[66] Posamentier H W, Chamberlain C J. Sequence-Stratigraphic Analysis of Viking Formation Lowstand Beach Deposits at Joarcam Field, Alberta, Canada [J]. In Sequence Stratigraphy and Facies

Associations.International Association of Sedimentologists Special Publication 18, 1999: 469–485.

［67］Vail P R, Audemard F, Bowman S A, et al. The stratigraphic signatures of tectonics, eustasy and sedimentology: Cycles and events in stratigraphy［J］. AAPG Bulletin, 1991, 11（3）: 617–659.

［68］Christieblick N. Onlap, offlap, and the origin of unconformity–bounded depositional sequences［J］. Marine Geology, 1991: 35–56.

［69］Hunt D, Tucker M E. Stranded parasequences and the forced regressive wedge systems tract: deposition during base–level fall［J］. Sedimentary Geology, 1992, 81（1–2）: 1–9.

［70］Nummedal D. The falling sea–level systems tract in ramp settings［J］. In SEPM Theme Meeting, Fort Collins, Colorado（abstracts）, 1987: 50.

［71］Ainsworth R B. Sedimentology and high resolution sequence stratigraphy of Bearpaw–Horseshoe Canyon transition（Upper Cretaceous）, Drumheller, Alberta, Canada［M］. Hamilton: McMaster University, 1991.

［72］Ainsworth R B. Sedimentology and sequence stratigraphy of the Upper Cretaceous, Bearpaw–Horseshoe Canyon transition, Drumheller, Alberta［J］. American Association of Petroleum Geologists Annual Convention, Calgary, Field Trip Guidebook, 1992: 118.

［73］Ainsworth R B. Marginal Marine Sedimentology and High Resolution Sequence Analysis; Bearpaw–Horseshoe Canyon Transition, Drumheller, Alberta［J］. Bulletin of Canadian Petroleum Geology, 1994, 42（1）: 26–54.

［74］Plint A G, Nummedal D. The falling stage systems tract: recognition and importance in sequence stratigraphic analysis［J］. Geological Society London Special Publications, 2000, 172（1）: 1–17.

［75］Hunt D W. Application of sequence stratigraphic concepts to the cretaceous Urgonian carbonate platform, southeast France［M］. Durham: University of Durham, 1992.

［76］Catuneanu O, Hancox P J, Cairncross B, et al. Foredeep submarine fans and forebulge deltas: orogenic off–loading in the underfilled Karoo Basin［J］. Journal of African Earth Sciences, 2002, 35（4）: 489–502.

［77］Bangs N L, Shipley T H, Gulick S P S, et al. Evolution of the Nankai Trough décollement from the trench into the seismogenic zone: Inferences from three–dimensional seismic reflection imaging［J］. Geology, 2004, 32（4）: 273–276.

［78］陆基孟. 地震勘探原理及资料解释［M］. 北京: 石油工业出版社, 1991.

［79］马水平, 王志宏, 田永乐, 等. 地震反射同相轴的地质含义［J］. 石油地球物理勘探, 2010, 45（3）: 454–457.

［80］Andreassen K, Nilssen L C, Rafaelsen B, et al. Three–dimensional seismic data from the Barents Sea margin reveal evidence of past ice streams and their dynamics［J］. Geology, 2004, 32（8）: 729–732.

［81］Lowe A L, Anderson J B. Reconstruction of the West Antarctic ice sheet in Pine Island Bay during the Last Glacial Maximum and its subsequent retreat history［J］. Quaternary ence Reviews, 2002, 21（16–17）: 1890–1897.

［82］Davison I, Alsop I, Birch P, et al. Geometry and late–stage structural evolution of Central Graben salt diapirs, North Sea［J］. Marine & petroleum geology, 2000, 17（4）: 499–522.

［83］王海荣, 尚楠, 高伯南, 等. 挠曲作用的形变响应及其识别特征［J］. 中国石油大学学报（自然科学版）, 2008, 32（5）: 22–27.

［84］Hesse R. Origin of chert: Diagenesis of biogenic siliceous sediments［J］. Geoscience Canada, 1988, 15（3）: 171–192.

［85］Hein J R, Scholl D W, Barron J A, et al. Diagenesis of Late Cenozoic diatomaceous deposits and formation of bottom simulating reflector in Southern Bering Sea［J］. Sedimentology, 1978, 25（2）: 155–181.

［86］Davies R J,Goulty N R,Meadows D. Fluid flow due to the advance of basin-scale silica reaction zones［J］. GSA Bulletin, 2008, 120（1-2）: 195-206.

［87］Shanmugam G, Bloch R B, Mitchell S M, et al. Basin-floor fans in the North Sea : Sequence stratigraphic models vs. sedimentary facies［J］. AAPG Bulletin, 1995, 79（4）: 477-512.

［88］Wong H K, T Lüdmann, Baranov B V, et al. Bottom current-controlled sedimentation and mass wasting in the northwestern Sea of Okhotsk［J］. Marine Geology, 2003, 201（4）: 287-305.

［89］Weering T C E V, Nielsen T, Kenyon N H, et al. Large submarine slides on the NE Faeroe continental margin［J］. Geological Society London Special Publications, 1998, 129（1）: 5-17.

［90］Sultan N,Cochonat P,Cayocca F,et al. Analysis of submarine slumping in the Gabon continental slope［J］. Aapg Bulletin, 2004, 88（6）: 781-799.

［91］Barley, B. Deepwater problems around the world［J］. Leading Edge, 1999, 18（4）: 488-493.

［92］Coren F, Volpi V, Tinivella U. Gas hydrate physical properties imaging by multi-attribute analysis — Blake Ridge BSR case history［J］. Marine Geology, 2001, 178: 197-210.

［93］蔡昊. 松辽盆地北部坳陷层序主要地层界面特征研究［D］. 大庆：东北石油大学, 2013.

［94］赵文智, 胡素云, 汪泽成, 等. 中国元古界—寒武系油气地质条件与勘探地位［J］. 石油勘探与开发, 2018, 45（1）: 1-13.

［95］苏明, 刘军锷, 贾光华, 等. 地震分频解释技术在三角洲体系中的应用：以东营凹陷沙三中亚段东营三角洲为例［J］. 地球物理学进展, 2014, 29（3）: 1248-1256,

［96］冯鑫, 张树林, 范洪耀, 等. 地震平点技术与应用进展［J］. 海洋地质前沿, 2019, 35（6）: 1-11.

［97］彭玉鲸, 陈跃军, 刘跃文. 本溪组—岩石地层和年代地层与穿时性［J］. 世界地质, 2003, 22（2）: 111-118.

［98］陈留勤. 从基本层序地层模式论地层穿时的本质：以滇黔桂盆地泥盆纪层序地层格架为例［J］. 西北地质, 2008（1）: 50-58.

［99］韩文华. 对滇西古生代某些地层穿时性的探讨［J］. 云南地质, 1985（2）: 76-82.

［100］王立峰. 太行山地区寒武系崮山组的穿时性及沉积层序特征［J］. 地质通报, 1999, 18（2）: 185-189.

［101］杨培杰, 刘书会, 隋风贵. 地震反射同相轴等时与穿时问题探讨［J］. 地球物理学进展, 2013, 28（6）: 2969-2976.

［102］赵万福. 论煤层的加积方式［J］. 中国煤炭地质, 2012, 24（8）: 5-11.

［103］Rick N H. The form and nature of seismic waves and the structure of seismograms［J］. Geophysics, 1940, 5（4）: 348-366.

［104］Widess M B. How thin is a thin bed?［J］. Geophysics, 1973, 38（6）: 1176-1180.

［105］Lindsey J P, Macurda J D. Applied seismic stratigraphy interpretation［J］. Geo-Quest International, 1983.

［106］Payton C E. Seismic stratigraphy-applications to hydrocarbon exploration［J］.Geophysics, 1977（11）.

第二章　地震地层学基本方法

　　地震地层学是地质方法与地震技术相结合的综合方法，是利用地震资料进行地质解释的专门解译方法。该方法的初衷是期望利用地震反射资料，通过解释地下地层结构展布特征和沉积单元分布状况，甚至油气藏的发育位置，为盆地油气勘探提供直接的勘探目标。但是经过多年的应用实践表明，目前地震地层学方法在油气勘探的应用效果是有限度的，直接预测油气藏的把握不是很大。尽管如此，四十多年全球油气勘探中广泛应用了地震地层学技术，建立等时地层框架，预测沉积体系分布，构建地下储集体发育模式，为有利勘探目标评价提供一系列基础性依据。

　　随着地震资料质量的提升，近二十多年来地震地层学方法在油气开发中开始发挥重要的作用。首先是利用较高分辨率的地震资料为油气藏的地层模型提供高频等时地层格架，消除单井和井间砂层组边界可能的穿时现象，完善油藏内砂层组高频层序地层格架的构建，实现油藏级别合理的等时对比方案，优化了油藏内部几何模型的建立。进一步运用较高质量的三维地震资料，油藏工程师修正和完善油藏内部储层沉积微相的解释，构建更为合理的储集相三维模型和储层物性分布模型，为油藏开发方案和油藏开发调整井部署提供重要的依据，极大促进了油藏开发成效。

　　迄今为止，在油气勘探和开发中应用了大量的地震地层学解释技术，从叠后常规解释技术到叠前资料解释方法，从正演模型解释到定量解释技术，可以说技术类型多样，而且发展很快，新技术层出不穷。

　　但是，纵观几十年勘探和开发应用实效，在油气勘探发现和提升油藏采收率两大根本任务中，有一些地震解释方法和技术发挥了关键作用，甚至起到了决定性的作用。本书认为，地震层序地层格架分析、地震相分析、地震速度岩性分析和地震属性分析四项技术是最基本的地震解释技术。另外还有不少其他解释技术，或是这四项技术的变形和延伸，或是新型技术，应用效果尚待提升，或是可被其他技术替代的特色技术。总之，地震解释技术领域中存在技术层次，最基本、最通用的技术应该是上述四项技术，其他方法和技术属于特色或有潜力的技术，也很重要。

第一节　地震层序分析方法

　　由于地下岩层中产生的地震反射的物性界面主要是具有速度—密度差异的层面和不整合面，因此地震地层学认为可以将这类界面作为划分年代地层单位的主要依据，即这些界面具有等时意义。界面的接触关系可分为整一型和不整一型，其中不整一型又可以进一步分为上超、下超、削截、顶超等。两个界面之间代表某一时间间隔内的沉积地层，可以为地层对比和沉积相分析提供理想的年代地层格架。地震地层学的核心是海平面升降旋回变化的周期性，基础是以不整合为边界的沉积层序的识别，根据不整合面的大小，地震地层学中可以将地震层序划分为超层序、层序和亚层序三级。本节在介绍常见沉积层序界面类型及其代表的地质意义的基础上，介绍地震层序的划分原则和划分方法。

一、层序边界类型划分

沉积层序是一个地层单元，它由一套整一的、连续的、成因上有联系的地层组成，其顶界面和底界面以不整合面或者与之可以对比的整合面为界[1]。如图 2-1 所示，一个沉积层序的边界面由 A 和 B 所限定，它们在侧向上从不整合界面过渡为与之可以对比的整合界面。1～25 每个单个地层单元是顺层理面追索出来的，并假定在出现连续地层的地方是整合关系。在缺失地层单元的地方，则是沉积间断的标志。

根据沉积层序的概念，沉积层序是"其顶、底以不整合面或者与之可以对比的整合面为界。"这就为我们确定沉积层序提供了很好的方法。

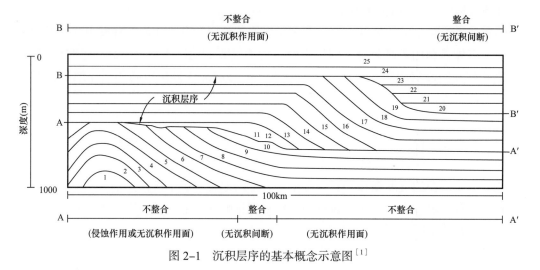

图 2-1　沉积层序的基本概念示意图[1]

（一）整一型与不整一型

在确定和追踪沉积层序边界时，首先要确定的是沉积层序边界的整一和不整一关系。确定这些关系是根据地层和沉积层序本身的边界面之间是否平行。如果某一界面的上下地层是整一的（即本质上平行于它），则沿这一部分界面不存在不整合面的物理证据。反之，如果这一界面之上或者之下的地层是不整一的，那么就存在着一个不整合面（或构造断裂）的物理证据。

1. 整一型

整一关系可以在沉积层序的顶界面或者底界面上看到。整一现象可以通过一个地层对一原始水平面、倾斜面或者不平整面的平行性加以识别。整一强调的是产状的平行，并且在整一时可以是连续面，也可以是不连续面。在一个层序的底部整一现象可以表现为平行的披盖于一个底部不规则面上，如图 2-2 和图 2-3 所示。整一的层序界面通常分布在凹陷中心，向凹陷边缘可追索到不整一层序界面。

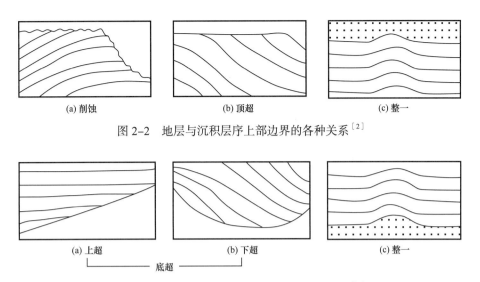

图 2-2　地层与沉积层序上部边界的各种关系[2]

图 2-3　地层与沉积层序下部边界的各种关系[2]

2. 不整一型

不整一现象是用来确定沉积层序边界的主要标准，它是由侵蚀作用或者是无沉积作用造成的。根据其中地层对着一个沉积层序的不整合边界（或一个构造边界）消失的方式，可将不整一现象分为超覆尖灭现象和削蚀现象两类；（1）超覆尖灭现象是一个地层在其原始沉积边界处的侧向消失现象；（2）削蚀现象是一个地层从它的原始沉积边界处切掉的一种侧向消失现象（图 2-2）。

（二）沉积层序边界类型

现实中，人们根据不整一现象在沉积层序顶界和底界两种情况将超覆尖灭又进一步细分，形成了两组特殊的沉积层序边界类型：沉积层序顶界类型和沉积层序底界类型。

1. 沉积层序顶界类型

沉积层序顶界通常会出现顶超、削蚀和整一三种类型接触关系。

1）顶超

顶超是顶部超覆的简称，它是在一个沉积层序顶界面处的超覆尖灭现象，可以是原始倾斜的地层在一定层序的顶部对着主要由无沉积作用造成的顶界面的侧向消失，也可以是逐渐变薄并渐近的逼近顶界面的逆倾向的侧向消失。例如，前积地层对应着上覆既没有发生侵蚀作用，也没有发生沉积作用，水平的基准平衡面消失的现象。

顶超是无沉积作用或沉积间断的证据。它是由于沉积基准面过低，不允许地层进一步向上倾方向加积的条件下沉积物被冲刷越过该处而产生的。顶超发育期间，在基准面之上发生了沉积物的过路情况和小的侵蚀作用。其通常是与具有前积作用的浅海沉积（如三角洲复合体）相伴生，有时也见于深海沉积中（如深海冲积扇），深海沉积的基准面受浊流和其他深水作用控制。

2）削蚀

削蚀又称削截或截切，如图 2-2 所示，是由于侵蚀作用引起地层的侧向消失。通过出现于沉积层序的顶界面，可以延伸一个很大的地区，也可以局限于一个河道，包括陆上和水下侵蚀作用产生的削蚀。主要是由于构造抬升后遭受剥蚀或河道下切而形成的。

在某些情况下，顶超和削蚀是难以区分的，但是在后一种关系中，地层随着它们对着上部边界的突然消失趋向于保持平行，而不是对着它逐渐尖灭。这种削蚀现象是侵蚀沉积间断的证据。

3）整一

顶界面整一，如图2-2所示，一定层序顶部处的地层没有对着上边界消失的关系。

2. 沉积层序底界类型

在沉积层序的底界面通常会出现上超、下超和整一三种类型接触关系。

1）上超

上超是一套当初是水平的地层，对着一个原始倾斜面超覆尖灭，或者是一套原始的倾斜地层对着一个原始倾角更大的斜面逆倾向超覆尖灭。如图2-3所示，表示地层超覆在一原先存在的界面上。

2）下超

下超是一套原始是倾斜的地层对着一个原始水平面或者倾斜面顺下倾方向的底部超覆。如图2-3所示，原始倾斜的地层对着下伏的原始水平面消失。

上超或下超是无沉积作用或沉积间断的标志，它们通常很容易识别。然而，晚期的构造运动可能迫使沉积表面发生改造，从而导致上超和下超现象难以识别。在构造情况极度复杂的地区，上超和下超难以区分的情况下，可能有必要采用含义更广的"底部超覆"（简称底超）这一术语。底超是在一个沉积层序底界面上的超覆尖灭现象。

3）整一

底界面整一，如图2-3所示，在一个层序的底部，整一现象可以表现为平行的披盖于一个底部不规则面上，也就是地层在层序的底部没有对着底部边界的消失。

显然，在沉积地层分析当中，通过寻找上超、下超、顶超或削蚀这些不整一界面接触现象，就可很好地进行沉积层序的识别和边界追踪。而当地层出现整一现象时，则只有与不整合对比，或通过古生物、古地磁、同位素绝对年龄等任何一种或多种资料证实有较大沉积间断时，才能确定为层序边界。

二、地震层序划分原则

地震反射是由有明显速度—密度差的地层层面和不整合面产生的。这些地层层面和不整合面在地震反射上表现为系统的地震波反射终止特征。地震层序分析就是把地震剖面分成一些整一的地震波反射波组，这些反射波组就会被系统的地震反射终止所决定的不连续面分开。整一反射组就被解释为成因上有联系的、由地层组成的沉积层序，并在其顶、底以不整合面或者与其可以对比的整合面为界。人们在地震反射终止特征与实际地层消失方式之间对应关系的研究中，总结了一套实用的地震层序划分原则及划分方法。

（一）选择连井基干地震剖面网

在初步了解全区露头或井下地层划分和展布特征的基础上，首先要选择控制全区的连井基干地震剖面网，树立宏观总体的概念。先在这些剖面上拟定划分地震层序的方案，再向其他地震剖面外推演绎。

（二）坚持以不整合面划分层序界面

沉积层序可以利用沿着不连续界面的地震反射终止现象加以客观的限定。这种系统的地震反射终止现象被称作不整一反射界面。在进行地震层序划分时，应遵循不整一反射界面划分原则。在地震层序划分中，首先需要根据地震反射的终止现象，确定不整一反射界面；进一步通过不整一反射界面来确定地震剖面以不整合划分地震层序，原因在于地震层序属于年代地层单元，它与根据钻井资料划分的岩性地层单元往往不符，尤其是在横向相变较大的层段，例如在发育三角洲、冲积扇、近岸水下扇等相带的层段。如图 2-4 所示，廊固凹陷柳泉地区沙三上亚段层序 T_5—T_5^0 发育一缓坡扇三角洲，地震剖面上呈现双向下超结构和大型丘状外形；在钻井剖面上则划分出扇三角洲平原、扇三角洲前缘及前三角洲三个亚相。其中扇三角洲前缘底界 AA′ 也是钻井分层的沙三段上部底界。AA′ 明显穿过地震等时面 BB′、CC′、DD′……与沙三上亚段层序底界 T_5^0（下超不整一面）有差别，且差别向三角洲推进方向增大。这种实例在西非的尼日尔古近系—新近系三角洲、美国圣胡安盆地及南美古近系—新近系均可找到。

在进行地震层序边界确认时，通常还将其勾绘在地震测网上，结合其他资料，进行综合对比来确认。在结合其他资料时，应注意：除应用精确的古生物标志外，应杜绝完全用钻井岩性分层数据来确定地震层序边界。

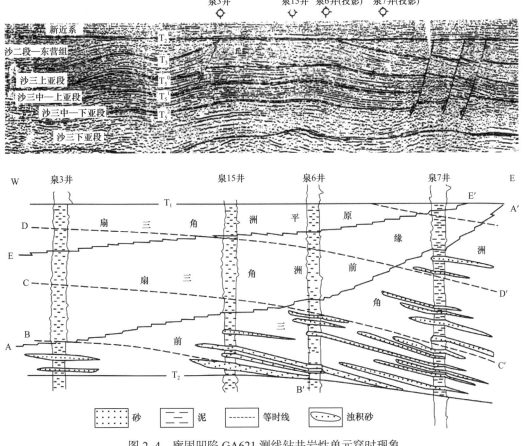

图 2-4　廊固凹陷 GA621 测线钻井岩性单元穿时现象

（三）层序分级

根据不整合面的大小，可以将地震地层单元分为超层序、层序和亚层序三级。在地震层序划分时应逐级进行划分和识别。当然也应该注意，地层中大量存在的小范围的不整一现象，如局部沉积体边界、局部冲刷面等，在地震层序划分中一般不予考虑。

（四）参考沉积旋回特征

在盆地内局部构造复杂区或缺乏地震标志层的地区，可根据钻井资料划分沉积旋回，通过与已知区层序界面和钻井资料对比，确定层序界面的大致位置。

（五）参考大套地层的反射波动力学特征

当上、下两个层序（亚层序）内部反射的振幅、频率或连续性有明显差别，且这种差别横向变化不大时，可作为它们之间层序（亚层序）界面追踪的参考标志。这对断层两盘的层序对比特别有效。

三、地震层序划分方法

在层序地层学中，根据海平面变化持续时间的长短将海平面变化周期分为五个级别，将每一级内沉积的层序对应划分为四级，即巨层序（与一级周期对应）、超层序（与二级周期对应）、层序（与三级或四级周期对应）、准层序（四级以下周期）。而地震地层学中，则是根据不整合面的大小，将地震层序划分为超层序、层序和亚层序三级。

（一）超层序

超层序是地震层序中最高一级地震地层单元，相当于 Sloss 所提出的层序级别，即"在一个大陆的大部分地区可以追踪，并且以区际不整合面为界"。超层序反映了两次大的构造运动控制的完整的盆地发育旋回。

（二）层序

层序较超层序次一级，它至少在一个凹陷可以追踪，以不整合面或者可与其对比的整合面为界。层序反映控制盆地发育的主要构造运动幕或水进水退旋回。层序叠加在一起组成超层序，即一个超层序包含一个或几个层序。

四、地震层序划分实例

地震反射的终止现象是识别地震层序边界的基本标志。当地层层序特征能在地震反射资料中识别出来时，地震层序就具备了地层层序的所有特征。这样，地震反射终止的类型（地震层序边界的类型）就可以用前面所定义过的地层终止（消失）类型（地层边界类型）来描述了。因此，地震层序边界类型也分为削蚀、顶超、上超和下超。图2-5 为一理想的地震层序边界类型图。图2-6 为反射结构区分边界[3]。

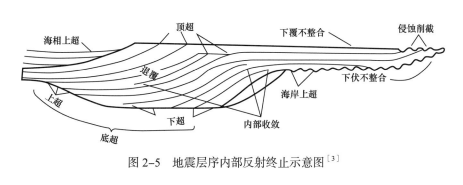

图 2-5　地震层序内部反射终止示意图[3]

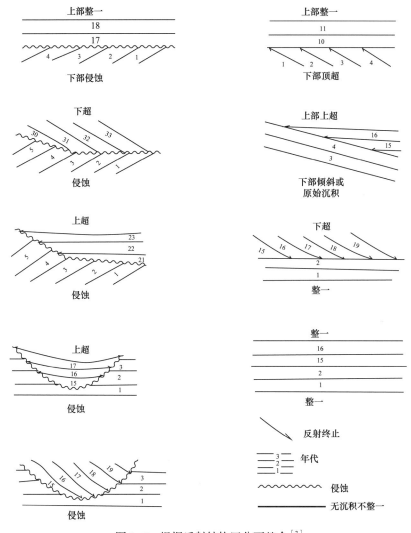

图 2-6　根据反射结构区分不整合[3]

（一）削蚀

地震反射终止现象所反映的地层削蚀现象如图 2-5 所示。在某些情况下，地层削蚀面本身可以产生地震反射；在另一些地方则没有来自这个界面的地震反射，而只有下伏地层反射的系统终止可以限定这个界面。但是，一般情况下，对一个层序界面来说，削蚀是最可靠的顶部不整一标志。其实际地震剖面中的顶部削蚀现象如图 2-7、图 2-8 和图 2-9 所示。

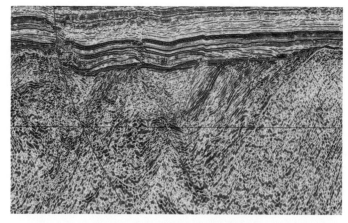

图 2-7　中国南海某盆地地震剖面

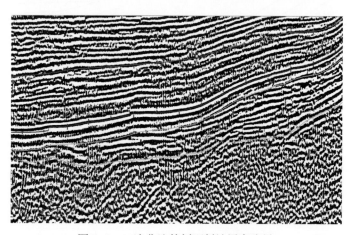

图 2-8　二连盆地某剖面削蚀层序边界

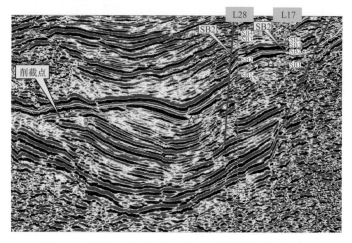

图 2-9　柳赞地区沙河街组某地震剖面削蚀层序边界

（二）顶超

地震剖面上的顶超现象如图2-5所示。顶超是地层对着一个由无沉积作用（沉积过路）和只有轻微侵蚀造成的上覆界面的反射终止现象。实际中，人们发现，以顶超为特征的许多沉积界面的分布范围多为局部的，因此，一些小型的顶超通常包括在已经作图的沉积层序之内，并且处在它们的上界面处。实际地震剖面中的顶超现象如图2-10、图2-11和图2-12所示。

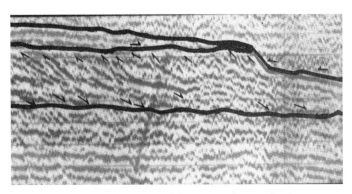

图2-10　某盆地地震剖面顶超层序边界（一）

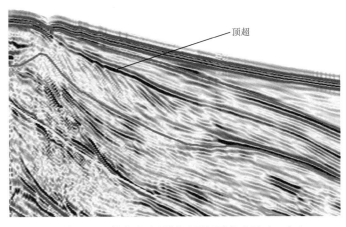

图2-11　某盆地地震剖面顶超层序边界（二）

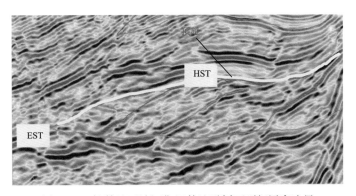

图2-12　柳赞地区沙河街组某地震剖面顶超层序边界

（三）上超

地震剖面中的上超现象如图2-5所示。上超是一种层面关系，在这种关系中，把地震反射解释成原始为水平的地震反射同相轴（地层）对着一个原始倾斜的表面逐步地终止（消失）现象，如图2-13或者是原始倾斜的地震反射同相轴（地层）对着一个斜度更大的界面向上倾方向逐步终止的现象。实际地震剖面中的上超现象如图2-13、图2-14和图2-15所示。

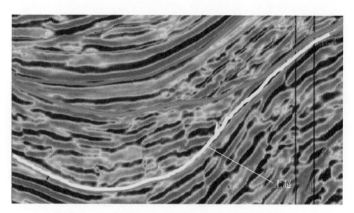

图2-13 柳赞地区某地震剖面上超层序边界

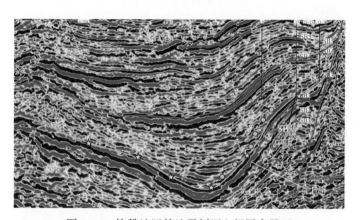

图2-14 柳赞地区某地震剖面上超层序界面

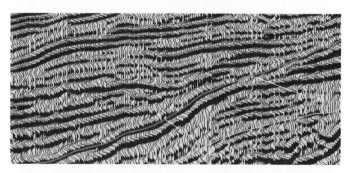

图2-15 二连盆地乌里亚斯太南凹某地震剖面上超层序界面

（四）下超

下超为原始倾斜的地震反射同相轴对着一个原始倾斜或者水平的界面顺倾向向下的反射终止现象，实际地震剖面中的底部下超现象如图2-16～图2-19所示。其年代地层学意义为，随着年青地层渐次向一个先前存在的沉积作用面超覆尖灭，无沉积作用的间断逐渐增加。

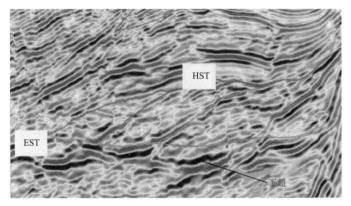

图2-16　柳赞地区某地震剖面下超层序界面

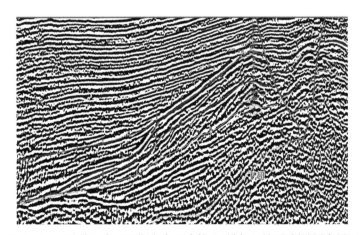

图2-17　二连盆地乌里亚斯太中凹陷某地震剖面下超和削蚀层序界面

由于晚期的构造运动可能迫使沉积表面发生改造，使得上超和下超现象无法区别，这时可被概括为底超。同时，上超和下超是无沉积作用的沉积间断标志，而不是侵蚀间断的标志。地层沿着原始沉积表面在它们的沉积边界上依次尖灭，造成了在上超或下超方向上沉积间断的逐渐增大。

注意，由于地层减薄到低于地震分辨率之下（内部收敛）而在层序内形成的非系统反射终止现象，不要和沿着层序界面出现的终止现象混淆起来。

应用地震反射终端模式，地层中的不整合面就能在地震剖面上加以识别，故可用于确定以不整合面为边界的沉积层序。由于层序内的地震反射平行于层理面，因而，沉积物的沉积环境的地貌特征可反映在地震剖面上。所以，在层序确定以后，就可以着手地震相分析。根据地震层序几何形态，推测古地理环境，并预测岩相。

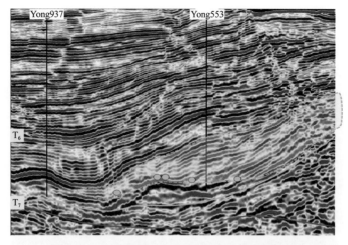

图 2-18　东营凹陷北部某地震剖面下超层序边界

图 2-19　南海北部某地震剖面下超层序边界

第二节　地震相分析方法

　　地震相的概念因 20 世纪 70 年代末期石油地震勘探领域中地震地层学的出现而获得了广泛的关注和研究。地震相是指沉积物（岩层）在地震剖面图上所反映的主要特征的总和。Vail[1] 和 Brown 等认为，地震相是一个在一定区域内可以确定的、由地震反射所组成的三维单元，其地震参数不同于相邻地震相单元。张万选等[4] 针对陆相断陷盆地的构造演化和沉积体系特征推演出陆相断陷盆地区域地震地层学研究方法，同时完善了 Vail[1] 和 Brown 等传统的地震地层学概念和原理。徐怀大[5] 提出地震相是由沉积环境所形成的地震特征。刘震[6] 进一步深化地震相的概念，在出版的《储层地震地层学》中提出地震相就是沉积相在地震反射剖面中的反映，或者说地震相实为沉积相的地震反射响应。曾洪流首次提出地震沉积学的概念并在 2004 年对其做出了详细的定义：利用地震资料研究沉积岩岩性和其沉积作用的应用性学科，是地震岩性学和地震地貌学的综合理论。随后国内学者[7, 8] 撰文介绍地震沉积学，并总结了他们的研究体会并发表了陆相盆地地震沉积学系统的研究案例和方法。目前，国外比较流行的地震相分析方法主要有：（1）波形分类法，主要通过分析地震道间的振幅等属性的异常来分析沉积相的变化，这是大部分商业软件所采用的算法；（2）地震属性特征映射法[9]，地震属性特征映射起源于地震地层学，通过定义典型地震相的反射特征来进行映射；（3）基于地震地貌学的相划方法，地震地貌学[10]主要借鉴了地貌成像的方法，能够立体地反映沉积空间的特点。地震相的分析是地震地层学的核心，对于分析沉积环境，重塑盆地的沉积史、构造史以及预测地下储油层有着重大又深远的影响。在地震相分析的过程中主要存在的问题有：（1）组成一个地震相的地震相参数较多，其解释结果的沉积相的控制因素也非常多；（2）地震相分析的结果不唯一，具有一定的多解性，这些因素都会对地震相分析的结果产生一定的影响。地震相分析在地质工作中是非常重要的，它有利于我们进行地层解释，建立层序地层格架，识别沉积体[4-11]。本节从地震相概念、地震相分析方法、地震相分析原则和地震相模式几个方面进行介绍。

一、地震相概念

地震相是一个可以在区域上圈定的、由地震反射层组成的三维单元；其反射结构、几何外形、振幅、连续性、频率和层速度等要素与邻近相单元不同。它代表产生其反射的沉积物的一定的岩性组合、层理和沉积特征。

根据地震相的定义，地震剖面上反射特征的任何变化，只要与岩性或沉积特征变化有关，并具有一定的空间范围，都可定义为地震相。它本质上是一个物理概念，划分程度在理论上只受地震分辨率的限制；但因人们对地震相的地质含义认识水平还十分有限，目前只能划分和描述几十种地震相。

至于一些与构造有关的现象，如地层挤压变形、泥、盐和火山岩刺穿体等，在地震剖面上也有清楚的表现。但它们不属于地震相的范畴，在分析中不宜冠以"相"的名称，以免引起混淆。

研究地震相的目的在于分析层序的沉积环境及古地理，重塑盆地的沉积史和构造史，预测生、储油相带及地层岩性圈闭。它是沉积盆地分析的一种新手段，特别是在钻井有限的情况下，它能从发展角度给人以沉积盆地的整体概念。在当代数字地震处理技术日新月异的形势下，地震相分析日益显示出巨大的潜力，引起国内外石油地质学家和地球物理学家的广泛注意。

二、地震相分析方法

地震相参数包括地震反射的内部结构，地震反射的外部几何形态，地震反射的振幅、频率、连续性等。地震反射内部结构指的是反射同相轴本身的延展情况以及地震剖面上同相轴之间相互的关系，它是鉴定沉积环境最重要的地震标志，能反映沉积过程、侵蚀作用、古地理、物源方向及流体界面等。外部几何形态是指具有相同反射结构或反射构型的地震相单元的外部轮廓，是沉积体外形的良好反映。振幅的大小一般能反映区域地层上薄层的厚度变化和波阻抗的变化振幅。频率的强弱根据同相轴之间的疏密程度来判断，频率横向变化快说明其岩性变化也大，属于高能产物。连续性的好坏在地震剖面上显示的是同相轴延续的长短以及它的稳定程度，连续性如果好则表示岩层连续性好，此时的沉积条件是相对比较稳定的低能环境[3、5]。一个地震相单元的外形和内部反射结构，构成了这个单元的整个几何关系。地震相分析第一步是寻找最易识别、环境意义最明显的反射结构是前积结构，常常构成地震相的骨架。

（一）寻找前积反射结构

前积反射结构在倾向剖面上相对于其上、下反射层系均是斜交的，称为退覆反射或倾斜型反射层系，是三角洲体系向盆地方向迁移过程中沉积在前三角洲环境内岩相的地震响应。根据前积反射结构内部形态上的差别，可以划分为 S 形前积反射结构、斜交前积反射结构、叠瓦状前积反射结构、帚状前积反射结构等 4 种类型。

前积的模式是通过被称为倾斜型沉积的平缓倾斜的沉积作用不断地向侧向扩建或前积作用而形成的，如图 2-20 所示。通过坡度和缓的沉积表面的逐步侧向发育。这个和缓的沉积表面通常称作斜坡地形，这种斜坡地形面是一种最常见的沉积特征。前积斜坡模式中的差异大多是由沉积速率和水深的变化引起的，可能有各种各样的环境背景。

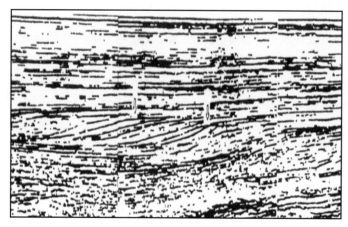

图 2-20 地震前积反射结构剖面

1. S 形前积反射结构

Brown（1989）提出 S 形前积是标准的前积构型。S 形前积结构分为三段，由薄的、倾斜平缓的上段和下段，以及倾斜较陡的中段地层组成。地层的上段（顶积层）一般是水平的或者倾角很小，并且与地震相单元的上界面呈整一关系，结构如图 2-21 所示。比较厚的中段（前积层）是由叠置的透镜体形成的，并使得后续比较新的透镜体能够在下倾的沉积方向上横向外推，形成了整个的扩建式或前积式模式。

图 2-21 S 形前积地震反射结构示意图

沉积的角度很低，通常小于 1°。地层的下段（底积层）以极低的角度逼近地震相单元的下界面，随着地层的尖灭或者变得太薄以致在地震剖面上无法辨认，地震反射表现为真或视下超终止。在平行沉积走向的剖面上，反射所指示的地层通常是平行的，而且与地震相单元的界面呈整一关系，实际的 S 形前积地震反射剖面如图 2-22 至图 2-25 所示[12-15]。

S 形反射结构的最大特征是解释出来的上段地层（顶积层）的平行性和整一关系，它说明了与中段的前积作用协调一致的上段地层连续加高（加积作用）的程度。这种结构意味着相对低的沉积物供应、相对快的盆地沉降或快速的海面上升，使得顶积层得以沉积和保存。本结构解释为一种相对低能量的沉积机制，代表三角洲或扇三角洲沉积环境。

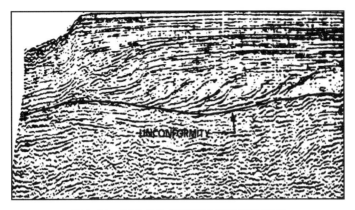

图 2-22　某盆地地震剖面 S 形前积地震相

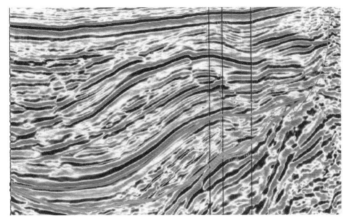

图 2-23　柳赞地区某地震剖面 S 形前积地震相

图 2-24　塔北地区白垩系某地震剖面 S 形前积地震相

2. 斜交前积反射结构

斜交前积反射结构可解释为一种前积斜坡模式，在理想情况下由很多相对陡倾的地层组成，其上倾方向的终止方式是位于或者靠近几乎平坦的上界面的顶超，而下倾方向的终止方式是对着地震相单元下界面的下超。后续地层的比较年轻的前积段几乎完全是在沉积的下倾方向上建造的。它们在横向上可以过渡到比较薄的底积段，或者以相对高的角度在底界面处突然终止。它们从一相对稳定的上界面向外扩建，以缺乏顶积层和前积层具有明显的顶超终止为特征。它与 S 形前积反射结构不同，S 形模式向上并向外加积，因此，永远达不到沉积基准面；而斜交前积反射结构的沉积倾角特别高（可高达 10°），斜交前积地震反射剖面如图 2-26 所示。

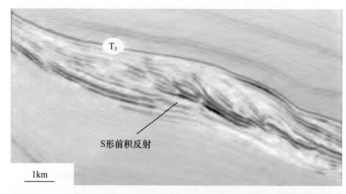

图 2-25　南海北部西沙海槽盆地某地震剖面 S 形前积地震相[114]

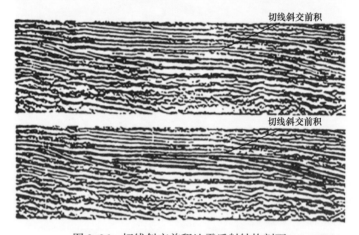

图 2-26　切线斜交前积地震反射结构剖面

斜交前积反射结构根据其具体形状，又可进一步分为两类，即切线斜交前积结构和平行斜交前积结构：

（1）切线斜交前积结构。在该模式中，前积层的下部的倾角逐渐减小，形成向上凹的地层，这些地层过渡到倾斜平缓的底积层内，如图 2-27（a）所示。随着地层在顺倾向方向上的消失或变薄，地震反射以实际或者视下超的方式成切线对地震相单元的下界终止。

(a) 切向斜交　　　　　　　　　　　　(b) 平行斜交

图 2-27　斜交前积地震反射结构示意图

（2）平行斜交前积结构。在此模式中，相对陡倾的平行前积层对着下界面下超以高角度顺倾向终止（消失），如图 2-27（b）所示。在与沉积走向平行的剖面中，这些地震相单元中的反射可以从平行变化到低角度斜交或者 S 形前积结构，可能具有小的河道充填结构，如图 2-28、图 2-29、图 2-30 所示[16-18]。

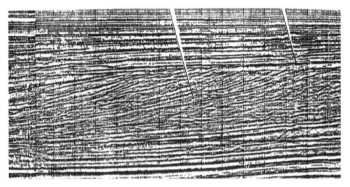

图 2-28　某盆地斜交前积地震相（一）

图 2-29　某盆地斜交前积地震相（二）

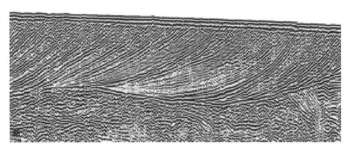

图 2-30　现代长江水下三角洲浅地层某地震剖面切线斜交前积地震相[17]

　　斜交前积结构意味着相对高的沉积物供应速度、缓慢或者没有盆地沉降和一个静止不动的海平面以某种程度综合起来，迅速地充填了盆地，并且使后来的沉积水流路过或者冲刷上部的沉积表面。这种结构指示了一种相对高能的沉积机制。

　　3. 叠瓦状前积反射结构

　　叠瓦状前积反射结构是一种薄的前积地震模式，通常具有平行的上、下界面，并且具有倾斜平缓、相互平行的斜交内部反射面，它们以视顶超和视下超终止（图 2-31）。

　　叠瓦状前积反射结构单元内的相继的斜交内反射面表现为彼此稍有叠覆。除了这个单元的厚度正好处于这些斜交地层的地震分辨率之外，整个模式和平行前积结构相似。在某些薄的单元内，内反射面是一系列不连续的同相轴，它们的斜度只是推想出来的。实际的叠瓦状前积地震反射结构如图 2-32 至图 2-36 所示[20, 21]。叠瓦状地震结构在解释为前积于浅水中的沉积单元中是最常见的。理论上讲，叠瓦状前积相主要发育在三种沉积背景条件下：第一种是水进时期的滨岸上超叠瓦状砂体（图 2-37a）；第二种是水退阶段近岸的前积叠瓦状透镜砂体（图 2-37b）；第三种是河流体制曲流河点坝侧积形成的叠瓦状砂岩（图 2-37c）。

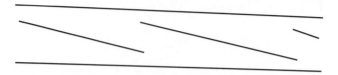

图 2-31　叠瓦状前积反射结构示意图

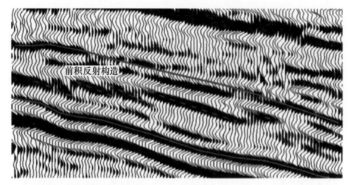

图 2-32　歧北斜坡沙一下亚段叠瓦状前积反射构[19]

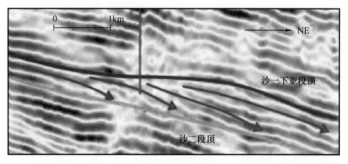

图 2-33　渤海湾盆地冀中坳陷某地震剖面叠瓦状前积地震相[20]

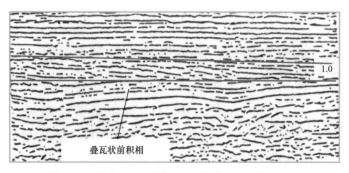

图 2-34　某盆地地震剖面叠瓦状前积地震相（一）

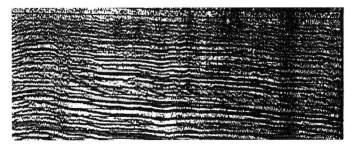

图 2-35　某盆地地震剖面叠瓦状前积地震相（二）

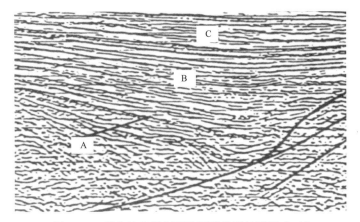

图 2-36　某盆地地震剖面叠瓦状前积地震相（三）

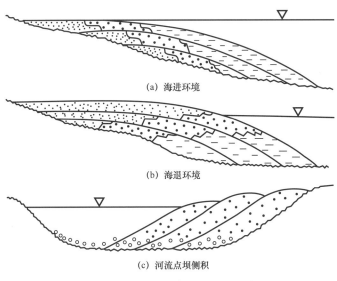

(a) 海进环境

(b) 海退环境

(c) 河流点坝侧积

图 2-37　叠瓦状前积相沉积背景

4. 帚状前积反射结构

帚状前积反射结构常出现在陆相断陷盆地，是一种形似扫帚状的前积反射结构。在剖面上整体呈发散特征，底部为统一的下超终止（图 2-38）。帚状前积相一般与盆地的快速构造下沉有关，而且这种下沉与盆地边缘的断裂活动有关。该相单元中的前积透镜状砂体是有利的储集砂体。帚状前积地震反射剖面如图 2-39、图 2-40[22] 和图 2-41 所示。

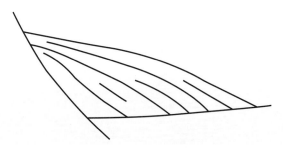

图 2-38　帚状前积反射结构示意图

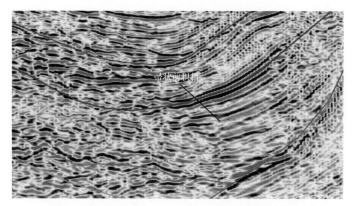

图 2-39　琼东南盆地陵水凹陷某地震剖面帚状前积相

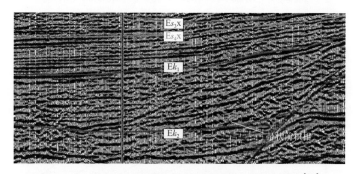

图 2-40　渤海盆地济阳坳陷某地震剖面帚状前积相[21]

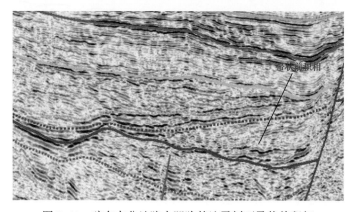

图 2-41　琼东南盆地陵水凹陷某地震剖面帚状前积相

（二）划分非前积反射结构

1. 平行和亚平行结构

内部反射相互平行或大致平行，是地震剖面中最常见的一种反射结构（图2-42）。通常采用"平坦的"或"波状的"等修饰词来描述其形状的进一步变化。平行结构一般出现在凹陷中央，多见于联络测线（平行凹陷轴线的测线）。特点是同相轴平直，光滑且相互平行。这种结构意味着均一、低能的沉积环境。平行结构可以出现在几种外形中，但最常见的是在席状、席状披盖和充填单元中，如图2-43、图2-44、图2-45所示[23, 24]。

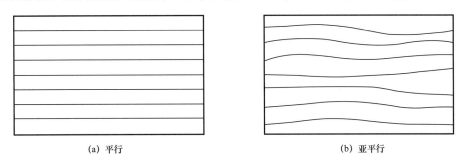

(a) 平行   (b) 亚平行

图2-42　平行、亚平行地震反射结构示意图

图2-43　珠江口盆地典型平行结构地震相[22]

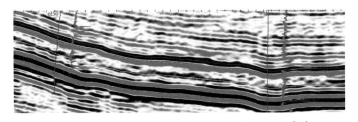

图2-44　川东地区茅口组平行、亚平行地震相[23]

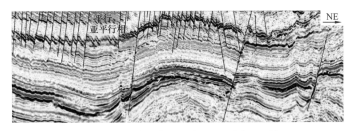

图2-45　西沙深水区平行、亚平行地震相

亚平行结构多见于凹陷缓坡及古隆起顶部。特点是局部见同相轴弯曲、不光滑，甚至呈蠕虫状，但总体上同相轴大致是平行的。这种结构反映了横向上沉积能量的变化，包括多种沉积环境，是最难解释的一种反射结构。

2. 发散结构

这种反射结构如图2-46所示，以楔形单元为特征，地层横向均匀加厚。其大多数横向加厚是由单元内的每个周期的增厚造成的，而不是由底面或顶面上的上超、顶超或者侵蚀造成的。通常在收敛方向上，楔性体内部，出现地震反射的非系统性侧向终止现象。这些终止现象可能是由

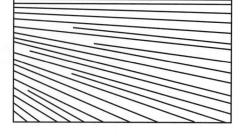

图 2-46　发散地震反射结构示意图

于地层逐渐减薄到低于地震仪器的分辨率造成的。发散结构意味着沉积速度上的侧向变化，或者沉积表面的逐步倾斜。多见于断陷主测线（垂直凹陷轴线的测线），如图2-47、图2-48所示[15, 24]。

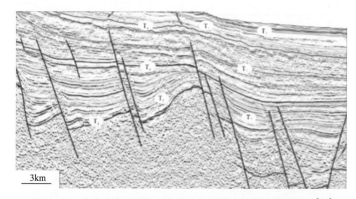

图 2-47　南海北部西沙海槽盆地某地震剖面发散地震相[14]

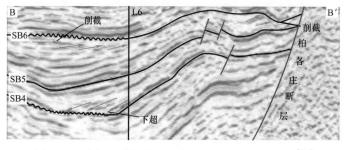

图 2-48　南堡凹陷柳赞地区某地震剖面发散地震相[24]

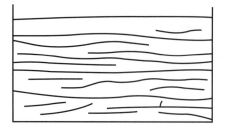

图 2-49　乱岗状前积反射结构示意图

3. 乱岗状斜交反射结构

乱岗状斜交反射结构由不规则、不连续、亚平行的反射段组成，形成一种实际上杂乱无章的乱岗状模式，这种模式以无系统的反射终止和分裂为特征（图2-49）。乱岗状的起伏低，接近于地震分辨率的极限。这种模式在侧向上常常递变为比较大的、更加明确的斜坡模式，并且向上递变为平行反射。如

图2-50所示[26]，这种反射模式通常解释为建立在一个前三角洲或者三角洲间位置上、形成小的、指状交互的斜坡朵叶的地层。

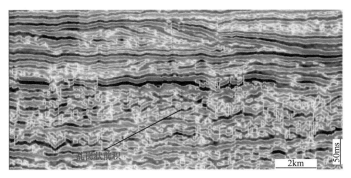

图2-50　莺歌海盆地乱岗状前积地震剖面[25]

4. 杂乱反射结构

杂乱反射结构是不连续、不整一的反射模式，是一种无次序排列的反射面（图2-51）。反映了地层内部层理性弱，而且是粗杂沉积物的高速杂乱堆积。对它们的解释可以是在一变化不定、相对高能环境下沉积的地层；或者是解释为原来连续的地层，后期遭到了变形，致使破坏了连续性。图2-52为地震反射剖面上的杂乱反射结构。有一些杂乱反射模式，可以解释为准沉积同期变形之后依然可以辨认的原始地层特征。而其他模式则是那样的无规律，致使贯穿在一个层序的重要部分内的反射无法按任何可以识别的地层结构加以解释。准沉积同期滑塌构造、切割与充填河道综合体、高度断裂的褶皱或者扭曲的地层可能具有杂乱的地震显示，如图2-53、图2-54、图2-55所示[27]。

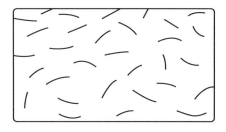

图2-51　杂乱反射结构示意图

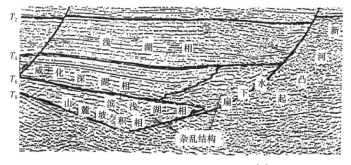

图2-52　杂乱反射结构地震剖面[4]

5. 无反射结构

无反射结构在地震剖面中较常见，主要表现为空白反射或极弱反射（图2-56）。在地层中，均质的、非层状的、高度扭曲的或者倾角很陡的地质单元，在地震资料上，基本上都可以作为无反射区来解释，实际地震剖面中的无反射结构如图2-57、图2-58所示。例如，某些大型火成岩盐体，或者厚的均质的块状砂岩、块状砾岩和块状泥岩都表现为无反射结构。

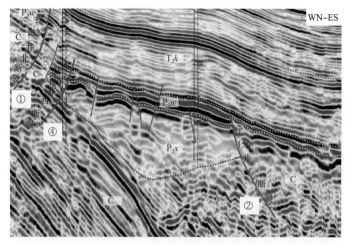

图 2-53　准噶尔盆地西北缘杂乱相地震剖面特征[26]

图 2-54　西沙深水区火山杂乱相

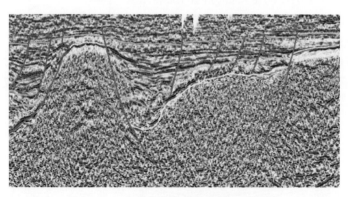

图 2-55　东营北带典型杂乱相地震剖面

（三）确定反射结构的几何外形

在地震相分析中，了解它们的三度空间外形和平面分布关系是十分重要的。其外部形态也是一个重要的地震相标志。不同的沉积体或沉积体系，在外形上是有差别的。即使是相似的反射结构，往往因为外形不同，也反映了完全不同的沉积环境。反射结构的外形参数常能减少地震相单元可能的地层解释方案。

图 2-56　无反射结构示意图

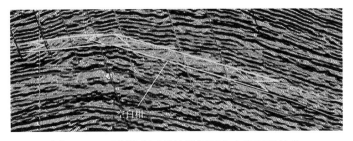

图 2-57　西非深水区某地震剖面空白相反射结构

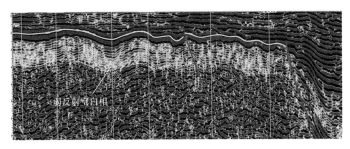

图 2-58　东营北带西段基岩典型空白相

重要的地震相外形现已总结出四类，即席状、楔状和滩状外形，透镜状外形，丘状外形和充填型外形。每一种类型都包括许多细微的变化，相互之间还可以出现过渡类型。

1. 席状、楔状和滩状外形

席状、楔状和滩状外形可能是大型的，而且是最常见的陆棚地震相单元，其形态如图 2-59 所示。这些外形的内部反射结构多为各种平行的、发散的和前积反射结构。图 2-60、图 2-61[28] 为席状地震相剖面图。

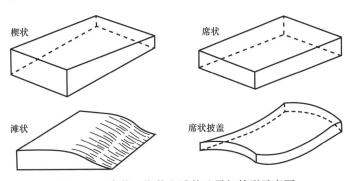

图 2-59　席状、楔状和滩状地震相外形示意图

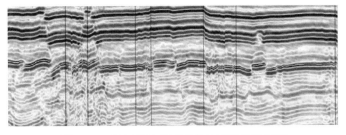

图 2-60　松辽盆地典型席状地震相地震剖面

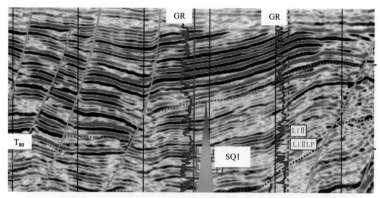

图 2-61　北部湾盆地涠洲 A 油田典型席状地震相[27]

席状披盖通常由平行、亚平行的反射结构组成，这些平行反射被解释为披盖在一个模式中的下伏地形上的地层，它们指示了均一、低能量、与水底起伏无关的深海（湖）沉积作用。多分布于盆地的中部，如半深—深海（湖）区。

跨越箕状断陷湖盆的楔状相单元包括各种相带，相分析意义不大。分布在盆地边缘的楔状相单元，内部若为前积反射结构，常代表扇三角洲；若分布在同生断层下降盘，而且内部为杂乱、空白、杂乱前积或帚状前积，则是近岸水下扇、冲积扇或其他近源沉积体的较好反映。地震相中出现的滩状外形多分布在滨浅海部位，如图 2-62、图 2-63[29]所示。

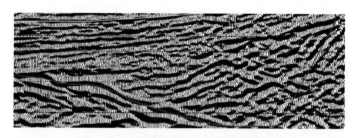

图 2-62　柬埔寨海域 D 区块楔状地震相

图 2-63　辽河西部某典型楔状外形地震相剖面图[28]

2. 透镜状外形

透镜状地震相以双向外凸的相单元外形为基本特征，如图 2-64 所示。透镜状地震相单元可以比较大，也可以比较小。透镜状相可以产生于多种沉积环境中，出现在许多地震相组合中，但是以前积斜坡地震相单元的外部形态最常见，或出现在深水浊积扇上。它的双向外凸可以是原生的，也可以是成岩过程中差异压实造成的。大型透镜状相一般与河道下切和三角洲前积作用有关，而小型透镜状相可以在几乎每一种沉积环境中出现，如图 2-65 至图 2-68 所示。一般大型透镜体都是有利储集体勘探目标。

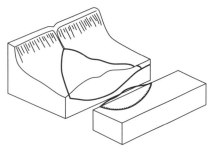

图 2-64　透镜状地震相外形示意图

图 2-65　柬埔寨海域 D 区块透镜状地震相

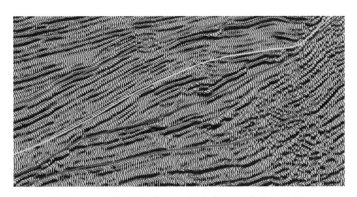

图 2-66　二连盆地乌里亚斯太南凹透镜状地震相

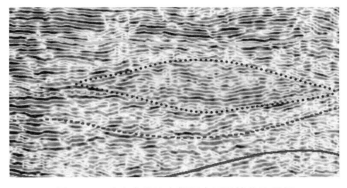

图 2-67　琼东南盆地南部深水区透镜状地震相

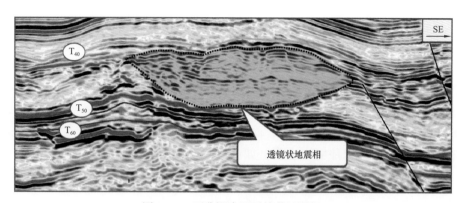

图 2-68　西非深水区透镜状地震相

3. 丘状外形

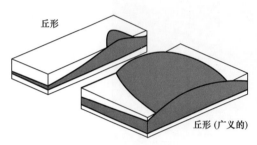

图 2-69　丘状地震相外形示意图

丘状外形的地震相是以同相轴的"底平、顶凸"为特征的地震相单元（图 2-69）。大多数丘状相与沉积作用、火山作用或者是生物的生长形成的地貌突起有关。丘状相作为一种高能沉积作用的产物，代表了一种沉积物搬运过程中快速卸载的过程，因此，它主要发育在深海（或深湖）浊积扇环境。另外，滑塌块体、三角洲朵叶体、碳酸盐岩突起和礁，以及火山堆也都可以表现为丘状外形。同时，要注意识别那些经过构造褶曲变形后的丘状相。

一般来说，丘状地震相都是比较有利的储集体，它本身就是典型的岩性圈闭。丘状相一般比较小，但是可以在地震测网中确定其外部边界，其内部可以表现为双向下超，也可以是杂乱结构，还可以是空白结构，实际丘状外形地震相剖面如图 2-70、图 2-71 所示。

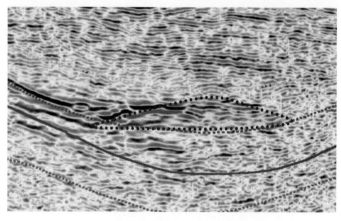

图 2-70　琼东南盆地陵水凹陷丘状地震相

4. 充填型外形

充填型外形在地震剖面上被解释为充填在下伏地层的负向地质单元。下伏的反射可以表现为侵蚀削截，也可以表现为沿充填单元底面的整一关系。充填类型有许多种变化，如图 2-72 所示。

图 2-71　柳赞地区沙河街组丘状地震相

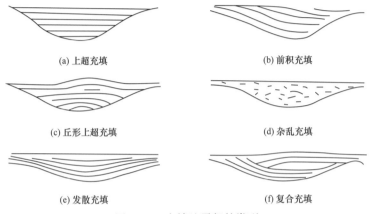

(a) 上超充填

(b) 前积充填

(c) 丘形上超充填

(d) 杂乱充填

(e) 发散充填

(f) 复合充填

图 2-72　充填地震相的类型

充填单元还可以按充填规模分类，如河道充填、沟谷充填、盆地充填、斜坡前缘充填等（图 2-73）。它们可表现出不同的内部反射结构，代表成因不同的充填构造。例如：上超充填代表侵蚀河道，海底峡谷充填，也可能代表盆地充填；发散充填代表盆地充填；前积充填代表斜坡前缘；杂乱充填代表滑塌构造；复合充填则为前积和丘形上超充填的复合。

图 2-73　三种不同规模的充填

大型的充填构造可以作为独立的实体予以研究，但随着大小和明确程度的降低，这些特征可以组合成复合体，或者作为比较大型的地震相单元的附属特征来处理。局部充填相与储层关系密切，如侵蚀河道、海底峡谷等都是储集体发育的有利部位，如图 2-74 至图 2-77 所示[30]。

三、地震相分析原则及过程

地震相分析是一种运用了层序地层学与地震地层学原理，将地质资料和物探资料紧密结合，重点识别、划分反映高能沉积的储层（储集体）地震响应特征，对各目的层地震相单元进行划分和地质解释，从而为井间及无井区岩相古地理、有利储集相带展布预测提供依据的方法。其步骤是在地震层序划分的框架内，首先以过井剖面为基干，由单井相对应的井旁地震相为模式，结合研究区层序综合柱状图，逐条剖面、逐个层序由点（井点）到线、由线到面进行对比追踪、闭合、划相，而后编制平面图，划分区域地震相单元，并依据地震—地质的对应关系（表2-1）对地震相的地质属性进行分析[31]。

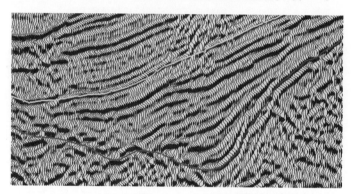

图2-74　二连盆地乌里亚斯太南凹充填地震相

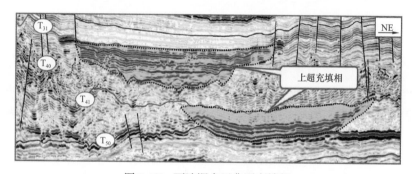

图2-75　西沙深水区典型充填相

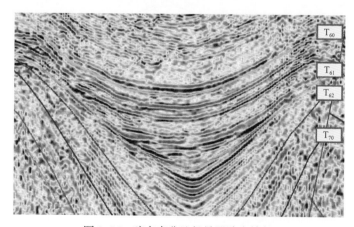

图2-76　琼东南盆地长昌凹陷充填相

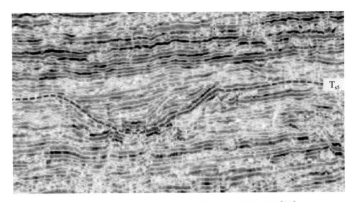

图 2-77 丽水凹陷典型充填相地震剖面图[29]

表 2-1 地震相参数和地质解释表

地震相标志	地质解释
内部反射结构	层理类型、沉积过程、侵蚀作用及古地理
反射连续性	地层连续性、沉积过程
反射振幅	波阻抗差、地层间距、所含流体
反射频率	地层间距、所含流体
外部几何形态及其伴生关系	总沉积过程、沉积物源、地质背景

（一）地震相解释的基本原则

由于地震相解释的复杂性，使得对任意一个或一组地震相的解释都离不开一定的原则。本书认为区域地震相解释的基本准则有以下四个方面：（1）地震相参数能量匹配；（2）以岩心相为准；（3）沉积体系匹配；（4）沉积演化史匹配。

1. 能量匹配准则

地震相参数中的反射结构和几何外形具有明显的沉积环境能量标志，而同一沉积体的反射结构和外形，必须是同一能量级。代表高能环境的反射结构和外形不能与代表低能环境的反射结构和外形匹配，反之亦然。例如，平行反射结构一般代表低能环境，发散结构代表从高能到低能变化，而前积结构表示高能环境。又如，席状外形反映低能或高能环境，但丘状外形则一定为高能环境，其不同能量级的地震结构外形匹配关系见表 2-2、表 2-3、表 2-4。

2. 以岩心相为准

在没有钻井的探区内，只能通过地震相与沉积相的一般对应关系，与同类盆地的标准地震相模式对比，将地震相转换成沉积相。但是若在有井的探区，地震相解释时应尽可能结合钻井资料，用钻井的岩心相标定对应的地震相。例如某一斜交前积相可能代表三角洲环境，也有可能是浊积扇体。但若在该地震相部位刚好有一口探井，且对应层位上岩心相表现为三角洲的特征，则该地震相标定为三角洲环境。

3. 沉积体系匹配准则

沉积体系指成因上有联系的沉积相的共生组合，是平面相序的模式。平面上一组地震相的分布所受沉积体系的控制表现在两个方面。一是沉积相类型的排列方式，即哪些沉积相可以相邻连接，而哪些沉积相绝对不能相邻连接；哪些沉积相可以组成一个相序排列，而哪些沉积相很少能形成一种相序排列。二是沉积相排列的方向性。受沉积盆地的边界条件（即构造背景）所制约，从不同的边界向盆地内部延伸时，有些沉积相可以重复出现，而有些相则不能再出现。例如在盆地发育的中期，在陡坡区向缓坡区方向上，陡岸处的近岸水下扇体一般不会在深湖区和缓坡区再出现。这种沉积体系的方向性有助于地震相的正确解释。

陆相沉积盆地主要有六种重要的沉积体系：（1）近岸水下扇体系；（2）近岸水下扇—浊积扇体系；（3）三角洲—浊积扇体系；（4）湖底侵蚀谷—浊积扇体系；（5）缓坡沿岸体系；（6）坡积—冲积扇—盐湖体系。只有当所有地震主测线和联络测线上全部地震相的解释都符合以上沉积体系时，解释结果才可能为真。

4. 沉积演化史匹配准则

沉积相的类型具有明显的地质时代特征，盆地不同发育期所产生的相模式和沉积体系可能有巨大的差别。另外，像沃尔索相律指出的那样，只有当平面上能够彼此相邻的相，才有可能在垂向上（地质年代中）依次叠置。显然从一个层序（或亚层序）到另一个层序（或亚层序）的地震相分布遵循沉积环境演化规律，即沉积盆地发育阶段对沉积相的控制作用。

（二）地震相分析过程

地震相分析分为五个步骤：

1. 第一步：寻找前积反射结构

地震相分析的第一步就是寻找那些特征明显、容易解释的地震相。在地震剖面上，最容易识别、环境意义最明显的反射结构是前积结构。大型前积结构一般与三角洲伴生，能指示盆地主要物源和主要水流方向。在陆相盆地中，一些中小型前积结构，反映冲积扇、近岸水下扇和浊积扇。前积结构常常构成盆地的地震相骨架。

2. 第二步：划分非前积结构

除前积反射结构外，剖面上还有大量的其他反射结构需要划分，如划分平行、亚平行结构、乱岗状结构、发散结构、杂乱结构和无反射结构等。它们一般是垂向加积作用形成的，有的分布范围大，可穿过几个相带，与前积结构相比，环境解释比较困难，往往需要综合更多的资料。

3. 第三步：确定反射结构的空间形态

外部形态也是一个重要的地震相标志。不同的沉积体或沉积体系，在外形上是有差别的；即使是相似的反射结构，往往因为外形不同，而反映了完全不同的沉积环境。外形确定之后，地震相单元的地层解释方案就进一步定型了。通常要确定的空间形态主要有席状、楔状、丘状、充填型及透镜状五类。

4. 第四步：反射结构与外形组合的合理性分析

自然界的沉积环境是多种多样的，在特定的沉积环境下形成的岩相组合，有特定的层理模式和形态模式。因地震相单元是沉积相单元的声波阻抗图像。这将导致纵横剖面反射结构和外形的特定组合。基于这种想法，可对识别的各个地震相单元的走向、倾向反射结构和外形进行组合关系分析，以排除地震陷阱或人为的错误解释。这对那些构造复杂的断陷盆地尤为重要。

分析的一般原则是能量水平必须匹配，即同一沉积体的反射结构与外形必须是同一能量级。代表高能环境的反射结构和外形不能与代表低能环境的反射结构和外形匹配，反之亦然。

各种反射结构的一般能量水平如下：

（1）平行结构——低能（或高能）；

（2）亚平行—乱岗状结构——从中能到高能变化；

发散结构——从低能到高能变化；

前积结构——高能；

杂乱结构——高能到极高能；

无反射结构——低能或极高能。

地震相单元外形的一般能量水平如下：

（1）席状——从低能到高能变化；

（2）楔状——从低能到高能变化；

（3）丘状——高能；

（4）充填——从低能到高能变化。

5. 第五步：连续性、振幅和频率分析

在完成反射结构和外形的识别和组合关系合理性分析之后，应当在地震相单元内进一步进行反射物理特征的分析。物理特征，如连续性、振幅和频率，指相意义虽不如几何特征简单明了，但其变化仍直接与岩相变化有关。物理特征分析是刻画细微岩相变化的一个重要手段，这对于多解的反射结构，如平行和发散结构，尤为重要。

从理论上说，物理参量的指相意义是清楚的。它们的变化指示了沉积能量的变化：

（1）连续性——直接与地层本身的连续性有关。连续性越好，表明地层越是与相对低的能量级有关。反之，连续性越差，反映地层横向变化越迅速，沉积能量越高。

（2）振幅——直接与波阻抗差有关。振幅大面积的稳定暗示上覆、下伏地层的良好连续性，反映低能级沉积，振幅快速变化。通常表示上覆和（或）下伏地层岩性快速变化，是高能环境的反映。

（3）频率——影响因素比较复杂，但在去除埋深和资料处理参数的影响后，一般也与岩性组合有关。含大量薄砂层的地层通常比泥岩层视频率高。视频率的快速横向变化也说明了岩性的快速变化，因而是高能环境的产物。

但实际上，反射物理特征的分析效果往往不理想。一个重要原因是物理参量难以定量化。对所定义的地震相，不同解释者常有不同理解，缺乏共同语言。解决这一问题的有效办法是建立物理参数图版和地震相图版，使物理参数的地震相分析直观化。

物理参数图版是反映连续性、振幅和频率各自单独变化的直观图象。这种变化的判断是定性的，以肉眼能够识别为限。例如，可将物理参数划分成如下类型：连续性——高、中、低；相对振幅——强、中、弱、变化；视频率——高、中、低。

将每种类型的标准地震图像有序地排列在一起，就得到一种物理参数图版。也可采用更粗或更细的划分，每个盆地都可建立自己的标准图版。若采用上述划分，图版中连续性、振幅、频率的不同变化共有36种可能的组合。但实际上因视频率参数是随深度变化的，不同层序之间难以对比，往往不参与定相。尽管如此，划分的相类型也是够用的，对目前地震勘探精度下的地震相分析绰绰有余。图2-78为强振幅高连续相地震剖面。

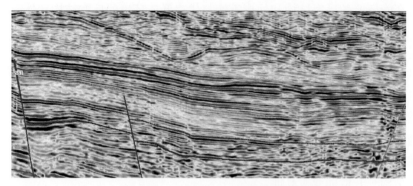

图2-78　琼东南盆地长昌凹陷强振幅高连续相地震剖面

物理参数图版一经建立，就成为反射特征描述和地震相划分的标准。划分的各种地震相也可采用类似方法用图版表示，以直观表达分析结果。地震相图版最好用大比例尺显示。应该强调指出，物理参数分析应当在地震资料采集、处理一致的基础上进行。如果不能做到完全相同，至少不能差别太大，否则无法建立对比标准。

6. 第六步：地震相命名

将上述各种参数综合后，就得到每个地震相单元的相标志集。然后对每个相单元的相标志集进行概括，获得主要相标志，并按主要相标志命名。最后，把全部相单元在平面上按原有顺序排列，就得到一张地震相图。地震相分析就完成了。

（三）地震相分析中应注意的几个问题

1. 坚持从特殊到一般的原则

在地震相分析中，应当首先注意那些有特殊的反射结构或外形的地震相，如各种前积体、丘状体、充填体等，以此为突破口，将地震相分析扩展到全盆地。这实际上是个工作方法问题，这样做出于以下三个原因：

（1）特殊地震相在地震剖面上容易识别；

（2）特殊地震相的沉积环境和岩相意义比较简单明了，而且常常为其中反射物理特征的解释提供了线索；

（3）特殊地震相常构成盆地的地震相格架，指示物源位置和水流方向，从而可有效地指导周围一般地震相的解释。

2. 选择合理的地震相标志

地震相标志多种多样，它们的指相能力又有好有坏。在地震相分析中，能否合理使用地震相标志，常常是地震相分析是否成功的关键。我们通常不可能、也不必要对每一项都进行详尽分析，只需抓住最能揭示盆地地震相特征的主要相标志。如在前积结构和丘状、充填等外形较多的盆地（如东营凹陷、廊固凹陷），应将前积结构和特殊的外形作为主要地震相标志，详细分析它们的分布及内部的细微变化，利用它们搞清盆地的水流方向和沉积格架，并预测大致岩性分布。只有在此基础上，振幅、频率、连续性的分析才会有好的效果。在一个前积地震相单元内，一味地按振幅、频率、连续性划相，而对前积结构视而不见，地震相分析不会有好的结果。而在以平行、亚平行和发散结构为主的盆地（如束鹿凹陷），虽然也应注意寻找特征的地震相单元，但它们毕竟太少，不足以控制盆地格架，所以应把主要精力放在物理参数的分析上，对分析的精度和手段也要有更高的要求。在构造复杂盆地或复杂构造带，反射的物理特征受构造作用影响很大，只能以反射结构和外形作为主要相标志。在这些地区，若缺少前积结构或特殊的地震相外形，地震相分析难以取得好的效果。

3. 排除构造假象和地震陷阱

构造破坏造成地震相标志失真是陆相断陷盆地地震相分析经常碰到的一个问题。在构造复杂的盆地或构造带，构造变形和变位不仅使原始反射结构和反射波物理特征遭到不同程度的破坏，还常造成许多假象，如地层挤压弯曲造成的"丘"、与测线平行的断层造成的"前积"、沉积物柔性变形形成的"杂乱结构"以及构造削截造成的"不整合"和"上超"等。

排除构造假象有两个办法。第一是识别地震相的特征标志。如丘，特别是较大的丘，内部反射一般在底面下超，且比外部反射更不规则，连续性更差，顶面有时见披盖反射。但图 3-35（a）的"丘"显然缺少这些基本特征，只是顶面上凸的形态像丘。因此，它更可能是构造变形的结果。第二个方法，也是重要的方法，是在地震相分析之前，先系统分析盆地的构造类型、成因和分布，明确地震剖面上哪些现象是构造形成的，哪些现象是沉积形成的，做到心中有数。

地震陷阱，即由于地震波传播规律和显示方法造成的地震反射对地下反射界面的歪曲，与构造假象一样，也会使地震相标志失真。主要的地震陷阱包括曲界面形状失真、回转波、绕射和干涉、多次反射、速度上提或下压、断层屏蔽作用及侧面波等，在地震相分析中须仔细辨认。关于地震陷阱，许多著作有专门论述，在此不做讨论。

为了排除构造和地震陷阱的影响，避免单剖面定相是非常必要的。单条地震剖面上显示的任何地震相模式，哪怕与标准相模式非常相似，如果在平行剖面上观察不到逐渐的、有规律的相变，在正交剖面上没有匹配的相模式与之对应，也是不可靠的。也就是说，确定一个地震相单元，一定要把握其空间变化，进行反射结构和外形组合的合理性分析。

4. 上超与下超的识别

由于断陷盆地（尤其是箕状凹陷）发育过程中地层的倾斜或变形，上超和下超的识别也常常是一个棘手的问题。仅仅用"底超"来概括上超和下超是不够的，解决这一问题的最好办法是对底超层进行古水深恢复，但这往往不易做到。根据对大量地震剖面的观察，总结出五种方便实用的判别准则：

（1）下超一般为前积结构所特有；

（2）从湖盆边缘向湖心的底超一般为下超；

（3）向湖盆边缘或内部隆起的底超，若不出现在前积体内部，一般都是上超；

（4）反射另一端可追踪到顶超的底超为下超；

（5）若底超层层面上有披盖反射，为下超。

第三节　地震速度岩性分析方法

速度岩性分析主要是利用地震层速度资料估算岩性比率。在研究早期，主要利用叠加速度经转换后制作岩性指数量板来预测砂岩百分比[32, 33]。此后张万选等在此基础上进一步完善提出一套岩性预测方法[5, 34]。地震波的速度是地震勘探中最重要的一个参数，同时也是地震地层解释中最重要的一个参数。从实质上讲，大多数地震技术的核心任务在初期都是围绕着地层速度的勘测进行的。另一方面也反映了地震反射资料是地层界面之间波阻抗差的反应。由于地震层速度受组成地层的岩性、物性、流体性质及温度、压力等多种因素影响，地震波通过不同岩性介质的传播速度不同，那么沉积体系域内部岩性和岩相的横向变化应该在地震层速度上有所反映。地震速度—岩性分析是一项实用的地震解释技术，它是利用地震叠加速度、地震反射剖面和少量声波时差测井资料，进行整个地区的岩性预测。在盆地早期勘探阶段，缺少井下地质和地球物理资料。应用地震波速度参数自身的变化规律及其与地下岩性之间的内在联系，通过分析速度变化特征来分析解释岩性，揭示包括砂泥岩百分含量在内的岩相分布。速度—岩性定量解释利用大量速度谱资料，资料来源经济、快速，在勘探早期即能迅速了解整个盆地砂体在平面上的展布特点，反映砂体的大致形态、物源方向，并可作为区域地震相向沉积相转换的一项有效辅助参数。因此，这种方法普遍受到人们的重视。本节主要包括四个部分：分析速度与岩性关系，建立砂泥岩压实模型，计算地层岩性指数和应用实例。

一、分析速度与岩性关系

岩石的矿物成分，岩石的密度，岩石颗粒的分选、磨圆度以及颗粒间的接触关系均可影响地震波速度。多勃雷宁公式揭示了速度与岩石岩性成分具有明显的关系，岩石的波速和岩石的密度之间存在着函数关系，如应用广泛的 Gardner 公式可以将各类沉积岩的密度与波速的关系用一个式子表达出来。后来 Wang[34] 基于大量实验室数据，将沉积岩分组，得到了每种岩性的波速与体积密度之间的关系。国内外对波速和密度关系的研究表明，岩石的波速和密度之间一般都是正相关关系，多数人倾向于用线性函数来表示[35-37]。

虽然速度受地层岩性的影响和控制，但是速度与岩性之间的关系又相当复杂，速度与岩性之间不是一一对应的关系，很难说哪个速度一定代表哪种岩性。

（一）不同岩性的速度具有重叠性

图 2-79 展示了地震波在不同岩石和流体传播速度的变化范围。可以看出，流体类的油、气、水的波速本身变化间隔比较小，基本上没有发生重叠。但是对于岩石的波速而言，页岩与砂岩、石灰岩、白云岩、盐岩都有重叠，砂岩与石灰岩、盐岩、白云岩、石膏和火成岩也都有波速重叠。相比而言，盐岩、石膏和火成岩的波速延伸比较窄。很显然，对于一个 4500m/s 的地层速度，可以只由页岩产生，也可以只由砂岩产生，还可以只由石灰岩产生，甚至可以只由盐岩产生，当然更可以由上述两种或两种以上的岩层混合而产生。由此而见，不同岩性的波速重叠程度是相当严重的。

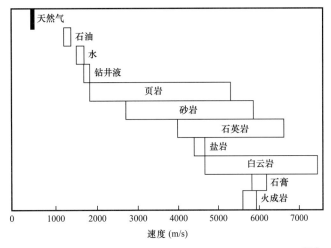

图 2-79　地下岩石和流体的地震波传播速度的正常范围[38]

（二）同一岩性的速度具有多解性

在相同岩性条件下，影响地层速度的地质因素非常多，除了最基本的控制参数如刚性颗粒成分、杂基类型、孔隙度、胶结物类型和含量、孔隙流体成分及饱和程度等以外，成岩作用产生的碎屑颗粒和自生胶结物的淋滤以及石英颗粒的次生加大，都会影响地层速度。同一种岩性，在不同深度，因压实和成岩作用的差别，其速度明显不同。同一种岩性即使在不同深度，也会由于埋藏过程不同或者地温场的差别，产生不同的地层速度。因此，同一岩性的速度具有多解性。

（三）地层速度是地层岩性的综合反映

总的来看，地层速度受控于岩性（狭义的岩性）、物性和含烃性三种因素。一个地层单元所测定的层速度是这三种因素综合作用的结果，而不是一种因素的反映。因此，地层速度的解释必须是在假定的三种因素中其他两种因素不变或者不考虑的情况下，而对其中一种因素的预测，因此速度—岩性预测的结果肯定会有误差。

在勘探阶段，当对地层岩性未知时，可以把岩性作为影响速度的首要因素，而把物性和含烃性放在次要位置。也就是说，可以假设较厚地层层速度的变化主要反映地层中岩性的变化。

（四）速度岩性预测模型的组成

利用地震层速度预测地层岩性的计算模型由四个子模型组成，即砂泥岩压实模型、层速度转换及其误差模型、速度校正模型和岩性指数转换模型。其中，每一部分又包括若干步骤，如图 2-80 所示。

二、建立砂泥岩压实模型

机械压实作用是沉积岩层成岩过程中最主要的成岩作用之一。压实作用是一种破坏性的成岩作用，它使得沉积颗粒在垂向上更紧密地聚集在一起，从而使岩石孔隙度变小。泥质沉积物在埋藏过程中则发生以压实作用为主的物理变化，直观响应就是随着埋藏深度的增加，泥岩孔隙度逐渐减小。在正常压实情况下，泥岩压实特征通常表现为Athy[37]提出的指数压实模式，即浅部地层泥岩孔隙度随着埋深增加快速减小，增加到一定埋深，泥岩孔隙度则随着埋深的增加而减小速率变缓。当泥岩压实增加到一定程度，其物性不能满足压实排水需求时，泥岩孔隙度将不再降低反而出现孔隙度增大的欠压实现象[39, 40]。

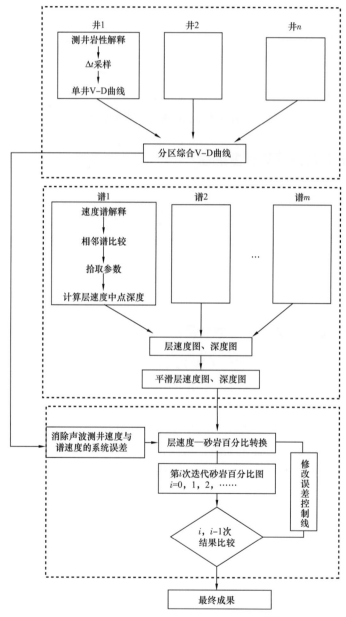

图 2-80　速度—岩性定量解释流程图[33]

砂泥岩压实模型就是纯砂岩速度和纯泥岩速度与埋深的关系，它们是地震速度岩性预测的基础。砂泥岩压实模型是从若干个单井砂泥岩压实曲线综合而来的。

（一）砂泥岩压实模型的类型

砂泥岩压实曲线是地震速度—岩性预测的基础资料。实践证明，不同构造背景下砂泥岩压实模型会有明显的差别，即使构造背景相同，岩相垂向组合的差异也会影响压实模型的类型。在辽东湾地区，研究发现存在四种类型的砂泥岩压实模型（图 2-81）。

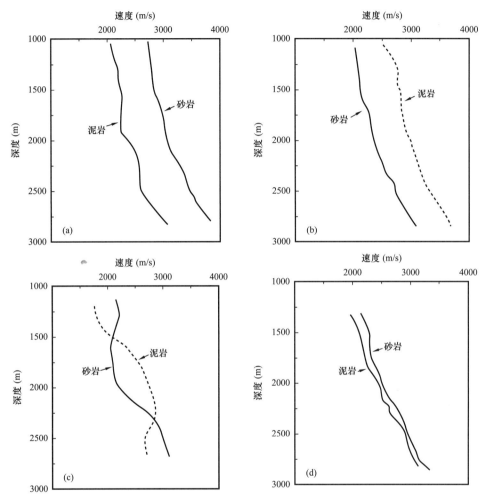

图 2-81　辽东湾坳陷砂泥岩压实模型

（a）正常型（以锦州 14-2-1 井为代表）；（b）异常型（以绥中 36-1-7 井为代表）；（c）波动型（以绥中 36-1-15 井为代表）；（d）等速型（以金县 1-1-1 井为代表）

（1）正常型：砂岩速度高于泥岩速度（图 2-81a）。以锦州 14-2-1 井为代表，其东营组和沙河街组的砂岩速度均比泥岩速度高出约 600m/s。该类型比较常见，本地区的锦州 20-2 构造和锦州 9-3 构造也属于这种类型。

（2）异常型：砂岩速度明显低于泥岩速度（图 2-81b）。该类型以绥中 36-1-7 井的东下段为代表。由于埋深较浅（约 1500～2000m），砂岩压实程度低，固结性差，速度偏低；而泥岩中普遍含有钙质，使得泥岩速度增大。泥岩速度比砂岩速度高出约 300m/s。绥中 36-1 构造的压实模型以这种类型为主。

（3）波动型：随着埋深的变化，砂岩速度时而高于泥岩速度，时而又低于泥岩速度

（图 2-81c）。以绥中 36-1-15 井中东营组为代表，砂泥岩速度随埋深交替变化。

（4）等速型：砂岩速度与泥岩速度非常接近，其差值一般小于 150m/s（图 2-81d）。金县 1-1-1 井东下段的砂泥岩压实曲线就是一种典型的等速型压实模型。

砂泥岩压实模型的上述分类充分显示了压实曲线的复杂性和多样性，提醒人们在使用压实曲线时特别要注意判断具体地区的压实类型，以避免盲目套用而出错。因为在远离井的部位只能用谱算层速度与深度交会图上内外包线来代替砂岩和泥岩的压实曲线。如果不先确定压实模型，就无法知道是外包线代表砂岩还是内包线代表砂岩。

另外，这四种压实模型在使用时有明显的差别。正常型和异常型比较容易使用，但异常型在岩性转换时与正常型正好相反，它将高速区解释为偏泥相，而将低速区解释为偏砂相。波动型就必须按更细的层位进行对比，使用时把波动型在纵向上划分为若干个正常型和异常型。最难使用的是等速型，因其速度差太小，而地震速度本身的误差就可能超过砂泥岩的速度差，故预测的岩性就不可能准确。一般只将等速型作为参考模型。

（二）声波时差法制作砂泥岩压实模型

声波时差曲线反映地下各单层的速度和岩性变化。纯砂岩和纯泥岩压实模型的制作过程如下：

（1）识别纯砂岩和纯泥岩。岩性识别主要依靠声波时差曲线和钻井岩性剖面，同时参考自然电位、视电阻率、自然伽马、井径、感应、微电极等测井曲线，综合确定纯砂岩（可以包括砾岩）和纯泥岩的测井曲线特征。

（2）读取纯砂岩和纯泥岩声波时差值。选择声波时差曲线上较厚的砂岩和泥岩段，读取相应的时差值（图 2-82）。最好读取时差曲线的高值平台（厚层泥岩）和低值平台（厚层砂岩），一般避免读取高值尖峰（薄泥岩）或低值尖峰（薄砂岩）。总之，取值时尽量保证取到相对高值端（泥岩）和相对低值端（砂岩和砾岩）两类数据。

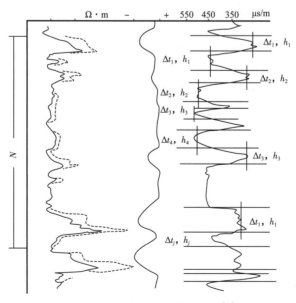

图 2-82　声波时差取值示意图[4]

（3）计算纯砂岩和纯泥岩的速度。声波时差值是速度值的倒数，只要取声波时差值的倒数，就可得到纯砂岩和纯泥岩的速度。

（4）编制单井压实曲线。利用读取的纯砂岩和纯泥岩的速度与埋深的数据，在速度—埋深坐标图中投点，得到两个散点带，对这两个散点带拟合后得出的拟合曲线即为纯砂岩、纯泥岩的压实曲线。

（5）多井综合得到砂泥岩压实模型。单井压实曲线虽然反映某一口井的特征，但由于人为读值和地层分布不均，有时单井压实曲线会有一定偏差。为了能够反映工区真实的压实特征，需要把所有的单井曲线进行对比，将特征相似的曲线归为同一类型，消除单井的随机误差。这个过程称为压实曲线分区综合，综合后的结果为砂泥岩压实模型。综合时可以将同类型井中所有散点叠合，也可以将同类型井中所有曲线叠合。综合后，对全部散点或者全部曲线重新拟合，分别得到纯砂岩、纯泥岩压实模型。

（三）地震速度谱法制作砂泥岩压实模型

地震速度谱提供大量地震叠加速度。只要将叠加速度转换成层速度，就有可能拾取砂岩和泥岩速度。具体方法如下：

（1）解释速度谱。在地震速度谱上拾取有效反射的能量团，剔除高速异常点（由绕射波或断面波产生）和低速异常点（由多次波产生），如图2-83所示。

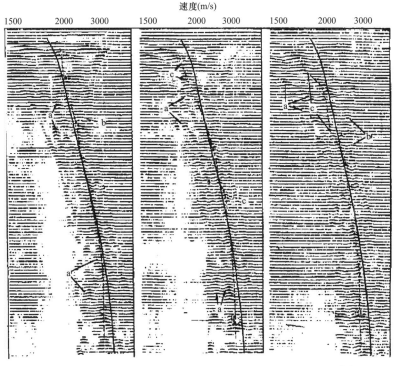

图2-83　速度谱解释（廊固凹陷LF511测线三个相邻谱）[4]

a—低速极值点；b—高速极值点

（2）求取层速度。先将叠加速度转化为均方根速度，然后按Dix公式把均方根速度转化为层速度。

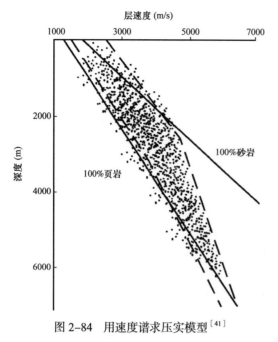

图 2-84 用速度谱求压实模型[41]

（3）时深转换。把各速度界面的双程反射时间转换成深度。

（4）层速度投点。一个地区或区块的所有测线上的全部速度谱经计算后，分区进行层速度投点，在层速度—埋深交会图中得到一个阴影带。

（5）砂泥岩压实模型确定。虽然地震层速度代表厚度在 100m 以上的一个层段中的总体速度，而这个层段中一般很难是纯砂岩或纯泥岩。但是大量层速度投点形成的阴影带的高速边界和低速边界与砂岩和泥岩的压实模型最接近。因此，可以把阴影带的高速包络和低速包络分别作为砂岩和泥岩的压实模型（图 2-84）。不难看出，这种方法比声波时差法的误差要大，一般是在无井时采用。

（四）层速度转换模型的误差

有关地震叠加速度向层速度转换的数学模型，前人在进行地震层速度分析时都用到这一组模型。然而，Dix 公式本身具有明显的误差放大作用，这种作用可用 Dix 公式的误差公式来表示：

$$\Delta v_{\text{int}} = \Delta v_{r,n} \frac{v_{r,n}}{v_{\text{int}}} \frac{t_{0,n}}{t_{0,n} - t_{0,n-1}} \tag{2-1}$$

式中，$\Delta v_{r,n}$ 为第 n 个界面的均方根速度误差，Δv_{int} 为第 n 个与第 $n-1$ 个界面之间的层速度的误差。

由于 $v_{r,n}/v_{\text{int}}$ 是一个比 1 略小的值，而且 $t_{0,n}/(t_{0,n} - t_{0,n-1})$ 常大于 10，因此 Dix 公式计算的误差将是均方根速度（或叠加速度）的误差的许多倍。假如在地下 3000m 处有一厚约 0.3s 的层段，层底的均方根速度为 2800m/s，而地层的层速度为 3200m/s，若由地震采集和处理等因素造成的均方根速度的误差为 50m/s，而由 Dix 公式计算的层速度误差将是 450m/s，把均方根速度的误差放大了 9 倍。显然这种作用具有严重的破坏性，必须设法消除。

三、计算地层岩性指数

岩性指数又可称为砂岩百分含量，它是储集相带判别和储集体识别的重要依据。

（一）岩性指数计算模型

在碎屑岩地区，地层主要由砂岩和泥岩组成，砾岩仅在某些特殊环境下局部分布。因此，速度—岩性定量预测所依据的地质模型就是将实际地层简化为砂岩和泥岩两个单元（图 2-85、图 2-86）。

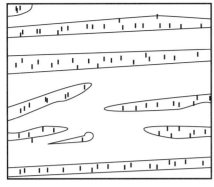

图 2-85　实际地层地质模型示意图

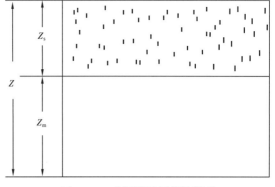

图 2-86　砂泥岩地层等效模型

图 2-86 表示沿地震波传播方向截取的一块边长为 Z 的立方体砂、泥岩体。其中上图为砂、泥岩层的分布形式，若将岩体中的砂岩、泥岩分别集中，则可等效于下图的形式。如果砂岩厚度为 Z_s，泥岩厚度为 Z_m，则 $Z=Z_s+Z_m$。若地震波通过该岩体的速度为 v，通过纯砂岩、纯泥岩的速度为 v_s、v_m，则有

$$\frac{Z}{v_{int}} = \frac{Z_s}{v_s} + \frac{Z_m}{v_m} \qquad （2-2）$$

即地震波通过该岩体的总传播时间等于通过纯砂岩和纯泥岩的时间之和。

$$\frac{Z_s}{Z} = P_s \qquad （2-3）$$

P_s 为砂岩在总厚度中所占比例，即砂岩百分含量，则

$$\frac{Z_m}{Z} = 1 - P_s \qquad （2-4）$$

将式（2-2）两边同除以 Z，得

$$\frac{1}{v_{int}} = \frac{P_s}{v_s} + \frac{1-P_s}{v_m} \qquad （2-5）$$

式中，P_s 为砂岩百分含量，v、v_s、v_m 分别为同一深度下地震层速度、纯砂岩速度、纯泥岩速度。式（2-5）即为速度—岩性定量预测的数学模型。

（二）压实曲线的 VSP 校正

砂泥岩压实曲线可以由声波测井数据制作。但是，在声波测井中，由于仪器和井眼影响产生基线漂移，使声波测井速度值比实际值偏大或偏小。在辽西北洼锦州 14-2 构造附近，基线漂移造成的误差基本上是正误差，即声波时差偏小（速度偏大），误差一般因测井井段而异，最大误差可达 40μs/m（图 2-87）。若折算成速度后，误差在 200～360m/s 之间。显然，这种速度误差不容忽视。

由校正后的声波时差曲线制作的砂泥岩压实曲线才是符合实际的压实模型（图 2-88）。

以高精度平均速度为特征的 VSP 资料提供了消除基线漂移误差的有效手段，校正方法如下：

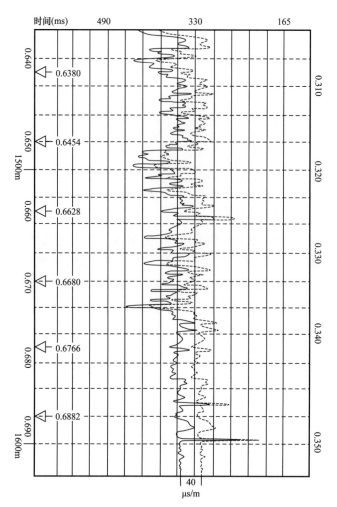

图 2-87 辽西北洼锦州 14-2-1 井声波测井曲线的基线漂移

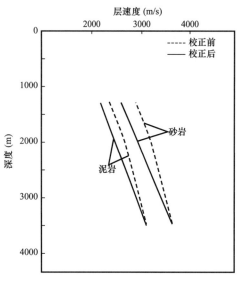

图 2-88 声波时差基线漂移校正前后压实曲线的对比

（1）从 VSP 求取时—深关系曲线。对每一个检炮点的一对时间和深度值进行分析并作数值拟合（线性或三次样条拟合等）。

（2）利用编辑过的声波时差曲线求取另一条时—深关系曲线。在一系列深度点上对其上的时差曲线进行积分，就得到另一条时—深关系曲线。

（3）漂移曲线的求取。每一点的漂移值等于对应深度下检炮点时间减去声波时差曲线求出的时间，对所有漂移点作多项式拟合就得到漂移曲线。

（4）校正曲线的求取。任意一个深度的校正值等于该深度处漂移曲线的导数。因此，对整条漂移曲线求一阶导数就得到校正曲线。

（5）对声波曲线进行校正。将校正曲线与原声波曲线按深度对应相加，便得到一条准确的声波时差曲线。图2-87中虚线就是校正后的声波时差曲线。

（三）岩性指数计算及其误差校正

由于基于时间平均方程的岩石体积物理模型的数学公式只在统计意义上成立，而且地震层速度经过多种校正后仍存在误差，从而造成计算出的岩性指数 P_s 还与钻井实际值有差别。为了进一步提高岩性速度预测的精度，最后还要与计算的岩性指数进行校正。校正公式为

$$P_s' = P_s + \Delta P_s \tag{2-6}$$

式中，P_s 为计算的岩性指数，ΔP_s 为计算值与钻井值之间的误差，P_s' 为校正后的岩性指数。

四、应用实例

（一）廊固凹陷应用实例

1. 单井压实曲线的制作

将单井的砂、泥岩速度数据在速度—埋深坐标图中投点，分别回归，得到单井压实曲线。

单井压实曲线应尽可能多做。但为保证质量，对井的选择必须有一定的限制：非正常压实的井，如有明显的后期抬升或断落，或位于泥岩构造上的井，不能参加统计；地层变形、破碎或断层很多的井段，砂岩常因裂缝发育而显示低速，也不能用；对个别砂、泥岩速度分不开的井段，数据应作为异常点删除。

2. 分区综合压实曲线

将单井压实曲线分区比较，分区的原则一般根据盆地构造带性质、压实规律和埋藏特点（胶结程度、钙质含量等）。把各区的数据分别集中，回归得到综合压实曲线（图2-89）。它们代表了不同的速度—深度变化规律。

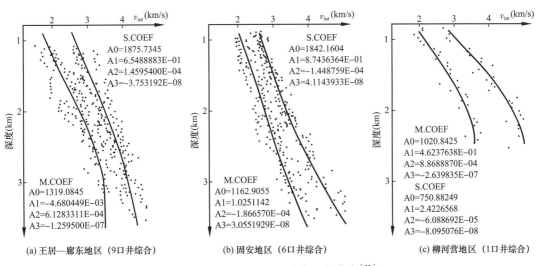

图 2-89 廊固凹陷分区综合压实曲线[33]

3. 砂岩指数分布与沉积相解释

在廊固凹陷选择地质条件相对简单、钻井较少的固安地区对以上方法进行实验，将解释结果与非校正井对比，效果令人满意。在速度谱密度足够大的地区（每平方千米5个以上），误差可控制在10%以下（表2-2）；在紧靠断层根部、砾岩较多的窄带内误差较大（主要是模型误差造成的），但仍能反映岩性变化趋势。

表2-2 速度—岩性解释误差统计表

井号	层段	中点深度（m）	P_s（%）实际	P_s（%）解释	误差（%）	备注
固7	$Es_3^{上}$	1700	14	17	3	测线稀
	$Es_3^{中上}$	2800	17	0	17	
固6	$Es_3^{上}$	1325	19	25	6	
	$Es_3^{中上}$	2050	27	31	4	
	$Es_3^{中下}$	2575	35	30	5	
固9	$Es_3^{上}$	2500	45	40	5	
州3	$Es_3^{中下}$	2775	51	53	2	
州6	$Es_3^{中下}$	3010	51	95	44	断层根部，砾岩多
兴3	$Es_3^{中下}$	3100	41	100	59	

作为一种定量标志，速度—岩性参数较精确地反映了沉积体或沉积体系的砂体格架，是对地震相解释的有效补充。如廊固凹陷南部（固安次凹），由于后期构造运动的影响，主测线上沙三上亚段层序从缓坡向湖心前积的S形前积结构不清晰。过去一直认为只有大兴凸起方向（即陡岸）存在物源，砂体越过湖底爬上缓坡，有所谓"满盆砂"之说。但砂岩百分比图（图2-90）却清楚地表现了陡缓两岸含砂量均比湖心高，都有大的物源，它们分属于不同的沉积体系，进而肯定了缓坡向湖心的前积结构是存在的。

（二）辽东湾地区辽中凹陷应用实例

在辽东湾地区辽中凹陷南部的东下段地层中应用了速度岩性预测模型。

1. 砂泥岩压实模型

由于该地区东北角的金县1-1-1井砂泥岩压实模型为等速型，故只能得出参考结论，即泥岩速度略高于砂岩速度（约150m/s）。但在测线LZ187西端的SZ36-1-15井东下段上部压实模型为异常型。由此判断，该地区的砂泥岩压实模型为异常型。实际应用时，采用地震速度谱法编制压实曲线，将外包线（高速点边界）确定为泥岩压实线，而将内包线（低速点边界）确定为砂岩压实线。

2. 砂岩指数分布与沉积相解释

图2-91是该地区东下段上部砂岩指数分布图。从图中可以看出，在金县1-1-1井到测线LZ192之间发育一条砂岩指数高值区，它正好是S形前积反射的部位（图2-92），代

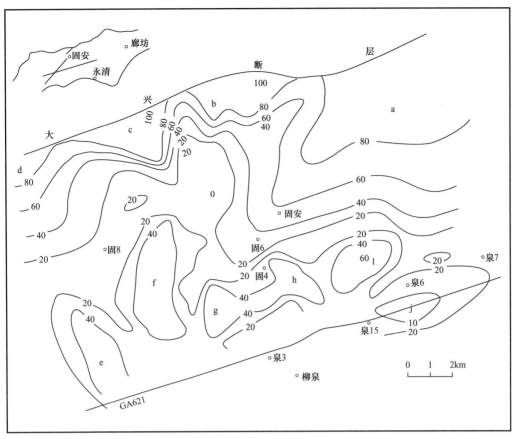

图 2-90 固安地区沙三上亚段层序砂岩百分比图[33]

a—陡岸扇三角洲；b，c，d—近岸水下扇；e，f，g，h，i，j—缓坡扇三角洲叶状体

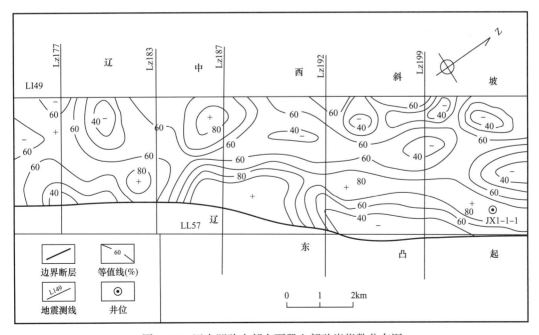

图 2-91 辽中凹陷南部东下段上部砂岩指数分布图

表了物源在东北部的长轴三角洲的发育位置（图2-93）。在图2-91上边界断层的中部，即测线LZ187附近，发育一半圆形高含砂区，它与大型丘状地震相部位对应（图2-92），可能是一个分布局限且岩性很粗的近岸水下扇体（图2-93）。另外在图2-91的最南端，即测线LZ183-177附近，还发育一个指状砂岩指数高值区，它与高角度斜交前积相对应（图2-92），这似乎是一个扇三角洲，它的物源可能就在测线LZ183与边界断层交点附近。以上预测结论很快被斜井LD12-1-1井（位于测线LZ179与LL53交点附近）所证实。在该斜井中东下段上部（1500~1800m），岩性总体偏粗，共发育四套厚砂层，单层最厚达35m左右。

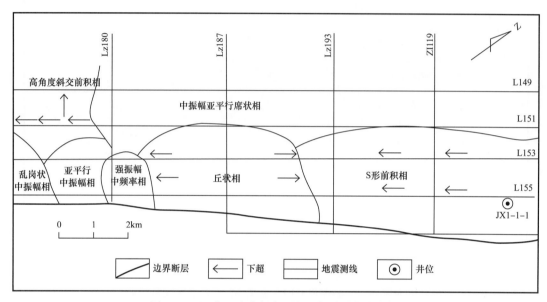

图2-92 辽中凹陷南部东下段上部地震相分布图

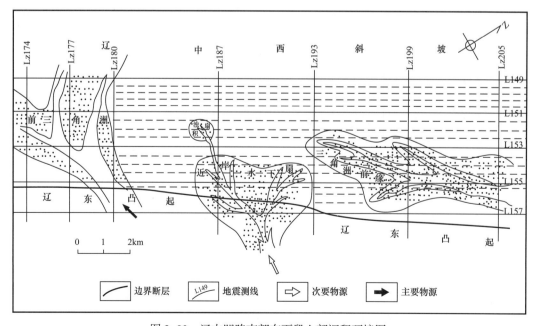

图2-93 辽中凹陷南部东下段上部沉积环境图

（三）柴达木盆地三湖坳陷应用实例

1. 确定砂泥岩压实模型

通过对多口井的砂泥岩压实模型研究，得出三湖坳陷砂泥岩压实模型为正常型，即砂岩速度大于泥岩速度（图2-94）。实际应用时，采用地震速度谱法编制压实曲线，将外包线（高速点边界）确定为泥岩压实线，而将内包线（低速点边界）确定为砂岩压实线。

2. 计算岩性指数

经过研究分析，认为七个泉组底部层序的砂岩体较为发育，下面对其特征简要叙述。

图2-95为七个泉组层序一（SQ1）水进时期砂岩指数平面分布图。在该体系域沉积时期，盆地砂岩指数分布特征整体上呈现南高北低的格局。在盆地沉积中央区砂岩指数普遍较低，在台南构造带、涩北构造带和金达地区表现更为明显，砂岩指数普遍低于10%。由中央向盆

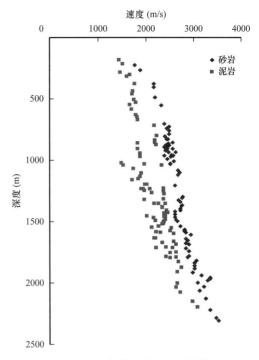

图2-94 三湖坳陷砂泥岩压实模型

地南斜坡砂岩指数普遍较高，越过涩南构造带向东南和西南两个主方向砂岩指数快速变高，说明在南斜坡存在两个大规模的三角洲物源。在大灶火地区的灶地1井砂岩指数普遍低于两侧的中灶火和格尔木构造带，为相对砂岩指数低值区，可能为两大三角洲间的湖湾沉积体系。盆地北东方向的哑叭尔构造带也存在由边缘向盆地中央砂岩指数逐步变小的现象，说明此处在SQ1水进体系域时期存在物源供给。北部为泥质滨岸环境，砂岩指数普遍较低，尤其是台吉乃尔部分单井统计该时期砂岩指数不到5%，岩屑录井普遍见泥质沉积物。

图2-96为七个泉组层序一（SQ1）水退体系域砂岩指数平面分布图。水退体系域时期砂岩指数整体上明显高于水进体系域时期砂岩指数。SQ1水退体系域砂岩指数呈现北低，向南和向盆地东北方向的哑叭尔构造带逐步变高的特点，东南部最高。说明在东北方向哑叭尔构造带是存在三角洲物源的，南斜坡分别在中灶火和格尔木存在规模相对较大的物源供给。北部气田区和沉积中央地带砂岩指数较水进体系域时期有所增大，普遍在10%～20%之间；砂岩指数低于10%的区域明显减小，主要集中在北部的伊克雅乌汝、台吉乃尔和涩东南构造一带。三大气田区砂岩指数略大于10%。砂岩体在北部呈席状展布，盆地南部砂岩呈舌状发育，哑叭尔一带的砂体分布规模相对局限。

通过对三湖地区七个泉组各体系域砂岩指数平面分布特征分析后，认为在平面上砂岩指数分布具有盆地东北部高值区、北部低值区南斜坡存在中间低值、东西两端高值的特点，且该分布格局继承性强。在时间上，具有水进体系砂岩指数低于水退体系域时期砂岩含量的特征。北部滨岸带和三大气田区始终处于砂岩含量低值区。

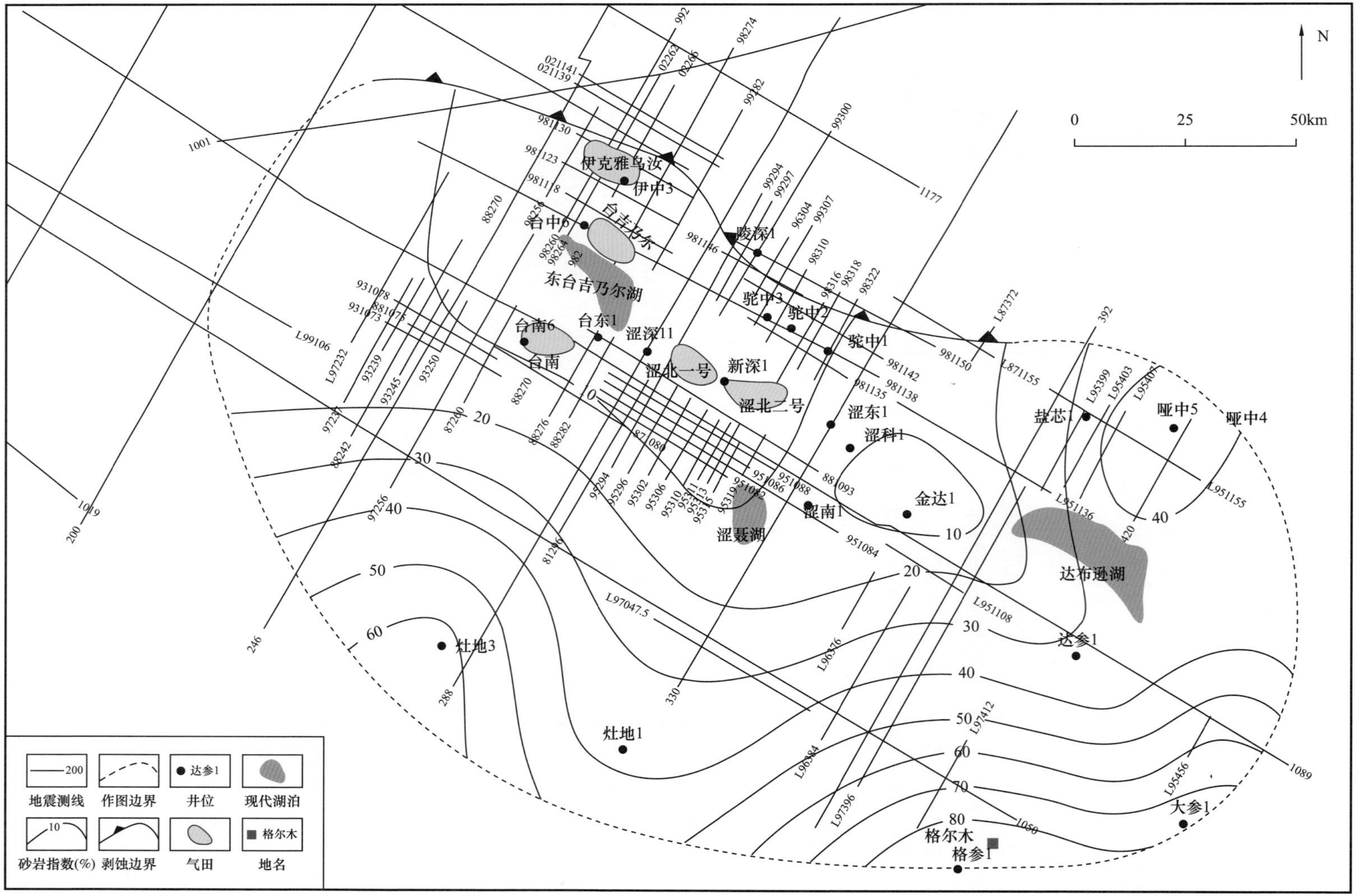

图 2-95 三湖地区七个泉组 SQ1 水进体系域砂岩指数平面图

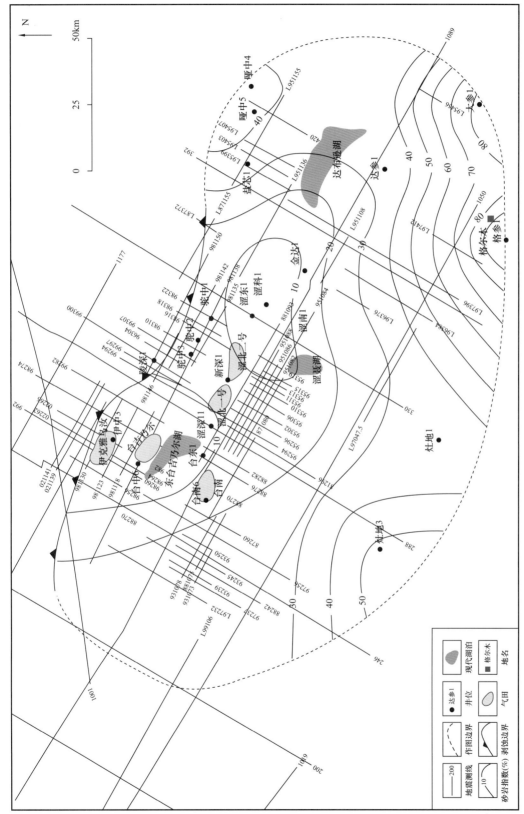

图 2-96　三湖地区七个泉组 SQ1 水退体系域砂岩指数平面图

第四节　地震属性分析方法

　　地下构造、地层和岩性的空间变化，会造成地震波反射速度、振幅、频率、相位等的变化。地震属性分析技术就是寻找这些变化，并将其变为地质家的认识，这就是地震属性分析技术进行储层预测的依据。地震属性是指从地震数据中导出的关于几何学、运动学、动力学及统计特性的特殊度量值。它包括时间属性、振幅属性、频率属性等，不同的属性可指示不同的地质现象。地震属性分析在 3D 地震解释、地层分析、油藏特征描述和油藏动态检测中有着巨大的应用前景和潜力。

一、地震属性的提出

　　地震属性最早可追溯到 20 世纪 60 年代[41]，当时国内有很多的译名，如地震信息、地震特征、地震参数、地震标志等，直到 90 年代才确定为地震属性。国际知名企业兰德马克公司认为：地震属性是一种描述和量化地震资料的特性，是原始地震资料中所包含全部信息的子集。对于地震属性的定义众说纷纭，但是从纯数学的角度来说，地震属性可以定义为地震资料的几何学、运动学、动力学及统计学特征的一种量度[42-49]。地震属性发展至今大致经历了 3 个阶段：

　　（1）第一阶段是雏形阶段。20 世纪 60 年代，人们通过各种观察提出了"亮点""暗点"和"平点"技术，利用这个技术可以发现地震数据中隐含的非构造类信息，譬如直接进行油气检测。随着数学方法的引入，又提出了瞬时属性和复数道分析技术。瞬时属性技术被直接用于石油地球物理勘探的解释和预测。

　　（2）第二阶段是地震属性迅速发展阶段。20 世纪 80 年代初期，一方面利用振幅随炮检距变化的规律，另一方面出现了大量的属性定量提取方法，提取出来的属性多达几十种，但是这样提出来的地震属性没有明确的地质意义，在应用过程中导致了人们对它的不信任。

　　（3）第三阶段是基本成熟阶段。20 世纪 90 年代初多维属性分析技术出现，地震属性有了更明确的地质意义，能揭示出地震数据体中的沉积、岩性和储层的信息，地震属性研究开始向科学化方向发展，这为地震属性注入新的血液。近年来，随着智能化技术和可视化技术在地震属性分析中越来越广泛的应用，出现了一个新的概念"准属性"。目前地震属性技术在构造解释、地层岩性解释、储层评价、油藏描述以及油藏流体动态检测等领域得到了广泛应用，在模型正演、相干体技术、聚类分析、地震相分析、多属性综合分析等方面也有了较大的发展。地震属性技术在油气勘探开发中发挥着越来越重要的作用[50-52]。

二、地震属性类型划分

　　随着数学、信息科学等领域新知识的引入和广泛应用以及计算机技术的迅速发展，利用各种数学方法从地震数据体中提取的各种地震属性越来越多，可归纳为振幅、波形、频率、衰减、相位、相关、能量、比率等 8 大类 91 种。随着计算机技术的快速发展，目前已经发展到近 200 种地震属性，大多数方法是根据算法和针对某个研究目标进行分类的，没有一个统一的分类标准，也很难建立一个完整的地震属性列表[53]。因此，地震属性的分类就显得尤为必要。相同类的地震属性存在一定的相似性，反映相似的地质特征。分类的目的是排除冗余信息、减少信息关联维数，优选有效地震属性，进行储层预测。

属性分类一直是属性研究的一个重要问题，为了更好理解和应用地震属性，Taner、Brown、Quincy Chen 以及 Liner 对地震属性分类做了详细的研究。1995 年 Taner 等人根据地震属性的物理和地质意义，将地震属性分为两大类，一类为几何属性，另一类为物理属性。几何属性用于地震地层学解释以及 3D 数据体的断层和构造解释；物理属性主要用于岩性和油藏特征的解释。针对提取属性的地震数据体不同，物理属性又可分为叠前属性和叠后属性，叠前属性包括 AVO。1996 年 Brown 将地震属性分为 4 种基本类型，即时间、振幅、频率和衰减属性。其中时间属性主要揭示构造信息，振幅属性主要揭示储层信息，衰减属性揭示储层内部流体的信息，频率属性则可表征其他地质信息。每种基本类型根据提取属性的数据体不同又分为叠后属性和叠前属性，其中叠后属性按提取方式的不同分为沿层属性和沿时窗属性。1997 年 Quincy Chen 提出了两种分类方法，一种以运动学和动力学为基础把地震属性分成振幅、波形、衰减、相关、频率、相位、能量、比率 8 种类型，共计 120 多种属性；另一种基于储层特征不同把地震属性分为亮点和暗点、不整合圈闭和断块隆起、油气方位异常、薄互层、地层不连续性、石灰岩储层和碎屑岩、构造不连续性、岩性尖灭有关的属性。2004 年 Liner 将地震属性分为基本属性和特殊属性以及复合属性。此外按照属性提取方式的不同可将属性分为层位属性和时窗属性两类，按照地震属性的定义可以将地震属性分为几何学属性、运动学属性、动力学属性和统计学属性四大类。我国学术界较为流行的分类方法是从运动学与动力学角度将地震属性分为振幅、频率、相位、能量、波形和比率等几类[54-60]。

三、常用地震属性及其解释意义

地震反射波来自地下地层，地下地层特征的横向变化，将导致地震反射波特征的横向变化，进而影响地震属性的变化。因此，地震属性中携带地下地层信息，这是利用地震属性预测油气储层参数的物理基础。随着地震属性处理及提取技术的大量涌现，属性种类多达几百种，实际应用人员应用起来遇到了很大困难，迫切需要以实用的角度，总结各地震属性参数与储层特征参数间的内在联系，为进一步研究建立地震信息与储层参数之间的关系提供可靠的前提条件，做到信息提取有方向、有目标。为了达到这一目的，首先按类别较全面总结了目前常用地震属性，从算法开始，分析了各属性所表达的在地震波波形上的意义，从正向上分析地震属性变化与油气储层特征变化的关系，进而探讨总结了其潜在地质应用。

（一）地震属性体和属性剖面

这类属性是按剖面（或体）处理的，属于体文件（或剖面文件）。属性值对应空间位置，即（x、y、t_0、属性值），可以用于常规地震剖面的方式显示与使用。常用的属性有相干体（方差体、相似体等）、波阻抗、道积分数据体，经希尔伯特变换得到的瞬时属性体、倾角、倾向数据体等，这些属性体可以直接应用于解释，也可以用解释层位提取出来转变为属性层。表 2-3 为常用属性体属性意义及潜在地质应用一览表。

表 2-3 常用地震属性一览表

属性名称	定义	在解释中的应用	属性特征
反射强度（reflection strength）/振幅包络（amplitude envelope）/瞬时振幅（instaneous amplitude）/REFLSTAN（缩写）	$A(t)=\sqrt{f^2(t)+h^2(t)}$	用于振幅异常的品质分析；用于检测断层、河道、地下矿床、薄层调谐效应；从复合波中分辨出厚层反射	提供声波阻抗差的信息；横向变化常与岩性及油气聚集有关；值总是正的
瞬时相位（instaneous phase）/INSTPHAS（缩写）	$\theta(t)=\tan^{-1}\dfrac{h(t)}{f(t)}$	进行地震地层层序和特征的识别；加强同相轴的连续性，因此使得断层、尖灭、河道更易被发现。可对相位反转成图，有可能指示是否含气	描述了复相位图中实部和虚部之间的角度；其值总是在 $-180°\sim180°$ 之间。瞬时相位是不连续的，从 $+180°$ 到 $-180°$ 的反转可引起锯齿状波形
瞬时频率（instaneous frequency）/INSTFREQ（缩写）	$w(t)=\dfrac{\mathrm{d}\theta(t)}{\mathrm{d}t}$	用于气体聚集带和低频带的识别；确定沉积厚度；显示尖灭、烃水界面边界等突变现象	瞬时相位对时间的变化率，值域为 $(-f_w, +f_w)$，然而大多数瞬时相位都为正；可提供同相轴的有效率吸收效应及裂缝影响和储层厚度的信息
正交道（quadrature trace）/希尔伯特变换（hilbert transform）/QUADRATR（缩写）	$h(t)$ 是 $f(t)$ 的 Hilbert 变换，也是 $f(t)$ 的 $90°$ 相移；$h(t)=\dfrac{1}{\pi t}*f(t)$	用于复数道分析的品质控制	当实地震道代表地震响应中质点位移的动能时，正交道相当于质点位移的势能
视极性（apparent polarity）/APPAPOLA（缩写）	在振幅包络峰值处实地震道的极性	用于振幅异常的品质分析	为实地震道的符号位，假设零相位子波、视极性与反射系数的极性相同
响应相位（response phase）/RESPPHAS（缩写）	在振幅包络峰值处的瞬时相位值	地震地层层序的识别、检测。由于流体含量或岩性引起的横向变化，在具有相似的振幅响应时，用来区分有利带和不利带	强调反射界面的主相位特征，与瞬时相位的应用相同
响应频率（response frequency）/RESPFREQ（缩写）	在振幅包络峰值处的瞬时频率值	识别与气藏聚集有关的可能区带	相应频率在区域上更具可解释性，与瞬时频率的应用相同
反射强度交流分量（perigram）/PERIGRAM（缩写）	消除了反射强度中的均值（直流分量）部分后的偏差	用于振幅异常的品质分析。与反射强度的应用相同，但更适合于分析和处理，因为它有正负	这种显示使能量最大值的定位比在地震剖面上更明显、更清晰
相位余弦（cosine of phase）/瞬时相位余弦（cosine of instaneous phase）/道归一化（normalized trace）	$\cos\theta(t)=\dfrac{f(t)}{A(t)}$	用于地震地层层序和特征的识别，与瞬时相位的应用相同，但克服了相位反转的跳断，可用于数据加强处理	在正值和负值之间平滑地振荡。可能影响地震显示中同相轴的外观，更便于用传统的彩色图进行分析

属性名称	定义	在解释中的应用	属性特征
反射强度交流分量 × 相位余弦（perigram × cosine of phase）/GRPXPERI（缩写）	当 Perigram＞0 时，反射强度交流分量与相位余弦的乘积；否则为 0	强振幅、连续相位成图，用于振幅异常分析，与反射强度应用相同	将实际资料分离成振幅和相位两部分，消除小于振幅能量一半的数据
相干体	相邻地震道的互相关系数	识别断层、裂缝带、河道和砂体边界等	时窗长度可以选择，还可以选连续度处理和非连续度处理；另外还有相干系数的平均、均方、中值等选项
相似体	计算相邻地震道的相似系数	识别断层、裂缝带、河道和砂体边界等	不但可以对三维体数据作不连续分析，还可以对基于层位的二维数据作相似性预测，以及倾角、方位角、边界检测和图像增强。还可以沿层解释的层位作相似性分析
波阻抗	将地震资料、测井数据、地质解释相结合，利用测井资料具有较高垂向分辨率和地震剖面有较好横向连续性的特点，将地震剖面转换成波阻抗剖面	用于储层的研究，识别砂体的分布特征和范围	将地震资料与测井资料连接对比，能有效地对地层物性参数的变化进行研究，对储层特征进行描述
道积分	对地震道进行积分	识别砂体、岩性尖灭点等	相对对数波阻抗
倾角倾向数据体	计算同相轴的倾角	识别尖灭点、不整合，了解地层产状	

常规地震属性主要是指地震振幅和能量等反射强度类的地震属性，也是最基本最常用的地震属性，一般用来解释地质体的横向变化。图 2-97 是一张常规地震振幅属性图，在该图上可以看到带状的河道分布。

图 2-97 常规振幅剖面和平面三维显示河道发育

图 2-98 是叠后地震波阻抗属性体，经过时深转换后的叠后地震波阻抗体采样至三维网格中。该波阻抗体中黄色代表砂体，并与井上有很好的对应关系。

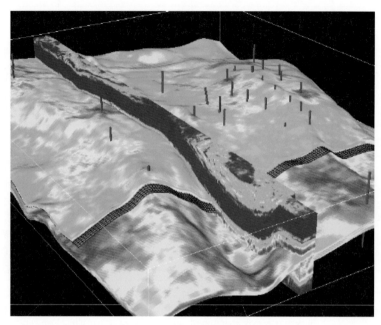

图 2-98　叠后地震波阻抗属性体

图 2-99 是一张多属性地震显示成果图。在该三维属性体中，左侧剖面显示瞬时振幅属性，右侧剖面显示叠后阻抗，中间沿层切片显示倾角方位属性指示不连续体；蓝色三维体指示河道展布的范围。

图 2-99　多属性联合三维显示预测河道展布

图 2-100 是蚂蚁体地震属性精细刻画断层实例图。图中蚂蚁体属性所指示的不连续体往往表现为大的断裂，同时可以在常规剖面中得到验证。

图 2-101 是地震交互属性成果图。图 2-101（a）是 P 波反射系数体时间切片，红黄区

域指示气体异常。图2-101（b）纵波反射系数与横波反射系数交会图，黄色区域的样点指示可疑气体异常区，黄色样点所对应的高R_p值指示负的流体响应，是可能的气体异常区。

图2-100　蚂蚁体地震属性断层精细刻画

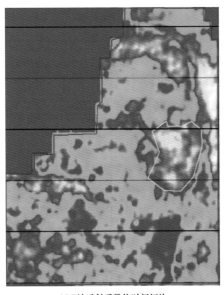

(a) P波反射系数体时间切片　　　　　　　　　　　(b) R_p—R_s交会图

图2-101　P波反射系数体时间切片和R_p—R_s交会图

（二）沿层地震属性

沿层地震属性是利用解释层位在地震数据体中提取出来的属性，它的数值对应一个层位或一套地层，每个属性值对应一个（x，y）坐标。提取方式有两类：沿一个解释层开一个常数时窗，在此时窗内提取地震属性；或者利用两个解释层提取某一段地层对应的地震属性。

图2-102是一组沿层地震属性成果图。从这6幅图可知，从底部瞬时相位切片852ms至顶部切片832ms完整地包含了一期河道的演化过程（20ms）。852ms处，河道仅仅发育

与中部至西北方向的红色区域。泛滥平原沉积大部分位于整个西部区域（绿色）；848ms瞬时切片图可以看出河道宽度增加（由东至西北）；844ms瞬时切片指示河道连续性越来越好。在主河道的中部以及东部范围，红色区域指示砂体沉积，西北方向绿色区域指示泥质沉积。也反映了物源由东往西搬运沉积物质，粗粒砂体先沉积在图中部和东部范围，细粒砂体沉积至西北处河道中；840ms与836ms的瞬时相位切片表面河道进一步加宽，东北部绿色区域进一步扩大，反映泥质含量进一步增加；832ms瞬时相位图可以看出河道基本上被完全充填，河道的形态尤其在中部与西北部难以识别。说明河道中与河道外的沉积基本一致（泛滥平原），不发育砂体，河道的基本形态已经难以辨别，也反映了一期完整的限制性河道充填发育过程全过程。假设在中部钻一口探井，可以想象能够发育一期完整的河流二元结构。底部为粗粒的砂，顶部是细粒的泥质沉积。

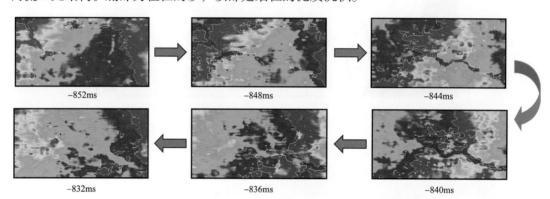

图 2-102　沿层地震瞬时相位切片（图中紫色表示主河道区）

（三）地震属性的地质解释流程

用地震属性研究储层参数的基本前提是地震属性与储层特征参数之间的普遍规律性关系，如砂岩速度高于泥岩，孔隙度升高、速度降低等，这仅具有指导意义。其内在的定量关系是很复杂的，不同地区或不同特征的地震资料其关系是不同的。针对不同的地震地质条件，研究了多种定量关系研究方法。常用的方法基本上可以归纳为以下几步。

1. 井资料统计法研究两者的关系

通过井资料及其岩石取心分析化验、地球物理测井等资料，可以获取油气储层的岩石矿物类型、胶结物类型、砂岩泥质含量、钙质含量、孔隙度、含油饱和度、砂层厚度、纵横波速度、密度等地质和地球物理定量资料；地震资料通过反演可获得油气储层波阻抗、纵横波速度、泊松比等信息。因此，在实际生产中，常用统计学手段研究井资料储层参数之间的关系，各储层参数与储层地球物理参数之间的关系，最终建立储层参数与地震能反演出的地球物理参数之间的统计关系，进而用地震反演资料经过井的标定和约束来预测储层参数。这种方法物理意义明确，应用比较广泛，常用于勘探、评价初期的孔隙度预测。它适用于储层比较厚、质纯、横向相对稳定的地区，地震属性与储层参数关系可靠性和精度主要看两者的相关系数和物理意义是否合理。

2. 通过正演模型建立关系

通过合成地震记录、模型正演技术，研究地震属性与储层参数之间的关系是一项非常有效的方法，该方法常用于求取地震薄层厚度。它适用的理想地质条件是，目标层上下为横向相变较小的大套均匀地层。其基本依据是薄层楔状体调谐振幅关系的 Widess 原理，即在砂层厚度小于 $\lambda/4$（四分之一波长）范围内时，调谐振幅与砂层厚度呈单调上升关系，砂层厚度在 $\lambda/8 \sim \lambda/4$ 时，可以用线性关系近似。

3. 井储层参数平均值与地震属性直接建立统计关系

首先通过钻井、测井资料或岩心的分析化验资料，计算工区内所有井目的层的储层物性参数平均值；再提取与目的层有关的地震反射波的多种地震属性，抽取井旁地震属性值；然后选择与所求取的储层参数关系密切的地震属性；最后直接建立两者的统计关系。目前常用的计算方法有线性回归、多项式拟合、神经网络法、协克里金法等。可以用一种地震属性与一种储层参数建立统计关系，也可以用多种地震属性与一种储层参数建立统计关系。

四、地震属性分析方法小结

地震属性与储层参数关系建立，涉及原始资料统计、储层细分层、储层地震标定、储层解释、模型正演研究、属性体处理、属性提取等几乎全部的储层研究基础工作。其总体思路是：首先建立储层参数变化与储层波阻抗变化之间的内在联系，建立合理的地震地质模型，用模型理论分析方法将储层参数变化与地震属性参数变化的内在联系建立起来；其次再决定提取什么样的地震属性，采用什么提取方法与提取参数，决定用哪些储层参数与哪种属性建立关系；最后，选用合理的数学手段建立两者的解析关系。

地震属性与储层参数关系建立的核心问题是，搞清两者之间的内在联系。其内在联系研究的现实有效的方法是模型正演研究。为了建立好基础地震地质模型，搞清影响波阻抗变化的主要因素研究和储层特征参数平面分布规律分析是关键。

砂层厚度、孔隙度和渗透率是储层研究的主要目标。储层层段对地震波形有影响的地球物理参数是速度与密度，但两者之间并非一定有直接的因果关系，有的时候是连带关系。分析影响储层速度、密度的储层特征参数时，除了分析储层参数直接影响作用外，同时应更注重储层参数之间的关系研究，包括岩矿组分横向变化、粒度变化、胶结物类型、胶结物含量、孔隙度等。找出影响速度变化的主要因素，这就是地震能预测的储层参数，再分析各储层特征参数与孔隙度、砂层厚度等的关系，找出影响速度变化的主要因素对孔隙度等研究目标变化的关系，建立影响速度变化的主要因素与孔隙度变化的关系。用井资料找出特定地区各储层特征参数平面分布规律，尤其是分析出不变的参数和井能控制住的因素变化，这是模型建立的基础，这样才能在某些条件不变、有已知变化规律的条件下，研究重要参数变化的因素对地震属性信息的影响特点。最终应得到两点明确认识：（1）谁是影响速度变化的主要因素；（2）简化各种地质因素，为建立地震地质正演模型提供可靠基础数据和基本概念。

本 章 小 结

地震解释涉及的方法非常多，解释新方法也比较多。但是，相对而言，上述四项技术和方法是最基本的方法，也是最重要的方法。地震层序解释方法比较好理解，但是实际应用却非常复杂。譬如在三维工区如何寻找地震不整一界面，在盆地什么部位才能找到不整一界面，在什么方向上才能找到不整一界面，找到不整一界面后如何与井孔的旋回转换面对比，如何通过工区基干地震剖面闭合不整一界面等，都不是轻松的工作。再说地震相分析，需要较多解释经验的积累，新手基本上很难解释地震相，很多人也不太愿意解释地震相，认为地震相解释的多解性很强，解释陷阱也比较多。地震速度岩性定量分析是一项非常实用的技术，但由于应用环节较多，影响因素也比较多，成功应用的案例比较少。地震属性分析是个热门技术，但是对于不同的地质研究目标，应该存在不同的敏感属性参数，这一领域的应用潜力还是比较大的。

参 考 文 献

[1] Vail P R，Mitchum R M，Thompson S I．Seismic stratigraphy and global changes of sea level，Part 4：Global cycles of relative changes of sea level [J]．AAPG Memoir，1977：26.

[2] Mitchum R M，Thompson S．Seismic stratigraphy and global changes of sea level，Part 3：Relative changes of sea level from coastal onlap [M] // Seismic Stratigraphy — applications to hydrocarbon exploration. 1977.

[3] Brown L F. 地震地层学解释基础及石油勘探 [M]．曾洪流，等译．北京：石油工业出版社，1998.

[4] 张万选．陆相断陷盆地区域地震地层学研究 [M]．东营：石油大学出版社，1988.

[5] 徐怀大，王世凤．地震地层学解释基础 [M]．武汉：中国地质大学出版社，1990.

[6] 刘震．储层地震地层学 [M]．北京：地质出版社，1997.

[7] 林承焰，张宪国．地震沉积学探讨 [J]．地球科学进展，2006（11）：1140-1144.

[8] 董春梅，张宪国，林承焰．地震沉积学的概念、方法和技术 [J]．沉积学报，2006，5：698-704.

[9] Gao Dengliang.Application of seismic texture model regression to seismic facies characterization and interpretation [J].The Leading Edge，2008，27（3）：394-397.

[10] Zeng Hongliu.Seismic geomorphology-based facies classification [J].The Leading Edge，2004，23（7）：644-645.

[11] 秦祎，朱筱敏，王彤，等．陆相断陷湖盆强制湖退及沉积响应：以莱州湾凹陷沙三段为例 [J]．古地理学报，2020，22（3）：457-468.

[12] 姜静，张忠涛，李浩，等．珠江口盆地东北陆架边缘斜坡带晚中新世—第四纪层序模式与单向迁移水道 [J]．石油与天然气地质，2019，40（4）：864-874.

[13] 胡玮．塔中地区二叠系火成岩地震识别及描述技术研究：以顺北工区为例 [J]．地球物理学进展，2019，34（4）：1434-1440.

[14] 赵忠泉，钟广见，冯常茂，等．南海北部西沙海槽盆地新生代层序地层及地震相 [J]．海洋地质与第四纪地质，2016，36（1）：15-26.

[15] 吕栋，戴胜群，李斐，等．断陷盆地前积地震相及其岩性地层油气藏发育规律：以彰武断陷九佛堂组为例 [J]．断块油气田，2015，22（1）：16-20.

[16] 刘元富．南海东北部兴宁凹陷始新统地震相研究 [D]．成都：成都理工大学，2016.

[17] 王远，严学新，王治华，等．现代长江水下三角洲浅地层地震相特征 [J]．海洋地质与第四纪地质，2019，39（2）：114-122.

[18] 范兴燕，张研，唐衍，等．断陷湖盆地震相模式研究要点：以 Capella 油田为例 [J]．石油地球物理勘探，2015，50（6）：1196-1206+1035.

[19] 钟玮，田伟秀，唐璇．歧口凹陷歧北斜坡远岸重力流湖底扇沉积的地震相特征 [J]．城市地质，2019，14（2）：111-116.

[20] 薛辉，韩春元，肖博雅，等．蠡县斜坡高阳地区沙一下亚段浅水三角洲前缘沉积特征及模式 [J/OL]．岩性油气藏：1-12.

[21] 邵鸣. 惠民凹陷深层层序格架特征与沉积体系分布预测 [D]. 东营: 中国石油大学, 2007.

[22] 李骥. 珠江口盆地白云西凹与番禺 27 注文昌及恩平组沉积体系研究 [D]. 北京: 中国石油大学（北京）, 2018.

[23] 赵虎, 张发秋, 胥良君, 等. 川东地区茅口组岩溶储层地震预测研究 [J]. 中国矿业大学学报, 2020, 49（3）: 530-541.

[24] 任梦怡, 江青春, 刘震, 等. 南堡凹陷柳赞地区沙三段层序结构及其构造响应 [J]. 岩性油气藏, 2020, 32（3）: 93-103.

[25] 平坛桥. 东方 X 区莺歌海组地震地貌学研究 [D]. 西安: 西安石油大学, 2019.

[26] 赵振. 准噶尔盆地红 153 井区二叠系夏子街组构造特征及沉积相研究 [D]. 北京: 中国地质大学（北京）, 2019.

[27] 孔令辉, 凌涛, 叶青, 等. 地震相分析在沉积相研究中的应用 [J]. 复杂油气藏, 2019, 12（2）: 36-40.

[28] 刘媛媛. 低井控区沉积体系研究: 以辽河西部凹陷葫芦岛—笔架岭东坡为例 [J]. 石油地质与工程, 2019, 33（4）: 1-5.

[29] 王红岩. 丽水凹陷远岸水下扇体识别及特征分析 [J]. 吉林大学学报（地球科学版）, 2019, 49（4）: 924-931.

[30] 龙虹宇. 川东南石牛栏组地震相分析及储层预测研究 [D]. 成都: 成都理工大学, 2016.

[31] 柴振一, 蔺殿忠, 刘雯林. 层速度剖面 [J]. 石油地球物理勘探, 1980（2）: 61-65+88-89.

[32] 周长祥. 岩性指数量板的研究现状和应用 [J]. 石油地球物理勘探, 1983（5）: 423-434.

[33] 张万选, 张厚福, 等. 1993. 陆相地震地层学 [M]. 东营: 石油大学出版社.

[34] Wang Z. Velocity-density relationships in sedimentaryrocks [J]. Soc: Expl.Geophys., 2000, 258-268.

[35] 王让甲. 声波岩石分级和岩石动弹性力学参数的分析研究 [M]. 北京: 地质出版社, 1996.

[36] 李正文, 杨谦. 地震岩性预测方法及应用 [J]. 矿物岩石, 2000, 16（1）: 81-85.

[37] Athy L F.Density, porosity and compaction of sedimentary rocks [J]. American Association of Petroleum Geologists Bulletin, 1930.

[38] Sultan N, Cochonat P, Cayocca F, et al. Analysis of submarine slumping in the Gabon continental slope [J]. Aapg Bulletin, 2004, 88（6）: 781-799.

[39] 刘静静, 刘震, 朱文奇, 等. 陕北斜坡中部泥岩压实特征分析及长 7 段泥岩古压力恢复 [J]. 现代地质, 2015, 29（3）: 633-643.

[40] 王永刚, 乐友喜, 张军华. 地震属性分析技术 [M]. 东营: 石油大学出版社, 2007.

[41] 郭华军, 刘庆成. 地震属性技术的历史、现状及发展趋势 [J]. 物探与化探, 2008, 32（1）: 19-22.

[42] 肖西, 党杨斌, 唐玮, 等. 地震属性分析技术在饶阳凹陷路家庄地区的应用 [J]. 长江大学学报（自然版）, 2011, 8（5）: 40-42.

[43] 董文波, 胡松, 任宝铭, 等. 地震属性技术在克拉玛依油田滑塌浊积岩圈闭勘探中的应用 [J]. 工程地球物理学报, 2011, 8（1）: 87-90.

[44] 王成彬, 顾石庆. 地震属性的应用与认识 [J]. 石油物探, 2004, 43（增刊）: 25-27.

[45] 熊舟, 刘玲利, 刘爱华, 等. 地震属性分析在轮南地区储层预测中的应用 [J]. 特种油气藏, 2008, 15（8）: 34-43.

[46] 孙德才, 白涛, 王海琦, 等. 地震属性分析在油气田中的应用: 以川西北九龙山气田为例 [J]. 科协论坛, 2011（7）: 122.

[47] 郭刚明. 地震属性技术的研究与应用 [D]. 南充: 西南石油学院, 2005.

[48] 郑忠刚, 崔三元, 张恩柯. 地震属性技术研究与应用 [J]. 西部探矿工程, 2007, 19（5）: 86-88.

[49] 张延玲, 杨长春, 贾曙光. 地震属性技术的研究和应用 [J]. 地球物理学进展, 2005, 20（4）: 1129-1133.

[50] 王利田, 苏小军, 管仁顺, 等. 地震属性分析在彩 16 井区储层预测中的应用 [J]. 地球物理学进展,

2006，21（3）：922-925.

［51］吕公河，于常青，董宁.叠后地震属性分析在油气田勘探开发中的应用［J］.地球物理学进展，2006，21（1）：161-166.

［52］吴雨花，桂志先，于亮，等.地震属性分析技术在西南庄—柏各庄地区储层预测中的应用［J］.石油天然气学报，2007，29（3）：391-393.

［53］刘斌，郭科，罗德江.地震属性优化及物性参数反演的一种非线形处理方法［J］.地球物理学进展，2007，22（6）：1880-1883.

［54］常炳章.地震属性技术在泌阳凹陷安棚深层系油气勘探中的应用研究［D］.北京：中国地质大学，2008.

［55］张海霞，鲁雷.地震属性技术在饶阳凹陷留北地区上第三系储层预测中的应用［J］.内蒙古石油化工，2009，35（4）：88-90.

［56］曾忠，阎世信，魏修成，等.地震属性解释技术的研究及确定性分析［J］.天然气工业，2006，26（3）：41-43.

［57］贾可林.地震属性应用中几个关键问题的探讨［J］.石油仪器，2010，21（6）：47-49.

［58］郝骞，张晶晶，李鑫，等.地震属性油气储层预测技术及其应用［J］.湖北大学学报，2010，32（3）：339-343.

［59］代瑜.叠后地震属性在温米油田三间房组储层描述中的应用［D］.北京：中国石油大学，2010.

［60］王利杰.黄骅坳陷孔南地区沙河街组地震属性分析及其应用［D］.吉林：吉林大学，2009.

第三章　沉积盆地物源地震预测

　　沉积物物源研究是盆地分析的主要内容之一，具有重要的科学意义和应用价值[1-6]。一方面，物源分析研究不仅为物源区大地构造背景分析、地壳与大地构造演化恢复、古环境与古气候重建提供途径[7-10]，还可为物源区位置、沉积物搬运路径与距离、沉积区岩相古地理重建、原型盆地恢复、沉积盆地分析、油气藏预测提供依据[8, 11-14]；胡修棉等[15]通过对桑单林剖面蹬岗组、桑单林组和者雅组沉积物物源研究对印度—亚洲大陆碰撞时间与过程进行约束；Ma等[16]利用东营凹陷沉积物特征对沙河街组沉积时期古气候演化进行了研究；朱红涛等[17]基于三维地震资料对渤中凹陷沙垒田凸起、石臼坨凸起东营组物源从物源区到沉积区的搬运途径进行研究，识别出古物源搬运通道、断槽物源通道、构造转换带物源通道这三种类型的物源通道。另一方面，物源分析在油气勘探、储层评价中发挥重要的作用，近十几年来中国陆相湖盆油气浅层勘探相继在渤海湾、鄂尔多斯、二连和海塔等盆地取得较大突破[18-21]，随着勘探热点由浅层向中深层勘探转移，沉积相类型及展布更加复杂[22, 23]，不仅直接控制着储层成岩作用的在地质历史时期的演化过程[24]，而且还制约着深层油气勘探深度挖潜，因此明确物源体系愈加重要，例如：周建等[25]通过对江苏高邮凹陷古近系戴南组沉积物碎屑组分和重矿物分析认为，北部斜坡带的花庄、富民北部和永安地区沉积物来自柘垛低凸起方向，联盟庄和马家嘴地区沉积物来自菱塘桥低凸起方向，南部陡坡带沉积物来自通扬隆起，周庄地区沉积物来自东部物源区；王香增等[26]对鄂尔多斯盆地东南部下二叠统山西组二段沉积物特征、重矿物与稀土元素的组成特征进行分析，认为山二段沉积期发育南、北两大物源体系，其中北物源主要来自古阴山褶皱造山带，南部物源则来自祁连—北秦岭造山带，延安南部宜川—富县一带是上述两大物源的交汇区；赵迎东[27]通过岩石成分、矿物组分、重矿物组合特征将南堡凹陷体系在平面上划分为西南部物源体系、正南部物源体系、西北部物源体系、东北部物源、东部物源体系，其中西南部物源体系的储层物性最好，以中高孔、中高渗为主，平均孔隙度为19.26%，平均渗透率为205.75mD，正南部物源体系的储层其次，以中低孔、中高渗为主。

　　近些年，随着勘探重新聚焦于深层领域，也暴露出以下几方面的问题：（1）相比于浅层，盆地深部地震资料品质差、精度低；（2）多期的构造运动大幅地改变了早期沉积时地层的产状，同时也可能会破坏了早期沉积的扇体形状，这造成地震反射特征变形，增加了识别地震相类型的难度；（3）断陷早期，物源方向的多样化，尤其是斜向物源，在地震主测线和联络测线上均无识别依据。此外，当下对中深层物源—沉积体系的研究仍延续浅层物源—沉积体系的研究思路，使得深层勘探陷入僵局，严重制约着勘探的进度和储层评价的方向。因此，本章内容在总结了前人对物源方向基本预测方法的基础上，从多个实例出发，选取渤海湾盆地的南堡凹陷柳赞地区、东营凹陷北带、车镇凹陷北带、准噶尔盆地腹部中4区块这四个工区作为研究对象，以地震反射特征为基础，综合多种物源分析测试手段对沉积盆地物源—沉积体系进行新的预测。上述沉积物源实例分析表明，地震相分析手段是沉积物源识别的关键技术，特别是在低勘探程度地区，如深水区、盆地深部层系和勘探新区等无井或少井新领域，正确运用地震相方法可以确定或发现盆地重要的沉积物源体系，为盆地或区带勘探评价奠定正确的沉积背景，有助于提升盆地或区带的勘探成效。

第一节　物源方向地震预测方法

一、物源方向的基本预测方法

目前，物源方向地质预测方法主要包括沉积学法、岩石学法、重矿物法、元素地球化学法以及地球物理法。

（一）沉积学法

沉积学法指的是依据沉积学原理对碎屑岩进行物源分析的方法，如根据碎屑岩粒度由物源向盆地方向逐渐变细、地层厚度变大、砂/地值向盆地中心方向总体呈降低趋势[28]。在对物源方向进行判断时往往将古流向测量及玫瑰花状图、古地貌分析与沉积相综合分析物源[29-31]。因岩性、成分、沉积形态、粒度及古流向具有较大的分散度，造成上述标志具有较大的局限性和不确定性，使得物源具有多解性，必须在此基础上在现代沉积的约束和对野外观测和资料统计的基础上将物源方向精细化。因此沉积学方法尽管是最为直接的手段，但在判断物源方向上存在着一定的局限性，仅能判断其大致方向。

（二）岩石学法

岩石学法是依据盆地沉积物中母岩的碎屑组合对物源区母岩类型进行判断。尤其是砂砾岩中砾石的成分、分选、磨圆等信息为判断物源区母岩成分、搬运距离、气候条件以及构造背景提供了最直观的依据[32-35]。当同一物源区为不同的汇水通道提供物源时，会引起在相邻位置、不同类型沉积相中母岩类型相近，容易将物源方向混淆，因此此方法仅适用于母岩类型存在的差异的不同物源区形成的沉积体系中物源方向的判断。

（三）重矿物法

重矿物法指的是通过砂岩中的重矿物组合以及 ZTR 指数对物源进行指示[36, 37]。重矿物法目前应用较广，并且在时代较新的沉积物的物源判别中准确性较高。但针对地质时代较老的沉积物，重矿物会因温度、埋深等条件的不同使其种类增多，分布较为分散，使得对物源区的信息缺失较大，易造成判断有所偏差。另外，水动力条件也会影响沉积时重矿物的性质，因此，利用重矿物法判断物源方向的精度相对有限，而且对于时代较新的地层适用性较高。

（四）元素地球化学法

近几年，随着分析测试手段的提高，元素地球化学法已成为地质构造复杂地区研究的有效手段，并得到国内外学者的广泛应用[38]。元素地球化学法可依据测试指标不同进一步划分为常量元素、特征元素及其比值法、微量元素（含稀土元素）法[39-42]。对于保存在沉积物（岩）中的环境和物源信息，可用多种元素地球化学方法释读，在某种程度上，沉积物成分特征和地球化学特征是物源和沉积盆地大地构造背景的函数[43]，通过对砂岩的研究，提出一系列常量、微量元素地球化学端元判别图及稀土元素地球化学模式判别图，用来鉴别不同源区的构造背景，这些方法已被我国学者广泛应用于大地构造背景的判别。因此，元素地球化学法对物源方向尤其是复杂地质构造背景下的物源判别精度高，且适用性广。

（五）地球物理学法

地球物理学在物源分析中的应用，根据技术手段主要包括测井地质学法和地震地层学法[44]。测井地质学法主要利用自然伽马曲线分形维数、地层倾角测井来判断物源方向[45, 46]；利用地震地层学确定物源和古水流方向主要是基于不同的地震相与物源方向之间的关系，相比于其他物源方向判定方法，地震具有横纵向连续的特点，可以更宏观地对整个物源体系进行研究，因此在物源方向判断精度较高。

二、物源方向地震预测的主要依据

沉积盆地中用于判别物源方向的主要地震相有前积相、充填相和丘状相。

（一）前积相

前积相包括斜交前积相、S形前积相、斜交—S形复合前积相、叠瓦状前积相、帚状前积相和隐形前积相。

1.斜交前积相

斜交前积相由一组相对陡倾的反射同相轴组成，其顶面因缺失顶积累层使得上倾方向表现为顶超，而在其下倾部分出现下超。斜交前积相可依据其横向上层理面的关系进一步划分为平行斜交前积相和切线斜交前积相。前者以相对高的角度在底界面处突然终止，后者可以缓缓过渡比较薄的底积段或在前积段内终止。斜交前积相往往发育于高能三角洲环境，反映相对高的沉积物供给速率和相对稳定的可容纳空间，相对海平面缓慢变动或静止不动，沉积盆地表现为快速充填，后经由高能水流冲刷使得缺失顶积层。前积段内发育砂体，而在底积段偶见浊积砂体。斜交前积意味着相对高的沉积物供应速率和缓慢变动或者静止不动的相对海平面条件。从而造成盆地被迅速地充填，后来的沉积水流经过或冲刷上部的沉积表面，无顶积层存在。因此，斜交前积相代表一种高能三角洲环境，在它的前积段内发育大量前积砂体，另外，在底积段有时也发育浊积砂体。

2.S形前积相

S形前积相是以S形前积反射结构为特征的地震相单元。其内部发育一系列叠置的反S形反射同相轴，在前积相的上端（顶积层）和下端（底积层）倾角平缓，而中部（前积层）倾角较陡。S形反射结构反映水动力条件相对较强（比形成斜交前积相的水动力条件弱），说明相对较低的沉积物供给速率和高可容纳空间，盆地发生沉降和/或海平面快速上升使得顶积层得以保存。S形前积相通常解释为三角洲环境的产物。在陆相断陷盆地中经常发育这一套地震相，而且常常出现在断陷盆地的长轴方向，短轴方向偶有发生。

3. 斜交—S 形复合前积相

斜交—S 形复合前积相是指在一个地震相单元内，由 S 形前积反射结构与斜交形前积反射结构交替组合成的一种地震反射结构，为斜交形和 S 形结构的过渡类型，反映水动力较强但变化幅度较大，沉积物供给速率发生变化，可容纳空间突变，盆地突然发生快速沉降和 / 或海平面快速上升。

4. 叠瓦状前积相

叠瓦状前积相与平行斜交反射结构相似，但总的地震相单元厚度很小，单元内反射轴呈倾斜平缓、相互平行的叠瓦状轻微超覆，上端与顶界面为顶超方式终止，下端与底界面以下超方式终止。由于叠瓦状前积相既薄又平缓，因此一般将它与浅水沉积作用相联系，正演模型反映出水动力条件以波浪为主[55]。理论上讲，叠瓦状前积相主要发育在三种沉积背景条件下：一是水进时期的滨岸上超叠瓦状砂体；二是水退阶段近岸的前积叠瓦状砂体；三是河流体中曲流河点坝侧积形成的叠瓦状砂岩。

5. 帚状前积相

帚状前积相是一种形状似扫帚状的前积结构，整体表现为发散特征，底部为统一的下超终止。该类前积主要发育于陆相断陷湖盆，一般与由盆地边缘断层活动引起的构造沉降有关。

6. 隐形前积相

隐形前积相由曾洪流（2015）通过对渤海湾盆地冀中坳陷饶阳凹陷肃宁地区地震沉积学特征的研究中提出，表现为变振幅—弱振幅、亚平行、不连续反射，反射轴短且向湖心倾斜，该前积相出现于浅水曲流河三角洲[50]。

（二）充填相

充填地震相是以充填外形为特征的相单元体。充填类型主要可分为开阔充填和局部充填两类：前者是指在一个盆地的某个负向单元如洼槽中充填的地层单元，一般为上超充填，横向规模相对较大，为低能环境；后者是指河道下切后形成的较小的冲沟内形成的充填，表现为双向上超，可能为单 / 多期水道充填，也可能为双向水道充填，代表高能环境，是储层发育的有利相带。

（三）丘状相

丘状地震相的外部几何形态主要体现在丘状体顶面形态上，顶面通常表现为上凸的穹隆状地震反射特征，底面较为平缓、形变程度小。丘状地质体广泛分布于世界上各个地区，且其地质成因表现出多解性，其中包括与火山作用有关的岩浆岩丘[59]、与生物沉积作用有关的碳酸盐岩丘[60]、碎屑沉积物活化作用有关的侵入岩丘、陆源碎屑沉积形成的扇三角洲以及深水沉积作用有关的湖底扇等。同时，因丘状体外部形态类似于背斜，要注意区分构造褶曲形成的丘状体。

一般来说，丘状地震相都是比较有利的储集体，它本身就是典型的岩性圈闭。丘状相内部可以表现为对称或非对称双向下超、平行反射、杂乱反射、发散反射和空白反射。

第二节　南堡凹陷柳赞地区沙三段新物源的发现

南堡凹陷柳赞地区是典型的断陷盆地陡坡带。过去长期以来一直认为沙三段物源来自东北部柏各庄边界大断层方向。由于采用了地震地层学方法，在该地区发现了典型的大型前积相和与之对应的充填地震相，认为沙三段存在近乎平行于柏各庄断裂的斜向扇三角洲沉积。该发现将全面推动该区带的勘探和滚动评价工作。

一、工区基本地质概况及存在问题

南堡凹陷位于华北克拉通北部，燕山褶皱带南缘，是黄骅坳陷东北部的箕状凹陷，北为西南庄断层，南以斜坡或断阶带，具有"北断南超"的特征[64,65]。南堡凹陷在经历了中—新元古代、古生代沉积建造后，中生代华北地台解体，随后晚白垩世末—新生代古新世整体处于隆升剥蚀状态。柳赞地区位于南堡凹陷东北部，构造处于燕山褶皱带前缘（图 3–1），构造表现出多幕的特点，其中古近系沙河街组构造演化特征可以分为三个阶段：（1）初始断陷阶段，指的是在中生界基底上开始的沉积，相当于沙三5亚段沉积期；（2）主断陷阶段，相当于沙三4亚段—沙二段沉积期，该阶段为新的沉降期，沉降、沉积中心在高尚堡构造以北柳赞构造以西，整个沉积范围扩大至老爷庙至北堡地区，早期的沙三4亚段暗色泥岩，有机质丰度高，中、末期边界断裂活动加剧，凹陷在边界附近发育了

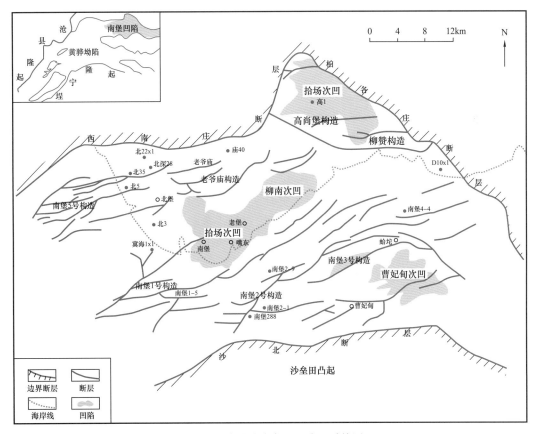

图 3–1　黄骅坳陷南堡凹陷地质简图

规模不等的粗碎屑扇三角洲体系成为良好的储油层;(3)隆升断陷阶段,相当于沙一段沉积期,是在隆升过程中局部发生的沉降作用,沉积范围向南迁移,并伴生了一套新的生油岩系。前人研究指出[66],其凹陷断裂系统表现为两期斜向伸展叠加模式,纵向上可划分为上部 SN 向断裂系统和下部 NW—SE 向断裂系统,沙三段沉积期,西南庄、柏各庄及高柳三大控凹边界断层存在明显的分段性,不同断层走向、性质和活动性均存在较大差异。高柳断层在沙三段沉积期具有活动性,东段至沙河街组一段开始活动,而柏各庄断层为走滑边界变换断层,沙三段沉积期,断层活动性总体表现为南强北弱,断层活动速率表现为强弱交替的"跷跷板"变化特征。在边界断层的共同作用下,形成了现今柳赞地区断陷湖盆内不同的构造格局和充填样式。

古近系沙河街组可分为沙三段、沙二段和沙一段,其中沙三段自下而上为沙三⁵亚段、沙三⁴亚段、沙三³亚段、沙三²亚段和沙三¹亚段。

目前对南堡凹陷柳赞地区研究较少,沙三段储集相类型认识单一,穆立华等和张锐等认为柳赞地区沙三段仅发育扇三角洲沉积[67, 68],并认为 NE 向扇三角洲是唯一物源,但研究区内是否存在其他方向物源和沉积相类型尚不明确,物源可能的变化特点缺乏认识。因此,本次研究基于研究区地震、钻井和测井资料的研究,以地震相分析、地震属性分析和波阻抗反演技术为指导,对柳赞地区沉积物物源及沉积体系模式进行深入研究,为实现柳赞油田老区挖潜,尤其是岩性油气藏勘探的新突破提供了一定地质理论和参考依据。

二、沙三段沉积中晚期发现大型前积地震相

前积地震相具有宏观性和方向性,常指示前积单元的古地形和古水流方向,可作为指示物源的重要标志[69]。通过对研究区地震剖面的分析在沙三段沉积中晚期(沙三³亚段、沙三²亚段和沙三¹亚段)识别出存在三种不同方向的大型前积相。

(一)NW 向物源前积相特征

随着西南庄和柏各庄控凹断裂在整个渐新世的持续活动,湖盆持续沉降引起可容纳空间的逐步增大,陆源碎屑不断向深湖区—半深湖区汇入。顺 NW 向地震剖面中识别沙三³亚段发育大规模上超,由于边界断层的持续活动使得原始沉积地层发生上倾,经层拉平技术处理后,该地区处于湖盆低洼区,但历史时期大规模的上超变为下超,形成大型斜交前积地震相(图 3-2),反映出沙三段沉积中期相对湖平面稳定、沉积物供给速率快和水体能量高的特点。

(二)NE 向物源前积特征

NE 向地震剖面中可识别出沙三²亚段发育 S 形大型前积相,前积斜坡上可见明显下超,反射结构以中—强振幅,中—高连续前积结构为主(图 3-3),说明相对湖平面上升使得可容纳空间增强,沉积物供给速率中等,水体能力较强,但相比于 NW 向水动力条件较弱。

(三)东部物源前积特征

沙三段沉积晚期(沙三¹亚段)顺物源地震剖面中可识别出中—强振幅帚状前积地震相,自近端至远端连续性逐渐增强(图 3-4)。

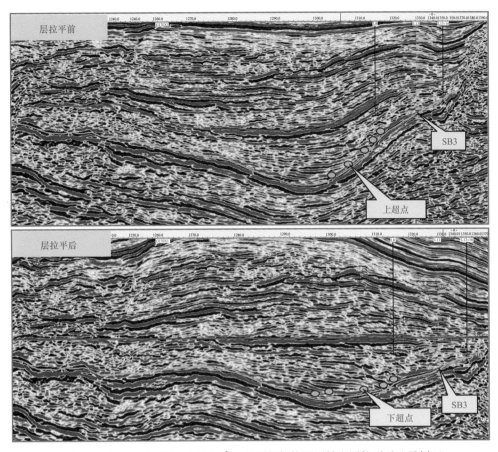

图 3-2 南堡凹陷柳赞地区沙三³亚段顺北部物源原始和层拉平后地震剖面

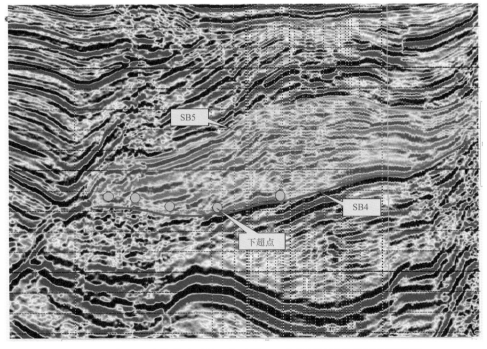

图 3-3 南堡凹陷柳赞地区沙三²亚段 NE 向物源地震前积相剖面特征

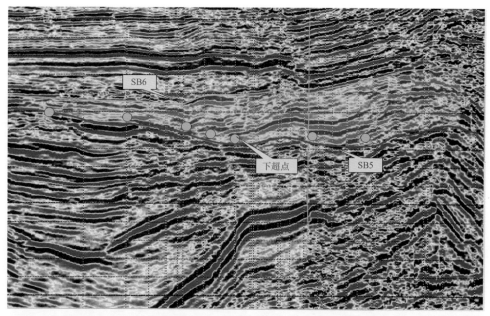

图 3-4　南堡凹陷柳赞地区沙三[1]亚段东部物源地震相剖面特征

三、岩心相识别出两种类型的沉积相

通过对研究区 20 口典型取心井岩心资料观察分析认为研究区存在两种沉积相（图 3-5）：一种岩性主要为含砾砂岩和粗砂岩，砾石表现出定向排列且分选较好，以次圆状为主，为扇三角洲沉积特征；另一种岩性以中砾岩为主，胶结松散，砾石无定向排列，分选较差，以次棱角状为主，可见植物炭屑，为近岸水下扇沉积特征。

四、单井相组合反映出两种类型的沉积相

总结研究区测井相类型认为该区以钟形、箱形、漏斗形和指形这四种测井相为主，依据其组合可分为两类（图 3-5）：一种为"箱形＋钟形"组合，垂向上表现为多个箱形和（或）钟形纵向叠加，与近岸水下扇岩电特征一致；另一种为"钟形＋箱形＋漏斗形"组合，为典型的扇三角洲岩电特征，其中箱形和钟形的垂向叠加代表扇三角洲前缘发育的水下分流河道沉积，漏斗形代表扇三角洲前缘河口坝沉积，指形为前扇三角洲。

五、地震属性为物源分布特征提供依据

地震数据体包含大量的地质信息，因此从数据体中提取的地震属性能够反映地质演化过程中几何学、运动学、动力学和统计学等方面的特征，并且属性与地质参数之间具有相关性，耦合性因属性的不同而存在差异[70]。前人研究表明，均方根振幅属性可利用振幅与岩性的关联性来追踪和反映岩性的变化[71]。

根据研究区地震振幅属性可以看出（图 3-6），该区沙三段沉积中晚期存在西北部、北东部及东部三大物源区。砂体平面展布特征符合物源分布特征，其中西北部物源表现为强振幅异常连片展布，表明存在较大规模的砂体沉积，而北东部及东部物源区内砂体沉积较为分散，且砂体演化特征与盆地构造演化阶段相吻合。

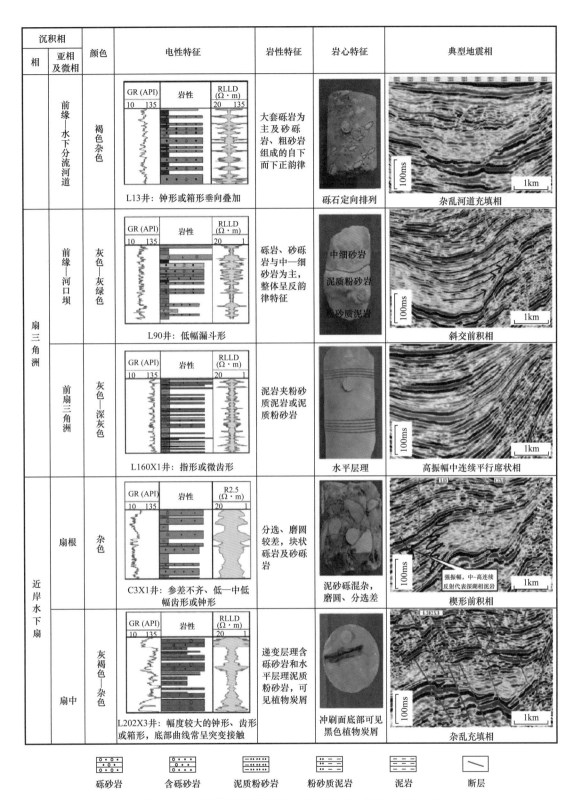

沉积相		颜色	电性特征	岩性特征	岩心特征	典型地震相
相	亚相及微相					
扇三角洲	前缘—水下分流河道	褐色杂色	GR (API) 10 135　岩性　RLLD (Ω·m) 20 135　L13井：钟形或箱形垂向叠加	大套砾岩为主及砂砾岩、粗砂岩组成的自下而下正韵律	砾石定向排列	杂乱河道充填相
	前缘—河口坝	灰色—灰绿色	GR (API) 10 135　岩性　RLLD (Ω·m) 20 1　L90井：低幅漏斗形	砾岩、砂砾岩与中—细砂岩为主，整体呈反韵律特征	中细砂岩 泥质粉砂岩 粉砂质泥岩	斜交前积相
	前扇三角洲	灰色—深灰色	GR (API) 10 135　岩性　RLLD (Ω·m) 20 1　L160X1井：指形或微齿形	泥岩夹粉砂质泥岩或泥质粉砂岩	水平层理	高振幅中连续平行席状相
近岸水下扇	扇根	杂色	GR (API) 10 135　岩性　R2.5 (Ω·m) 20 1　C3X1井：参差不齐、低—中低幅齿形或钟形	分选、磨圆较差，块状砾岩及砂砾岩	泥砂砾混杂，磨圆、分选差	楔形前积相 强振幅，中—高连续反射代表深湖相泥岩
	扇中	灰褐色—杂色	GR (API) 10 135　岩性　RLLD (Ω·m) 20 1　L202X3井：幅度较大的钟形、齿形或箱形，底部曲线常呈突变接触	递变层理含砾砂岩和水平层理泥质粉砂岩，可见植物炭屑	冲刷面底部可见黑色植物炭屑	杂乱充填相

砾砂岩　　含砾砂岩　　泥质粉砂岩　　粉砂质泥岩　　泥岩　　断层

图3-5　南堡凹陷柳赞地区沙三段测井相—岩心—地震对比

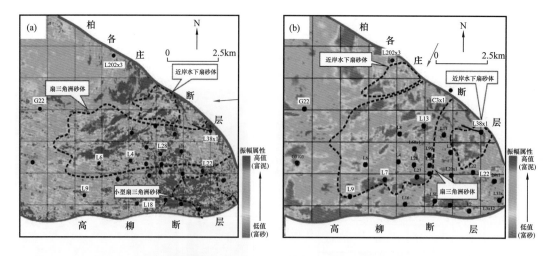

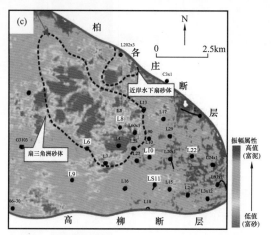

图 3-6　南堡凹陷柳赞地区沙三段沉积中晚期地震属性平面分布

六、沙三段物源演变特征

根据沙河街组沙三段沉积中晚期沉积相图（图 3-7）可以看出，沙三段沉积中期，柳赞地区进入主裂陷期，发育 NW 向大型扇三角洲沉积，沉积相为扇三角洲—近岸水下扇沉积。随着西南庄断层北东段和柏各庄断层北西段活动性增强[70]，马头营凸起的物源从柏各庄断层 NW 向注入湖盆中心。由于物源供给充足，大型扇三角洲范围逐渐扩大，并向 WS 向迁移，北部近岸水下扇规模也有所扩大。沙三段沉积晚期，整体以湖泊相和扇三角洲相为主，NE 向发育大型扇三角洲前缘亚相及小型近岸水下扇。水进—水退时期，NE 向的大型扇三角洲逐渐向 WS 向迁移扩张至深湖—半深湖区。近岸水下扇向南部迁移，扇体范围逐渐扩大。随后，自东向西发育大型扇三角洲前缘亚相，扇体前缘发育滑塌浊积扇，为扇三角洲前缘垮塌而形成的重力流沉积。扇体逐渐扩张延伸至半深湖亚相区，伴随的前缘滑塌浊积扇体向西迁移，此时，ES 向可见小型扇三角洲，NE 向发育近岸水下扇。

综上所述，南堡凹陷柳赞地区沙河街组沙三段沉积中晚期沉积物源表现出"顺时针迁移"的演化特征。

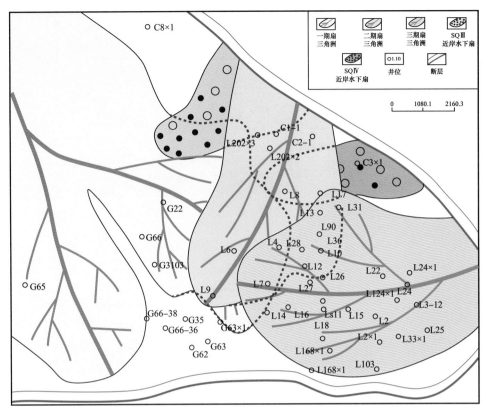

图 3-7　南堡凹陷柳赞地区沙三段沉积中晚期沉积相平面分布

第三节　东营凹陷盐 18 井区沙四段新物源的发现

运用地震相方法在东营凹陷盐 18 井地区的沙四段发现了典型的斜向前积体，且该前积体与充填相对应，据此认为该区块发育斜向扇三角洲。

一、工区基本地质概况及存在问题

东营凹陷是济阳坳陷东南部的富烃凹陷，油气资源丰富[73]，北以陈南断层与陈家庄凸起相接，东到青陀子凸起，西起滨县凸起。盐家地区地处东营凹陷北部陡坡带东段，属于陈家庄凸起南翼古断剥蚀面超覆带，陈南断层幕式运动使地层由北向南倾，形成了"北陡南超"的格局，并与风化剥蚀的共同作用下形成了两大古冲沟——盐 16 和盐 18（图 3-8）。

随着勘探的目标层由浅层向深层转移，众多学者也对盐家沙四段砂砾岩体进行了深入的研究，并取得了大量的成果。如断层活动对沉积控制研究方面，叶兴树等[75]应用断层落差法对东营凹陷沙河街组—东营组沉积期断裂活动特征及其对沉积的控制作用进行研究，认为东营凹陷在古近系发育 6 次伸展活动，形成了北东向、北西向和近东西向 3 组断层组合，断层活动时空分布表现为不均一性，且控制着凹陷内沉积物充填，在断层落差大的地方，沉积物快速堆积，地层厚度相对较大，同时控制沉积相带的展布，对同一断层同一时刻，断层落差较大的中央部位发育扇三角洲，而两翼落差较小的部位发育有湖湘泥岩

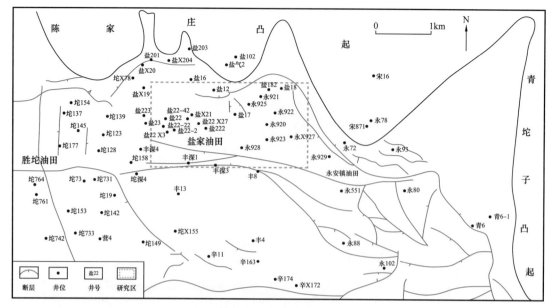

图 3-8 盐家地区构造位置

沉积，对于不同级别的断层，一级断层控制着凹陷沉积体系的厚度，二级断层控制着扇体的类型及规模，而三级断层控制了砂体的分布；张伟忠[76]基于边界断层组合样式及演化特征分析和新方法量化表征边界断层认为东营凹陷北带沙四段边界断层活动性自西向东具有弱—强弱交替—强的变化特征，边界断层活动性控制形成了稳定—富物源型、动荡—富物源型、稳定—贫物源型和动荡—贫物源型 4 种沉积环境[76]。砂砾岩沉积体系和沉积相研究方面，宋明水等[77]利用米兰科维奇旋回将盐家砂砾岩体沉积期次划分为 1 个长期水进旋回、4 个中期旋回和 11 个短期旋回；路智勇[78]和鲜本忠等[79]对盐 18 地区重力流特征研究认为研究区自下而上经历了扇三角洲沉积、近岸水下扇—洪水型湖底扇沉积和近岸水下扇—滑塌型湖底扇沉积 3 个演化阶段，识别出液化流、浊流、颗粒流、泥质碎屑流和砂质碎屑流等 5 种重力流特征。

通过对前人研究成果的总结、对比和分析，认为东营凹陷盐家地区仍存在以下三个问题：

（1）陡坡带沉积物中岩性组合与经典近岸水下扇岩性模式不符，单井中发现厚层含砂砾岩，而近岸水下扇岩性以砾岩为主，砂岩呈薄层，另外单井测井曲线中出现反韵律，与近岸水下扇正韵律叠加的特征不一致；

（2）盐家陡坡带扇体形态与模拟实验近岸水下扇形态不符，水槽实验中近岸水下扇整体表现为楔形且砂岩呈薄层、楔形（图 3-9），而钻井中发现巨厚的透镜状砂岩；

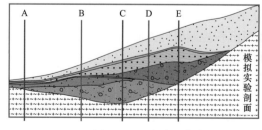

图 3-9 近岸水下扇水槽实验（据胜利油田地质科学研究院，2009）

（3）近岸水下扇轴向连片发育与实际扇体呈独立透镜体这一事实不符，该地区扇体连片发育与近岸水下扇呈小型孤立透镜体。

因此，本次研究通过地震、测井、岩心、地球化学分析对东营凹陷北带东段盐18井区沙四上亚段砂砾岩体物源和沉积体系进行研究，以期明确其物源方向和沉积体系展布。

二、沙四上亚段发现大型前积—充填地震相

前人的研究认为盐18地区地震相以紧邻边界断层发育的小型的楔形杂乱相为主。然而，本次研究依据典型地震相技术，在研究区沙四上亚段中发现大规模厚层的帚状前积相，指示该地区发育大规模扇三角洲沉积。根据研究区北东—南西向地震剖面的地震反射结构识别出沙四上亚段顺物源方向发育大规模帚状前积（图3-10a），并在北西—南东向地震剖面的地震反射结构中识别出沙四上亚段垂直物源表现为充填相，双向上超（图3-10b）。充填相表现出悬浮的特点，与边界断层存在一定的距离。帚状前积相反映高能水体下的快速沉积的特点，由于前积相厚度大，表明为扇三角洲沉积。由此得出，在沙四上亚段沉积时期，发育北东物源方向的大规模扇三角洲，且扇体与边界断层相隔。

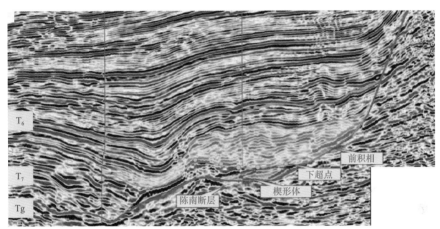

(a) 北东—南西向顺物源

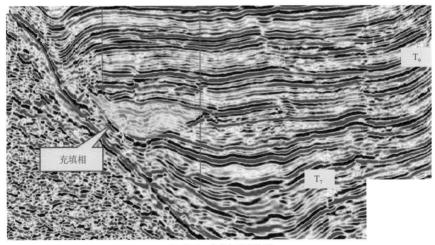

(b) 北西—南东向垂直物源

图3-10　盐18地区沙四段地震反射特征

三、斜向扇三角洲的主要证据

前人认为研究区的沉积物中多以重力流沉积为主，并将其解释为近岸水下扇的沉积产物。然而，本次研究依据对取心井的测井及岩心资料观察分析表明，该区沙四上亚段沉积中还发现典型的牵引流的沉积构造、沉积结构和扇三角洲沉积韵律特征。

研究区岩相中多处可见叠瓦状构造和平行层理沉积构造（图 3-11），说明发育牵引流成因的扇三角洲。在叠瓦状构造主要发育于砾质砂岩和含砾粗砂岩中。砾质砂岩中，砾石主要以细砾为主，偶见中砾，最大粒径为 1.5cm，分选好，砾石定向排列特征明显，底部可见冲刷面（图 3-11a）；含砾砂岩，结构成熟度高，上部可见砾石定向排列，整体表现为反韵律（图 3-11b）。在平行层理中，粗砂岩单层厚度较薄，粒径为 1～2cm，整体分选好，结构成熟度高（图 3-11c）。综上所述，诸多结构特征均指示牵引流成因。

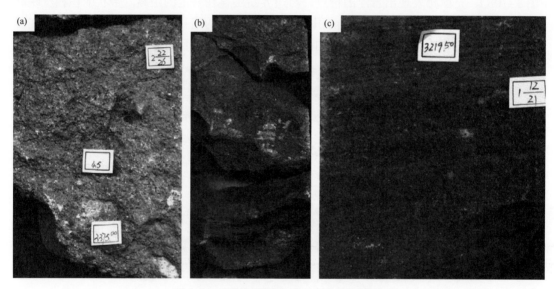

图 3-11　盐 18 地区沙四上亚段岩相特征

（a）永 920 井，3375m，砾质砂岩，砾石磨圆以次棱角状—次圆状为主，具定向排列；（b）永 920 井，3219m，含砾中砂岩，反递变层理；（c）永 920 井，3219.59m，中细砂岩，水平层理

基于沉积韵律特征和测井曲线特征分析认为，研究区存在多种扇三角洲沉积微相。如图 3-12 所示：韵律 1 整体表现为块状，内部岩性以灰绿色细砾岩为主，指示浅水间歇性暴露环境下砾质碎屑流成因，电阻率曲线特征为中—高幅箱形，因此代表扇三角洲平原河道间沉积；韵律 2 整体表现为自下而上的反韵律特征，内部岩性包括上部发育细砾岩，下部发育含砾砂岩和底部发育粗砂岩，砾岩和含砾粗砂岩中可见砾石定向排列，整体分选好，指示牵引流成因，电阻率曲线为漏斗形，因此代表扇三角洲前缘河口坝沉积；韵律 3 整体表现为下粗上细的正韵律特征，主要内部岩性包括下部的砾质砂岩和上部的含砾砂岩，可见砾石定向排列，底部具冲刷面，结构成熟度高，指示牵引流成因，反映扇三角洲前缘水下分流河道沉积；韵律 4 整体表现为块状结构，内部层系不清楚，顶部可见平行层理，内部岩性主要发育含砾砂岩和粗砂岩，反映牵引流沉积特征，AC 曲线表现为中幅指形，因此代表扇三角洲前缘席状砂沉积。

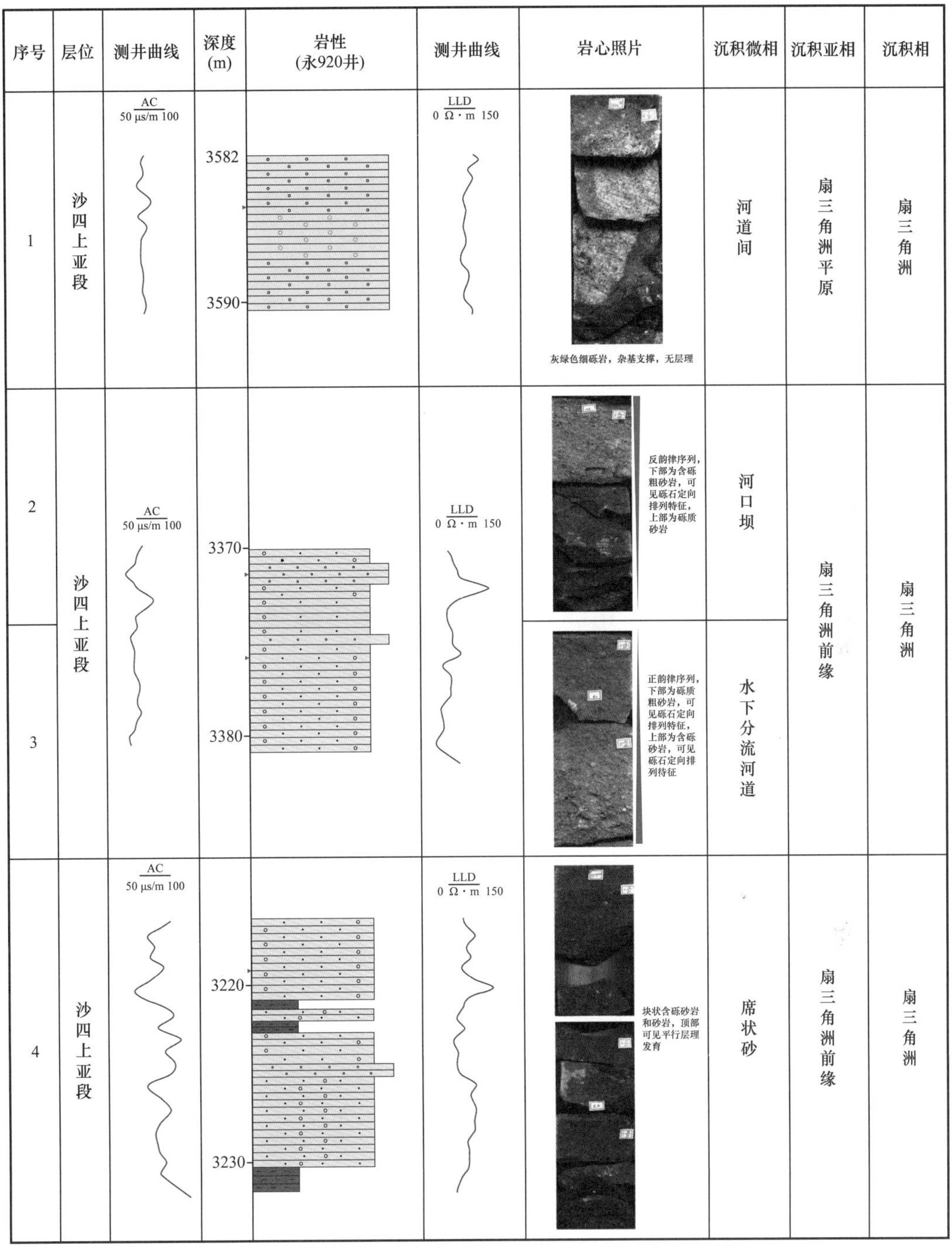

序号	层位	测井曲线	深度 (m)	岩性 (永920井)	测井曲线	岩心照片	沉积微相	沉积亚相	沉积相
1	沙四上亚段	AC 50 μs/m 100	3582 — 3590 —		LLD 0 Ω·m 150	灰绿色细砾岩，杂基支撑，无层理	河道间	扇三角洲平原	扇三角洲
2	沙四上亚段	AC 50 μs/m 100	3370 —		LLD 0 Ω·m 150	反韵律序列，下部为含砾粗砂岩，可见砾石定向排列特征，上部为砾质砂岩	河口坝	扇三角洲前缘	扇三角洲
3			3380 —			正韵律序列，下部为砾质粗砂岩，可见砾石定向排列特征，上部为含砾砂岩，可见砾石定向排列特征	水下分流河道		
4	沙四上亚段	AC 50 μs/m 100	3220 — 3230 —		LLD 0 Ω·m 150	块状含砾砂岩和砂岩，顶部可见平行层理发育	席状砂	扇三角洲前缘	扇三角洲

图 3-12　东营凹陷北部盐 18 地区沉积微相特征

四、地震属性为物源方向和扇体展布特征提供依据

前人研究认为，小型的强振幅相发育于边界断层，形成垂直于边界断层的小规模砂体。然而，本次研究利用地震均方根振幅属性分析（图 3-13），发现北西—南东展布的强振幅异常，外形呈舌状体且连片发育，说明存在大规模的北西—南东向的砂体沉积。相

反，在紧邻边界断层处，出现局部强振幅，规模较小且与中部的大规模强振幅之间以条带状弱振幅隔开，一方面说明紧邻边界处发育小规模砂体沉积，另一方面指出两套砂体在空间上为相邻关系，中间存在泥岩分隔带。

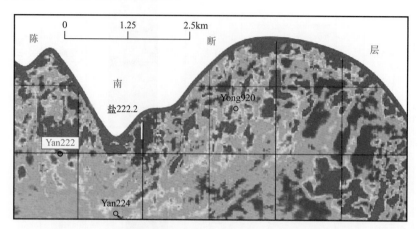

图 3-13　东营凹陷北带盐 18 地区沙四上亚段 RMS 属性特征

五、近东西向大型扇三角洲与局限型近岸水下扇共生

前人的研究认为，盐 18 地区物源均来自盐 18 古冲沟，形成南北向或近南北向垂直于边界断层发育的近岸水下扇。然而，本次研究在综合地震相、岩心、测录井、地震属性等资源的基础上，认为研究区发育与边界断层呈低角度斜交扇三角洲沉积（图 3-14）。扇体规模大，且呈舌状体沿北东—南西向展布，与东北部物源有较高的对应关系。相反，紧邻断层处，由短轴物源供应形成的近岸水下扇，扇体规模较小，且在平面上呈"裙褶状"分布。同时，在空间上与扇三角洲表现出相邻的接触关系，中间发育泥岩分隔带。

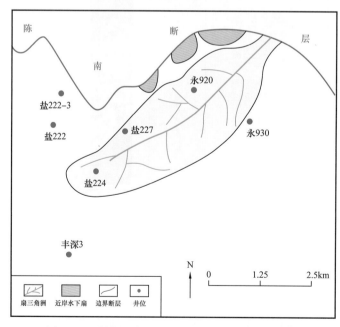

图 3-14　东营凹陷盐 18 地区沙四上亚段沉积相图

第四节　车镇凹陷北部西段沙三下亚段新物源的发现

车镇凹陷北部是典型的断陷陡坡带构造样式。在该带的沙三段已钻探发现一系列砂砾岩油藏。过去都认为这些陡坡带的砂砾岩储层属于近岸水下扇沉积。但是，近期在斜测线上从沙三段中识别出三套前积相，在与该斜测线垂直的地震剖面上发现存在三期大型充填相。因此认为，该区带沙三段发育大型斜向扇三角洲，该扇三角洲控制了优势储层的分布。

一、工区基本地质概况及存在问题

车镇凹陷位于济阳凹陷北部，为一个"瘦长"型北段南超的箕状断陷盆地，其中包括车西、大王北和郭局子三个次级洼陷[82]。车镇凹陷北起埕南断裂，南超覆于义和庄凸起，东临沾化凹陷，西接无棣和庆云凸起[83]，如图 3-15 所示。勘探面积达 2500km²，探明储量 2.3×10^7 t，为一个富烃凹陷[84]，其陡坡带发育砂砾岩体且深层已发现工业油流，具有巨大的勘探潜力。前人对车镇凹陷陡坡带砂砾岩体展开研究，如王姣[85]将车镇凹陷古近系沙三段—沙一段分为 4 个三级层序，认为沙三段—沙一段研究区主要发育扇三角洲和近岸水下扇沉积相；彭勇民等[86]通过对车镇凹陷车 66 井区沙三下亚段发育的沉积相进行研究，认为该区发育滑塌浊积扇和湖底扇沉积；鲜本忠等[87]通过对车镇凹陷古近系沙四段—沙二下亚段的沉积相进行了研究，认为研究区沙四下亚段发育冲积扇沉积，沙四上亚段发育扇三角洲和少量的浊积扇，沙三下亚段发育广泛的近岸水下扇和湖底扇沉积，沙三中亚段发育近岸水下扇和小规模的湖底扇沉积，沙三上—沙二下亚段发育近岸水下扇、扇三角洲和小规模的湖底扇沉积；郭雪娇[88]对车镇凹陷砂砾岩体的分布规律进行研究，发现车镇凹陷北部陡坡带主要发育车古 20 北、大王北、郭局子东北三个大型古冲沟和多个小型冲沟，其中三个大型冲沟为研究区供源主通道，在其前端形成了大型的砂砾岩扇群，而在三个大型沟谷之间的多个小型冲沟前端形成了多个中小型扇体发育区，构成了大沟对大扇、小沟对小扇的沟扇对应的扇体发育格局，砂砾岩扇体整体上交织连片，形成扇群，沿埕南断裂带呈现裙带状展布主要分布于沙四段和沙三段。

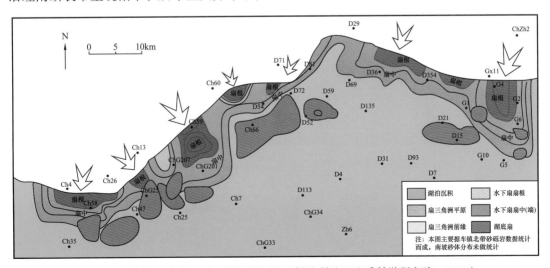

图 3-15　车镇凹陷沙三下亚段沉积相图（据胜利油田地质科学研究院，2009）

通过对前人研究的总结、对比和分析，认为车镇凹陷北部陡坡带砂砾岩体沉积方面仍存在以下两个问题：（1）近岸水下扇轴向连片发育与实际扇体呈独立透镜体这一事实不符，近岸水下扇呈小型砂砾岩体，且前人认为该扇体呈孤立的透镜体；（2）车镇凹陷可见多个独立的湖底扇体，近岸水下扇与湖底扇体系组合成因不好解释（图3-32）。因此，本次研究通过地震、测井、岩心资料及地球化学分析对东营凹陷北带东段砂砾岩体物源和沉积体系进行研究，以期明确其物源方向和沉积体系展布。

二、沙三下亚段发现三期大型前积—充填地震相

前积地震相由一组向同一方向倾斜的同相轴组成，其与上覆和下伏的平坦同相轴成角度或切线相交。通常反映某种携带沉积物的水流在向盆地推进的过程中由前积作用产生的反射特征。一般与三角洲、扇或辫状河三角洲、冲积扇、水下扇、浊积扇等相伴生。

根据其内部反射特征，在研究区沙三下亚段识别出S形、叠瓦状前积地震相（图3-16、图3-17）。沙三下亚段可识别出三期大型前积相，前积方向为北东—南西向，反映车西工区发育三期扇三角洲，并且物源方向一致。第一期、第二期为叠瓦状前积地震相，厚度较薄，

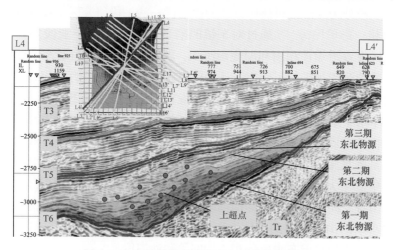

图3-16 车镇凹陷顺物源方向原始地震剖面

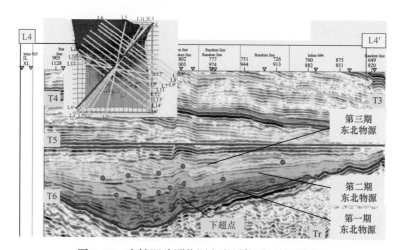

图3-17 车镇凹陷顺物源方向层拉平后地震剖面

上、下界面平行，且内部斜交反射轴相互平行，倾斜平缓，反映了前积型砂体叠置是在湖退型三角洲沉积环境、斜坡地形和较强水动力条件下形成的。第三期物源地震相表现为S形前积相，内部发育一组相互叠置的反S形反射同相轴，在反S形的上端为近水平的顶积层，而在反S形的中部为倾斜的前积层，顺同相轴向下到了底部，同相轴逐渐变得平缓，形成底积层，反映出第三期物源相对低的沉积物供给、相对快的盆地沉降或快速的海平面上升。

垂直物源方向表现为充填地震相（图3-18），纵向呈三期，其中第一期砂体最薄，第三期砂体最厚。

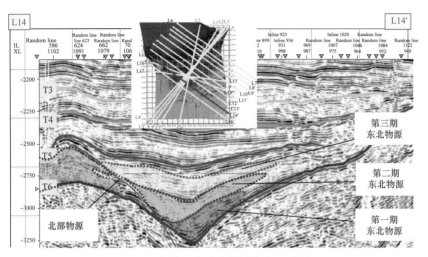

图3-18　车镇凹陷垂直物源方向地震剖面

三、车西沙三下亚段砾岩成分成熟度发生变异

成分成熟度是指以碎屑岩中最稳定组分的相对含量来标志其成分的成熟程度。车镇凹陷车西工区沙三段砂砾岩按成分成熟度可整体分为两种类型：一类表现为较高的成分成熟度（图3-19b），石英相对含量平均为35%，长石相对含量平均为29%，岩屑相对含量平均为36%，说明分选性相对较好；另一类则表现为较低的成分成熟度（图3-19a），石英相对含量平均为18%，长石相对含量平均为13%，岩屑相对含量平均为69%，说明分选性较差。

四、斜向物源发现扇三角洲沉积特征

岩石的分选性与搬运距离和水动力条件密切相关，磨圆程度反映了岩石碎屑颗粒的原始形状被磨圆的程度，这既反映了搬运距离，也受原始颗粒的形状、粒度和化学成分的稳定性影响。本次研究中，在研究区远离边界断层地区，通过对取心井的测井和岩心资料观察分析发现，该区沙三下亚段沉积中仍发育多处典型的牵引流的沉积构造、沉积结构和扇三角洲沉积韵律特征。

岩心观察描述过程中，发现多处叠瓦状构造和小型槽状交错层理发育，指示以牵引流为特征扇三角洲沉积在该区发育。叠瓦状构造可见于中砾岩、细砾岩和含砾砂岩中，且在研究区分布广泛，甚至在研究区中心位置，如车57井中多处可见（图3-20）。中砾岩中，砾石颗粒磨圆较好，多呈圆状—次圆状，指示经过长距离搬运，粒径最大可达4.5cm，平均粒径3cm左右，有一定的分选性，底部可见冲刷面，纵向上自下而上粒径逐渐减小，

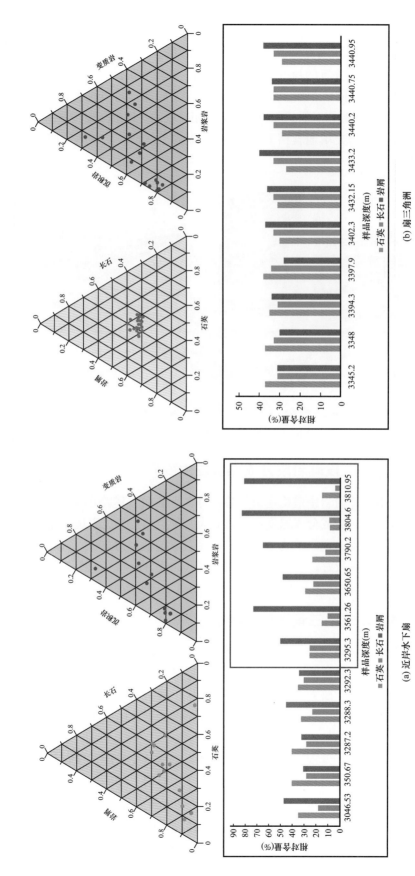

图 3-19　车西洼陷沙三下亚段岩石组分图

表现出正韵律特征（图3-20a）。细砾岩中，偶见中砾，颗粒磨圆较好，多呈次圆状，指示经过长距离搬运，粒径最大可达 2.5cm，有一定的分选性，底部可见冲刷面，纵向上自下而上粒径逐渐减小，表现出正韵律特征（图3-20b）。含砾砂岩中，多见细砾，整体分选性好，结构成熟度高（图3-20c）。小型槽状交错层理发育于浅黄色细砂岩中，成分成熟度和结构成熟度均较高（图3-20d）。综上所述，诸多结构特征均指示牵引流成因。

图 3-20　车西地区沙三下亚段岩心特征

（a）车古 207 井，2985.8m，灰绿色中砾岩，砾石分选差，叠瓦状构造；（b）车 57 井，3291.3m，细砾岩，正韵律，叠瓦状构造；（c）车 57 井，3294.5m，含砾粗砂岩，块状无层理，可见砾石定向排列；（d）车 57 井，3196.09m，浅黄色细砂岩，发育小型槽状交错层理

对沉积韵律特征和测井曲线特征的分析，反映出垂向上多种扇三角洲沉积微相叠置，如图 3-21 所示：韵律 1 整体表现为下粗上细的正韵律特征，主要内部岩性为灰绿色中砾岩和细砾岩为主，可见砾石定向排列，底部具冲刷面，结构成熟度高，指示水上沉积环境下的牵引流成因，电阻率曲线表现为两期叠加的高幅钟形，因此反映扇三角洲平原分流河道沉积；韵律 2 整体表现为下细上粗的反韵律特征，内部岩性以中砂岩和粗砂岩为主，可见小型槽状交错层理，指示牵引流沉积，伽马曲线表现为漏斗形，因此代表扇三角洲前缘河口坝沉积环境；韵律 3 整体表现为块状无韵律结构，岩性以细砂岩以及细粉砂岩为主，并发育有泥质夹层，分布广而薄，可见变形层理和泥岩撕裂屑等，说明存在滑塌作用，伽马曲线表现为中幅指形，因此代表扇三角洲前缘席状砂沉积环境。

五、粒度特征证实存在牵引流

粒度是重要的碎屑岩岩性相标志，粒度概率累计曲线则是最常用的沉积相分析基础图件。碎屑沉积物搬运介质的水动力条件、沉积时的流体性质和自然地理条件的不同，都会造成沉积物被搬运和沉积方式上的差别，这些差别在粒度概率累计曲线图上都会有所反映。应用粒度概率累计曲线图建立沉积环境的典型模式。车镇凹陷车西工区沙三段沉积物概率曲线可划分为两类（图3-22）：一类以二段式和四段式为主，即表现出泥石流和碎屑流沉积物的特点，又表现出沉积物滚动、跳跃和悬浮的特点，具有能量高、迁移快、部分具有重力流的特点，为典型的扇三角洲沉积；另一类以宽缓上拱式和低斜两段式为主，表现出重力流的特征，为典型的近岸水下扇沉积。

六、地震属性为物源方向和扇体展布特征提供依据

本次研究通过对研究区地震均方根振幅属性的分析（图3-23），发现在洼槽带有成片连续分布、强振幅的特征，且规模较大。连片、席状的强振幅在空间上表现出北西—南东

向展布，外形呈舌状体，表明存在大规模的北西—南东向的砂体沉积。相反，在紧邻边界断层处小规模的中—强振幅，表明发育小规模砂体沉积。此外，在两套砂体的中间地带，发育条带状的弱振幅，反映了存在泥岩分隔带。

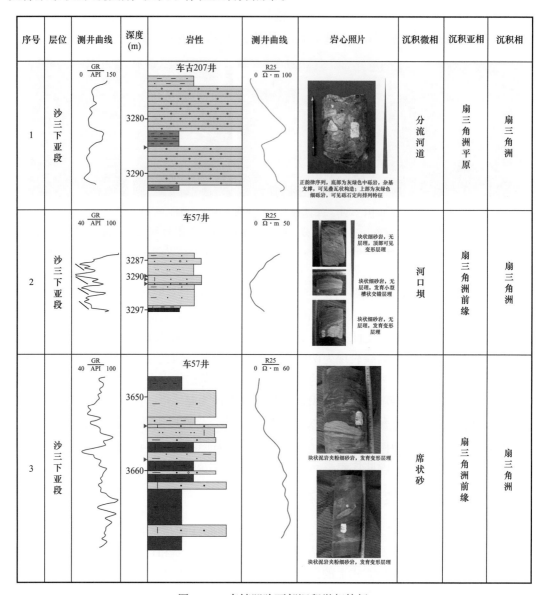

图 3-21　车镇凹陷西部沉积微相特征

七、两大物源平面上差异分布

车镇凹陷车西工区沙三下亚段发育两大物源体系，第一种为北部物源体系，另一种为北东物源体系。从平面上来看（图 3-24），北部物源形成的扇体呈裙边状紧邻边界断层，扇体发育规模较小，而北东向物源形成的扇体呈舌状，扇体发育规模相对较大，自下而上共发育三期。第一期扇体与北部物源扇体相邻不接触；中间以泥岩分隔开，而第三期扇体与北部物源接触，仅车 58 扇体依旧与第三期扇体相邻，中间以泥岩分隔开（图 3-25）。

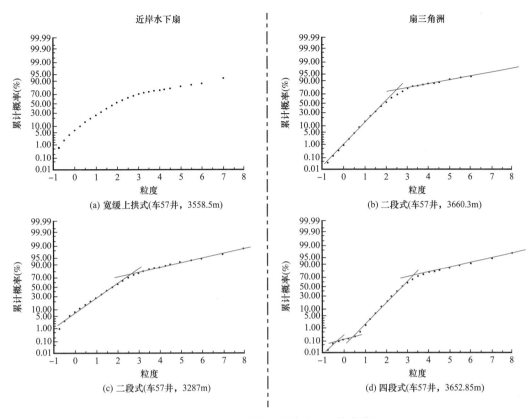

近岸水下扇

扇三角洲

(a) 宽缓上拱式(车57井，3558.5m)

(b) 二段式(车57井，3660.3m)

(c) 二段式(车57井，3287m)

(d) 四段式(车57井，3652.85m)

图 3-22　车镇凹陷车西洼陷沙三段粒度特征

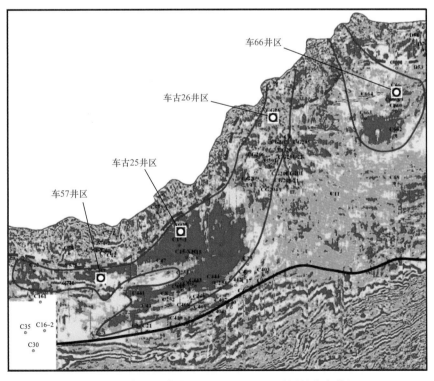

图 3-23　车西洼陷沙三下亚段 RMS 地震属性分布特征

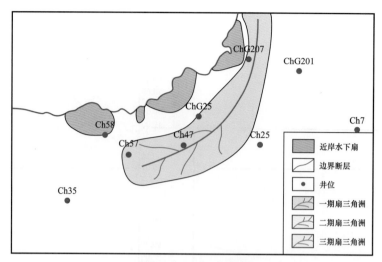

(a) 车西沙三下亚段第一期沉积相图

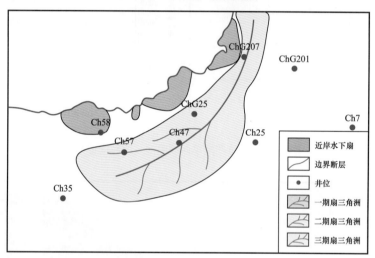

(b) 车西沙三下亚段第二期沉积相图

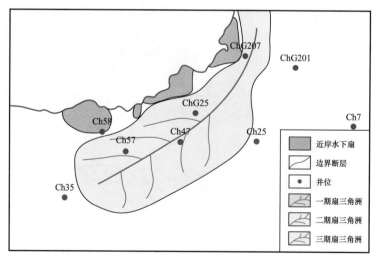

(c) 车西沙三下亚段第三期沉积相图

图 3-24　车镇凹陷车西洼陷沙三下亚段沉积相图

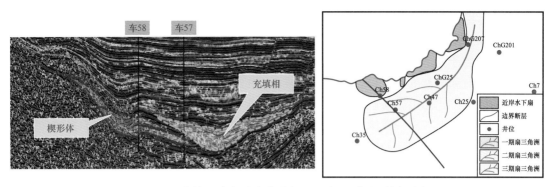

图 3-25　车镇凹陷车西洼陷过车 58—车 57 井地震剖面图

八、两大物源空间上差异叠置

车镇凹陷车西工区沙三下亚段共发育北部和北东向两种物源体系（图 3-26），北部扇体呈裙带状紧邻边界断层，空间上表现为扇体规模依次减小，北东向自下而上依次发育三期扇体，空间上表现为扇体规模逐渐增大，沉降空间自北东向西南发生偏移，两大物源体系在空间上表现出差异叠置。

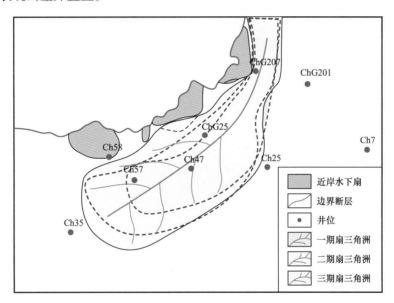

图 3-26　车镇凹陷车西洼陷沙三下亚段沉积相图

九、沙三下亚段物源演化特征

"源—汇"理论是指剥蚀地貌与沉积地貌是由沉积物搬运路径连接起来的，是从剥蚀区形成的物源，包括风化剥落的颗粒沉积物和溶解物，搬运到沉积去或汇水盆地中最终沉积下来的过程[80]。在整个源—汇系统中保存下来的地质信息，是从山到盆的整个地球表层动力学过程的记录，也是深部岩石圈动力学过程与地表物理、化学与生物及气候条件相互作用的产物，把物源的形成、搬运到沉积作为一个整体的过程来研究，才能更好地认识整个盆地沉积的发育和演化过程。但需要注意的是，古地貌是所有影响盆地沉积因素的综合表现，运用"多级控砂"理论把控制砂体发育的因素分级厘定，可以更好地揭示砂体的形成过程和演化特征。

　　研究区由于边界断层的活动控制着物源区的剥蚀，构造的差异活动性导致同一时期发育不同方向和类型的物源体系，进而形成不同的沉积体系（图 3-27）。一种为近岸水下扇—深湖体系，北部边界断层坡度较大，近源洪水携带大量陆源碎屑从短轴方向向湖盆中心汇聚形成近岸水下扇，扇体紧邻边界断层，发育规模相对较小，横向表现为透镜体，垂向表现为楔形体，沉积物粒度较粗，分选和磨圆较差；另一种为扇三角洲—深湖体系，北东部边界断层坡度相对较缓，沉积物由剥蚀区沿长轴方向向湖盆中心汇聚（图 3-28），受古地貌影响，沉积物充填于靠近边界断层的沟谷内（图 3-29），扇体呈舌状，发育规模较大，沉积物粒度相对较细，分选较好。因此，长轴物源可以经过长距离的搬运，与短轴方向物源共同为研究区供源，形成"长轴短轴共存，近源远源汇砂"的格局以及两大沉积体系交会的新模式。

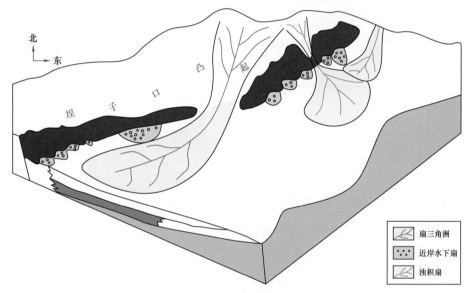

图 3-27　车镇凹陷车西洼陷沉积体系示意图

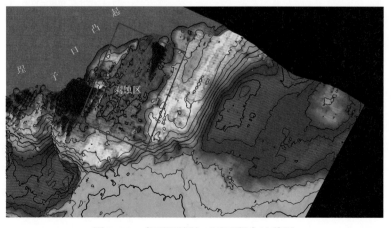

图 3-28　车西凹陷沙三下亚段古地貌图

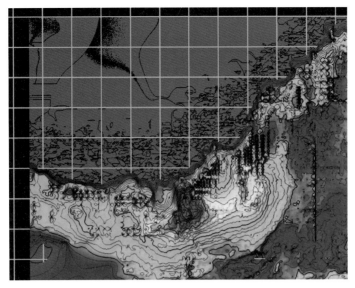

图 3-29　车西凹陷沙三下亚段古地貌图

第五节　准噶尔盆地中 4 区块侏罗系头屯河组新物源的发现

一、工区基本地质概况及存在问题

中 4 区块位于准噶尔盆地腹部昌吉坳陷中部地区（图 3-30），工区井位稀少，勘探程度比较低。前人对准噶尔盆地侏罗系的沉积体系进行了基础研究，取得了较多认识[89-95]，提出了乌尔禾、克拉美丽、克拉玛依、北部物源、博格达山、四棵树、红沟共 7 大物源体系，而针对剥蚀较为严重的头屯河组，特别是针对中部 4 区块的研究则比较少。

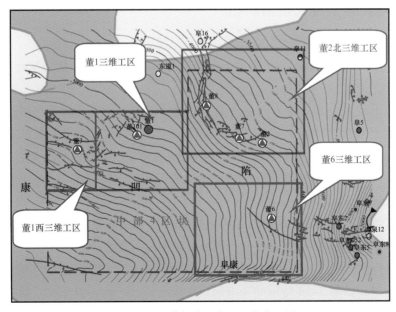

图 3-30　准噶尔盆地中四区块位置图

前人认为中4区块不同时期、区块不同位置，主控物源不同。早期东北方向的克拉美丽物源体系对中4区块影响可能最大，近期各学者研究成果都表明中4区块头屯河组存在南部物源。中晚侏罗统沉积时期，随着车—莫底凸起的形成，来自凸起方向以及南部的物源补给作用逐渐增强。马明珍[96]认为博格达山在头屯河时期已经形成正地形并且具有向沉积区供给沉积物的能力。方世虎[97]指出天山内部、准噶尔盆地南缘的中—新生界物源主要受控于天山地区的物源。天山盆地南缘在晚侏罗世—早白垩世早期发生明显隆升和剥蚀作用，导致南缘沉积物源发生明显变化，盆地边界发生明显向北迁移，盆山格局也随之发生改变。党胜国[98]指出泥岩砾石的广泛发育反映了在中侏罗世头屯河组沉积期，博格达山已经隆起，并成为头屯河组沉积物的主物源区。靳军[99]在阜东斜坡和中4区块的头屯河组的岩心重矿物分析资料发现，不稳定的重矿物绿帘石已经大量出现。说明天山盆地南缘的抬升可能比之前认为的晚侏罗世—早白垩世早期要早一些，可能从中侏罗世的头屯河组沉积时期开始，南部物源供给逐渐增强，北三台经隆起有可能为研究区提供少量物源。如果阜东南部物源存在，说明天山在头屯河组已经隆起可以向中4区块提供沉积物。

中4区块侏罗系主力储层头屯河组物源方向及砂体展布特征不明确，成为阻碍中4区块进一步勘探开发的最大问题。针对头屯河组物源方向问题，本研究基于前期地质背景研究，利用地震相分析、井孔地层砂地比变化、岩心粒度变化、沉积相分析及井孔和野外重矿物特征分析，首先发现了头屯河组存在由南向北、由南东向北西和由西向东的叠瓦状前积；同时头屯河组砂地比由南向北变小，岩心粒度由南向北变细，沉积相由南向北由三角洲前缘过渡为前三角洲；另外，头屯河组井孔和野外重矿物特征均指向头屯河组沉积期存在南部物源。综合以上各项分析结果论证，得到中4区块侏罗系头屯河组发育北东方向克拉美丽物源和南部天山物源的多物源体系的新认识。

二、头屯河组发现大型前积相

本研究基于品质改善的董1、董1西、董6三维数据体，精细识别出一系列特征明显的前积反射，并投影于平面得到头屯河组沉积期前积相展布特征，从而据此推断头屯河组物源方向。

头屯河组下段在由西向东方向及由南东向北西方向上识别出较为平缓的叠瓦状前积相。原始剖面上表现为"视上超"（图3-31a），但层拉平后表现出明显的前积下超现象（图3-31b），下超点位置清晰。结合二维地震剖面及董2三维地震剖面头屯河组下段识别出的前积相及河道充填相得到如图3-32所示的头屯河组下段前积相分布，揭示出工区存在西南部和东南部的物源。

在头屯河组中段识别出了由西向东的地震前积相（图3-33a）和由南东向北西方向的前积相（图3-33b）。原始地震剖面上表现为"视上超"现象，层拉平后剖面上显示出明显的下超前积特征。结合二维及董2三维地震剖面头屯河组中段识别出的前积相、丘状相及河道充填相得到如图3-34所示的头屯河组中段前积相分布，显示出工区存在西南和东南方向的物源。

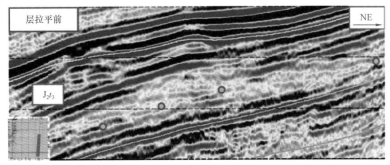

(a) 层拉平前

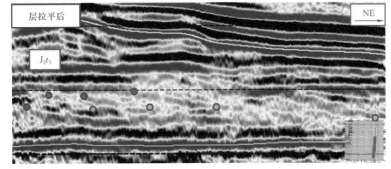

(b) 层拉平后

图 3-31 中 4 区头屯河组下段地震前积相剖面

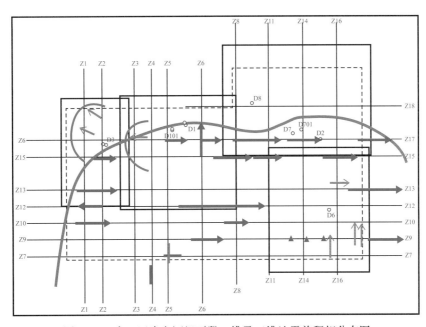

图 3-32 中 4 区头屯河组下段二维及三维地震前积相分布图

在头屯河组上段识别出由南向北的前积相。层拉平后剖面中前积下超现象明显，下超点位置清晰（图 3-35）。结合二维和三维地震剖面头屯河组上段识别出的前积相分布，显示出工区西部存在由南向北及由东向西的前积，东部存在由西向东的前积，表现出多物源特点（图 3-36）。

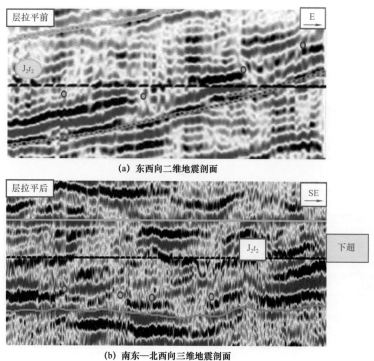

(a) 东西向二维地震剖面

(b) 南东—北西向三维地震剖面

图3-33　中4区头屯河组中段地震前积相剖面

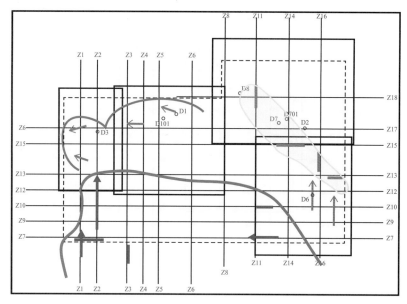

图3-34　头屯河组中段二维及三维地震前积相分布图

三、砂地比横向变化揭示了多物源的特征

由于砂体是物源区通过水流搬运进入盆地内部沉积下来所形成，所以物源方向是控制盆地砂岩展布程度的重要因素。对盆地内部砂岩分布特征的精细分析，不仅可以清晰地描绘出沉积砂体的展布范围，对于推测物源方向和位置也有一定的作用。

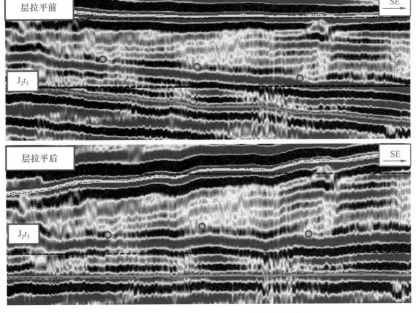

图 3-35　头屯河组上段地震前积相剖面

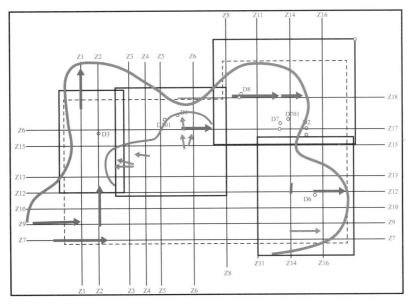

图 3-36　头屯河组上段二维及三维地震前积相分布图

由图 3-37 和图 3-38 可以看出，除了局部井位处砂地比变高，总体上头屯河组下段、中段及上段砂地比在由西南向北东方向及由南向北方向均呈现降低的趋势，指示头屯河组各段沉积时南部物源影响较大。在图 3-37 中，由西南向北东方向，除了头屯河组中段外，头屯河组下段砂地比由 36.01% 逐渐降到 24.07%，头屯河组上段砂地比由 18.18% 逐渐降到 8.33%，展示出明显的西南部物源的特征。而在图 3-38 中，由南向北方向，头屯河组下段砂地比由 38.39% 逐渐降到 24.07%，头屯河组中段砂地比由 48.48% 逐渐降到 24.3%，头屯河组上段砂地比由 34.16% 逐渐降到 8.33%，也展示出明显的南部物源的特征。

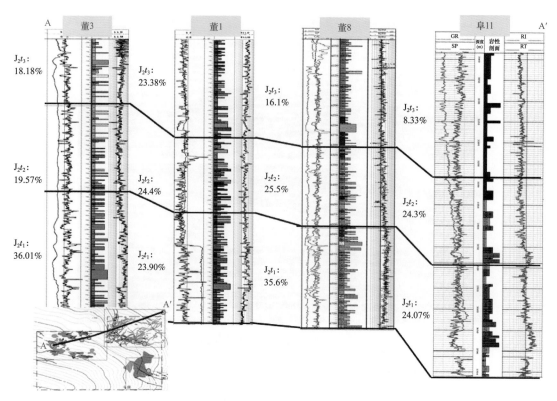

图 3-37　中 4 区块董 3—阜 11 井头屯河组连井剖面图

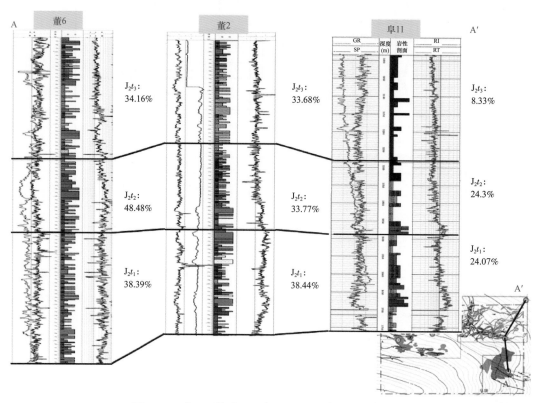

图 3-38　中 4 区块董 6—阜 11 井头屯河组连井剖面图

四、重矿物证据证实存在多物源体系

由于前人已对头屯河组剖面和博格达北源进行采样分析，本次研究对中 4 区块南部天山的郝家沟露头、西南部博格达山的芦草沟露头进行采样。井区内则针对头屯河组各段粗碎屑带共取样 65 块，其中岩心取样点 36 个，岩屑取样点 9 个，野外露头取样 20 个。实验室对 65 件样品进行分析化验，结果发现该区样品以锆石、磷灰石、金红石、锐钛矿、白钛石、榍石、绿帘石、石榴子石、褐铁矿、铬铁矿、磁铁矿为主，其他重矿物则少见。在实验室分析化验得出的数据的基础上，本研究利用井区、野外露头重矿物特征分析，重矿物类型饼状图法以及聚类分析方法，并且结合前人的数据和研究结果，得出了重矿物反映的物源分布和沉积展布，进一步为判识物源方向提供了重矿物方面的依据。

（一）西部井区重矿物特征

中 4 区块西部井区从西向东依次为董 3 井、董 101 井、董 1 井。头屯河组下段不同位置重矿物特征差异较大，董 101 井以重晶石为主，董 1 井以黄铁矿为主，该段沉积期可能属于不同的物源供给；中段以褐铁矿为主，均含有绿帘石，但由东向西褐铁矿含量减少，但董 101 井重晶石和方铅矿含量异常高；上段以褐铁矿为主且由西向东含量降低，董 101 井绿帘石含量更高，说明其离物源更近。整体上看，头屯河组沉积期水体逐渐变浅且沉积区距剥蚀区距离逐渐变远，早期和晚期沉积物可能来自不同物源。

（二）西部井区重矿物特征

东部井区头屯河组下段以绿帘石为主，说明矿物成熟度较低，搬运距离较近；中段也以绿帘石为主，但井区边缘位置董 8 井和董 6 井重晶石含量较高，而中部董 2 井代表高成熟度的石榴子石、锆石含量较高，说明中段沉积时董 2 井位置处在距离物源区较远的水体较深的沉积深凹区；上段以褐铁矿为主，绿帘石次之，说明此时气候较干燥。

（三）郝家沟野外露头重矿物特征

郝家沟露头头屯河组下段以褐铁矿为主，但是向上减少，底部石榴子石含量较高，稳定含有少量金红石和白钛矿；中段褐铁矿含量向上由 50% 减少到 25%，锆石含量由 10% 增加到 30%；上段以锆石为主，其次是磁铁矿，还有少量石榴子石、铬铁矿、白钛石，褐铁矿向上有增加趋势。整体上看，褐铁矿含量减少，锆石、金红石含量增加，表明沉积过程中水体加深，与剥蚀区的距离逐渐加大。

（四）芦草沟野外露头重矿物特征

芦草沟野外露头头屯河组下段以褐铁矿为主，向上减少，出现了较多锆石、铬铁矿、磁铁矿，表明物源发生过变化；中段以绿帘石为主，褐铁矿、磁铁矿含量稳定在 20% 左右；上段以磁铁矿和绿帘石为主，磁铁矿由 40% 减少到 20%，绿帘石含量从 25% 增加到

45% 左右。整体上下部以褐铁矿为主，向上减少；上部以绿帘石和磁铁矿为主，稳定矿物含量减少，表明沉积物搬运距离变短且物源发生过改变。

（五）重矿物百分含量分析

重矿物百分含量是指重矿物占样品质量的百分比。重矿物抗风化剥蚀能力较普通矿物强，经过长距离搬运，组分和含量变化不大，分布广，但相对百分含量会增加，因此越高的重矿物百分含量代表着离母源区越远。

头屯河组下段董1井中重矿物含量最高，为26.3%，其西部董101井及东部董7井重矿物含量分别为4.28%和15.03%，沉积物可能由董101井、董7井向董1井搬运。芦草沟中重矿物含量也较高（13.35%），而郝家沟的重矿物含量极低（0.64%），沉积物有可能从西南方向搬运而来。中段西部重矿物含量由董3井经过董101井向董1井逐渐由4.09%增大到20.41%，指示沉积物由西向东搬运。而在东部井区重矿物特征呈现出由南向北运移的趋势，另外重矿物含量由董6井的3.23%增大到董2井的9.45%，也表明了沉积物从董6井向董2井搬运的趋势（西南向东北运移），野外露头同样是郝家沟（0.64%）远远小于芦草沟（13.35%）中重矿物的含量，说明芦草沟当时也是一个沉积物汇集区，沉积物是由东南和西南方向搬运而来的。上段重矿物含量从东部董701井的2.35%依次向西部的董7井、董101井、董3井增加达到19.47%，表明砂岩的成熟度西高东低，沉积物由东向西搬运，而野外露头中芦草沟的重矿物含量（16.61%）远远大于郝家沟（0.21%），说明郝家沟是近源堆积，而芦草沟的沉积物经过长距离的搬运，也显示物源从西南方向而来，而西部井区物源开始变为由东向西供应沉积物。

综上可见，头屯河组沉积期西南方向很有可能是稳定的沉积物来源，而且不太可能有沉积物经过芦草沟在工区沉积。东南方向的物源在中段表现得比较明显。

（六）重矿物类型分析

岩石中的矿物成分受烃源岩及构造环境两方面因素控制，不同的矿物之间具有不同的共生关系；反过来，重矿物组合也可以指示物源成分。不同类型的母岩其矿物组分不同，经风化破坏后会产生不同的重矿物组合，同一个重矿物可以来自不同的母岩，因此在推断母岩类型时，可以利用不同时期水平方向上重矿物组合的种类以及含量变化图（即饼状图）指示物源方向。

头屯河组下段董7井不稳定重矿物绿帘石的含量较高，说明离物源更近。而两个野外露头中重矿物的种类和含量高度相似，表明受同一物源控制，而且稳定重矿物锆石、石榴子石、金红石的含量较多，说明南部和西南物源搬运距离有限，不可能在工区沉积。中段很明显地表明工区的东部和芦草沟的重矿物相似性较高，均含大量的绿帘石，说明此时东南部有可能存在较强物源，而工区的西部则差异较大，难以分析物源方向，可能受多物源影响。上段芦草沟与董7井及董701井的重矿物特征类似，说明东部井区与芦草沟沉积物可能来自同一物源。而西南部郝家沟锆石和石榴子石的含量很高，不可能向工区提供沉积物，说明此时是由西南物源和其他物源共同影响的。

重矿物饼状图的平面分布表明在下段沉积时，南部及西南部物源供给沉积物的能力有限，不能影响到工区。中段时东南物源较强控制着东部工区和芦草沟的沉积。到上段时东南物源减弱，沉积物受西南物源和其他物源共同影响。

（七）重矿物含量聚类分析

本次研究经过对比试验标准距离与简单欧式距离、最大（小）距离与重心距离等几种聚类方法，发现选取标准化之后的重心距离在应用中效果较好，采用分布聚类的方法进行研究。

头屯河组下段郝家沟和头屯河露头中重矿物组分最为相似，其次是和董1井、董101井、董7井较为相似，芦草沟野外露头与其他相似性较差。聚类的结果与地理位置有矛盾，难以分析物源方向（图3-39a）。中段董101井和董3井的重矿物特征最为相似，然后和芦草沟以及董6井、董1井、董8井相似程度依次增加；郝家沟、头屯河、董2井的重矿物特征相似性较差，但为一类。可见中段沉积时，仍然以南部和东南部的物源为主，但工区东北部同时受其他物源影响（图3-39b）。上段董7井和董701井最为相似，其次101井和董3井以及芦草沟的重矿物组分特征也与之有一定的相似性。郝家沟、头屯河露头较为相似，但是相似性不高。可见相比于西南部的头屯河和郝家沟露头，井区的重矿物与芦草沟更为相似，说明西南物源提供沉积物的可能性较大（图3-39c）。

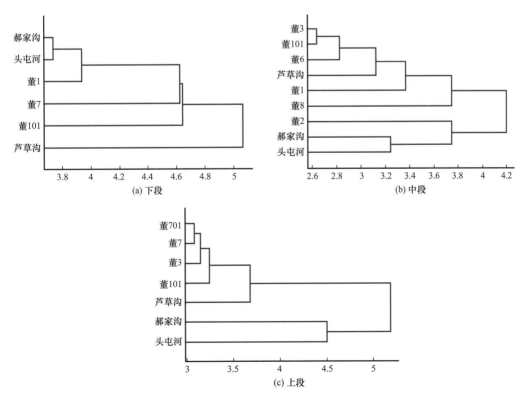

图3-39 头屯河组各段重矿物组分聚类分析谱系图

头屯河组和博格达北缘是方世虎2006年的测量数据

综上可见，下段郝家沟与头屯河的重矿物含量高度相似，同受南部物源影响。井区和芦草沟没有明显规律。中上段均表明南部和西南物源是主要的沉积物来源，但是在东南部同时受其他物源影响。

（八）与邻区前人研究成果对比

郝家沟露头、董3井、董2井以及阜东斜坡的东北部为 ZTR 指数（锆石、电气石、金红石稳定重矿物在透明重矿物碎屑中所占的比例）高值区，属于经过长距离搬运的较深水沉积区，说明头屯河组中段沉积期沉积物主要来源于中部和南部天山地区（图 3-40a）；董3井、董8井、董7井、董6井及芦草沟露头重矿物类型构成以绿帘石为主，与南部天山山脉和博格达地区以绿帘石为主的变质岩物源区特征相同，说明中段沉积期沉积物来源于中部和南部天山地区（图 3-40b）；董7井与博格达地区变质岩物源区相同的高绿帘石含量特征也说明中段沉积期物源主要为南部天山山脉（图 3-40c）。

综合以上井区与野外露头重矿物百分含量及饼状图对比分析、重矿物的聚类分析以及与前人邻区研究结果对比，表明头屯河组下段主要是南部物源供应，但没有在工区的北部沉积。到中段时期东南部的物源增强，几乎控制了全工区范围的沉积。上段时期东南物源的沉积物供给范围变小，中4区块同时存在东北和南部两个物源区。

五、头屯河组物源展布特征

对于勘探早期无井或稀井区的研究，利用少量的井资料或者地震资料无法直接对物源进行准确的定位。本文在前人研究成果基础上，综合应用了地震相分析、井孔岩性分析及井孔与野外露头重矿物分析方法对中4区块侏罗系头屯河组物源方向进行了判识，并结合沉积相分析得到头屯河组各段物源方向及展布特征。

头屯河组下段自西向东和自南东向北西方向上发育地震前积相，自西南向东北以及自南向北方向上砂地比减小，沉积物粒度自西向东逐渐变细，沉积相由南向北由三角洲前缘亚相向前三角洲亚相及滨浅湖相过渡（图 3-41a），以上地震相及井孔岩性变化证据均指示下段沉积期工区存在东南部、西南部及南部物源。井孔及野外重矿物特征分析也表明下段沉积期以南部物源为主，但影响范围较局限。

头屯河组中段在自西向东和自南东向北西方向上同样发育地震前积相，自南向北砂地比减小，自西向东沉积物粒度变细，在该段沉积期水体面积缩小，工区由南东向北西方向由三角洲平原亚相过渡为三角洲前缘亚相（图 3-41b），说明头屯河组中段沉积期工区存在东南部及南部物源。井孔及野外重矿物特征也显示中段与博格达地区变质岩物源区呈现相似的重矿物组成，主力物源为南部及东南部物源。

头屯河组上段自南西向北东方向发育地震前积相，由西南向东北及由南向北方向砂地比减小，沉积物粒度由西向东变细，该区东南部及西北部存在向工区内推进的三角洲（图 3-41c），表明上段沉积期工区物源主要为西南部、南部及东南部物源，且物源方向发生了变化，东北部物源开始对工区产生影响。

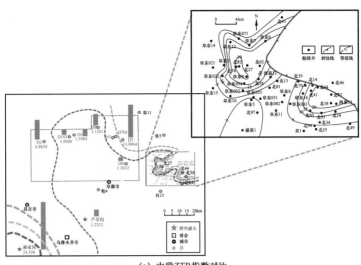

(a) 中段ZTR指数对比

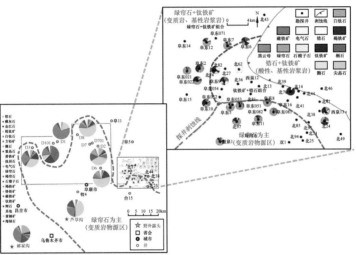

(b) 中段重矿物类型对比

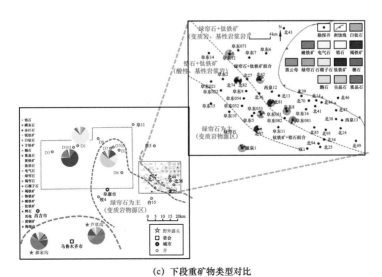

(c) 下段重矿物类型对比

图 3–40　头屯河组重矿物特征与邻区前人研究成果对比图

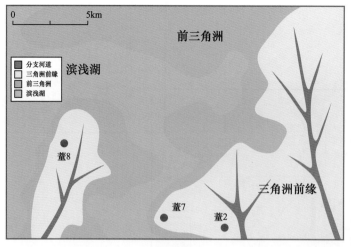

(a) 下段

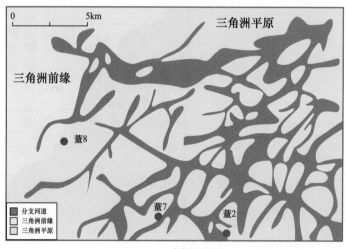

(b) 中段

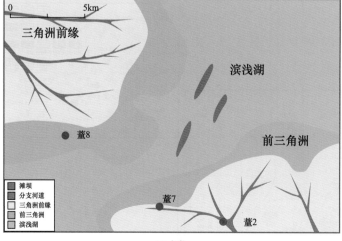

(c) 上段

图 3-41 准噶尔盆地腹部四区块头屯河组各段沉积相分布图

第六节 盆地沉积物源地震预测的勘探意义

一、物源地震预测是盆地勘探早期建立沉积物源研究格架最直接有效的手段之一

相比于沉积学、岩石学、重矿物和元素地球化学等物源预测方法，利用地震手段进行预测尤其独特的优势。一方面，沉积盆地中油藏厚度通常几米到几十米不等，而平面上分布面积较大，甚至可延绵十数千米，地震资料的垂向和横向分辨率相当，这使得油藏在横向上更容易被识别和发现；另一方面，前人基于详实的岩石学和电测特征等资料对不同的地震相进行了解释，并基本达成了一致，使得地震相组合可以在勘探初期对物源体系产生最初的判断和建立研究格架，为下一步滚动勘探阶段打好基础。

因此，地震预测是在勘探初期建立沉积物源研究格架最直接有效的手段之一。

二、钻探已部分证实斜向物源是低勘探地区和老油区再挖潜的有利方向

现今断陷盆地勘探大多进入高勘探阶段，勘探目的层向深部层系转移。本次研究的三个典型工区的钻探成果揭示了陡坡带的大型斜向扇三角洲均为有利含油储层。

南堡凹陷柳赞地区、东营凹陷北带东段和车镇凹陷北带中段作为成熟区块，油气储层丰富。截至 2008 年 8 月底，柳赞油田已探明石油地质储量 $4209 \times 10^4 t$，已开发动用地质储量 $3193.13 \times 10^4 t$、可采储量 $858 \times 10^4 t$。前人对柳赞地区沙河街组物源方向以及沉积相类型认识较为单一，认为柳赞地区沙三段整体仅发育北东向物源形成的短轴扇三角洲。依据现有研究认为，沙三³亚段沉积时期发育北西—南东向大型扇三角洲，现有井主要分布于扇三角洲前端，已证实油藏发育（图 3-42a），扇体主体有待进一步勘探，潜力巨大。

车镇凹陷北带勘探面积约 $600km^2$，截至 2009 年完钻探井 81 口，钻遇油层或获工业气流井 31 井，控制储量 $1765 \times 10^4 t$，预测储量 $5715 \times 10^4 t$，其中车 57 块沙三下亚段控制含油面积 $6.8km^2$，储量 $657 \times 10^4 t$；车古 25 块沙三下亚段预测含油面积 $38.2km^2$，储量 $3015 \times 10^4 t$。前人的研究认为研究区发育南北向近岸水下扇，依据本次研究认识，已发现油藏主要发现于扇体北侧（图 3-42b），扇体中部及南侧有待进一步探究，潜力巨大。

东营凹陷北带陡坡带砂砾岩体，自 20 世纪 90 年末以来获得重大突破，其中盐 22—永 920 块探明储量 $4167 \times 10^4 t$。前人的研究认为研究区发育南北向近岸水下扇，所以由北向南部署井位。本次研究认为，研究区永 920 块油藏均发育于断陷湖盆陡坡带早期斜向物源形成的扇三角洲，如图 3-42c 所示，扇体南侧尚未开采，有待进一步的部署。

现有勘探成果揭示了断陷湖盆早期斜向扇三角洲作为优势相带，储量巨大，也直接表明地震预测手段在低勘探程度区域下一步靶区和老油区再挖潜中行之有效。

三、对断陷湖盆陡坡带深层成藏条件的启示

断陷湖盆陡坡带具有近油源、储集相丰富和保存条件好等成藏优势[100-109]。

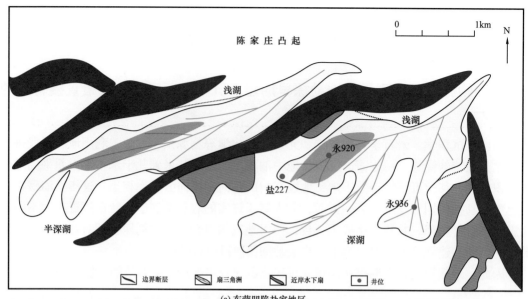

(a) 东营凹陷盐家地区

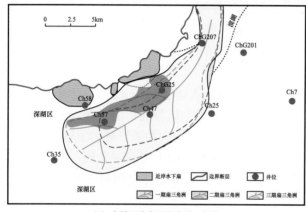

(b) 车镇凹陷车西洼陷西—中段

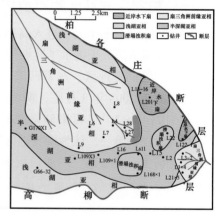

(c) 柳赞地区

图 3-42　中国东部三个典型断陷湖盆陡坡带沉积相分布图

（红色区域为油藏发育位置）

　　一是洼槽陡坡带圈闭油气优先充注，洼槽陡坡带是断陷湖盆主力生烃区，最先达到生烃门限生成油气。陡坡带发育岩性圈闭，岩性圈闭形成时期早，又与烃源岩直接接触，油气可直接运移至岩性圈闭中，不需要构造圈闭或地层圈闭那种需构造运动的作用使得油气经过初次和二次的垂向和侧向运移至圈闭中，相比之下，岩性圈闭充注时间更长。

　　二是断陷湖盆陡坡带储集相类型丰富。依据地震预测手段，指出存在多个物源方向在空间上形成不同的物源体系控制着沉积物向湖盆的注入过程，并在陡坡带中沉降形成粗粒沉积物，由于受控于坡度、古地貌和古水深等多种因素，形成扇三角洲、近岸水下扇和湖底扇等不同类型的沉积相，扇体规模大，厚度大，砂体沉降位置集中，初始孔隙度大多较大，可作为油气储集体。

　　三是陡坡带具有良好的保存条件。构造油气藏形成中的构造活动与油气运移的时空耦合关系是决定是否成藏的关键所在，许多构造油气藏经后期的构造活动破坏，油气发育逸散。相比之下，断陷湖盆陡坡带成藏受构造影响较小，构造活动引起的整体沉降、抬升或掀斜并未破坏油气藏，具有较好的保存条件。

　　断陷湖盆早期发育大型斜向粗粒沉积扇体与短轴方向形成的小型近岸扇共同组成了早期沉积格局，由于长短轴扇体发育的位置距离较近，所以会出现两个扇体相接或相邻两种情况（图 3-43a）。陡坡带勘探往往由北向南部署井位，边界以泥岩为界，即井打到泥岩就停止进一步向南勘探。若两个扇体相接的情况下，已发现油藏发育于近岸水下扇扇中—扇端的位置以及扇三角洲，这种情况易造成已发现油藏全部被定义为近岸水下扇。但在实际的勘探过程中，在勘探过程中经常存在另外一种现象，即同时期泥岩边界在往洼槽带方向还存在油藏。两种油藏之间以泥岩分隔带分开（图 3-43b），这种现象可以用两个扇体相邻但不接触来解释。但由于现有认识往往认为扇体垂直于边界断层展布，使得位于泥岩边界前方的扇体主体得不到关注，已发现油藏也仅仅为扇体靠近边界断层一侧，主体以及南侧部分往往被忽视，因此该类扇体仍处于尚未勘探阶段，具有巨大的勘探潜力。

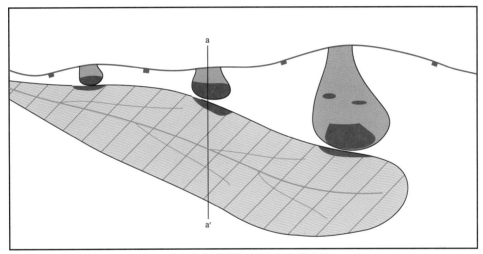

(a) 断陷湖盆早期斜向物源发育平面模式图

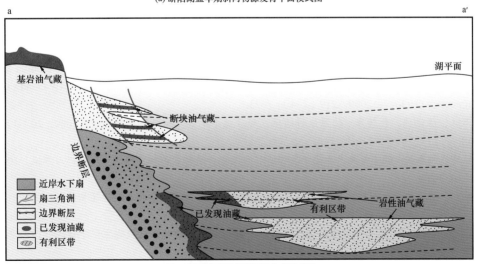

(b) aa'剖面油藏及有利区带分布模式图

图 3-43　断陷盆地陡坡带深层油气藏分布特征示意图

本章小结

　　沉积物源识别属于盆地分析的基础工作。但是，勘探实践过程告诉我们，沉积物源却是一件不断需要考虑的基础地质问题。在低勘探地区，由于井孔有限，加上露头区的限制，沉积物源的确定比较困难，需要利用地震资料并借助盆地沉积模式来确定物源方向。然而，到了中高勘探阶段，井孔比较多了，同样也会存在物源的认识问题。经常在某些区带的井孔信息中发现物源方向并不是非常清楚，物源的认识会有争议，再加上工作习惯，解释人员主要观测了主测线和联络测线，对于斜测线研究比较少，不太注意斜测线上的物源。本章提到的断陷陡坡带深层斜向扇三角洲的发现就是一个很好的例证，表明在成熟探区，沉积模式还有存在改进的空间，利用地震解释技术可以发现新物源，进而发现新的储集体类型，并指明新的勘探领域。

参 考 文 献

[1] Rodrigues J B, Pimentel M M, Dardenne M A, et al. Age, provenance and tectonic setting of the Canastra and Ibiá Groups (Brasília Belt, Brazil): Implications for the age of a Neoproterozoic glacial event in central Brazil [J]. Journal of South American Earth Sciences, 2010, 29 (2): 512–521.

[2] Bahlburg H, Vervoort J D, Dufrane S A. Plate tectonic significance of Middle Cambrian and Ordovician siliciclastic rocks of the Bavarian Facies, Armorican Terrane Assemblage, Germany—U–Pb and Hf isotope evidence from detrital zircons [J]. Gondwana Research, 2010, 17 (2): 223–235.

[3] Long X, Yuan C, Sun M, et al. Detrital zircon ages and Hf isotopes of the early Paleozoic flysch sequence in the Chinese Altai, NW China: New constrains on depositional age, provenance and tectonic evolution[J]. Tectonophysics, 2010, 480 (1–4): 213–231.

[4] Sun J, Zhu X. Temporal variations in Pb isotopes and trace element concentrations within Chinese eolian deposits during the past 8 Ma: Implications for provenance change [J]. Earth and Planetary Science Letters, 2010, 290 (3–4): 438–447.

[5] Xu D, Gu X, Li P, et al. Mesoproterozoic–Neoproterozoic transition: Geochemistry, provenance and tectonic setting of clastic sedimentary rocks on the SE margin of the Yangtze Block, South China [J]. Journal of Asian Earth Sciences, 2007, 29 (5): 637–650.

[6] Zimmermann U, Spalletti L A. Provenance of the Lower Paleozoic Balcarce Formation (Tandilia System, Buenos Aires Province, Argentina): Implications for paleogeographic reconstructions of SW Gondwana[J]. Sedimentary Geology, 2009, 219 (1–4): 7–23.

[7] 汪正江, 陈洪德, 张锦泉. 物源分析的研究与展望 [J]. 沉积与特提斯地质, 2000, 20 (4): 104–110.

[8] 李日俊, 孙龙德. 藏北查桑上三叠统复理石沉积大地构造背景的初步探讨 [J]. 岩石学报, 2000, 16 (3): 443–448.

[9] 李双应, 李任伟, 王道轩, 等. 大别山北缘凤凰台组砾石地球化学特征及源区构造环境 [J]. 沉积学报, 2005, 23 (3): 380–388.

[10] 杨江海, 杜远生, 朱杰. 甘肃省景泰正路下志留统复理石杂砂岩沉积地球化学特征 [J]. 地质科技情报, 2006, 25 (5): 27–31.

[11] 赵红格, 刘池洋. 物源分析方法及研究进展 [J]. 沉积学报, 2003, 21 (3): 409–415.

[12] 林畅松. 沉积盆地的构造地层分析: 以中国构造活动盆地研究为例 [J]. 现代地质, 2006, 20 (2):

185–194.

［13］王世虎，焦养泉，吴立群，等.鄂尔多斯盆地西北部延长组中下部古物源与沉积体空间配置［J］. 地球科学，2007，32（2）：201–208.

［14］王国灿.沉积物源区剥露历史分析的一种新途径：碎屑锆石和磷灰石裂变径迹热年代学［J］.地质 科技情报，2002，21（4）：35–40.

［15］胡修棉，王建刚，安慰，等.利用沉积记录精确约束印度—亚洲大陆碰撞时间与过程［J］. SCIENTIA SINICA Terrae，2017，47（3）：261–283.

［16］Ma Y, Fan M, Lu Y, et al. Middle Eocene paleohydrology of the Dongying Depression in eastern China from sedimentological and geochemical signatures of lacustrine mudstone［J］. Palaeogeography Palaeoclimatology Palaeoecology，2017，479：16–33.

［17］朱红涛，杨香华，周心怀，等.基于地震资料的陆相湖盆物源通道特征分析：以渤中凹陷西斜坡东 营组为例［J］.地球科学：中国地质大学学报，2013，38（1）：121–129.

［18］冯有良，徐秀生.同沉积构造坡折带对岩性油气藏富集带的控制作用：以渤海湾盆古近系为例 ［J］.石油勘探与开发，2006，33（1）：22–25.

［19］邹才能，吴因业.全国第七届油气层序地层学大会在大庆召开：陆相湖盆深水沉积砂体的沉积学与 层序地层学［J］.沉积学报，2012，30（5）：868–868.

［20］潘树新，陈彬滔，刘华清，等.陆相湖盆深水底流改造砂：沉积特征、成因及其非常规油气勘探意 义［J］.天然气地球科学，2014，25（10）：1577–1585.

［21］陈彬滔，潘树新，王天奇，等.松辽盆地齐家—古龙凹陷青山口组深水细粒沉积体系的微相类型及 其页岩油气勘探意义［J］.中南大学学报（自然科学版），2015（9）：3338–3345.

［22］鲜本忠，王震，马立驰，等.沉积区—剥蚀区古地貌一体化恢复及古水系研究：以渤海湾盆地辽东 东地区馆陶组为例［J］.地球科学：中国地质大学学报，2017（11）：1922–1935.

［23］张善文，袁静，隋凤贵，等.东营四陷北部沙河街组四段深部储层多重成岩环境及演化模式［J］. 地质科学，2008，43（3）：576–587.

［24］刘震，孙迪，李潍莲，等.沉积盆地地层孔隙动力学研究进展［J］.石油学报，2016，37（10）： 1193–1215.

［25］周健，林春明，张霞，等.江苏高邮凹陷古近系戴南组一段物源体系和沉积相［J］.古地理学报， 2011，13（2）：161–174.

［26］王香增，周进松.鄂尔多斯盆地东南部下二叠统山西组二段物体系及沉积演化模式［J］.天然气 工业，2017，37（11）：9–17.

［27］赵迎冬，张永超，王全利，等.南堡凹陷物源体系发育特征与优质储层形成［J］.地质科技情报， 2018（1）.

［28］薛云韬，罗顺社，雷传玲，等.泌阳凹陷南部陡坡带核二段物源及古水流研究［J］.长江大学学报 （自科版），2009，6（3）：14+174–176.

［29］胡宗全，朱筱敏，彭勇民.准噶尔盆地西北缘车排子地区侏罗系物源及古水流分析［J］.古地理学 报，2001，3（3）：49–54.

［30］姜在兴，邢焕清，李任伟，等.合肥盆地中—新生代物源及古水流体系研究［J］.现代地质，2005， 19（2）：247–252.

［31］邓宏文，郭建宇，王瑞菊，等.陆相断陷盆地的构造层序地层分析［J］.地学前缘，2008，15（2）： 1–7.

［32］Wandres A M, Bradshaw J D, Weaver S, et al. Provenance analysis using conglomerate clast lithologies : a case study from the Pahau terrane of New Zealand［J］. Sedimentary Geology，2004，167（1）： 57–89.

［33］Noda A, Takeuchi M, Adachi M. Provenance of the Murihiku Terrane, New Zealand : evidence from the Jurassic conglomerates and sandstones in Southland［J］. Sedimentary Geology，2004，164（3）：203–

222.

［34］任凤楼.合肥盆地中生界沉积物物源分析及构造意义［J］.地质科技情报，2008，27（2）：25-33.

［35］魏玉帅，王成善，李祥辉，等.藏南古近纪甲查拉组物源分析及其对印度—欧亚大陆碰撞启动时间的约束［J］.矿物岩石，2006，26（3）：46-55.

［36］Morton A C, Whitham A G, Fanning C M. Provenance of Late Cretaceous to Paleocene submarine fan sandstones in the Norwegian Sea: Integration of heavy mineral, mineral chemical and zircon age data［J］. Sedimentary Geology, 2005, 182（1-4）: 3-28.

［37］Li R, Li Z, Jiang M, et al. Compositions of Jurassic detrital garnets in Hefei Basin and its implication to provenance reconstruction and stratigraphic correlation［J］. Science China Earth Sciences, 2000, 43（s1）: 167-177.

［38］HE. Geochemical discriminations of sandstones from the Mohe Foreland basin, northeastern China: Tectonic setting and provenance［J］. Science in China, 2005, 48（5）: 613.

［39］Friis H, Poulsen M L K, Svendsen J B, et al. Discrimination of density flow deposits using elemental geochemistry—Implications for subtle provenance differentiation in a narrow submarine canyon, Palaeogene, Danish North Sea［J］. Marine & Petroleum Geology, 2007, 24（4）: 221-235.

［40］Yan Y, Xia B, Lin G, et al. Geochemistry of the sedimentary rocks from the Nanxiong Basin, South China and implications for provenance, paleoenvironment and paleoclimate at the K/T boundary［J］. Sedimentary Geology, 2007, 197（1-2）: 127-140.

［41］Kasanzu C, Maboko M A H, Manya S. Geochemistry of fine-grained clastic sedimentary rocks of the Neoproterozoic Ikorongo Group, NE Tanzania: Implications for provenance and source rock weathering［J］. Precambrian Research, 2008, 164（3）: 201-213.

［42］Dostal J, Keppie J D. Geochemistry of low-grade clastic rocks in the Acatlán Complex of southern Mexico: Evidence for local provenance in felsic-intermediate igneous rocks［J］. Sedimentary Geology, 2009, 222（3-4）: 241-253.

［43］徐亚军，杜远生，杨江海.沉积物物源分析研究进展［J］.地质科技情报，2007，26（3）：26-32.

［44］Hou L, Wang J, Kuang L, et al. Provenance sediments and its exploration significance: A case from Member 1 of Qingshuihe Formation of Lower Cretaceous in Junggar Basin［J］. Earth Science Frontiers, 2009, 16（6）: 337-348.

［45］李昌，曹全斌，寿建峰，等.自然伽马曲线分形维数在沉积物物源分析中的应用：以柴达木盆地七个泉—狮北地区下干柴沟组下段为例［J］.天然气地球科学，2009，20（1）：148-152.

［46］李军，王贵文.高分辨率倾角测井在砂岩储层中的应用［J］.测井技术，1995（5）：352-357.

［47］张万选.陆相地震地层学［M］.东营：石油大学出版社，1993.

［48］Thomas Hadlari. Seismic Stratigraphy and Depositional Facies Models［M］// Seismic stratigraphy and depositional facies models /.

［49］张云银，杨泽蓉，孙淑艳，等.临南洼陷三角洲地震岩相解释方法［J］.石油与天然气地质，2011，32（3）：404-410.

［50］聂鑫，彭学超，杜文波.南海北部陆架第四系边缘三角洲地震反射特征［J］.海洋地质前沿，2017（1）：19-26.

［51］李慧琼，蒲仁海，王大兴，等.鄂尔多斯盆地延长组地震前积反射的地质意义［J］.石油地球物理勘探，2014，49（5）：985-996.

［52］曾洪流，赵贤正，朱筱敏，等.隐性前积浅水曲流河三角洲地震沉积学特征：以渤海湾盆地冀中坳陷饶阳凹陷肃宁地区为例［J］.石油勘探与开发，2015，42（5）：566-576.

［53］王欣，朱筱敏，吴冬，等.苏丹Muglad盆地Nugara凹陷AG组层序地层及地震相研究［J］.高校地质学报，2016，22（3）：519-529.

［54］王冠民，李明鹏，印兴耀，等.基于高频地震层序厚度变化的三角洲亚相划分：以渤中1/2地区为

例［J］．石油地球物理勘探，2015，50（6）：1173-1178.

［55］曾清波，陈国俊，张功成，等．珠江口盆地深水区珠海组陆架边缘三角洲特征及其意义［J］．沉积学报，2015，33（3）：595-606.

［56］吕栋，戴胜群，李斐，等．断陷盆地前积地震相及其岩性地层油气藏发育规律：以彰武断陷九佛堂组为例［J］．断块油气田，2015，22（1）：16-20.

［57］周路，关旭，雷德文，等．莫东地区白垩系清水河组一段叠瓦状前积地震反射特征的地质意义［J］．石油地球物理勘探，2013，48（4）：625-633.

［58］陈宇航，刘震，姚根顺，等．一个深水区深层沉积相早期预测方法：以南海北部深水区D凹陷渐新统为例［J］．天然气地球科学，2015，26（11）：2122-2130.

［59］陈锋，朱筱敏，葛家旺，等．珠江口盆地陆丰南地区文昌组层序地层及沉积体系研究［J］．岩性油气藏，2016，28（4）：67-77.

［60］曾智伟，朱红涛，杨香华，等．珠江口盆地白云凹陷恩平组物源转换及沉积充填演化［J］．地球科学：中国地质大学学报，2017（11）：1936-1954.

［61］Davies R，Bell B R，Cartwright J A，et al. Three-dimensional seismic imaging of Paleogene dike-fed submarine volcanoes from the northeast Atlantic margin［J］. Geology，2002，30（3）：223-226.

［62］Nielsen L，Boldreel L O，Vindum J. GPR and marine seismic imaging of carbonate mound structures in Denmark and southwest Sweden：A case study of imaging structures at different scales［J］. Leading Edge，2003，22（9）：872-875.

［63］Freymartınez J，Hall B，Cartwright J，et al. Clastic Intrusion at the Base of Deep-water Sands：A Trap-forming Mechanism in the Eastern Mediterranean［J］. 2007.

［64］杨晓利，张自力，孙明，等．同沉积断层控砂模式：以南堡凹陷南部地区 Es₁ 段为例［J］．石油与天然气地质，2014，35（4）：526-533.

［65］董月霞，赵宗举，曹中宏，等．南堡凹陷奥陶系碳酸盐岩岩溶残丘圈闭勘探潜力及意义［J］．石油学报，2015，36（6）：653-663.

［66］谢玉洪，陈志宏，陈殿远．含气储层非均质性评价技术研究及其应用［J］．石油物探，2007，46（4）：353-358.

［67］穆立华，彭仕宓，尹志军，等．冀东柳赞油田古近系沙河街组层序地层及岩相古地理［J］．古地理学报，2003，5（3）：304-315.

［68］张锐，纪友亮，岳文珍，等．陡坡带扇三角洲高分辨率层序地层学：以柳赞油田北区沙三3亚段下部砂层组为例［J］．科学技术与工程，2012，12（15）：3587-3590.

［69］陈欢庆，朱筱敏，张功成，等．井震结合深水区物源分析：以琼东南盆地深水区古近系陵水组为例［J］．石油地球物理勘探，2010，45（4）：552-558.

［70］刘震．储层地震地层学［M］．北京：地质出版社，1997.

［71］陆基孟．地震勘探原理［M］．东营：石油大学出版社，2009.

［72］Bacon M，Simm R T．三维地震解释［M］．北京：石油工业出版社，2013.

［73］魏然，李红阳，于斌，等．沉积盆地物源体系分析方法及研究进展［J］．岩性油气藏，2013，25（3）：53-57.

［74］李存磊，张金亮，宋明水，等．基于沉积相反演的砂砾岩体沉积期次精细划分与对比：以东营凹陷盐家地区古近系沙四段上亚段为例［J］．地质学报，2011，85（6）：1008-1018.

［75］叶兴树，王伟锋，陈世悦，等．东营凹陷断裂活动特征及其对沉积的控制作用［J］．西安石油大学学报（自然科学版），2006，21（5）：29-33.

［76］张伟忠，查明，韩宏伟，等．东营凹陷边界断层活动性与沉积演化耦合关系的量化表征［J］．中国石油大学学报：自然科学版，2017，41（4）：18-26.

［77］宋明水，李存磊，张金亮．东营凹陷盐家地区砂砾岩体沉积期次精细划分与对比［J］．石油学报，2012，33（5）：781-789.

［78］路智勇.济阳坳陷东营凹陷陡坡带盐18地区重力流沉积特征与沉积模式［J］.天然气地球科学，2012，23（3）：420-429.

［79］鲜本忠，路智勇，佘源琦，等.东营凹陷陡坡带盐18—永921地区砂砾岩沉积与储层特征［J］.岩性油气藏，2014，26（4）：28-35.

［80］林畅松，夏庆龙，施和生，等.地貌演化、源—汇过程与盆地分析［J］.地学前缘，2015，22（1）：9-20.

［81］王志刚.东营凹陷北部陡坡构造岩相带油气成藏模式［J］.石油勘探与开发，2003，30（4）：10-12.

［82］王金铎，许淑梅，季建清，等.车镇凹陷北部陡坡带砂砾岩体识别与储层物性预测［J］.海洋地质与第四纪地质，2008，28（2）：93-98.

［83］王来斌，徐怀民，蔡忠东.车镇凹陷北部陡坡带油气成藏规律研究［J］.安徽理工大学学报（自科版），2005，25（4）：1-3.

［84］郭玉新，隋风贵，林会喜.车镇凹陷陡坡带深层砂砾岩体隐蔽油气藏成藏机理［C］//油气成藏机理与资源评价国际学术研讨会.2006.

［85］王蛟.车镇凹陷沙河街组层序地层与沉积特征研究［J］.新疆石油天然气，2007，3（1）：1-4.

［86］彭勇民，黄捍东，罗群.济阳坳陷车镇凹陷车66块沙三下段精细沉积相分析［J］.现代地质，2007，21（4）：705-711.

［87］鲜本忠，王永诗，周廷全，等.断陷湖盆陡坡带砂砾岩体分布规律及控制因素：以渤海湾盆地济阳坳陷车镇凹陷为例［J］.石油勘探与开发，2007，34（4）：429-436.

［88］郭雪娇.车镇凹陷北带古近系砂砾岩体沉积特征及其有效性研究［D］.青岛：中国石油大学，2011.

［89］彭勇民，宋传春，欧分军，等，由伟峰.准噶尔盆地腹部地区侏罗系沉积体系展布［J］.新疆地质，2008，3：265-269.

［90］鲍志东，刘凌，张冬玲，等.准噶尔盆地侏罗系沉积体系纲要［J］.沉积学报，2005，23（2）：194-202.

［91］张琴，张满郎，朱筱敏，等.准噶尔盆地阜东斜坡区侏罗纪物源分析［J］.新疆石油地质，1999（6）：501-504+546.

［92］常迈，韩军，刘震，等.准噶尔盆地阜东斜坡带石树沟群地震相分析及沉积体系预测［J］.西安石油大学学报（自然科学版），2006，20（6）：20-23+114.

［93］商琳.准东南部地区构造沉积体系研究［D］.青岛：中国石油大学，2011.

［94］苏真真，陈林，许涛，等.准噶尔盆地中部2、4区块侏罗系头屯河组物源体系研究［J］.石油地质与工程，2014，28（2）：9-11+145.

［95］张敏，修金磊，陈林，等.准噶尔盆地中部2、4区块侏罗系头屯河组物源体系及沉积演化特征［J］.石油天然气学报，2014，36（6）：45-50+4.

［96］马明珍.准噶尔盆地东部北三台地区林罗系地层的物源研究［J］.新疆石油学院学报，1995（00）：33-40.

［97］方世虎，郭召杰，贾承造，等.准噶尔盆地南缘中—新生界沉积物重矿物分析与盆山格局演化［J］.地质科学，2006，4：648-662.

［98］党胜国.准噶尔盆地南缘山前带构造—沉积演化与油气聚集关系［D］.西安：西北大学，2007.

［99］靳军，文华国，向宝力，等.准噶尔盆地东部阜东斜坡头屯河组物源分析［J］.岩性油气藏，2014，2：54-58+73.

［100］刘震，赵阳，杜金虎，等.陆相断陷盆地岩性油气藏形成与分布的"多元控油—主元成藏"特征［J］.地质科学，2006，41（4）：612-635.

［101］刘震，赵贤正，赵阳，等.陆相断陷盆地"多元控油—主元成藏"概念及其意义［J］.中国石油勘探，2006，11（5）：13-20.

［102］刘震，陈艳鹏，赵阳，等.陆相断陷盆地油气藏形成控制因素及分布规律概述［J］.岩性油气藏，2007，19（2）：121-127.

［103］赵贤正，金凤鸣，王权，等．陆相断陷盆地洼槽聚油理论及其应用：以渤海湾盆地冀中坳陷和二连盆地为例［J］．石油学报，2011，32（1）：18-24.

［104］刘震，赵政璋，赵阳，等．含油气盆地岩性油气藏的形成和分布特征［J］．石油学报，2006，27（1）：17-23.

［105］刘震，赵阳，梁全胜，等．隐蔽油气藏形成与富集［M］．北京：地质出版社，2007.

［106］赵贤正．陆相断陷洼槽聚油理论与勘探实践［M］．北京：科学出版社，2009.

［107］刘震，刘俊榜，高先志，等．二连盆地岩性油藏的幕式充注和相对早期成藏特征分析［J］．石油与天然气地质，2007，28（2）：240-249.

［108］赵贤正，金凤鸣，刘震，等．二连盆地地层岩性油藏"多元控砂—四元成藏—主元富集"与勘探实践（Ⅰ）："多元控砂"机理［J］．岩性油气藏，2007，19（2）：9-15.

［109］刘震，郝琦，赵贤正，等．内蒙古二连盆地岩性油气富集因素分析［J］．现代地质，2006，20（4）：613-620.

第四章　烃源岩分布地震预测

在地震地层学出现早期，烃源岩分布预测并不是地震资料解释的主要任务。这是因为地震地层学通过海平面变化研究沉积相组合关系，自然涉及储集相和储层，同时油气藏分布预测又是重要的勘探对象，使得早期地震地层学的主要研究目标放在了储层上而不是烃源岩上。

但是，随着地震地层学应用的不断推广，在促进了沉积相带科学合理的解释和预测的同时，也间接地推广了盆地烃源岩发育特征的分析预测。由于沉积盆地烃源岩参数主要来自钻孔源岩样品测试数据，盆地烃源岩分布认识受钻井数量和钻孔分布情况的制约，无井区烃源岩类型和厚度等参数长期以来是依据沉积环境间接推断的，准确度不够高。

1988 年张万选等发表了利用地震解释剖面进行 TTI 计算的有机质热成熟度估算方法，把过去只能在井孔中完成的 TTI 计算搬到地震剖面上，实现了无井区热演化程度的二维模拟。

1996 年刘震等首次提出了利用地震资料预测烃源岩热演化程度的方法。首先利用地震资料获取的泥岩孔隙度，并根据有机质热成熟度与泥岩孔隙度之间幂函数经验关系，再估算泥岩有机质热演化程度的新方法。

20 世纪 90 年代以来，随着层序地层学方法的应用，勘探家们意识到层序格架对盆地烃源岩发育有着重要的控制作用。首先，湖盆与海盆一样，湖扩期应该是烃源岩发育的主要阶段，因此在盆地中烃源岩的分布具有旋回性。另一方面，由于沉积环境的演化，不同时期的烃源岩性质也在发生变化，这就出现一个盆地中虽然可以发育多套烃源岩，但并不一定会发育多套优质烃源岩，往往好的烃源岩比较局限。结合盆地演化控制的热成熟度指标，盆内有效烃源岩的分布就会更加局限。

2003 年刘震等在研究二连盆地布日敦凹陷成藏条件时，首次把过去利用地震层速度计算砂岩百分比岩性参数的地震定量解释技术，用来计算无井凹陷的重点层段泥岩厚度分布，并根据泥岩厚度分布特征，确定无井凹陷的主力生油洼槽，为早期钻探提供评价依据。

随着油气勘探焦点迈入远离近海大陆架的深水环境，深水油气勘探开发已成为石油工业的前沿阵地。深水区以及陆上深层等已经成为我国油气勘探的新领域和新方向，但是油气勘探程度低、钻井稀少和烃源岩资料缺乏等导致前人对该类新领域的烃源岩评价研究甚少，严重制约着下一步的油气勘探。

实际上，在油气勘探的各个阶段均可以利用地震资料的层序地层学分析识别出烃源岩的发育层段。尤其针对陆上深层、海上深水区等缺乏钻井、样品资料的新区进行早期烃源岩预测更为有效。有机岩石学方法和有机地球化学方法必须依赖于岩样（岩心或岩屑），对于钻井稀少、取样分析资料缺乏的低勘探程度地区，仅仅靠几口钻井资料对全区的烃源岩进行常规评价是局限的，令人难以信服。而低勘探地区具有丰富的二维地震资料和少量探井资料，因此应用地球物理技术对低勘探领域进行烃源岩预测具有可行性。

从 2005 年开始，刘震等在研究我国南海北部深水区白云凹陷和琼东南盆地古近系烃源岩分布特征时期，提出了利用地震相模式方法预测少井和稀井深水区的源有机相分布，取得了一系列应用成果。

除了海上深水区油气勘探以外，在一些陆上勘探的新区，井孔很少，烃源岩发育情况非常不确定，勘探部署风险极高，如果能利用有限的二维地震进行烃源岩早期预测，就可以极大提高勘探成效。另外，在一些勘探程度较高的老盆地，其深部层系的勘探程度仍然比较低，深部油气系统中烃源岩生烃潜力往往争议比较大，假如利用地震资料确定了烃源岩的生烃潜力，对勘探部署决策是极大的技术支撑。

经过上述二十多年的积累，逐渐形成了一套利用多种地震资料在低勘探阶段预测盆地烃源岩条件的技术体系。该技术体系的核心包括五个方面：一是利用地层等时层序格架确定烃源岩的纵向层段；二是运用地震相分析方法确定烃源岩有机相分布范围；三是采用地震速度谱资料，利用地震层速度估算泥岩厚度分布；四是利用地震反演的泥岩孔隙度反推有机质热成熟度分布；五是综合上述四项预测结果圈定有利生源洼陷范围，并计算生烃量和资源量。

第一节　利用层序格架确定烃源岩发育层位

层序地层学的作用首先表现在地层划分、建立地层分布模式和提高沉积相分布的预测能力三个方面。层序地层学通过建立沉积盆地的年代层序地层格架，研究岩相古地理和沉积环境，以此为基础，分析了沉积盆地生、储、盖组合和分布特征。但就目前优先服务于生产而言，其主要是预测潜在含油气的储集体，烃源岩研究相对薄弱。不过近些年来，层序地层格架下烃源岩分布预测已成为科技研究者关注的热点之一[1-16]。

在海相层序中，凝缩段沉积速率较慢、厚度较薄和分布广泛，但有机质丰度较高，发育在相对海平面上升到最大并开始缓慢下降时期[17-24]。凝缩段一般对应最大海泛面附近的地层，当有多套凝缩段组成一个规模较大的凝缩段，可以成为盆地或凹陷主要烃源岩[25-28]。另外，一大批国内外专家学者对烃源岩的发育层段进行了深入的研究。研究结果表明，沉积旋回决定了烃源岩发育的多层序性，相控特性决定烃源岩分布的多体系域性。生烃能力最强的烃源岩出自水进体系域的密集段（凝缩段），其有机碳丰度明显高于低位体系域和高位体系域[29-34]。

在陆相层序中，由于沉积环境有限，因此沉降速率、气候、物源供给等单一因素能够直接制约着陆相盆地烃源岩的发育情况[35-41]。低位体系域时期由于湖水较浅，保存条件差，不利于形成烃源岩，而整个湖侵体系域以及靠近相对海平面附近的高位体系域底部地层对应的凝缩段可以发育生烃源岩[42-48]。

海陆过渡沉积时期，具有陆源和海源双重母质输入的条件，不仅发育相对海平面上升到最大并开始缓慢下降时期对应的凝缩段；同时，湿热的古气候条件有利于陆生高等植物的生长，是潮坪、扇三角洲、海岸平原沼泽及冲积扇等聚煤沉积环境发育的最好时期，可以形成很好的煤质烃源岩[49-53]。与陆相沉积相比，具有横向稳定性好和分布规模大等特征；与海相沉积相比，具有烃源岩类型丰富、纵向发育位置多和有机质丰度高等特征[53-60]。李增学等[61, 62]对琼东南盆地崖城组煤系地层聚煤特点进行了深入研究，指出崖城组沉积早期以辫状河三角洲和冲积扇平原聚煤特点为主；崖城组沉积中、晚期以潮坪—潟湖相平原沼泽聚煤特点，其中潟湖相和三角洲平原相更有利于形成煤系烃源岩。

一、琼东南盆地相对海平面变化与烃源岩发育关系

（一）烃源岩古气候条件分析

在沉积岩中，潮湿的气候更有利于 Ni、Mn、Co、Fe 和 Ni 等元素的富集；干燥的气候容易蒸发水分，增强了水体中的碱性，Na、Mg、Sr、Ca、Ba 和 K 等元素析出沉底，因此沉积岩中的这些元素含量明显增加。为了分析沉积时期的气候条件，利用这两组元素含量的比值差异性可以计算气候指数：

$$C=w（Fe+Mn+Cr+Ni+V+Co）/w（Ca+Mg+Sr+Ba+K+Na）$$

图 4-1 是根据样品分析得出的"C"值在琼东南盆地深水区诸凹陷不同时期上表现的气候变化特征。从沉积时期上看崖城组沉积时期比陵水组沉积期的气候环境要潮湿，更有利于形成煤系烃源岩。

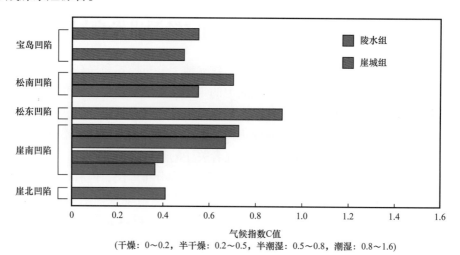

气候指数C值
（干燥：0～0.2，半干燥：0.2～0.5，半潮湿：0.5～0.8，潮湿：0.8～1.6）

图 4-1　琼东南盆地深水区不同凹陷渐新世各期的气候特征

可容纳空间变化对聚煤有着重要的控制作用，即可容纳空间增长速率与泥炭堆积速率的相对平衡状态决定着煤层或煤系烃源岩的厚度。而相对海平面变化通过对可容纳空间变化的影响，直接控制着煤系地层或煤系烃源岩的发育。其中，相对海平面上升速率过慢造成可容纳空间增长也随之变慢，泥炭难以堆积，而过快的上升速率将造成泥炭沼泽覆水过深；只有相对海平面上升速率适当，才能堆积速率的平衡关系，从而使得泥炭持续稳定堆积，形成煤层或煤系烃源岩（图 4-2）。

（二）相对海平面变化与烃源岩发育关系

在海相层序中，沉积凝缩段沉积速率较慢，厚度较薄，分布广泛但有机质丰度较高，

发育在相对海平面上升到最大并开始缓慢下降时期。凝缩段一般对应最大海泛面附近的地层，即海侵体系域晚期至高位体系域早期沉积时的泥质烃源岩。

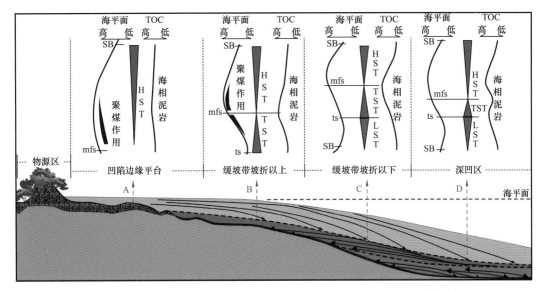

图 4-2　煤系烃源岩与海相烃源岩有机质含量随相对海平面变化规律模式图

在海陆过渡沉积时期，具有陆源和海源双重母质输入的条件，不仅发育相对海平面上升到最大并开始缓慢下降时期对应的凝缩段；同时，湿热的古气候条件有利于陆生高等植物的生长，尤其在海侵体系域和高位体系域沉积期最有利于潮坪、扇三角洲、海岸平原沼泽及冲积扇等聚煤沉积环境的发育，可以形成很好的煤系烃源岩。与陆相沉积相比，具有横向稳定性好和分布规模大等特征；与海相沉积相比，具有烃源岩类型丰富、纵向发育位置多和有机质丰度高等特征。

二、烃源岩纵向发育特征

琼东南盆地南部深水区断陷期沉积了从陆相向浅水环境演化的完整序列，因而断陷期烃源岩的形成和演化既受幕式裂陷作用控制，又受区域海平面变化的影响。

琼东南盆地深水区古近纪—新近纪（30Ma）海侵沉积期以来，呈现出持续性的海平面上升趋势，表现为滨岸向陆退却、盆地沉积范围扩大的特点。古近系陵水组（SQ2）和崖城组（SQ1）沉积时期各经历了1次比较大的海侵时期，最大海泛面附近沉积的凝缩段有机质最为丰富，可以发育有利的泥质烃源岩，即高位体系域底部和海侵体系域顶部的泥质烃源岩（图 4-3）。

此外，在崖城组（SQ1）内部各个沉积时期均分布有煤层，经过统计发现，煤层或煤系烃源岩在高位体系域和低位体系域具有煤层个数多、单层厚度小的特点；海侵体系域煤层或煤系烃源岩数量少，但单层厚度相对较大。总体上，崖城组（SQ1）沉积时期主要表现为海岸平原、扇三角洲相沉积分布范围大，滨浅海沉积环境较小的特点，其中，海岸平原沼泽和扇三角洲平原沼泽可以发育有利的煤系烃源岩。同时煤系烃源岩主要集中于层序内部的海侵体系域和高位体系域当中。

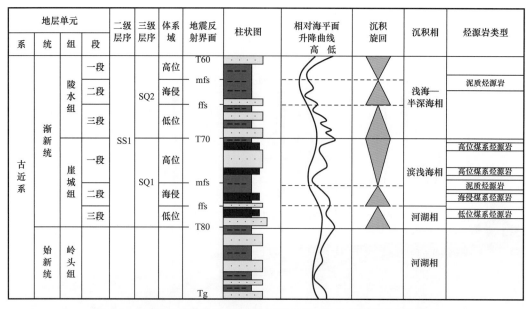

地层单元				二级层序	三级层序	体系域	地震反射界面	柱状图	相对海平面升降曲线 高 低	沉积旋回	沉积相	烃源岩类型
系	统	组	段									
古近系	渐新统	陵水组	一段	SS1	SQ2	高位	T60 mfs				浅海—半深海相	泥质烃源岩
			二段			海侵						
			三段			低位 ffs						
		崖城组	一段		SQ1	高位	T70				滨浅海相	高位煤系烃源岩
												高位煤系烃源岩
							mfs					泥质烃源岩
			二段			海侵						海侵煤系烃源岩
			三段			低位 ffs					河湖相	低位煤系烃源岩
							T80					
	始新统	岭头组									河湖相	
							Tg					

图 4-3 琼东南盆地深水区古近系相对海平面变化与烃源岩分布关系

第二节 利用地震相预测有机相分布

有机相是 20 世纪 90 年代后期从沉积岩石学、有机地球化学等诸多学科发展而来，用以评价研究区有机质类型和丰度的地层学概念[63]。Jones 和 Demaison[64] 通过有机质丰度、生源类型等参数建立了 A—D 多个有机相类型。我国学者在有机相研究方面也进行了积极的探索，主要利用沉积环境、地球化学以及干酪根成因类型等多个方面建立了陆相烃源岩沉积有机相和海相碳酸盐岩烃源岩沉积有机相的识别方案[65-67]。其中，郝芳等[68] 提出了根据干酪根类型划分有机相的分类方法，并首次提出有机亚相判别母质类型的不同，此方案可以精细评价烃源岩的质量，能够更加有效地进行油气资源评价。显然根据高勘探工区已建立的有机相方案外推到低勘探工区，可以评价其有效烃源岩的时空分布。

有机相研究包括有机质类型及其来源环境的研究。沉积有机质的数量和类型与原始沉积环境有关，最终保存下来的有机质取决于环境的氧化还原程度。因此，可以说有机相的研究将沉积、生物相和地球化学结合了起来，能够更好地反映有机质的空间分布及成因联系。并且，有机相研究的基础资料可以源自多种学科的研究成果。这就使得有机相研究在资料较少的情况下也可以进行有机相研究。

沉积有机相的划分是建立在能够反映有机质形成与热演化过程的各项识别标志的基础上，沉积有机质是形成条件相似且具有相同有机质特征的地层单元，因此，沉积有机相可用于油气源岩的评价。

在中、高勘探地区利用大量的露头、钻测井和取心资料统计这些参数，结合有机相分析，可以更加直观地了解烃源岩质量及其分布情况。但是在勘探初期甚至尚无钻井的新区严重缺乏样品，利用少量井孔资料无法了解全区烃源岩的有机质类型和丰度的分布，同时利用地震资料提取的属性或者反演的波阻抗均难以直观了解烃源岩有机相分布。

针对这些问题，本节将在层序地层格架分析的基础上，首先划分烃源岩有机相类型，引入研究工区，通过沉积相这个过渡环节，运用地震相—沉积相—有机相的技术路线进行凹陷的烃源岩有机相预测。此种方法不仅弥补了工区内仅依靠数量稀少的有机地球化学资料统计结果开展油气资源评价的不足，另外还可以更为有效地预测评价三维空间中烃源岩的质量和分布情况。

一、利用地震相预测沉积相基本方法

地震相是利用定义的多个参数针对目标体进行刻画，使得地质学家能够间接预测地震单元所代表的沉积物特性、孔隙特征和所含流体特征[69]。地震相参数主要包括物理地震学参数和几何地震学参数。在进行地震相识别时，一般遵循以下准则：（1）能量匹配原则，即只有那些能量相当的反射参数才能组合在一起，如杂乱发射代表了一种能量相对较高的沉积环境，而强连续强振幅反射结构一般代表了相对低能、上下岩性波阻抗差值较大的沉积环境，因此两者不能进行组合一起来表达某一个地震相单元；（2）以岩心相为准，在钻井较少或缺少钻井资料地区，只能通过与已知探井岩心资料相结合进行对比，从而确定地震相代表的沉积相类型；（3）沉积体系匹配原则，地震相向对应的沉积相转化完后，在平面上沉积相展布及组合规律应符合沉积体系展布规律，即必须是成因上有联系的沉积相才能在平面上共生组合；（4）沉积演化史匹配原则，在纵向地层剖面中，地震相转化沉积相后的组合也应符合沃尔索相律。

（一）典型地震相识别

进行地震相分析研究的关键就是建立工区骨架地震相，寻找易于识别、反射特征清晰的典型地震相。建立完骨架地震相后，再对一般地震相进行识别，从而确定地震相平面分布特征。一般沉积盆地的典型地震相主要有前积相、丘状相、透镜状相、充填相、杂乱相、强振幅席状相和弱振幅相（空白相）等类型。通过对长昌凹陷和GH凹陷渐新统地震相的识别，认为两个凹陷主要存在以下地震相。

1. 前积相

根据不同的沉积水动力机制背景，前积地震相又可以分为斜交前积相、S形前积相、叠瓦状前积和帚状前积地震相。在琼东南盆地深水区长昌凹陷和GH凹陷识别出的前积相主要表现为斜交形和帚状特征（图4-4）。

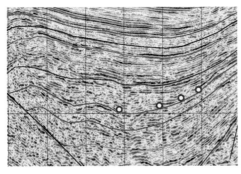
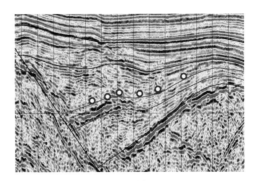

(a) 斜交前积　　　　　　　　(b) 帚状前积

图4-4　前积相地震剖面识别

斜交前积相主要表现沿下倾为下超接触，沿上倾为顶超接触。斜交前积无顶积层发育，前积体发育，而平行斜交相则底积层和顶积层均不发育。斜交前积地震相记录了相对高的沉积物供应速率和较稳定的相对海平面变化，使得后来发生了沉积过路作用或冲刷了上部地表地层，从而无顶积层发育。因此，斜交前积地震相的发育代表了高能的三角洲沉积环境，砂体相对较为发育。

在断陷凹陷中经常出现外形类似扫帚状的前积体。在地震剖面上，呈现上陡下缓的特点。形成帚状前积相与凹陷断裂活动相关，在构造沉降速率过快的情况下更易常见。

2. 充填相

充填相是在地势低洼处发生地层充填沉积产生的地震反射特征，内部反射结构有上超充填、丘形上超充填、发散充填、杂乱充填或前积充填。琼东南深水区陵水组和崖城组地层充填相以上超充填、丘形上超充填和前积充填三种类型最为发育（图4-5）。

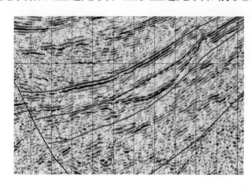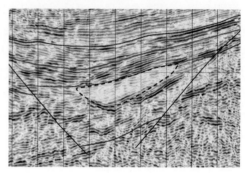

图 4-5　充填相地震剖面识别

3. 杂乱相

杂乱反射结构是不连续、不整一的反射模式，是一种无次序排列的反射界面。杂乱相代表了高能量的沉积环境或后期遭构造改造高度破碎状的地层，地层反射连续性差（图4-6）。杂乱相常发生在冲积扇、扇三角洲或近岸水下扇环境。

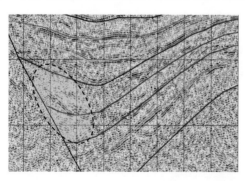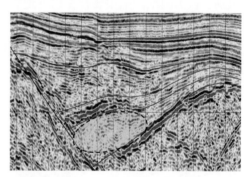

图 4-6　杂乱相地震剖面识别

4. 丘状相

丘状相的外形常常表现为底平顶凸的结构，其内部以平行亚平行的中到强连续性反射结构、杂乱反射结构或空白结构为特征。丘状相的发育是一种高能环境的产物，一般代表了快速卸载沉积作用的发生或反映古地貌的滩坝沉积体系。主要发育的沉积环境有盆地浊积扇、三角洲前缘滑塌体、礁体或与火山堆（图4-7）。

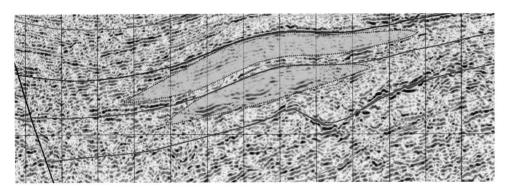

图 4-7　丘状相地震剖面识别

5. 透镜状相

透镜状相上凸下凹的外形单元是其最基本的特征。对于规模相对较大的透镜状相，其上凸面的两翼常常可见双向上超特征。透镜体内部一般以杂乱反射或亚平行弱连续反射结构为特征，中间同相轴多，向两侧逐步尖灭。长昌凹陷和 GH 凹陷透镜状地震相规模相对较小，零散地分布在凹陷周缘（图 4-8）。

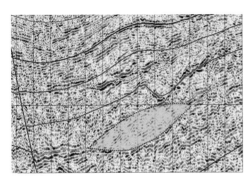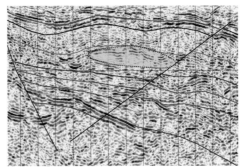

图 4-8　透镜状相地震剖面识别

6. 低频强振幅席状相

低频强振幅席状相以同相轴彼此平行或微有起伏为特征，沉积速率在横向上大体相等的均匀垂向加积作用（图 4-9）。一般发育在陆棚、深海盆地、深湖或浅湖、沼泽等相带。

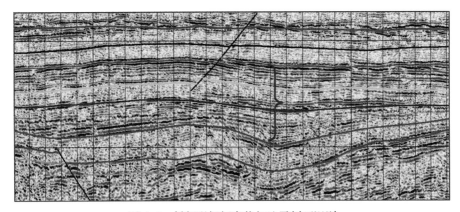

图 4-9　低频强振幅席状相地震剖面识别

7. 弱振幅相或空白相

弱振幅相或空白相是稳定能量的沉积环境。在这种情况下，一般地层均一程度较高，或为高度混乱或为均一性非常强的特征。振幅极低，几乎看不出同相轴的存在，它们的岩性差别不大，但都很均一，一般为巨厚的深湖（海）相泥岩。

（二）地震相组合模式

由于构造背景和沉积环境封闭性的差别，琼东南深水区可以划分为中小型断陷和大型开阔断陷两种类型。长昌凹陷和 GH 凹陷均具有大型开阔断陷的特点，根据两个凹陷渐新统陵水组和崖城组地层的地震相特征，建立了陡坡带、缓坡带和洼槽带 3 种典型地震相组合模式。

1. 陡坡带地震相组合模式

根据长昌和 GH 两个凹陷渐新统地层的陡坡带典型地震相组合模式，将大型开阔断陷陡坡带典型地震相组合模式划分为六种：断阶杂乱—强振—弱振幅相组合（图 4-10）、断阶亚平行—平行相组合、断阶帚状前积—杂乱—中振幅相组合、帚状前积—杂乱—中频中振相组合、杂乱—中频中振—帚状前积相组合和亚平行—平行相组合。大型开阔断陷典型特征是发育断阶，分为断阶有物源和断阶无物源。早、中、晚三期都有物源供给，仍发育无物源的亚平行—平行相组合。

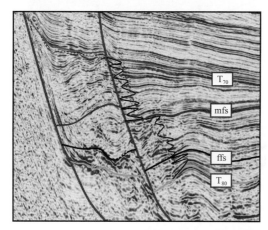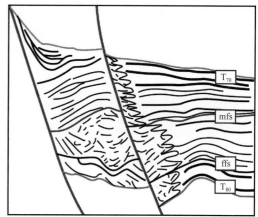

图 4-10　断阶杂乱—强振幅—弱振幅相组合地震剖面

2. 洼槽带地震相组合模式

根据长昌和 GH 两个大型凹陷，将渐新统的洼槽带地震相组合模式划分四种：弱振—强振—中振幅席状相组合、中振幅—弱振幅—前积相组合、充填—透镜—中强振幅相组合和前积—中振幅—前积相组合（图 4-11）。大型开阔断陷中央洼槽带宽缓开阔，发育席状相，相类型较丰富，发育充填相、透镜状相和前积相，洼槽带发育有前积相，由于缓坡带早、中、晚三期物源丰富，前积相延伸较远。

3. 缓坡带地震相组合模式

根据长昌和 GH 两个凹陷渐新统缓坡带典型地震相组合模式，将其划分为斜交前积—透镜体—充填相组合（图 4-12）、平行—亚平行相组合、帚状前积—中振幅—斜交前积相组合和杂乱—强振幅—透镜状相组合。缓坡带发育无物源的亚平行—平行相组合和透镜状相组合，典型特征是早、晚期物源供给丰富，发育前积相。

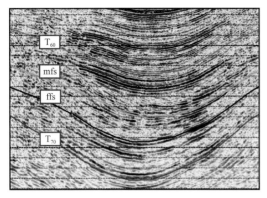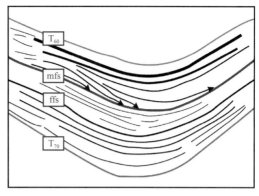

图 4-11　中振幅—弱振幅—前积相组合地震剖面

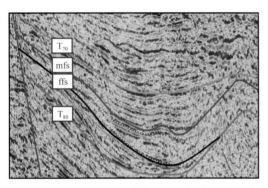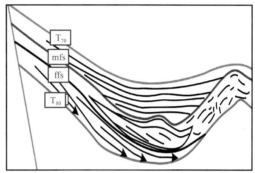

图 4-12　斜交前积—透镜体—充填相组合地震剖面

（三）地震相平面分布

地震相分析坚持能量匹配一致的基本规则，当沉积体相类似或相同时，它们所对应的地震反射外形和结构也必须类似或者相同，即高能环境匹配高能环境，低能环境匹配低能环境，不能交叉。目的层段地震相分布的预测对研究深水区沉积相预测、烃源岩分布评价和储层预测等石油地质条件分析具有重要意义。本次研究开展了长昌凹陷和 GH 凹陷陵水组和崖城组海侵体系域的地震相平面分布预测，前积相、充填相和平行反射在沉积过程中具有继承性的变化。

长昌凹陷陵水组海侵体系域北部发育亚平行中低频率、中弱振幅、中差连续相，向凹陷中心逐渐过渡为平行或亚平行、中频率、中振幅、好连续性相，局部发育有物源的杂乱相；洼槽中心以平行或亚平行、中频率、中强振幅、好连续性相为主，向南过渡为中频率、中振幅、好连续性相和中低频率、中弱振幅、中差连续相；南部发育有丘状相、杂乱相、前积相和上超充填相（图 4-13）。

长昌凹陷崖城组海侵体系域凹陷中心发育平行或亚平行、中低频率、中强振幅、好连续性相，呈条带状分布于东西长轴方向，向南北方向均过渡为亚平行、中频率、中弱振幅、中差连续性相，局部发育丘状相；凹陷北部边界断裂处发育有物源的杂乱相、前积相和上超充填相；凹陷南部缓坡带发育有物源的杂乱相、前积相以及低频率、中强振幅、中连续性相（图 4-14）。

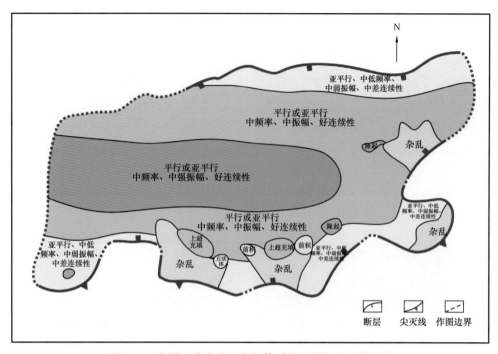

图 4-13　长昌凹陷陵水组海侵体系域地震相平面分布图

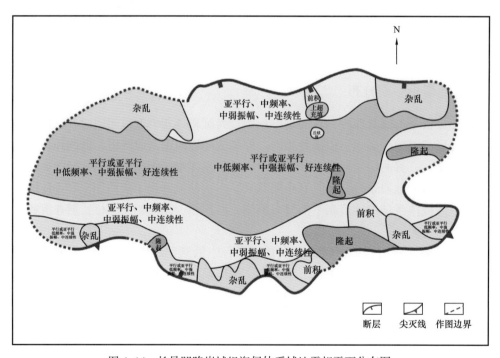

图 4-14　长昌凹陷崖城组海侵体系域地震相平面分布图

GH 凹陷陵水组海侵体系域北部陡坡带发育小范围有物源的杂乱前积相；洼槽带以中低频率、中强振幅、好连续相为主，内部夹丘状相；向南部缓坡带逐渐过渡为中频率、中振幅、好连续性相和中低频率、中弱振幅、中差连续性相，局部发育零星前积相和上超充填相（图 4-15）。

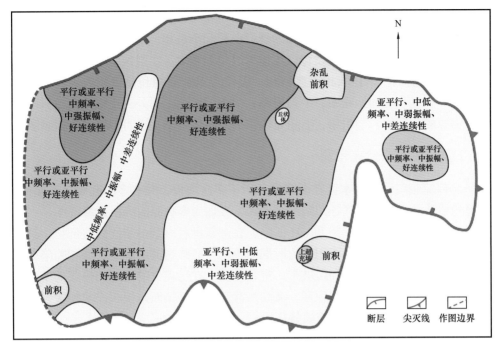

图 4-15　GH 凹陷陵水组海侵体系域地震相平面分布图

　　GH 凹陷崖城组海侵体系域主体发育中低频率、中强振幅、好连续性席状相，位于凹陷中北部大范围区域，向南部逐渐过渡为不规则条带状的中频率、中弱振幅、中连续性相。北部陡坡带发育小范围有物源的杂乱前积相，凹陷中北部隆起区向东一侧和东部发育有物源的杂乱前积相；南部缓坡带发育有物源的前积相或杂乱相，在南部边缘处同时发育着一定范围的低频率、中强振幅、中连续性相（图 4-16）。

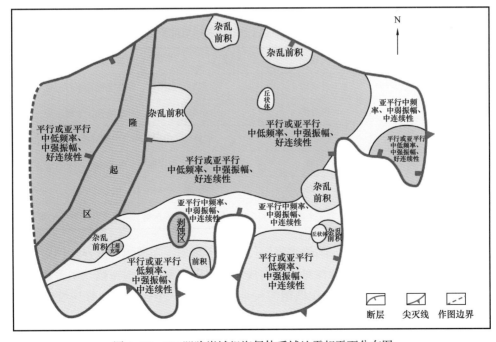

图 4-16　GH 凹陷崖城组海侵体系域地震相平面分布图

通过对上述两个大型凹陷海侵域地震相平面展布特征的总结，大型开阔断陷陵水组和崖城组在海侵体系域陡坡带发育有物源的楔形前积和杂乱相，发育无物源的中低频率、中弱振幅、中差连续性相，断阶较发育；洼槽带以中低频率、中强振幅、中连续性席状相为主，同时发育透镜状相、丘状相等典型相；缓坡带以杂乱相和前积相为主，物源供给充足，同时发育有丘状相和低频率、中强振幅、中连续性相。另外，崖城组过渡到陵水组沉积期，有物源的杂乱相、前积相、上超充填相范围明显缩小，说明物源供给相对贫乏。

（四）沉积相平面分布预测

南海北部琼东南盆地深水区在渐新世经历了多次海侵，具有多凸起和多凹陷的特点，陆相碎屑物质从隆起区扩散到各凹陷周缘地区，表现为多物源的沉积充填特点。

大型开阔断陷，如长昌凹陷和 GH 凹陷，在渐新世各时期的不同构造部位，具有各自独特的沉积特征。依据构造、沉积演化时期的不同（海陆过渡断陷期、海相断陷期）和构造带的不同（陡坡带、洼槽带和缓坡带）进行分类，在已建立的地震相模式的基础上，分别建立了南海北部深水区海相沉积期、海陆过渡期大型开阔断陷沉积充填模式，总结了海相断陷和海陆过渡期断陷的沉积充填特征。

1. 沉积相井震标定

受地震分辨率限制和地下岩体反射产生的地震相类型多样性，在地震相向沉积相转换时，存在一种地震相对应多种可能的沉积环境和某一特定的沉积环境对应多种类型地震相。另外，南海北部琼东南盆地各凹陷地震剖面受地震数据采集年份跨度大、野外采集环境复杂多变、地震资料品质不同和不同处理批次等的人为影响，地震相与沉积相对应关系之间的多解性更强。因此，在进行地震相向沉积相转换时，必须做沉积相井—震标定，从而总结建立地震相与沉积相对应关系模式（表 4-1）。在此基础上，分析出陵水组和崖城组各海侵期的沉积分布特征。

表 4-1　琼东南盆地深水区古近系地震相与沉积相对应关系

组	段	沉积相	地震相
陵水组	陵二段（海侵）	外浅海	中频率、强振幅、好连续性，平行—亚平行
		内浅海	中频率、中振幅、好连续性，平行—亚平行
		滨海	中频率、中弱振幅、中差连续性，亚平行
崖城组	崖二段（海侵）	浅海	中低频率、中强振幅、好连续性，平行—亚平行
		滨海	中频率、中弱振幅、中差连续性，亚平行
		海岸平原	低频率、中强振幅、中连续性，平行—亚平行

总体上，长昌凹陷和 GH 凹陷陵水组海侵期，中频率、强振幅、好连续性对应着外浅海相，中频率、中振幅、好连续性对应着内浅海相，中频率、中弱振幅、中差连续性对应着滨海相（图 4-17、图 4-18）；崖城组海侵期中低频率、中强振幅、好连续性对应着浅海相，中频率、中弱振幅、中差连续性对应着滨海相，低频率、中强振幅、中连续性对应着海岸平原沼泽相（图 4-19、图 4-20）。

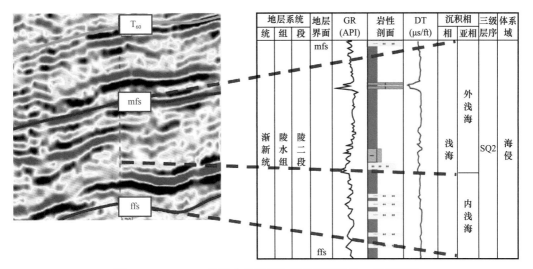

图 4-17 Well6-1 井陵水组海侵体系域沉积相井—震标定图

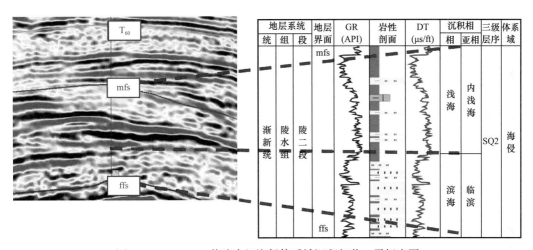

图 4-18 Well6-2 井陵水组海侵体系域沉积相井—震标定图

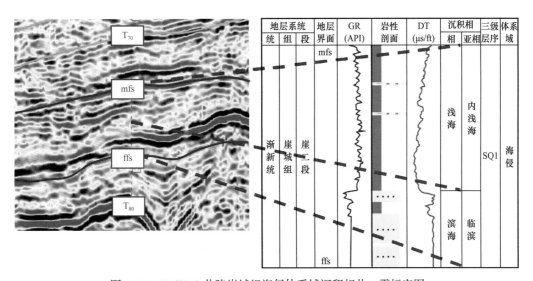

图 4-19 Well6-3 井陵崖城组海侵体系域沉积相井—震标定图

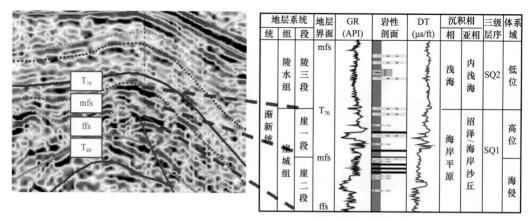

图 4-20　Well6-4 井陵崖城组海侵体系域沉积相井—震标定图

另外，同一批次采集和处理的地震测线，地震相与沉积相之间存在一定的对应关系，相邻地区或同一构造带地震相与沉积相对应模式相同或相似。在构造相对简单区域，地震相与沉积相的对应模式较为稳定；深水相带类型对应的地震相在横向上连续性好，易于识别与对比标定。因此，通过沉积相井—震标定，是可以对地震相向沉积相转化起到约束和标定作用的。

2. 沉积相平面分布

沉积相平面分布特征的传统研究是在从"点"（单井相分析）、"线"（联井沉积相对比）和"面"（各种基础平面图件）的核心方法之上，综合贯彻以局部扩展至宏观、地质结合地震的分析思路，开展沉积相分布的研究。但是受限于琼东南深水区钻井缺乏的情况，本书在已建立的地震相模式的基础上，结合井—震标定沉积相分析的结果，分别总结了海相断陷和海陆过渡期断陷的沉积充填特征。琼东南盆地北部深水区长昌凹陷、南部深水区 GH 凹陷渐新世陵水组、崖城组沉积时期，不仅在凹陷内部不同的构造单元上沉积类型和古地理环境变化大，而且凹陷外围地质构造背景复杂，物源来自不同方向，造成凹陷内部沉积体系类型多、沉积环境演化快、沉积特征复杂。

长昌凹陷陵水组海侵体系域沉积期，显示了沉积作用活跃区主要在凹陷南部和东部发育。扇三角洲沉积横向规模中等，向盆地方向延伸较近。滨海相带窄，浅海相分布广泛。该时期凹陷以主轴方向上物源供给为主，东西长轴方向上物源不太发育（图 4-21）。

长昌凹陷崖城组海侵体系域沉积期，沉积作用活跃区在凹陷北部陡坡带和南部缓坡带上普遍发育。与陵水组海侵体系域沉积期相比，扇三角洲沉积横向规模较大，向盆地方向延伸较远，说明该时期长昌凹陷南、北隆起区物源供给充分；各相带展布规模变化不尽相同，浅海相分布范围大面积减小，滨海相向凹陷中心方向展布范围增大。另外，在凹陷南部发育着一定范围的海岸平原沼泽相（图 4-22）。

GH 凹陷陵水组海侵体系域沉积期，断裂加剧导致海平面的相对持续上升，海岸线开始快速向陆后退，浅海相范围覆盖到最大，总沉积格局表现为被大范围分布的浅海相和滨海相覆盖。由于水体的快速上涨，使得物源供给速率小于可容纳空间增长速率，凹陷开始出现欠补偿状态，仅在凹陷北部陡坡带和南部缓坡带零星发育扇三角洲沉积（图 4-23）。

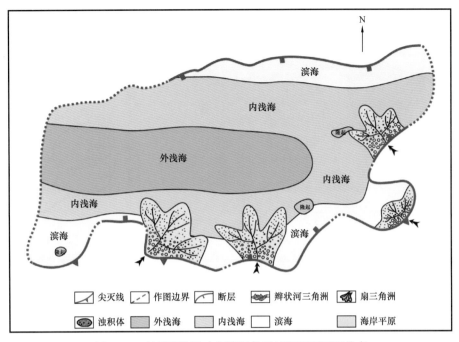

图 4-21　长昌凹陷陵水组海侵体系域沉积相平面分布

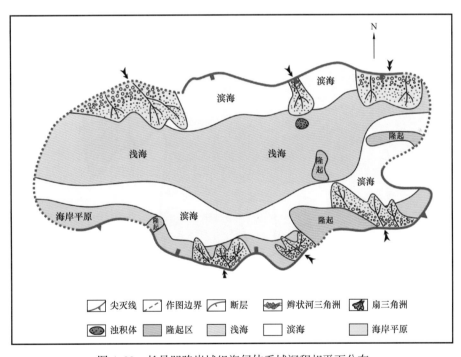

图 4-22　长昌凹陷崖城组海侵体系域沉积相平面分布

GH 凹陷崖城组海侵体系域沉积期，沉积范围较低位体系域沉积期扩大，多物源充填特征仍有体现，南部斜坡带仍分布广泛的海岸平原沼泽相。由于海水的侵入，更加偏向海相沉积体系，小型的扇三角洲发育，岸线向陆后退，凹陷边缘沉积不断扩大，陆源碎屑物质相对高位体系域和低位体系域供给少（图 4-24）。

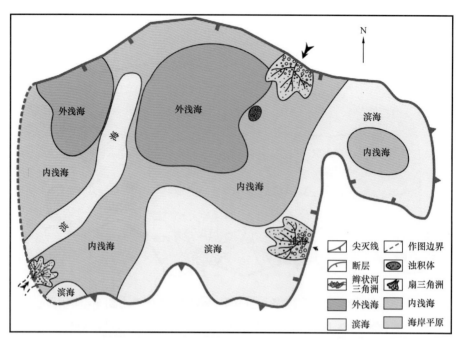

图 4-23　GH 凹陷陵水组海侵体系域沉积相平面分布

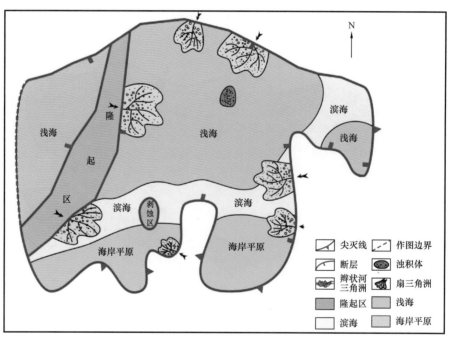

图 4-24　GH 凹陷崖城组海侵体系域沉积相平面分布

　　通过上述对长昌凹陷和 GH 凹陷陵水组和崖城组海侵期沉积特点的分析，认为具有以下相同特点：（1）陵水组海相断陷海侵期沉积相类型主要有浅海相、滨海相和扇三角洲相，其中，浅海相和滨海相分布范围较大，扇三角洲受物源供给较少的影响，仅零星发育在凹陷的短轴方向上；（2）崖城组海陆过渡断陷海侵期主要有海岸平原相、扇三角洲相、浅海相和滨海相 4 种沉积相类型，凹陷主体被浅海相沉积覆盖，滨海相和海岸平原沼泽相带分布较窄，此时期物源供给仍较为充分，凹陷南北短轴方向上发育着中等规模的扇三角洲；（3）由于海水的侵入，陵水组海侵期较崖城组海侵期，海相沉积范围扩大，但是受物源供给的较少，扇三角洲仅零星发育，另外，崖城组海侵期气候湿润，凹陷缓坡带发育着一定范围的海岸平原沼泽相，而陵水组海侵期气候干燥，不发育海岸平原沼泽相。

3. 沉积相分布模式

通过对上述长昌凹陷和 GH 凹陷两个大型开阔海相断陷、海陆过渡相断陷在各自海侵期沉积特点的认识，并且结合相对应的低位体系域与高位体系域的分析，分布建立了大型开阔海相断陷（陵水组）和海陆过渡相断陷（崖城组）沉积分布模式。在此基础上，对比了海陆过渡相断陷与陆相断陷沉积特点的差异性。

1）大型开阔海陆过渡相断陷

大型开阔断陷封闭性不强，相对更开阔，多物源充填特征明显。在低位体系域沉积时期，水体相对较浅，周边隆起有大量河流流入，以扇三角洲冲进凹陷为主。靠近物源区都有物源注入凹陷，缓坡带物源同样发育，以小型的辫状河三角洲发育为主，湖水逐渐过渡到海水沉积环境，相对比较安静，洼槽带范围不大（图 4-25）。

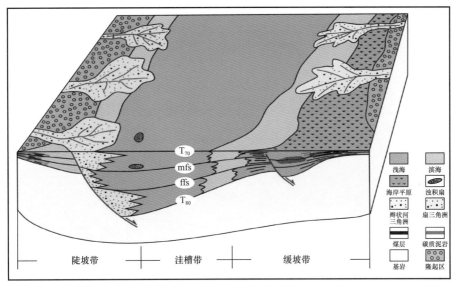

图 4-25 大型开阔海陆过渡相断陷沉积体系分布模式

海侵体系域沉积时期，滨岸线逐渐向陆退却，海相沉积范围扩大，小型扇三角洲在陡坡带一侧较为发育，多物源充填特征仍有体现，并且陆源碎屑物质相对高位体系域供给减少。

高位体系域沉积时期，相对海平面上升后期且海平面上升速率降低，由于滨岸线不断向凹陷中央推进，周边隆起物源大量直接注入，由于沉积物直接输入，总体呈补偿状态。高位体系域陡坡带和缓坡带分别发育大型的扇三角洲和辫状河三角洲沉积，存在大型继承性物源，水体中有扇三角洲前缘滑塌形成的浊积扇，多物源特征明显。

此外，海陆过渡相断陷沉积期气候湿润，低位体系域、海侵体系域和高位体系域在缓坡带都发育着大范围的海岸平原相，在陡坡带也均发育着扇三角洲平原沼泽相，地层中包含着不等厚的煤层和炭质泥岩。其中，高位体系域底部与海侵体系域顶部煤层和碳质泥岩分布最广。

2）大型开阔海相断陷

在陵水组沉积期，凹陷整体上被大范围的海相沉积覆盖。低位体系域沉积时期，四周的隆起向凹陷内进行物源供给，多物源沉积充填仍较为明显，但对比海陆过渡相断陷沉积时期，陆源碎屑物质供给较少，凹陷周缘发育小型的近岸水下扇、扇三角洲和辫状河三角洲。

海侵体系域沉积期，滨岸线逐渐向陆后退，海相沉积范围扩大，分布着大面积的浅海相和滨海相。陆源碎屑物质供给稀少，仅零星分布着小型的扇三角洲和辫状河三角洲。

高位体系域沉积时期，岸线不断向凹陷中央推进，周边隆起物源供给增多。由于沉积物直接输入，高位体系域陡坡带和缓坡带分别发育大型扇三角洲和辫状河三角洲，水体中有扇三角洲前缘滑塌形成的浊积扇，多物源特征明显。

总体上，海相断陷沉积期与海陆过渡相断陷沉积期相比，物源供给整体偏少，相对应扇三角洲和辫状河三角洲不太发育，但浅海相和滨海相沉积分布较为广泛。同时，海相断陷沉积期气候较为干燥，缓坡带不发育偏煤系地层的海岸平原相（图4-26）。

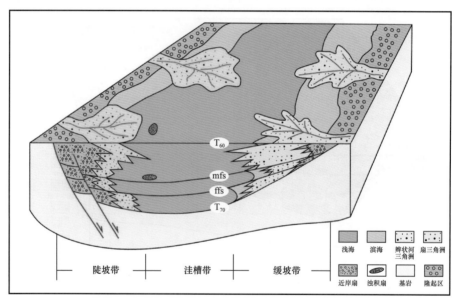

图4-26　大型开阔海相断陷沉积体系分布模式

3）陆相断陷沉积充填模式

琼东南盆地属拉张裂陷型盆地，具有断坳双层结构，经历了下部古近系陆相断陷沉积、中部海陆过渡相断陷沉积和上部新近系海相坳陷沉积。长昌凹陷和GH凹陷崖城组同样是由陆相环境过渡到海相环境的海陆过渡期沉积的地层。

Leeder[70]把陆相断陷盆地总结为具有内部水系的半地堑碎屑岩沉积模式和具有轴向水系的半地堑碎屑岩沉积模式，将掀斜半地堑的海相断陷分为沿岸海湾半地堑沉积模式和沿岸陆棚半地堑碳酸盐沉积模式（图4-27）。陆相断陷盆地沉积样式受控于湖平面变化、气候条件、陆生物源供给和构造沉降速率等多种因素的影响，由于断陷湖盆沉积范围一般较小，上述单一要素可以直接决定湖盆的沉积充填。陡坡带一侧发育控制湖盆的边界断裂，具有离物源近、可容纳空间大、构造活动强等特点。因此主要发育近岸扇、扇三角洲、冲积扇以及其他各种重力流沉积。缓坡带地形变化平缓，发育辫状河三角洲和曲流河三角洲[71]。

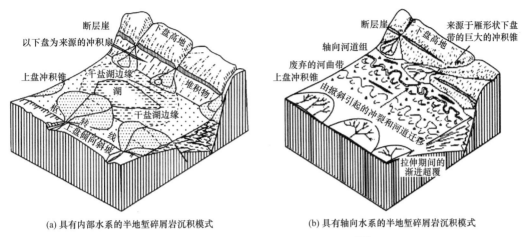

(a) 具有内部水系的半地堑碎屑岩沉积模式　　　　(b) 具有轴向水系的半地堑碎屑岩沉积模式

图 4-27　陆相断陷盆地沉积充填模式[70]

4）海陆过渡相断陷与陆相断陷沉积差异性

本次研究在已建立的大型海陆过渡相断陷沉积充填模式的基础上，总结了海陆过渡相断陷沉积充填的特征，与上述陆相断陷沉积分布特征对比发现，两者存在着以下差异性，主要体现在煤沼相发育程度不同和主要物源方向不同两个方面。

（1）煤沼相发育程度不同。

海陆过渡相断陷处于古湖消亡，大规模海侵开始阶段，普遍存在海陆过渡相沉积环境。煤层和碳质泥岩多发育在海岸平原沼泽和扇三角洲平原沼泽环境，海岸平原沼泽沉积环境是海陆过渡时期最有利于烃源岩形成的环境。此环境陆生高等植物生长茂盛，气候较为湿润，有利于含煤地层的发育，大型开阔海陆过渡相断陷的陡坡带和缓坡带煤沼相均较为发育（图 4-25）。

而我国典型的陆相断陷如东营凹陷沙三段、巴音都兰凹陷阿尔善组阿四段和高邮凹陷戴南组的沉积相分析中可知，陆相断陷的煤沼相不发育，这与本研究区发育的海陆过渡相断陷区别明显。

（2）主要物源方向不同。

海陆过渡相断陷表现出多物源充填的特点，周边隆起发育，但主要物源来自凹陷的短轴方向，构造格局呈现出箕状，陡坡带受断层控制，陡坡物源邻近物源区，坡陡流急，沉积中心位于或邻近盆地陡坡，物源快速堆积，以发育扇三角洲为主，陡坡带的扇三角洲多为边抬升边剥蚀，在附近快速堆积所成。断陷盆地缓坡构造作用简单、地形平缓，有物源供给，发育大型的辫状河三角洲，物源供给丰富，延伸远，整体表现为短轴物源丰富，与典型的陆相断陷相比，长轴方向物源相对不发育。如图 4-25 所示，海陆过渡相断陷的物源主要是短轴方向，陡坡带扇三角洲较发育，缓坡带发育大型的辫状河三角洲，与陆相断陷相比，长轴方向不是很发育。

典型的陆相断陷如东营凹陷，是济阳坳陷中油气资源最为丰富的含油气盆地，勘探重点层系沙河街组三段在东营凹陷长轴方向发育典型的三角洲前积地层。高邮凹陷沉积格局类似于我国东部中—新生代断陷盆地的沉积模式，其长轴方向发育大型的曲流河三角洲，构成主要物源。辽东湾地区西北方向的凌河—辽河水系在 SEs_4+SEk 层序沉积时持续发育，早期（沙河街组沉积期），盆—山距离较近，它们是短源河流，在凹陷内形成较小规模的扇三角洲沉积体系。晚期由于盆地沉降与物源区的不断剥蚀，它们成为长距离搬运的远源河流，在盆地内形成三角洲沉积体系，规模较大。

二、利用沉积相预测有机相

有机相主要是用来评价研究区有机质类型和丰度的地层学概念。有机相研究包括有机质类型及其来源环境的研究。有机相研究的基础资料可以源自多种学科的研究成果，这就使得在资料较少的琼东南盆地深水区也可以进行有机相研究。

（一）渐新统烃源岩地球化学特征

渐新统崖城组和陵水组烃源岩有机质类型以Ⅲ型干酪根为主，其次为Ⅱ$_2$型干酪根，崖城组还有少量样品为Ⅱ$_1$型干酪根[72]，可判断渐新统烃源岩其来源主要为陆生高等植物，以生气为主［图 4-28（a）］。

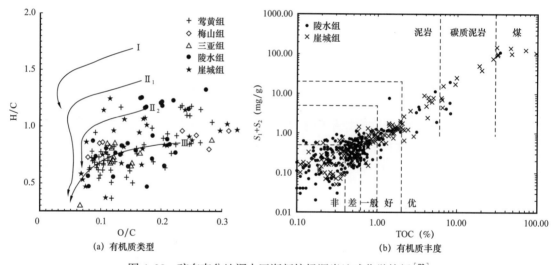

图 4-28　琼东南盆地深水区渐新统烃源岩地球化学特征[72]

渐新统烃源岩有机质丰度整体较高，生烃潜力大。由图 4-28（b）可以看出，崖城组煤层和碳质泥岩有机碳含量（TOC）高达 8.55%～95.9%，平均值达到 48.4%，生烃潜力巨大，评价为优质烃源岩；崖城组泥岩有机碳含量（TOC）较高，整体平均值接近 1%，但多数样品 TOC 值小于 1%，总体评价为一般到好的烃源岩。陵水组泥岩有机碳含量（TOC）较高，平均为 0.79%，与崖城组泥质烃源岩类似，多数样品 TOC 值小于 1%，总体评价为一般到好的烃源岩。

（二）有机相划分方案

总体上讲，琼东南盆地深水区渐新统崖城组煤系烃源岩有机碳含量最高，生烃潜力巨大，是本区最重要的生烃源岩。其次是渐新统陵水组和崖城组泥质烃源岩，有机碳含量较高，对本区也有重要贡献。值得注意的是，尽管渐新统泥质烃源岩有机质丰度较高，但非均质性比较强，明显受控于沉积环境的影响。

崖城组沉积时期气候条件湿热，陆生高等植物生长茂盛，主要分布于海岸平原相和扇三角洲平原相等低能弱氧化环境，不仅使得该沉积环境下煤系烃源岩广泛发育，有机质丰度较高，而且对于此沉积环境下形成的泥质烃源岩也有重要输入，有机质丰度同样偏高。距海岸线较近的滨海相沉积环境，陆生高等植物有机质来源同样丰富，有机质丰度本应较高，但是此沉积环境属于高能氧化环境，水体动荡，不利于有机质的保存，因此泥岩有机质丰度较低。与之相反，浅海相沉积环境属于低能还原环境，来源于陆生高等植物的有机质能够得以有效保存，并且部分海相藻类等低等生物有机质也有一定贡献，因此泥岩有机质丰度较高（图4-29）。

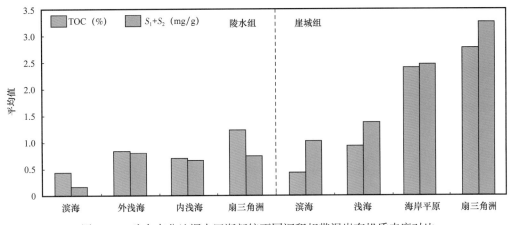

图4-29　琼东南盆地深水区渐新统不同沉积相带泥岩有机质丰度对比

陵水组沉积时期气候条件干燥，不利于陆生高等植物的生长，因此来自陆生高等植物的有机质输入有限，此时期发育的浅海相、滨海相和扇三角洲相泥岩有机质丰度低于崖城组沉积时期相同沉积环境。其中，扇三角洲沉积环境下发育的泥质烃源岩由于陆源输入有一定贡献，烃源岩有机质丰度较高；滨海环境下泥岩缺乏陆源输入，并且低等水生生物贡献稀少，有机质丰度较低；浅海环境下水动力作用弱，有机质保存条件优越，同时发育海相藻类等低等水生生物，有机质丰度较高。

综上所述，琼东南深水区在渐新统中不仅发育着煤系烃源岩（崖城组），同时还发育着泥质烃源岩（陵水组和崖城组）。由于非均质性较强，因此本次研究针对渐新统陵水组和崖城组分别建立了有机相划分方案。具体方法：综合利用琼东南盆地深水区已钻遇6口井地球化学分析检验报告和单井沉积相解释成果，参考前人对有机相的划分依据，从沉积环境、总有机碳含量、烃源岩母质类型、干酪根类型和对应的主要产物五个方面出发，对琼东南盆地深水区沉积有机相的类型进行了划分。由于陵水组浅海相沉积水体较深，分布范围较广，因此以120m水深为界，分为内浅海和外浅海沉积亚相，这两个亚相在陆源输入有机质、低等水生生物贡献有机质和有机质保存方面存在着一定的差异性。受此条件影响，崖城组共划分出A、B、C和D四类有机相（表4-2），而陵水组浅海相沉积水体较深，分布范围较广，因此共划分出A1、A2、B和C四类有机相（表4-3）。

表 4-2　琼东南盆地深水区崖城组有机相划分

有机相	A	B	C	D
沉积环境	浅海	滨海	扇三角洲	海岸平原
TOC（%）	0.56～2.84 0.94（18）	0.24～0.71 0.45（7）	0.87～6.39 2.78（8）	0.65～9.92 2.42（12）
母质类型	腐殖型—混合型	腐殖型—混合型	腐殖型—混合型	腐殖型—混合型
干酪根类型	Ⅱ₂—Ⅲ	Ⅱ₂—Ⅲ	Ⅱ₂—Ⅲ	Ⅱ₂—Ⅲ
主要产物	油、气混合	油、气混合	油、气混合	油、气混合

表 4-3　琼东南盆地深水区陵水组有机相划分

有机相	A1	A2	B	C
沉积环境	外浅海	内浅海	滨海	扇三角洲
TOC（%）	0.45～2.09 0.85（15）	0.32～1.15 0.7（12）	0.16～0.62 0.42（5）	0.66～2.35 1.23（6）
母质类型	混合型	腐殖型—混合型	腐殖型—混合型	腐殖型—混合型
干酪根类型	Ⅱ₂	Ⅱ₂—Ⅲ	Ⅱ₂—Ⅲ	Ⅱ₂—Ⅲ
主要产物	油、气混合	油、气混合	油、气混合	油、气混合

（三）有机相平面分布

长昌凹陷陵水组海侵体系域沉积时期，发育 A1、A2、B 和 C 四类有机相，分别对应外浅海、内浅海、滨海和扇三角洲沉积环境。此时期海水大面积覆盖凹陷，外浅海 A1 相和内浅海 A2 相分布范围几乎占据全区，整体发育海相烃源岩（图 4-30）。

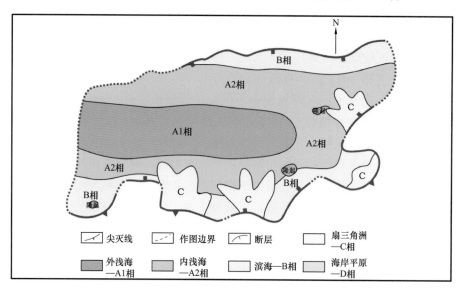

图 4-30　长昌凹陷陵水组海侵体系域有机相平面分布图

长昌凹陷崖城组海侵体系域沉积时期，陆相湖水被海水取代，但是浅海相水体较浅，另外，此时期植物生长茂盛，陆生高等植物输入有机质丰富，因此发育 A、B、C 和 D 四类有机相，分别对应浅海、滨海、扇三角洲和海岸平原沉积环境。其中洼槽带广泛分布的浅海 A 相沉积环境适合海相烃源岩的发育；陡坡带和缓坡带出现的扇三角洲和辫状河三角洲平原沼泽等 C 相环境下可以形成煤层，由于该时期属于断陷期，构造活动相对强烈，煤层具有层数多、单层薄和横向稳定性差的特点；南部缓坡带距岸较近的海岸平原 D 相沉积环境属于低能的弱还原、还原环境，有利于植物的生长，可以形成分布范围较广的含煤地层（图 4-31）。

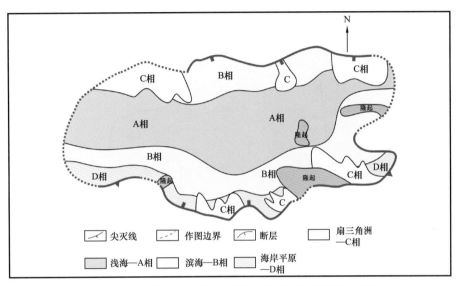

图 4-31　长昌凹陷崖城组海侵体系域有机相平面分布图

GH 凹陷陵水组海侵体系域沉积时期，与长昌凹陷类似，同样发育 A1、A2、B 和 C 四类有机相，分别对应外浅海、内浅海、滨海和扇三角洲沉积环境。凹陷大范围分布外浅海 A1 相和内浅海 A2 相沉积环境，海相烃源岩相对比较发育。另外，凹陷四周仅零星分布着小型扇三角洲 C 相，对本区烃源岩贡献微弱（图 4-32）。

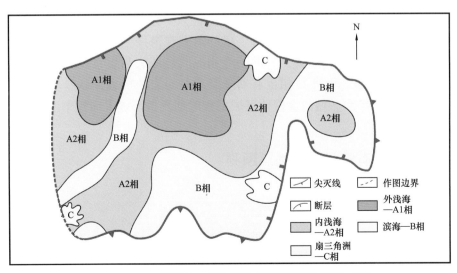

图 4-32　GH 凹陷陵水组海侵体系域有机相平面分布图

GH凹陷崖城组海侵体系域沉积时期，发育A、B、C和D四类有机相，分别对应浅海、滨海、扇三角洲和海岸平原沉积环境。凹陷北断南超的构造格局，使得凹陷北部陡坡带至洼槽带分布大范围的浅海A相，有利于发育海相烃源岩；洼槽带至南部缓坡带中间的过渡地带分布的滨海B相沉积环境，虽然来自缓坡带输入的陆生高等植物有机质较为丰富，但是该环境下的水体动荡，不利于有机质的保存，难以形成一定丰度的有效烃源岩；南部缓坡带上发育大面积的海岸平原D相沼泽沉积环境，可以形成分布范围较广的煤系地层，并且此处低能的弱还原、还原环境，有利于有机质的堆积和保存；凹陷周围分布的大型扇三角洲C相平原沼泽沉积环境也有助于煤系地层的分布（图4-33）。

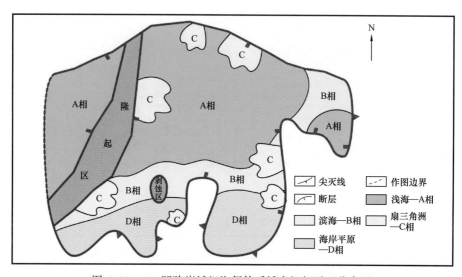

图4-33　GH凹陷崖城组海侵体系域有机相平面分布图

综上所述，长昌凹陷和GH凹陷陵水组海侵体系域沉积时期，由于海水的大范围覆盖，发育A1、A2、B和C四类有机相，分别对应外浅海、内浅海、滨海和扇三角洲沉积环境，其中外浅海A1相和内浅海A2相分布范围几乎占据全区，整体发育海相烃源岩；崖城组海侵体系域沉积时期，由于海水大量注入并且气候较为湿热，发育A、B、C和D四类有机相，分别对应浅海、滨海、扇三角洲和海岸平原沉积环境，其中浅海A相和海岸平原D相分布面积较大，有利于海相泥质烃源岩和煤系烃源岩的发育，另外四周物源供给形成的扇三角洲C相也有助于煤系烃源岩的形成。显然从两个凹陷有机相的分析看出，陵水组和崖城组海侵体系域沉积时期具备形成大面积丰度较高的优质烃源岩。

三、西江凹陷有机相分布地震预测

（一）有机相划分方案

由于恩平组煤系泥岩和文昌组湖相泥岩生油特征的差别，应采用不同的评价标准来对其进行评价，本次研究采用陆相烃源岩有机质丰度评价指标（表4-4）评价文昌组源岩的生烃能力和中国煤系泥岩生烃能力评价标准（表4-5）评价恩平组源岩的生烃能力。

表 4-4　陆相烃源岩有机质丰度评价指标分析表

有机质类型	地球化学指标	非烃源岩	烃源岩类型			
			差	中等	好	很好
腐泥型及腐殖—腐泥型（Ⅰ—Ⅱ₁）	TOC（%）	<0.4	0.4~0.6	0.6~1.0	1.0~2.0	>2.0
	S_1+S_2（mg/g）	<0.5	0.5~2.0	2.0~6.0	6.0~20.0	>20.0
	氯仿沥青"A"（%）	<0.01	0.01~0.05	0.05~0.10	0.10~0.20	>0.20
	HC（mg/L）	<100	100~200	200~500	500~1000	>1000
腐泥—腐殖型及腐殖型（Ⅱ₂—Ⅲ）	TOC（%）	<0.5		0.5~1.0	1.0~2.0	>2.0
	S_1+S_2（mg/g）	<1.0		1.0~2.5	2.5~6.0	>6.0
	氯仿沥青"A"（%）	<0.025		0.025~0.05	0.05~0.10	>0.10
	HC（mg/L）	<150		150~250	250~500	>500

表 4-5　中国煤系泥岩生烃能力评价指标分析表

油源岩类型及级别		评价指标			
		TOC（%）	S_1+S_2（mg/g）	氯仿沥青"A"（%）	总烃（%）
煤系泥岩	非	<0.75	<0.50	<0.15	<0.05
	差	0.75~1.50	0.50~2.00	0.15~0.30	0.50~0.12
	中	1.50~3.00	2.00~6.00	0.30~0.60	0.12~0.30
	好	3.00~6.00	6.00~20.00	0.60~1.20	0.30~0.70
	很好	>6.00	>20.00	>1.20	>0.70

1. 单井地球化学指标分析

1）有机质丰度

岩石中有足够的油气是形成油气的基础，是决定岩石生烃能力的主要因素。通常采用有机质丰度来代表岩石中所含有机质的相对含量，衡量和评价岩石的生烃潜力。有机碳含量（TOC）是常用的有机质丰度指标，指岩石中残留的有机质含量。对西江主洼及相邻凹陷的单井进行分析，得到文昌组及恩平组不同沉积相的有机质含量（表 4-6、表 4-7）。

通过对单井的有机碳含量进行分析，可以获知恩平组湖沼相和河漫亚相泥岩的 TOC 含量最大，其次为三角洲前缘亚相和平原亚相，有机碳含量最小的为滨浅湖相。文昌组中深湖相的 TOC 含量最大，平均值为 2.05%，生烃潜力最好。其次为（扇）三角洲前缘，平均值达到 1.72%，对应评价指标，级别为好。

表 4-6 西江凹陷单井恩平组总有机碳含量分析

组	沉积相	岩性	TOC（%）	样品数	典型井
恩平组	滨浅湖相	泥岩	1.5/（0.1～5.4）	86	XJ33-2-1A、HZ23-2-1、LF14-2-1
		煤	43.3/（25.6～74.6）	4	XJ33-2-1A、HZ23-2-1
	湖沼相	泥岩	2.4/（1.0～4.4）	22	EP18-3-1、XJ33-2-1A
		煤	51.8/（21.73～68.5）	5	EP18-3-1、XJ33-2-1A
	河漫亚相	泥岩	2.6/（0.1～8.0）	26	HZ08-1-1、XJ-G
		煤	55/（22～80.8）	3	XJ-G
	三角洲平原亚相	泥岩	1.69/（0.1～7.6）	124	HZ08-1-1、HZ-C、HZ-D 等
		煤	62.1/（20.4～77.9）	14	HZ08-1-1、HZ-C、EP12-1-1、XJ24-3-1
	三角洲前缘亚相	泥岩	2.02/（0.1～9.61）	58	HZ08-1-1、EP-B、XJ24-3-1A、XJ36-3-1
		煤	39.3/（8.41～60.7）	7	HZ08-1-1、EP18-3-1A、XJ24-3-1A

表 4-7 西江凹陷单井文昌组总有机碳含量分析表

组	沉积相	岩性	TOC（%）	样品数	典型井
文昌组	滨浅湖相	泥岩	0.87/（0.53～1.84）	53	HZ-C、HZ-D、EP-B、LF13-2-1、XJ-G 等
	中深湖相	泥岩	2.05/（0.09～7.3）	75	
	扇三角洲前缘亚相	泥岩	1.72/（0.15～6.27）	27	PY-G
	三角洲平原亚相	泥岩	1.37/（0.8～2.03）	5	XJ24-1-1

2）有机质类型

不同类型的有机质（干酪根）具有不同的生烃潜力，形成不同的产物。这种差异与有机质的化学组成和结构有关。由于干酪根的显微组分分析数据太少，可利用氢指数（HI）和 T_{max} 图版划分有机质类型，其优点在于同时掺进成熟度指标 T_{max} 对氢指数的影响因素。随着 T_{max} 值升高，各类有机质的氢指数沿着曲线轨迹逐渐变小。由于不同有机质的氢指数随着 T_{max} 的变化轨迹有明显差别，由此可以利用这些轨迹来划分有机质类型。

对西江主洼和相邻凹陷的单井进行分析，得到恩平组及文昌组不同沉积相的氢指数（HI）和 T_{max} 交会图（图 4-34、图 4-35）。对恩平组的有机质类型进行分析，知道恩平滨浅湖相的泥岩交会图的散点主要集中在 II_B 型、III 型区域内，判断其有机质类型以 II_B 型、III 型为主。湖沼相泥岩的有机质类型以 II_B 型为主。河漫相泥岩的有机质类型以 II_B、III 型为主。三角洲相的泥岩有机质类型以 II_B、III 型为主。

对文昌组的氢指数（HI）和 T_{max} 的交会散点数据进行分析，判断文昌组中深湖泥岩的有机质类型以 I、II_A 型为主。滨浅湖相的泥岩有机质类型以 III 型为主。扇三角洲相的泥岩有机质类型以 I 型为主。三角洲相平原的泥岩的有机质类型以 II_B 型为主。

西江主洼及邻洼的恩平组和文昌组的有机质类型分析见表 4-8。

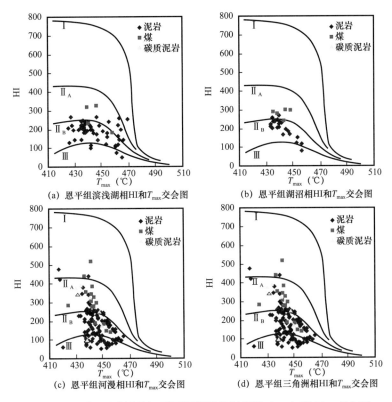

图 4-34　西江凹陷恩平组不同沉积相的氢指数（HI）和 T_{max} 交会图

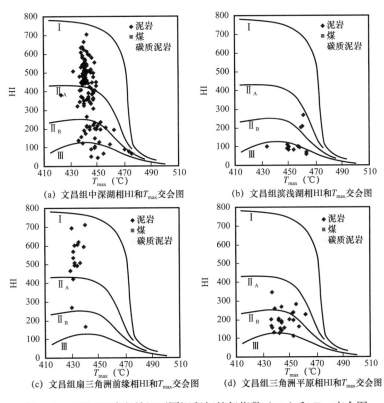

图 4-35　西江凹陷文昌组不同沉积相的氢指数（HI）和 T_{max} 交会图

表 4-8　西江凹陷恩平组和文昌组不同沉积相有机质类型特征

组	沉积相	主要有机质类型
恩平组	滨浅湖	泥岩以 II_B、III 型为主，煤以 II_A 型为主
	湖沼	泥岩以 II_B 型为主，煤以 II_A 型为主
	河漫	II_B、III 型
	三角洲平原	泥岩以 II_B、III 型为主，煤以 II_A 型为主
	三角洲前缘	泥岩以 II_B 型为主，煤以 $I-II_A$ 型为主
文昌组	中深湖	I、II_A 型
	滨浅湖	III 型
	三角洲平原	II_B 型
	扇三角洲前缘	$I-II_A$ 型

3）有机质成熟度

沉积岩中有机质的丰度和类型是生成油气的物质基础，但有机质只有达到一定的热演化程度才能开始大量生烃。勘探实践表明，只有在成熟生油岩分布地区才有较高的油气勘探成功率。所以生油岩的成熟度评价也是决定油气勘探成败的关键因素。

烃源岩中的干酪根热裂解生成油气时，首先是热稳定性最差的部分先降解，对余下部分的热降解就需要更高的温度，这样随着烃源岩成熟度的升高，热解烃峰 S_2 的峰顶温度 T_{max} 也增高，由此 T_{max} 值广泛用作判定烃源岩成熟度的指标。

对西江主洼和相邻凹陷的单井进行分析，得到文昌组及恩平组不同沉积相的 T_{max} 均值和范围（表 4-9），用于判断它们的演化程度。

表 4-9　西江凹陷恩平组和文昌组不同沉积相 T_{max} 值

组	沉积相	岩性	T_{max}	样品数
恩平组	滨浅湖	泥岩	444/（401～469）	50
		煤	446/（439～458）	4
	湖沼	泥岩	442/（433～456）	22
		煤	442/（435～448）	5
	河流	泥岩	445/（429～460）	38
		煤		7
	三角洲平原	泥岩	445/（417～463）	108
		煤	443/（424～455）	15
	三角洲前缘	泥岩	443/（420～465）	43
		煤	441/（436～445）	6
文昌组	滨浅湖	泥岩	454/（434～463）	14
	中深湖	泥岩	444/（399～475）	119
	三角洲前缘	泥岩	448/（437～462）	17

根据热解参数 T_{max} 对应的热演化阶段，T_{max} 值为 435～440℃时对应为低成熟阶段（对应 R_o 的范围是 0.5%～0.7%），T_{max} 值为 440～460℃时对应为成熟阶段（对应 R_o 的范围是 0.7%～1.3%）。认为西江主洼和相邻凹陷的文昌组和恩平组泥岩热演化阶段达到低成熟—成熟阶段。

西江主洼九口钻井中，单井 XJ33-2-1A 钻遇恩平组深度较大，其余钻井在凸起上未钻遇烃源岩层段或深度很小，因此对单井 XJ33-2-1A 进行分析。

单井 XJ33-2-1A 钻遇了恩平组的烃源岩，现对该井古近系地球化学指标进行分析（图 4-36）。XJ33-2-1A 井珠海组沉积环境为海陆过渡相的滨岸相和三角洲相，总有机碳含量和生烃潜力明显不如恩平组有机质。

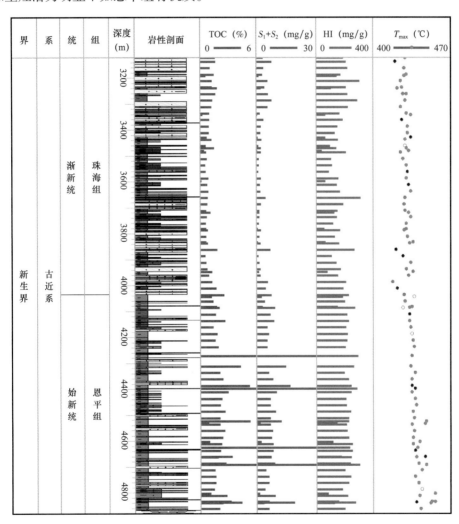

图 4-36 西江凹陷 XJ33-2-1A 井古近系地球化学柱状剖面图

XJ33-2-1A 井恩平组主要沉积环境为湖泊相。其地球化学指标为：泥岩有机碳含量均值为 4%～23%，泥岩生烃潜量（S_1+S_2）均值为 6.7mg/g，泥岩氢指数均值为 202.7mg/g，有机质类型主要为 II_B 型和 III 型。对应煤系泥岩的评价标准，烃源岩级别为中—好级别。

2. 有机相划分方案

由于珠江口盆地绝大部分井均位于隆起带和坳陷内构造高部位，并没有揭示坳陷内真正的烃源岩，因而所得结论带有片面性。只有对目前钻井所揭示的不同沉积相烃源岩进行仔细研究，结合地震相和层序地层学研究成果，才能真正认识西江主洼有机相。

综合利用珠一坳陷单井地球化学分析检验报告和单井沉积相解释成果，参考前人对有机相的划分依据，从沉积学特征、母源特征以及有机地球化学特征三方面出发，对珠一坳陷沉积有机相的类型进行了划分，分别建立了恩平组有机相划分方案（表4-10）和文昌组有机相划分方案（表4-11）。

表4-10　珠一坳陷恩平组有机相划分方案

有机相		A相	B相	C相	D相	E相
沉积学特征	沉积环境	湖沼相	（扇）三角洲前缘相	河漫、三角洲平原沼泽相	滨浅湖相	深湖—半深湖相
	Pr/Ph	—	2.0～2.5	2.0～4.5	4～4.5	1.0～2.0
	氧化还原性	—	弱还原	弱氧化	氧化	还原
	岩石类型	泥岩、煤	泥岩，煤	煤系泥岩、煤、碳质泥岩	煤系泥岩，煤	泥岩
母源特征	腐+壳（S+E%）	60～65	70～75	60～75	45～75	—
	镜+惰（V+I%）	35～40	25～30	25～40	25～55	—
有机地球化学特征	TOC（%）	2.4	2	1.86	1.5	—
	有机质类型	II_B型	II_B型	II_B—III型	II_B型	—
	HI（mg/g·TOC）	200	175	172	191	—
	氯仿沥青"A"	0.15	0.15	0.21	0.12	—
	S_1+S_2（mg/g）	7	4.3	4.2	5.6	—
	生油岩类型	好—中	中	中	中—差	不确定
	分布层位	恩平组	恩平组	恩平组	恩平组	恩平组

表4-11　珠一坳陷文昌组有机相划分方案

有机相		A相	B相	C相	D相
沉积学特征	沉积环境	深湖—半深湖相	（扇）三角洲前缘	三角洲平原	滨浅湖
	Pr/Ph	1.0～2.0	—	—	2.0～2.5
	氧化还原性	还原	—	—	弱还原
	岩石类型	泥岩	泥岩	泥岩	泥岩
母源特征	腐+壳（S+E%）	>80	80	74	40～70
	镜+惰（V+I%）	<20	20	26	30～60

有机相		A 相	B 相	C 相	D 相
有机地球化学特征	TOC（%）	2.05	1.6	1.9	0.87
	有机质类型	$I—II_A$ 型	$I—II_A$ 型	$II_B—III$ 型	$II_B—III$ 型
	HI（mg/g·TOC）	370	353	146	92
	氯仿沥青 "A"	0.17	—	—	—
	S_1+S_2（mg/g）	9.6	7.5	2.4	1.1
	生油岩类型	很好—好	好	好—中等	中等
	分布层位	文昌组	文昌组	文昌组	文昌组

（二）西江主洼机相平面分布预测

1. 恩四段有机相平面分布特征

西江主洼恩四段共发育三种有机相类型，有机相 B、D 和 E 相分别对应深湖—半深湖相、三角洲相和滨浅湖相。其中，有机相 D 对应过渡相烃源岩，有机相 B 和 E 则相对应湖相烃源岩。有机相 E 分布面积最大，占沉积面积的 80% 以上。

2. 恩三段有机相平面分布特征

西江主洼恩三段沉积期内发育 B、C、D 和 E 四种类型的有机相，对应的沉积环境分别为深湖—半深湖相、扇三角洲相、三角洲相和滨浅湖相。其中，有机相 C 和 D 对应过渡相烃源岩，有机相 B 和 E 则相对应湖相烃源岩。相比恩四段，增加了过渡环境的有机相 C。有机相 E 分布面积仍是最大，但是有机相 D 面积增加很多，在洼陷南部、长轴东西部都有分布（图 4-37）。

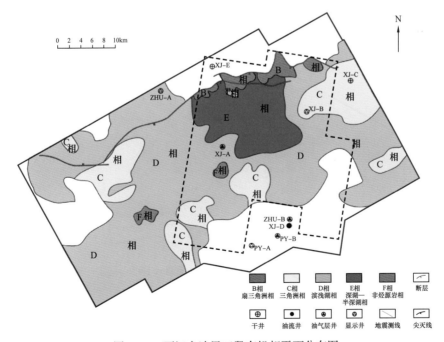

图 4-37 西江主洼恩三段有机相平面分布图

3.恩二段有机相平面分布特征

西江主洼恩二段沉积期内发育 B、C、D 和 E 四种类型的有机相，对应的沉积环境分别为深湖—半深湖、扇三角洲、三角洲和滨浅湖沉积环境。其中，有机相 C 和 D 对应过渡相烃源岩，有机相 B 和 E 则相对应湖相烃源岩。有机相 E 分布面积最大，过渡环境的有机相 C 分布面积最小，仅在陡坡断层的东北部分布。

4.恩一段有机相平面分布特征

西江主洼恩一段沉积期内也发育 B、C、D 和 E 四种类型的有机相，对应的沉积环境分别为深湖—半深湖、扇三角洲、三角洲和滨浅湖沉积环境。有机相 E 分布面积最大，过渡环境的有机相 C 分布面积最小，沿着北部断层呈条带状分布，有机相 D 在长轴西部和南部缓坡有分布。

5.文四段有机相平面分布特征

西江主洼文昌组沉积环境对应的是陆相湖相沉积环境，其烃源岩类型主要是暗色泥岩。在文四段沉积期发育 A、B、C 和 D 四种类型的有机相，对应的沉积环境分别为深湖—半深湖、扇三角洲、三角洲和滨浅湖沉积环境。其中，有机相 A 和 D 对应湖相烃源岩，有机相 B 和 C 则相对应过渡相烃源岩。有机相 A 和 D 分布面积较大，过渡环境的有机相 B 在陡坡断层的东北部连片分布，有机相 C 在洼陷长轴西部和南部缓坡分布。

6.文三段有机相平面分布特征

西江主洼在文四段沉积期发育 A、B、C 和 D 四种类型的有机相，对应的沉积环境分别为深湖—半深湖、扇三角洲（和近岸水下扇）、三角洲和滨浅湖沉积环境。其中，有机相 A 和 D 对应湖相烃源岩，有机相 B 和 C 则相对应过渡相烃源岩。在这一沉积时期，在北部陡坡带同时发育了近岸水下扇和扇三角洲沉积环境，有机相类型都归属于过渡环境的有机相 B。有机相 A 分布面积较大，水体较深，发育了很好—好类型的生油岩（图 4-38）。

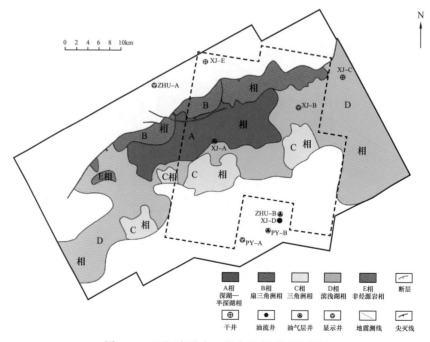

图 4-38　西江主洼文三段有机相平面分布图

7. 文二段有机相平面分布特征

西江主洼在文二段沉积期发育 A、B、C 和 D 四种类型的有机相，对应的沉积环境分别为深湖—半深湖、近岸水下扇、三角洲和滨浅湖沉积环境。其中，有机相 A 和 D 对应湖相烃源岩，有机相 B 和 C 则相对应过渡相烃源岩。在这一沉积时期，在北部陡坡带只发育了近岸水下扇，有机相类型属于过渡环境的有机相 B。有机相 A 分布面积较大，水体较深，发育了很好—好类型的生油岩。有机相 C 分布面积很小。只在长轴的东部小面积分布。

8. 文一段有机相平面分布特征

西江主洼在文一段沉积期发育 A、B、C 和 D 四种类型的有机相，对应的沉积环境分别为深湖—半深湖、近岸水下扇、三角洲和滨浅湖沉积环境。其中，有机相 A 和 D 对应湖相烃源岩，有机相 B 和 C 则相对应过渡相烃源岩。在这一沉积时期沉积面积较小，其中有机相 C 面积最小。

四、塔西南寒武系有机相分布地震预测

（一）工区概况

塔里木盆地是内陆盆地中中国面积最大的，同时也是世界最大的，处于新疆维吾尔自治区南部，大致在北纬 37°～42° 的暖温带范围内。塔里木盆地东西长 1400km，南北约 550km，面积 560000km²，地势西高东低，并向北稍微倾斜，东西向和北西向深大断裂控制盆地边界。中国最大的沙漠——塔克拉玛干沙漠发育在盆地中心，降水量小，气候变化大，地表条件相当艰难。

塔西南坳陷位于塔里木盆地西南地区，研究区范围包括的构造单元为：巴楚隆起、麦盖提斜坡、塘古孜巴斯坳陷和西南坳陷，面积接近 $20 \times 10^4 km^2$，其中西南坳陷和塘古孜巴斯坳陷面积约 $14 \times 10^4 km^2$，巴楚隆起面积约为 47500km²。塔西南地区已发现和田河气田、鸟山气藏、柯克亚凝析气田、阿克莫木油田、巴什托普油田、玉北油田，探明石油地质储量 $3237.02 \times 10^4 t$，探明石油地质储量 $1020.57 \times 10^8 m^3$，其中巴什托普探明石油 $238.5 \times 10^4 t$，和田河探明天然气储量 $620 \times 10^8 m^3$，鸟山气田天然气控制储量 $433 \times 10^8 m^3$。

麦盖提斜坡区内探井 31 口，发现工业油气流井 13 口，二维地震测线 476 条，共 30700km，三维地震覆盖面积 330km²，其为塔西南地区重要石油聚集区。前人分析认为巴楚隆起为一活动性的古隆起，晚海西期开始形成，喜马拉雅期强烈活动隆升，其中钻穿（遇）中—下寒武统烃源岩钻井均位于巴楚隆起及附近，包括和 4 井、方 1 井、康 2 井。

（二）典型地震相分析

塔里木盆地西南地区勘探程度低，麦盖提斜坡及周缘奥陶系以巨厚块状碳酸盐岩为主，在潜山顶部风化壳层位溶蚀孔洞和裂缝特别发育，发现了下奥陶统潜山披覆及潜山岩性油藏，以碳酸盐岩风化壳和内幕碳酸盐岩为储层，具有多期成藏、早期成藏晚期调整、早期油晚期裂解气的特点，但由于研究区勘探程度低，没有深入到油气成藏基本条件、没弄清楚油气成藏主控因素，不明确油气成藏及分布规律。目前对中—下寒武统碳酸盐岩烃源岩研究尚浅，烃源岩分布范围及生烃灶演化需要进一步厘定，基本成藏条件研究还较薄弱，这些问题严重制约了研究区油气勘探进展。

通过对塔西南坳陷中—下寒武统地震相的识别，认为主要存在以下地震相：

（1）席状地震相。包括平行席状相、亚平行席状相，呈强振幅、高连续性，同相轴之间相互平行或亚平行特征（图4-39、图4-40）。

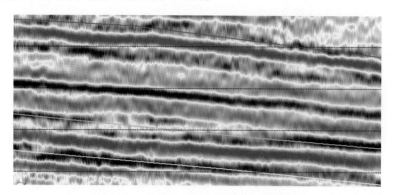

图4-39　主测线MZ07-307原始地震剖面

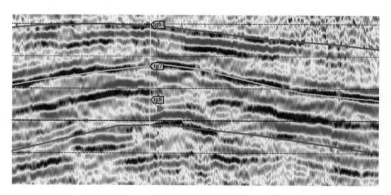

图4-40　主测线TLM07_ZY_LJ01原始地震剖面

（2）前积地震相。包括叠瓦状前积、斜交前积和S形前积三种类型（图4-41至图4-43）。

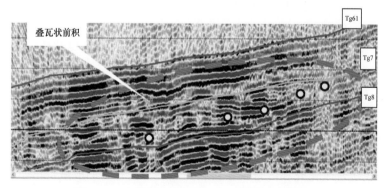

图4-41　主测线MZ08-63220Hz重构地震剖面

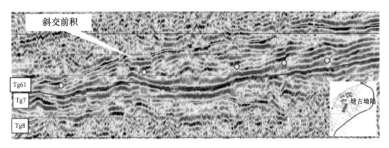

图 4-42 　主测线 Ht00–250Hz 原始地震剖面

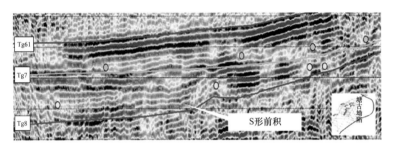

图 4-43 　主测线 Ht00–23020Hz 重构地震剖面

（3）丘状地震相。工区丘状相为底平顶凸，有的丘状相里面发射轴振幅强、连续性好，呈平行或亚平行结构（图 4-44）。有的丘状相里面含有小的丘状体与透镜体（图 4-45）。

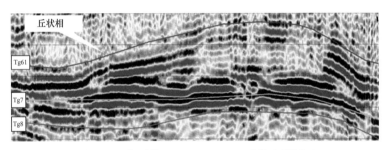

图 4-44 　主测线 MZ11–45820Hz 重构地震剖面

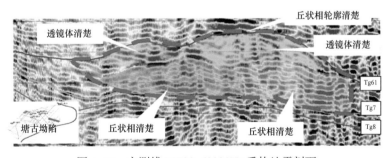

图 4-45 　主测线 MZ08–63220Hz 重构地震剖面

（4）透镜状地震相。本工区透镜状地震相主要发育在中寒武统，上凸下凹，里面发射轴振幅较强、连续性不好（图 4-46）。

（5）波状—乱岗状地震相。反射轴呈亚平行结构，振幅较弱，连续性差，蠕虫状（图 4-47）。

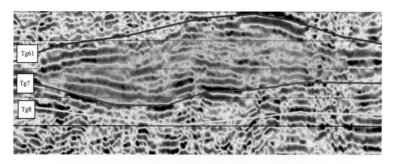

图 4-46　主测线 TB94-25620Hz 重构地震剖面

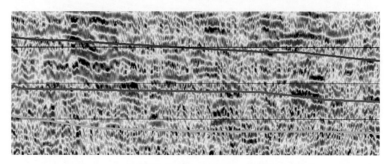

图 4-47　主测线 MZ95-10820Hz 重构地震剖面

（6）杂乱地震相。杂乱反射结构的反射轴不连续、不整一，反射界面排列没有次序。杂乱相代表了高能量的沉积环境或后期遭构造改造高度破碎状的地层，地层反射连续性差（图 4-48）。

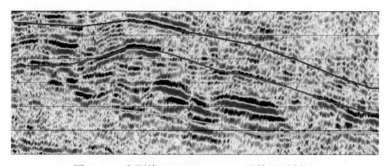

图 4-48　主测线 XN04-02A20Hz 重构地震剖面

（7）空白相。振幅很低，同相轴几乎不存在（图 4-49），代表没有层理的地层。

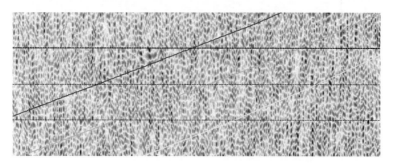

图 4-49　主测线 MZ96-7220Hz 重构地震剖面

（三）地震相平面分布

地震相分析坚持能量匹配一致的基本规定，当沉积体相类似或相同时，它们所对应的地震反射外形和结构也必须类似或者相同，即高能环境匹配高能环境，低能环境匹配低能环境，不能交叉。目的层段地震相分布的预测对研究塔西南地区沉积相预测、烃源岩分布评价和储层预测等石油地质条件分析具有重要意义。本次研究开展了中寒武统和下寒武统的地震相平面分布预测，前积相、透镜状相和丘状相在沉积过程中具有继承性的变化。

1. 中寒武统地震相特征

巴楚隆起主要分布高中振幅平行席状相，部分地区有丘状相和空白相；塘古坳陷主要分布丘状相和杂乱地震发射特征，有的透镜体在丘状相里面；麦盖提斜坡、西南坳陷和田—叶城凹陷和喀什凹陷一线主要分布弱振幅平行席状相、波状—乱岗状相；西南坳陷西部地区主要分布杂乱地震相（图4-50）。

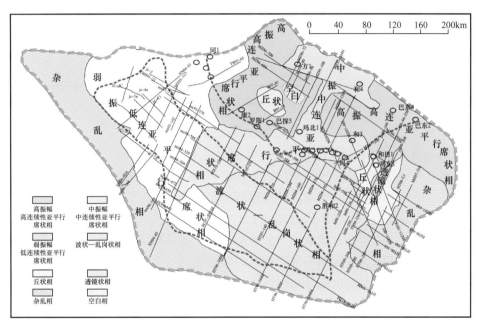

图4-50　塔西南坳陷中寒武统地震相分布图

2. 下寒武统地震相特征

在塘古坳陷和巴楚隆起部分地区出现前积反射特征，塘古坳陷主要表现为低角度S形前积反射特征，巴楚隆起出现斜交、叠瓦状前积相；巴楚隆起主要为高中振幅平行席状相；塘古坳陷和西南坳陷西部主要为杂乱地震相；麦盖提斜坡、西南坳陷和田—叶城凹陷和喀什凹陷一线主要分布弱振幅平行席状相、波状—乱岗状相（图4-51）。

（四）沉积相类型及平面分布预测

塔西南坳陷中—下寒武统钻井稀少。通过单井相分析、单井相标定地震相、地震相分析研究塔西南坳陷中—下寒武统的演化特征。中—下寒武统沉积时期，塔西南坳陷主要为海相碳酸盐岩台地相。依据构造、沉积演化时期的不同进行分类，在已建立的地震相模式的基础上，分别建立了中寒武统和下寒武统沉积模式，总结了中寒武统和下寒武统的沉积特征。

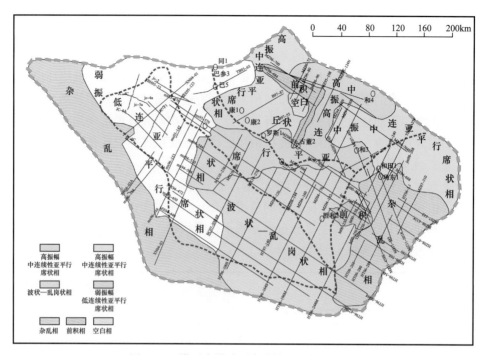

图 4-51　塔西南坳陷下寒武统地震相分布图

1. 沉积相井震标定

受地震分辨率限制和地下岩体反射产生的地震相类型多样性，在地震相向沉积相转换时，存在一种地震相对应多种可能的沉积环境和某一特定的沉积环境对应多种类型的地震相。另外，塔西南坳陷中—下寒武统地震剖面受地震数据采集深度大，野外采集环境复杂多变，地震资料品质不同和不同处理批次人为影响，使得地震相与沉积相对应关系之间多解性更强。因此，在进行地震相向沉积相转换时，必须做沉积相井—震标定（图 4-52，图 4-53），从而总结建立地震相与沉积相对应关系模式（表 4-12）。在此基础上，分析出塔西南坳陷中—下寒武统的沉积分布特征。

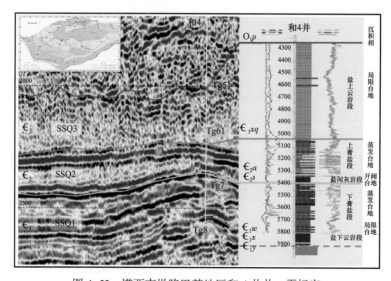

图 4-52　塔西南坳陷巴楚地区和 4 井井—震标定

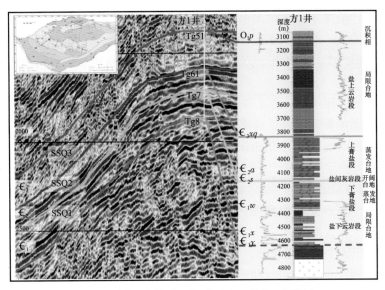

图 4-53 塔西南坳陷巴楚地区方 1 井井—震标定

表 4-12 塔西南坳陷中—下寒武统典型沉积相—地震相对应关系

沉积相	地震相描述	地震相
蒸发台地与局限台地	潮坪：相位连续稳定、平行、低频率、强振幅反射特征，与潟湖交界处有 S 形前积结构，一般为 2～3 个平行的强相位	MZ07-307
	潟湖：相位不连续、杂乱、弱振幅、低频率反射特征	MZ95-108
开阔台地	相位连续稳定、亚平行、高频率、弱振幅反射特征，有少量的前积结构	MZ96-72
礁	外部在地震剖面上一般呈丘状或透镜状凸起，内部同相轴表现为断续、杂乱或空白，普遍具有向上拉伸的现象，中央明显上凸，逐层叠置	MZ11-485
滩	席状或低起伏，一般具有相位较连续、低频率反射特征，两侧发育有斜交反射带	XN04-02A

在早寒武世，塔里木台地逐渐被海水淹没，和4井、方1井区当时处于陆表海环境，海域开阔，坡度平缓，古地形分异不明显，沉积稳定，以局限台地和开阔台地为主，以白云岩、石灰岩沉积为主。和4井、方1井周围地震放射特征为相位连续稳定、亚平行、高频率、弱振幅。

继早寒武世后，和4井、方1井区开始短暂的海退，继承的早寒武世的局限台地相的沉积，随着气候逐步炎热干燥，从而形成了台地蒸发岩相沉积环境，沉积了大套膏盐层，中寒武世早期和晚期地壳运动的加剧，伴随有大量的辉绿岩侵入。和4井、方1井周围地震反射特征为连续稳定的相位、平行、低频率、强振幅。

1）蒸发台地与局限台地

局限台地指水深在正常浪基面之下、水体循环受限、海底贫氧或缺氧的台地，其盐度不正常，多高于正常海盐度[73]。沉积主要为灰泥石灰岩，钙质底栖化石少见。蒸发台地指以蒸发岩沉积为主的局限台地，是局限台地的一种，在干旱气候下发育。在地震剖面上蒸发台地和局限台地具有相似的地震相特征，靠地震相分析也很难将其准确地区分开来。局限台地和蒸发台地相以潮坪和潟湖亚相为主。潮坪位于潮间—潮上带，海水能量较低，沉积粒度细，有利于泥岩沉积，具有相位连续稳定、平行、低频率、强振幅反射特征，与潟湖交界处有S形前积结构，一般为2~3个平行的强相位。潟湖位于潮下带，沉积能量高，不利于泥岩。潟湖相位不连续、杂乱、弱振幅、低频率反射特征，地层厚度较大。

2）开阔台地

开阔台地指水深在正常浪基面之下的环境，水体循环良好，海底富氧。开阔台地沉积主要为石灰岩，包括含生粒灰泥石灰岩、生粒质灰泥石灰岩和灰泥生粒石灰岩夹灰泥石灰岩。开阔台地反射特征为相位连续稳定、亚平行、高频率、弱振幅，有少量的前积结构。

3）礁

礁（即生物礁）是造礁生物原地生长、埋藏形成的隆起并具抗浪能力的碳酸盐岩沉积体。礁外部在地震剖面上一般呈丘状或透镜状凸起，内部同相轴表现为断续、杂乱或空白，礁体周缘有上超现象。

4）滩

滩（又称浅滩）是指"水体持续或间歇动荡的浅水环境，沉积主要为颗粒石灰岩"。具有席状或低起伏，一般具有相位较连续、低频率反射特征，两侧发育有斜交反射带。

2. 沉积相平面分布

沉积相平面分布特征的传统研究是在从"点"（单井相分析）、"线"（连井沉积相对比）和"面"（各种基础平面图件）的核心方法之上，综合贯彻以局部扩展至宏观、地质结合地震的分析思路，开展沉积相分布的研究。但是受限于塔西南坳陷中—下寒武统钻井稀少的情况，本研究在已建立的地震相模式的基础上，结合井—震标定沉积相分析的结果，分别总结了中寒武统和下寒武统的沉积充填特征。

1）中寒武统沉积相特征

巴楚隆起主要为蒸发台地，亚相为蒸发潮坪和蒸发潟湖；麦盖提斜坡主要为局限台地相，亚相为潮坪和潟湖，部分地区为蒸发潟湖相；塘古坳陷主要分布台地边缘的礁、滩相，部分地区为蒸发潟湖相；西南坳陷沉积相由局限台地相过渡为台地边缘的礁、滩相（图4-54）。

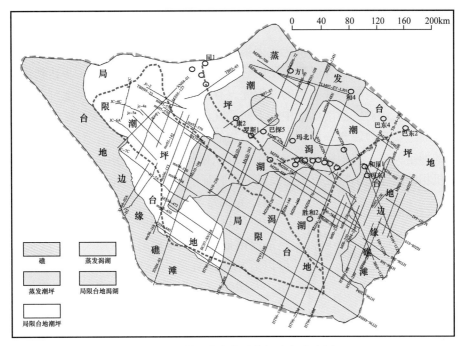

图 4-54　塔西南中寒武统沉积相分布图

2）下寒武统沉积相特征

巴楚隆起以局限台地相为主，主要为潮坪相；麦盖提斜坡以局限台地相为主，亚相为潮坪和潟湖；局部地区分布开阔台地相；塘古坳陷主要分布台地边缘的礁、滩相，部分地区为局限台地的潮坪亚相；西南坳陷沉积相由开阔台地相和局限台地的潟湖相过渡为台地边缘的礁、滩相（图 4-55）。

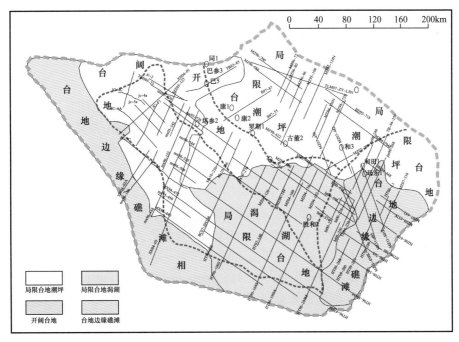

图 4-55　塔西南下寒武统沉积相分布图

（五）有机相分析平面分布预测

有机相是指具有一定丰度和特定成因类型的有机质单元。以沉积相和烃源岩有机质类型、丰度研究为基础，描述各烃源岩层的分布及其横向变化，可以进一步达到优选有效烃源岩的平面分布并搞清其特征的目的。因此，有机相的研究在某种程度上可以弥补烃源岩样品不足的缺陷。针对塔西南坳陷中—下寒武统沉积时代老、层位深、钻井少、勘探程度低等特点，通过实现地震相—沉积相—有机相的转化来研究有机相：利用地震相和单井沉积相之间的标定关系，将地震相分布转化为沉积相分布，之后利用沉积相和有机相对应关系确定有机相的地球化学特征、类型及其分布特征。

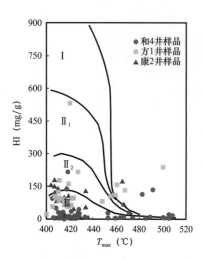

图 4-56　H4-K2-F1 井中—下寒武统有机质类型分类图

1. 有机质类型

应用热解资料得到的氢指数和最高热解峰温值确定塔西南地区寒武系地层有机质类型，从关系图 4-56 可以看出，研究区内三口井的有机质类型为 II_2—III 型。考虑到应用此方法的限制条件和塔里木盆地寒武系目前处于高成熟—过成熟阶段的现实，认为应用该方法不能得出正确的原始有机质类型。张水昌等[74]由寒武系全岩的氢指数和最高热解峰温关系图及氢碳原子比和氧碳原子比关系图得到寒武系烃源岩有机质类型为 II—III 型，但认为寒武系有机质成熟度普遍偏高，等效镜质组反射率均在 1.6% 之上，其中的藻类已经不具有荧光性，图版得出的结果难以分辨原始有机质类型。因此，应用元素分析法在研究区难以奏效。

王毅等[75]通过对塔里木盆地西部寒武系—奥陶系烃源岩干酪根碳同位素分布研究认为，巴楚地区中—下寒武统烃源岩有机质类型为腐泥型（图 4-57），I 型为主，原始有机物质为无脊椎动物残骸、藻类及细菌等低等生物。

通过镜下观察有机质特征，在康 2 井 5395m 处，中寒武统沙依里克组泥粉晶白云岩中发现水平藻纹层，属于局限台地潮坪相，在 4989m 处，中寒武统阿瓦塔格组含泥质白云岩中发现了较多的腐泥质体，呈斑块状，认为这些腐泥质体是由藻类降解形成的无定形体，推断为原地沉积成因；在方 1 井 4476m 处，下寒武统肖尔布拉克组泥粉晶白云岩中发现水平藻纹层，属于局限台地潮坪相；在和 4 井 5078.9m 处，中寒武统阿瓦塔格组上部发现水平藻纹层，推断为潮坪相（图 4-58）。

从生物进化的角度分析，寒武纪时期主要为低等的水生生物，包括藻类和浮游生物。"九五"攻关期间，梁狄刚等在和 4 井 5359.8m 处和肖尔布拉克剖面玉尔吐斯组中发现球状甲藻，认为塔里木盆地西部主要发育蒸发潟湖—盐藻有机相，应用有机岩石学方法确定了生烃母质为盐藻和球状甲藻[76]。G.J.Demasion 等研究了黑海油源岩的形成模式（图 4-59），蒸发岩形成初期底部水体活动停滞，生物大量死亡，随着盐度增加，渐渐形成还原环境，有利于有机质向油气转化和保存[77]。

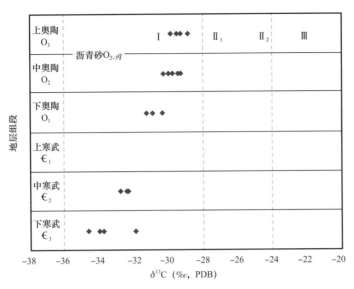

图 4-57 塔里木盆地西部寒武系—奥陶系干酪根碳同位素分布与有机质类型
（据王毅等，2005；刘广野，2010）

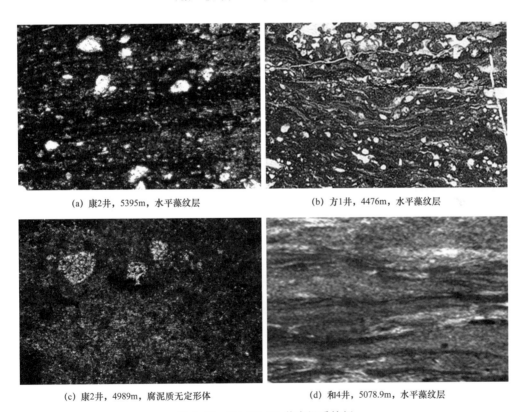

(a) 康2井，5395m，水平藻纹层　　　　　(b) 方1井，4476m，水平藻纹层

(c) 康2井，4989m，腐泥质无定形体　　　(d) 和4井，5078.9m，水平藻纹层

图 4-58 H4-K2-F1 井有机质特征

2. 有机质丰度

和 4 井共分析样品 51 件，TOC 为 0.01%～1.17%，平均为 0.238%，TOC 达标率仅为 11.7%。下寒武统有机质丰度普遍偏低，只在肖尔布拉克组顶部和吾松格尔组顶部有个别达标值，中寒武统阿瓦塔格组底部和中上部有个别达标值，烃源岩总体发育较差。根据热

解数据，和 4 井 $S_1+S_2<1.5mg/g$，生烃潜力很低，氢指数也普遍较低，表明有机质已基本无生油能力。R_o 为 1.44%～2.06%，表明寒武系烃源岩处于高成熟—过成熟阶段（图 4-60）。

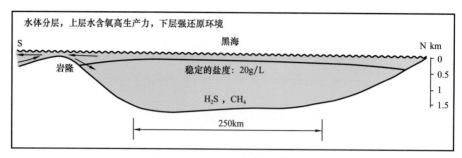

图 4-59　油源岩形成模式：黑海模式

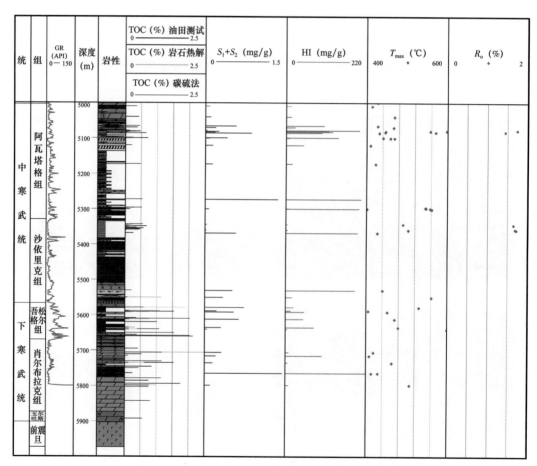

图 4-60　巴楚隆起和 4 井寒武系地球化学综合剖面图

　　方 1 井共分析样品 74 件。中寒武统共分析样品 19 件，只有 1 件达标，为非烃源岩层段。下寒武统肖尔布拉克组共分析样品 55 件，TOC 为 0.05%～2.68%，平均为 0.58%，有机质丰度中等。达标率仅为 29.4%，达标段靠近肖尔布拉克组底部，厚约 15m。吾松格尔组共分析样品 5 件，TOC 为 0.09%～0.61%，平均为 0.214%，只有 1 个达标值，为非烃源岩层段。玉尔吐斯组共分析样品 33 件，TOC 为 0.02%～0.33%，平均为 0.08%，无达标值，为非烃源岩层段。综上，方 1 井烃源岩总体发育较差，仅在下寒武统肖尔布拉克组底部、吾松格尔组中上部、沙依里克组顶部发育薄层烃源岩。从热解分析得出，方 1 井生烃潜力指数 S_1+S_2）<1mg/g，HI<150mg/g，说明有机质已经基本枯竭，生油能力有限。R_o 均大于 1.5%，表明寒武系烃源岩都处于高成熟—过成熟阶段（图 4-61）。

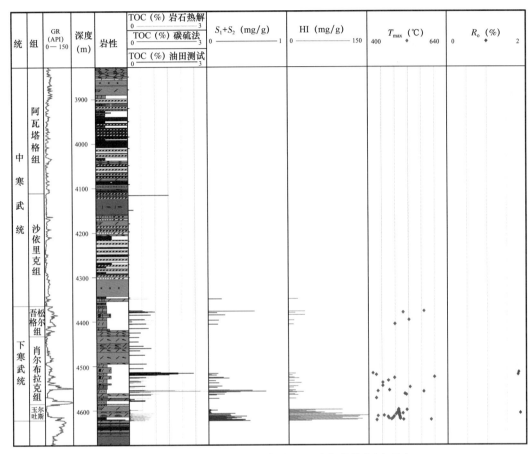

图 4-61　巴楚隆起方 1 井寒武系地球化学综合剖面图

康 2 井共分析样品 18 件，TOC 为 0.08%～0.32%，平均为 0.167%，达标率为 0，不发育烃源岩（图 4-62）。塔西南坳陷中—下寒武统烃源岩主要发育在下寒武统，以斜坡相、台地相为主。

斜坡相烃源岩为黑色页岩。该套烃源岩主要发育在玉尔吐斯组。台地相烃源岩以和 4 井、方 1 井为代表，主要分布在中—下寒武统肖尔布拉克组、吾松格尔组和阿瓦塔格组。该套烃源岩非均质性较强，以薄层状为主，初步研究认为与薄盐层伴生。薄层的单层厚度一般为 5～15m，累计厚度约为 40m，烃源岩达标段 TOC 平均为 0.58%，有机质丰度中等。

3. 有机相划分方案

本文依据碳酸盐岩烃源岩的形成环境、工区沉积环境、有机岩石学特征、有机地球化学特征等对塔西南坳陷烃源岩有机相进行了划分。

根据表 4-13，总体上看塔西南坳陷下寒武统烃源岩有机质丰度整体较高，生烃潜力巨大，是本区最重要的生烃源岩。

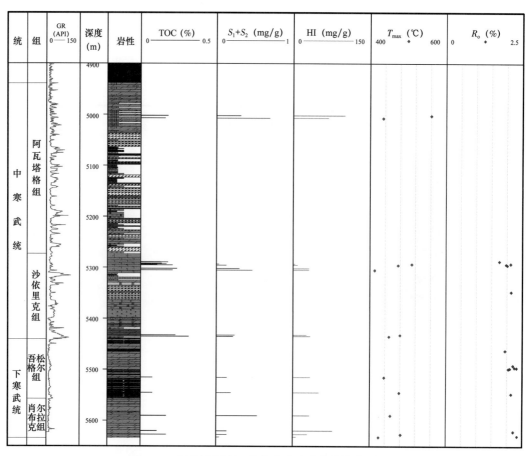

图 4-62　巴楚隆起康 2 井寒武系地球化学综合剖面图

表 4-13　塔西南坳陷中下寒武统有机相类型划分表

有机相		B	C	D
沉积环境	沉积环境	开阔台地	局限台地	蒸发台地
	氧化—还原条件	氧化	还原	弱还原
	有机质来源	底栖生物、藻类	底栖生物、藻类	藻类
有机质丰度	有机碳含量（TOC，%）	0.01~1.17，平均为 0.238（51）	0.05~2.68，平均为 0.58（55）	0.08~0.32，平均为 0.167（18）
	岩石热解生烃潜量（S_1+S_2，mg/g）	<1.5	<1	0.1~0.8，平均为 0.36（13）
有机质类型	母质类型（据显微组分指标）	腐泥型—混合型	腐泥型、混合型	腐泥型
	干酪根类型（据化学组分指标）	Ⅲ	Ⅲ、Ⅱ₂	Ⅲ
主要产物		油、气混合	油、气混合	气

4. 有机相平面分布

塔西南坳陷中—下寒武统主要发育 B、C 和 D 类有机相，分别对应开阔台地、局限台地、蒸发台地沉积环境。下寒武统发育大面积的开阔台地 B 相和局限台地 C 相。有机相

B 形成于开阔台地，水体循环好，盐度基本正常，生物丰富，是较好的油气源岩。有机相 C 形成于局限台地，是一种长期充水、盐度不正常的低能还原环境，藻类发育，有机质保存条件好，是有利的油气源岩（图 4-63）；中寒武统沉积时，由于台地升高的构造格局，使得巴楚隆起至麦盖提斜坡分布大范围的蒸发台地 D 相，形成于极浅水的蒸发环境，以菌藻类水生生物输入为主，随着盐度增高，底栖和浮游生物的种类迅速减少，不能形成良好的油气源岩。海相烃源岩比较发育；麦盖提斜坡至西南坳陷分布局限台地 C 相沉积环境，虽然有机质来源较为丰富，但是该环境下的水体动荡，不利于有机质的保存，难以形成一定丰度的有效烃源岩（图 4-64）。

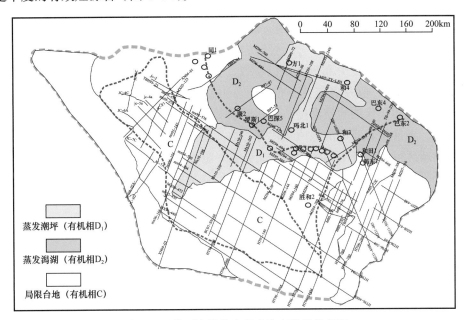

图 4-63 塔西南坳陷中寒武统有机相分布图

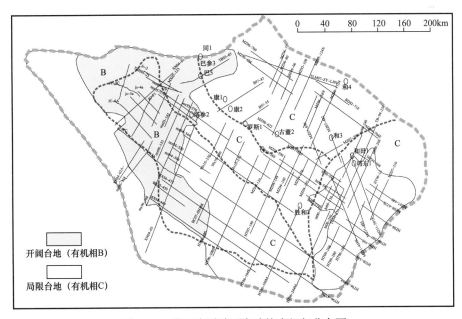

图 4-64 塔西南坳陷下寒武统有机相分布图

第三节　烃源岩热成熟度分布地震预测

有机质成熟度是决定烃源岩是否生烃和产物类型的重要指标，目前有多种评价方法，比较普及的有岩石热解方法等、镜质组反射率方法和 TTI 方法[78-82]。从 20 世纪 50 年代开始，人们就尝试利用 R_o 确定沉积岩中分散有机质的成熟度，随后经过大量的实践证明，R_o 已成为表征有机质成熟度常用且最有效的参数，在盆地分析、油气资源预测和评价和煤质预测等方面得到广泛应用[83-87]。

在勘探程度较高的工区，烃源岩有机质成熟度（R_o）纵向及平面分布特征，可以通过钻井取心进行地球化学测试分析得到，而在低勘探领域由于钻井稀少和取样分析资料缺乏，难以满足利用有机地球化学分析烃源岩成熟度分布的要求，因此在低勘探领域利用常规方法进行烃源岩成熟度分布预测难以奏效。当然，也有一些学者利用时间温度指数 TTI 在钻前计算烃源岩 R_o 值并确定其分布特点。但是 TTI 的获得需要沉积地层经历的地质年代以及在各个地质年代的地层温度，这就要求对目的层进行埋藏史和热史分析，进而获取古地温梯度、剥蚀量和经历的地质年代等参数。显然此种方法需求的参数往往难以在探井资料缺少的新区得到，借用邻区的参数又会在一定程度影响计算精度。

刘震等提出了烃源岩热成熟度预测新方法。认为泥岩热演化（R_o）与成岩作用中孔隙度变化存在较好的乘方关系，两者都可以通过地质历史和温度进行积分表示，尤其在深层等新区勘探阶段评价烃源岩热成熟度方面，进行了应用推广[88-92]。

一、烃源岩成熟度预测基本方法

由于深水区井孔资料十分缺乏并且钻探层位较浅，虽然烃源岩分布已经开展了部分研究工作，但对于深水区烃源岩热演化程度，均知之甚少。同时依据地震资料的地层速度求取方法往往忽略了对低频速度分量的精细处理，为获得高质量的地震绝对速度，必须做好低频速度分量补偿。针对上述问题，本书从合成地震绝对速度开始，结合工区内少量钻（测）井和取心地球化学资料建立的泥岩孔隙度与实测 R_o 的预测模型等方面入手，研制出深水区重点凹陷烃源岩成熟度地震定量预测方法。

利用地震速度预测烃源岩热成熟度常用的方法有图解法和公式法两大类，每一种烃源岩热成熟度预测方法都有各自的优缺点。对于图解法，实现准确的热成熟度预测必须确保建立的正常压实趋势线是真实的，而公式法不依赖于正常压实趋势线，直接将地球物理参数代入计算模型即可求取烃源岩热成熟度，应用起来较为方便，尤其对钻井资料稀少的深水区而言，公式法比较适用[93]，这里提出的烃源岩热成熟度地震预测方法属于公式法。

（一）R_o—ϕ 地震预测模型建立

1. 泥岩孔隙度解释方法

双相介质的孔隙度与层速度之间遵循时间平均方程，即

$$\frac{1}{v_{int}} = \frac{\phi}{v_f} + \frac{1-\phi}{v_{ma}} \tag{4-1}$$

式中，v_{int}、v_{ma}、v_f、ϕ 为分别地层速度、孔隙流体速度、岩石骨架颗粒速度、孔隙度。通

常 v_f 和 v_{ma} 基本保持不变，两个参数可以看作常数。

由于缺乏实测的泥岩孔隙度数据，泥岩骨架和孔隙流体的声波时差可以通过声波时差和密度交会（图 4-65）以及声波时差和电阻率交会图版确定（图 4-66）。

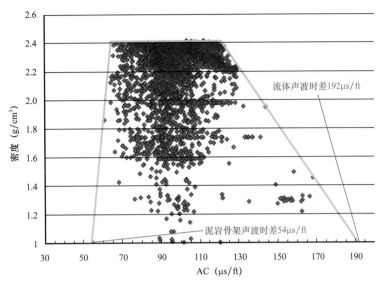

图 4-65　泥岩声波时差与密度交会图

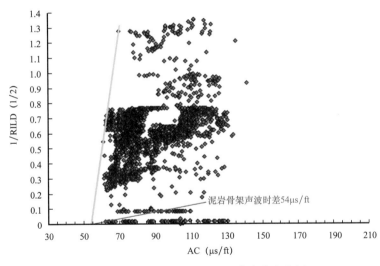

图 4-66　泥岩声波时差与电阻率变化交会图

通过两种交会图版法最终确定泥岩骨架的声波时差为 180.5μs/m，流体声波时差为 629.77μs/m。根据时间平均方程，可以得到泥岩孔隙度解释模型为

$$\phi_{sh}=0.1897\Delta T_{sh}-40.1461 \qquad (4-2)$$

式中，ϕ_{sh} 为泥岩孔隙度，% ；ΔT_{sh} 为对应的泥岩声波时差测井值，μs/m。

2. 地震预测模型建立

有机质热成熟度是微观下有机质颗粒在经历时间和温度双重作用下的有机化学反应，表现为静态的演化过程；而沉积介质在持续埋藏过程中的压实程度，一般要经历多种的成

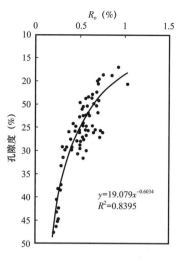

图 4-67 琼东南深水区烃源岩热
成熟度（R_o）与泥岩孔隙度

岩和压实作用，体现为动态的化学和物理作用。两者看起来毫无关联，但是不少学者认为泥岩孔隙度与热成熟度之间存在一定的关系。

在研究琼东南深水区烃源岩热成熟度时发现，泥岩孔隙度与热成熟度之间确实存在着幂函数的关系，其相关性较高（图 4-67）。出现此现象的原因为两者相同点都与埋藏深度和历经地质时代有关，可以建立随埋藏深度和历经地质时代变化的函数。函数直观体现的结果均与历经地质时代呈线性关系。两者的差别之处，泥岩孔隙度主要受到上覆负荷作用，有机质热成熟度主要受到地层温度的制约。

$$R_o = a\phi^b \qquad (4-3)$$

式中，R_o 为镜质组反射率；ϕ 为孔隙度；a，b 均为常数。

（二）井孔烃源岩热成熟度误差校正

已经建立了研究区烃源岩热成熟度地震预测模型，将合成的地震绝对速度代入该模型即可计算出对应点的烃源岩热成熟度。根据地震绝对速度求取的烃源岩热成熟度结果还需进行系统误差校正，才能进一步提高烃源岩热成熟度预测精度及可靠性。根据实测烃源岩热成熟度数据对烃源岩热成熟度预测结果进行系统误差校正，表 4-14 为烃源岩热成熟度预测结果与实测值的误差统计分析表，校正后烃源岩热成熟度预测结果的平均绝对误差约为 0.15%，平均相对误差约为 6.75%，表明本次研究研制的烃源岩热成熟度地震预测方法具备较高的预测精度，该方法能够作为琼东南盆地深水区烃源岩热成熟度预测的有效方法。

表 4-14　烃源岩热成熟度（R_o）预测计算误差分析表　　　　单位：%

深度	实测 R_o	预测 R_o[①]	相对误差[①]	预测 R_o[②]	相对误差[②]
2523m	0.59	0.62	4.32	0.57	4.68
2648m	0.60	0.64	7.60	0.57	5.40
2753m	0.69	0.73	5.95	0.65	6.61
2803m	0.71	0.77	9.71	0.68	5.51
2933m	0.82	0.84	2.28	0.78	5.73
3023m	0.74	0.83	11.26	0.79	7.76
3063m	0.87	0.94	7.39	0.83	5.83
3203m	0.75	0.84	12.30	0.69	9.64
3318m	0.91	0.97	7.09	0.84	8.53
3408m	0.87	0.94	8.44	0.83	5.84
3463m	0.88	0.95	7.98	0.82	7.52

深度	实测 R_o	预测 R_o[①]	相对误差[①]	预测 R_o[②]	相对误差[②]
3582m	0.73	0.76	4.08	0.69	6.65
3603m	0.87	0.98	11.89	0.84	3.88
3717m	0.86	0.91	6.24	0.82	5.42
3777m	0.83	0.85	1.90	0.80	4.90
3870m	0.85	0.91	7.98	0.80	6.46
3993m	0.95	1.03	8.79	0.89	6.84
4050m	0.87	0.90	3.29	0.82	6.54
4077m	0.89	0.95	6.37	0.80	11.08
4113m	0.80	0.84	4.92	0.76	5.90

注：①和②相对误差平均值分别为 6.75% 和 6.49%

另外，本书也利用 R_o—TTI 方法预测烃源岩成熟度，通过恢复地层温度热史和地层埋藏史，获得 TTI 史（图 4-68），随后结合 Waples[94] 提供的 R_o—TTI 模型进行换算，最后与实测的有机质成熟度 R_o 对比发现相对误差约为 6.49%（表 4-14），R_o—TTI 方法相较 R_o—ϕ 方法预测有机质成熟度精度略高。但是 R_o—TTI 方法需要准确的古地温梯度和剥蚀量等参数，而这些参数依赖于大量的钻井和地球化学分析资料，显然难以在探井资料缺少的低勘探深水区得到，适用于勘探程度比较高的地区；R_o—ϕ 方法预测有机质成熟度精度稍弱于 R_o—TTI 方法，主要运用地震资料并结合钻井和地质资料，可以全面地了解烃源岩的空间展布及生烃潜力，适用于勘探程度较低或中等的地区。

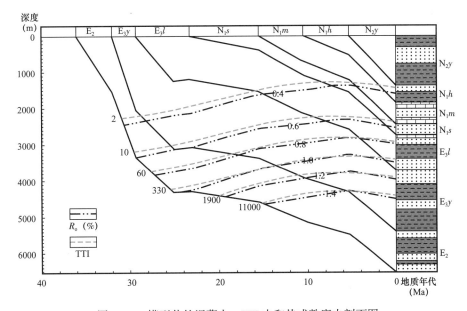

图 4-68 模型井的埋藏史、TTI 史和热成熟度史剖面图

Line1、Line4 烃源岩热成熟度预测结果显示，琼东南盆地深水区北部长昌凹陷古近系各层段烃源岩成熟度明显低于南部 GH 凹陷。古近系陵水组泥岩整体上处于成熟阶段，局部地区达到高成熟阶段，深洼大部分地区现今处于生油高峰，R_o 介于 0.7%～1.4%；崖城组泥岩整体上处于高成熟阶段，局部地区达到过成熟阶段，深洼大部分地区现今处于生气时期，R_o 介于 1.2%～2.4%；始新统泥岩深洼大部分地区 R_o 大于 2.0%，部分地区甚至达到 3.2%，属于过成熟阶段，生烃贡献较弱（图 4-69、图 4-70）。

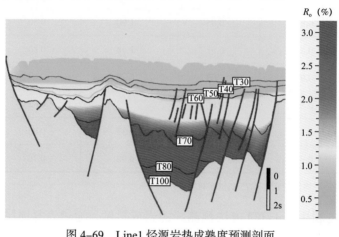

图 4-69　Line1 烃源岩热成熟度预测剖面

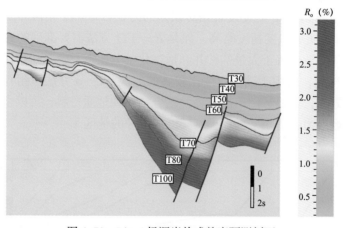

图 4-70　Line4 烃源岩热成熟度预测剖面

琼东南深水区剖面烃源岩热成熟度预测结果和前文中提到的南部凹陷地温梯度高于北部凹陷地温梯度的结论具有一致性。显然高地温梯度有助于烃源岩进一步的热演化，更有利于有机质的生烃。另外，由于预测的是现今时期的热成熟度纵向分布特征，在成藏期即后推 3.0Ma，生气阶段热成熟度需达到 1.2% 以上，推到现今，R_o＞1.4% 左右较为有利。成藏期时始新统泥岩对各凹陷生烃贡献依然微弱，渐新统崖城组烃源岩贡献最大，渐新统陵水组烃源岩次之。

（三）烃源岩热成熟度平面预测

在实际工作中，重点层段的烃源岩热成熟度平面分布特征，以及垂向上相邻层段烃源岩热成熟度分布特征差别对油气勘探而言更为重要。研究全区烃源岩热成熟度平面分布特征，首先需要选取资料品质较好的测线建立地震测网，通过地震解释建立全区层序地层格架；然后对每条测线特定层段进行烃源岩热成熟度预测；最后将每个剖面的烃源岩热成熟度预测值扩展至全区获得烃源岩热成熟度平面分布特征。本次研究选取琼东南盆地深水区的长昌凹陷和 GH 凹陷开展烃源岩热成熟度平面预测工作。

从长昌凹陷陵水组海侵体系域烃源岩热成熟度分布图（图 4-71）可以看出，该海侵体系域 R_o 存在两个高值区，一是在凹陷中心部位，最大约为 1.6%，另一个相对高值区位于凹陷西南部，R_o 高达 1.4%；热成熟度整体分布特征是 R_o 从凹陷中心向凹陷边缘逐渐减低；凹陷东南部和西北部区域均发育 R_o 低值区，最低约为 1.0%（图 4-71）。

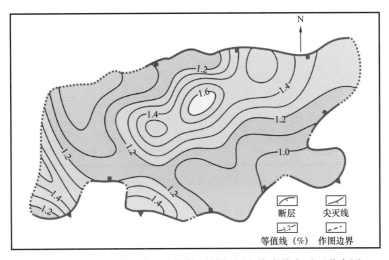

图 4-71　长昌凹陷陵水组海侵体系域烃源岩热成熟度平面分布图

长昌凹陷崖城组海侵体系域热成熟度分布整体特征与陵水组海侵体系域相似，但是 R_o 高值区分布范围明显大于陵水组海侵体系域。崖城组海侵体系域 R_o 同样存在两个高值区，一是在凹陷中心部位，最大约为 2.4%，另一个相对高值区位于凹陷西南部，R_o 高达 2.2%；热成熟度整体分布特征是 R_o 从凹陷中心向凹陷边缘逐渐减低；凹陷东南部和西北部区域均发育 R_o 低值区，最低约为 1.2%（图 4-72）。

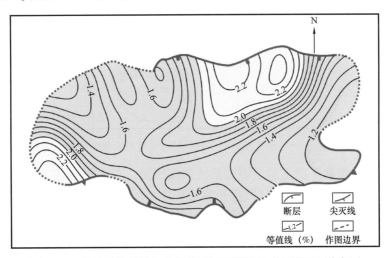

图 4-72　长昌凹陷崖城组海侵体系域烃源岩热成熟度平面分布图

GH 凹陷陵水组海侵体系域热成熟度整体处于成熟阶段，R_o 从西北凹陷中心向东南凹陷边缘逐渐减低。R_o 高值区位于凹陷西北部，主要沿北部边界断裂平行分布，大部分区域 R_o 高于 1.2%，已达到高成熟阶段，最高可达 1.8%；R_o 低值区位于凹陷的东部和南部，最低约为 0.8%（图 4-73）。

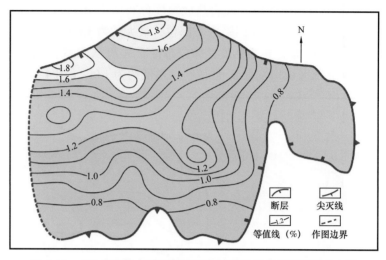

图 4-73　GH 凹陷陵水组海侵体系域烃源岩热成熟度平面分布图

GH 凹陷崖城组海侵体系域烃源岩现今基本处于高成熟—过成熟阶段，与陵水组海侵体系域类似，R_o 高值区连片分布于凹陷的西北部，最高可达 3.2%；R_o 低值区同样位于凹陷的东部和南部，最低约为 1.2%，显然该地区都已达到高成熟阶段（图 4-74）。

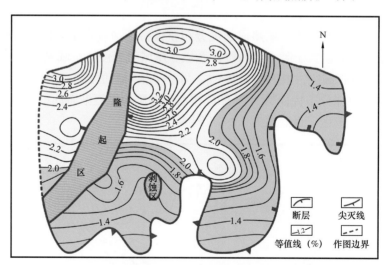

图 4-74　GH 凹陷崖城组海侵体系域烃源岩热成熟度平面分布图

通过开展纵向上和平面上的烃源岩热成熟度预测，本次研究确定了琼东南盆地深水区的生烃热演化程度，为该区油气勘探开发尤其是油气资源潜力的评估奠定了基础。研究结果表明，琼东南盆地深水区长昌凹陷陵水组和崖城组的海侵体系域存在两个 R_o 高值区，分别位于凹陷中部和凹陷西南部；GH 凹陷陵水组和崖城组的海侵体系域 R_o 值相对偏高，R_o 高值区均位于凹陷的西北部，其中陵水组海侵体系域烃源岩大部分处于高成熟度阶段，崖城组海侵体系域烃源岩整体处于高成熟—过成熟阶段；整体来看，琼东南盆地深水区烃源岩热演化程度适中，处于有利的生烃阶段，但是南部凹陷古近系烃源岩热演化程度明显高于北部凹陷，生烃条件可能更为优越。究其原因，可能是琼东南盆地地温梯度由北向南呈现增高趋势，受到这种高温热场的规律性变化作用，使得在相同埋深条件下，南部凹陷热成熟度必然高于北部凹陷。

二、西江凹陷湖相烃源岩热成熟度预测

利用泥岩孔隙度解释模型，结合地震反演速度，对西江主洼恩平组、文昌组各段泥岩孔隙度进行预测，进而知道各层位泥岩孔隙度平面分布图。

利用镜质组反射率（R_o）实测值与对应的泥岩孔隙度值（ϕ）交会进行拟合，即可得出 R_o 与 ϕ 的具体关系。下面利用西江主洼少量的单井以及珠一坳陷的钻井资料进行 R_o 和 ϕ 交会图的拟合，分别得到恩平组煤系源岩 R_o 和 ϕ 交会图（图4-75）和文昌组湖相烃源岩 R_o 和 ϕ 交会图（图4-76）。

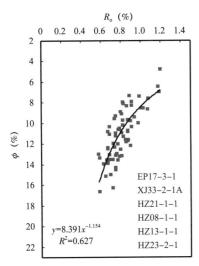

图 4-75　西江凹陷恩平组 R_o—ϕ 交会图

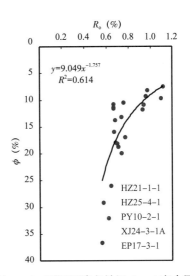

图 4-76　西江凹陷文昌组 R_o—ϕ 交会图

利用该 R_o—ϕ 交会图，结合泥岩孔隙度计算值，对西江主洼恩平组、文昌组各段烃源岩成熟度进行预测，编制各段烃源岩 R_o 平面分布图。

（一）恩四段烃源岩成熟度平面分布特征

西江主洼恩四段烃源岩中心部位附近成熟度较高，北部陡坡带热成熟度较低。存在二个成熟度高值区，本段地层烃源岩成熟度热演化程度总体较低，北部大部分地区 R_o 值小于 0.5%，是未成熟阶段。推断烃源岩中心热成熟度均大于 0.5%，达到低成熟阶段。

（二）恩二、三段烃源岩成熟度平面分布特征

西江主洼恩二、三段烃源岩在凹陷中心部位成熟度较高，同样存在两个成熟度高值区，南部缓坡带及东部较低。在高值区烃源岩可以生油，在低成熟区可以生成低成熟油气。

（三）恩一段烃源岩成熟度平面分布特征

西江主洼恩一段烃源岩热成熟度平面分布特点和恩二、恩三段的成熟度平面分布类似。在凹陷中心部位及西部小次洼存在两个成熟度高值区，东部较低，成熟区域连片（图4-77）。现今所有区域已经进入成熟区域，可以生油。

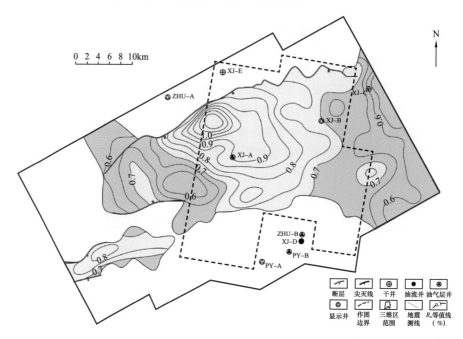

图4-77 西江主洼恩一段镜质组反射率平面分布图

（四）文三段烃源岩成熟度平面分布特征

西江主洼文三段现今时期的R_o较高，最大约1.1%，东部边缘成熟度最低，部分区域R_o小于0.7%，处于低成熟阶段。据此分析，现今凹陷大部分区域生油。

（五）文二段烃源岩成熟度平面分布特征

西江主洼文二段现今热成熟度最高，所有区域的R_o均大于0.7%，偏北部位现今时期的R_o较高，最大约1.3%，可达到生气阶段。据此分析，现今洼陷大部分区域生油，仅在北部零星部位可能生气（图4-78）。

通过对西江主洼恩平组和文昌组五个层段烃源岩热成熟度的预测，发现恩平组上部层段有部分区域处于未成熟阶段，在中部和下部层段都进入成熟阶段，恩一段成熟带集中在凹陷中心。在文昌组烃源岩都进入成熟阶段，在文二段北部甚至零星有部分区域进入过成熟阶段。

三、塔西南坳陷中寒武系烃源岩热成熟度预测

应用塔西南地区仅有的几口井中寒武系岩样实测的有机质热成熟度数值和岩样孔隙度数值来拟合相关关系，由图4-79可以看出，实测有机质镜质组反射率与孔隙度为幂函数关系，且具有较高的相关性，表明此方法预测热成熟度具有很高的可靠性。R_o与ϕ预测模

型建立后，依据地震绝对速度求得孔隙度，就可以求得某点附近地层的热成熟度，这样就可以对烃源岩的热演化成熟度进行初步预测。

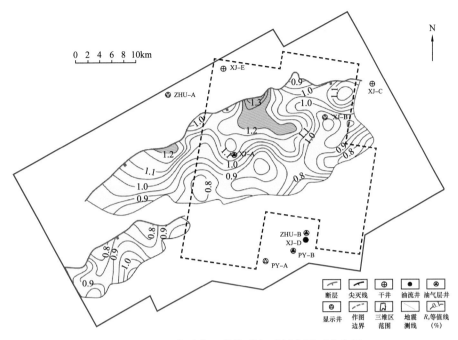

图 4-78　西江主洼文二段镜质组反射率平面分布图

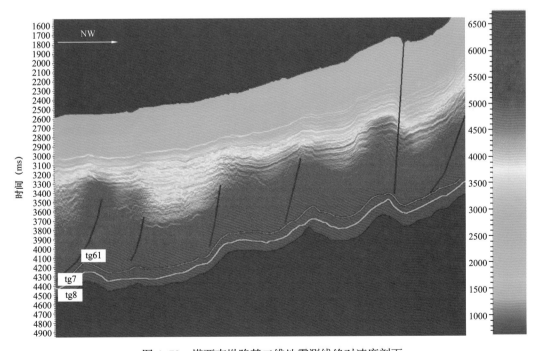

图 4-79　塔西南坳陷某二维地震测线绝对速度剖面

总体来看，塔西南地区寒武系烃源岩目前处于高成熟至过成熟阶段，以麦盖提斜坡一线为轴两侧呈现出过成熟的特征。由方 1 井和塔西南山前凹陷热模拟结果（图 4-81）

可见，方 1 井寒武系现今热成熟度高于 2.0%，属过成熟阶段，而西南山前坳陷更高达 4.0%，属于快速演化型。

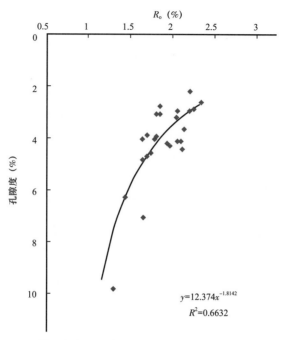

$$y=12.374x^{-1.8142}$$
$$R^2=0.6632$$

图 4-80　塔里木盆地西南地区镜质组反射率与孔隙度交会图

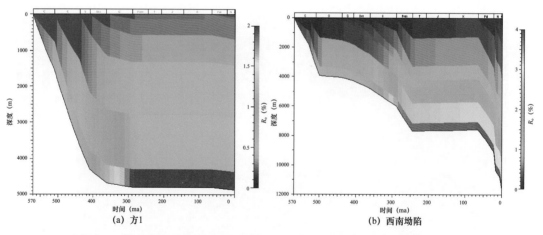

(a) 方1　　　　　　　　　　　　　　(b) 西南坳陷

图 4-81　塔西南地区单井热成熟度演化（据中国石油勘探开发研究院，2012）

由图 4-82 可见，下寒武统热成熟低值区主要为麦盖提斜坡地区，范围较小，巴楚隆起、塘古孜巴斯坳陷和西南坳陷地区均处于热成熟度高值区。麦盖提斜坡中寒武统热成熟度普遍高于 1.5%，大部分地区在 2% 以下，处于高成熟阶段，具有生凝析油气的潜力。巴楚隆起、塘古孜巴斯及西南坳陷地区成熟度均高于 2%，由麦盖提斜坡向山前方向成熟度迅速增加，与地层埋深呈现出一致性，表现出地层热成熟度随深度增加而增大的特点。西南坳陷热史模拟表明寒武系地层新近系快速演化，热成熟度最大高于 4%，下寒武系具有生气潜力。

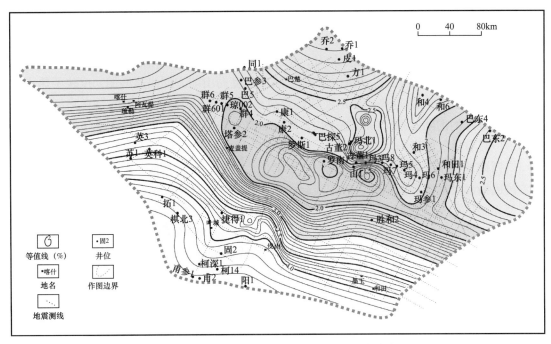

图 4-82　塔西南坳陷下寒武统烃源岩成熟度分布图

由 4-83 可见，中寒武统热成熟度低值区主要在麦盖提斜坡一线及塘古孜巴斯坳陷地区，麦盖提斜坡中寒武统镜质组反射率在 1.2%～2.0% 范围内，大部分地区地层热成熟度在 1.5% 之上；塘古孜巴斯坳陷地区及巴楚隆起南部地区中寒武统热成熟度在 1.5%～2.0% 范围内，大部分地层热成熟度高于 1.5%。因此，麦盖提斜坡—塘古孜巴斯—巴楚南部地区现今中寒武统热成熟度处于高成熟阶段，具有生凝析油气潜力。

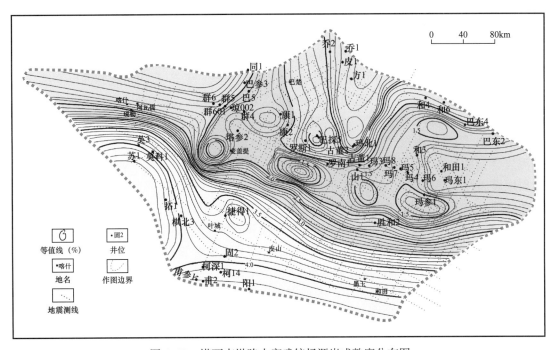

图 4-83　塔西南坳陷中寒武统烃源岩成熟度分布图

巴楚隆起北部和西南坳陷及山前地区为热成熟度高值区，其中巴楚隆起北部中寒武统热成熟度普遍高于 2%，甚至 2.5%，由方 1 井热史曲线可以看出，该区寒武系属于生烃终止型，喜马拉雅运动使得该区强烈抬升，中寒武统热成熟度不再增加，保持了抬升前的热成熟度状态，目前不再生烃。西南坳陷地区热成熟度向山前方向快速增加，反映了热成数度随深度增加而增大的趋势，至山前地区热成熟度超过 4.0%，西南坳陷是喜马拉雅运动以来快速沉降的前陆盆地，沉降速率快，烃源岩具有快速演化的特点，因此该区热成熟度虽高，但具有生气的潜力。

塔西南地区寒武系热成熟度呈现出"中部低，两侧高"的特征，中部的麦盖提斜坡和塘古孜巴斯部分地区为低值区，巴楚隆起大部和西南坳陷及山前地区为高值区。这种现象与塔西南地区构造演化紧密相关，巴楚地区早期深埋藏，在地温作用下成熟度不断增大，至喜马拉雅期，受造山带影响隆升，烃源岩生烃终止，西南坳陷地区喜马拉雅运动以来快速沉降，烃源岩快速热演化，形成了埋深大、热成熟度高的特点，麦盖提斜坡一直处于"跷跷板"式运动的支点位置，未经深埋藏及隆升，成熟度随深度稳定增加，目前处于高成熟阶段。

第四节　烃源岩厚度分布地震预测

目前国内外石油地质和地球物理等领域提出了不同的源岩厚度预测方法，主要包括钻井采样计算法和地震资料预测法。钻井采样计算是直接统计已钻遇井中烃源岩层厚度，该方法精度最高，但是需要大量的实测钻井资料。利用地球物理方法实现烃源岩厚度预测，一般情况下，已知某层段的地层厚度，求解烃源岩厚度的问题即转化为求解泥岩含量的问题，主要包含三种：第一种是基于地震波阻抗反演分析；第二种是基于特定的地震属性参数提取；第三种是基于测井声波速度和地震速度开展。

不同的烃源岩厚度计算模型都具有各自的优势，实际应用过程中要选取适合研究区的预测方法。彭刘亚等[85]通过利用三维地震资料与测井曲线相关联约束波阻抗反演，并结合敏感地震属性参数分析，预测出煤系烃源岩含量。李红等[95]利用稀疏脉冲反演结合地震约束的测井曲线反演技术，预测出煤系烃源岩中煤层厚度。这两种波阻抗反演分析方法需要一定的测井资料，仅适用于中—高勘探工区。

王永刚[96, 97]、谢东[98]等最早提出了利用特定属性参数与岩性之间的相关性特点预测泥岩含量的分布。曹强[99]、吴杰[100]等进一步改进了上述方法，从岩性三维属性体、沿层地震属性和层间吸收属性三方面经过优化处理，提取出反映岩性最敏感的少数属性，在此基础上，进行了泥岩含量的预测。这些方法适用于油气勘探的各个阶段，但是从原理上分析，反映岩性最敏感的地震属性仅能定性代表岩性含量的相对大小，无法定量预测出烃源岩含量，因此，应用此种方法可以间接了解研究区的烃源岩品质。

刘震[101, 102]提出了地震速度研究砂体厚度的变化，那么换一种思路，也可以预测出泥岩厚度。地震波在地下传播途中，受到岩石骨架的影响地层速度会有变化，因此地层速度差异性能够反映岩石的类型，而地震处理过程中会产生大量的地震速度资料，利用这些资料能够计算出泥岩厚度。显然，此种方法同样适用于油气勘探的各个阶段，尤其在油气勘探的早期，利用少量的钻井资料结合大量的二维及三维地震资料可以预测出潜在地区的烃源岩厚度分布。

生油岩厚度是评价盆地能否形成商业性开采的重要指标。但一些学者认为，生油层只有一部分可以生排烃形成初次运移[103]。但是不可否认，厚度越大的生油层，相应实际供烃的生油岩规模就越大。因此，利用厚度进行油气资源预测与评价依然行之有效。

一、烃源岩厚度地震预测基本方法

目前深水大部分地区处于油气勘探的早期阶段，仅在部分凹陷完钻了少量探井，利用这些钻井、测井资料或取心资料无法了解全区烃源岩厚度情况。同时这些钻井都分布于各凹陷的构造高部位，统计其泥岩厚度显然不能代表深凹区的烃源岩质量。但是研究区内部署了一批二维和三维地震测线，地震处理过程中会产生大量的地震速度资料，因此利用这些资料结合泥岩指数的预测模型能够定量计算泥岩厚度，初步了解工区的烃源岩分布情况。

本节利用一批质量较好的地球物理资料，结合二维地震剖面和少量的钻井资料，进行整个凹陷的烃源岩厚度预测。虽然分辨率低于钻（测）井统计厚度方法，但是地震速度预测烃源岩厚度还是能够满足少井和无井等低勘探情况下的烃源岩评价。

厚度是烃源岩评价的一个重要指标。地震波通过不同岩性介质的传播速度不同，那么沉积体系域内部岩性和岩相的横向变化应该在地震层速度上有所反映。作为地震资料常规处理中间步骤的速度分析为岩性解释提供了大量的速度谱及叠加速度信息，通过地震速度—岩性定量预测方法就可以转换出地层泥岩指数，进而计算出泥岩总厚度。

（一）稀井区求取砂泥岩压实模型

目前长昌凹陷仅在深水区部署了少量钻井，属于南海北部的深水稀井区，在该区主要利用多井的声波时差资料求取砂泥岩综合压实模型，具体过程如下。

1. 识别纯砂岩和纯泥岩发育位置

根据自然伽马、自然电位、声波时差等测井曲线进行综合解释，再结合钻井岩性的对比结果，两者相互补充、相互验证，最终确定纯砂岩和纯泥岩的测井曲线特征。

2. 拾取厚层纯泥岩和纯砂岩声波时差值

在声波时差测井曲线上，一般选取厚层的泥岩段和砂岩段进行读值，这样可以拾取岩性较均一的速度参数。另外，必须避免拾取如低速异常体（油气层、煤层等）和高速异常体（石灰岩层、火成岩层等）对应的声波时差数值。总之，取值时尽量保证取到相对高值端（泥岩）和相对低值端（砂岩和砾岩）两类数据。

3. 编制单井压实曲线

利用声波时差值分别计算纯砂岩和纯泥岩的速度，将拾取的纯砂岩和纯泥岩速度与埋深交会可以得到两个散点带，再进行拟合得到的拟合曲线分别是纯砂岩和纯泥岩的压实曲线（图4-84）。

4. 多井综合得到砂泥岩压实模型

单井压实曲线虽然仅能反映某一口井中的特征，但由于人为读值和地层分布不均匀，可能产生一些误差；而多井联合制作砂泥岩压实模型，可以全面体现区域内的压实特点，一定程度上规避这些误差。值得一提的是，在多井联合之前，需要先确定各个单井压实曲线类型，将同种类型合并分块，再进行各类型的砂泥岩模型制作。

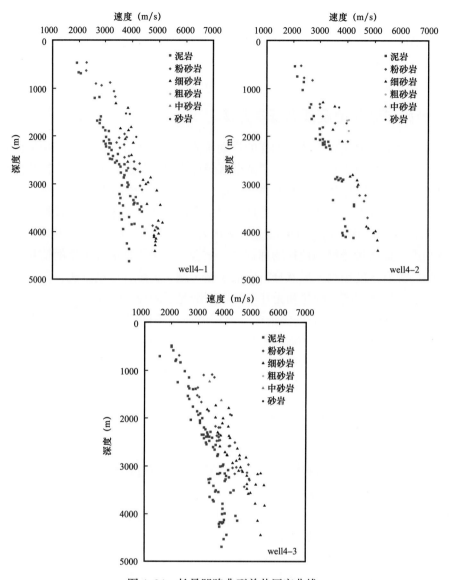

图 4-84　长昌凹陷典型单井压实曲线

从图 4-85 中发现长昌凹陷存在一种类型的砂泥岩压实模型，属于正常型，应用该模型能够较好地预测烃源岩厚度。

（二）深水无井区求取砂泥岩压实模型

目前 GH 凹陷尚未部署钻井，属于南海北部的深水无井区，在该区主要利用地震速度谱资料求取砂泥岩综合压实模型，具体过程如下。

1. 预测潜在砂泥岩压实模型类型

在上述讨论砂泥岩压实模型类型当中，已经说明针对无井区根据地震速度谱资料制作对应的砂泥岩压实模型，需要先确定压实模型，了解是外包络线代表砂岩还是内包络线代表砂岩，以避免盲目套用而出错。

图 4-86 是利用 GH 凹陷相邻地区的井孔资料制作的砂泥岩压实模型，砂岩速度与泥

岩速度的包络线能够很好地区分开，并且砂岩速度明显高于泥岩速度，属于正常型。据此推测，GH凹陷砂泥岩综合压实模型也为正常型。

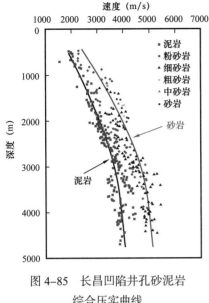

图4-85　长昌凹陷井孔砂泥岩
综合压实曲线

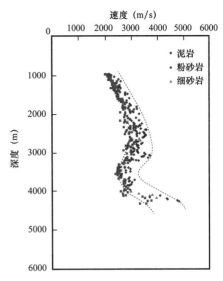

图4-86　琼东南盆地南部深水区井孔
砂泥岩综合压实曲线

不过此模型在深度3000m处出现一个明显的拐点，砂岩与泥岩速度超过拐点后明显减小。分析认为琼东南盆地南部深水区深浅层存在着两个明显的地温—地压系统，以3000m深度为界，上部浅层为"静压型地温—地压系统"，下部深层为"高压型地温—地压系统"。正是由于深层的"高压型地温—地压系统"使得深层孔隙度未按照正常压实曲线快速减小，而得以适当保存。因此深层孔隙度的增大必然引起地层速度的减小。

2. 解释速度谱

在前文中已经描述过该方法，即在地震速度谱上拾取有效反射的能量团，并且剔除由于绕射波或者断面波产生的高速异常点，以及由于多次波产生的低速异常点。

3. 求取地层速度

先将叠加速度转为均方根速度，然后按照Dix公式把均方根速度转化为地层速度，再将一个地区或者区块所有测线上的全部速度谱经过计算后，进行地层速度投点。

4. 确定砂泥岩压实模型

虽然地震地层速度代表厚度在100m以上的一个层段中的总体速度，而这个层段中一般很难是纯砂岩或者纯泥岩的。但是大量地层速度投点形成的阴影带的高速边界和低速边界与砂岩和泥岩的压实模型最为接近。因此，可以将阴影带的高速包络和低速包络分别制作为砂岩和泥岩的压实模型。不难发现，此种方法比多井声波时差法的误差要大，一般适用于无井地区。图4-87

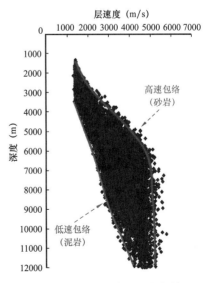

图4-87　GH凹陷地震速度谱
综合压实模型

是利用 GH 凹陷二维 28 条测线 21292 个谱算地层速度值结合时深关系得到的砂泥岩压实模型。

（三）泥岩指数定量预测模型

泥岩指数定量预测模型的前提是忽略孔隙流体，将地层单元划分为砂岩和泥岩。在砂泥岩地层单元中，砂岩指数定量预测模型为

$$\frac{1}{v_{\text{int}}} = \frac{P_{\text{s}}}{v_{\text{s}}} + \frac{1-P_{\text{s}}}{v_{\text{m}}} \tag{4-4}$$

式中，P_{s} 为砂岩指数，%；v_{m}、v_{s}、v_{int} 为相同埋藏深度对应的纯泥岩地层速度，m/s、纯砂岩地层速度，m/s、地震地层速度，m/s。

经过调整，可以得到泥岩指数定量预测模型：

$$\frac{1}{v_{\text{int}}} = \frac{1-P_{\text{m}}}{v_{\text{s}}} + \frac{P_{\text{m}}}{v_{\text{m}}} \tag{4-5}$$

式中，P_{m} 为泥岩指数，%。将地层速度数值代入式（4-5）中，就可以计算出泥岩指数。

由于地震速度受地下多种因素影响，如岩石的矿物颗粒组分、胶结物的类型及含量、地层温度—压力特征、孔隙度大小、孔隙流体等。因此泥岩指数定量预测模型在实际应用过程中，是以假设在同一埋藏深度条件下，上述这些因素均相同为前提，地震速度的差异只是由于泥岩指数不同造成的[92]。这也是泥岩指数地震预测模型的理论基础。

1. 古近系泥岩含量预测

泥岩指数定量预测公式仅仅符合数学上的统计规律，另外地震地层速度经过多种校正后仍存在误差，从而造成井孔实测值与计算出的泥岩含量 P_{m} 依然有差别。为了消除误差，逼近真实值，需要利用井孔实测值校正泥岩指数定量预测模型计算的泥岩含量（表4-15），而在未部署钻井的区块可以利用相邻地区的泥岩含量校正系统进行误差分析，最终可以得到相应区块的可靠泥岩含量。

表 4-15　长昌凹陷泥岩含量校正量统计表　　　　　　　　　　单位：%

组	段	计算值	钻井值	绝对误差	相对误差
陵水组	陵一段	63.66	70.74	7.08	10.01
	陵二段	50.13	53.82	3.69	6.86
崖城组	崖一段	65.22	71.4	6.18	8.66
	崖二段	49.09	54.4	5.31	9.76

注：校正相对误差为 8.82%。

结合长昌凹陷钻达目的层钻井的录井资料，由表4-15可以看出长昌凹陷分析得到的泥岩含量平均相对误差为8.82%，在实际分析中，需要对所有计算的泥岩含量进行校正，从而得到长昌凹陷较为可靠的崖城组、陵水组各段泥岩含量平面分布图。

长昌凹陷陵水组海侵体系域沉积期，海水发生进积，盆地沉积范围扩展，陆相物源输入减少。在此沉积期内，陵水凹陷内大范围发育浅海相，沉积物颗粒偏细，泥岩含量偏

高。长昌凹陷发育两大泥岩含量高值区，分别位于凹陷中东部和西部，最大约为80%，凹陷中西部发育泥岩含量低值区，约为30%（图4-88）。

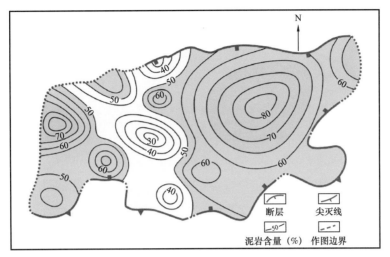

图4-88　长昌凹陷陵水组海侵体系域泥岩含量平面分布图

长昌凹陷崖城组海侵体系域沉积期，大范围发育浅海相，沉积物颗粒偏细。在此沉积期内，长昌凹陷泥岩含量整体偏高，泥岩含量由南向北逐渐增高，凹陷由西向东主要发育三大泥岩含量高值区，泥岩含量最高可达75%（图4-89）。

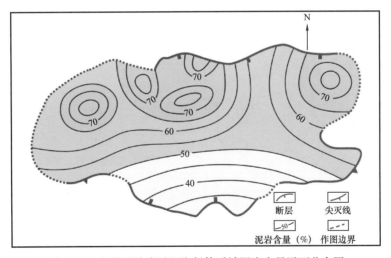

图4-89　长昌凹陷崖城组海侵体系域泥岩含量平面分布图

GH凹陷陵水组海侵体系域沉积期，凹陷泥岩含量分布特征整体上呈现北高南低的格局。在凹陷沉积中央区泥岩含量指数普遍较高，在靠近北部边界断裂处更为明显，泥岩含量指数普遍高于70%。南部为砂质滨海沉积环境，泥岩含量指数普遍较低，多分布在40%左右（图4-90）。

GH凹陷崖城组海侵体系域沉积期，岸线向陆后退，陆源碎屑物质供给降低。大范围地区发育浅海相，沉积物颗粒偏细，泥岩含量偏高。泥岩含量分布呈现出北断层带高，向缓坡减低的特点。大部分地区泥岩含量高于50%，最高值位于北部边界断裂处，约为75%。显然，此时期GH凹陷可以发育良好的海相烃源岩，具有较强的生烃潜力（图4-91）。

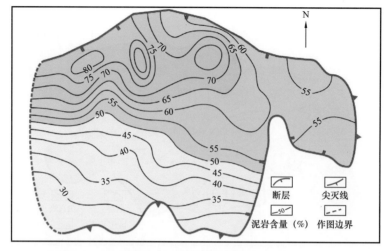

图4-90 GH凹陷陵水组海侵体系域泥岩含量平面分布图

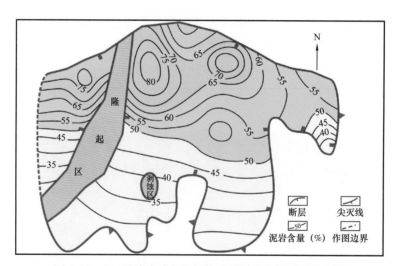

图4-91 GH凹陷崖城组海侵体系域泥岩含量平面分布图

通过对长昌凹陷和GH凹陷崖城组和陵水组各海侵体系域泥岩含量平面分布特征分析后，认为两个凹陷均呈现北高南低的格局。受到北部边界断裂控制，各凹陷始终具有北部沉积中心泥岩含量高、而南斜坡泥岩含量低的特点，且该分布格局继承性强。

2. 泥岩厚度分布预测

在上述计算的基础上，泥岩厚度 H_m 的计算公式为

$$H_m = H_总 \cdot P_m \tag{4-6}$$

式中，$H_总$为某一层的地层总厚度；P_m为该层的泥岩指数。

长昌凹陷陵水组海侵体系域沉积期，由于海平面的持续上升，浅海相面积扩大，泥岩含量明显增加，泥岩厚度也随之增大。此沉积时期内，凹陷东西长轴方向泥岩厚度沉积最大，并且沿短轴方向逐渐减薄；存在两个泥岩厚度高值区，分别位于凹陷中东部和

西北部，泥岩厚度均达到 500m；凹陷南部边缘、北部边缘及中西部泥岩沉积厚度较薄（图 4-92）。

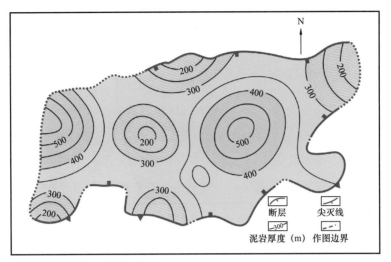

图 4-92 长昌凹陷陵水组海侵体系域泥岩厚度平面分布图

长昌凹陷崖城组海侵体系域沉积期，泥岩厚度由南向北逐渐增加，凹陷发育三大泥岩厚度高值区，包括凹陷沉积中心、西北部和东北部。凹陷沉积中心泥岩厚度超过 300m 以上，最高可达 400m，东北部和西北部泥岩厚度高值区最大厚度均超过 400m，其中，西北部泥岩厚度泥岩沉积最厚达到 500m（图 4-93）。

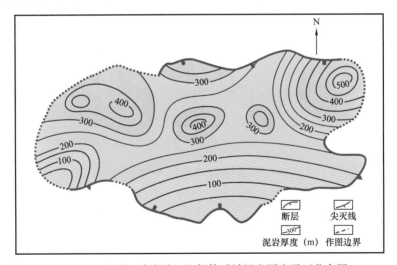

图 4-93 长昌凹陷崖城组海侵体系域泥岩厚度平面分布图

GH 凹陷陵水组海侵体系域沉积期，海平面的持续上升导致浅海相面积扩大，泥岩厚度高值区分布较广，总体呈现北东高南部低的总体特征。此时期存在两个泥岩厚度高值区，连片分布于凹陷北部，最大泥岩厚度约为 400m（图 4-94）。

GH 凹陷崖城组海侵体系域沉积期，泥岩厚度继承了陵水组海侵体系域的分布特点。此时期存在三个泥岩厚度高值区，分别位于凹陷的东主洼、西主洼，均超过了 350m。西主洼含有两个泥岩厚度高值区，泥岩沉积最厚达到 500m（图 4-95）。

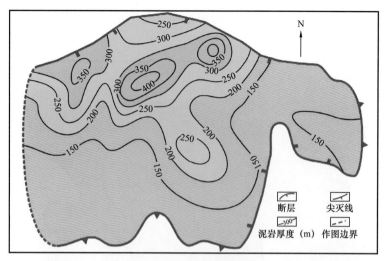

图 4-94　GH 凹陷陵水组海侵体系域泥岩厚度平面分布图

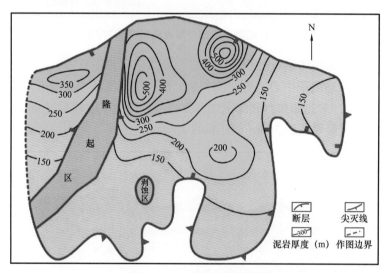

图 4-95　GH 凹陷崖城组海侵体系域泥岩厚度平面分布图

　　通过对长昌凹陷和 GH 凹陷渐新统泥岩厚度的预测，两个凹陷泥岩沉积厚度分布特征具有相似点，但又略有不同。其相似点是：每个凹陷泥岩沉积厚度均呈现北高南低的特点；分布特征也都具有明显的继承性；崖城组海侵体系域泥岩沉积厚度均略大于相对应的崖城组海侵体系域。其不同点是：长昌凹陷泥岩厚度高值区大部分分布于凹陷东西长轴方向，而 GH 凹陷泥岩厚度高值区沿北部边界断裂处分布。仅从上述预测的泥岩厚度分析结果，可以初步确定长昌凹陷和 GH 凹陷陵水组海侵体系域和崖城组海侵体系域都发育着比较好的烃源岩。

二、西江凹陷源岩厚度分布地震预测

　　西江主洼深层勘探程度较低，井孔资料比较缺乏。应用地震波速度参数自身的变化规律及其与地下岩性之间的内在联系来揭示包括砂泥岩百分含量在内的参数是十分必要的，进而可以获取泥岩厚度数据。

（一）地震层速度计算分析

地震速度分析获得的叠加速度谱提供了大量的叠加速度数据，同时地震资料解释提供了该区的层位数据，于是叠加速度可转化为均方根速度，均方根速度可以再转化为层速度数据。

一般情况下，由于速度获取方法和依据的速度模型之间存在差异，使得谱算层速度与声波层速度之间存在误差。考虑到速度—岩性解释是按层位进行的，故可将各层段的误差视为常数，从而用补偿法将其消除，即把谱算层速度普遍减去一个校正量 Δv。

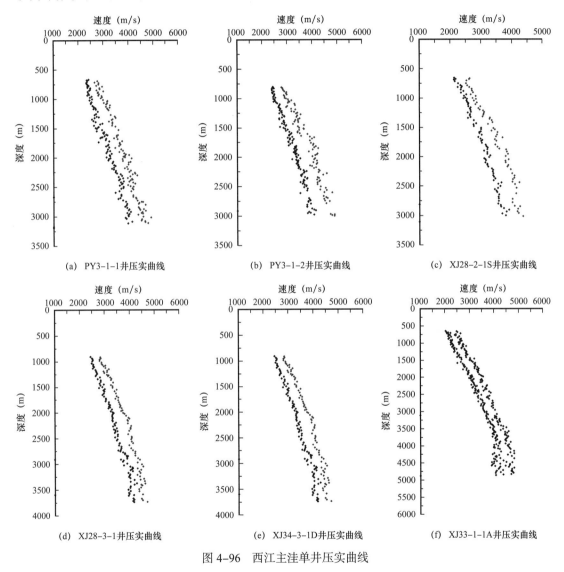

图 4-96　西江主洼单井压实曲线

由于西江主洼的 XJ33-2-1A 井钻遇恩平组较厚层段，因此根据它进行层速度误差分析进行本工区层速度的校正。根据表 4-16 统计，以声波速度为准，对谱算层速度进行系统校正，校正层速度值，这样可以得到比较准确的西江主洼恩平组、文昌组各段层速度平面分布图。

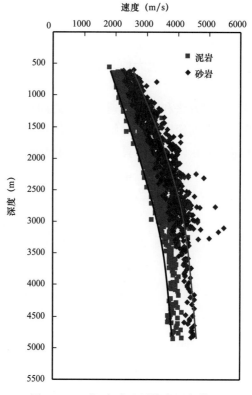

图 4-97　西江主洼地层综合压实模型

表 4-16　西江主洼层速度校正量统计表　　　　　　　　单位：m/s

井号	层段	$v_谱$	$v_声$	Δv
XJ33-2-1A	恩四段	4540	4169	371
	恩二、恩三段	4760	4267	493
	恩一段	5006	4577	429

　　恩四段层速度总体表现出洼槽带高、陡坡带低的特征，其中，西江主洼西南部层速度值最大，最大值约为4400m/s。在北部陡坡带层速度最小，最小值约为3800m/s（图4-98）。

　　恩二、恩三段层速度平面分布特征和恩四段分布相似。在此沉积期内，恩二、恩三段大部分地区层速度在4000m/s以上。此时期沉积地层层速度存在两个高值区，位于凹陷西部和北部，分别对应层速度最大值，最大层速度约为4600m/s和4400m/s。

　　恩一段层速度总体特点和恩二、恩三段的特征相似，仅局部地区有所差异。在此沉积期内，沉积地层层速度存在两个高值区，位于凹陷的西部和北部，分别对应层速度最大值，最大层速度约为4800m/s。

　　文三段层速度明显大于恩平组层速度，地层速度在4400m/s以上。在此沉积期内，沉积地层层速度存在一个高值区，位于凹陷的北部，最大层速度约为5200m/s（图4-99）。

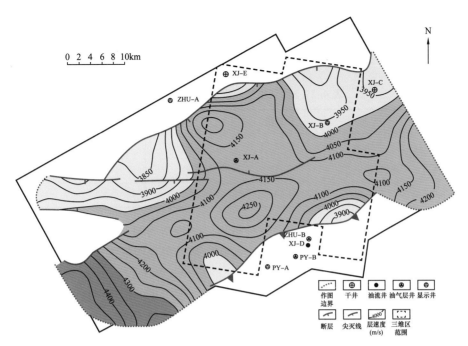

图 4-98 西江主洼恩四段层速度平面分布图

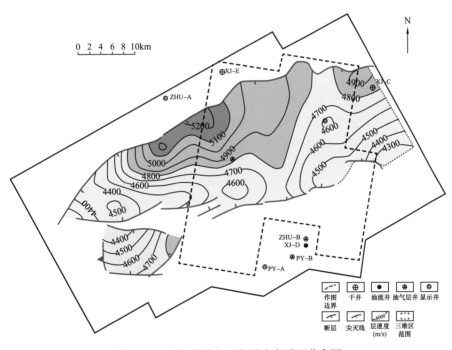

图 4-99 西江主洼文三段层速度平面分布图

文二段层速度总体上是最大的。在此沉积期内，沉积地层层速度从北部深大断裂带到缓坡地层速度逐渐减小，最大层速度约为 5400m/s，最小速度约为 4600m/s。

（二）泥岩含量计算分析

由于基于时间平均方程的岩石体积物理模型的数学公式只在统计意义上成立，而且地震层速度经过多种校正后仍存在误差，从而造成计算出的泥岩含量 P_m 还与钻井实际值有差别。为了进一步提高岩性速度预测的精度，最后还要与钻井获得的真实泥岩含量进行校正（表4-17）。

表 4-17　西江主洼泥岩含量校正量统计表　　　　　　　　　单位：%

井号	层段	计算值	钻井值	绝对误差	相对误差
	恩四段	82	84	2	2
XJ33-2-1A	恩二、恩三段	71	81.3	10.3	12
	恩一段	60	63.2	3.2	5

由表4-17中可以看出，速度—岩性分析得到的泥岩含量平均绝对误差为5%，在实际分析中，需要对所有计算的泥岩含量进行校正，从而得到西江主洼各层段较为可靠的泥岩含量平面分布图。

在地震速度—岩性分析的基础上，结合由分层数据得出的地层厚度值，任一层段的地层总厚度 $H_{总}$ 与泥岩指数 P_m 相乘即可求出这一层段的泥岩总厚度。

（1）恩四段泥岩厚度平面分布特征。恩四段沉积期内，由于水面的持续上升，泥岩含量明显增加。由恩四段泥岩等厚图可知，恩四段沉积期内西江主洼存在一个泥岩厚度高值区，分别位于凹陷的洼槽带，泥岩最大厚度约260m。

（2）恩二、恩三段泥岩厚度平面分布特征。恩二、恩三段泥岩厚度高值区分布较广，该套沉积地层存在两个泥岩厚度高值区，分别位于凹陷东部和西部断层带，最大泥岩厚度约为460m。

（3）恩一段泥岩厚度平面分布特征。恩一段沉积期内，由于处于低位粗粒沉积，泥岩含量减小。由恩一段泥岩等厚图可知，恩一段沉积期内 GH 凹陷存在三个泥岩厚度高值区，分别位于凹陷的东部、西部和中部，泥岩最大厚度约220m（图4-100）。

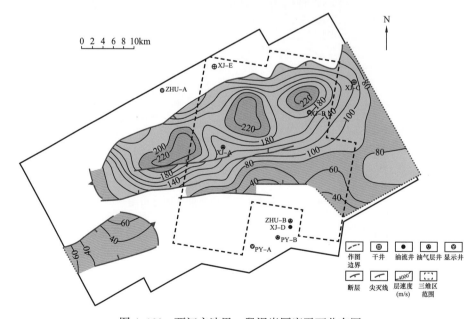

图 4-100　西江主洼恩一段泥岩厚度平面分布图

（4）文三段泥岩厚度平面分布特征。文三段泥岩厚度高值区分布较广，该套沉积地层存在两个泥岩厚度高值区，分别位于凹陷北部断裂带，最大泥岩厚度约为390m（图4-101）。

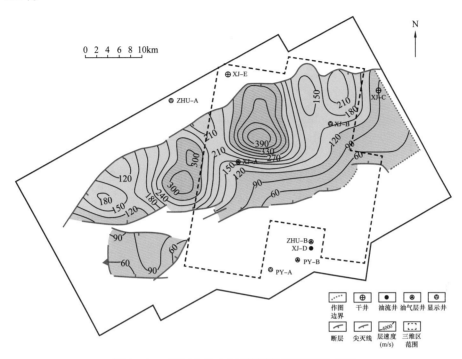

图4-101　西江主洼文三段泥岩厚度平面分布图

（5）文二段泥岩厚度平面分布特征。文昌组二段泥岩厚度分布继承性强，高值区分布较广，该套沉积地层存在两个泥岩厚度高值区，分别位于凹陷北部断裂带，最大泥岩厚度约为600m和500m。

三、塔西南坳陷烃源岩厚度分布地震预测

（一）单井压实曲线和多井综合压实模型

单井压实曲线制作是得到工区综合压实模型首先要进行的工作。单井压实模型制作可分为识别低速层岩性和高速层岩性、读取低速层和高速层的声波时差数据、计算层速度和编制单井压实曲线。对塔西南地区钻至（遇）下寒武统五口井进行了压实曲线的编制。

综合应用自然伽马曲线、自然电位曲线及声波时差曲线等电测曲线特征，识别高速岩层岩性和低速岩层岩性，进而与钻录井得到的岩性信息进行相互验证与对比，记录确定的高速岩层和低速岩层处声波时差曲线值，一般情况下选取大段的高速层和低速层的平台值或半幅点之间的平均值作为该点处的声波时差值，避免高速和低速尖峰值，通过声波时差求得该处的地层速度，利用所计算的高速层和低速层层速度与深度数据进行投点，就可以得到单井压实曲线（图4-102）。

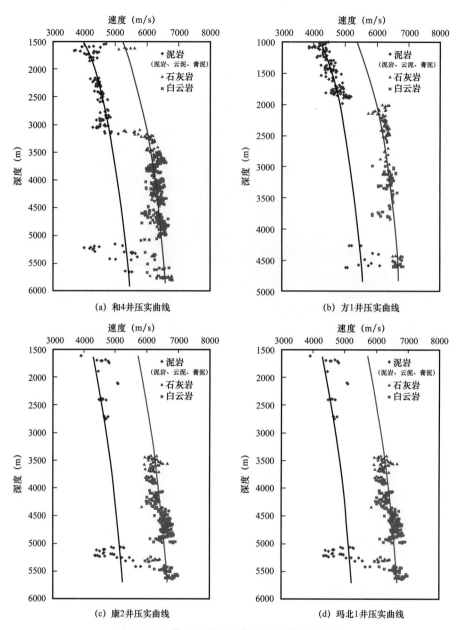

图 4-102　塔里木盆地西南地区单井压实曲线

通过研究区和 4 井、方 1 井、康 2 井、巴探 5 井和玛北 1 井五口井测井曲线和岩性剖面对比分析发现，低速层主要为泥岩、云质泥岩、泥灰岩和泥质云岩，高速层为纯的白云岩和石灰岩。对于泥岩而言，由于地层为碳酸盐岩地层，泥岩的速度也较砂泥岩地层中泥岩速度偏大，可能是因为泥岩中钙质胶结物较多，增大了机械波的传播速度。由这几口井单井压实曲线可以看出，低速层层速度随深度的增加而增大，高速层呈现出相同的趋势。图 4-102 中可见到压实曲线之间有大段空缺值，此深度段内地层为良里塔格组、鹰山组、蓬莱坝组和上寒武统下丘里塔格群大套的纯碳酸盐岩（纯白云岩和石灰岩）地层，不发育泥岩或泥质云岩和泥质灰岩。

对于深部寒武系，地层埋深在 4000～6500m，埋深较大，低速层层速度平均值可达到 5000m/s，对于纯白云岩和石灰岩，地层速度介于 5500~6800m/s，大部分达到 6000~6800m/s，由图 4-102 可见，高速岩层和低速岩层层速度差值可达 1500m/s，相较于砂泥岩地层高速层和低速层速度间隔较小情况，或高速层和低速层岩性不确定情况，碳酸盐岩地层高速层和低速层层速度差值如此之大使得后面岩性指数计算更加准确。单井压实曲线只反映某口井的压实特征，且在制作过程中由于各种因素可能造成一定偏差，将单井压实曲线进行综合，消除单井随机误差，多井的综合压实模型可反映某区块或某构造带的真实的压实特征。将巴楚隆起之上五口单井压实曲线进行综合，拟合出低速层和高速层地层速度随深度变化的曲线，制作研究区综合压实模型（图 4-103）。

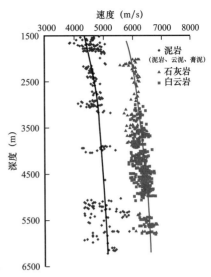

图 4-103 塔里木盆地西南地区五口井综合压实模型

由钻井、测井资料制作的综合压实模型可见，低速岩层和高速岩层地层速度均呈现随深度增加而增大的趋势。寒武系低速岩层层速度平均值为 5000m/s，高速岩层层速度范围为 6000~6800m/s。

（二）地震压实模型和井震压实模型对比分析

由于研究区内只有五口井钻至目的层位，且五口井均位于巴楚隆起，而巴楚隆起只属于研究区四个构造单元中的一个构造单元，因此，钻测井资料得到的综合压实模型最多代表巴楚隆起的压实模型，而并不能代表整个研究区的压实模型。因此，选取覆盖研究区 99 条二维测线速度谱，共 13874 个谱算层速度值，制作研究区地震压实模型。二维地震测网尽量覆盖整个工区，在层速度校正后，研究区时深关系求取基础上，可得到研究区地震压实模型（图 4-104）。

由图 4-104 可见，低速包络代表低速岩层地层层速度，高速包络代表高速岩层的地层速度，低速层层速度约为 4500m/s，高速层层速度约为 6500m/s，高速层速度和低速层速度均呈现随深度增加而增大的趋势，高速层和低速层差值将近 2000m/s。

通过井震压实模型对比（图 4-105）发现，井孔低速层地层速度和谱算层速度在浅层吻合较好，而高速层向深层误差变大，井孔高速层地层速度和谱算高速层地层速度在深部吻合较好，而在浅层误差相对变大。五口井均位于巴楚隆起之上，仅仅代表巴楚隆起的地层压实特征，势必会和代表整个研究区范围的地震谱算层速度压实曲线相异。

（三）时深关系求取

钻（至）穿寒武系的五口井均没有 VSP 资料，且五口井距离二维地震测线较远，井在地震剖面投影处地层条件和钻井处地层条件相差可能较大，应用合成地震记录制作时深关系误差较大，因此，通过声波时差在一系列深度点的积分，分别计算五口井的时深关系曲线，将五口井的时深关系值进行拟合就会得到该区的时深关系曲线（图 4-106）。

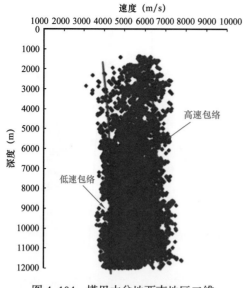

图 4-104　塔里木盆地西南地区二维
地震速度谱综合压实模型

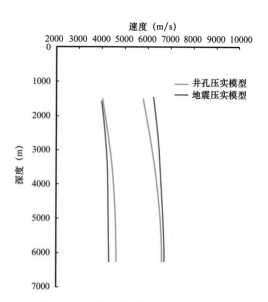

图 4-105　塔里木盆地西南地区井—
震压实模型对比

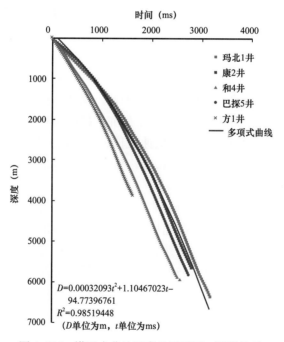

$$D=0.00032093t^2+1.10467023t-94.77396761$$
$$R^2=0.98519448$$
（D单位为m，t单位为ms）

图 4-106　塔里木盆地西南地区时间—深度关系

由图 4-106 可见，和 4 井和方 1 井与康 2 井、巴探 5 井、玛北 1 井三口井时深关系相差稍大，时深关系数值较大，这两口井均为与巴楚隆起东部边缘靠经阿瓦提坳陷，而康 2 井、巴探 5 井和玛北 1 井均位于巴楚隆起西部和西南部，靠近麦盖提斜坡。从构造演化来看，巴楚隆起东部古生代经历深埋藏，向西部地层逐渐变浅，和 4 井和方 1 井地质历史中经历的最大埋深较康 2 井、玛北 1 井、巴探 5 井三口井要大，因此，和 4 井和方 1 井相对其他三口井具有较大时深关系。由于和 4 井和方 1 井位于巴楚隆起东部边缘，同样处于研究区边缘，且较其他三口井时深关系不同，因此选用康 2 井、玛北 1 井和巴探 5 井三口井的时深关系值拟合研究区的时深关系曲线。

（四）烃源岩厚度计算

在压实模型制作基础上，通过求取地层速度，计算出岩性指数，进而可得到烃源岩厚度的平面分布。

将地震叠加速度谱经倾角校正得到均方根速度，按 Dix 公式转换为层速度。通过 Dix 公式计算得到的层速度会产生较大的误差，因为公式本身就有将均方根速度误差放大的缺点，因此需要对转换的层速度进行误差校正，将这种误差消除。地震速度—岩性解释方法以层位为单元，将各层位误差作为一个常数，并用补偿法消除，即将由地震速度谱计算得到的层速度加减一个校正量 Δv。

由于玛北 1 井和巴探 5 井在一定距离内无二维地震测线或无二维地震解释速度谱，所以两口井目的层段的层速度无法应用，而方 1 井中—下寒武统缺失声波时差曲线，井孔中—下寒武统地层速度无法计算，所以只选用了和 4 井、康 2 井两口井的中寒武统和下寒武统层速度值来校正谱算层速度值，并计算出中寒武统和下寒武统层速度校正值的平均值作为校正全区范围内中寒武统和下寒武统谱算层速度值，进而应用校正后的谱算层速度值计算该层段的低速层的岩性指数，求得该层段的烃源岩厚度。

选取过和 4 井二维地震测线 BD92-718，过康 2 井两条二维地震测线 MX93-220 和 MX94-616 来计算中寒武统和下寒武统层速度校正平均值（表 4-18），这样可以得到研究区内比较准确的层速度值，经过计算地震谱算层速度比井孔层速度数值大，得到中寒武统平均校正值为 991m/s，即中寒武统地震谱算层速度均减去此值，而下寒武统地震谱算层速度均比井孔计算层速度小，得到下寒武统平均校正值为 462m/s，即下寒武统地震谱算层速度均加上此值。

表 4-18　塔里木盆地西南地区层速度校正量统计表

井号	层段	顶时间（ms）	底时间（ms）	$v_谱$（m/s）	$v_声$（m/s）	Δv（m/s）
和 4	中寒武统	2441	2662	5353	5255	98
	下寒武统	2662	2869	5318	6011	−693
康 2	中寒武统	2639	2846	6698	5405	1293
	下寒武统	2846	2940	6460	6691	−231
	中寒武统	2664	2835	6095	5405	690
	下寒武统	2835	2901	6228	6691	−463

中寒武统地层速度整体较下寒武统层速度低，最低地层速度约为 4500m/s，最高为 6500m/s，层速度低值区速度为 4500～5500m/s，层速度高值区速度为 6000～6500m/s。速度高值区主要为巴楚隆起东北部、塔西南坳陷的和田—叶城凹陷、喀什凹陷一线及塘古孜巴斯坳陷南部地区，速度低值区主要在麦盖提斜坡一线及巴楚隆起中东部方 1—和 4 井区、玛北 1—古董 1—山 1 井区（图 4-107）。

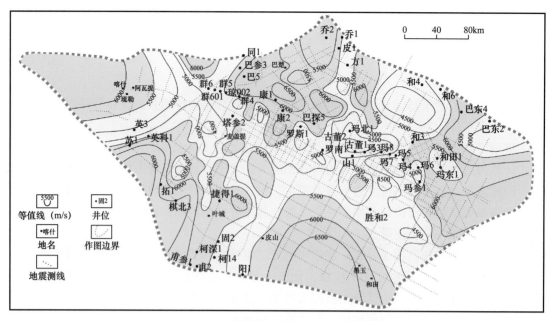

图 4-107　塔西南坳陷中寒武统层速度平面分布图

西南坳陷沉降速率快，古近—新近系沉积物厚度大，寒武系最大埋深将近 16000m，沿该线中寒武统速度较高，整个巴楚隆起层速度较低而北部出现高值区，可能由于该区无盐岩层的存在，造成层速度较大。由于中寒武统巨厚低速盐岩层的存在形成整个麦盖提斜坡和巴楚隆起中东部和 4—方 1 井区、玛北 1—古董 1—山 1 井区层速度低值区。

下寒武统地层速度明显较中寒武统层速度高，最低地层速度约为 5000m/s，最高地层速度大于 6500m/s，大部分地层速度介于 5500～6000m/s，速度高值区分布于西南坳陷一线、巴楚隆起北部，速度低值区主要分布在巴楚隆起西南部玛北 1—古董 1—山 1 井地区及和 4 井—和 6 井区（图 4-108）。

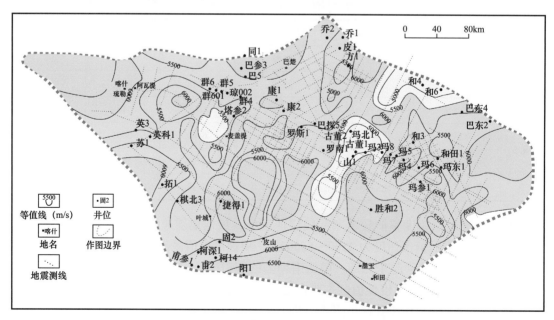

图 4-108　塔西南坳陷下寒武统层速度平面分布图

由于下寒武统沉积环境区别于中寒武统，造成下寒武统地层速度整体高于上寒武统层速度。下寒武统无巨厚盐岩层的沉积，地层主要为碳酸盐岩沉积（白云岩或石灰岩），所以地层层速度较大，对于局部地层层速度低值区，可能为台地洼陷沉积或蒸发台地沉积，形成层速度低速层。

（五）烃源岩岩性指数计算

由中—下寒武统层速度平面分布特征，基于时间平均方程公式，依据岩性指数转换模型就可以求得低速层岩性指数。通过此方法计算得到的烃源岩厚度百分比具有统计意义，存在一定误差，需要井孔层段中地层烃源岩厚度百分比来校正由层速度得到的计算值，提高精度，从而得到可靠的中下寒武统烃源岩百分比平面分布图。

塔西南地区中寒武统存在巨厚的盐岩低速层（图4-109），通过统计塔西南巴楚隆起上和4井、方1井与康2井三口井中剔除盐岩层的地层平均速度和整个岩性层段的地层平均速度，结果表明巨厚盐岩层的存在对中寒武统层速度产生明显的影响，三口井中统计得到的速度差值平均为371m/s（表4-19）。

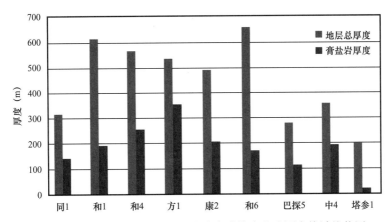

图4-109 塔里木盆地巴楚—塔中中寒武统膏盐岩厚度统计柱状图

表4-19 中寒武统膏盐岩地层速度统计表

井名	盐岩厚度（m）	占地层百分比（%）	地层速度（m/s）	无盐地层速度（m/s）	速度差值（m/s）
方1	183	34.0	5576	5810	234
康2	135	26.5	5405	5738	333
和4	156	27.5	5353	5898	545

注：速度差值平均为371。

膏盐岩地层在塔西南地区广泛存在，巨厚盐岩在中寒武统中所占百分比较大，通过统计和4井、方1井和康2井三口井盐岩厚度占地层百分比发现，盐岩在方1井中占中寒武统厚度达到34%，康2井中为最低值，为26.5%，三口井中盐岩占地层平均值为29.3%（表4-20），因此，必须将此岩性低速层对岩性指数的影响去除，塔西南地区中—下寒武统烃源岩厚度百分比校正参数见表4-21。

表 4-20　中寒武统盐岩占地层百分比统计表

井名	地层总厚度（m）	盐岩厚度（m）	占地层百分比（%）
方 1	537	183	34.0
康 2	509	135	26.5
和 4	567	156	27.5

注：占地层百分比平均值为 29.3%。

表 4-21　中—下寒武统岩性指数校正量统计表

井名	层位	计算值（%）	实测值（%）	绝对误差值（%）
方 1	中寒武统	2.7	4	1.3
	下寒武统	16.8	25	8.2
康 2	中寒武统	7.5	23.6	16.1
	下寒武统	—	—	—
和 4	中寒武统	4.4	15.3	10.9
	下寒武统	8.9	12.1	3.2

由表 4-21 可知，中寒武统低速层指数平均校正值为 9.4%，下寒武统平均校正值为 5.7%，依据此校正值，得到中—下寒武统烃源岩的百分比平面分布图（图 4-110）。由图中可见，中寒武统低速岩层百分含量介于 5%～25% 之间，大部分地区低速岩层含量范围为 10%～20%。整个麦盖提斜坡低速岩层百分含量约为 15%，百分含量东部高于西部，百分含量高值区主要位于西南坳陷南部和西南部，塘古孜巴斯坳陷东部，低速岩层含量超过 20%，甚至大于 25%，沉积环境可能为陆缘斜坡或台地边缘斜坡。和 4 井南部、玛北 1—古董 1—山 1 井区及胜和 2 井北部为高值区，低速层百分含量超过 20%，零星分布，范围较小，推测为台内洼陷沉积。

下寒武统沉积时期，烃源岩百分含量范围在 5%～30% 之间，绝大部分地区地层在 10%～20% 之间（图 4-111）。西南坳陷南部和西部为高值区，百分含量可高达 30%，麦盖提斜坡烃源岩百分含量大概为 15%，东部地区稍高于西部地区。和 4 井西部、方 1 井南部及古董 1—山 1—玛 3—和 3 一线为高值区。巴楚隆起北部烃源岩含量较低。

（六）烃源岩厚度分布特征分析

在层速度和烃源岩含量分析基础上，依据地震解释层位和时深关系得到地层厚度，即可求出各层段烃源岩厚度值。

下寒武统沉积时期，烃源岩厚度高值区主要分布于西南坳陷南部和西部，巴楚隆起局部分布（图 4-112）。麦盖提斜坡烃源岩厚度大概为 90m，其沉积环境为潮间带微生物坪相，西南坳陷南部和西部烃源岩最大沉积厚度大于 120m，主要为陆缘斜坡或盆地斜坡，叶城—和田凹陷和喀什凹陷一线为台地边缘滩相，烃源岩厚度小于60m。巴楚隆起烃源岩厚度值较低，高值区零星分布，可能为局限台地和内洼陷沉积。

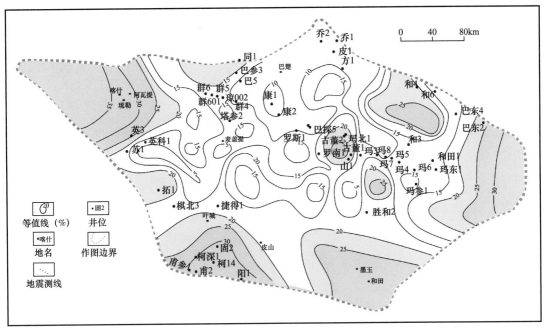

图4-110 塔西南坳陷中寒武统烃源岩百分含量分布图

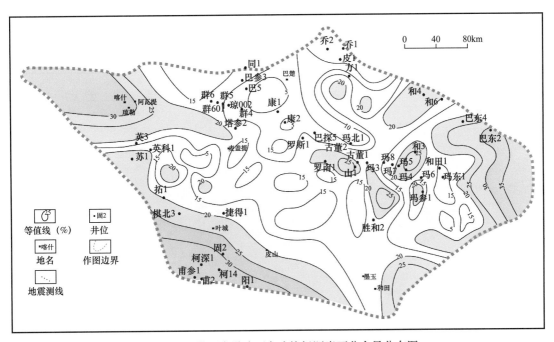

图4-111 塔西南坳陷下寒武统烃源岩百分含量分布图

中寒武统沉积时期，烃源岩厚度高值区主要位于巴楚隆起东部、麦盖提斜坡中部及西南坳陷南部和西部（图4-113），西南坳陷南部和西部高值区为继承性发育，而巴楚隆起上低速层范围扩大。和4—和6—方1井区、康2井南部及玛北1—罗南1井南部烃源岩厚度较大，最大厚度可达120m，主要为蒸发潟湖沉积和潮坪沉积，西南坳陷南部和西部烃源岩厚度高值区沉积环境主要为陆缘斜坡或盆地斜坡相。麦盖提斜坡烃源岩厚度东部大于西部，和田—叶城凹陷和喀什凹陷一线为低值区，在地层厚度图中同样表现为厚度低值区，可能为当时发育的水下低隆起。

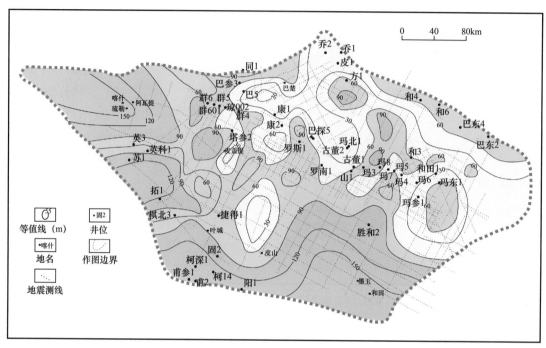

图4-112 塔西南坳陷下寒武统烃源岩厚度分布图

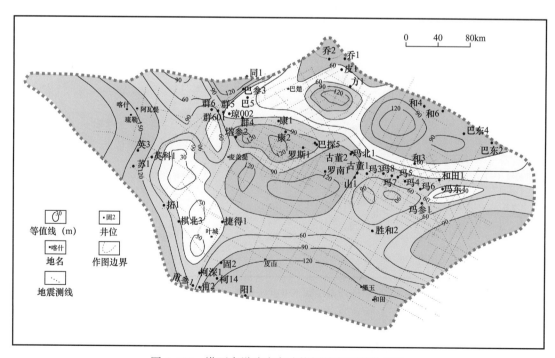

图4-113 塔西南坳陷中寒武统烃源岩厚度分布图

第五节 烃源岩分布综合评价预测方法

烃源岩综合评价预测是一项由多学科、多参数联合评价烃源岩的工作[104, 105]。勘探区块地质情况、资料种类数量等特征千差万别,因此必须选择合适的评价预测方法开展烃源岩研究。而这些综合评价研究都需要一定数量的露头、钻井、测井、取心和地球化学分析资料,但是在低勘探工区这些资料都难以获取。

烃源岩综合评价预测方法的核心是叠合多种的单项烃源岩评价参数,能够有效消除由于单项定量评价参数在获取过程中出现的某些陷阱,例如在烃源岩厚度预测过程中受控于人为因素或者本身预测模型带来的误差,使得预测结果偏离于真实值,造成规律认识上的错误,此外泥岩厚度高值区不一定就是生烃主洼所在地区,还需要叠合有机相预测结果才能确定。因此,通过综合评价可以将多个定量参数转化为综合定性分析,最终优选出研究区生烃主洼的分布,为实施有效勘探提供服务。

一、烃源岩综合评价预测流程

目前低勘探地区钻井稀少、样品缺乏,某些地区甚至尚未钻实施钻探,仅部署了大量的二维和三维地震测线,烃源岩综合评价几乎无法开展。针对这一突出难点,本节首先建立了低勘探区烃源岩综合评价预测流程,在此基础上,利用上文预测的烃源岩单个评价参数进行叠合分析,综合评价预测出烃源岩的分布特征。

低勘探区烃源岩综合评价预测的一般流程为:首先,利用层序地层格架分析确定烃源岩发育层段;其次,在各发育层段利用地震资料、测井资料和地球化学资料等预测烃源岩厚度、热成熟度和有机相参数;最后,将上述预测的烃源岩评价参数进行叠合,综合评价优选烃源岩,具体预测流程如图4-114所示。

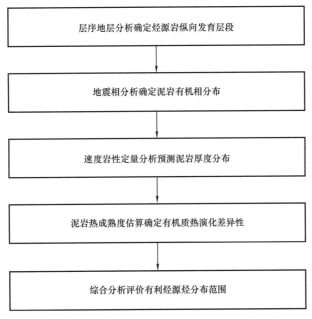

图4-114 低勘探区烃源岩综合地震评价预测流程图

显然，低勘探区烃源岩综合评价预测新体系涉及了烃源岩评价的各个参数，将定性方法（烃源岩发育层段和有机相）与定量技术（烃源岩厚度与热成熟度）有机结合，在此基础上，通过叠合烃源岩厚度、热成熟度和有机相三类图件，实现了目的工区富生烃主洼的预测。其中综合叠图分析可以消除由于人为因素或者预测模型精度不够使得单一评价参数引起的误差和陷阱，应用该预测新体系能够更为有效地预测深水区烃源岩的生烃能力。

二、南海深水区渐新统烃源岩分布综合预测

根据层序格架分析确定了长昌凹陷和GH凹陷渐新统陵水组和崖城组是烃源岩形成的主要层段，其中陵水组发育海相泥质烃源岩，崖城组发育海陆过渡相煤系烃源岩和海相泥质烃源岩。在此基础上，利用大量的地震资料和少量的钻（测）井资料预测出各层段的烃源岩厚度、成熟度和有机相并进行叠合分析，建立了一套适用于两个凹陷的烃源岩综合评价方案，划分出Ⅰ类最有利和Ⅱ类较有利两类烃源岩（表4-22）。

表4-22 琼东南盆地深水区渐新统烃源岩综合评价方案

烃源岩级别	Ⅰ类最有利		Ⅱ类较有利
泥岩厚度（m）	>150		<150
R_o（%）	>1.2	>1.2	0.7~1.2
有机相类型	A相（A1相、A2相）	C相、D相	A相（A1相、A2相）、B相、C相、D相
主要产物	气	气	油、气

注：A相—浅海相；B相—滨海相；C相—扇三角洲相；D相—海岸平原相。

长昌凹陷陵水组海侵体系域沉积期，Ⅰ类最有利烃源岩主要为海相泥质烃源岩，主体分布在凹陷中心至东北部大范围区域，少部分在凹陷西缘分布，现今已到达过成熟阶段，以生气为主。除此之外，凹陷其他地区为Ⅱ类较有利烃源岩，以海相泥质烃源岩为主，现今已全部达到成熟阶段，产物为油、气混合（图4-115）。

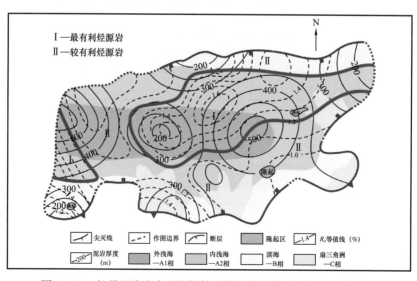

图4-115 长昌凹陷陵水组海侵体系域烃源岩综合评价平面分布图

长昌凹陷崖城组海侵体系域 I 类最有利烃源岩包含海陆过渡相煤系烃源岩和海相泥质烃源岩，呈东西长条状分布于洼槽带和南部缓坡带，分布范围较广。I 类海陆过渡相煤系烃源岩分布在陡坡带和缓坡带的扇三角洲和海岸平原相，虽然厚度较薄，但是有机质丰度甚高，生烃贡献巨大；海相泥质烃源岩分布在洼槽带，II 类海相泥质烃源岩主要来自滨海相，有机质丰度较低，保存条件较差，供烃有限（图 4-116）。

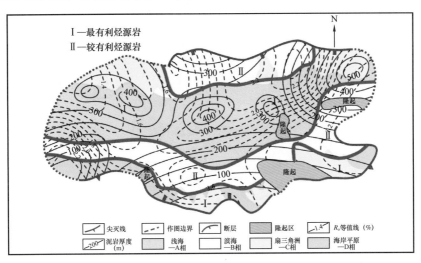

图 4-116　长昌凹陷崖城组海侵体系域烃源岩综合评价平面分布图

GH 凹陷陵水组海侵体系域沉积期，与长昌凹陷类似，I 类最有利烃源岩主要为海相泥质烃源岩，主体分布在凹陷中心至陡坡带区域，现今以生气为主。其他地区为 II 类较有利烃源岩，来自高成熟阶段的滨海相和浅海相烃源岩贡献，现今以生油为主（图 4-117）。

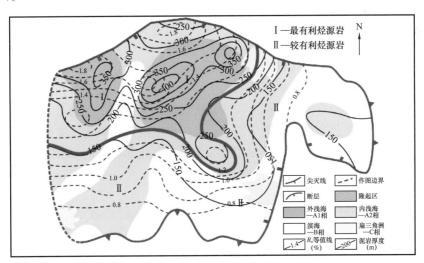

图 4-117　GH 凹陷陵水组海侵体系域烃源岩综合评价平面分布图

GH 凹陷崖城组海侵体系域沉积地层 I 类最有利烃源岩包含海相泥质烃源岩和海陆过渡相煤系烃源岩，凹陷内大面积分布，已全部达到高成熟—过成熟阶段，有利于生气。其中，I 类海相泥质烃源岩分布在凹槽带至陡坡带一侧，展布范围最广；I 类海陆过渡相煤系烃源岩主要来自南部缓坡带的海岸平原沼泽相，以及陡坡带和缓坡带的扇三角洲平原沼泽相，分布范围较广。Ⅱ类较有利烃源岩主体为滨海相的泥质烃源岩，其他为浅海相的泥质烃源岩，均已达到高成熟阶段，对本区也有生烃贡献（图4-118）。

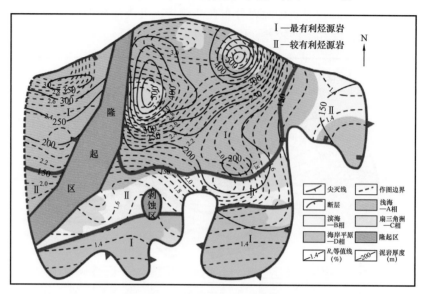

图4-118　GH凹陷崖城组海侵体系域烃源岩综合评价平面分布图

长昌凹陷和GH凹陷渐新统陵水组和崖城组在各自海侵期均发育Ⅰ类最有利烃源岩和Ⅱ类较有利烃源岩，Ⅰ类最有利烃源岩包含海相泥质烃源岩和海陆过渡相煤系烃源岩，Ⅱ类较有利烃源岩主要为海相泥质烃源岩。陵水组海侵期Ⅰ类最有利烃源岩主要为海相泥质烃源岩，现今已全部达到高成熟阶段，分布在洼槽带至陡坡带一侧，Ⅱ类较有利烃源岩以滨海相泥质烃源岩为主，有机质丰度较低，保存条件较差，供烃有限。崖城组海侵期Ⅰ类最有利烃源岩包含海相泥质烃源岩和海陆过渡相煤系烃源岩，凹陷内大面积分布，Ⅰ类海相泥质烃源岩较厚，分布范围最广，主体位于洼槽带，Ⅰ类海陆过渡相煤系烃源岩主要来自缓坡带的海岸平原沼泽相，以及陡坡带和缓坡带的扇三角洲平原沼泽相，分布范围较广，虽然厚度较薄，但是有机质丰度甚高，生烃贡献巨大，Ⅱ类较有利烃源岩同样以滨海相泥质烃源岩为主，供烃有限。总体上，渐新统崖城组海侵期Ⅰ类最有利烃源岩与陵水组海侵期相比，具有面积分布广、种类丰富、有机质丰度高和热演化程度高的特点，生气贡献巨大。因此，渐新统崖城组海陆过渡相烃源岩是南海北部琼东南深水区最重要的生气烃源岩，陵水组海相烃源岩次之。

三、塔西南坳陷烃源岩综合评价

（一）烃源岩综合评价预测流程

烃源岩综合评价预测的一般流程为：首先，利用层序地层格架分析确定烃源岩发育层段；其次，在各发育层段利用地震资料、测井资料和地球化学资料等预测烃源岩厚度、热成熟度和有机相参数；最后，将上述预测的烃源岩评价参数进行叠合，综合评价优选烃源岩，具体预测流程如图4-119所示。

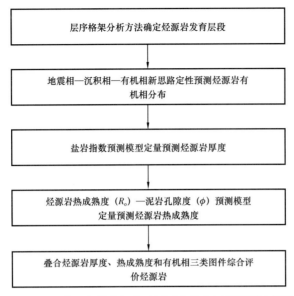

图 4-119　塔西南坳陷寒武系烃源岩综合评价预测流程图

显然，烃源岩综合评价预测新体系涉及了烃源岩评价的各个参数，将定性方法（烃源岩发育层段和有机相）与定量技术（烃源岩厚度与热成熟度）有机结合，在此基础上，通过叠合烃源岩厚度、热成熟度和有机相三类图件，实现了目的工区富生烃主注的预测。其中综合叠图分析可以消除由于人为因素或者预测模型精度不够使得单一评价参数引起的误差和陷阱，应用该预测新体系能够更为有效地预测深水区烃源岩的生烃能力。

（二）中—下寒武统烃源岩分布综合预测

1.烃源岩厚度分布特征分析

王标[105]认为下寒武统沉积时期，烃源岩厚度高值区主要分布于西南坳陷南部和西部，巴楚隆起局部分布。麦盖提斜坡烃源岩厚度大概为90m，其沉积环境为潮间带微生物坪相，西南坳陷南部和西部烃源岩最大沉积厚度大于120m，主要为陆缘斜坡或盆地斜坡，叶城—和田凹陷和喀什凹陷一线为台地边缘滩相，烃源岩厚度小于60m。巴楚隆起烃源岩厚度值较低，高值区零星分布，可能为局限台地和台内洼陷沉积。

中寒武统沉积时期，烃源岩厚度高值区主要位于巴楚隆起东部、麦盖提斜坡中部及西南坳陷南部和西部，西南坳陷南部和西部高值区为继承性发育，而巴楚隆起上低速层范围扩大。和4—和6—方1井区、康2井南部及玛北1—罗南1井区南部烃源岩厚度较大，最大厚度可达120m，主要为蒸发潟湖相和潮坪沉积，西南坳陷南部和西部烃源岩厚度高值区沉积环境主要为陆缘斜坡或盆地斜坡相。麦盖提斜坡烃源岩厚度东部大于西部，和田—叶城凹陷和喀什凹陷一线为低值区，在地层厚度图中同样表现为厚度低值区，可能为当时发育的水下低隆起。

2.烃源岩热成熟度特征分析

王标[105]认为下寒武统热成熟度低值区主要为麦盖提斜坡地区，范围较小，巴楚隆起、塘古孜巴斯坳陷和西南坳陷地区均处于热成熟度高值区。麦盖提斜坡中寒武统热成熟度普遍高于1.5%，大部分地区在2%以下，处于高成熟阶段，具有生凝析油气的潜力。

巴楚隆起、塘古孜巴斯及西南坳陷地区成熟度均高于2%，由麦盖提斜坡向山前方向成熟度迅速增加，与地层埋深呈现出一致性，表现出地层热成熟度随深度增加而增大的特点。西南坳陷热史模拟表明寒武系至新近系快速演化，热成熟度最大高于4%，下寒武统具有生气潜力。

中寒武统热成熟度低值区主要在麦盖提斜坡一线及塘古孜巴斯坳陷地区，麦盖提斜坡中寒武统镜质组反射率为1.2%～2.0%，大部分地区地层热成熟度高于1.5%；塘古孜巴斯坳陷地区及巴楚隆起南部地区中寒武统热成熟度为1.5%～2.0%，大部分地层热成熟度高于1.5%。因此，麦盖提斜坡—塘古孜巴斯—巴楚南部地区现今中寒武统热成熟度处于高成熟度阶段，具有生凝析油气潜力。

塔西南地区寒武系热成熟度呈现出"中部低，两侧高"的特征，中部的麦盖提斜坡和塘古孜巴斯部分地区为低值区，巴楚隆起大部和西南坳陷及山前地区为高值区。这种现象与塔西南地区构造演化紧密相关，巴楚地区早期深埋藏，在地温作用下成熟度不断增大，至喜马拉雅时期，受造山带影响隆升，烃源岩生烃终止，西南坳陷地区喜马拉雅运动以来快速沉降，烃源岩快速热演化，形成了埋深大、热成熟度高的特点，麦盖提斜坡一直处于"跷跷板"式运动的支点位置，未经深埋藏及隆升，成熟度随深度稳定增加，目前处于高成熟度阶段。

3. 烃源岩综合评价

依据王标[105]研究的中—下寒武统烃源岩厚度和成熟度研究成果，结合地区有机相特征，对寒武系海相烃源岩进行综合评价。

本次研究主要将烃源岩厚度、热成熟度和有机相进行叠合分析，对塔西南地区寒武系烃源岩进行分级，划分为Ⅰ类、Ⅱ类及Ⅲ类烃源岩，并分析其分布特点（表4-23）。

表4-23　塔西南地区烃源岩综合评价方案

烃源岩级别	Ⅰ类最好	Ⅱ类较好		Ⅲ类差
泥岩厚度（m）	>60	>90	90～60	<60
R_o（%）	<2	>2	>2（西南坳陷地区）	>2
有机相	局限台地	开阔台地	局限台地	蒸发台地
主要产物	油、气	气	气	气

1）下寒武统烃源岩综合评价

下寒武统沉积时期，Ⅰ类烃源岩主要分布在麦盖提斜坡地区，烃源岩热成熟度小于2%，厚度大部分地区大于60m，最大厚度高于90m，结合前人研究沉积相，主要为潮间带微生物坪相，综合评价为最好烃源岩。Ⅱ类烃源岩主要分布于西南坳陷地区、方1—和3—玛东1—线及和4—和6井区，厚度大于90m，热成熟度高于2%，西南坳陷地区沉积环境主要为陆缘斜坡或台地边缘斜坡，为有利于烃源岩发育的环境，且在短期内深埋藏，具有较大的生烃潜力，所以将厚度大于60m烃源岩划分为Ⅱ类。Ⅲ类烃源岩主要分布在巴楚隆起西北部及塘古孜巴斯地区，烃源岩厚度小于60m，热成熟度高于2%（图4-120）。

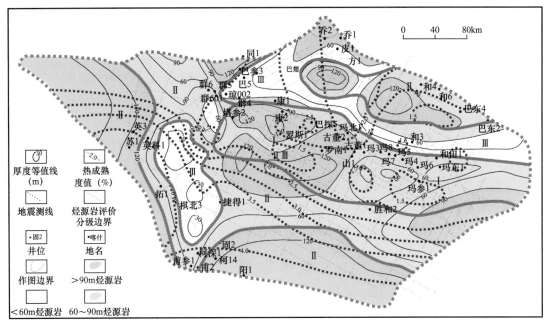

图 4-120 塔西南坳陷下寒武统烃源岩综合评价图

2）中寒武统烃源岩综合评价

中寒武统沉积时期，Ⅰ类烃源岩主要分布在麦盖提斜坡地区，厚度较大，热成熟度低于 2%，具有生成油气潜力。Ⅱ类烃源岩主要分布在麦盖提斜坡及西南坳陷地区及方 1—和 4—和 6 一线地区，厚度较大，但热成熟度较高。Ⅲ类烃源岩主要分布在巴楚隆起局部地区及西南坳陷地区，西南坳陷部分地区可能为古隆起，水体较浅，不利于烃源岩发育（图 4-121）。

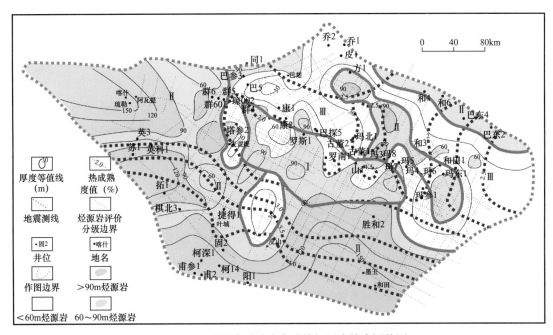

图 4-121 塔西南坳陷中寒武统烃源岩综合评价图

本 章 小 结

从道理上来讲，用于储层预测的地震技术都可以用来进行烃源岩预测。但是由于烃源岩预测的特殊性，决定了地震预测烃源岩需要采用专门的方法。有效烃源岩分布受控于某些沉积层序，故可以利用地震层序格架来推断烃源岩的纵向分布；烃源岩质量是由有机相控制的，因此可以用地震相分析来推测有机相的分布；源岩有机质热演化程度主要受地温和地质时间控制，变化相对迟缓，正好可以用泥岩孔隙度与镜质组反射率的幂函数关系来反推；烃源岩预测不太注重薄层烃源岩，因此地震分辨率就不是主要问题，可以利用地震速度谱来解释泥岩的厚度分布。本章提出一整套烃源岩地震预测方法，通过前文中一些盆地和凹陷的应用分析，已经展现出该套技术具有广阔的应用意义。

参 考 文 献

［1］Vail P R, Mitchum R M, Thompsons S. Global-cycles of relative changes of sea level［J］. AAPG Bulletin, 1977: 83-97.

［2］Cross T A. Stratigraphic controls on reservoir attributes in continental strata［J］. Earth Science Frontiers, 2000, 7（4）: 322-350.

［3］Galloway W E. Genetic stratigraphic sequences in basin analysis: architecture and genesis of flooding surface bounded depositional units［J］. AAPG Bulletin, 1989: 125-142.

［4］van Wagoner J C, Mitchum R M, Campion K M, et a1. Siliciclastic sequence stratigraphy in well logs, cores and outcrops［J］. AAPG Methods in Exploration Series, 1990: 1-8.

［5］van Wagoner J C. Overview of sequence stratigraphy of foreland basin deposits: terminology, summary of papers, and glossary of sequence stratigraphy［J］. AAPG Bulletin, 1995: 490.

［6］Haq B U, Hardenbol J, Vail P R. Chronology of fluctuating sea levels since the Triassic（250 million years ago to present）［J］. Science, 1987: 1056-1167.

［7］Frazier D E. Depositional episodes: their relationship to the Quaternary stratigraphic framework on the north-western portion of the Gulf basin, Bureau of Economic Geology Geological Circular 74～1［M］. Austin: University of Texas at Austin, 1974.

［8］Emery D. Sequence Stratigraphy［J］. Oxford: Blackwell Science, 1997.

［9］Walker R G. Facies modelling and sequence stratigraphy［J］. J. Sediment.Petrol., 1990: 777-786.

［10］Walker R G. James N P. Facies models: response to sea level change［J］. Geoscience Canada, 1992: 239-263.

［11］顾家裕, 张兴阳. 陆相层序地层学进展与在油气勘探开发中的应用［J］. 石油与天然气地质, 2004, 259（5）: 484-490.

［12］石世革. 黄骅坳陷板桥凹陷古近系沙一段中部层序地层学研究与岩性油气藏勘探［J］. 石油与天然气地质, 2008, 29（3）: 320-325.

［13］项华, 徐长贵. 渤海海域古近系隐蔽油气藏层序地层学特征［J］. 石油学报, 2006, 27（2）: 11-15.

［14］许杰, 何治亮, 董宁等. 鄂尔多斯盆地大牛地气田盒3段河道砂岩相控储层预测［J］. 石油与天然气地质, 2009, 30（6）: 692-696, 705.

［15］顾家裕. 陆相盆地层序地层学格架概念及模式［J］. 石油勘探与开发, 1995, 22（4）: 6-10.

［16］朱筱敏, 康安, 王贵文. 陆相坳陷型和断陷型湖盆层序地层样式探讨［J］. 沉积学报, 2003, 21（2）: 283-287.

[17]张玉宾.事件性海侵与烃源岩的形成[J].石油勘探与开发,1998,25(6):78-81.

[18]高志勇,张水昌,张兴阳,等.塔里木盆地寒武—奥陶系海相烃源岩空间展布与层序类型的关系[J].科学通报,2007,52(增刊Ⅰ):70-77.

[19]于炳松,周立峰.塔里木盆地寒武—奥陶系烃源岩在层序地层格架中的分布[J].中国西部油气地质,2005,1(1):58-61.

[20]王大锐,宋力生.论我国海相中上奥陶统烃源岩的形成条件:以塔里木盆地为例[J].石油学报,2002,23(1):31-34,39.

[21]苗建宇,赵建设,李文厚,等.鄂尔多斯盆地南部烃源岩沉积环境研究[J].西北大学学报(自然科学版),2005,35(6):771-776.

[22]李双建,肖开华,沃玉进,等.南方海相上奥陶统—下志留统优质烃源岩发育的控制因素[J].沉积学报,2008,26(5):872-880.

[23]秦建中,腾格尔,付小东.海相优质烃源层评价与形成条件研究[J].石油实验地质,2009,31(4):366-371,378.

[24]陈践发,张水昌,孙省利,等.海相碳酸盐岩优质烃源岩发育的主要影响因素[J].地质学报,2006,80(3):467-472.

[25]陈欢庆,朱筱敏,张功成,等.琼东南盆地深水区古近系陵水组输导体系特征[J].地质学报,2010,84(1):138-148.

[26]钟宁宁,赵喆,李艳,等.论南方海相层系有效供烃能力的主要控制因素[J].地质学报,2010,84(2):149-158.

[27]杨家騄,徐世球,肖诗宇,等.川黔湘交境寒武纪层序划分[J].地球科学:中国地质大学学报,1995,20(5):485-495.

[28]田景春,陈洪德,张翔,等.凝缩段特征及其与烃源岩的关系:以中国南方海相震旦系—中三叠统为例[J].石油与天然气地质,2006,27(3):378-383.

[29]李天义,何生,杨智.海相优质烃源岩形成环境及其控制因素分析[J].地质科技情报,2008,27(6):63-70.

[30]陈践发,张水昌,鲍志东,等.海相优质烃源岩发育的主要影响因素沉积环境[J].海相油气地质,2006,11(3):49-54.

[31]许化政,王传刚.海相烃源岩发育环境与岩石的沉积序列:以鄂尔多斯盆地为例[J].石油学报,2010,31(1):25-30.

[32]高志勇,张水昌,朱如凯,等.塔中地区良里塔格组海平面变化与烃源岩的非均质性[J].石油学报,2007,28(5):45-50.

[33]王飞宇,边立曾,张水昌,等.塔里木盆地奥陶系海相源岩中两类生烃母质[J].中国科学(D辑),2001,31(2):96-102.

[34]陈新军,蔡希源,高志前,等.寒武、奥陶纪海平面变化与烃源岩发育关系:以塔里木盆地为例[J].天然气工业,2005,25(10):18-21.

[35]赵孟军,张宝民,肖中尧,等.塔里木盆地奥陶系偏腐殖型烃源岩的发现[J].天然气工业,1998,18(5):32-36.

[36]王建伟,赵勇生,田海芹.东营惠民凹陷孔店组层序地层学研究[J].石油大学学报(自然科学版),2001,25(6):1-5.

[37]朱光有,金强,周建林.东营凹陷旋回式深湖相烃源岩研究[J].地质科学,2003,38(3):254-262.

[38]邓宏文,钱凯.深湖相泥岩的成因类型和组合演化[J].沉积学报,1990,8(3):1-21.

[39]赵彦德,刘洛夫,张枝焕,等.南堡凹陷古近系层序地层格架中烃源岩分布与生烃特征研究[J].沉积学报,2008,26(6):1077-1085.

[40]张林晔,孔祥星,张春荣,等.济阳坳陷下第三系优质烃源岩的发育及其意义[J].地球化学,

2003, 32（1）: 35-42.

［41］卓勤功, 宗国洪, 郝雪峰, 等. 湖相深水油页岩段层序地层学属性及成油意义: 以济阳坳陷为例［J］. 油气地质与采收率, 2003, 10（1）: 20-22, 42.

［42］张文正, 杨华, 傅锁堂, 等. 鄂尔多斯盆地长 9_1 湖相优质烃源岩的发育机制探讨［J］. 中国科学（D 辑）, 2007, 37（增刊 I）: 33-38.

［43］盖玉磊. 东营凹陷孔二段烃源岩发育特征及生烃潜力［J］. 油气地质与采收率, 2008, 15（5）: 46-48.

［44］李晓燕, 蒋有录. 东濮凹陷濮卫洼陷沙三段盐湖相烃源岩特征与评价［J］. 油气地质与采收率, 2009, 16（2）: 12-16.

［45］吴亚军. 东部地区箕状断陷盆地构造演化与沉积充填特征［J］. 天然气工业, 2004, 24（3）: 28-31.

［46］史彦尧, 谢庆宾, 彭仕宓. 大民屯凹陷沙四段层序地层学研究［J］. 西安石油大学学报（自然科学版）, 2007, 22（3）: 14-18.

［47］刘震, 常迈, 赵阳, 等. 低勘探程度盆地烃源岩早期预测方法研究［J］. 地学前缘, 2007, 14（4）: 159-167.

［48］刘震, 吴因业. 层序地层框架与油气勘探［M］. 北京: 石油工业出版社, 1999.

［49］曹强, 叶加仁. 南黄海北部盆地东北凹陷烃源岩的早期预测［J］. 地质科技情报, 2008, 27（4）: 75-79.

［50］沈怀磊, 秦长文, 王东东. 琼东南盆地崖城组煤层的识别方法［J］. 石油学报, 2010, 31（4）: 586-590.

［51］任桂媛, 肖军, 李彦丽, 等. 琼东南盆地崖城组聚煤环境及成煤规律石油学报［J］. 2011, 32（6）: 621-623.

［52］米立军, 王东东, 李增学. 琼东南盆地崖城组高分辨率层序地层格架与煤层形成特征［J］. 石油学报, 2010, 31（4）: 534-541.

［53］李莹, 张功成, 吕大炜, 等. 琼东南盆地崖城组沉积特征及成煤环境［J］. 煤田地质与勘探, 2011, 39（1）: 1-5.

［54］张功成, 何玉平, 沈怀磊. 琼东南盆地崖北凹陷崖城组煤系烃源岩分布及其意义［J］. 天然气地球科学, 2012, 23（4）: 654-661.

［55］王东东, 李增学, 张功成, 等. 琼东南盆地渐新世崖城组基准面旋回划分与转换机制［J］. 中国矿业大学学报, 2011, 40（4）: 576-583.

［56］李文浩, 张枝焕, 李友川, 等. 琼东南盆地古近系渐新统烃源岩地球化学特征及生烃潜力分析［J］. 天然气地球科学, 2011, 22（4）: 700-708.

［57］张义娜, 张功成, 梁建设, 等. 琼东南盆地长昌凹陷渐新统崖城组沉积充填及烃源岩特征［J］. 海洋地质前沿, 2012, 28（5）: 7-14.

［58］董伟良, 黄保家. 南海莺—琼盆地煤型气的鉴别标志及气源判识［J］. 地质勘探, 2000, 20（1）: 23-27.

［59］刘震, 张功成, 吕睿, 等. 南海北部深水区白云凹陷渐新世晚期多物源充填特征［J］. 现代地质, 2010, 24（5）: 900-909.

［60］何家雄, 陈胜红, 崔莎莎, 等. 南海北部大陆边缘深水盆地烃源岩早期预测与评价［J］. 中国地质, 2009, 36（2）: 404-415.

［61］李增学, 何玉平, 刘海燕, 等. 琼东南盆地崖城组煤的沉积学特征与聚煤模式［J］. 石油学报, 2010, 31（4）: 542-547.

［62］李增学, 吕大炜, 张功成, 等. 海域区古近系含煤地层及煤层组识别方法［J］. 煤炭学报, 2011, 36（7）: 1102-1109.

［63］朱光有, 金强. 烃源岩的非均质性研究: 以东营凹陷牛 38 井为例［J］. 石油学报, 2002, 23（5）: 34-39.

［64］Jones R W, Demaison G J. Proceeding of the second conference and Exhibition［J］. Asean Councail on Petroleum, Manilla, 1981: 51-68.

［65］郭迪孝. 镜质体反射率是成熟度的通用"标尺"吗［J］. 石油实验地质, 1990, 12（4）: 421-425.

［66］朱创业. 陕甘宁盆地下奥陶统马家沟组层序沉积有机相特征及其烃源岩分布［J］. 沉积学报, 2000, 18（1）: 57-62.

［67］金奎励, 李荣西. 烃源岩组分组合规律及其意义［J］. 石油学报, 1998, 9（1）: 23-29.

［68］郝芳, 陈建渝, 孙永传. 有机相研究及其在盆地分析中的应用［J］. 沉积学报, 1994, 12（4）: 77-86.

［69］刘震. 储层地震地层学［M］. 北京: 地质出版社, 1997.

［70］Leeder A D. Reservoir heterogeneities in fluvial sandstones : Lessons from outcrop studies［J］. AAPG Bulletin, 1987, 72（6）: 628-696.

［71］黄艳辉, 高先志, 刘震, 等. 泌阳凹陷古城油田油气成藏模式研究［J］. 高校地质学报, 2013, 19（3）: 552-560.

［72］黄保家. 莺琼盆地天然气成因类型及成藏动力学研究［M］. 广州: 中国科学院广州地球化学研究所, 2002.

［73］金振奎, 石良, 高白水, 等. 碳酸盐岩沉积相及相模式［J］. 沉积学报, 2013, 31（6）: 965-979.

［74］张水昌, 张保民, 王飞宇等. 塔里木盆地两套海相有效烃源岩层: 有机质性质、发育环境及控制因素［J］. 自然科学进展, 2001, 11（3）: 261-268.

［75］刘广润. 塔里木盆地巴楚隆起中下寒武统油气资源评价［D］. 成都: 成都理工大学, 2010.

［76］张水昌, 梁狄刚, 张宝民, 等. 塔里木盆地海相油气的生成［M］. 北京: 石油工业出版社, 2004.

［77］Demason G J, Moor G T. Anoxic environments and oil source bed genesis［J］. AAPG Bulletin, 64（8）: 1179-1209.

［78］Teichmuller M. Organic Petrology of Source Rocks, History and State of the Art［J］. Org Geochem, 1986, 10（1/3）: 581-599.

［79］Wood D A. Relationships between thermal maturity indices calculated using Arrhenius eqation and lopatin method : implications for petroleum exploration［J］. AAPG Bulletin, 1988, 72（4）: 115-134.

［80］Hunt J M. Modeling oil generation with time temperature index graphs based on the arrhenius equation［J］. AAPG Bulletin, 1991, 75（4）: 795-807.

［81］胡见义, 黄第藩. 中国陆相石油地质理论基础［M］. 北京: 石油工业出版社, 1991.

［82］郝芳等. 超压盆地生烃作用动力学与油气成藏机理［M］. 北京: 科学出版社, 2005.

［83］Nunn J A, Sleep N H, Moore W E. Thermal subsidence and generation of hydrocarbons in Michigan Basin : Reply［J］. AAPG Bulletin, 1985, 69: 1185-1187.

［84］Cao S, Lerche I. Geohistory, thermal history and hydrocarbon generation history of Navarin Basin Cost No. 1well, Bering Sea, Alaska［J］. Petroleum Geology, 1989, 12（3）: 325-352.

［85］胡圣标, 张容燕, 罗毓晖, 等. 渤海盆地热历史及构造热演化特征［J］. 地球物理学报, 1999, 42（6）: 748-755.

［86］邱楠生. 中国西部地区沉积盆地热演化和成烃史分析［J］. 石油勘探与开发, 2002, 29（1）: 6-9.

［87］郭小文, 何生侯, 宇光. 板桥凹陷沙三段油气生成、运移和聚集数值模拟［J］. 地球科学—中国地质大学学报. 2010, 35（1）: 115-124.

［88］Schmoker J W. Empirical relation between carbonate porosity and thermal maturity an approach to regional porosity［J］. AAPG Bulletin, 1984, 67（4）: 1697-1903.

［89］Schmoker J W. Sand porosity as a function of thermal maturity［J］. Geology, 1988, 16（11）: 1007-1010.

［90］Hayes J W. Porosity evolution of sandstones related to vitrinite reflectance［J］. Organic Geochemistry, 1991, 17（2）: 117-129.

［91］刘震，吴耀辉．泥岩压实程度与热成熟度关系分析［J］．地质论评，1997，43（3）：290-295.

［92］赵阳，刘震，谢启超，等．镜质体反射率与砂岩孔隙度关系的研究与应用［J］．中国海上油气（地质），2003，17（5）：303-306.

［93］王兴岭，冯斌，李心宁．井约束地震压力预测在滚动勘探开发中的应用［J］．石油地球物理勘探，2002，37（4）：391-394.

［94］Waples D E. Time and temperature in petroleum formation : application of Lopatin's method to petroleum exploration［J］. AAPG Bulletin, 1980, 64（6）: 916-926.

［95］李红，吕进英，王宏友．波阻抗约束反演技术预测煤层厚度［J］．煤田地质与勘探，2007，35（1）：74-77.

［96］王永刚，刘伟，黄国平．地震属性的 GA-BP 优化方法［J］．石油地球物理勘探，2002，37（6）：606-611.

［97］王永刚，谢东，乐友喜，等．地震属性分析技术在储层预测中的应用［J］．石油大学学报（自然科学版），2003，27（3）：30-32.

［98］谢东，王永刚，乐友喜．地震属性分析技术在子寅油田开发中的应用［J］．石油物探，2003，42（1）：72-76.

［99］曹强，叶加仁，石万忠．地震属性法在南黄海北部盆地勘探新区烃源岩厚度预测中的应用［J］．海洋地质与第四纪地质，2008，28（5）：109-114.

［100］吴杰．松辽盆地北部徐家围子断陷区深层烃源岩厚度预测及分布特征［J］．内蒙古石油化工，2010，14：89-92.

［101］刘震，高先志，曾洪流．辽东湾地区下第三系地震速度—岩性预测模型研究［J］．海洋地质与第四纪地质，1993，13（4）：25-34.

［102］刘震，常迈，赵阳，等．低勘探程度盆地烃源岩早期预测方法研究［J］．地学前缘，2007，14（4）：159-167.

［103］Tissot B P, Welte D H. Petroleum formation and occurrence［M］. New York : Springer-Verlag.Tokyo : Heidel-berg, 1984.

［104］曹强，叶加仁，石万忠，等．低勘探程度盆地烃源岩早期评价：以南黄海北部盆地东北凹为例［J］．石油学报，2009，30（4）：522-529.

［105］王标．塔西南坳陷寒武系烃源岩分布预测及评价［J］．北京：中国石油大学（北京），2014.

第五章　储层分布地震预测

储层地震预测是当今油气勘探开发领域应用最广的综合技术。无论是盆地勘探阶段，还是区带评价阶段，甚至油气藏开发阶段，都要应用地震储层预测方法来确定无井区或井间储层展布和储层性质变化特点，为探井、评价或开发调整井提供钻前依据。

储层地震预测是地震地层学的传统应用领域。回溯到 1977 年，在佩顿编著的《地震地层学》中，佩顿首次把薄砂层作为地震解释的重要对象，奠定了地震分辨率、薄层调谐原理、砂岩储层孔隙度地震解释和烃类油气检测等储层参数预测的地震地层学基础。1984年 Liudseth 等推出《储层地震地层学》来专门针对薄层小目标的地震解释。1990 年刘震在博士论文中系统讨论了《陆相储层地震地层学》，提出了一套以薄储层厚度地震解释、泥质砂岩孔隙度地震估算和储层地层压力预测等为主的全新的地震地层学方法，1993 年在张万选和张厚福等主编的《陆相地震地层学》中，储层地震地层学作为一个新的分支，与经典的区域地震地层学并列。从 20 世纪 90 年代中后期开始，国内油气勘探领域开始进入储层地震地层学应用推广阶段。

经过二十多年的实践和发展，地震储层预测方法已经成熟，成为勘探和开发的支撑技术。但是，薄储层仍然是目前地震预测的难点。厚储层早已不是问题，厚度低于地震垂向分辨率极限但在八分之一波长以上的薄层解释也基本过关。目前发现的更薄一些的储层含油性也很好，许多储层厚度仅为 3～5m，仍然可以达到高产，属于厚度小于八分之一波长的超薄层，常规地震仍然不能很好地解释和预测。随着油气勘探开发的发展，中浅层的超薄油层越来越受到重视，同时储层勘探也向深层进行，这就促使人们在薄储层地震预测方面进行更多的探索，以期形成有针对性的方法。

作者在三十多年的研究和应用中，认识到储层地震预测技术是一个体系化的应用技术，薄储层地震预测涉及地震资料条件、储集相类型特征和地震属性对储层厚度的敏感性选择等方面的问题。作者较早地进行了旨在提高地震分辨率的地震分频重构处理方法研究，研发了"改进的 Morlet 地震分频重构技术"，显著地提高了地震资料的分频率。同时，作者认为地震相分析始终是储层预测是一个关键环节，储层特征一定会在地震相上表现出差异性，因此坚持进行各类储层的地震相模式分析和总结显得十分必要。另外，薄储层厚度的定量估算要通过地震属性分析来实现，但地震属性分析的地震参数种类很多，每一类参数的应用条件是不同的，每一类参数对储层厚度的敏感性也是不同的。因此需要针对不同类型的储层，选择对储层厚度敏感的地震属性，然后用敏感属性来估算薄储层的厚度变化。

特别需要强调的是，薄储层地震预测是一项专门技术，其目的不是寻找薄储层，而是寻找更厚的储层发育区，这是勘探的关键逻辑。由于初始发现的油气的层不一定都是厚层，可能比较薄，必须采用薄层地震预测技术，研究半周期（四分之一波长）厚度的储层分布变化，但是储层厚度是变化的，勘探的目的是发现厚度较大的油气层，或单层变厚，或多层叠加，总之是以寻找厚储层为目标。因此要避免"形而上学"，一提到薄储层预测，就仅仅追踪研究单同相轴薄油层的分布，那可就失去找到大油田的机会了。

第一节　地震分频重构处理方法改进

不同尺度的地质目标对地震信号的不同频率成分敏感程度不同，地震信号分频处理后不同频段资料展示地质现象的清晰程度明显不同这种观点已被广泛接受。然而如何进行更合理的分频处理以及分频资料如何应用于地质解释，一直是一个挑战。地震分频处理是近年发展起来的一种新的地震处理技术，是提高深层资料品质的有效手段，其理念是不同尺度的地质目标对地震信号的不同频率成分敏感程度不同，分频处理后不同频段资料展示地质现象的清晰程度明显不同。国内外学者对分频处理方法做过不少研究，也取得了一定成果。傅里叶变换方法是传统信号处理领域中一种常用的处理方法，但它是一种全局的变换方法，对信号的表征要么完全在时间域，要么完全在频率域。而实际研究工作中，通常需要得到信号频谱随时间的变化信息，显然傅里叶变换已不能满足这一要求。Gabor 早在1946 年就提出了短时傅里叶变换[1]，这种方法解决了早期经典傅里叶变换只反映信号的整体特征的问题，但是该方法必须满足信号在时窗内是平稳的，而实际地震资料很难满足这一要求。小波变换的思想是基于人们对非平稳和非线性信号分析的需求而提出的。它保留了傅里叶变换的优点，同时也弥补了傅里叶变换不能进行多尺度分析的缺点，可以进行多分辨率分析，在时间域和频率域都可以表征信号局部特征，因而被广泛应用在图像处理和模式识别领域中。Morlet 等[2]在分析地震数据时，首先提出小波变换的分析方法。马朋善等[3]利用 Morlet 小波分频处理的方法使处理后地震资料品质得到了明显改善，分辨率得到了提高。Stockwell 等[4]从短时傅里叶变换和小波变换中得到启发，提出了 S 变换的时频分析方法。S 变换是介于短时傅里叶变换和连续小波变换之间的时频分析方法，采用小波变换多尺度的分析思想，与傅里叶频谱保持直接联系，克服了短时傅里叶变换不能调节分析窗口频率的缺点，还能够进行相位校正。但是，由于 S 变换中的基本变换函数形态固定，使其在应用中受到限制。因此，前人在研究 S 变换的基础上，又提出了广义 S 变换。总之，国内外学者在地震分频处理方法方面做了大量的工作，也提出了很多算法，但是不同算法都有各自的优缺点以及适用条件，显然如何选择分频处理函数是分频处理的关键环节。

在地震分频处理解释方面，前人主要从碎屑岩储层预测[5-10]、薄储层厚度预测[11-14]、烃类检测[15]、小断层识别[16]、碳酸盐岩储层识别[17, 18]和高频沉积旋回[19]等不同角度进行了探索和研究，取得了不同程度的研究效果。

分频重构实际上包括时频分析和重构两部分。其中，时频分析是地震分频重构处理的基础。地震信号是非平稳信号，传统傅里叶变换对信号的表征存在两种形式，一种是完全在时间域，另一种是完全在频率域，这两种方法只能片面地展示信号，不能满足实际研究中的分析要求，因此需要既有时间域又有频率域的联合函数对信号进行表征。本章重点采用小波变换的方法进行分频重构。

地震资料的分频过程就是小波变换的过程，值得注意的是，小波变换的结果是时间—尺度的函数，并不是时间—频率的函数，需要将尺度与频率进行转换。而地震资料的重构过程就是小波变换的逆过程，即经过连续小波变换的原信号，若要重构，就需要进行连续小波的逆变换。

小波函数在地震信号分频重构处理中起着至关重要的作用，决定了地震信号分频重构的处理效果，因此选择合适的小波才能达到提高分辨率的目的。

一、地震资料分频重构处理数学原理

地层是由具有不同物理性质的岩石层组成的，不同的地层具有不同的物理性质。从地震勘探的角度来说，波阻抗是划分地层的主要参数，也是产生地震反射信号的重要因素。由于不同的地层界面存在阻抗差，因此地震子波在传播的过程中遇到反射界面会产生反射波，形成地震记录。地震记录可以用褶积模型来描述，即地震记录是地震子波与地层反射系数褶积的结果。

在地震勘探中，薄层是一个相对的概念。地震勘探中定义的薄层是以它的纵向分辨率为依据的，即对地震子波而言，不能分辨出顶底界面反射的地层称为薄层。由于地震子波具有不同的频率、延续长度和波长，因此薄层的概念是相对的，可以从不同的角度定义，通常把厚度小于地震子波四分之一波长的地层称为薄层。薄层的识别和特征分析是石油勘探开发的重要目标，对于这类油气藏的勘探与开发，必须提高地震资料的分辨率，没有足够的分辨率，很难在储层研究及油藏描述方面有所作为。分频处理是提高地震资料分辨率的一种有效方法，通过选取有利的频率信息对地质体重新成像解释，可以提高储层预测的精度。目前，国内外对薄层的分频研究工作主要是建立在时频分析的基础上，分频方法可以突破常规分辨率的极限，分辨出更薄的地层。

从广义的角度讲，地震信号的分频重构和频谱分解均属于地震分频处理的范畴。本章依据小波变换的时频分析思想，对单砂层、等厚型砂泥岩互层和正韵律互层的地震响应进行分频重构和频谱分解研究，发现地震信号分频重构与频谱分解的频率存在有效的解释范围以及分频重构地震信号的分辨力受反射系数变化控制。

（一）地震信号的频谱理论

在无噪声状态下的地震记录的频谱等于地震子波的频谱与地层反射系数频谱的乘积（图 5-1），即

$$s(\omega) = w(\omega) \times r(\omega) \qquad (5-1)$$

式中，ω 为角频率，rad/s；$s(\omega)$ 为理想地震记录的频谱；$w(\omega)$ 为地震子波的频谱；$r(\omega)$ 为地层反射系数的频谱。

当地层反射系数的频谱一定时，地震子波的频谱就成为影响地震信号频谱的唯一因素。理想情况下，当子波的频谱恒为常数时，地震信号的频谱与地层反射系数的频谱相同，只是相差了一个比例因子，此时得到的反射信号就是地下地质体真实的地震响应。实

际情况下，地震记录的分辨率总是有限的，主要原因是由于地震子波的频谱不是平坦的而是带限的，与地层反射系数的频谱相乘后，会改变地层反射系数的频谱特征，因此反射信号就不再是地下地质体真实的地震响应（图 5-2、图 5-3）。

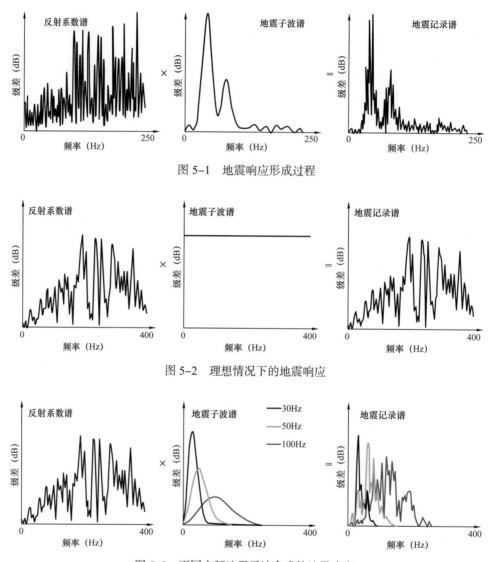

图 5-1　地震响应形成过程

图 5-2　理想情况下的地震响应

图 5-3　不同主频地震子波合成的地震响应

图 5-4 为某一地层模型的合成地震记录，虚线为拾取的界面反射系数对应的地震反射。从图中可以看出，当地震子波（雷克子波）的频率越高，地震记录越接近于实际地下地质体的真实响应，同相轴的位置与地层界面的对应关系越准确，分辨率越高。

图 5-5 为地层时间厚度、子波频率与地震振幅三者之间的关系。从图中可以看出，地震信号的振幅是由地层的厚度与地震子波的频率共同决定的：当子波的频率一定时，不同厚度的地层，合成地震信号的振幅不同；当地层厚度一定时，不同频率的子波，合成地震信号的振幅也不相同。

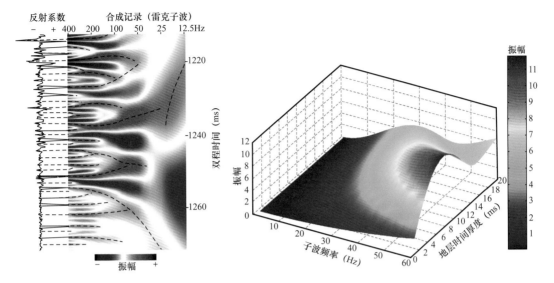

图 5-4 地层模型的合成地震记录   图 5-5 地震振幅、子波频率与地层时间厚度
                                              三者之间的关系

（二）时频分析方法

傅里叶变换方法在传统的信号处理领域中是一种常用的处理方法，经过傅里叶变换后，信号可以分解成不同频率分量和的形式，也就是说，信号可以以频率为自变量表示，即信号的频谱。但是傅里叶变换是一种全局的变换方法，对信号的表征要么完全在时域，要么完全在频域。在实际研究工作中，通常需要得到信号频谱随时间的变化信息，显然傅里叶变换不能满足这一分析要求，因此需要使用时间和频率的联合函数来表征信号，即信号的时频表征。

地震信号属于非平稳信号，对地震信号进行分频处理主要是利用时频分析方法，时频分析方法主要包括短时傅里叶变换、S 变换和小波变换。

1. 短时傅里叶变换

短时傅里叶变换实际上是"加窗"的傅里叶变换方法，该方法假设信号在时窗内是平稳的，通过对待分析的时间域信号加上时间窗，将时间窗函数在时间轴上滑动，对信号做傅里叶变换，从而得到信号的时频谱。

当需要对某一待分析信号 $f(t)$ 在时间域中特定时刻 t 的信号特征进行研究时，可以通过增益 t 时刻的信号，衰减其他时刻的信号，用中心在 τ 时刻的窗函数 $w(t)$ 乘以信号来实现。

短时傅里叶可以用下式表达：

$$STFT(t,f) = \int_{-\infty}^{+\infty} f(\tau) w(t-\tau) e^{-2\pi i f \tau} d\tau \qquad （5-2）$$

式中，$f(\tau)$ 为待分析的信号；$STFT(t,f)$ 为信号 $f(t)$ 的短时傅里叶变换结果；τ 为虚设时间变量，s；f 为频率，Hz；t 为时间，s。

短时傅里叶的反变换表达式可以写为

$$f(t) = \int_{-\infty}^{+\infty} \int_{-\infty}^{+\infty} STFT(\tau, f) w(t - \tau) e^{2\pi i f t} dt \qquad (5-3)$$

式中，$w(t-\tau)$ 为窗函数在时间域的滑动。

短时傅里叶变换是把信号 $f(t)$ 映射成一个 $STFT(t, f)$ 平面的二维函数，它保留了傅里叶变换的全部性质，包含了原信号 $f(t)$ 尽可能多的信息，而且其变换的窗口位置随参数平移，符合研究信号不同位置局部特性的要求，这是短时傅里叶变换比傅里叶变换的优越之处。

2. S 变换

S 变换是以 Morlet 小波为基础小波的连续小波变换的延伸。在 S 变换中，简谐波与高斯函数的乘积构成了 S 变换的基本小波，简谐波在时间域可以进行伸缩变换，而高斯函数则进行伸缩和平移。

信号 $f(t)$ 的 S 变换表示为

$$ST(t, f) = \int_{-\infty}^{+\infty} f(\tau) w(\tau - t) e^{-j2\pi f \tau} d\tau \qquad (5-4)$$

其中：

$$w(t) = \frac{1}{|f|\sqrt{2\pi}} e^{-\frac{t^2}{2\sigma^2}} \qquad (5-5)$$

那么式（5-4）可以写为

$$ST(t, f) = \int_{-\infty}^{+\infty} f(\tau) \frac{|f|}{\sqrt{2\pi}} e^{-\frac{(\tau - t)^2 f^2}{2}} e^{-j2\pi f \tau} d\tau \qquad (5-6)$$

式中，$f(\tau)$ 为待分析的信号；$ST(t, f)$ 为信号 $f(t)$ 的 S 变换结果；$w(t)$ 为 S 变换的窗函数；f 为频率，Hz；τ 为虚设时间变量，s；t 为时间，s。

虽然 S 变换是在 Morlet 连续小波变换基础上提出的，但它的母函数不满足零均值容许性条件，所以不是小波变换。小波变换中的小波基函数是时间和尺度的二维函数，通过对它的尺度伸缩和时间平移，将信号由时间域变换到时间—尺度平面，得到信号的局部谱。当选定一个尺度后，在平移过程中小波函数形状不变。而 S 变换中的基函数 $w(t)$ 是时间和频率的二维函数，它由两部分的乘积构成，前一部分是实的高斯函数，在变换时，既伸缩，又在时间轴上平移，后一部分是复的正弦波，只伸缩，不平移，所以 S 变换的基函数在平移过程中形状改变。正是 S 变换的复的基函数具有的这个特性，使 S 变换对信号的局部谱分析时也能得到信号完整的相位信息。

同时，S 变换与短时傅里叶变换既有联系又有区别。它们都是通过对信号加短时分析窗，在某一分析时间附近作局部的傅里叶变换，但两者所选用的窗函数截然不同。短时傅里叶变换的窗函数是只与时间有关的一维函数，而 S 变换的窗函数是与时间和频率有关的二维函数。S 变换的窗函数的宽度与频率成反比，具有多个分辨率，且分辨率与频率有关，能随着信号频率的变化而变化，而短时傅里叶只有单一的时频分辨率。

3. 小波变换

1981 年法国地球物理学家 Morlet 等在 Gabor 变换研究的基础上，根据傅里叶变换与加窗傅里叶变换的特点做了创造性的研究，第一次提出了小波变换的方法，构建了以 Morlet 本人命名的 Morlet 小波，将其应用于地震信号处理分析中。小波变换是一种时间—尺度分析方法，在时间域和尺度（频率）域都具有表征信号局部变化特征的能力。低频部分具有较低的时间分辨率和较高的频率分辨率，高频部分具有较高的时间分辨率和较低的频率分辨率，有利于信号的动态瞬时分析，所以小波变换方法被称为"数学显微镜"。小波变换既不会"一叶障目，不见泰山"，又可以做到"管中窥豹，略见一斑"。近年来小波变换的方法得到了快速的发展，已经广泛应用于地震波的能量补偿恢复、分时分频去噪、提高地震资料的分辨率和信噪比、地震数据压缩、油气预测或奇性检测、地震信号的一维滤波、地震信号的重构与压制面波干扰、改进相干体算法、识别储层流体性质和地震波形反演，取得了理想的应用效果。

1）小波函数

设函数 $\varphi(t) \in L^2(R)$，$L^2(R)$ 为平方可积函数构成的函数空间，其傅里叶变换为 $\psi(\omega)$，当 $\psi(\omega)$ 满足容许性条件时：

$$C_\varphi = \int_{-\infty}^{+\infty} \frac{|\psi(\omega)|}{\omega} \mathrm{d}\omega < \infty \qquad （5-7）$$

式中，C_φ 为小波满足容许性条件；ω 为角频率，rad/s。即当 C_φ 为有限值时，则称 $\varphi(t)$ 为一个基小波或者母小波。从小波的容许性条件可知，母小波函数 $\varphi(t)$ 是一个振荡且能量有限的函数，并且在时域上是快速衰减的。

将母小波函数进行伸缩和平移后，由此可以得到一个小波序列：

$$\varphi_{a,b}(t) = \frac{1}{\sqrt{|a|}} \varphi\left(\frac{t-b}{a}\right) \qquad （5-8）$$

式中，a，$b \in R$，R 为实数，$a \neq 0$；a 为时间轴尺度伸缩因子；b 为时间平移因子；t 为时间，s。

凡是满足容许性条件的函数都可以作为小波变换的母小波函数，但是地震信号处理中最常用的小波函数是 Morlet 小波，Morlet 小波在时频域内是分辨率最好的解析小波。本研究中采用的 Morlet 小波与雷克子波的形态相似（图 5-6）。

2）连续小波变换定义

小波变换又称为连续小波变换或者积分小波变换。所谓连续，是指定义该变换的是积分而不是级数。

对于任意信号 $f(t) \in L^2(R)$，它的连续小波变换定义为

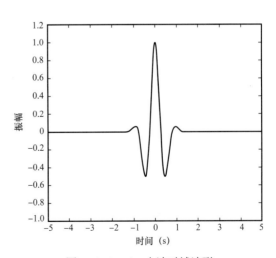

图 5-6　Morlet 小波时域波形

$$Wf(a,b) = \frac{1}{\sqrt{|a|}} \int_{+\infty}^{-\infty} f(t)\bar{\varphi}\left(\frac{t-b}{a}\right)\mathrm{d}t \qquad (5\text{-}9)$$

式中，a，$b \in R$，R 为实数，$a \neq 0$；a 为时间轴尺度伸缩因子；b 为时间平移因子；$\bar{\varphi}(t)$ 为母小波函数 $\varphi(t)$ 的共轭函数；t 为时间，s；$Wf(a,b)$ 为信号 $f(t)$ 的小波变换结果。

信号 $f(t)$ 的小波变换 $Wf(a,b)$ 实际上是 a 和 b 的函数，$\varphi_{a,b}(t)$ 是母小波函数 $\varphi(t)$ 经过伸缩和位移产生的一系列族函数，称为小波函数。那么，小波变换 $Wf(a,b)$ 也可以理解为信号 $f(t)$ 和一个族小波基的内积。

母小波函数可以为实函数，也可以为复函数。如果信号 $f(t)$ 是实函数，母小波函数也为实函数，那么小波变换结果也为实函数，反之，则为复函数。

在小波变换中，由于母小波 $\varphi(t)$ 对应于带通滤波器，因此小波函数 $\varphi_{a,b}(t)$ 就对应着一组不同尺度的带通滤波器。

函数 $x_1(t)$ 和 $x_2(t)$ 的褶积，可以定义为

$$x_1(t) * x_2(t) = \int_{-\infty}^{+\infty} x_1(\tau) x_2(t-\tau) \qquad (5\text{-}10)$$

式中，τ 为虚设时间变量，s；t 为时间，s。

那么，连续小波变换可以写为

$$Wf(a,b) = f(t) * \bar{\varphi}_{a,b}(t) \qquad (5\text{-}11)$$

式中，$*$ 为褶积运算符号；$\bar{\varphi}_{a,b}(t)$ 为小波函数 $\varphi_{a,b}(t)$ 的共轭函数。

从信号处理的角度上看，小波变换是信号 $f(t)$ 用一组不同尺度的带通滤波器进行滤波，将信号分解到一系列不同的频带上进行分频处理。

经过连续小波变换的原信号，若要重构，就需要进行连续小波的逆变换。其逆变换公式为：

$$f(t) = \frac{1}{C_\varphi} \int_{-\infty}^{+\infty} \int_{-\infty}^{+\infty} Wf(a,b) \varphi_{a,b}(t) \frac{1}{a^2} \mathrm{d}a\mathrm{d}b \qquad (5\text{-}12)$$

式中，C_φ 为小波满足容许性条件；a 为时间轴尺度伸缩因子；b 为时间平移因子；$\varphi_{a,b}(t)$ 为小波函数；$Wf(a,b)$ 为信号 $f(t)$ 的小波变换结果。

逆变换公式的存在说明连续小波变换是完备的，它保留了信号的全部信息，因而能够用它完全刻画信号的特征。

3）尺度—频率转换

小波变换的结果是时间—尺度的函数，并不是时间—频率的函数，需要将尺度与频率进行转换。假设中心角频率为 ω_0 的简谐波 $f(t) = \mathrm{e}^{\mathrm{i}\omega_0 t}$，对 $f(t)$ 进行小波变换，其变换结果为

$$Wf(a,b) = \sqrt{a}\,\psi(a\omega_0)\mathrm{e}^{\mathrm{i}\omega_0 b} \qquad (5\text{-}13)$$

式中，$\psi(a\omega_0)$ 为尺度 a 下的小波频率域函数；ω_0 为小波的中心角频率，rad/s。

信号 $f(t)$ 的小波域功率谱为

$$P_w f(a,b) = \left| Wf(a,b) \right|^2 = a \left| \psi(a\omega_0) \right|^2 \qquad (5-14)$$

根据式（5-14），对于简谐波来说，任意时间处 $f(t)$ 的小波变换能量谱与 $\left| \psi(a\omega_0) \right|^2$ 二者的最大值是一致的。如果 $\left| \psi(\omega_0) \right|$ 具有对称轴，在中心处取极大值，则可以得到尺度因子与小波主频之间的对应关系：

$$f = \frac{\omega_0}{2\pi a} \qquad (5-15)$$

式中，f 为傅里叶频率，Hz；a 为尺度因子。

二、改进的地震分频重构处理方法

（一）对 Morlet 小波进行优化

常规的分频处理方法包括离散傅里叶变化、小波变换、S 变化等。由于小波变化在时间域和频率域中都具有表征信号局部变化特征的能力，对信号的动态瞬时分析十分有利。因此作者采用改进的小波变化对地震资料进行分频重构处理。

地震信号处理中以 Morlet 小波为最常用的小波函数，其数学定义如下：

$$\psi_0(t) = e^{i\omega_0 t} e^{-\frac{t^2}{2}} \qquad (5-16)$$

式中，ω_0 是角频率（rad/s）；t 为时间，s。

由于一般形式的 Mortlet 小波旁瓣过多，对分频重构带来了干扰。作者通过压制一般形式的 Morlet 小波在时间域的 3 对旁瓣，削弱 Morlet 小波过多旁瓣对地震信号分频重构的干扰作用。修改了一般形式的 Morlet 小波，即

$$\psi(t) = e^{i\omega_0 t} e^{3t^2} \qquad (5-17)$$

相对于一般形式的 Morlet 小波，修改后的 Morlet 小波在时间域内仅具有一对旁瓣（3 个相位），类似于雷克子波波形，但比雷克子波频率高。分频重构的处理时窗得到改善，频率域中频带宽度变宽，分辨率更高，如图 5-7 所示。

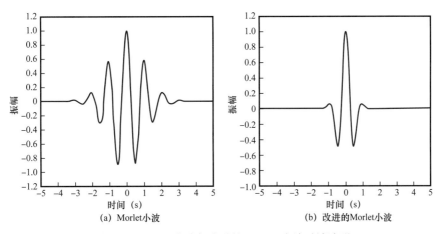

图 5-7　Morlet 小波与改进的 Morlet 小波时域波形

（二）确定分频优势频段

由于目的层厚度小且横向变化大，加上地震分频率限制。常规地震属性和反演研究方法很难准确地刻画由岩性、物性引起的振幅细微变化特征。而分频技术可以将这种细微的变化揭示出来，这也是分频技术研究储层横向变化及非均质性的重要依据。在实际地震解释中，可以利用不同频率响应特点的数据，选择能够对地质目标敏感优势频段数据体。尤其是在互层状沉积韵律情况下，优势频段数据体可以降低子波叠加和吟振效应造成的成像模糊，最大限度地突出薄层响应，使得薄层成像清晰。优势频段数据体不仅可以提高纵向分辨率，横向上也突出了地层的变化和边界点，有利于对储层的识别与追踪，以及对储层展布规律的认识。

第二节　西非深水砂岩储层地震解释

在西非深水勘探开发某区块，针对钻孔比较少和层位比较深等特点，首先采用地震微相正演模型方法研究深水水道的不同地震响应模式，然后利用改进的地震分频重构处理技术提高地震资料分辨率，之后在新的三维分频地震资料基础上，开展三维地震敏感属性和地层切片分析，较好地刻画了工区深水水道的发育特点，预测了深水水道储层变化特征，并发现了新的深水水道。

一、地震微相正演模型研究

以西非深水区海底扇浊积水道和朵叶体为研究对象，首先构建海底扇浊积水道和朵叶体中不同沉积微相的地震响应模型；然后针对多井的西非 A 油田，系统研究一个子波波长内海底扇浊积水道和朵叶体地震反射波特征，建立不同沉积微相下的地震微相模型；最后将各模型在邻区少井的西非 E 油田进行检验，最终建立西非深水区海底扇浊积水道和朵叶体地震微相模式图，并将该模式应用于实际勘探开发中。

在地震正演模型建立前，首先需要确定工区大量建模参数，选取适用有效的建模方法和流程，对地震剖面特征进行大量的剖析，初步明确各地质异常体的类型及特征，这是地震正演模拟的基础[1]。正演模拟是全面认识地震波在各种介质中的传播特点、帮助解释观测数据并搞清地质构造的有效手段。结合岩石物理分析及地震正演技术对地震响应研究，可以提高地震解释精度，减少地震解释的多解性。

深水区海底扇地震正演模拟针对勘探开发中的实际问题，以海底扇浊积水道和朵叶体中不同沉积微相岩石物理参数分析为基础，用地震正演模拟方法建立一系列地震微相响应模型，从而为实际资料地震微相分析奠定基础。

（一）斜坡扇浊积水道正演模拟

西非深水区海底扇浊积水道发育于"斜坡扇"二级层序中，是相对海平面缓慢下降至缓慢上升时的产物。本研究通过 A 油田单井沉积微相分析，发现浊积水道亚相可以划分为单一水道、水道天然堤、水道复合体以及溢岸四种沉积微相，各沉积微相地质参数和测井响应见表 5-1。

表 5-1 浊积水道各沉积微相地质参数和测井响应表

沉积亚相	沉积微相	沉积厚度（m）	砂体累计厚度（m）	测井响应特征	典型测井响应	备注
浊积水道	单一水道	10～30	8～20	箱形		A 下油组
	水道天然堤	10～40	5～10	起伏齿形		A 上油组
	水道复合体	20～70	10～50	齿化钟形		A 下油组—B 上油组
	溢岸沉积	5～20	0.5～3	平微齿形		B 上油组

1. 单一水道地震正演模拟

通过统计工区单井岩石物理参数以及水道形态的研究，单一水道沉积厚度为 10～30m，砂体累计厚度为 8～20m，宽度为 100～200m，水道砂体速度 3000m/s，密度 2.3g/cm³，陆坡泥岩速度 2600m/s，密度 2.4g/cm³。根据岩石物理研究结果设计三种不同的单一水道地质模型：（1）模型 I，水道沉积厚度 20m，砂体累计厚度 10m，水道宽度 100m；（2）模型 II，水道沉积厚度 30m，砂体累计厚度 10m，水道宽度 200m；（3）模型 III，水道沉积厚度 30m，砂体累计厚度 20m，水道宽度 200m。

采用 35Hz 的 Richer 子波，子波波长 100ms，采样率 3ms 进行地震正演模拟（图 5-8）。可以看出，模型 I、II、III 的地震正演响应均表现为单峰波形强振幅。其中模型 I 由于单一水道宽度小，强振幅的范围有限。模型 II 与模型 III 的地震正演响应特征类似，但模型 III 比模型 II 振幅更强。地震正演模型研究表明，工区单一水道的地震响应为单峰波形强振幅。

2. 水道天然堤地震正演模拟

天然堤一般在水道两侧外源的突起处。通过统计，工区水道天然堤沉积厚度为 10～40m，砂体累计厚度 5～10m，单砂体厚度仅为 1～2m。水道天然堤砂体速度为 2900m/s，密度 2.3m/cm³。设计了两种地质模型：（1）模型 I，天然堤沉积厚度 20m，单砂体厚度 1m，砂体累计厚度达 4m；（2）模型 II，天然堤沉积厚度 20m，单砂体厚度 2m，砂体累计厚度为 8m。同样的方法进行地震正演模拟（图 5-9），模型 I 天然堤表现为弱振幅—空白地震响应特征，而模型 II 表现为单峰波形中强振幅，但其振幅比中部水道处弱。地震正演模型研究表明，工区水道天然堤具有两种类型的地震响应特征，一种为弱振幅—空白相，另一种为单峰波形中强振幅。

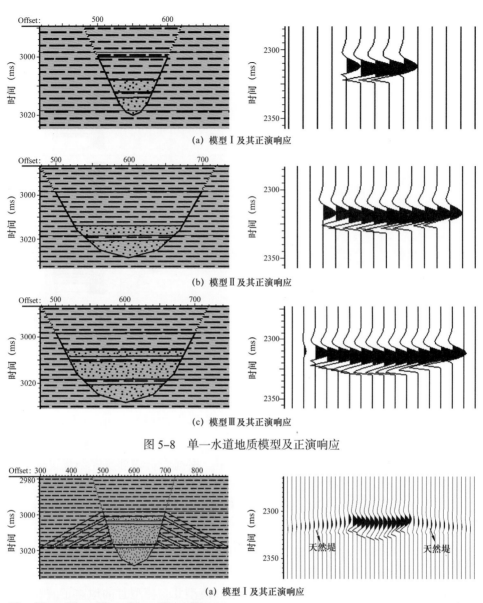

(a) 模型Ⅰ及其正演响应

(b) 模型Ⅱ及其正演响应

(c) 模型Ⅲ及其正演响应

图 5-8　单一水道地质模型及正演响应

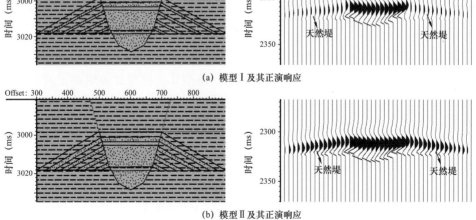

(a) 模型Ⅰ及其正演响应

(b) 模型Ⅱ及其正演响应

图 5-9　水道天然堤地质模型及正演响应

3. 水道复合体地震正演模拟

浊积水道在地下往往不是孤立的，由于侧向和垂向上的迁移常以复合体的形式出现，早期的单一水道被晚期的单一水道切割。通过统计，工区水道复合体整体沉积厚度为

20～70m，砂体厚度 10～50m。根据工区实际复合水道岩石物理相关参数以及水道在垂向和侧向上的迁移程度，设计了 4 种不同类型水道复合体地质模型：（1）模型Ⅰ，水道仅有侧向的迁移而无垂向的迁移，水道沉积厚度 30m，累计砂体厚度 20m；（2）模型Ⅱ，水道既有侧向的迁移又无垂向的迁移，侧向迁移量大而垂向迁移量小，早期水道规模大，沉积厚度 30m，砂体累计厚度 20m，晚期水道规模越来越小，沉积厚度和单砂体厚度均变少；（3）模型Ⅲ，水道侧向迁移量与垂向迁移量相当；（4）模型Ⅳ，水道垂向迁移量大于侧向迁移量。经过地震正演模拟（图 5-10），模型Ⅰ和模型Ⅱ的地震响应均表现为单峰波形强振幅，模型Ⅰ同相轴连续性更强，模型Ⅱ连续性稍差。模型Ⅲ的地震响应在水道切割处为复合波，但可以发现同相轴发生分叉现象。模型Ⅳ的地震响应为双峰复合波，水道切割处分叉现象更明显。

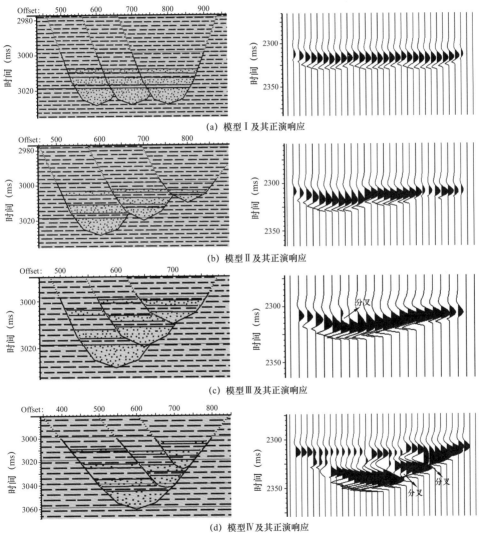

(a) 模型Ⅰ及其正演响应

(b) 模型Ⅱ及其正演响应

(c) 模型Ⅲ及其正演响应

(d) 模型Ⅳ及其正演响应

图 5-10　水道复合体地质模型及正演响应

模型正演表明，水道复合体具有两种类型地震响应，包括单峰波形强振幅以及双峰分叉强振幅波形。地震响应模式的不同取决于复合水道的垂向迁移量。

4. 溢岸沉积地震正演模拟

溢岸沉积是浊积水道沉积体系中粒度最细的沉积，位于水道天然堤外源两侧，砂体薄，粒度细。统计发现，溢岸沉积厚度为 5～20m，单砂体累计厚度仅为 0.5～3m。设计溢岸地质模型参数为如下：沉积厚度 10m、单砂体厚度 0.5m，累计厚度 1.5m，溢岸砂体速度 2900m/s，密度 2.3g/cm³。经过正演模拟，水道溢岸表现为空白—弱振幅的地震响应（图 5-11）。

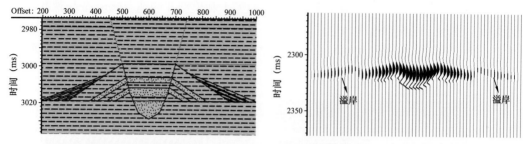

图 5-11　溢岸沉积地质模型及正演响应

通过以上分析，从地震正演的角度建立了斜坡扇浊积水道 4 种不同沉积微相的地震响应理论模型，该模型为实际工区下的浊积水道地震微相研究奠定了理论基础。

（二）盆底扇朵叶体正演模拟

西非深水区海底扇朵叶体发育于"盆底扇"二级层序中，是快速下降时期的产物。本研究文通过 A 油田单井沉积微相分析，发现朵叶体亚相可以划分为单一朵叶体、复合朵叶体、朵叶体边缘以及朵叶和水道复合体四种沉积微相，各沉积微相地质参数和测井响应见表 5-2。

表 5-2　朵叶体各沉积微相地质参数和测井响应表

沉积亚相	沉积微相	沉积厚度	砂体累计厚度	测井响应特征	典型测井响应	备注
朵叶体	单一朵叶	15～45m	10～35m	箱形或齿化箱形		D 油组
	复合朵叶体	20～80m	10～60m	箱形 + 锯齿形或漏斗形		F 油组
	朵叶体边缘	10～30m	4～8m	微齿形		F 油组
	朵叶与水道复合体	40～80m	30～60m	钟形 + 齿化箱形		D 油组

1. 单一朵叶体地震正演模拟

朵叶体是浊积水道携带的重力流沉积物由于地形坡度变缓导致能量释放卸载堆积而成的。通过统计工区单井岩石物理参数以及朵叶体形态的研究，单一朵叶体沉积厚度为15~40m，砂体累计厚度为10~35m，宽度变化较大，可从200m变化至1200m。朵叶体速度3000m/s，密度2.3g/cm³，陆坡泥岩速度2600m/s，密度2.4g/cm³。朵叶体形态既有"顶凸底平"型，又有"透镜体"型。

根据岩石物理统计结果以及朵叶体形态特征设计三种不同的单一水道地质模型：（1）模型Ⅰ，朵叶体形态为"顶凸底平"型，沉积厚度25m，累计砂体厚度达20m，宽度为1200m；（2）模型Ⅱ，朵叶体形态为"顶凸底平"型，沉积厚度30m，砂体累计厚度25m，宽度仅300m；（3）模型Ⅲ，朵叶体形态为"透镜体"型，累计砂体厚度为20m，宽度为400m。

由于海底扇所在的目的层比斜坡扇更深，地震信号由于深层吸收作用导致信号主频变低。因此本次研究采用30Hz的Richer子波，子波波长100ms，采样率3ms进行地震正演模拟（图5-12）。可以看出，模型Ⅰ、Ⅱ、Ⅲ的地震正演响应均表现为单峰波形强振幅。通过正演分析发现，决定单一朵叶体地震响应特征是朵叶体内部砂体厚度以及砂泥岩阻抗差，朵叶体的宽度和形态并不影响其地震响应特征。

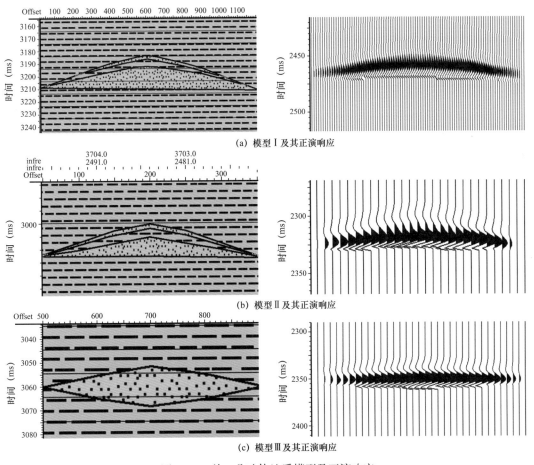

(a) 模型Ⅰ及其正演响应

(b) 模型Ⅱ及其正演响应

(c) 模型Ⅲ及其正演响应

图5-12　单一朵叶体地质模型及正演响应

2. 复合朵叶体地震正演模拟

复合朵叶体是由单一朵叶在侧相上彼此叠置而形成，其沉积厚度比单一朵叶更厚，宽度更宽。复合朵叶体沉积厚度变化大，为20～80m，砂体累计厚度为10～60m。根据朵叶体的厚度设计三种不同类型的复合朵叶体地质模型：（1）模型Ⅰ，朵叶体砂体累计厚度达20m，单一朵叶宽度为800m；（2）模型Ⅱ，朵叶体砂体累计厚度30m，单一朵叶宽度为1000m；（3）模型Ⅲ，朵叶体砂体累计厚度达60m，单一朵叶宽度为1000m。通过正演模拟（图5-13），模型Ⅰ朵叶体复合处表现为弯曲单峰波形强振幅，连续性好；而模型Ⅱ和模型Ⅲ朵叶体复合处表现双峰分离波形、中强振幅两种地震响应特征，单一朵叶累计砂体厚度越大或者叠置程度越高，双峰分离程度越大。

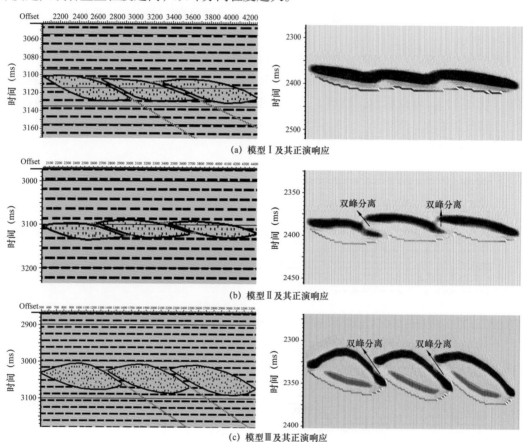

(a) 模型Ⅰ及其正演响应

(b) 模型Ⅱ及其正演响应

(c) 模型Ⅲ及其正演响应

图5-13 复合朵叶体地质模型及正演响应

3. 朵叶体边缘地震正演模拟

朵叶体边缘是指朵叶主体的两侧边缘部位，沉积厚度薄，砂体累计厚度也薄。设计朵叶体边缘地质模型参数如下：朵叶体边缘沉积厚度10m，砂体累计厚度5m。通过模型正演（图5-14），该模型表现为弱振幅—空白地震响应特征。

4. 朵叶与水道复合体地震正演模拟

早期形成的朵叶被晚期的浊积水道切割可以形成朵叶与水道复合体。经过统计，朵叶与水道复合体厚度为40～80m，砂体累计厚度为30～60m。设计地质模型参数如下：早期朵叶体沉积厚度50m，累计砂体厚度40m，朵叶体宽度1600m；晚期水道沉积厚度35m，累计砂体厚度 25m，水道宽度 200m。水道切割于朵叶体核部。经过模型正演（图 5-15），朵叶体与水道复合处表现为双峰分离波形、中强振幅。

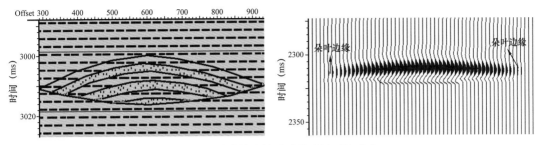

图 5-14　朵叶体边缘地质模型及正演响应

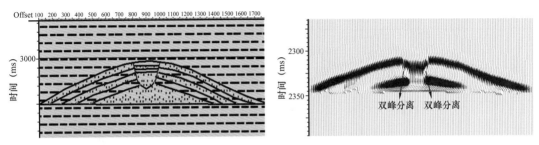

图 5-15　朵叶与水道复合体地质模型及正演响应

（三）地震微相模式构建

在海底扇地震正演模拟的基础上可以进一步进行实际地震资料地震微相模式研究。西非深水区斜坡扇浊积水道和盆底扇朵叶体沉积厚度整体均小于 80m，基本位于地震子波一个周期内。在子波一个周期内进行地震微相分析可以反映其沉积微相特征。西非深水区海底扇水道沉积均为砂泥岩薄互层，本研究分析研究区斜坡扇浊积水道和盆底扇朵叶体内部沉积微相，都是利用 VSP 地震绝对标定，从而建立深水区海底扇地震微相模式。

1. 斜坡扇浊积水道地震微相模式划分

西非深水区 A 油田斜坡扇浊积水道具有三种地震微相模式[2]：（1）单峰波形中强振幅地震微相模式；（2）双峰分叉波形中强振幅地震微相模式；（3）弱振幅—空白地震微相模式（表 5-3）。其中单峰波形中强振幅与弱振幅—空白地震微相所对应的沉积微相具有多解性，而双峰分叉波形中强振幅则唯一对应水道复合体沉积微相。斜 A 工区单一水道沉积具有单层砂体较厚、粒度较粗、泥岩夹层较薄的特点。A-2 井 A 油组 A1 小层单一水道沉积厚 27.7m。水道内单砂层厚 0.3～14.0m，砂层累计厚达 14.6m；薄泥岩夹层厚 1.4～2.4m；薄互层都不能分辨。地震反射复合波的响应特征是单峰波形中强振幅。

2. 盆底扇朵叶体地震微相模式划分

1）单一朵叶体

A 工区单一朵叶体沉积具有单层砂体较厚、粒度较粗、泥岩夹层较薄的特点。A-1ST 井 D 油组内单一朵叶体砂体累计厚度达 21.48m，经过标定表现为单峰波形强振幅的响应特征（图 5-16），连续性好。

表 5-3 斜坡扇浊积水道地震微相模式（据熊婷，2012，略修改）

地震微相	地震微相模式	沉积微相
单峰波形中强振幅	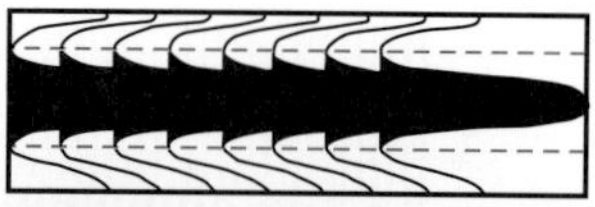	水道、天然堤、水道复合体
双峰分叉波形中强振幅	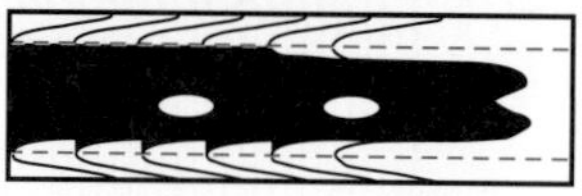	水道复合体（较厚单砂层）
弱振幅—空白相	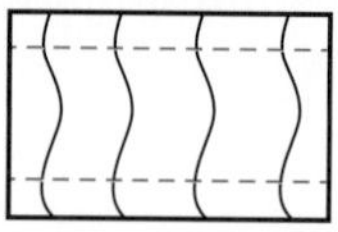	天然堤、溢岸（极薄单砂层，较厚泥岩）、陆坡泥

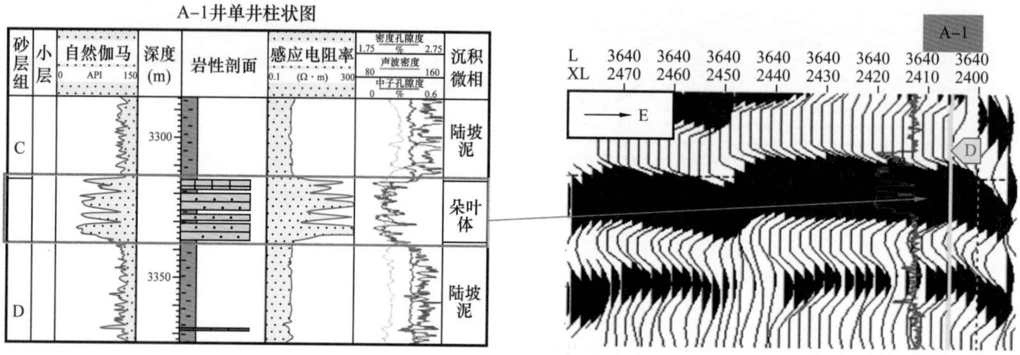

图 5-16　A-1ST 井单一朵叶体地震响应

　　A-3ST 井 D 油组内单一朵叶体砂体累计厚度达 17.7m，经过标定表现为单峰波形强振幅的响应特征（图 5-17），连续性好。

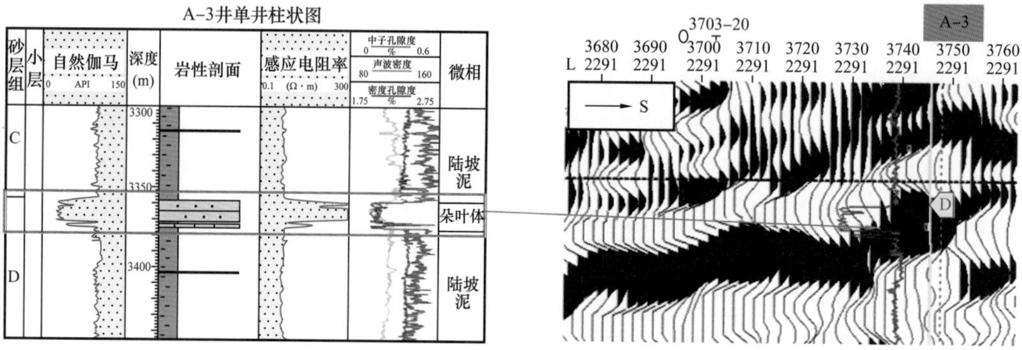

图 5-17　A-3ST 井单一朵叶体地震响应

　　统计 A 油田所有井单一朵叶体沉积，单一朵叶体砂体累计厚度为 14.02～32.5m，泥岩夹层厚度薄，均具有单峰波形中强振幅地震微相，沉积微相与地震微相之间为一一对应关系。

　　2）复合朵叶体

　　复合朵叶体由于叠置作用导致砂体累计厚度变大。A-1ST 井 F4 小层内复合朵叶体厚度 64.56m，砂体累计厚度达 44m，朵叶间的泥岩夹层累计厚度达 20.56m。经过标定表现为双峰分离波形强振幅地震响应（图 5-18），上下波峰振幅强度相似，连续性好。

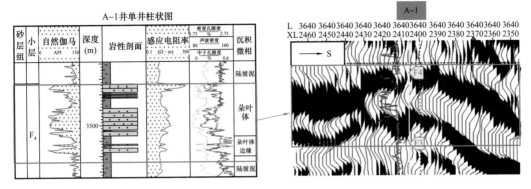

图 5-18　A-1ST 井复合朵叶体地震响应

A-3ST 井 E 油组内复合朵叶体沉积厚度达 69.41m，累计砂体厚度为 43.28m，累计泥岩夹层厚度 26.13m。经过标定表现为双峰分离波形中振幅地震响应（图 5-19），上下波峰振幅强度相似，连续性相对较差。

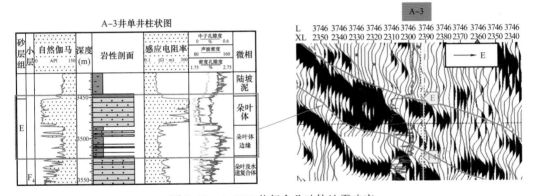

图 5-19　A-3ST 井复合朵叶体地震响应

经过统计，A 油田复合朵叶体沉积厚度为 20.47～81m，均具有双峰分离波形的地震响应特征，上下波形基本分开。沉积微相与地震微相之间同样为一一对应关系。

3）朵叶体边缘

朵叶体边缘由于位于朵叶体核部两侧边缘处，单砂体以及累计砂体厚度均较薄。A-1ST 井 F3 小层内朵叶体边缘沉积厚度仅 13.7m，F2 小层内朵叶体边缘沉积厚度为 21.8m。单砂体极薄，最厚达 4.27m，最薄仅 0.3m。常规剖面不能分辨，其地震响应均淹没于厚层泥岩中，表现为空白响应特征（图 5-20）。

A-4 井 F3 小层内朵叶体边缘沉积厚度仅 16.8m，F2 小层内朵叶体边缘较厚，整体沉积厚度达 32.7m。单砂体极薄，最厚达 2.14m，最薄仅 0.36m。常规剖面仍不能识别，表现为空白地震响应（图 5-21）。

A 油田朵叶体边缘沉积微相厚度为 10.1～32.7m，单砂体极薄。这种沉积微相具有弱振幅—空白地震响应特征，且两者一一对应。

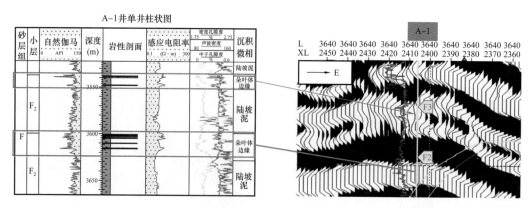

图 5-20　A-1ST 井朵叶体边缘地震响应

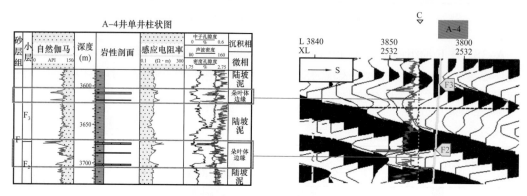

图 5-21　A-4 井朵叶体边缘地震响应

4）朵叶与水道复合体

朵叶与水道复合体是在晚期浊积水道切割早期沉积的朵叶条件下形成的。朵叶与水道复合体沉积厚度一般较大，累计砂体厚度较厚。A-3ST 井 F4 内小层朵叶与水道复合体砂体累计厚度达 41.53m，下部朵叶体内泥岩夹层薄，上部水道内泥岩夹层厚。上部水道沉积厚度近 20m，下部朵叶体砂体厚度达 25m。经过井震标定，该复合体沉积表现为双峰分离波形中强振幅（图 5-22），波形连续性较好。

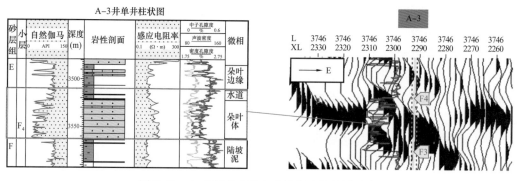

图 5-22　A-3ST 井朵叶与水道复合体地震响应

A-1ST 井 G 油组内朵叶与水道复合体沉积厚度大，砂体累计厚度达 56.19m，朵叶体内部泥岩夹层极薄，水道内部泥岩夹层相对较厚。上部水道沉积厚度达 29.2m，下部朵叶体沉积为 56.6m。经过井震标定，该复合体沉积表现为双峰分离波形强振幅（图 5-23），波形连续性强。

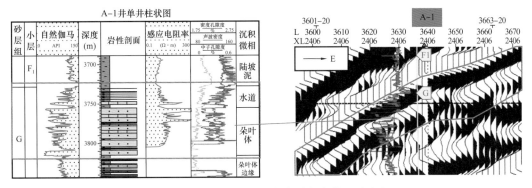

图 5-23　A-1ST 井朵叶与水道复合体地震响应

　　经过统计，A 油田朵叶与水道复合体沉积微相厚度为 41.53～81.5m。这种沉积微相具有双峰分离波形中强振幅地震响应特征，且两者一一对应。

　　综上所述，单峰波形中强振幅地震微相是单一朵叶体沉积微相的地震响应，这种沉积微相单砂层厚度较大，粒度较粗，可以定性预测盆底扇朵叶体砂体分布位置；弱振幅—空白地震微相是朵叶体边缘沉积微相的地震响应。该沉积微相由于与厚层陆坡泥岩的地震响应特征相似，需要综合应用其他方法才能进行预测；双峰分离波形中强振幅则与复合朵叶体以及朵叶与水道复合体相对应，多解性强。因此，西非深水区 A 油田盆底扇朵叶体具有三种地震微相模式：（1）单峰波形中强振幅地震微相模式；（2）双峰分离波形中强振幅地震微相模式；（3）弱振幅—空白地震微相模式（表 5-4）。其中单峰波形中强振幅地震微相与单一朵叶体唯一对应，而双峰分离波形中强振幅与弱振幅—空白地震微相所对应的沉积微相多解性较强。盆底扇朵叶体地震微相模式与正演模拟的结果基本一致，进一步说明该模式划分的准确性（表 5-4）。

表 5-4　盆底扇朵叶体地震微相模式

地震微相	地震微相模式	沉积微相
单峰波形中强振幅		单一朵叶（较厚砂层）
双峰分离波形中强振幅		复合朵叶体、朵叶水道复合体（多解）
弱振幅—空白		朵叶体边缘（薄单砂层，较厚泥岩）、陆坡泥

（四）地震微相模式检验

　　在地震微相模式划分的基础上，可进一步进行检验。下面利用 A 油田海底扇地震微相模式在邻区 E 油田进行检验，论证地震微相模式的准确性。

1.斜坡扇浊积水道地震微相模式检验

上一节研究表明，斜坡扇浊积水道具有三种地震微相模式。单峰波形中强振幅地震微相可以对应于单一水道、天然堤或水道复合体沉积微相，多解性强。熊婷 2012 年针对斜坡扇浊积水道已经进行了验证[2]。

E 油田位于 A 工区西南方 20km 处，属于低勘探程度深水区。通过识别 E 油田的地震微相，从而检验沉积微相。

单峰波形中强振地震微相可以是水道、天然堤、水道天然堤复合体与溢岸多种沉积微相各种岩性组合的地震响应。

E-3 井 R-1120 油组可以识别单峰波形中强振地震微相，是具有较厚砂层单一水道沉积的地震响应（图 5-24）。E-1 井 R-1150T 油组可以识别单峰波形中强振地震微相，是天然堤沉积的地震响应（图 5-25）。

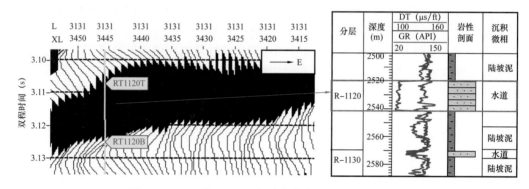

图 5-24　E-3 井 R-1120 水道单峰波形中强振地震微相

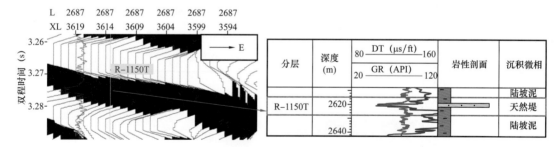

图 5-25　E-1 井天然堤单峰波形中强振地震微相

双峰波形中强振地震微相是具有较厚砂层、粒度较粗的水道与水道天然堤复合体的地震响应。E-3 井 R-1180-30 油组可以识别双峰波形中强振地震微相，是水道天然堤复合体的地震响应（图 5-26）。

弱振幅—空白地震微相是单砂层较薄、泥岩较厚的天然堤和溢岸沉积的地震响应。E-2 井 R-1130 油组可以识别弱振幅—空白地震微相，是天然堤沉积的地震响应，天然堤单砂层厚度小于 2.0m，泥岩厚度较大（图 5-27）。

通过井震对比，结果表明深水区海底扇水道的三种地震微相模式能在西非深水区得到很好的验证。

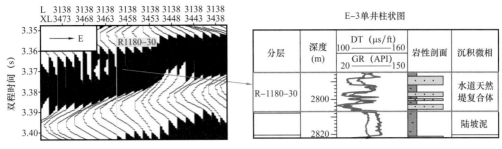

图 5-26　E-3 井水道天然堤复合体双峰波形中强振地震微相

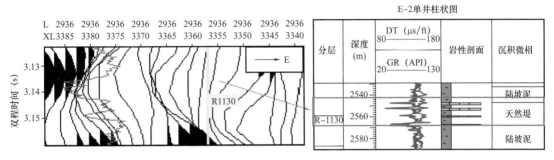

图 5-27　E-2 井天然堤弱振幅—空白地震微相

2. 盆底扇朵叶体地震微相模式检验

盆底扇朵叶体地震微相同样具有三种模式。连续性较好的单峰波形中强振幅地震微相唯一对应于单一朵叶体。E-5 井 R1230 油组以及 E-4 井、E-2 井 R1180 油组附近均可识别连续性较好的单峰波形中强振幅地震微相，经过井震标定均表现为具有较厚砂体的单一朵叶体沉积微相（图 5-28）。

双峰分离波形中强振幅地震微相则可对应两种沉积微相，复合朵叶体或朵叶水道复合体，多解性强。E-5 井 R1210 油组和 R1246 油组附近均可识别双峰分离波形中强振幅地震微相，分别与复合朵叶体和朵叶水道复合体沉积微相相对应（图 5-29）。其中 R1210 油组附近上下波形完全分离，连续性较好，但振幅横向上有变化，其原因是朵叶体在横向上厚度变化以及朵叶间相互叠置程度不同。R1246 油组附近上下波形特征相对杂乱，连续性较差，其原因是水道的下切作用影响了朵叶体相对稳定的沉积所造成。

弱振幅—空白地震微相对应于单砂层极薄的朵叶体边缘或陆坡泥沉积微相。E-5 井和 E-1 井 R1210 油组附近均可发现弱振幅—空白地震微相，经过井震标定检验，均对应于单砂体厚度极薄的朵叶体边缘沉积微相（图 5-30）。常规地震剖面无法识别薄层朵叶体边缘砂体，其地震响应淹没于厚层泥岩中。

通过井震联合对比表明，A 油田海底扇浊积水道与朵叶体地震微相模式能在 E 油田得到很好的验证，说明该地震微相模式能够在类似的环境中应用。通过建立西非深水区海底扇地震微相模式，发现地震微相与沉积微相具有对应关系，但往往非一一对应。常规属性进行水道和朵叶体的解释存在陷阱，这是由地震微相与沉积微相对应关系的不唯一性以及常规地震剖面无法对薄层砂体进行有效分辨两方面所决定的。

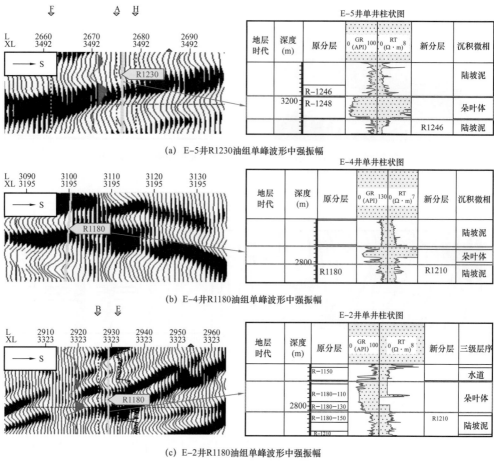

(a) E-5井R1230油组单峰波形中强振幅

(b) E-4井R1180油组单峰波形中强振幅

(c) E-2井R1180油组单峰波形中强振幅

图 5-28　单峰波形中强振幅地震微相检验

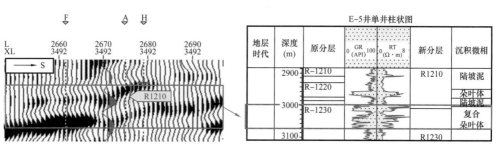

(a) E-5井R1210油组双峰分离波形中强振幅

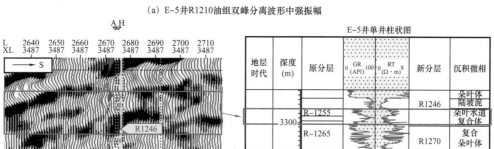

(b) E-5井R1246油组双峰分离波形中强振幅

图 5-29　双峰波形中强振幅地震微相检验

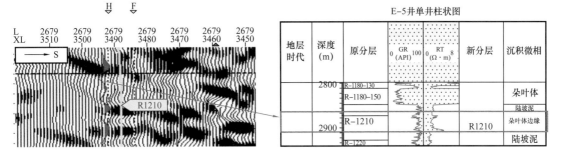

(a) E-5井R1210油组弱振幅—空白相

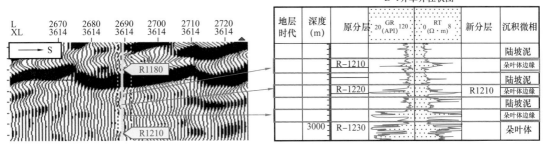

(b) E-1井R1210油组弱振幅—空白相

图 5-30　弱振幅—空白地震微相检验

（五）地震微相模式应用

西非深水区海底扇地震微相模式的建立对勘探开发具有指导意义。下面以 A 油田浊积水道和朵叶体为例，介绍地震微相模式在勘探开发中的应用。

1. 地震微相模式在浊积水道中的应用

图 5-31 所示的剖面是 A 油田某主测线。A 下砂层组可见典型的下切充填地震相，同时在该地震相内部可见明显的双峰分叉波形中强振幅地震微相。该剖面至少反映了浊积水道 4 期的迁移特征，其中第一期和第二期水道垂向叠置程度较高，第三期与第四期水道垂向叠置程度也较高，但第二期与第三期水道侧向叠置程度较高。根据浊积水道地震正演模拟以及地震微相分析结果，浊积水道内部砂体主要沿着迁移的方向分布。因此在钻探时应该充分考虑浊积水道的迁移方向以及叠置程度，沿着水道迁移方向进行钻井。

同时，在开发过程中也需要考虑浊积水道在侧向上的迁移特征，根据复合水道的迁移期次划分开发层系。在开发调整期也应根据每一期次的水道分层系注水调整，最大化开发效果。

2. 地震微相模式在朵叶体中的应用

图 5-32 所示的剖面是 A 油田 A-1ST 井与 A-2 井的任意线。D 油组内可见双峰分离波形中强振幅地震微相，同相轴连续性高，反映朵叶体在侧向上的叠置关系。该剖面反映了 3 期单一朵叶体在空间上彼此叠置形成朵叶复合体，各单一朵叶体呈单峰波形中强振幅地震微相。风险钻探时可考虑朵叶体彼此的叠置关系，设计分支井钻探复合朵叶体的叠置部位，或者直接设计井钻探单一朵叶体的主体部位。在开发过程中必须充分考虑朵叶体叠置处的泥岩隔夹层，进行单一朵叶注采配置。

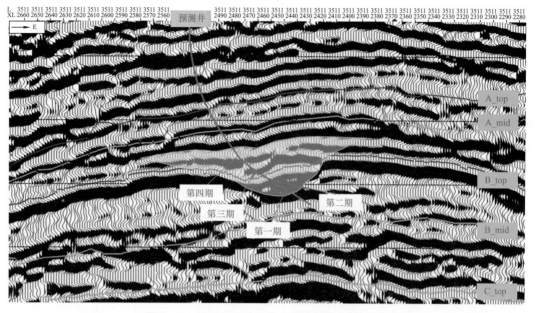

图 5-31　基于地震微相模式的水道复合体预测

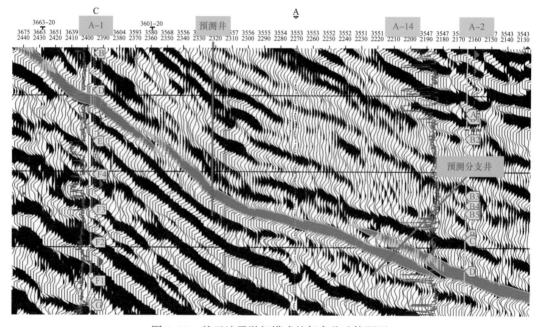

图 5-32　基于地震微相模式的复合朵叶体预测

　　综上所述，利用海底扇地震正演模型以及井震地震微相模式划分，建立起了西非深水区海底扇浊积水道与朵叶体内部不同沉积微相的地震微相模式。该模式不仅适用于 A 油田，也适用与 E 油田，说明该模式在深水区具有普遍的适用性。地震微相模式的建立可以有效地指导勘探开发，为勘探井位设计以及开发调整挖潜提供依据。

二、西非深水区地震分频重构处理解释

　　不同尺度的地质目标对地震信号的不同频率成分敏感程度不同，地震信号分频处理

后不同频段资料展示地质现象的清晰程度明显不同这种观点已被广泛接受。然而如何进行更合理的分频处理以及分频资料如何应用于地质解释，一直成为挑战。本研究以优势频段内三维地震分频地震数据体为载体，以常规地震属性、敏感地震属性和地层切片技术为手段对西非深水区海底扇浊积水道砂体进行雕刻。研究表明，优势频段内地震数据中应用属性、切片等方法对浊积水道砂体的刻画更为敏感，砂体展布刻画和边界识别更准确，薄储层预测精度更高。

（一）分频重构处理方法

在深水勘探中，钻井数量少，储层较薄，横向变化快。因此，仅仅通过振幅以及振幅相关地震属性或者波阻抗反演进行深水储层预测存在较强的多解性，预测精度较低。通过分频处理，利用地震信号的特定频率或频带信息是突出地质目标成像效果、识别薄储层的重要手段。常规的分频处理的方法包括离散傅里叶变化、小波变换、S变化等。由于小波变化在时间域和频率域中都具有表征信号局部变化特征的能力，对信号的动态瞬时分析十分有利。因此本次研究采用小波变化对雷克子波进行分频重构。

由于一般形式的Mortlet小波旁瓣过多，对分频重构带来了干扰。本次研究通过压制一般形式的Morlet小波在时间域的3对旁瓣，削弱Morlet小波过多旁瓣对地震信号分频重构的干扰作用。相对于一般形式的Morlet小波，修改后的Morlet小波在时间域内仅具有一对旁瓣（3个相位），类似于雷克子波波形，但比雷克子波频率高。分频重构的处理时窗得到改善，频率域中频带宽度变宽，分辨率更高。

（二）分频重构优势频段确定

由于目的层厚度小且横向变化大，加上地震分频率限制。常规地震属性和反演研究方法很难准确地刻画由岩性、物性引起的振幅细微变化特征。而分频技术可以将这种细微的变化揭示出来，这也是分频技术研究储层横向变化以及非均质性的重要依据。在实际地震解释中，可以利用不同频率响应特点的数据，选择能够对地质目标敏感优势频段数据体。尤其是在互层状沉积韵律情况下，优势频段数据体可以降低子波叠加和吟振效应造成的成像模糊，最大限度地突出薄层响应，使得薄层成像清晰。优势频段数据体不仅可以提高纵向分辨率，横向上也突出了地层的变化和边界点，有利于对储层的识别与追踪，以及对储层展布规律的认识。

工区A油田地震资料主频为30～40Hz，其中海底扇水道区地震主频高（35～40Hz），非水道区地震主频低（30～35Hz）。海底扇水道在地震剖面上通常表现为顶平底凸的U形下切充填相。内部同相轴表现为双向上超或者顺物源下超。然而由于地层厚度薄且横向变化大以及地震分频率的限制，在地震剖面中很多水道的地震响应特征并不明显，下切和充填相都很模糊。本次研究利用改进的Morlet小波对A油田某单一浊积水道原始地震剖面分别进行20Hz、30Hz、40Hz、50Hz、60Hz、70Hz和80Hz分频重构（图5-33）。研究表明，30Hz～40Hz分频重构成像清晰度最佳，为重构优势频段，优势频段内浊积水道分辨能力最强，成像清晰度也最佳。该优势频段和A油田目的层浊积水道地震资料主频35～40Hz基本一致。在优势频段以外，浊积水道内部细节特征均不能很好地刻画。

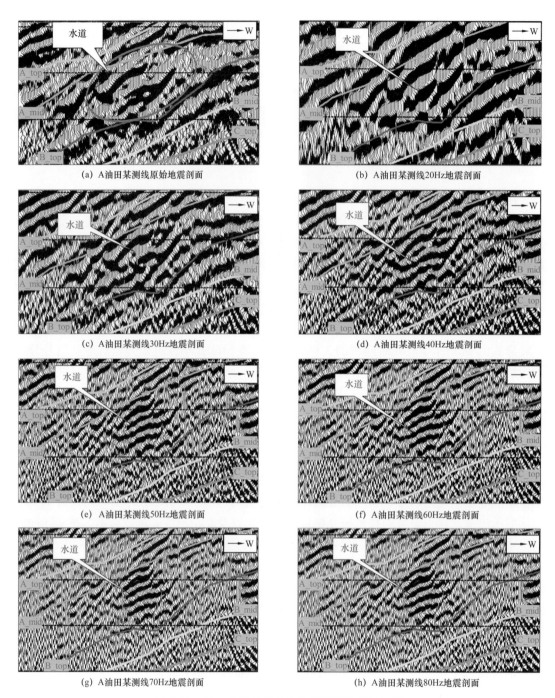

图 5-33 单一水道分频重构地震剖面效果对比图

　　同样，通过改进的 Morlet 小波进行分频重构还可以刻画原始剖面无法识别的复合水道，表征水道在横向和侧向的迁移特征（图 5-34）。

　　图 5-34 是 A 油田另一条主测线的地震剖面，在原始地震剖面可以识别 U 形下切充填地震相，这是位于 A 下砂层组的一个既具有侧向迁移又具有垂向加积的复合水道，但是水道内部下切充填并不十分清晰。利用 Morlet 小波变换对地震剖面进行 20Hz、30Hz、40Hz、50Hz、60Hz、70Hz 和 80Hz 分频重构。从图中可以看出，原始剖面仅能识别单一

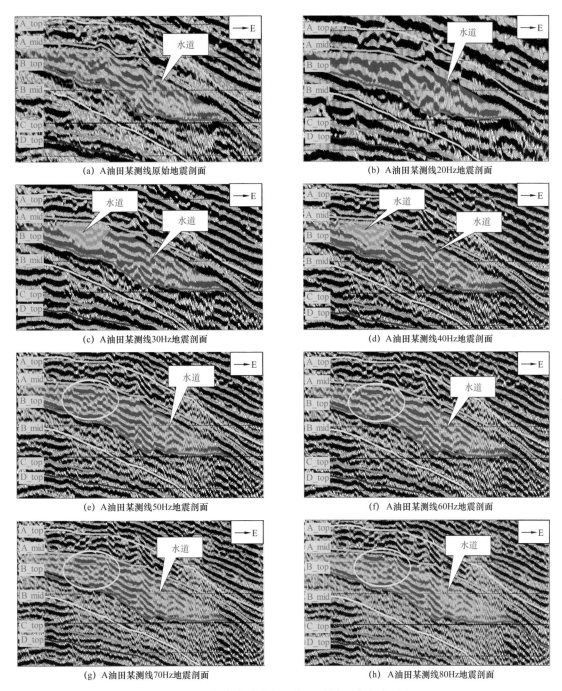

(a) A油田某测线原始地震剖面

(b) A油田某测线20Hz地震剖面

(c) A油田某测线30Hz地震剖面

(d) A油田某测线40Hz地震剖面

(e) A油田某测线50Hz地震剖面

(f) A油田某测线60Hz地震剖面

(g) A油田某测线70Hz地震剖面

(h) A油田某测线80Hz地震剖面

图5-34 复合水道分频重构地震剖面效果对比图

水道，水道内部结构均不是太清楚。而在30Hz和40Hz分频重构，都能够识别复合水道内部下切充填的小水道，分频重构后能够分辨的岩层界面数目增多，局部单峰复合波形分离，水道砂体的识别更为清晰，分辨力和信噪比得到提高，说明30～40Hz是地震剖面的优势频段。而在优势频段以外，复合水道内部的迁移特征均不能很好地刻画。

通过对褶积正演模型的理论研究以及实际地震资料分析，发现了分频重构存在优势频段，确定了西非深水区海底扇水道分频优势频段位于30～40Hz。在优势频段下分频重构，每一道的重构能量都相对较大。根据分辨率和信噪比的关系，实际资料的信噪比和分辨率呈正相关关系，优势频段下分频重构地震信号的峰值频率和频宽都得以提高，噪声的峰值频率只要不在真实信号频带范围内，分频重构后的噪声能量增强小于真实信号能量增强的幅度，因此优势频段下分频重构使地震资料的信噪比得到提高，地震资料的分辨率也随之提高。重构后海底扇水道充填反射特征明显，能量相对较强，波形特征清晰，水道内反射界面数目增多，可以对水道进行更准确的解释。

（三）优势频段三维分频解释

通过上述研究表明优势频率范围内（30～40Hz），地震分频重构后海底扇水道（包括单一水道和复合水道）识别能力更强，分辨效果更佳。然而，仅仅通过优势频段内分频剖面识别水道、刻画水道特征的并不能很好地展示分频解释的优势。因此，本次研究将优势频段内的分频剖面拓展至三维空间，指出常规地震属性、敏感地震属性和地层切片的方法在优势频段内刻画水道最为清晰。

1. 常规地震属性三维分频解释

地震属性的类别很多，振幅类属性中均方根振幅是最基本也是最常用的属性。深水区海底扇水道在平面上通常表现类似陆上曲流河的形态。本次研究以 A 油田 A 上砂层组和 A 下砂层组的海底扇水道沉积为研究对象，采用层间等时属性提取方法，对优势频段内（30～40Hz）地震数据进行均方根振幅属性分析，并与常规数据体对应属性进行比较，展示优势频段常规属性效果。

首先以 A 上砂层组顶底界面的解释层位为时窗，提取均方根振幅属性。色标橙红色表示高值区，蓝绿色表示低值区。相对于原始频段数据体，优势频段内 A 上砂层组均方根振幅属性对水道的刻画更加细致（图 5-35）。原始频段内所展示的海底扇主水道始端展布方向不明确，物源可能是来自北部亦可能来自东北方向。此外原始频段主水道能量较弱，内幕细节不清晰，边界由于蓝色阴影干扰而无法准确识别（图 5-35a）。优势频段内主水道始端展布方向更明确，物源来自东北方向；主水道宽度更大，内幕细节更清晰，内部能量更强，分辨率更高，边界范围也更清楚（图 5-35b）。

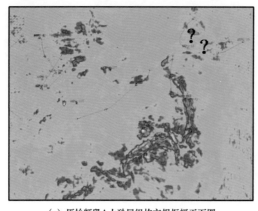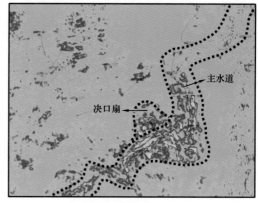

（a）原始频段A上砂层组均方根振幅平面图　　　　（b）优势频段A上砂层组均方根振幅平面图

图 5-35　A 上砂层组原始频段与优势频段 RMS 属性对比图

利用同样的方法提取 A 下砂层组的均方根振幅属性（图 5-36）。原始频段内海底扇主水道末端展布方向不明确，特征不明显；原始频段主水道内幕细节模糊，边界范围不清晰；原始频段只能识别主水道，无法准确刻画西侧的分支水道（图 5-36a）。首先，优势频段内主水道末端展布方向更明确，特征更明显，可识别出三个明显的扇状决口扇体；其次优势频段内主水道宽度更大，内幕细节更清晰，分辨能力更强，边界范围也更清楚；第三优势频段内可识别出西侧的分支水道，在分支水道的末端甚至可以识别出明显的扇状朵叶体（图 5-36b）。

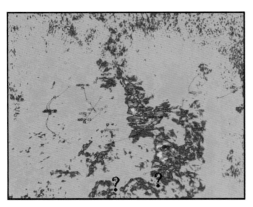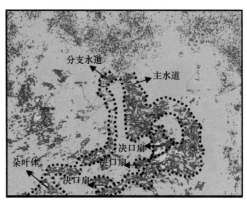

(a) 原始频段A下砂层组均方根振幅平面图　　　　　(b) 优势频段A下砂层组均方根振幅平面图

图 5-36　A 下砂层组原始频段与优势频段 RMS 属性对比图

此外，优势频段内常规属性（均方根振幅）井孔标定准确度更高。A-18 井与 A-15 井均位于研究区东北部主水道附近。综合柱状图表明 A-18 井 A 上砂层组（包括 A1、A2 和 A3 小层）为近 300m 厚的深海陆坡泥岩夹薄层天然堤砂岩；A-15 井 A 上砂层组上部 A1 和部分 A2 砂层为近 100m 厚的深海陆坡泥岩，下部砂层为近 100m 厚的水道砂岩（图 5-37）。经过均方根振幅属性标定后发现，强振幅对应水道沉积环境，岩性以砂岩为主；弱振幅对应深海沉积环境，岩性以泥岩为主。原始频段内 A-18 井和 A-15 井是否在 A 上砂层组始端主水道内并不明确；而优势频段内 A-18 井恰好位于 A 上砂层组主水道始端的外侧，振幅能量弱；A-15 井位于主水道始端内侧，振幅能量相对较强。这与 A-18 井、A-15 井综合柱状图 A 上砂层组岩性特征完全吻合。

因此，利用三维地震分频可以大幅提高常规地震属性（均方根振幅），刻画水道的精度，井震标定吻合度更佳。

2. 敏感地震属性三维分频解释

针对振幅统计类、瞬时类、频谱统计类以及构造变形类等 25 种地震属性进行敏感性分析，发现瞬时振幅地震属性对水道刻画效果最好，是工区敏感地震属性。本次研究同样采用层间等时属性提取方法，以 A 油田 A 上砂层组和 A 下砂层组的海底扇水道沉积为研究对象，对优势频段内（30~40Hz）的地震数据进行瞬时振幅属性分析，并与常规数据体所对应的瞬时振幅属性进行对比，展示优势频段敏感属性效果。

首先以 A 上砂层组顶底界面的解释层位为时窗，提取瞬时振幅属性。相对于原始频段数据体，优势频段内瞬时属性对水道的刻画更佳细致（图 5-38）。原始频段内海底扇主水道末端发生中断，连续性较差，展布方向不明确（图 5-38a）；而优势频段内主水道末端展布方向更明确，特征更清晰（图 5-38b）。

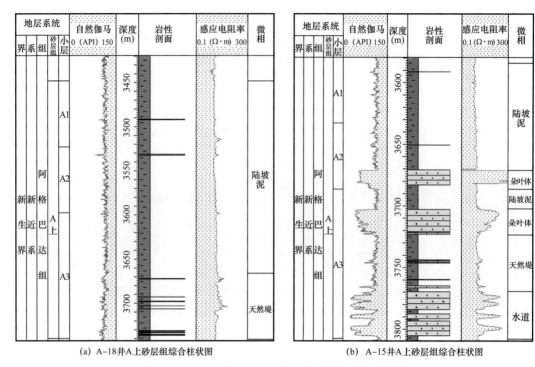

(a) A-18井A上砂层组综合柱状图　　　(b) A-15井A上砂层组综合柱状图

图 5-37　A-18 井和 A-15 井 A 上砂层组综合柱状图

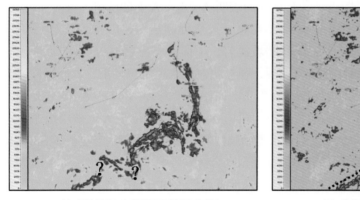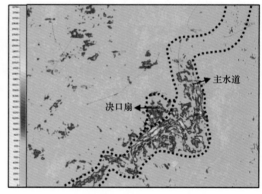

(a) 原始频段A上砂层组瞬时振幅平面图　　　(b) 优势频段A上砂层组瞬时振幅平面图

图 5-38　A 上砂层组原始频段与优势频段瞬时振幅属性对比图

以同样的方法提取 A 下砂层组的瞬时振幅属性，分频前后对比表明优势频段瞬时振幅属性水道细节特征更清晰（图 5-39）。

此外，优势频段重构后敏感地震属性（瞬时振幅）井孔标定准确度更高。A-27 井位于中部主水道，综合柱状图表明 A-27 井 A 上砂层组为近 150m 厚的水道砂岩。原始频段内，A-27 井恰好在 A 上砂层组中部主水道外侧，这与井上的数据恰好发生矛盾（图 5-40）；而优势频段内 A-27 井位于主水道中部，振幅能量强，这与优势频段内 A 上砂层组主水道刻画完全吻合（图 5-41）。

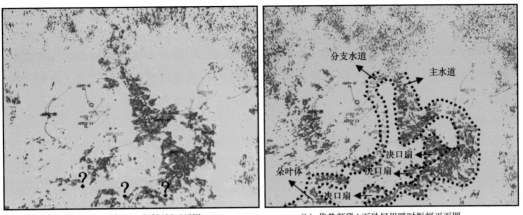

(a) 原始频段A下砂层组瞬时振幅平面图　　(b) 优势频段A下砂层组瞬时振幅平面图

图 5-39　A下砂层组原始频段与优势频段瞬时振幅属性对比图

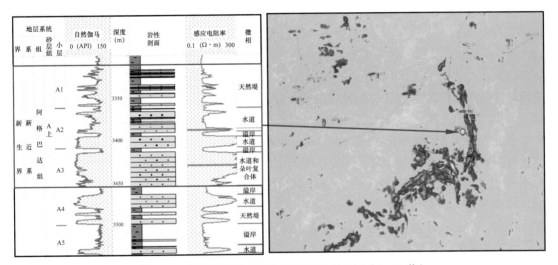

图 5-40　原始频段井震瞬时振幅属性对比图（A-27 井）

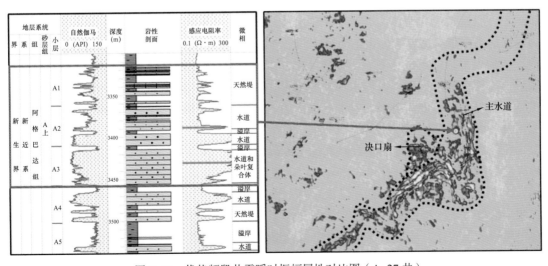

图 5-41　优势频段井震瞬时振幅属性对比图（A-27 井）

通过对 A 油田 A 上和 A 下砂层组进行敏感属性分析，发现优势频段内瞬时振幅属性效果明显优于原始频段属性。与原始频段相比较，优势频段内水道宽度更大，内部细节更清晰，展布方向与边界范围更明确，井孔标定更吻合。当然，在优势频段内进行分频重构所提取的层间属性会在水道外侧增强背景噪声，此时与需要结合原始频段内属性，进行背景噪声过滤。

3. 地震地层切片三维分频解释

切片技术是利用地震资料解释研究地层沉积相展布、沉积演化的基本手段。目前所使用的切片方法主要有时间切片、沿层切片和地层切片。其中地层切片是在两个相邻的等时层序界面之间按厚度等比例内插一系列界面。地层切片考虑沉积速率随平面位置的变化，比时间切片和沿层切片更接近等时沉积界面[87]。本次研究以 A 油田 A 上砂层组和 B 上砂层组的海底扇水道沉积为对象，分别在原始频段和优势频段的地震数据中提取各自地层切片。

由于地震资料采样率为 3ms，而 A 上砂层组在垂向上的时间厚度为 22～80ms。因此将其进行 7 等分，从顶面至底面分别为 Top、切片 1、切片 2、切片 3、切片 4、切片 5、切片 6、Bottom。从获得的 6 张地层切片中，可以清晰地看到 A 上砂层组从下至上的沉积展布与演化过程。对优势频段内的地震数据进行地层切片分析，并与常规数据体地层切片进行对比，展示分频重构后优势频段内平面层属性效果。采用连续渐变色标，蓝色代表振幅正高值区的水道砂岩，红色代表振幅负高值区深海陆坡泥岩，浅蓝色—白色代表弱振幅区的水道溢岸或者天然堤沉积。相对于原始频段数据体，优势频段内目的层地层切片对水道的刻画更佳细致。原始频段内切片 2 始端水道形态并不明显，决口扇特征模糊，内部结构不清晰，能量较弱（图 5-42a）；而优势频段内切片 2 双水道特征明显，决口扇特征清晰，宽度更大，内幕细节清晰，层次分明，边界范围更准确（图 5-42b）。同样，原始频段内切片 4 水道在弯曲处甚至发展中断，水道边界不连续（图 5-42c）；而优势频段内水道边界特征清晰，连续性好（图 5-42d）。

由于 B 上砂层组时间厚度为 22～175ms，因此采用同样的方法分别提取 B 上砂层组地层切片，从顶面至底面分别为 Top、切片 1、切片 2、切片 3、切片 4、切片 5、切片 6、Bottom。原始频段内切片 2 展示了 2 条水道，包括东侧和西侧水道。两处水道形态模糊，内幕结构不清晰，边界特征也不明显（图 5-43a）；而优势频段内切片 2 水道形态更明显，内部结构更清晰，层次感更强（图 5-43b）。同样，原始频段内切片 4 东侧双水道特征不明显，边界范围不准确。西侧水道形态模糊（图 5-43c）；而优势频段内切片 4 东侧双水道特征明显，内幕结构清晰，能量更强，边界范围也更准确。西侧水道形态也相对明显，宽度也更大（图 5-43d）。

此外，优势频段内地层切片井孔标定准确度更高。A-27 井切片 2 对应 A 上砂层组水道天然堤薄层砂体，经过标定应该对应白色至浅蓝色正振幅。在原始频段内对应红色负振幅，恰好位于水道外侧，与标定结果不符；而优势频段内切片 2 中 A-27 井对应浅蓝色正振幅，恰好位于水道边部，与标定结果吻合（图 5-44）。同样，A-7 井切片 4 对应 B 上砂层组溢岸薄层砂体，经过标定应该对应白色至浅蓝色正振幅。在原始频段内对应红色负振幅，恰好位于东侧水道外侧，与标定结果不符；而优势频段内切片 4 中 A-7 井对应白色弱振幅，标定结果准确（图 5-45）。

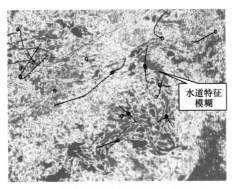

（a）原始频段A上砂层组地层切片2平面图

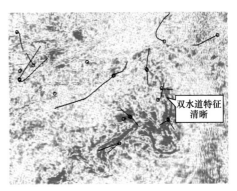

（b）优势频段A上砂层组地层切片2平面图

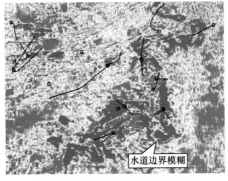

（c）原始频段A上砂层组地层切片4平面图

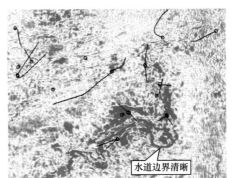

（d）优势频段A上砂层组地层切片4平面图

图5-42　A上砂层组原始频段与优势频段地层切片对比图

（a）原始频段B上砂层组地层切片2平面图

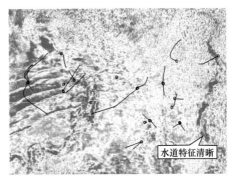

（b）优势频段B上砂层组地层切片2平面图

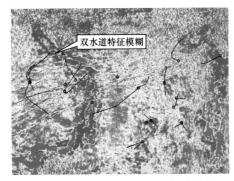

（c）原始频段B上砂层组地层切片4平面图

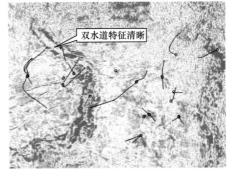

（d）优势频段B上砂层组地层切片4平面图

图5-43　B上砂层组原始频段与优势频段地层切片对比图

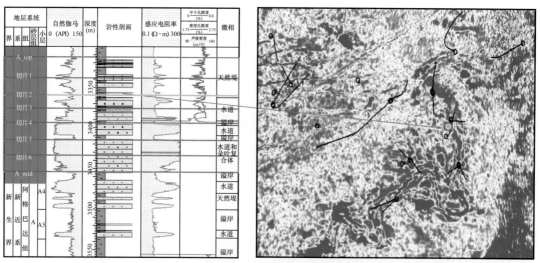

(a) A上砂层组原始频段井震地层切片2对比图(A-27井)

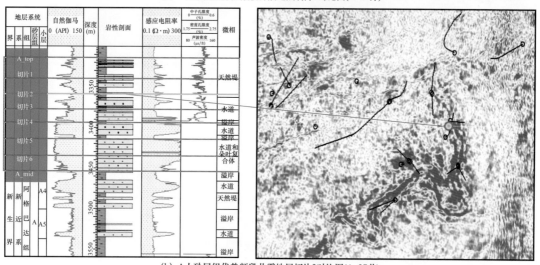

(b) A上砂层组优势频段井震地层切片2对比图(A-27井)

图 5-44　A 上砂层组分频前后井震地层切片 2 对比图（A-27 井）

通过对 A 油田 A 上砂层组和 B 上砂层组进行优势频段内地层切片分析，发现优势频段内地层切片效果明显优于原始频段。与原始频段相比较，优势频段内 A 上与 B 上砂层组双水道特征明显，水道宽度更大，内部细节更清晰，展布方向与边界范围更明确，井孔标定更吻合。当然，分频后在水道外侧会增强背景噪声，此时需要结合原始频段进行背景噪声过滤，综合刻画水道效果更佳。

4.三维分频解释精度分析

1）地震属性精度分析

在优势频段地震属性解释的基础上，本次研究以 A 上砂层组为例，统计水道砂体厚度与分频前后均方根振幅和瞬时振幅值（表 5-5）。

在统计分频前后 A 上砂层组砂体厚度与 RMS、瞬时振幅值基础上，分别建立分频前后 A 上砂体厚度与 RMS 属性以及 A 上砂体厚度与瞬时振幅属性交会图（图 5-46）。

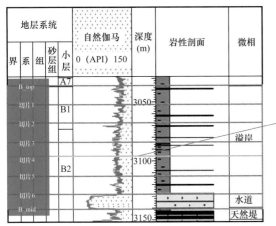

（a）B上砂层组原始频段井震地层切片4对比图(A-7井)

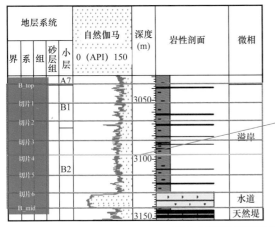

（b）B上砂层组优势频段井震地层切片4对比图(A-7井)

图 5-45　B 上砂层组分频前后井震地层切片 4 对比图（A-7 井）

表 5-5　A 上砂体厚度与地震属性关系表

井名	A 上砂体厚度（m）	分频前 RMS	分频后 RMS	分频前瞬时振幅	分频后瞬时振幅
A-1ST	0.46	2784.00	2122.47	2784.00	2780.11
A-2	11.43	13433.43	10446.58	13433.43	11850.40
A-3ST	1.37	10252.35	1948.83	10252.35	2436.34
A-4	0	3032.29	1887.69	3032.29	2414.72
A-4G	0	4055.94	2645.91	4055.94	2822.30
A-5ST	36.00	13304.05	13363.15	13304.05	14214.96
A-6	35.18	14738.96	13008.35	14738.96	15746.15
A-7ST	1.50	6782.25	1683.10	6782.25	2173.85
A-8	0	3959.69	2426.72	3959.69	2844.03

井名	A 上砂体厚度（m）	分频前 RMS	分频后 RMS	分频前瞬时振幅	分频后瞬时振幅
A–5G	29.72	12096.41	10468.48	12096.41	13575.72
A–9	0	3173.80	1920.94	3173.80	2437.60
A–10	27.57	11742.72	9338.33	11742.72	12348.53
A–14	1.83	3704.43	3035.60	3704.43	4019.27
A–15	32.23	12380.27	10627.95	12380.27	12937.37
A–16	13.56	5458.50	8310.35	5458.50	9523.56
A–17	0	6325.22	2262.27	6325.22	2703.78
A–18	6.45	5028.43	1585.72	5028.43	2072.70
A–19	17.24	12800.00	10960.48	12800.00	12427.87
A–20	28.67	13945.33	10387.53	13945.33	12622.69
A–21	37.97	13526.88	12959.79	13526.88	16141.61
A–22	0.30	2500.50	1745.29	2500.50	2103.39
A–23	0	6579.75	2578.77	6579.75	3265.55
A–24	0	7494.34	2341.05	7494.34	3099.24
A–24G	0	7848.62	2267.84	7848.62	2999.59
A–27	53.33	15625.35	15303.30	15625.35	20131.05
A–28	30.47	13123.72	9579.48	13123.72	11087.05
A–29	31.18	12218.09	11970.70	12218.09	12908.64

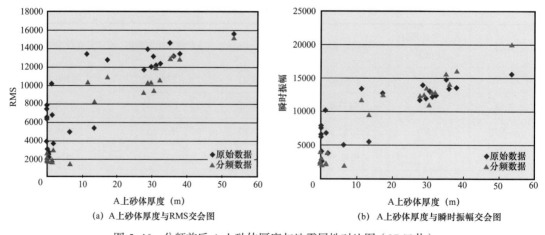

(a) A 上砂体厚度与 RMS 交会图　　　　　(b) A 上砂体厚度与瞬时振幅交会图

图 5-46　分频前后 A 上砂体厚度与地震属性对比图（27 口井）

交会图显示原始数据体陆坡泥岩振幅值范围大，砂泥边界不明确，而经优势频段分频后陆坡泥岩振幅值相对收敛，砂泥边界清晰。分频数据体均方根振幅和瞬时振幅解释水道砂体精度更高。利用 A 上砂体厚度与属性值拟合函数反算 A 上砂体厚度，并与真实厚度进行对比，计算相对误差（表 5-6、表 5-7）。

通过误差对比发现，针对 A 上厚度为 10m 以上的砂体，原始数据体瞬时振幅属性综合预测精度为 77%，RMS 属性预测精度为 76%；分频数据体瞬时振幅属性预测精度为 86%，RMS 属性预测精度为 83%。水道砂体综合预测精度提升 8%。

表 5-6　A 上砂体厚度原始数据预测精度表（砂体厚度＞10m）

井名	A 上砂体厚度（m）	瞬时振幅	A 上预测砂体厚度（m）	相对误差（%）	RMS	A 上预测砂体厚度（m）	相对误差（%）
A-5st	36	13304.05	34.43	4	12714.79	34.62	4
A-6	35.18	14738.96	40.72	16	13786.92	39.44	12
A-5g	29.72	12096.41	29.14	20	11793.1	30.47	3
A-10	27.57	11742.72	27.59	1	9957.97	22.22	19
A-15	32.23	12380.27	30.38	6	12323.77	32.86	2
A-16	13.56	5458.5	0.05	100	5453.23	1.97	85
A-19	17.24	12800	32.22	87	12505.16	33.68	95
A-20	28.67	13945.33	37.24	30	13204.05	36.82	28
A-21	37.97	13526.88	35.41	7	12707.48	34.58	9
A-27	53.33	15625.35	44.6	16	14904.29	44.46	17
A-28	30.47	13123.72	33.64	10	12353.49	32.99	8
A-29	31.18	12218.09	29.67	5	11418.85	28.79	8

表 5-7　A 上砂体厚度优势频段预测精度表（砂体厚度＞10m）

井名	A 上砂体厚度（m）	瞬时振幅	A 上预测砂体厚度（m）	相对误差（%）	RMS	A 上预测砂体厚度（m）	相对误差（%）
A-5st	36	14214.96	33.41	7	13363.15	37.56	4
A-6	35.18	15746.15	37.94	8	13008.35	36.29	3
A-5g	29.72	13575.72	31.52	6	10468.48	27.16	9
A-10	27.57	12348.53	27.9	1	9338.33	23.1	16
A-15	32.23	12937.37	29.64	8	10627.95	27.73	14
A-16	13.56	9523.56	19.54	44	8310.35	19.41	43
A-19	17.24	12427.87	28.13	63	10960.48	28.92	67
A-20	28.67	12622.69	28.71	1	10387.53	26.87	6

井名	A 上砂体厚度（m）	瞬时振幅	A 上预测砂体厚度（m）	相对误差（%）	RMS	A 上预测砂体厚度（m）	相对误差（%）
A–21	37.97	16141.61	39.1	3	12959.79	36.11	5
A–27	53.33	20131.05	50.89	5	15303.3	44.53	16
A–28	30.47	11087.05	24.17	21	9579.48	23.97	21
A–29	31.18	12908.64	29.55	5	11970.7	32.56	4

2）地层切片精度分析

同样，本次研究以 A 上砂层组为例，分别统计了分频前后地层切片 2 以及切片 4 振幅与沉积微相以及对应单砂体厚度的关系（表 5-8、表 5-9）。

表 5-8　分频前后 A 上地层切片 2 振幅与沉积微相、单砂体厚度关系表（27 口井）

井名	分频后振幅	分频前振幅	沉积微相	单砂体厚度（m）
A–1st	−3266.61	−3856.2	陆坡泥	0
A–2	6168.93	4864.5	天然堤	2.1
A–3st	−1720.54	−1564.43	陆坡泥	0
A–4	−1613.93	−1256.86	陆坡泥	0
A–4G	−1152.3	−1028.96	陆坡泥	0
A–5st	−2384.39	−7347.97	陆坡泥	0
A–6	1137.22	−2395.78	天然堤	1.2
A–7st	−4014.9	−4046	陆坡泥	0
A–8	−4443.68	−5984.81	陆坡泥	0
A–5g	−2621.12	−7220.03	陆坡泥	0
A–9	−3861.13	−1325.99	陆坡泥	0
A–10	1513.7	−2223.57	天然堤	1.5
A–14	−584.54	−1331.78	溢岸	0.45
A–15	−4558.07	−6438.2	陆坡泥	0
A–16	2207.78	5571.72	天然堤	1.78
A–17	−4221.09	−3680.45	陆坡泥	0
A–18	−3138.31	−3675.91	陆坡泥	0
A–19	−2736.38	−2942.06	陆坡泥	0
A–20	680.49	1629.38	溢岸	0.64

井名	分频后振幅	分频前振幅	沉积微相	单砂体厚度（m）
A-21	2111.47	557.28	天然堤	1.8
A-22	−2795.36	−3901.8	陆坡泥	0
A-23	−3448.24	−4572.42	陆坡泥	0
A-24	−4533.91	−1393.33	陆坡泥	0
A-24G	−3581.39	−1179.22	陆坡泥	0
A-27	1934.94	1158.05	天然堤	1.98
A-28	−5219.26	−6547.16	陆坡泥	0
A-29	1643.8	2342	天然堤	1.6

表 5-9　分频前后 A 上地层切片 4 振幅与沉积微相、单砂体厚度关系表（27 口井）

井名	分频后振幅	分频前振幅	沉积微相	单砂体厚度（m）
A-1st	−1750.7	−2807.1	陆坡泥	0
A-2	16430.4	17239	天然堤	5.5
A-3st	−1936.95	−1894.58	陆坡泥	0
A-4	−670.14	4079.94	陆坡泥	0
A-4G	−2551.24	−2999.89	陆坡泥	0
A-5st	8720.12	6633.03	水道	8.4
A-6	3461.42	8792.25	天然堤	3.7
A-7st	−3785.42	−5425.85	陆坡泥	0
A-8	−4497.41	−5240.58	陆坡泥	0
A-5g	2722.27	7622.45	溢岸	2
A-9	−3505.73	−5325.52	陆坡泥	0
A-10	7447.29	12190.5	水道	7.2
A-14	−4015.49	−7302.56	陆坡泥	0
A-15	11696.3	11043	水道	14.5
A-16	−4571.73	5646.33	陆坡泥	0
A-17	−3749.99	−7333.57	陆坡泥	0
A-18	−2517.15	753.61	陆坡泥	0
A-19	−5510.3	13656.9	陆坡泥	0
A-20	2150.72	534.87	天然堤	0.94

井名	分频后振幅	分频前振幅	沉积微相	单砂体厚度（m）
A–21	13109.3	12640.81	水道	26
A–22	–3444.9	–7219.85	陆坡泥	0
A–23	–3634.91	–6562.86	陆坡泥	0
A–24	–5127.72	–3400.33	陆坡泥	0
A–24G	–4761.55	–5320.94	陆坡泥	0
A–27	9518.55	5463.87	水道	9.2
A–28	2496.1	3286.96	溢岸	0.46
A–29	2792.94	5027.07	天然堤	2.1

由于地层切片仅仅反映一个短窗口内的常规振幅信息，与之对应的单砂体厚度极薄，厚度普遍小于10m，无法准确预测。然而不同范围内的单砂体厚度对应不同的沉积微相，地层切片的振幅值可以区分不同的沉积微相。因此通过建立A上砂层组单砂体厚度与地层切片振幅值的关系（图5–47），利用聚类的思想来识别沉积微相。

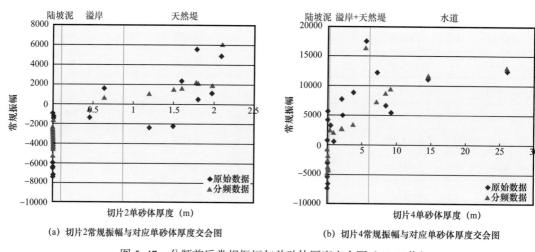

（a）切片2常规振幅与对应单砂体厚度交会图 （b）切片4常规振幅与对应单砂体厚度交会图

图5–47　分频前后常规振幅与单砂体厚度交会图（27口井）

分频前后地层切片常规振幅与单砂厚交会图表明，原始数据体地层切片陆坡泥振幅值范围过宽，聚类程度低，砂泥边界模糊，而分频数据体地层切片陆坡泥相对收敛，聚类程度高，砂泥边界更清晰；原始数据体地层切片溢岸、天然堤与水道界限模糊，区分能力有限，而分频数据体地层切片溢岸、天然堤与水道界限清晰，区分能力强。分频数据体地层切片判别沉积微相更准确。

综上所述，地震数据体存在优势频段，而在优势频段内的地震数据体中进行常规属性、敏感属性和地层切片分析等三位一体的三维分频解释方法可以大幅提高在西非深水区中新统海底扇水道砂体解释精度，并在一定程度上提高了薄储层预测精度。基于三维地震分频的储层预测新方法对稀井区、薄储层的勘探和开发具有重要指导意义。

第三节　河流相薄砂层地震精细雕刻

河流相是陆相沉积体系中的主体部分，在我国中—新生代陆相沉积盆地中分布广泛。河流相砂体同时也是陆相含油气盆地中的重要储集体系，因此对河流相砂岩分布及储层性能的研究具有重要的理论与现实意义[1]。河流相砂体厚度变化大、河道变化频繁、相带不稳定，造成精细解释难度较大[2, 3]，前人探索了多种河道识别方法，地震方法是识别河道砂体的重要手段[4-6]。Widess 研究了薄层的调谐效应，超越了纯几何方法求取反射层厚度的界限[7]；Brown 通过假设地震波在振幅和厚度之间存在一定的线性关系[8]；Partyka、Marfurt 和 Kirlin 证明了用 DFT 的谱分解方法在薄层厚度分析中的效用[9, 10]；刘震等利用地震反射波特征点在无井或少井条件下进行了薄层厚度定量解释[11]；高静怀等研究了广义 S 变换及其在薄互层地震响应分析中的应用[12]；董艳蕾等根据不同的频率切片判断辫状河三角洲前缘水下分支河道和支流间湾沉积[13]；柳建新将小波域分频处理与重构的方法应用到石油地震勘探数据处理中[14]。

作者以济阳凹陷垦东地区馆陶组为例，展示经过分频地震处理后河道在不同分频体上的响应特征。济阳坳陷垦东凸起北部馆陶组发育典型的河流沉积，斜坡带发育辫状河向曲流河过渡相，主要形成砂泥岩薄互层，目前勘探程度低，具有较大的勘探潜力。但由于河流相砂体横向变化大，砂体面积小、厚度薄，泥质夹层多且薄，地震上一个反射相位所反映的不是单一砂体的反射，砂体识别难度较大，常规地震资料属性不敏感，难以识别薄砂岩发育位置。利用改进的 Morlet 小波对垦东北地区的常规地震数据及叠前近道集叠加地震数据两种地震资料进行分频重构处理，并对分频重构后资料进行分析，总结了馆上段四砂层组河流发育特征，进行敏感属性和地层切片分析，进而预测了有利区块的分布，取得了较好的应用效果。

一、利用地震分频处理提高地震分辨率

研究区位于垦东地区，其馆陶组上亚段河流相发育砂泥岩薄互层，由于河流相砂体薄、夹层多，造成常规地震无法识别单河道砂体。受到地震资料分辨率的限制，地震上一个反射相位所反映的不是单一砂体的反射，而是一套砂泥岩互层的共同响应，砂体识别难度较大，常规地震资料属性不敏感，难以准确识别薄砂岩发育位置。研究发现，经过叠前近道集叠加处理及分频处理之后的地震数据拥有更高的分辨率，同时在识别薄层砂岩方面的能力有着明显提高。研究区主要地震相类型为充填相，充填地震相是以充填外形为特征的相单元体，充填类型有许多种变化，但主要可分为开阔充填和局部充填，局部充填是指在河道下切后形成的较小的冲沟内形成的充填，代表较高能量的环境[15, 16]。

（一）三维地震分频处理

采用叠前近道集叠加与常规地震数据进行分析，两类数据峰值频率有所差异，利用改进的 Morlet 小波变换分别对馆陶组上亚段某剖面两类地震数据进行 15Hz、25Hz、35Hz、45Hz、55Hz、65Hz、75Hz 的分频重构处理。

首先利用常规数据进行不同频率分频重构。可以看出，原始剖面中隐约能够看到充填相特征，但主要呈短轴断续反射，充填特征不够明显，分辨率较低。15Hz 分频剖面地震

反射轴粗大，无法识别细节，较原始剖面更差；25Hz 之后的分频剖面充填相特征开始逐渐变得清晰；55Hz 分频剖面充填相特征最为清晰，并且反射能量较强，分辨率最高；65Hz 之后分频剖面能量开始减弱，反射特征变得模糊，分辨率下降，无法准确反映充填相特征。由此可以看出，55Hz 为该区常规数据体目的层中识别充填相的优势频率，在此频率下，地震反射特征清晰，能量较强，地震资料分辨率达到最高，且与工区常规数据体目的层主频基本一致（图 5–48）。

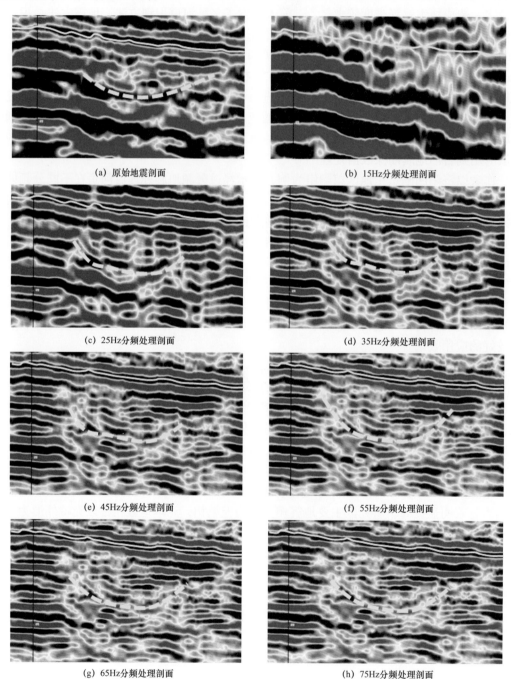

(a) 原始地震剖面 (b) 15Hz 分频处理剖面

(c) 25Hz 分频处理剖面 (d) 35Hz 分频处理剖面

(e) 45Hz 分频处理剖面 (f) 55Hz 分频处理剖面

(g) 65Hz 分频处理剖面 (h) 75Hz 分频处理剖面

图 5–48 常规数据充填相原始剖面及其不同分频处理剖面对比

然后对 5°～15° 叠前近偏移距道集叠加资料进行不同频率的分频重构处理。可以看出，原始剖面中可隐约识别出充填相，但细节不够清晰，分辨率较低。15Hz 分频剖面地震反射同相轴粗大杂乱，较原始剖面更差，无法识别充填特征；25Hz 之后的剖面充填相开始能够识别，并随着频率的增高充填特征变得更加清晰；65Hz 分频剖面充填相细节最为清晰，并且能量也较强，分辨率较高；75Hz 分频剖面能量减弱，分辨率开始降低。因此 65Hz 为该区叠前近道集叠加数据体目的层中识别充填相的优势频率，该频率下的充填相最为明显，细节清楚，分辨率最高（图 5-49）。

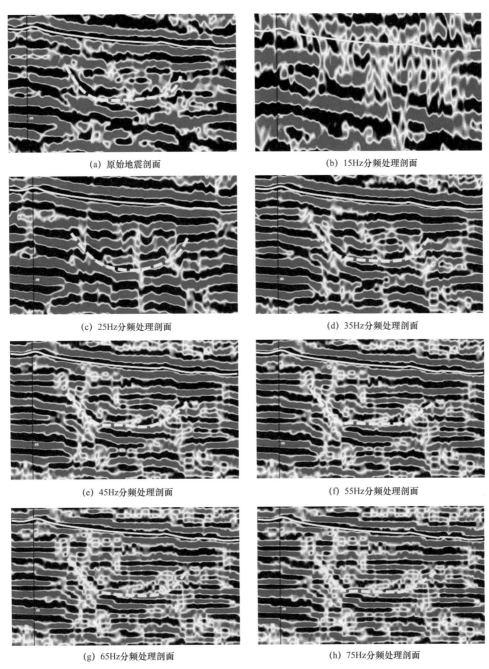

(a) 原始地震剖面

(b) 15Hz 分频处理剖面

(c) 25Hz 分频处理剖面

(d) 35Hz 分频处理剖面

(e) 45Hz 分频处理剖面

(f) 55Hz 分频处理剖面

(g) 65Hz 分频处理剖面

(h) 75Hz 分频处理剖面

图 5-49　叠前近道集叠加数据充填相原始剖面及其不同频率分频剖面

（二）叠前近道集叠加数据与常规数据分频效果比较

前文提到不同峰值频率的地震数据体有着不同的优势频段，并且峰值频率越高其对应优势频率也相应增大，频带宽度拓宽。由于叠前近道集与常规数据拥有不同的峰值频率，且叠前近道集叠加数据与常规数据相比，峰值频率高出约10Hz，因此其对应优势频率也存在差异，叠前近道集叠加数据优势频率为65Hz，常规数据优势频率为55Hz。一般情况下，由于叠前近道集叠加克服了中、远道集信息叠加对分辨率的影响，并且一定程度上克服了零角度叠加的可能带来的噪声干扰，因此叠前近道集叠加原始数据体较常规原始数据体垂向分辨率更高。

本书对两种数据与岩性的匹配关系进行对比。将两种类型地震剖面进行对比，可以看出，常规三维数据原始剖面一个反射同相轴粗大，一个反射通常对应多套砂体，而叠前近道集叠加数据反射轴比常规数据更细，相比之下与岩性对应更好。对比两类数据按各自优势频率分频处理后的剖面，可以明显地看出，两类数据与岩性对应均比分频前更加精确，但相比之下叠前近道集叠加数据比常规三维数据与岩性对应更细致，而在地震相特征上，常规三维数据剖面地震相特征较叠前近道集叠加剖面更易于识别。因此，将两类数据体结合使用，分别利用两类数据体各自优势，即利用常规数据体进行地震相识别划分及解释，利用叠前近道集叠加数据体进行砂体敏感属性分析及厚度预测（图5-50）。

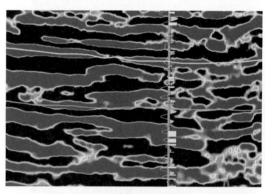
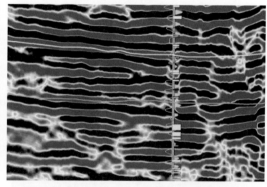

(a) 常规地震数据原始剖面　　　　　　　　　　　　(b) 常规地震数据55Hz分频处理剖面

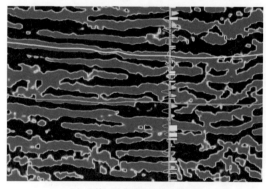
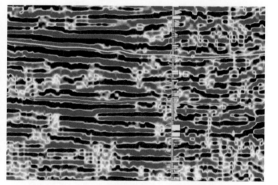

(c) 叠前近道集叠加地震原始剖面　　　　　　　　(d) 叠前近道集叠加地震数据65Hz分频处理剖面

图5-50　垦东894井常规地震与叠前近道集叠加地震及其各自分频剖面对比

二、基于分频重构数据体的河道砂体分布预测

（一）利用地震相分析方法确定河道砂体位置

常规数据原始剖面分辨率较低，地震上无法准确识别充填特征，分频重构后的常规叠偏地震资料对于识别河流相充填特征有着明显优势。首先在工区范围内目的层段中识别出了中振幅弱连续充填相，以及高连续席状相（图5-51）；然后利用"相面法"将两类地震相在平面上进行勾画，可以看出工区目的层充填相主要呈条带状，整体呈南东—北西向，工区目的层上段充填相发育较多，主河道特征明显，基本可以看出河道走向，且工区中部和西北部充填相发育较为集中（图5-52），因此工区目的层上段可能为主要砂体发育位置。充填相的分布展示了河道发育的大体位置，为下面预测河道砂体发育及厚度定量预测情况奠定基础。

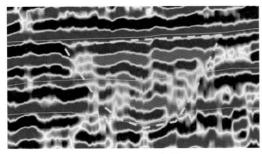

(a) 中振幅弱连续充填相   (b) 高连续席状相

图5-51　试验区主要典型地震相剖面

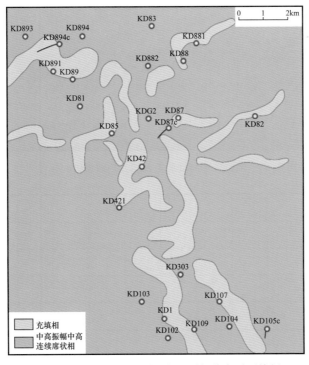

图5-52　试验区目的层上段地震相分布平面特征

（二）采用地震敏感属性分析方法确定河道砂岩体厚度变化

前文已提到，叠前近道集叠加数据的比常规数据地震反射同相轴更细，与岩性对应更好，拥有更高的垂向分辨能力，因此采用 $5°\sim15°$ 叠加角度进行叠前近道集叠加，并利用该数据体进行地震敏感属性河流相砂体分布预测。对试验区多口井进行合成记录标定，并统计目的层砂岩厚度，研究发现瞬时振幅属性对河道的识别和预测有着更高的精度，因此利用 $5°\sim15°$ 近道集叠加数据瞬时振幅属性进行砂体预测，可以发现目的层上段河道特征明显，主河道方向十分清晰，支流也较为明显，这与地震相所反映的大体特征基本一致（图 5-53）。结合试验区地震相平面分布特征可以得出，目的层上段河流相砂体发育好于目的层下段，目的层上段可作为砂岩发育的主要目标层系，其瞬时振幅与井孔砂体厚度相关性达 90% 以上（图 5-54）。

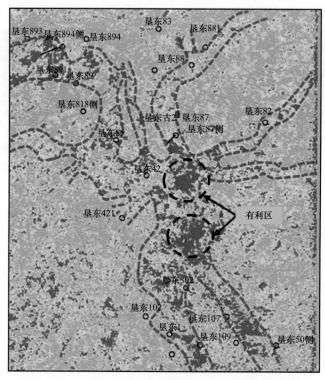

图 5-53　试验区叠前近道集叠加分频数据瞬时振幅属性

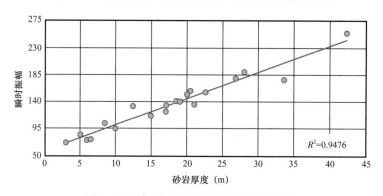

图 5-54　瞬时振幅属性与砂岩厚度相关性

根据井孔信息、地震相及敏感属性等分析结果，建立试验区河道地质模型。整体上砂岩粒度由南向北逐渐由粗向细变化，通过典型井的单井分析，发现试验区发育三类砂体发育模式。试验区西北部发育复合河道叠置模式，试验区中部发育双河道叠置模式，而试验区北部、南部主要发育单期河道模式（图5-55），结合地震敏感属性，预测试验西北部（已开发）与中部砂岩发育厚度相对较大，因此认为试验区中部地区的双河道叠置模式为有利砂体发育区块。

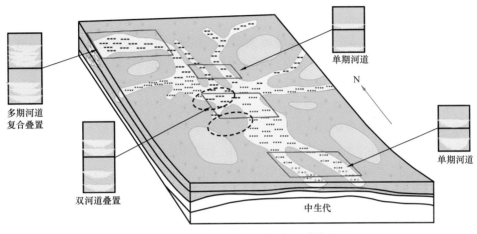

图 5-55　试验区河流相发育地质模型

三、本节小结

（1）河流相薄互层砂岩常规地震数据识别困难，零炮检距叠加道集理论上具有最高的垂向分辨率，但存在较大噪声干扰，叠前小角度近道集叠加数据体相对于常规叠偏数据具有更高的垂向分辨率，并且削弱了零角度叠加所带来的多次波干扰，利用叠前近道集叠加处理后的地震资料对于薄互层砂岩的识别较为有利。

（2）雷克子波分频处理存在优势频段，应用改进的 Morlet 小波按优势频率分频重构处理后的地震数据较原始剖面分辨率更高，地震反射同相轴拥有更加精确的岩性匹配关系，分频重构处理改善了原始地震资料的分辨率。常规叠偏分频数据对于识别河流相典型地震相来说更具优势，而叠前近道集叠加分频数据与岩性对应关系更加精确，因此用来进行地震属性分析更加精确。

（3）河流相主要发育中振幅弱连续充填相以及高连续席状相，瞬时振幅属性对于薄互层砂岩十分敏感，砂岩在分频重构后表现为瞬时振幅高值，相对于常规原始数据常规振幅类属性，瞬时振幅属性展示的河道特征明显，砂体发育特征更易刻画，且与井孔砂岩厚度对应良好（$R^2 > 0.9$）。因此，与原始资料相比，采用叠前近道集叠加数据进行分频重构处理后的地震资料敏感属性对于识别薄互层砂岩更具优势。

（4）充填相是河流相砂体发育的主要地震相，通过地震相研究、敏感属性分析以及地质模式研究分析，认为位于试验区中部目的层上段的瞬时振幅高值双河道叠置区为砂岩发育有利区块。

第四节　湖相生物灰岩薄储层地震精细解释

国外对碳酸盐岩研究早期集中于海相沉积地层中，Laporte提出波基面之下陆源碎屑沉积相带和碳酸盐岩与碎屑岩共存的陆表海模式；Wilson和Tucker又对前人各类海相碳酸盐岩沉积模式进行补充与发展，生物灰岩主要发育于台地边缘；Tucker和Wright将碳酸盐岩沉积模式划分为五类，在镶嵌陆架型台地中，与盆地相邻的台地边缘常以发育有中连续到连续性的碳酸盐骨架颗粒浅滩为特征[1-5]。

随后，关于生物灰岩的研究进而发展到湖相沉积地层中，Williamson和Picard提出了湖相碳酸盐滩坝沉积；Ryder认为波浪对斜坡边缘的湖相碳酸盐岩具有影响作用；Harris和Cohen等认为浅水缓坡是生物滩沉积的有利场所，对生物滩沉积特征、沉积形态、水动力等进行了分析，但对于生物滩发育模式的研究还较为缺乏[6-9]。

碳酸盐岩礁滩相是油气的理想储集场所，它是基于造礁生物骨架形成的一种特殊碳酸盐岩构造体，有着广阔的含油气潜力。然而，由于礁滩地层非均质性强，尤其是生物滩在波浪、潮汐等水动力影响下，无法构成骨架堆积形态，在地震资料中往往难以识别。

近年来，在渤海湾盆地济阳坳陷沙一段和沙四段多发现生物滩沉积，由于沙一段在盆地沉积较薄，前人主要研究集中于沙四段[10, 11]，沙一段的研究主要集中于惠民凹陷和饶阳凹陷[12, 13]，沾化凹陷沙一段仍处于低勘探程度层段，但近期在长堤地区沙一段生物灰岩中钻遇多口高产油藏，表明生物滩储层具较大勘探潜力。但仍存在以下问题：（1）研究区生物灰岩厚度较薄，纵横向对比困难，常规地震属性无法准确预测生物灰岩的厚度分布特征；（2）前人对研究区生物灰岩控制因素认识不清，未建立研究区生物灰岩发育模式。

本节以沙一段生物灰岩为解剖对象，以岩心、录井、测井及三维地震资料为基础，分析长堤地区主要储层沙一段下部生物灰岩的沉积特征；运用层序地层学分析方法建立等时地层格架，确定沉积期相对古水深及古地貌特征，以此明确生物灰岩的控制因素，总结其分布规律，最终建立生物滩发育模式。

长堤地区位于济阳坳陷沾化凹陷东北部，研究区沙一下亚段生物灰岩发育模式没有形成统一观点，并且沉积厚度较薄，发育厚度为2～10m，平面上难以预测其发育规律与分布特征。通过古地貌分析、地球物理预测和钻井资料分析等多种手段开展了生物灰岩储层预测。

长堤地区位于济阳坳陷沾化凹陷东北部，处于埕岛—桩西—长堤—孤东潜山披覆构造带中南部，呈近南北向条带状展布，面积近300km^2。位于黄河口凹陷西南斜坡部位，西部通过长堤断层相接与孤北洼陷相连，具有双源油气运聚优势。目前，该区在中生界、沙河街组、东营组和新近系均见到油气显示，但该区仅上报储量3648×10^{4}t，与其所处的地理位置极其不匹配。近期桩斜213井、桩216井相继获得成功，预示研究区隐蔽油藏将会有很大潜力。从勘探程度看，该区也是滩海地区勘探程度较低的地区，260km^{2}内只有70多口井，有很大的空白区需要进一步探索研究，具有一定的潜力。该区在2015年进行了201km^{2}的三维地震采集，为重新认识、研究该区提供了新的资料基础。

一、湖相生物灰岩沉积特征

研究区沙一段岩性以湖相碳酸盐岩和大套泥岩为主，其中湖相碳酸盐岩以生屑灰岩和鲕粒云岩为主。沙一段厚度较薄（10～100m），而生物灰岩集中发育于沙一段下部（0.5～12m）。该套生物灰岩基本全区分布，研究区内38口探井，除3口探井（桩13井、桩海6井、桩海古1井）外，均钻遇到生物灰岩。

沙一段生物灰岩沉积构造以桩海18井为例，沙一段下部岩性组合为灰色灰质砂岩—土黄色生物灰岩—灰色灰质砂岩。石灰岩中可见大量生物碎屑，并呈规律分布，大量生物螺化石（图5-56）呈层状分布，表明沉积期为高能稳定的水体环境，该地区古地貌对应为缓坡。依据前人及杜韫华（1990）对湖相碳酸盐岩沉积模式进行的总结，以及国景星等（2001）对长堤地区沉积体系的研究，将工区生物灰岩定为碳酸盐滩坝相[14-19]。

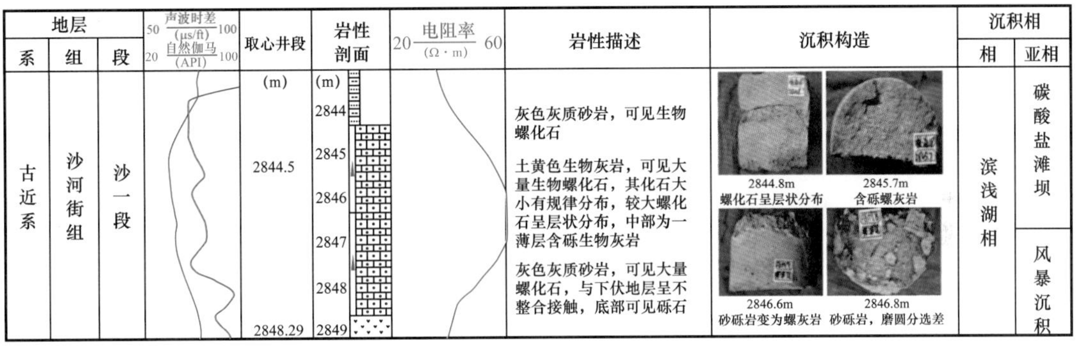

图5-56 桩海18井古近系沉积相图（据胜利油田，2016）

湖相碳酸盐岩结构组分以生物碎屑和鲕粒为主，其中生屑灰岩在长堤地区西部发育。王冠民（2002）将腹足类个体较大，易于辨认这种生物灰岩称为"螺灰岩"[12]。以沙一段桩11-3井为例，生屑含量大于50%，生物化石以腹足和介壳为主。腹足壳缘呈隐粒结构到晶粒结构，含有机质，基质以泥晶方解石为主，部分泥晶方解石重结晶成方解石晶粒，发育粒内溶孔和粒间溶孔，面孔率达8%以上，其中介屑含量较高，反映沉积区水体能量较高。鲕粒云岩以鲕粒为主体（图5-57），沙一段沉积时期，在长堤地区南部地区发育。以桩202井为例，鲕粒含量大于70%，以表皮鲕和椭形鲕为主，多呈椭圆形，鲕粒呈漂浮状，点接触至线接触。鲕核内部亮晶充填，分选性、磨圆度中等，粒内溶孔和粒间孔发育，面孔率达18%，鲕粒含量较高表明鲕粒沉积时环境能量较高。沙河街组生物灰岩主要发育于沙一段和沙四段，相比于沙一段，沙四段岩性更为复杂，多以生物碎屑灰/白云岩、内碎屑灰/白云岩、砂质灰岩/白云岩为主，生物化石除螺化石、介形虫之外，藻类十分发育，前人认为沙四段除碳酸盐岩滩沉积外，生物礁也异常发育[20]。

二、生物灰岩分布地震预测

（一）生物灰岩层序特征

长堤地区沙一段形成于盆地发育的断陷期，为地震反射标志层 T_2 与 $T_{2'}$ 之间的一套地层，解释结果表明，研究区沙一段呈南厚北薄、西厚东薄的特点。苏宗福等（2006）认为

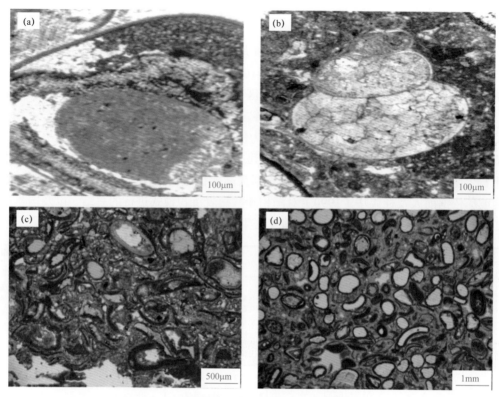

图 5-57　长堤地区沙一段生物灰岩结构特征

（a）桩 11-3 井，2826.3m，螺灰岩，腹足壳缘呈隐粒结构到晶粒结构；（b）桩 11-3 井，2822.8m，螺灰岩，螺壳内充
填方解石呈粒状镶嵌结构；（c）桩 11-3 井，2826.35 m，介屑云岩，发育粒内溶孔和粒间溶孔，面孔率达 8%；（d）桩
202 井，鲕粒云岩，鲕粒呈漂浮状，点接触至线接触，发育大量粒内溶孔及少量粒间溶孔，面孔率达 18%

T₂ 界面在济阳坳陷分布具有一定规律，由南向北由湖泛面（下超面）变为三级层序界面（上超面）[21]，鲁国平（2005）等将沙二上亚段—沙一段划分为三级层序[22-25]，而研究区沙一段与下伏沙三段或沙二下亚段呈全区明显的角度不整合接触，与上覆东营组呈整合接触（图 5-58），结合前人划分基础，将本区沙亚段—段作为一个三级层序。

在井孔剖面中，依据录井资料、GR 及电阻率曲线韵律变化，以桩 15 井和桩参 1 井为例，全区沙一段发育一套稳定分布的薄层油页岩（图 5-59），其中以油页岩为界，沙一段下部 GR 呈正韵律，上部泥岩发育，GR 呈弱反韵律。沙一段沉积早期为一个大的湖侵背景[26]，油页岩作为凝缩层代表沙一段时期最大湖泛面，将沙一段三级层序划分为湖进体系域（EST）和湖退体系域（RST）。在此基础上，利用井孔资料，通过识别单井旋回变化特征，划分四级层序（PSQ），单个四级层序内由下至上为正旋回转变为反旋回。以桩 4 井为例，将湖侵体系域进一步划分为三个四级层序。

结合井孔资料，将桩 4 井沙一段下部划分为三个四级层序，每个四级层序进一步划分为湖侵体系域与湖退体系域。PSQ1 由下部石灰岩过渡到泥岩，至顶部粉砂岩，砂泥比逐渐变大，颜色以灰色为主，旋回对称性好，其中 EST 水体变深，粒度变细，下部发育石灰岩和砾岩，在 RST 中，水体变浅，粒度变粗，由泥岩过渡为粉砂岩，顶部存在韵律转换面；PSQ2 底部发育粉砂岩，顶部发育生物灰岩、泥岩和粉砂岩，砂泥比逐渐增大，颜

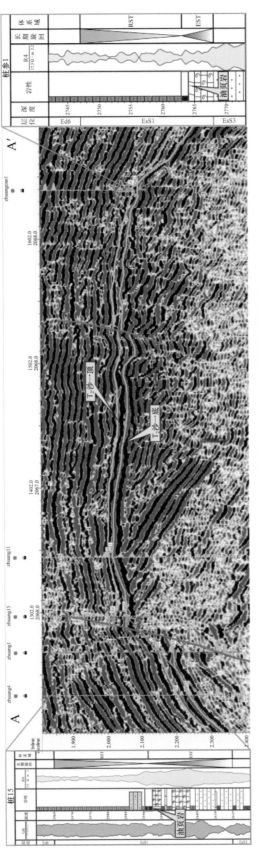

图 5-58 沾化凹陷长堤地区沙一段三级层序地层格架

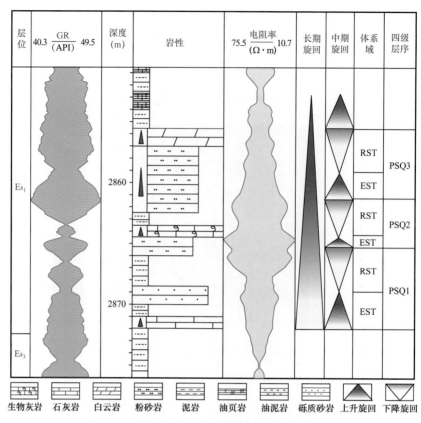

图 5-59　桩 4 井沙一段下部层序地层综合柱状图

色以灰色为主，下降半旋回大于上升半旋回，EST 中，水体变深，下部以粉砂岩为主，向上粒度变细，GR 呈钟形，而 RST 中，水体变浅，顶部发育粉砂岩，向上粒度变粗，GR 和电阻率呈漏斗形；PSQ3 以粉砂岩为主，颜色呈灰色，电阻率曲线为中低幅钟形，旋回对称性较好，在 EST 中，水体缓慢加深过程中，向上粒度变细，电阻率呈钟形，而 RST 内，水体变浅，以砂岩为主，晚期水体稳定，发育白云岩。对全区 30 余口探井进行高频层序划分，各井沙一段下部呈现相同韵律变化规律，均划分为三个四级层序，其中部分单井 PSQ1 只发育 RST，而 PSQ2 和 PSQ3 为完整旋回。

（二）生物灰岩井震结合综合分析

通过钻测井及岩心、地震资料发现，长堤地区生物灰岩主要分布于沙一段下部，多呈三期分布，并主要分布于长堤潜山周缘斜坡和局部洼槽。依据 30 余口探井的录井资料，纵向上将生物灰岩划分为三种内幕结构，分别发育一套、两套和三套生物灰岩。其中不同内幕结构在平面上分布位置和范围不同，总体表现为，由长堤隆起周缘向凹陷方向，依次发育第三类、第二类和第一类内幕结构。

（三）生物灰岩连井分布特征分析

依据井孔资料，纵向上，生物灰岩主要呈三期分布，与高精度层序划分的四级层序相对应，均发育于各四级层序湖退体系域中，呈退积叠置样式分布。

在研究区不同位置，生物灰岩发育套数稍有差异，依据单井纵向上生物灰岩发育套数，将研究区生物灰岩内幕结构划分为3类（表5-10）。

表5-10　研究区生物灰岩内幕结构分类表

	岩性组合	测井特征	纵向位置	平面位置	井号
第一类 （1套）	粉砂岩—生物灰岩—泥岩	GR呈指状中低值，电阻率中值	发育于各四级层序RST中	缓坡	桩317、桩209、桩205、桩203、桩4等
第二类 （2套）	灰质泥岩—生物灰岩—泥岩	GR呈指状高值，电阻率中高值	发育于各四级层序RST中	缓坡	桩207、桩12、桩14等
第三类 （3套）	泥岩—生物灰岩—泥岩	GR呈中低值，电阻率指状中低值	发育于各四级层序RST中	坡折带	桩47、桩303、桩11、桩181、桩参1等

其中第一类内幕结构，垂向上发育一套生物灰岩，以桩317井为例，纵向岩性组合为粉砂岩—生物灰岩—粉砂岩，GR呈指状低值，电阻率相对较低，其中发育于PSQ1中的湖退体系域，在层拉平地震剖面上其发育于缓坡处；第二类内幕结构，垂向上发育两套生物灰岩，以桩207井为例，纵向岩性组合为泥岩—生物灰岩—灰质泥岩，GR为中低值，电阻率为指状中值，其中发育于PSQ1和PSQ3中的湖退体系域，在层拉平地震剖面上其发育于缓坡处；第三类内幕结构，垂向上发育三套生物灰岩，以桩47井为例，岩性组合多以泥岩—生物灰岩—泥岩为主，GR呈现指状低值，向上逐渐增大，电阻率向上逐渐增高，生物灰岩分别发育于三个四级层序湖退体系域中，在层拉平地震剖面上，该类内幕结构发育于缓坡坡折带。

在横向剖面上，从桩132—桩海6井连井剖面中，长堤潜山两翼三个四级层序厚度大于潜山顶部，三个四级层序两翼厚度达8～10m，顶部达到4m，其中内部生物灰岩在北部隆起顶部较为发育，三个四级层序中均发育生物灰岩，厚度达到4m，两翼生物灰岩厚度较薄，发育1～2m；在桩4—桩参1井连井剖面中（图5-60），三个四级层序厚度西翼大于东翼，西翼厚度达17～23m，东翼厚度为4～5m，而生物灰岩在桩11井和桩参1井附近较为发育，三个四级层序中均发育生物灰岩，累计厚度达5～8m，剖面西翼在PSQ2和PSQ3中发育生物灰岩；在桩3—桩303连井剖面中，三个四级层序厚度差异不大，厚度为14～23m，而生物灰岩在桩303井附近相对发育，厚度达到8～10m，以发育三套生物灰岩为主，桩302井附近生物灰岩不发育；纵向剖面上，在桩海古1—桩306井剖面中（图5-61），明显发现剖面南部三个四级层序厚度远大于北部，南部厚度达13～14m，北部厚度为3～7m，其中生物灰岩中部桩47井附近相对较厚，厚度达4m，在南部斜坡具有一定分布规律，由陡变缓依次发育三套、两套、一套生物灰岩，在PSQ1均发育生物灰岩。

综上所述可以发现各期次生物灰岩分布稳定，第一期生物灰岩全区较为发育，纵向上各期生物灰岩厚度变化规律明显，向上逐渐减薄，其中累积生物灰岩厚度由中部向南具有减薄的趋势。研究区隆起周缘发育三期生物灰岩，向斜坡方向发育生物灰岩期次减少。

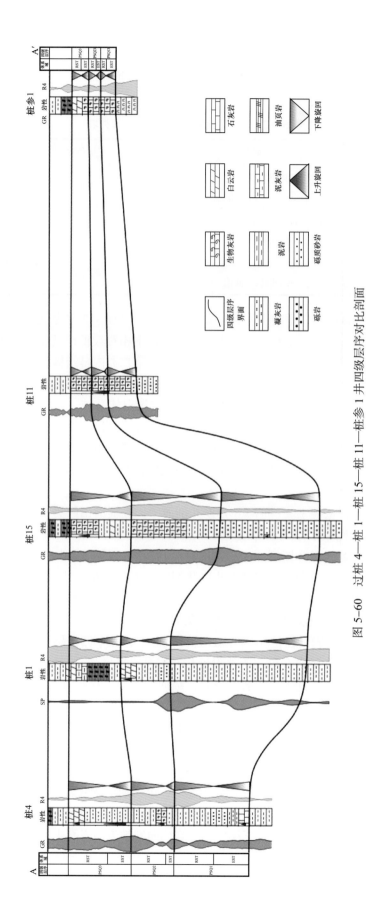

图 5-60　过桩 4—桩 1—桩 15—桩 11—桩参 1 井四级层序对比剖面

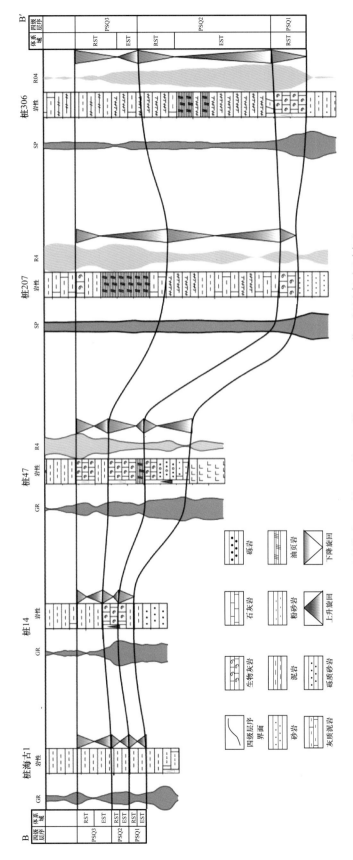

图 5-61　过桩海古 1—桩 14—桩 47—桩 207—桩 306 井四级层序对比剖面

（四）生物灰岩地震相分析

关于生物滩地震相研究方面，生物滩在地震显示中主要呈丘状相、楔状相和席状相[27-30]。以此对全区进行地震相分析，确定生物灰岩地震相分布特征，在研究区识别到四种地震相（图5-62），包括楔状相、充填相、中强振幅中连续性席状相、弱振幅强连续性席状相，其中研究区充填相集中于研究区东部，其长轴多沿南北向展布，充填相内部具明显双向上超特征；楔状相多分布于潜山周缘，上超特征明显；席状相广泛分布于研究区中部，内部同向轴呈平行或亚平行状。综合考量，认为楔状相和充填相为有利的生物滩优势地震相。

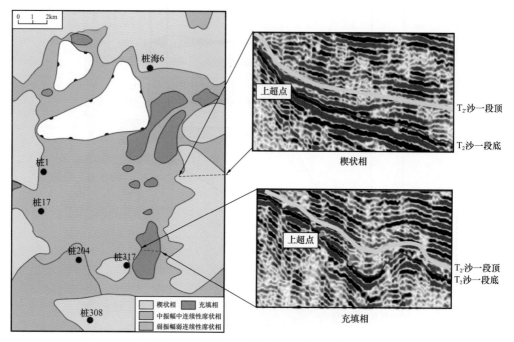

图5-62　长堤地区沙一段地震相分布图

其次，利用地震属性分析生物灰岩平面分布的差异性，其中分别选取了波形聚类、弧长类、频谱类、能量类、沿层构造类、线积分类和瞬时振幅类等七类属性进行地震属性对比试验，并进行敏感属性优选，瞬时振幅属性与生物灰岩厚度相关系数达到0.8399，以此确定与生物灰岩厚度相关性较好的敏感属性为瞬时振幅属性。而瞬时振幅属性中高值区主要呈条带状分布，总体上瞬时振幅呈现中部和南部相对较高、东南部相对较低的分布特征（图5-62a）。

（五）生物灰岩厚度变化地震预测

1. 生物灰岩分布的井孔特征

结合所划分的四级层序，对各四级层序内生物灰岩厚度分布规律进行研究，PSQ1中生物灰岩分布较广（图5-63a），主要集中在研究区南部桩12井附近；PSQ2中生物灰岩向隆起顶部迁移（图5-63b），集中分布于桩15井和桩310井附近；PSQ3中生物灰岩则向潜山东南部高部位迁移（图5-63c），主要集中于桩310井附近。各四级层序内生物灰岩涵

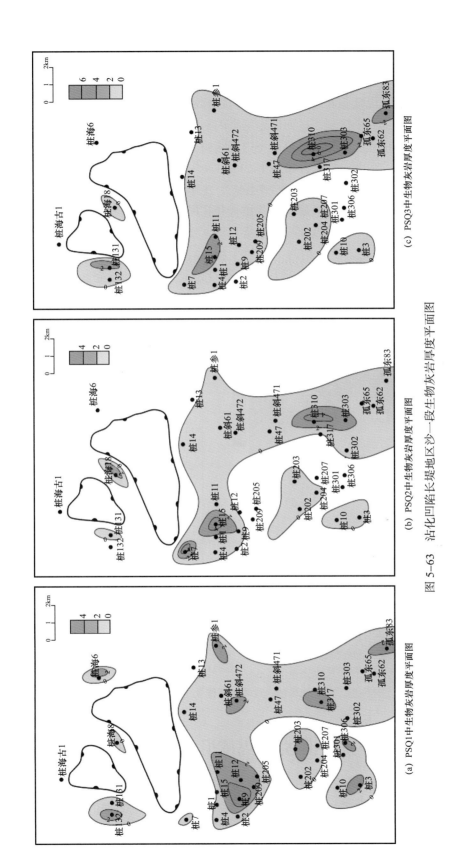

(a) PSQ1中生物灰岩厚度平面图　　　　(b) PSQ2中生物灰岩厚度平面图　　　　(c) PSQ3中生物灰岩厚度平面图

图 5-63　沾化凹陷长堤地区沙一段生物灰岩厚度平面图

盖范围广，部分地区各级层序生物灰岩均有发育，如桩海 18 井；也有部分地区生物灰岩不发育，如桩 13 井。

四级层序生物灰岩主要发育于研究区西部和南部，呈带状分布，由 PSQ1—PSQ3，生物灰岩具有向北部长堤隆起和南部高部位退积迁移趋势。沙一段生物灰岩主要集中在研究区东北、中部和南部三个区域，进而确定三类内幕结构的不同探井在研究区分布位置具有一定规律，中部潜山隆起南缘发育第三类内幕结构，向西南方向依次发育第二类内幕结构和第一类内幕结构，平面以带状分布为主。

2. 利用生物灰岩地震敏感属性预测生物灰岩厚度变化

综合沉积古地貌、瞬时振幅属性，并结合井孔揭示的厚度分布的约束，最终勾绘出长堤地区沙一段瞬时振幅平面图及生物灰岩等厚图（图 5-64）。东部洼槽生物灰岩发育最厚（达到 8m 以上），其中桩 310 井钻遇 12m 厚生物灰岩，桩 308 井北部和桩海 6 井南部也是研究区生物灰岩发育较厚的区域，平均厚为 8～10m，总体上，研究区生物灰岩呈现中部和南部较厚，东部洼槽发育较厚的生物灰岩。

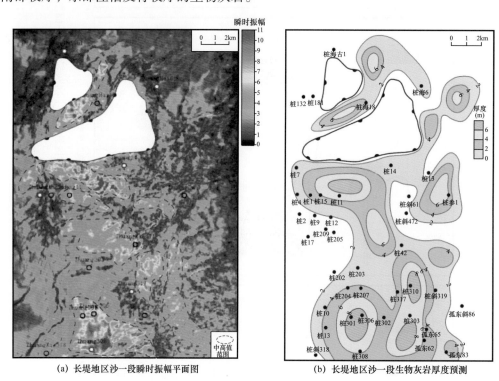

(a) 长堤地区沙一段瞬时振幅平面图　　　　(b) 长堤地区沙一段生物灰岩厚度预测

图 5-64　长堤地区沙一段瞬时振幅及生物灰岩厚度分布图

第五节　玛湖凹陷克拉玛依组砂砾岩储层地震预测

富含砾岩的冲积扇—扇三角洲储层蕴含丰富的油气资源，河流相砂岩储层含有的油气储量约占全球剩余油气储量的 20%，这足以凸显冲积扇—扇三角洲和河流两大沉积体系在油气勘探中的重要地位[13, 21]。在英国的 Wessex 盆地[14]、阿根廷的 Cuyo 盆地[23]、加拿大的 Alberta 盆地[5] 以及美国的 Garfeild 盆地[19] 等含油气盆地中，勘探实践业已证实砾岩储层含有非常可观的油气资源。准噶尔盆地是我国众多大型含油气盆地之一，研究证实其砂砾岩储层产出大量油气[29]。

准噶尔盆地西北缘是重点勘探地区，三级石油储量为 $3.34 \times 10^9 t$，其中探明石油储量 $1.34 \times 10^9 t$；三级天然气储量为 $448 \times 10^9 m^3$，其中探明天然气储量为 $25.54 \times 10^9 m^3$[38]。在上三叠统百口泉组获得突破的玛湖巨型油田，进一步揭示了准噶尔盆地西北缘巨大的油气勘探潜力[48]。尽管在玛湖油田中发现了大量油气资源，但是其沉积以砾岩为主，导致预测高孔渗砂岩储层存在困难[40]。

为了预测玛湖凹陷中的沉积相和断裂体系分布，前人开展了一系列常规的地震方法研究实践，例如地层切片、相位旋转和地震属性提取等[34]，但由于岩性复杂和地震分辨率低，导致储层预测效果不佳。要利用地震资料预测储层的孔渗条件，首先要排除岩性对地震资料的干扰。在冲积扇—扇三角洲沉积体系岩性组合复杂（砾岩、砂岩、粉砂岩、泥岩），虽然砂砾岩因波阻抗较高而能与泥岩分开，但由于砂岩和砾岩的波阻抗差异小，因此难以利用单一地震属性区分砂砾岩。

由此可见，砂砾岩沉积的两个核心内容是：（1）在冲积扇—扇三角洲和河流体系中确定相边界；（2）定量预测有利储层分布。地震地貌学是确定不同地貌单元中沉积相的有效手段，地震岩性学（即储层地球物理）是解释岩性或储层的关键技术[7]。砂岩和砾岩往往形成于不同的沉积环境，其地貌特征有明显差异，可以根据这些差异分辨砂岩和砾岩。扇三角洲体系分为上扇和下扇，上扇以块状重力流为特征，下扇发育粗粒砂质辫状河沉积，与河流三角洲沉积体系有显著差异[11]。基于露头和井数据，众多学者对河流结构和储层特征进行了深入研究[22]。

振幅、频率、能量等地震属性常被用于检测多孔储层[15]。但是，利用任何一种地震属性或是多种地震属性的线性组合预测孔隙和储层效果不佳，主要原因是一种属性涵盖信息有限、多种属性间存在信息干扰等[9]。为解决这一问题，亟须一种既能利用多种地震属性，又能避免各属性之间信息干扰的技术来预测和刻画储层。本节讨论的方法在相位旋转、地层切片和频谱分解三种常用方法的基础上[28]，又结合了主因子分析和三原色融合两项新技术[12]。

近年来准噶尔盆地部署了高密度的三维地震资料，为该区沉积相和储层的研究提供了良好基础。本研究就使用了其中的一块高密度三维地震，针对三叠系克拉玛依组上段（以下简称克上段）顶部砂层组（S_1），刻画了沉积相边界、定性定量表征了储层发育情况。所采用的针对性研究流程效果显著，为在地质条件类似的地区开展相关研究提供了借鉴。

一、研究区概况

（一）构造背景

准噶尔盆地面积约 $13 \times 10^4 km^2$，是我国西部重要的含油气盆地之一。盆地周缘被哈拉阿拉特山、青格里底山、克拉美丽山、博格达山、依连哈比尔尕山和扎伊尔山围绕[47]，六个二级构造单元为乌伦古坳陷、陆梁隆起、中央坳陷、南部断褶带、西部隆起和东部隆起（图 5-65）。

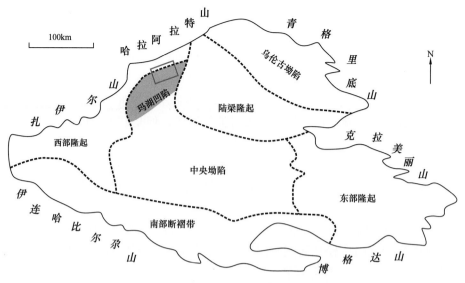

图 5-65　准噶尔盆地中研究区的位置

盆地基底是由前寒武纪结晶基底和古生代褶皱岩构成[49]。基底之上沉积了自晚古生代到新生代地层，总厚度达 15km[45]。构造背景方面，准噶尔盆地坐落在三大板块（即西伯利亚、东欧和塔里木）结合处[46]。从晚古生代开始到第四纪，该盆地历经四期构造幕，即海西期、印支期、燕山期和喜马拉雅期（图 5-65），四个构造演化阶段包括：晚泥盆世至早石炭世的裂谷盆地阶段、晚石炭世至二叠纪的挤压前陆盆地阶段、三叠纪至第三纪陆内坳陷盆地阶段和第三纪至第四纪陆内俯冲前陆盆地阶段[31]。

地处准噶尔盆地中央坳陷的玛湖凹陷坐落在前石炭纪褶皱基底之上，其形成受到周缘冲断活动的强烈影响[42]。玛湖凹陷经历了三期构造旋回，分别是泥盆纪至早石炭世、晚石炭世至三叠纪、侏罗纪至第四纪。从二叠纪至三叠纪，凹陷中沉积了巨厚的沉积，主要环境包括冲积扇、扇三角洲、河流三角洲和湖泊[41]。

（二）地层发育情况

玛湖凹陷中的地层自下而上包括二叠系佳木河组、风城组、夏子街组、乌尔禾组，三叠系百口泉组、克拉玛依组、白碱滩组，侏罗系和第四系[33]。其中，克上段从下而上被划分为 S_1 至 S_5 共 5 个砂层组，目的层顶部 S_1 砂层组钻井揭示厚度为 20～55m。

三叠系曾被作为一个二级层序和五个三级层序（李德江等，2005），在此，我们将克上段作为一个三级层序，自下而上由水侵体系域和水退体系域组成（图 5-66），其厚度介于 100～200m，平均为 150m。长周期（二级层序）为相对水退，上部三个砂体（S_1、S_2、S_3）沉积时期，水平面则呈周期性震荡。

陆相砂砾岩地层往往缺乏绝对等时指标和生物化石，很难建立严格等时的层序地层单元，全球范围内许多正式使用的岩性地层单元都是穿时的[3]。克拉玛依组沉积的时间跨度约 5Ma，在这段时间内，要建立针对克上段的等时地层格架更加困难。因此，S_1 实际上是一个岩性地层单元而非等时地层单元。尽管如此，作为玛湖油田白碱滩组广覆式泥岩之下的第一套含油气砂砾岩层，S_1 的地位至关重要。

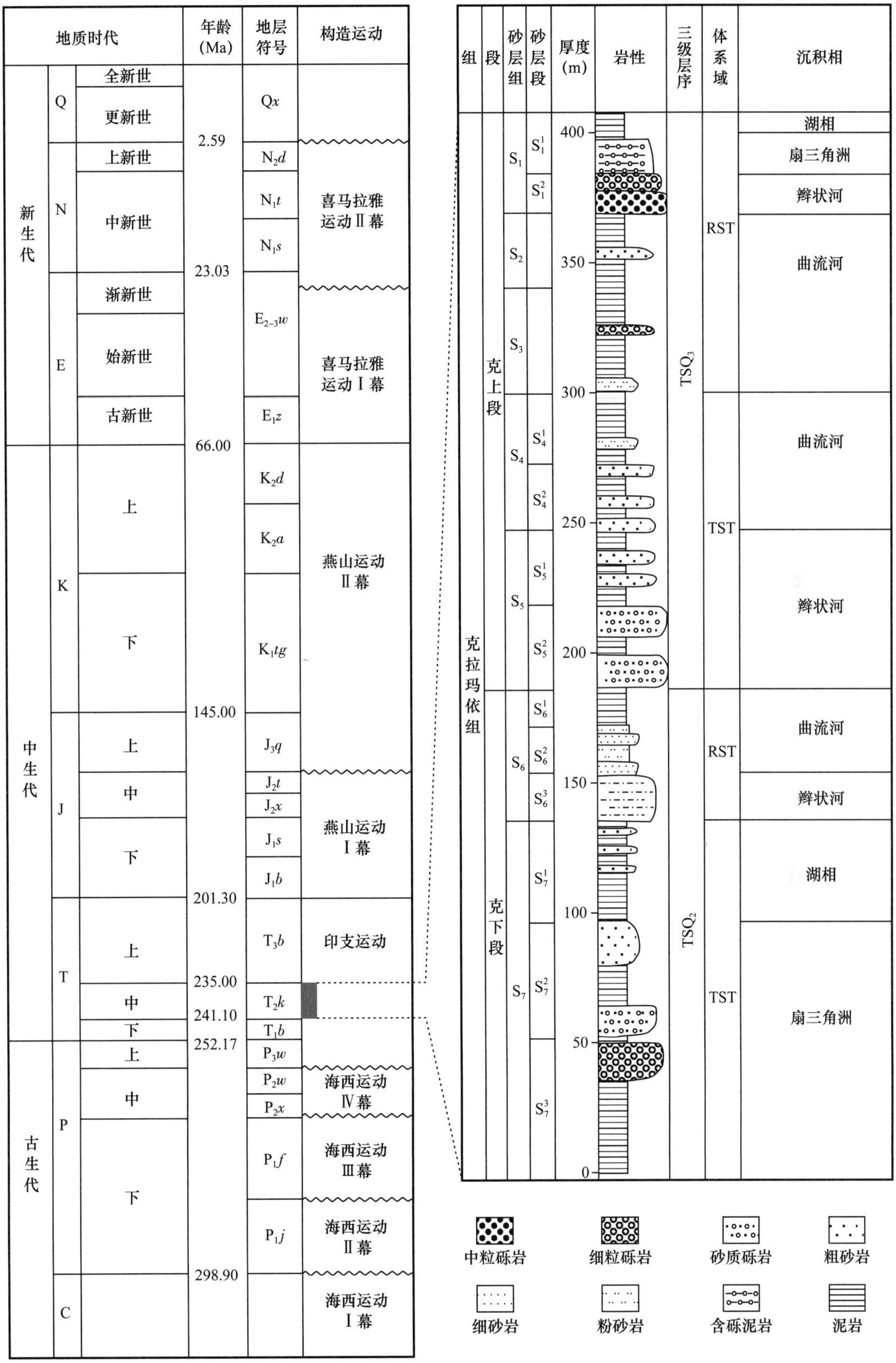

地质时代			年龄(Ma)	地层符号	构造运动
新生代	Q	全新世		Qx	
		更新世	2.59		
	N	上新世		N₂d	喜马拉雅运动II幕
		中新世		N₁t	
			23.03	N₁s	
	E	渐新世		E₂₋₃w	喜马拉雅运动I幕
		始新世			
		古新世	66.00	E₁z	
中生代	K	上		K₂d	燕山运动II幕
				K₂a	
		下		K₁tg	
			145.00		
	J	上		J₃q	
		中		J₂t	
				J₂x	燕山运动I幕
		下		J₁s	
			201.30	J₁b	
	T	上	235.00	T₃b	印支运动
		中	241.10	T₂k	
		下	252.17	T₁b	
古生代	P	上		P₃w	海西运动IV幕
		中		P₂w	
				P₂x	
		下		P₁f	海西运动III幕
				P₁j	海西运动II幕
			298.90		
	C				海西运动I幕

图 5-66　准噶尔盆地综合柱状图和研究区中三叠统克拉玛依组地层与沉积相

（三）岩性组合与沉积相类型

克上段沉积时期玛湖凹陷基底相对稳定，没有大型构造运动。构造背景和气候影响了冲积扇—扇三角洲沉积体系的横向分布和纵向岩性组合[25]。受断层控制，扇体从玛湖凹陷向西北山区迁移[39]。在半干旱到潮湿的气候背景下，研究区内风化作用以化学风化为主、物理风化为辅[35]。普遍认为，冲积扇是优势沉积相类型。作为一种重要类型，砂砾岩储层的形成与演化受控于推覆构造、冲断作用和古气候[24, 44]。

岩心观察可知，S₁岩性包括粗砾岩、中砾岩、细砾岩、含砾砂岩、中砂岩、细砂岩、泥质粉砂岩等（图5-67）。这些岩石类型主要形成于辫状河、扇三角洲和湖泊沉积环境[50]。水退背景下，S₁的岩性从早期扇三角洲的粗砾岩向后期河流相砂岩递变。S₁上覆地层白碱滩组形成于湖泊相或者泛滥平原相，岩性以厚层灰绿色泥岩为主[31]。

(a) 巨砾岩，扇三角洲，　(b) 粗粒砾岩，扇三角洲，　(c) 中粒砾岩，扇三角洲，　(d) 细粒砾岩，扇三角洲，
　X93井，2289.5m　　　　X89井，2400.8m　　　　Ma5井，3051.5m　　　　X89井，2230.5m

(e) 含砾砂岩，扇三角洲，　(f) 中粒砂岩，河流，　　(g) 细砂岩，河流，　　　(h) 泥质粉砂岩，河流，
　Ma5井，3052.3m　　　　FN1井，2036.6m　　　　FN4井，2103.5m　　　　FN1井，2059.7m

图5-67　玛湖凹陷钻井揭示的岩性特征

二、应用资料和方法

本次研究使用的三维地震资料覆盖面积600km²，面元为12.5m×12.5m，整体频带宽度介于10～70Hz之间，主频为30Hz，采样间隔为2ms。在克上段深度范围（1774～3332m）内，地震主频为35Hz，据此计算地震垂向分辨率为30m（速度为4350m/s）。研究区内共有钻井35口，均钻穿了S₁砂层组且都有常规测井曲线，包括GR、RT、AC和RHOB（图5-68）。其中，18口井进行了孔隙度测井解释（解释过程利用岩心实验室分析孔隙度进行了标定），这些经孔隙度实测数据标定过的测井解释孔隙度数据用来计算单井储层厚度。

钻井揭示的砾岩、砂岩和粉砂岩的单层平均厚度为4m、3m和2.5m，在地震资料上无法分辨，因此难以在地震剖面上追踪进行单一岩相单元。采用了"储层累计厚度"这一概念（即孔隙度超过10%以上的所有单层的累加厚度），用以代表测井曲线解释的单井储层厚度。本次研究制定了井震资料相结合的针对性研究思路（图 5-69），利用地震地貌学原理[20]定性重建沉积相和预测砂岩分布，利用地震岩性学原理定量刻画储层。

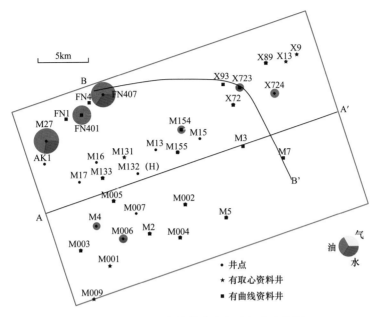

图 5-68　研究区内钻井分布与油气生产情况

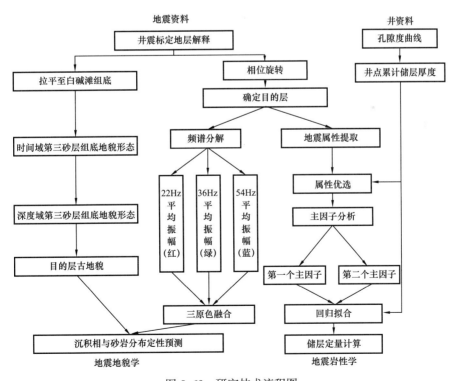

图 5-69　研究技术流程图

首先利用合成地震记录建立井震对应关系，分别标定、解释了目的层 S_1 的顶、底界面和 S3 砂层组的底界面（图 5-70）。将地震数据体的相位旋转成 -90°，使地震反射同相轴对应地层[27]。相位旋转之后的地震剖面上，S_1 砂层组对应一个波峰反射，这是由于 S_1 砂层组的波阻抗高于其上覆的白碱滩组泥岩。地震地貌学是沉积界面残留地貌在地震资料上的响应，研究区内 S_1 沉积期不发育大型不整合，因此，传统的印模法（利用地层厚度来推测地貌）适用于本区的古地貌恢复[16]。通过拉平白碱滩组底界面（即 S_1 砂层组之上距离最近的一套等时界面——洪泛面），S_1 底界面的起伏近似反映 S_1 沉积期的地貌形态。本次研究采用地层切片技术，时窗为白碱滩组底界面以下 20ms（基本包络 S_1），同时在该时窗内提取了层间地震属性。

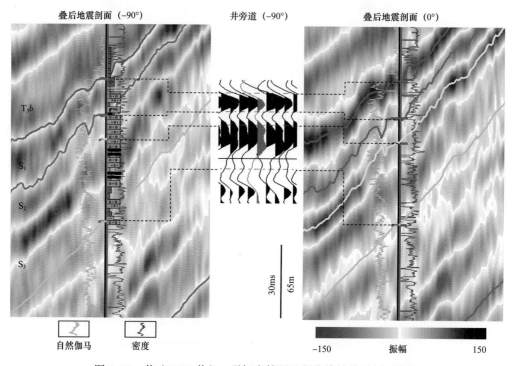

图 5-70　井（X723 井）—震标定情况及相位旋转前后剖面特征

　　另外，利用小波分频算法，将相位旋转地震数据转化为三个分频地震数据体。针对 S_1 砂岩分别在三个地震分频数据体上提取了平均振幅属性，然后将这三个属性进行三原色融合，生成沉积相和砂岩定性分布图，该过程以地貌特征为辅助，是地震地貌学研究的核心内容。同时，基于相位旋转地震数据体，以 S_1 为目的层，提取 45 种地震属性。根据这些属性与单井累计储层厚度的相关性进行优选，选出相关系数较高的地震属性进行主因子分析，获得与同等数量的主因子。按照蕴含原有信息百分比由高到计的顺序，将这些主因子进行排序。将前两个主因子在井点处的数值提取出来，与井点累计储层厚度拟合，得到拟合关系式。最后，将拟合关系式应用到前两个主因子上，定量计算储层厚度，这是地震岩性学研究的核心内容。

三、地震地貌学定性恢复沉积相与砂体展布

　　目前，地震地貌学已经被成功应用到三维地震上来研究河流沉积体系的宏观地貌和砂岩储层内部结构[4]。研究区 S_1 中的砾岩、砾质砂岩、砂岩和泥岩具有不同的自然伽马和

波阻抗（图 5–71）。其中，泥岩与砂岩 / 砾岩相比，自然伽马值更高、波阻抗更低，砂岩、砾岩或含砾砂岩的波阻抗数值分布范围有重叠。由于地震振幅属性对波阻抗较为敏感，可据此将泥岩与其他几种岩性区分开来。但是难以利用振幅属性区分砂岩和砾岩，原因是两者的波阻抗非常接近。鉴于此，引入地震地貌学来解决这一难题。

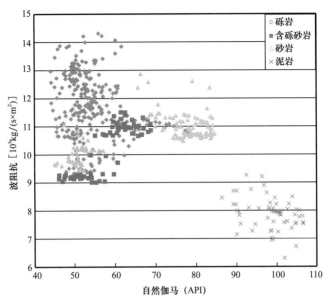

图 5–71 S_1 砂层组中不同岩性的自然伽马—波阻抗交会图

（一）砂体展布特征

首先利用层拉平技术，将原始地震数据体拉平至白碱滩组底界面。由于 S_1 上覆的白碱滩组岩性为泥岩或者粉砂质泥岩，其波阻抗小于 S_1 中的砂岩。因此，S_1 在原始零相位地震剖面上对应一个波峰的上半部分和一个波谷的下半部分（图 5–72a），而在相位旋转之后的地震剖面上，S_1 则对应一个完整的波谷（图 5–72b）。以 S_1 砂层组为目的层，分别在两种相位的地震数据体上提取了平均振幅属性。提取自零相位地震数据的平均振幅属性不能反映砂砾岩的分布（图 5–72c）。相反，提取自 –90° 相位地震数据体平均振幅属性与利用钻井资料预测砂砾岩分布情况吻合度较高（图 5–72d）。在提取自 –90° 数据的平均振幅属性图上可以发现，研究区内发育曲流河，它位于高阻抗地区（图 5–72d 中的黑箭头）。为了突出显示不同厚度砂砾岩的分布，引入了频谱分解技术处理 –90° 地震数据体。根据钻井揭示 S_1 的厚度，选择了 20m、30m 和 50m 作为薄层、中层和厚层。S_1 砂层组平均速度为 4350m/s，计算可得三个厚度所对应的调谐频率分别为 54Hz、36Hz 和 22Hz，分别作为分频时频率。在分频地震剖面上，S_1 大致对应一个波峰（图 5–73a—c）。从三张地震剖面图可以看出，地震分辨率、反射能量和同相轴的连续性都存在较大差异。

在三个分频地震数据体上，分别提取了 S_1 层的平均振幅属性，形成三张属性图。其中，高振幅区（粉色至红色）对应砂砾岩的沉积，其厚度在 22Hz 属性图上为 50m，在 36Hz 属性图上为 30m，在 54Hz 属性图上为 20m。可以根据这三张属性图，推测不同厚度规模砂砾岩的平面分布情况。低频分频地震数据提取的振幅属性揭示，厚层（厚度约为 50m）砂砾岩主要分布在南部和中部地区（图 5-73d）。高频分频地震数据提取的振幅属性揭示，薄层（厚度约为 20m）砂砾岩主要分布在北部、南部和东部地区（图 5-73f）。中等厚度砂砾岩与厚层砂砾岩分布趋势大致相当，只在研究区的北部有微小差异（图 5-73e）。研究区西北部的曲流河在低频和中频属性图上较明显（图 5-73d、e）中红色箭头）。

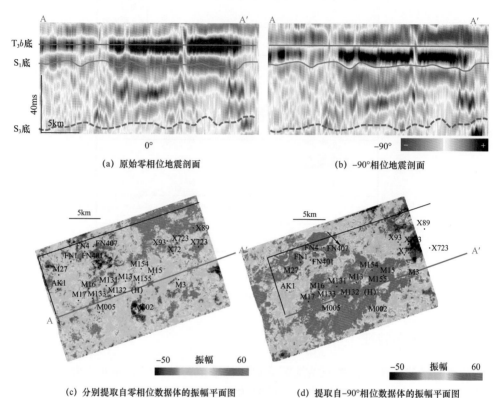

(a) 原始零相位地震剖面

(b) -90°相位地震剖面

(c) 分别提取自零相位数据体的振幅平面图

(d) 提取自-90°相位数据体的振幅平面图

图 5-72 地震分频处理后的剖面与平面特征对应关系

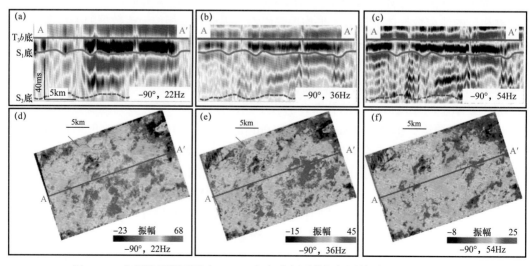

图 5-73 分频地震剖面图（a、b、c）与分频平均振幅属性平面图（d、e、f）

分别用红色代表低频厚层、绿色代表中频中层、蓝色代表高频薄层，用颜色饱和度代表不同规模砂砾岩的厚度变化，将三张属性图融合成一张砂砾岩定性分布图（图5-74）。三种频率的属性特征在融合图上独立表达，互不掩盖。属性融合技术不但能表现厚层砂砾岩的分布，同时也能展示中层和薄层砂砾岩的平面特征。图中可以看出：红色代表的厚层砂砾岩主要分布在中部地区，大致呈北东南西走向（图5-74中的区域C）；黄色、绿色和青色代表的中等厚度砂砾岩分布在厚层砂砾岩周缘（图5-74中的区域A和B）；蓝色代表的薄层砂砾岩分散状分布，不具方向性。

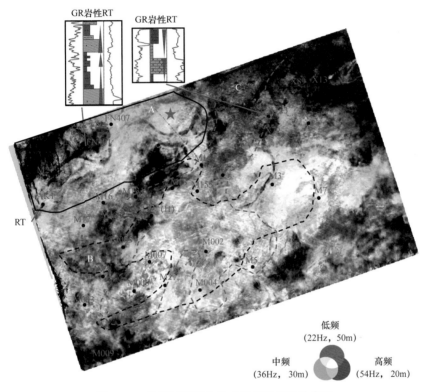

图5-74　分频属性融合生成的定性岩性分布图

（二）砂体展布控制因素分析

对比岩性定性分布图与古地貌图，发现S₁中砂砾岩的分布与古地貌相关（图5-74和图5-75a）。将古地貌与S₁地层厚度和其中砂砾岩厚度交会，发现存在正相关关系（图5-76），验证了地貌的对沉积的控制作用。观察发现，中厚层（厚度为30～50m）砂砾岩沉积在地貌较低地区，薄层（厚度为20m）砂砾岩则沉积在地貌较高位置。利用地貌特征，识别出两种沉积体系：具正弦弯曲形态的曲流河（图5-74中的区域A）和具分枝状形态的扇三角洲（图5-74中的区域C）。基于这些现象，恢复了S₁的沉积相（图5-75b）。扇三角洲相区和三个曲流河相区位于三处地貌高地之间，西北部的河流体系占地面积广，由曲流河道和若干点坝构成的。扇三角洲沉积体系由上扇和下扇两部分构成，其中，下扇包含若干独立的朵体。根据该沉积相特征，遵循地震地貌学原理，可以在颜色融合图上推测砂岩和砾岩的分布：砂岩主要发育在中等厚度的河流相和下扇亚相，砾岩则主要发育在厚层的上扇亚相。在其他地区，砂岩还可能发育在另外两个以河流相为主的区域（图 5-75b）。

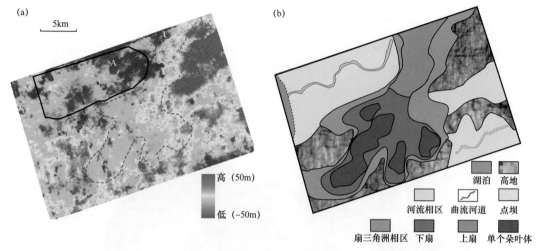

图 5-75　印模法恢复的 S_1 沉积期古地貌（a）与沉积相（b）

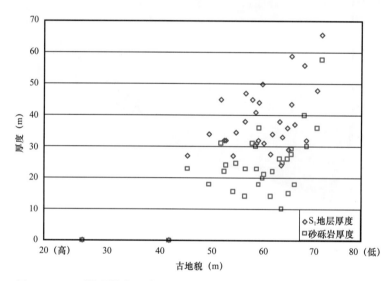

图 5-76　地震资料恢复的古地貌和井资料计算的 S_1 地层/砂砾岩层厚度

（三）沉积相演化过程讨论

　　尽管扇三角洲体系与曲流河体系平面上距离很近，但是从地震剖面上来看，两者形成于不同时期。精细井震资料解释发现，扇三角洲体系首先在研究区中部沉积（图 5-74 中的区域 C），之后曲流河体系在两翼地区形成，这种特征在地震剖面上也清晰可见（图 5-77）。实际上，与 X723 井中扇三角洲体系等时的扇三角洲体系对应 FN407 和 M7 两口井的中深部（图 5-77 中的 Fa）而非浅部（图 5-77 中的 Fl）。克上段沉积历时约 3Ma，期间的沉积相频繁变化，这些变化应属自旋回范畴，受控于可容纳空间的变化[39]。扇三角洲首先充填研究区中部的可容纳空间，河流体系之后在两翼残余可容纳空间种沉积。扇三角洲沉积体系与河流沉积体系相邻发育的现象，在现代[10]和地质历史时期[8]均有报道。

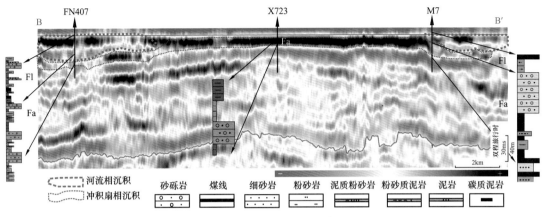

图5-77　过两个河流和扇三角洲两大体系的井震剖面

值得指出，在曲流河中最大的一个点坝，其颜色从西北部的蓝—青色变为东南部的黄—红色，说明该点坝中的砂岩从下游位置（西北方向）向上游方向（东南方向）逐渐加厚，这在曲流河体系中较为普遍[1, 17]。

四、储层定量地震预测

基于地震地貌学定性预测砂岩、砾岩、泥岩的分布固然重要，但是，对于高效油气勘探和开发而言，定量确定储层厚度更为关键，因而引入地震岩性学。

（一）地震属性优选及与井数据拟合

利用 −90° 地震数据体，针对 S_1 砂层组提取了45种层间地震属性，将这些地震属性与井点处储层厚度作相关分析，根据分析结果，从中优选出9种相关系数绝对值大于0.3的属性，进行主因子分析（表5-11）。主因子分析结果表明，每个主因子都是由输入的9种地震属性的线性加权计算而来（表5-12）。与地震属性相比，获得的9个主因子是线性不相关的，避免了信息冗余且提高了拟合效率。按照占比信息由高到低，将分析得出的9个主因子进行排序（表5-13）。排在前两位的主因子占比信息之和为86.08%，利用这两个主因子进行拟合分析既有效保留了原有信息又降低了拟合难度，而且避免了信息冗余。提取这两个主因子在井点处的数值，与井点储层厚度拟合，得到以下公式，相关系数高达0.98：

$$z = \frac{a + bx + cx^2 + dy}{1 + ex + fx^2 + gy} \tag{5-18}$$

式中，z 是井点处储层厚度；x 是第1个主因子在井点处的数值；y 是第2个主因子在井点处的数值；常数系数 $a=7.79$，$b=-9.26$，$c=-22.29$，$d=25.73$，$e=-1.40$，$f=-1.94$，$g=2.38$。

拟合计算选取了18口井中的13口井参与计算，剩下的5口井作为验证井，用以检验拟合效果。

表 5–11 地震属性与井点储层厚度的相关性及优选的 9 种地震属性

地震属性名称	相关系数 R	选择的属性	所选属性编号
Arc_Length	0.209		
Average_Energy	0.291		
Average_SNR	0.06		
Avg_ABS_Amp	0.165		
Avg_Inst_Freq	−0.11		
Avg_Inst_Phase	−0.198		
Avg_Peak_Amp	0.225		
Avg_Refl_Str	0.225		
Avg_Trough_Amp	0.198		
Corr_Length	−0.282		
Dominant_F1	0.22		
Dominant_F2	0.203		
Effect_Bandwidth	0.489	√	1
Energy_Half_Time	−0.027		
K–L Complexity	0.17		
Kurtosis_in_Amp	0.187		
Max_ABS_Amp	0.335	√	2
Max_Peak_Amp	0.132		
Max_Peak_Time	0.522	√	3
Max_Trough_Amp	0.324	√	4
Max_Trough_Time	0.538	√	5
Max_Value	0.126		
Mean_Amplitude	0.132		
Min_Value	−0.324	√	6
Num_of_Troughs	−0.096		
Number_of_Peaks	−0.386	√	7
Peak_Spect_Freq	−0.016		
Percent_Above	0.047		
Percent_Below	−0.047		

地震属性名称	相关系数 R	选择的属性	所选属性编号
PrinComp_P1	−0.11		
PrinComp_P2	0.143		
PrinComp_P3	0.016		
RMS_Amplitude	0.291		
Ratio_Pos_Neg	0.061		
Skew_in_Amp	−0.055		
Slope_Half_Time	0.192		
Slope_Inst_Freq	−0.236		
Slope_Refl_Str	−0.11		
Slope_Spect_Freq	0.022		
Thickness_of_Amp	0.178		
Total_ABS_Amp	0.165		
Total_Amplitude	0.132		
Total_Energy	0.291		
Variance_in_Amp	0.335	√	8
Zero_Cross_Freq	−0.315	√	9

表 5–12　利用优选地震属性计算 9 种主因子的权重矩阵

主因子 \ 地震属性	1	2	3	4	5	6	7	8	9
1	−0.04499	0.42936	0.39799	0.44352	0.145	−0.36871	0.02861	0.54651	−0.0453
2	0.01154	−0.13807	0.85369	−0.27651	0.28088	0.2303	0.01934	−0.20525	0.03346
3	−0.12231	0.58039	−0.09004	−0.53724	−0.07526	0.46016	0.03847	0.35881	−0.06174
4	0.71278	0.43262	−0.05775	0.02708	0.14384	−0.03436	0.0831	−0.29095	0.43277
5	−0.01841	−0.34371	0.03984	−0.05392	−0.20806	0.06382	0.51511	0.4069	0.63148
6	0.03517	−0.23488	−0.28005	−0.09706	0.82059	0.06211	−0.241	0.31838	0.13808
7	0.17797	−0.12387	0.14156	−0.03366	−0.37976	0.05101	−0.80067	0.23778	0.29559
8	0.66451	−0.28967	0.03552	−0.08251	−0.11077	0.07496	0.161	0.34948	−0.54817
9	−0.00213	−0.00323	0.00714	−0.64591	−0.02404	−0.76285	−0.00277	0.01364	0.00523

表 5-13　主因子分析结果的主要参数

PC#	Percentage	Eigenvalue	Max. Contributed Attribute
1	62.65128	0.11835	8
2	23.42559	0.04425	3
3	8.10683	0.01531	2
4	2.33412	0.00441	1
5	1.17874	0.00223	9
6	1.02002	0.00193	5
7	0.70182	0.00133	7
8	0.56956	0.00108	1
9	0.01206	0.00002	6

（二）砂岩储层定量分布预测

将前两个主因子代入上述拟合公式，得到了砂岩储层定量分布。利用主因子计算得到的储层厚度与利用孔隙度曲线计算得到的储层厚度具有较好的相关关系（图 5-78）。另外，将 5 口验证井的数据投点到交会图中，发现其全部落在趋势范围内，进一步说明了拟合结果的可信度。在计算得到的砂岩储层定量分布图上可以看到，储层从东北部向西北部和中部及南部（图 5-79a 中的区域 A 和 B）逐渐增厚。厚储层发育区与中厚砂砾岩地层分布区基本一致（图 5-74 中的区域 A 和 B），参照沉积相可以看出厚储层主要发育在河流体系中—厚度砂岩和扇三角洲体系下扇亚相的中—厚度砂砾岩地层中。

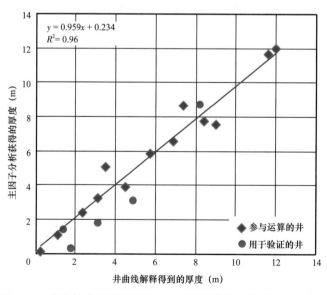

图 5-78　井孔计算的储层厚度与地震数据计算的储层厚度交会图

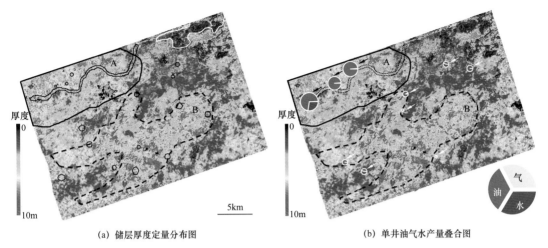

(a) 储层厚度定量分布图　　　　　　　　　(b) 单井油气水产量叠合图

图 5-79　储层厚度定量分布图及其与单井油气水产量叠合图

河流相中砂岩储层面积和厚度基本与下扇亚相中储层面积和厚度相当，但是，下扇亚相储层平面非均质性更强，而孔渗更好的优质储层则形成于河流相。将岩心分析孔渗数据投影到交会图中发现，来自不同沉积相钻井的岩心样品孔渗条件存在差异（图 5-80）。M27 井位于河流相，其他 5 口井位于扇三角洲相。M27 井大部分样品的孔隙度和渗透率高于其他井的样品，这种物性差异导致河流沉积体系中井的油气产量高于扇三角洲沉积体系中的井。

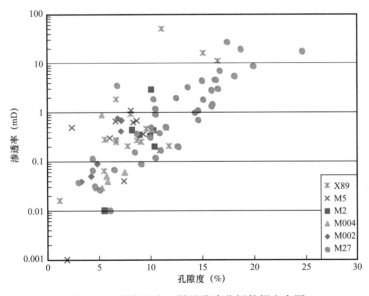

图 5-80　研究区取心样品孔渗分析数据交会图

（三）储层物性的影响因素探讨

河流点坝中砂岩储层物性优于扇三角洲下扇亚相储层，其原因可能为：（1）点坝砂岩储层颗粒分选和磨圆更好，导致原生孔隙度高[18]；（2）点坝砂岩储层的黏土矿物含量低，有利于原生孔隙和渗透率的保存[6]。FN401 井中 S_1 砂层组的岩性组合表现出二元结构，这种结构常见于河流体系。在河流体系中，点坝有利于高孔渗储层发育[2]。在同一个点坝范围内，孔隙度和渗透率则会随空间位置和方向不同而变化。位于靠近上游一侧的 FN407 井单井产量高于位于下游一侧的 FN401 井，表明靠近上游储层的孔渗条件优于靠近下游位置的储层，这种现象也可见于其他地区[37]。

对于玛湖地区的油气资源评价和油气勘探开发而言，储层的空间分布和内部结构非常重要，此处采用的研究流程综合利用地质、地球物理和油气生产数据，全面分析了玛湖油田的沉积储层特征，为本区高效油气勘探指明了方向。

五、本节小结

研究表明，可以利用地震沉积学有效地研究扇三角洲为主的沉积环境中沉积相和储层的分布。这里所用到的技术包括相位旋转、频谱分解、颜色融合、地震属性提取和主因子分析，将这些技术根据地质问题进行有效组合，形成了针对性的技术序列。地震属性可以识别泥岩和沙砾岩，其原因是泥岩的波阻抗明显低于砂砾岩。将泥岩区分开之后，剩下的核心问题就是区别砂岩和砾岩。砂岩与砾岩的区分过程主要借鉴了地震地貌学原理，也就是说砂岩往往形成在河流相，而砾岩则往往形成于扇三角洲。

在砂岩 / 泥岩 / 砾岩混杂的环境中，识别出砂岩、砾岩和泥岩之后，结合地貌特征恢复了沉积相，发现沉积物展布遵循"沟谷控砂"原理，可容纳空间是关键控制因素。厚的沉积物主要分布在古地貌低的地方，这里的可容纳空间更大。砂岩储层主要分布在两个位置，第一个是河流相，第二个是下扇亚相，其中产能高的储层主要分布在河流相。本节研究所制定的研究方法和地质认识，对于其他地区开展类似研究有一定的借鉴意义。

第六节　川中龙王庙组碳酸盐岩储层地震预测

四川盆地川中地区发现的安岳特大型气田的主力产层为下寒武统龙王庙组白云岩，大面积浅水高能颗粒滩经早期岩溶和后期白云石化作用形成了优质储层[7]。前人围绕龙王庙组的沉积相[12]、成岩作用[13]、层序地层格架及储层地震解释[15]等方面，开展了大量研究实践。但是，龙王庙组的勘探开发问题依然存在：井间距大，不足以表征地层和储层分布细节；目的层深度大，地震资料频率和分辨率受制约。如何在地质模型指导下综合不同资料，提高解释的精度和可靠性，是龙王庙组研究面临的重大挑战。

综合利用地震岩性学和地震地貌学，研究岩性、沉积成因、沉积体系和盆地充填历史的方法和应用方面已有大量实践，但应用范围大多局限于碎屑岩地层，在碳酸盐岩地层，尤其是古老海相碳酸盐岩地层方面还鲜有讨论[6, 14]。与碎屑岩地层相比，碳酸盐岩地层无论是盆地充填模式、沉积体系、成岩特征，还是岩石物理、地震反射特征等方面都有显著差异。因此，研究方法和工作流程也应有所不同。

由于大面积台地相碳酸盐岩往往缺乏指示水深的地震相标志（如台地边缘前积反射），导致无法利用地震地貌学（沉积体平面几何形态）恢复碳酸盐岩盆地古地貌和相对古水深；因此，必须深度发掘经典构造古地貌方法来协助恢复古地貌。Martin 系统阐述的印模法（cast）和残厚法（isopach）现在仍不失为研究古地貌的有效方法，但在具体应用时，需要改进这两种方法的匹配程度和标定方式。在地震岩性学方面，碳酸盐岩岩性与波阻抗相关性较差，因而需要重点研究孔隙度与岩相组合的关系，建立高能相带与孔隙度、波阻抗乃至地震属性的联系，以实现储层定量预测。另外，虽然碳酸盐岩成岩作用总体比碎屑岩复杂，但在特定条件下还是可以用特殊地震属性来表征。综合基于模型信息的地震地貌学和基于数据信息的地震岩性学，为碳酸盐岩储层预测提供一个新的定量且高精度的研究方法。

一、地质背景与方法步骤

（一）地质背景

四川盆地川中古隆起寒武系包括5个组/群[8]，底部筇竹寺组和沧浪铺组为海相碎屑岩沉积，其上被龙王庙组碳酸盐岩和高台组碎屑岩覆盖；顶部为洗象池群碳酸盐岩（图5-81）。龙王庙组碳酸盐岩在古隆起上沉积厚度60~150m，向周缘洼陷区增厚至150~300m，古隆起上的浅水高能环境有利于颗粒岩发育[16]。龙王庙组碳酸盐岩顶底均与碎屑岩接触，界面上下地层存在显著波阻抗差，强化了龙王庙组顶底界面地震反射，为地震解释提供了有利条件。

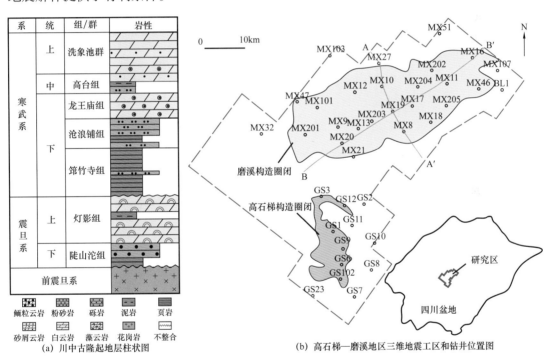

图5-81　川中古隆起地层柱状图及高石梯—磨溪地区三维地震工区和钻井位置图

高磨地区所处构造为一大型不对称背斜，该背斜因受不同方向断层切割而复杂化，其中近南北向的断层继承自震旦纪，其他断层组合成北西—南东向帚状断裂体系。高磨地区气藏的气—水界面比溢出点低，属于构造—地层复合圈闭[7]。

（二）方法和步骤

采集于2011年的面积为2500km²的三维地震数据，面元20m×20m，在龙王庙组的范围内的频率带宽为 10～60Hz，主频为 30Hz，地震垂向分辨率约为 50m。由于龙王庙组白云岩上下均被波阻抗较低的碎屑岩所围限，因此地震资料的信噪比相对较高，在平面（地层切片）上分辨率可达 15m 左右。这种得天独厚的岩性组合特征，提高了地震资料的探测能力。

研究区三维地震测网范围内，钻穿龙王庙组的井共计 35 口，每口井都有 AC、RHOB 等常规测井曲线数据，为精细井震标定提供资料基础。与此同时，每口井在龙王庙组目的层段都有测井解释孔隙度资料，为计算龙王庙组孔隙度并将其与地震资料关联提供条件。

MX19 井合成地震记录如图 5-82 所示，使用 -90°、30 Hz 主频雷克子波制作的合成记录道与叠加偏移地震道对比良好，但主要地层界面（如龙王庙组顶、中和底三个界面）地震反射清晰，可全区追踪对比。龙王庙组主要地震反射单元，即上部高孔低波阻抗储层单元和下部低孔高波阻抗非储层单元分别对应波谷和波峰。从实际对比结果看，-90° 地震道大致相当于速度或孔隙度曲线，有效简化了井震对比关系，为后续地质分析提供了便利。相比之下，在标准零相位剖面上每个波阻抗单元皆涉及两个同相轴的分析，解释难度加大。

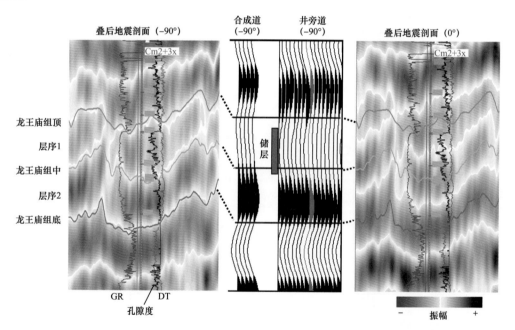

图 5-82　龙王庙组 30Hz、-90° 雷克子波地震合成道与 0°、-90° 井旁道及叠后地震剖面

针对龙王庙组白云岩地层，为了实现利用地震沉积学方法在古地貌恢复的基础上，定性和定量计算储层平面分布的目标，制定了如下研究方法：首先，在 -90° 地震数据体上精细解释龙王庙组，利用层拉平方法，恢复沉积古地貌；第二步，利用分频技术，将相位旋转后的地震数据体分成高、中、低三个分频体，在分频体上提取对储层厚度敏感的平均振幅属性，得到薄、中、厚储层的振幅属性平面图；第三步，利用 RGB 三原色融合技术，将三张分频振幅属性图融合成定性储层厚度预测图；第四步，将 -90° 相位地震数据体分为七个分频体，分别提取平均振幅属性；第五步，利用 PCA 方法分析七个分频振幅属性，

将前两个主因子与井点储层厚度拟合，得到拟合关系式；第六步，将前两个主因子代入拟合关系式，计算获得定量储层厚度预测结果。

二、单井相分析

（一）沉积相分析

基于 MX19 井岩心观察（图 5-83），龙王庙组可识别出 4 种主要岩相组合：（1）颗粒岩（图 5-84a）和颗粒为主的泥粒岩，由大量鲕粒和少量内碎屑、球粒和生物碎屑组成；（2）内碎屑颗粒岩和颗粒为主泥粒岩，颗粒岩含大量内碎屑；（3）球粒泥粒岩和粒泥岩，含丰富球粒和少量生物碎屑；（4）泥质岩（图 5-84a），块状，局部有纹理。

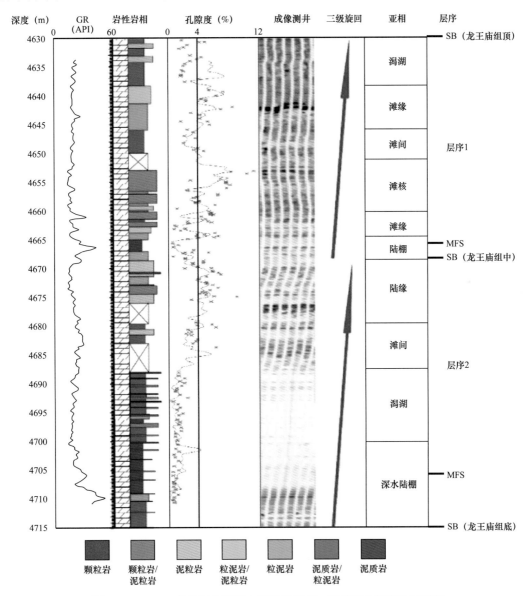

图 5-83　MX19 井龙王庙组岩心描述及岩相、沉积相和层序地层解释

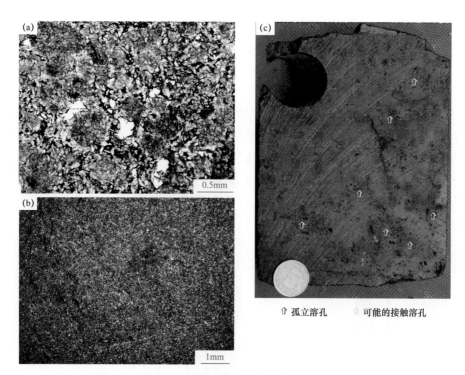

图 5-84　MX19 井龙王庙组岩心照片

（a）白云石化颗粒岩，粒间孔可能被溶蚀增大（实心红箭头），深度 4662.0m；
（b）白云石化泥质岩，深度 4669.1m；（c）不同形态溶蚀孔，深度 4653.92m

从图 5-83 岩性组合与纵向序列中可解释出碳酸盐台地相的 3 种亚相：

（1）颗粒滩亚相，包括 3 个微相：① 滩核，主要为球粒鲕粒颗粒岩和泥粒岩，也常见内碎屑颗粒岩和颗粒为主的泥粒岩，泥质岩和粒泥岩夹层很薄，该微相的沉积水体能量最大，单个向上变浅旋回厚度大于 3.5m；② 滩缘，岩相组合与滩核相似，但颗粒岩和泥粒岩厚度（1.5～2.0m）变薄，而泥质岩和粒泥岩夹层变厚（1.0～2.0m），该亚相的沉积水体能量较大；③ 滩间，主要是厚层（3.0～5.0m）粒泥岩和少量泥质岩和泥粒岩，沉积水体能量中等。

（2）潟湖，以粒泥岩为主，含少量泥粒岩，分布在龙王庙组下部和顶部，未观察到生物碎片和生物扰动现象，沉积水体能量较低。

（3）深水陆棚，主要为泥质岩和粒泥岩，分布在龙王庙组下部，常见生物扰动。颗粒岩和泥粒岩薄夹层（0.1～0.5m），可解释为风暴沉积，该亚相沉积水体能量最低。

（二）层序格架与成岩作用分析

根据 MX19 井岩心观察建立的岩相组合序列，龙王庙组可识别出两个三级层序[10]。层序从海侵体系域（粒泥岩和泥质岩）开始，在形成于高位体系域的滩相（颗粒为主）顶部或局限潟湖相顶部结束，最大海泛面发育在深水陆棚亚相泥质岩中。这些三级层序可以利用井和地震资料在全区范围追踪对比。

通过孔隙度曲线对比分析发现，较高孔隙度（4%～8%）储层基本上发育在颗粒滩亚相（图 5-83）。换言之，颗粒滩发育区即为储层发育区，同样利用孔隙度曲线计算的储层厚度也可指示滩相环境发育情况。由此可见，高能相带是控制碳酸盐岩储层分布的主要因素。

研究发现，溶蚀、白云石化和胶结是影响孔隙度大小的主要成岩作用。胶结作用是龙王庙组碳酸盐岩基质孔隙度很低的主要原因。溶孔不均匀分布于颗粒岩和泥粒岩中，常常大于粒间孔，甚至大于颗粒（图5-84a），这可能是由于大气淡水选择性溶蚀作用而导致的。溶蚀作用形成的溶孔可能出现在白云石化作用之前，并持续保留下来。选择性溶蚀作用是储层空间分布和储层物性的重要影响因素，当溶孔高密度分布时（图5-84c），溶孔之间直接接触，大大提高岩石的渗透率。

三、地震地貌学恢复古地貌与沉积相

地震地貌学本质是用层序地层学模型和沉积相模型指导振幅（或其他地震属性）平面图形解释[3]，是一种基于地质模型的研究方法。与传统的印模法和残厚法类似，其结果都是定性解释。

（一）古地貌恢复

由于龙王庙组顶面形态已被后期构造运动改造，因此需要利用印模法恢复其古构造。具体做法是先将距离龙王庙组顶面最近的地震界面（即二叠系底）拉平（图5-85），获得龙王庙组顶面残留地貌（RR），如图5-86所示，近似反映龙王庙组顶部古地形高低。由于龙王庙组在三维区范围内侵蚀幅度差别不大（20～80m），结果能代表当时的沉积古地貌。通过与井点统计的储层厚度比较，发现古地形高地是高孔滩相发育的优势区。唯一例外的是在东南侧残留构造高差大于240m的陡坡区，两者对应关系不明确，可能是由于龙王庙组沉积之后的抬升期发生了差异构造变形而造成的。

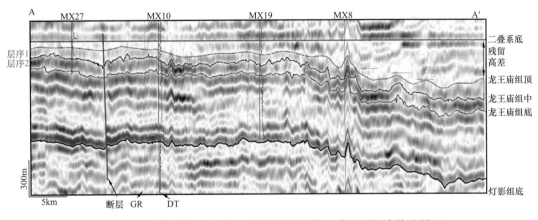

图5-85　印模法沿二叠系底面拉平得到的龙王庙组顶面古构造剖面

（二）沉积速率与水体能量分析

另一条沿二叠系底部拉平的剖面（B—B′，图5-87）在构造轴部附近穿过一些高角度（50°～80°）、小断距（40～80m）生长断层，这些断层在龙王庙组分割了位于古高地的薄"地垒"和位于古洼地的厚"地堑"，说明断层活动与龙王庙组沉积是同期的。受同沉积断裂控制，地堑持续沉降而保持了较大的可容纳空间，导致沉积能量小、水动力弱，特别是古地貌低且沉积后未发生剥蚀，故残余地层厚度大。在龙王庙组地层厚度平面图上，这些"地垒"和"地堑"大致沿断层线交替分布，形成多个局部沉降中心（图5-88）。通过与井点储层厚度比较可见，厚度减薄的"地垒"区是高孔隙度滩相发育的优势区。

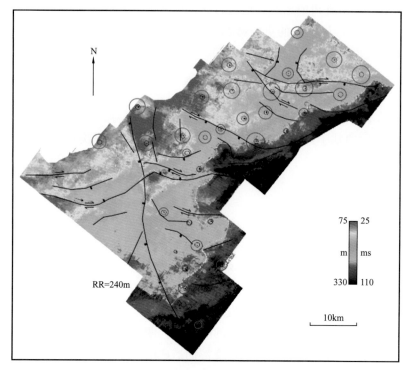

图5-86 印模法沿二叠系底面拉平得到的龙王庙组顶面古地貌（构造）图

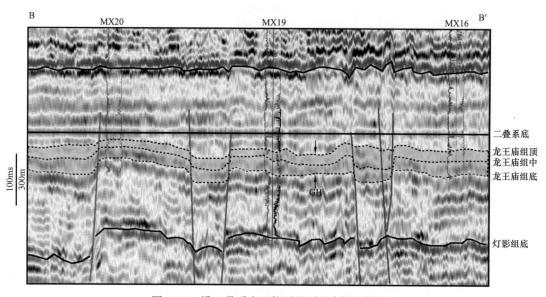

图5-87 沿二叠系底面拉平得到的古构造剖面

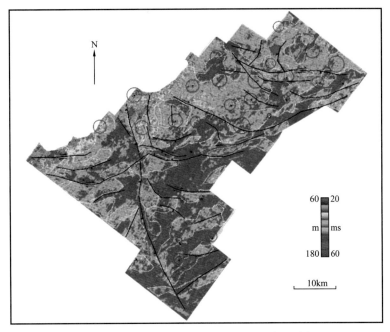

图 5-88　龙王庙组厚度平面图及残厚法古地貌解释

（三）沉积环境综合解释

综合解释残厚法和印模法的结果，可以了解龙王庙组沉积期古地形与现今残余厚度的对应关系和内在联系，对龙王庙组沉积古地貌进行定性判断。龙王庙组的地层厚度（GH）与测井解释储层厚度（RH）的关系如图 5-89 所示。总体而言，储层厚度随地层厚度的增加而减小，两者负相关；样本点可划分为两个区域，分别代表了颗粒滩亚相（RH 值高、GH 值低，古地貌高）、潟湖和深水陆棚（RH 值低、GH 值高，古地貌低）亚相。用印模法得到的龙王庙组顶面残留高差分布与残厚法结果吻合，即储层厚度随残留高差增加而减小，两者呈负相关。虽然在残留高差大于 240m 的陡坡区域无结果，但是，大部分井点表现出的古地貌高地和古地貌洼地的关系与残厚法结果一致。

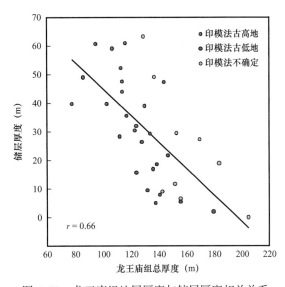

图 5-89　龙王庙组地层厚度与储层厚度相关关系

根据残厚法和印模法分析得到了古地貌，借鉴冯增昭先生提出的"单因素"沉积相恢复方法，结合岩相平面分布，预测了沉积相分布（图 5-90）。古地貌高地和古地貌洼地大致沿生长断层分布，总体为东西走向，但在高石梯构造继承了南北向深断槽地貌。古地貌高地主要是浅水高能环境，发育鲕粒滩和颗粒滩。这些高能滩首先出现在滩核部位，逐渐向周缘扩展，形成滩缘。高能颗粒滩之间为古地貌洼地，多见滩间中—低能沉积，泥质含量增加。深水陆棚主要分布在东南部和南部下倾区，海水变深，以低能泥质岩为主，间以多期短暂风暴沉积。

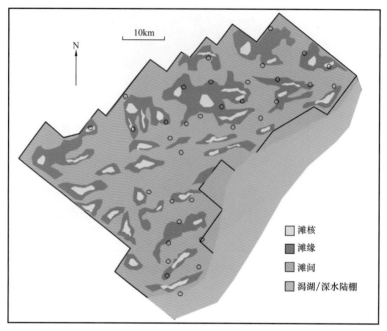

图 5-90　根据钻井结果和地震古地貌解释建立的龙王庙组碳酸盐岩台地沉积相

（四）帚状同沉积断裂对古地貌的控制

龙王庙组古构造图（图 5-86）和厚度图（图 5-88）均反映研究区除发育继承性南北向深断裂外，还存在一个帚状同沉积断裂体系。这一断裂体系中的大多数断层为弧形，向南侧凸出，向东侧收敛，向西北侧发散。此断裂系统指示龙王庙组沉积时期川中古隆起受右旋走滑影响，断层两侧断块边沉积边滑动。同时，由于断层面不是直线，不同位置的受力不均匀，导致沿着断层不同位置形成局部的压力场和张力场。在受压处，地貌隆起变形；在张开处发生沉降，形成小型洼地。

四、碳酸盐岩储层分布地震预测

利用地震岩性学将大量地震属性信息直接转换成岩性图件，虽然转换过程需要参考岩石物理模型，但分析结果仍主要由实测数据决定，这种基于数据资料的方法是定量的，是对基于模型方法的补充。

（一）储层与非储层差异

常规叠后地震属性对储层预测是否有效取决于多种因素，最主要是储层和非储层之间是否存在足够大的波阻抗差。以 MX19 井为例，其测井曲线计算的龙王庙组碳酸盐岩孔隙度随波阻抗增加而减小，两者呈负相关关系，由此可利用孔隙度来划分储层与非储层的波阻抗区间（图 5-91）。根据两类岩性平均波阻抗差计算的反射系数约为 0.03，属中等反射能量。因此，动力学地震属性如振幅可在地震检测率允许的范围内用于储层预测。

（二）储层厚度预测

首先尝试用叠后振幅直接预测龙王庙组储层厚度，但与井资料对比，相关系数仅0.6左右，效果一般。原因是叠后地震资料分辨率为50m，而龙王庙组储层厚度最大仅63m。由于振幅与厚度的线性相关性仅存在于薄层，因此，用叠后振幅直接计算储层厚度效果不理想。

分频振幅主因子分析法可显著改善储层厚度预测效果，具体做法是：首先将叠后资料分解为低频、中频、高频，扩展振幅调谐点和振幅—厚度线性关系，同时提高分辨率[4]。多属性主因子分析[1]应用于多频道分频

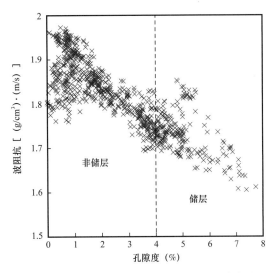

图 5-91　MX19 井孔隙度和波阻抗的相关关系

振幅属性，将七个分频属性转化为七个主因子，有效提取低频、中频、高频信息。其中，前两个主因子涵盖了地震属性大部分信息，被用来与井点储层厚度做拟合，将参与拟合运算自变量的个数从七个降至两个，降低了拟合难度，且避免了信息损失，既保证了预测精度又实现了过程优化。将前两个主因子代入拟合式，计算得出井间储层厚度，结果如图 5-92 所示。预测的储层厚度分布结果（图 5-92a）与地震地貌学分析结果趋势大体一致，但存在细节差别。在 23 口参与计算的井中，预测值与实测值相关系数达 0.78（图 5-92b）。14 口检验井的数据全部落在预测趋势范围内，表明预测结果是可信的。这种定量预测龙王庙组储层平面分布的方法，比以往利用测井内插[8]和振幅类地震属性[9]预测效果更佳。

（三）地震成岩相（溶蚀作用）分析

地震成岩相本质上属于地震岩性学范畴，即用地震信息检测成岩作用导致的岩石物性变化[5]。高磨地区天然气高产的一个重要因素是溶蚀作用增加了龙王庙储层的孔隙度和渗透率，镜下鉴定的溶蚀作用主要包括（准）同生期淡水溶蚀作用、埋藏溶蚀作用和表生溶蚀作用[11]。鉴于在研究区范围内的储层主要分布于二叠系底不整合面之下 80m 深度内，位于潜水面之上，大多数溶孔是因近地表风化壳岩溶作用而形成的。研究区的喀斯特作用处于早期阶段，未达到形成大型塌陷溶洞的程度，龙王庙组碳酸盐岩反射层比较连续（图 5-85），未观察到可以垂向分辨、由塌陷引起的同相轴错位现象。溶蚀现象的观察依赖于能否在地层切片上识别出在水平方向可分辨的次级地震溶蚀异常体。

经过反复摸索，发现相似性方差地震属性能反映岩体内部横向相似性（SV）。SV 的数值越高，说明岩层均质性越差，据此可以反映溶蚀作用的程度、分布、走向及范围。图 5-93 为龙王庙组顶部的 SV 地震属性切片，MX19 井 SV 高与岩心、成像测井和孔隙度曲线所揭示的溶蚀带有关：岩心资料显示溶孔发育区多见于龙王庙组上部（图 5-84a），成像测井和孔隙度曲线均显示溶蚀带主要位于龙王庙组上部（图 5-83）。

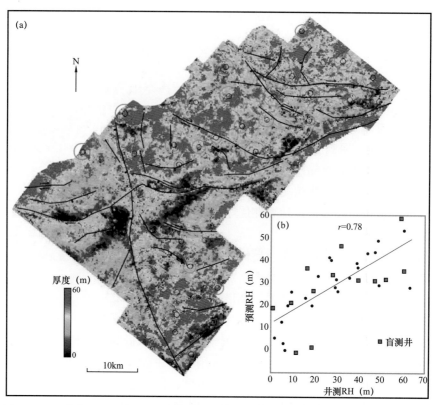

图 5-92　用分频振幅主因子分析法定量计算龙王庙组储层厚度（a）与拟合效果（b）

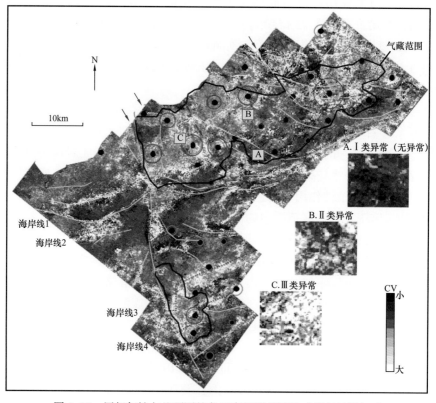

图 5-93　用相似性方差预测的龙王庙组顶部溶蚀成岩相地层切片

另外，虽然 SV（图 5-93）与相分布（图 5-90）及储层厚度（图 5-88）有一定相似性，但仍然存在以下 3 个重要的不同点：

（1）岩石改造程度分 3 类：第 1 类基本未受改造，同相轴连续性好，SV 值低，多位于古地貌低地（Ⅰ类异常或无异常，图 5-93）；第 2 类为孤立圆环状 SV 高值异常（类似塌陷岩溶区的落水洞），相互之间连通性差，岩石受一定程度改造，位于古地貌高地与洼地的过渡带（Ⅱ类异常，图 5-93）；第 3 类为大片连续的 SV 高值异常，指示岩体已被反复改造，多位于古地貌高地（Ⅲ类异常，图 5-93）。这种现象印证了厚储层处于古地貌高地，沉积水体浅而水动力强，发育高能颗粒滩；同生—准同生期因古地貌位置高而暴露遭受淡水溶蚀，形成基质孔隙型储层；晚期（晚加里东—早海西期）表生风化壳岩溶期，基质孔发生强烈溶扩而形成颗粒滩相控型岩溶储层。

（2）沿断层多为 1～2km 宽的 SV 高值带，指示地下水活动和改造作用沿断层加强（图 5-92 中的蓝色箭头），此现象揭示断裂活动及配套裂缝系统可能促进了古老深层碳酸盐岩规模优质储层的形成。

（3）古构造上倾至下倾方向，岩石受改造程度由强变弱。古构造顶部（现今主气藏区）以Ⅲ类异常体为主；古构造下倾方向多见沿走向分布的Ⅰ类和Ⅱ类异常交互带（图 5-92），反映斜坡区岩溶活动受潜水面控制，潜水面位置因多期海平面升降导致周期性变化。如果将 SV 的Ⅰ类异常与Ⅱ类异常交界线视为海岸线位置，那么可以在研究区下倾方向识别出 4 期海岸线位置。

最重要的是，天然气产量与 SV 分布具有较好对应关系：在气藏区范围内高产井多在Ⅲ类异常区，低产井几乎全部位于 SV 低值带（图 5-93 中的红色圆圈）。沿断层分布的异常带和沿走向分布的古构造下倾区异常带，是下一步寻找剩余储量的有利方向。另外，异常带分布方向与储层中流体运动方向的关系会影响气田开发，值得进一步探讨。

五、本节小结

本节针对四川盆地寒武系龙王庙组古老海相碳酸盐岩层系建立了一整套定性恢复沉积相与定量预测储层相结合的工作流程。利用地震地貌学原理，基于印模法和残厚法恢复沉积古地貌，指出帚状同沉积断裂体系控制了高地、洼地分布，为沉积相分析奠定了基础。利用地震岩性学思路，综合多频道属性主因子分析技术，预测了储层定量分布情况，指出厚储层发育在地貌高部位颗粒滩中。创新使用相似性方差属性表征岩石内部物性的横向变化，实现地震切片揭示碳酸盐岩溶蚀成岩相的目的。研究过程和结果表明，地震地貌学和地震岩性学是有机互补的关系，两者结合能行之有效地避免因资料或方法单一所导致的片面性和多解性。本节所讨论的理论体系和技术方法，可以为碳酸盐岩地层中沉积相和储层预测提供有益的参考。

本章小结

本章利用大量应用实例阐明了地震储层预测的良好效果，同时也能清楚地看到，解释技术的改进是储层预测取得理想效果的关键。在现有地震分频处理的基础上，通过子波的优化，达到改进分频处理效果的目的。虽然储层比较薄，但是重视地震相分析，利用地震相分析确定储层的沉积相类型和分布范围，从宏观上圈定储集体。在地震属性分析中，寻找对储层厚度比较敏感的地震属性，建立敏感属性与储层厚度关系，进而估算出储层厚度分布。更为重要的是，综合地震相—地震敏感属性—地震层切片等多种地震信息，最终确定储层的分布。这一实用的研究技术流程被证明是可行的。

参 考 文 献

［1］Gabor D. Theory of communication［J］. J. Inst. Eng., 1946, 93（3）: 429–457.

［2］Morlet J, Arens G, Fourgeau E, et al. Wave propagation and sampling theory–part Ⅰ: complex signal and scattering multilayered media［J］. Geophysics, 1982, 47（2）: 203–221.

［3］马朋善, 王继强, 刘来祥, 等. Morlet 小波分频处理在提高地震资料分辨率中的应用［J］. 石油物探, 2007, 46（3）: 283–287.

［4］Stockwell R G, Mansinha L, Lowe R P. Localization of the complex spectrum: the S transform［J］. IEEE Transactions on Signal Processing, 1996, 44（4）: 998–1001.

［5］范洪军, 李军, 肖毓祥, 等. 地震分频技术在扇三角洲演化过程研究中的应用［J］. 石油与天然气地质, 2007, 28（5）: 682–686.

［6］余鹏, 李振春. 分频技术在储层预测中的应用［J］. 勘探地球物理进展, 2007, 29（6）: 419–423.

［7］薛大力, 徐鸣洁, 龚姚进, 等. 地震分频解释技术在沈 143 井区储层预测中的应用［J］. 大庆石油地质与开发, 2007, 26（3）: 128–131.

［8］朱筱敏, 刘长利, 张义娜, 等. 地震沉积学在陆相湖盆三角洲砂体预测中的应用［J］. 沉积学报, 2009, 27（5）: 915–921.

Zhu Xiaomin, Liu Changli, Zhang Yina, et al. On seismic sedimentology of lacustrine deltaic depositional systems［J］. Acta Sedimentologica Sinica, 2009, 27（5）: 915–921.

［9］冯斌, 赵峰华, 王淑华. 地震分频解释技术在河道砂预测中的应用［J］. 地球科学进展, 2012, 27（5）: 510–514.

［10］Zeng H. Frequency–dependent seismic–stratigraphic and facies interpretation［J］. AAPG Bulletin, 2013, 97（2）: 201–221.

［11］Partyka G, Gridley J, Lopez J. Interpretational of spectral decomposition in reservoir characterization［J］. The Leading Edge, 1999: 353–360.

［12］蔡瑞. 基于谱分解技术的缝洞型碳酸盐岩溶洞识别方法［J］. 石油勘探与开发, 2005, 32（2）: 82–86.

［13］张廷章, 尹寿鹏, 张巧玲, 等. 地震分频技术的地质内涵及其效果分析［J］. 石油勘探与开发, 2006, 33（1）: 64–66.

［14］Zeng H. Frequency–dependent seismic facies and seismic sedimentology//Wood L J, Simo T T, Rosen C. Seismic imaging of depositional and geomorphologic systems: 30th Annual Gulf Coast Section SEPM Foundation Bob F. Perkins Research Conference, Houston, Texas, December 5–8, 2010: 11–21.

［15］Ebrom D. The low–frequency gas shadow on seismic sections［J］. The Leading Edge, 2004, 23（8）: 772.

［16］张廷庆, 魏小东, 王亚楠, 等. 谱分解技术在 QL 油田小断层识别与解释中的应用［J］. 石油地球物理勘探, 2006, 41（5）: 584–591.

［17］马志霞, 孙赞东. Gabor–Morlet 小波变换分频技术及其在碳酸盐岩储层预测中的应用［J］. 石油物探, 2010, 49（1）: 42–45

［18］林年添, 孙剑, 汤健健, 等. 分频技术在塔中地区地震储层边界刻画中的应用［J］. 山东科技大学学报: 自然科学版, 2012, 31（4）: 18–25.

［19］Zeng H, Kerans C. Seismic frequency control on carbonate seismic stratigraphy: A case study of the

Kingdom Abo sequence, west Texas［J］. AAPG Bulletin, 2003, 87（2）: 273-293.

［20］张勇, 韩文功, 苏朝光. 油气藏地震正演模型与分析［M］. 北京: 石油工业出版社, 2009.

［21］熊婷. 西非深水区海底扇砂岩体分布预测方法研究［D］. 北京: 中国石油大学（北京）, 2012.

［22］裘亦楠. 碎屑岩储层沉积基础［M］. 北京: 石油工业出版社, 1987.

［23］杨国权, 高荣涛, 雷凌, 等. 河流相储集体的精细解释与描述［J］. 石油地球物理勘探, 2005, 40（3）: 314-317.

［24］刘伟, 尹成, 王敏, 等. 河流相砂泥岩薄互层基本地震属性特征研究［J］. 石油物探, 2014, 53（4）: 468-476.

［25］邹新宁, 孙卫, 张盟勃, 等. 沼泽沉积环境的辫状河道特征及其识别方法［J］. 石油地球物理勘探, 2005, 40（4）: 438-443.

［26］国春香, 郭淑文, 朱伟峰, 等. 河流相砂泥岩薄互层预测方法研究与应用［J］. 物探与化探, 2018, 42（3）: 594-599.

［27］张延玲, 杨长春, 贾曙光. 地震属性技术的研究和应用［J］. 地球物理学进展, 2005, 20（4）: 1129-1133.

［28］Widess M A. Quantifying resolving power of seismic system［J］. Geophysics, 1982, 47: 1160-1173.

［29］Brown A R, Dahm C G, Graebner R J. A stratigraphic case history using three-dimensional seismic data in the Gulf of Thailand［J］. Geophysical Prospecting, 1981, 29（3）: 327-349.

［30］Partyka, G.A.Seismic thickness estimation : three approaches, pros and eons［J］. 70th Annual International Meeting Scoiety of Exploration Geophysicists, Expanded Abstracts, 2001: 503-506.

［31］Marfurt K J, Kirlin R L. Narrow-band spectral analysis and thin-bed tuning［J］. Geophysics, 2001, 66（4）: 1274-1283.

［32］刘震, 张万选, 张厚福. 储层厚度定量解释方法研究［J］. 石油地球物理勘探, 1991, 26（6）: 777-784.

［33］高静怀, 陈文超, 李幼铭, 等. 广义 S 变换与薄互层地震响应分析［J］. 地球物理学报, 2003, 46（4）: 526-532.

［34］朱筱敏, 刘长利, 张义娜, 等. 地震沉积学在陆相湖盆三角洲砂体预测中的应用［J］. 沉积学报, 2009, 27（5）: 915-921.

［35］柳建新, 李杰, 杨俊. 改进的小波分频重构算法在石油地震勘探中的应用［J］. 地球物理学进展, 2010, 25（6）: 2009-2014.

［36］刘震. 储层地震地层学［M］. 北京: 地质出版社, 1997.

［37］邓宏文, 王红亮, 阎伟鹏, 等. 河流相层序地层构成模式探讨［J］. 沉积学报, 2004, 22（3）: 373-379.

［38］Laporte. Recognition of Transgressive Carbonate Sequence Within Epeiric Sea : Helderberg Group（Lower Devonian）of New York State［J］. AAPG Bulletin, 1967, 51（3）: 473-473.

［39］James L W. Carbonate Facies in Geologic History［M］. Berlin : Springer Press, 1975: 350-361.

［40］Tucker M E. Sedimentary petrology［M］. Oxford : Blackwell Scientific Publications, 1981: 61-72.

［41］Tucker M E. Carbonate sedimentology［J］. Blackwell Scientific, 1990, 18（4）: 401-402.

［42］Wright S. Evolution in Mendelian Populations［M］. New York : Rinehart Press, 1974: 241-295.

［43］Williamso C R, Picard M D. Petrology of carbonate rock of the GreenRiver Formation（Eocene）［J］. Journal of Sedimentary Petrology, 1974, 44（3）: 738-759.

［44］Ryder R T, Fouch T D, Elson J H. Early Tertiary sedimentation in the western Uinta Basin, Utah［J］. Bulletin of Geology Society of America, 1976, 87（4）: 496-512.

［45］Harris G D. Sedimentology and depositional history of a lower Atoka（Pennsylvanian）sandstone, northwestern Arkansas［D］. Fayetteville : University of Arkansas, 1983.

［46］Cohen A S, Thouin C. Nearshore carbonate deposits in lake［J］. Tanganyika Geology, 1987, 15（5）:

414–418.

［47］李宇志，孙国栋.东辛油田稳矿沉积微相及储层特征［J］.新疆石油天然气，2005，6（2）：24–28.

［48］李秀华，肖焕钦，王宁.东营凹陷博兴洼陷沙四段上亚段储集层特征及油气富集规律［J］.油气地质与采收率，2001（3）：21–24.

［49］王冠民，鹿洪友，姜在兴.惠民凹陷商河地区沙一段碳酸盐岩沉积特征［J］.石油大学学报（自然科学版），2002，26（4）：1–5.

［50］郑清，信荃麟.饶阳凹陷大王庄地区沙三上及沙一下碳酸盐岩沉积模式与含油性［J］.华东石油学院学报，1987，11（2）：1–13.

［51］杜韫华.渤海湾地区下第三系湖相碳酸盐岩及沉积模式［J］.石油与天然气地质，1990，11（4）：376–392.

［52］冯增昭.中国沉积学［M］.北京：石油工业出版社，1998：153–179.

［53］王英华，周书欣，张秀莲.中国湖相碳酸盐岩［M］.北京：中国矿业大学出版社，1991.

［54］周自立，杜韫华.湖相碳酸盐岩的沉积相与油气分布关系［J］.石油实验地质，1986，8（2）：123–132.

［55］朱筱敏，信荃麟，张晋仁.断陷湖盆滩坝储集体沉积特征及沉积模式［J］.沉积学报，1994，12（2）：20–28.

［56］国景星，戴启德，徐炜.沾化凹陷东部长堤地区下第三系沉积体系研究［J］.沉积学报，2001，19（3）：368–374.

［57］彭传圣.湖相碳酸盐岩有利储集层分布：以渤海湾盆地沾化凹陷沙四上亚段为例［J］.石油勘探与开发，2011，38（4）：435–443.

［58］苏宗福，邓宏文，陶宗普，等.济阳坳陷古近系区域层序地层格架地层特征对比［J］.古地理学报，2006，8（1）：89–102.

［59］朱筱敏.层序地层学［M］.东营：石油大学出版社，2006.

［60］鲁国平.济阳坳陷第三系地层油藏形成机制研究［D］.广州：中国科学院广州地球化学研究所，2005.

［61］冯有良，周海民，任建业，等.渤海湾盆地东部古近系层序地层及其对构造活动的响应［J］.中国科学：地球科学，2010，40（10）：1356–376.

［62］周军良.八面河地区南斜坡沙河街组层序地层研究［D］.青岛：中国石油大学.

［63］张津菁.黄河口凹陷与长堤—垦东潜山披覆构造带的关系研究［D］.北京：中国地质大学，2006.

［64］刘震.储层地震地层学［M］.北京：地质出版社，1997.

［65］马兰.埕岛东坡沙河街组高精度层序地层与岩性圈闭预测［D］.北京：中国地质大学，2014.

［66］郭建宇，马朋善，胡平忠，等.地震—地质方法识别生物礁［J］.石油地球物理勘探，2006，41（5）：587–591.

［67］唐武，王英民，杨彩虹，等.生物礁—生物丘及滩相沉积的地震特征对比与识别：以琼东南盆地深水区储层预测为例［J］.海相油气地质，2013，18（2）：56–64.

［68］Allen J. Studies in fluviatile sedimentation：six cyclothems from the lower Old Red Sandstone. Anglo Welsh Basin［J］.Sedimentology，1964，3：163–198.

［69］Berg R. Point–bar origin of Fall River sandstone reservoirs，northeastern Wyoming［J］.AAPG Bulletin，1968，52：2116–2122.

［70］Bhattacharya J P，Abreu V. Wheeler's confusion and the seismic revolution：how geophysics saved stratigraphy［J］.Sediment. Rec.，2016，14：4–11.

［71］Carter D C. 3–D seismic geomorphology：insights into fluvial reservoir deposition and performance. Widuri Field，Java Sea［J］.AAPG Bulletin，2003，87：909–934.

［72］Cimolai M P，Gies R M，Bennion D B，et al. Mitigating Horizontal Well Formation Damage in a Low–Permeability Conglomerate Gas Reservoir［J］.SPE Gas Technology Symposium，1993：277–287.

［73］Deschamps R, Kohler E, Gasparrini M, et al. Impact of mineralogy and diagenesis on reservoir auality of the lower Cretaceous upper Mannville Formation(Alberta, Canada): oil & gas science and technology ［J］. Rev. IFP Energies nouvelles , 2012, 67: 31–258.

［74］El–Mowafy H Z, Marfurt K J. Quantitative seismic geomorphology of the middle Frio fluvial systems, south Texas, United States ［J］. AAPG Bulletin, 2016, 100: 537–564.

［75］Ethridge F G, Wescott W A.Tectonic setting, recognition and hydrocarbon reservoir potential of fan–delta deposits ［J］. Cspg Special Publications, 1984, 10: 217–235.

［76］Farfour M, Yoon W J, Ferahtia J, et al.Seismic attributes combination to enhance detection of bright spot associated with hydrocarbons ［J］. Geosystem Engineering, 2012, 15: 143–150.

［77］Finaldhi E, Fardiansyah I, Sihombing E H, et al.Reservoir potential of axial fluvial delta vs alluvial fan delta in syn–rift lacustrine : a modern study in Lake Singkarak, Sumatra ［J］.Indonesian Petroleum Association, Fortieth Annual Convention & Exhibition, 2016.

［78］Hoy R G, Ridgway K D.Sedimentology and sequence stratigraphy of fan–dclta and rivcr–dclta deposystems, Pennsylvanian Minturn Formation, Colorado ［J］. AAPG Bulletin, 2003, 87: 1169–1191.

［79］Hu S Y, Zhao W Z, Xu Z H, et al.Applying PCA to seismic attributes for interpretation of evaporite facies : lower Triassic Jialingjiang Formation, Sichuan Basin ［J］.China Interpretation, 2017, 5: 1–34.

［80］Keogh K J, Martinius A W, Osland R.The development of fluvial stochastic modelling in the Norwegian oil industry : a historical review, subsurface implementation and future directions ［J］. Sedimentary Geology, 2007, 202: 249–268.

［81］Knox R W.Diagenetic influences on reservoir properties of the Sherwood sandstone (Triassic) in the marchwood geothermal borehole, southampton, UK ［J］. Clay Miner, 1984, 19: 441–456.

［82］Leiphart D J, Hart B S.Comparison of linear regression and a probabilistic neural network to predict porosity from 3D seismic attributes in Lower Brushy Canyon channeled sandstones, southeast New Mexico ［J］. Geophysics, 2001, 66: 1349–1358.

［83］Martin R. Paleogeomorphology and its application to exploration for oil and gas (with examples from western Canada)［J］. AAPG Bulletin, 1966, 50: 2277–2311.

［84］Pranter M J, Ellison A I, Cole R D, et al.Analysis and modeling of intermediate–scale reservoir heterogeneity based on a fluvial point–bar outcrop analog, Williams Fork Formation, Piceance Basin, Colorado ［J］. AAPG Bulletin, 2007, 91: 1025–1051.

［85］Ramos E, Busquets P, Verges J. Interplay between longitudinal fluvial and transverse alluvial fan systems and growing thrusts in a piggyback basin (SE Pyrenees)［J］. Sedimentary Geology, 2002, 146: 105–131.

［86］Rogers J P.New reservoir model from an old oil field : Garfield conglomerate pool, Pawnee County, Kansas ［J］.AAPG Bulletin, 2007, 91: 1349–1365.

［87］Sathiamurthy E, Rahman M M. Late Quaternary paleo fluvial system research of Sunda Shelf : a review ［J］. Geology Society of Malaysia Bulletin, 2017, 64: 81–92.

［88］Shelby J M.Geologic and economic significance of the upper Morrow chert conglomerate reservoir of the Anadarko Basin ［J］. Journal of Petroleum Technology, 1980, 32: 489–495.

［89］Shepherd M.Meandering fluvial reservoirs//Shepherd M. Oil Field Production Geology ［J］. AAPG Memoir, 2009, 91: 261–272.

［90］Simlote V N, Eslinger E V, Harpole K J.Synergistic evaluation of a complex conglomerate reservoir for EOR, Barrancas Formation ［J］. Argentina Journal of Petroleum Technology, 1985, 37: 295–305.

［91］Taylor S B, Johnson S Y, Fraser G T, et al. Sedimentation and tectonics of the lower and middle Eocene Swauk Formation in eastern Swauk Basin, central cascades, centrual Washington ［J］.Canada Journal of

Earth Science, 1988, 25: 1020–1036.

［92］Wescott W A, Ethridge F G.Fan-delta sedlmentoiogy and tectonic setting—Yaiiatis fan delta ［J］. Southeast Jamaica, 1980, 64: 374–399.

［93］Zeng H L, Backus M M. Interpretive advantages of 90°-phase wavelets : Part Ⅰ. Modeling ［J］. Geophysics, 2005, 70: 7–15.

［94］Zeng H L, Backus M M. Interpretive advantages of 90° -phase wavelets : Part Ⅱ. Seismic applications［J］. Geophysics, 2005, 70: 17–24.

［95］Zhao W Z, Zou C N, Chi Y L, et al. Sequence stratigraphy, seismic sedimentology, and lithostratigraphic plays : upper Cretaceous, Sifangtuozi area, southwest Songliao Basin, China ［J］. AAPG Bulletin, 2011, 95: 241–265.

［96］陈欢庆, 梁淑贤, 舒治睿, 等. 冲积扇砾岩储层构型特征及其对储层开发的控制作用: 以准噶尔盆地西北缘某区克下组冲积扇储层为例［J］.吉林大学学报（地球科学版）, 2015（1）: 12.

［97］陈萍, 张玲, 王惠民. 准噶尔盆地油气储量增长趋势与潜力分析［J］.石油实验地质, 2015, 37（1）: 124–128.

［98］陈业全, 王伟锋. 准噶尔盆地构造演化与油气成藏特征［J］.石油大学学报（自然科学版）, 2004, 28（3）: 4–8.

［99］樊文阔, 李志鹏, 刘伟伟, 等. 克拉玛依油田××地区白碱滩组沉积相特征研究［J］.石油天然气学报, 2010, 32（6）: 219–223+534.

［100］何琰, 牟中海, 裴素安, 等. 准噶尔盆地玛北斜坡带油气成藏研究［J］.西南石油学院学报, 2005（6）: 8–11+99.

［101］黄林军, 唐勇, 陈永波, 等. 准噶尔盆地玛湖凹陷斜坡区三叠系百口泉组地震层序格架控制下的扇三角洲亚相边界刻画［J］.天然气地球科学, 2015（S1）: 25–32.

［102］黄云飞, 张昌民, 朱锐, 等. 准噶尔盆地玛湖凹陷晚二叠世至中三叠世古气候、物源及构造背景［J］.地球科学, 2017, 42（10）: 1736–1749.

［103］李德江, 杨俊生, 朱筱敏. 准噶尔盆地层序地层学研究［J］.西安石油大学学报（自然科学版）, 2005, 20（3）: 60–66+71–92.

［104］李智民, 李祯. 横山中侏罗世延安期响水河曲流河道砂体的储集性研究［J］.陕西地质, 1996, 14（2）: 70–79.

［105］连奕驰. 准噶尔盆地西北缘克百地区地质结构与构造形成演化［M］.北京: 中国地质大学（北京）, 2016.

［106］刘华, 陈建平. 准噶尔盆地乌夏逆冲断裂带三叠纪—侏罗纪构造控扇规律及时空演化［J］.大地构造与成矿学, 2010, 34（2）: 204–215.

［107］刘涛, 石善志, 郑子君, 等. 地质工程一体化在玛湖凹陷致密砂砾岩水平井开发中的实践［J］.中国石油勘探, 2018, 23（2）: 90–103.

［108］丘东洲. 准噶尔盆地西北缘三叠—侏罗系隐蔽油气圈闭勘探［J］.新疆石油地质, 1994, 15（1）: 1–9.

［109］瞿建华, 郭文建, 尤新才, 等. 玛湖凹陷夏子街斜坡折带发育特征及控砂作用［J］.新疆石油地质, 2015, 36（2）: 127–133.

［110］唐勇, 郭文建, 王霞田, 等. 玛湖凹陷砾岩大油区勘探新突破及启示［J］.新疆石油地质, 2019, 40（2）: 127–137.

［111］蔚远江, 李德生, 胡素云, 等. 准噶尔盆地西北缘扇体形成演化与扇体油气藏勘探［J］.地球学报, 2007, 28（1）: 62–71.

［112］吴庆福. 准噶尔盆地发育阶段、构造单元划分及局部构造成因概论［J］.新疆石油地质, 1986（1）: 31–39.

［113］伍致中. 准噶尔盆地的构造演化特征、分区及含油气评价［J］.新疆石油地质, 1986（3）: 23–37.

［114］张国俊. 准噶尔盆地油气勘探回顾与展望［J］.新疆石油地质, 1995, 16（3）: 196–199.

［115］支东明，唐勇，郑孟林，等．玛湖凹陷源上砾岩大油区形成分布与勘探实践［J］．新疆石油地质，2018，39（1）：1-8+22.

［116］周德明．准噶尔盆地区域地质特征及含油远景［J］．新疆地质，1985（2）：78-86.

［117］朱世发，朱筱敏，王一博，等．准噶尔盆地西北缘克百地区三叠系储层溶蚀作用特征及孔隙演化［J］．沉积学报，2010，28（3）：547-555.

［118］Chopra S，Marfurt K J. Seismic attributes for prospect identification and reservoir characterization［R］. Tulsa：Society of Exploration Geophysicists，2007.

［119］Martin R. Paleogeomorphology and its application to exploration for oil and gas（with examples from western Canada）［J］. AAPG Bulletin，1966，50（10）：2277-2311.

［120］Posamentier H W. Seismic stratigraphy into the next millennium：A focus on 3D seismic data［R］. Tulsa：AAPG，2000.

［121］Zeng H L. Thickness imaging for high-resolution stratigraphic interpretation by linear combination and color blending of multiple-frequency panels［J］. Interpretation，2017，5（3）：411-422.

［122］曾洪流，朱筱敏，朱如凯，等．砂岩成岩相地震预测：以松辽盆地齐家凹陷青山口组为例［J］．石油勘探与开发，2013，40（3）：266-274.

［123］杜浩坤．川西孝泉—新场构造中三叠统雷口坡组地震沉积学研究［D］．成都：成都理工大学，2015.

［124］杜金虎，邹才能，徐春春，等．川中古隆起龙王庙组特大型气田战略发现与理论技术创新［J］．石油勘探与开发，2014，41（3）：268-277.

［125］李伟，余华琪，邓鸿斌．四川盆地中南部寒武系地层划分对比与沉积演化特征［J］．石油勘探与开发，2012，39（6）：681-690.

［126］李亚林，巫芙蓉，刘定锦，等．乐山—龙女寺古隆起龙王庙组储层分布规律及勘探前景［J］．天然气工业，2014，34（3）：61-66.

［127］刘泠杉，胡明毅，高达，等．四川磨溪—高石梯地区龙王庙组层序划分及储层预测［J］．大庆石油地质与开发，2016，35（5）：42-47.

［128］刘树根，宋金民，赵异华，等．四川盆地龙王庙组优质储层形成与分布的主控因素［J］．成都理工大学学报（自然科学版），2014，41（6）：657-670.

［129］马腾，谭秀成，李凌，等．四川盆地早寒武世龙王庙期沉积特征与古地理［J］．沉积学报，2016，34（1）：33-48.

［130］田艳红，刘树根，赵异华，等．四川盆地中部龙王庙组储层成岩作用［J］．成都理工大学学报（自然科学版），2014，41（6）：671-683.

［131］阳孝法，张学伟，林畅松．地震地貌学研究新进展［J］．特种油气藏，2008，15（6）：1-5.

［132］张光荣，冉崎，廖奇，等．四川盆地高磨地区龙王庙组气藏地震勘探关键技术［J］．天然气工业，2016，36（5）：31-37.

［133］邹才能，杜金虎，徐春春，等．四川盆地震旦系—寒武系特大型气田形成分布、资源潜力及勘探发现［J］．石油勘探与开发，2014，41（3）：278-293.

第六章　油气储盖组合地震预测

　　储层与盖层相互匹配才能形成储盖组合。研究储盖组合的特征及分布属于油气成藏条件分析基本内容之一，目的是用来确定盆地或区带的油气勘探主要目的层段，对盆地油气成藏模式构建和勘探评价部署至关重要。目前，储盖组合预测方法归纳起来主要有两种：一是以沉积学特征分析为主的层序地层学储盖组合预测[1-5]；二是利用钻孔和测井资料进行储盖组合预测及评价[6-10]。这两种方法都具有一定的局限性，前者主要是在层序格架内，通过沉积相特征和简单岩性分析对储盖层进行定性描述，该方法没有考虑储层和盖层的有效性问题，仅仅按照岩性分析储盖组合，虽可以初步确定储盖组合的质量和分布特征，但划分比较笼统，且达不到储盖组合性能研究的要求。后者主要是以钻井和测井资料为基础研究储层的物性和盖层的封闭性，虽然某种程度上达到了定量的要求，但是该方法需要大量的测井资料，只能适用于勘探程度较高的地区，对于钻井稀少的低勘探程度地区则不适用。显然，由于研究方法和技术手段的限制，现有的储盖组合研究方法很难开展低勘探阶段的储盖组合定量预测工作。

　　另外，考虑到现有储盖组合研究基本还停留在静态描述阶段，缺少动态过程分析，而储层和盖层在地质历史过程中是不断变化的，不论利用哪种已有方法预测出的储盖组合都只能代表现今的储盖组合特征，并不是成藏关键时期的储盖组合特征，故不能代表成藏期的成藏基本条件，因此不能直接用来评价和预测油气藏的形成和分布条件。

　　鉴于此，本章在单井储盖组合预测的基础上，利用地震有色反演和地震低频反演获取高质量的地震绝对速度剖面，开展基于地震反演速度剖面的储盖组合定量预测，并进行成藏期储层古孔隙度和盖层古排替压力恢复，实现成藏期古储盖组合的分布预测，通过在实际工区的应用，形成一套适用于低勘探阶段的盆地储盖组合早期预测方法。

第一节　单井静态储盖组合定量预测方法

　　关于已钻井储盖组合研究，前人主要是在沉积相和岩性分析的基础上，结合实际钻探结果，按照岩性类型和试油气结果定性划分油气储盖组合类型。然而钻探结果表明，并不是所有的储盖组合都能够有效成藏，在其他成藏条件都满足的情况下，由于储层物性条件太差或盖层封闭条件不好都会导致钻探落空，因此，需要考虑储盖组合的有效性，只有当有效储层和有效盖层相互匹配的情况下才能形成有效的储盖组合。利用钻井和测井资料，在单井沉积相和岩性分析的基础上，虽然可以简单定性地描述储盖组合的发育情况，但是仍不能确定出有效储盖组合发育的层段。由于缺少一套有效储层和有效泥岩盖层定量评价标准，造成储盖组合分析达不到定量分析的水平，不能很好地支持成藏特征分析和油气藏分布预测。

　　针对上述单井储盖组合预测存在的问题，本节提出了利用有效储层和有效盖层组合形成有效储盖组合的新方法，在确定盆地（或区带）有效储层和有效盖层定量评价标准的基础上，利用测井声波时差资料分别建立单井砂岩孔隙度剖面和泥岩盖层排替压力剖面，识别井孔有效储盖组合的纵向位置，实现单井现今有效储盖组合定量分析。

一、单井有效储盖组合定量分析方法

单井储盖组合定量分析方法以测井声波时差资料为基础，根据砂岩和泥岩在测井曲线的响应分别读取纯砂岩和纯泥岩声波时差值及其对应的深度，分别建立砂岩和泥岩压实剖面，进而转化成单井砂岩孔隙度剖面和泥岩排替压力剖面，再以有效储层物性下限作为评价储层有效性的指标，以有效泥岩盖层排替压力作下限为评价盖层有效性的指标，开展以钻井资料为基础的有效储盖组合定量预测。这里将有效储盖组合发育的深度段定义为有效储盖组合窗口，即有效储层和有效盖层重叠部分的深度段（图 6-1），一个盆地或一个研究区内纵向上可能发育多个有效储盖组合窗口，一个有效储盖组合窗口内可能包含多套储盖组合，单井储盖组合定量预测可以在纵向上预测出多个有效储盖组合窗口[9, 10]。单纯通过沉积环境和岩性分析定性预测出的储盖组合，往往由于储层物性较差或者盖层封闭性不好导致储盖组合无效。而本次研究提出的有效储盖组合窗口预测是在沉积相和岩性分析的基础上，综合储层物性和泥岩封闭性定量评价确定的，也就是说发育在窗口内的储层和盖层都是有效的，该方法预测结果可以为油气勘探有效层位的确定提供定量依据。

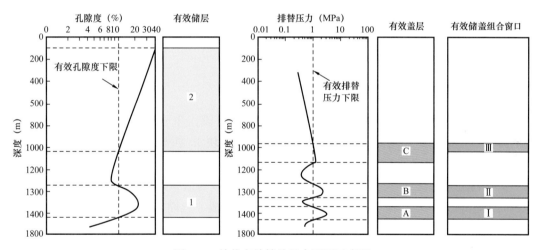

图 6-1　单井有效储盖组合预测示意图

（一）利用储层临界孔隙度确定有效储层

有效储层普遍被认为储集了烃类流体并且在现有的经济、工艺技术条件下烃类流体能够被采出的储层。通常用能开采出油气的储层的最小储层物性来度量。而这次要研究的有效储层是指在地质条件下，烃源岩中生成的油气能够进入其中的储层，这是油气田勘探过程中提出的概念。油气田勘探过程中定义的有效储层通常用油气能够进入储层的最小储层物性来度量，即成藏期的临界储层物性（孔隙度和渗透率），低于储层临界物性的储层则是无效储层。对于埋深较浅、成岩作用较弱、未致密化的常规储层来说，现今储层含油物性下限与储层临界物性差别不大，可以用现今储层含油物性下限来表示储层临界物性[51]。

对于低孔渗—特低孔渗储层来说，成藏以后，由于受到成岩作用、继续沉降或构造抬升等多种因素的影响，储层特征及物性发生了很大变化，现今储层含油物性下限并不能反映成藏期的临界物性，但二者之间存在着一定的联系[38, 51]。

（二）利用排替压力确定有效盖层

岩性是决定盖层封闭性的基本参数之一。依其封闭性的好坏，可作为盖层的岩石大致排列为盐岩和石膏、泥岩、硬石膏、粉砂质泥岩、灰质泥岩、泥灰岩、泥质粉砂岩、灰岩、致密砂岩。泥岩在封闭油气的盖层中占有极大的分量。

泥岩盖层研究分微观和宏观两部分。微观上研究泥岩盖层的封闭能力，重要的评价参数就是盖层的排替压力，也可用其所能封闭的气柱高度表示[17]。宏观上研究盖层，主要是研究其厚度及展布，通常不与封闭能力挂钩，因为过去认为只要盖层连续性好，展布面积大，就足以封闭大高度的气柱，很少见到盖层厚度与封闭能力之间关系的定量研究表述[20]。然而，实际勘探结果表明宏观定性分析认为封闭能力较好的泥岩盖层，在微观层面并不一定具备封闭能力。例如琼东南盆地泥岩盖层形成于浅海、浅海—半深海—深海沉积环境，具有厚度大、连续性好的特征，宏观上具有较好封闭能力，但是YL2井钻后烃类检测结果显示在黄一段水道砂体中有微量烃类，通过失利井分析，认为烃类曾运移至此，由于泥岩盖层封闭能力差而导致油气未能保存。因此，本次研究选用泥岩盖层的微观评价参数，即泥岩排替压力，来定量评价天然气盖层的有效性。

二、单井储盖组合定量预测实例

（一）应用工区地质概况

琼东南盆地位于南中国海北部准被动大陆边缘西段，介于海南岛东南和西沙群岛以北的海域，北邻海南岛隆起，南邻永乐隆起（西沙地块），西与莺歌海盆地相邻，东为珠江口盆地，盆地总体呈NE—SW向展布[11, 12]。琼东南盆地已发现油气资源以天然气为主。依据古近系地层展布特征，盆地可划分为5个一级构造单元，从北向南依次为北部坳陷、北部隆起、中央坳陷、南部隆起和南部坳陷，构成"三坳夹两隆"的构造格局[11-13]。北部坳陷主要位于浅水区（上覆海水深度小于300m），包括崖北凹陷、松西凹陷和松东凹陷；北部隆起包括崖城凸起、松涛凸起和崖南—陵水凸起；中央坳陷主体处于深水区（上覆海水深度大于300m），包括乐东凹陷、陵水凹陷、松南凹陷、宝岛凹陷、北礁凹陷和长昌凹陷；南部隆起包括北礁凸起和陵南低凸起；南部坳陷包括华光凹陷和甘泉凹陷（图6-2）。

琼东南盆地经历了古近纪裂陷期、早中新世热沉降期和晚中新世以来的新构造期3大构造演化阶段[12, 14]。古近纪裂陷阶段，盆地依次沉积了始新统陆相岭头组、下渐新统海陆过渡相崖城组、上渐新统海相沉积陵水组；进入新近纪坳陷阶段，盆地接受了从滨浅海相到深海相的连续沉积，沉积地层包括下中新统三亚组、中中新统梅山组、上中新统黄流组和上新统莺歌海组[12]如图6-2所示。盆地内部主要发育3套烃源岩：始新统湖湘、渐新统海陆过渡相—滨浅海相和中新统半深海—深海相烃源岩[11, 14]。

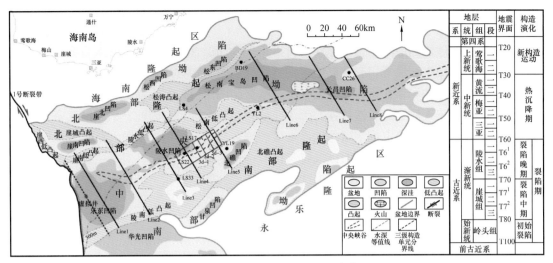

图 6-2 琼东南盆地构造单元划分图[13]（有修改）

前人对琼东南盆地深水区储盖组合做过定性的研究[3, 5, 15-17]，结合目前钻探成果，总结出琼东南盆地深水区发育多种储层类型和多套储盖组合：陵三段滨海相及扇三角洲相砂岩与陵二段浅海相泥岩储盖组合；陵一段滨海相、盆地扇及三角洲相砂岩与浅海相泥岩储盖组合；三亚—梅山组低位扇砂岩与半深海相泥岩储盖组合；黄流—莺歌海组水道浊积砂岩与半深海泥岩储盖组合（图 6-3）。此外，还有梅山组台地边缘礁滩灰岩与黄流—莺歌海组海侵泥岩储盖组合。其中水道、低位扇砂岩和生物礁灰岩是琼东南盆地深水区重要的储层类型。琼东南盆地盖层以浅海相、半深海相或者深海相泥岩为主，该沉积环境下的泥岩一般具有厚度大、连续性好的特性。

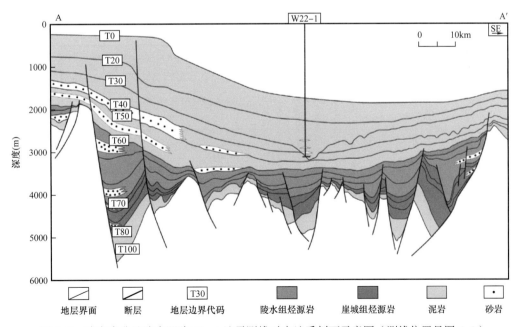

图 6-3 琼东南盆地陵水凹陷 Line4 地震测线对应地质剖面示意图（测线位置见图 6-2）

（二）有效储层评价参数确定

琼东南盆地砂岩储层属于常规储层，可以用现今储层含油气物性下限来研究储层的有效性。在实际应用中，最常用有效储层含油气物性下限确定方法是统计法、试油资料孔隙度—渗透率交会图法和录井资料孔隙度—渗透率交会图法。琼东南盆地已发现油气资源以天然气为主。由于天然气挥发性较强，无法获取岩心录井资料，因此，采用试气资料孔隙度—渗透率交会图法来确定琼东南盆地深水区砂砾岩有效储层物性下限。试气数据对于反映储层的产能最直接也最准确。但试气资料也有一定的缺陷：其一，对于一口井射孔试气的测试只局限于很有限的层段，纵向连续性差；其二，储层射孔之后物性一定程度上得到改善，它反映的储层物性相比之下会偏大。基于以上分析，本次研究综合试气结果以及测井解释物性来研究深水区有效储层物性下限。

1. 琼东南盆地不同层段有效储层孔隙度下限分析

琼东南盆地深水区发育多套储层，自下而上，储层的沉积环境从断陷期崖城组海陆过渡相到断陷期陵水组滨浅海相，再到坳陷期三亚—梅山组滨浅海—半深海相，最后到深海—半深海相。本研究在不同层段有效储层孔隙度下限分析的基础上，综合确定出研究区早期勘探阶段适合多层段的有效储层物性下限。

1）崖城组有效储层孔隙度下限分析

崖城组沉积时期开始发生海侵，盆地沉积环境由湖湘变为海陆过渡相，包括滨浅海、冲积扇、扇三角洲和海岸平原等沉积环境。通过对琼东南盆地多口钻井试气结果统计，崖城组储层试气结果包括干层、水层、含气层和气层四类。从不同试气结果储层孔隙度分布直方图（图6-4）上可以看出，琼东南盆地崖城组干层孔隙度分布在4%～18%之间，水层孔隙度分布在11%～23%之间，气层和含气层孔隙度分布在12.3%～21.6%之间。通过统计确定出琼东南盆地崖城组有效储层孔隙度下限为12.3%。

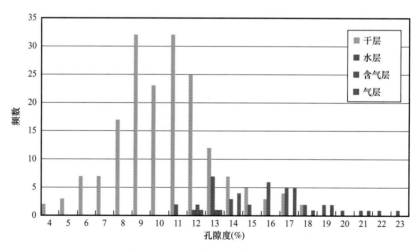

图6-4　琼东南盆地崖城组不同试气结果测井解释孔隙度分布直方图

2）陵水组有效储层物性下限分析

陵水组沉积时期盆内沉积环境主要为分隔浅海环境，发育滨浅海、海岸平原和扇三角洲等沉积环境。通过对琼东南盆地多口钻井试气结果统计，陵水组储层试气结果包括干层、水层、气水层、含气层和气层五类。从不同试气结果储层孔隙度分布直方图（图6-5）上可以看出，琼东南盆地陵水组干层孔隙度分布在4%～21%之间，水层孔隙度分布在10%～23%之间，气水层、含气层和气层孔隙度分布在11.7%～18%之间。通过统计确定出琼东南盆地陵水组有效储层孔隙度下限为11.7%。

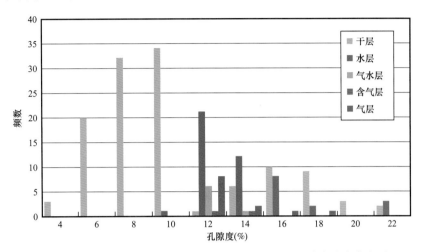

图6-5　琼东南盆地陵水组不同试气结果测井解释孔隙度分布直方图

3）三亚—梅山组有效储层物性下限分析

三亚—梅山组沉积时期盆地整体上处于浅海—半深海环境。通过对琼东南盆地多口钻井试气结果统计，三亚—梅山组储层试气结果包括干层、水层、气水层、含气层和气层五类。从不同试气结果储层孔隙度分布直方图（图6-6）上可以看出，琼东南盆地三亚—梅山组干层孔隙度分布在4%～20%之间，水层孔隙度分布在6%～33%之间，气水层、含气层和气层孔隙度分布在12%～20%之间。通过统计确定出琼东南盆地三亚—梅山组有效储层孔隙度下限为12%。

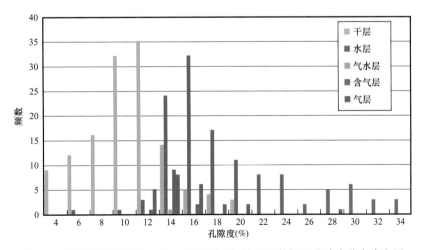

图6-6　琼东南盆地三亚—梅山组不同试气结果测井解释孔隙度分布直方图

4）黄流—莺歌海组有效储层物性下限分析

黄流—莺歌海组沉积时期盆地整体上处于浅海—半深海—深海环境。通过对琼东南盆地多口钻井试气结果统计，黄流—莺歌海组储层试气结果包括干层、水层、含气层和气层四类。从不同试气结果储层孔隙度分布直方图（图6-7）上可以看出，琼东南盆地黄流—莺歌海组干层孔隙度分布在5%～18%之间，水层孔隙度分布在12%～36%之间，含气层和气层孔隙度分布在12%～30%之间。通过统计确定出琼东南盆地黄流—莺歌海组有效储层孔隙度下限为12%。

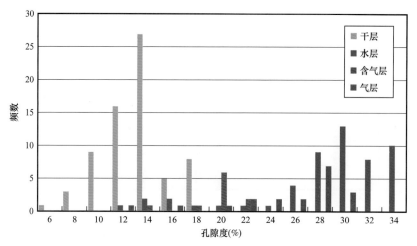

图6-7 琼东南盆地黄流—莺歌海组不同试气结果测井解释孔隙度分布直方图

琼东南盆地深水区处于低勘探程度阶段，通过对琼东南盆地不同层段有效储层孔隙度下限分析，发现该盆地有效储层孔隙度下限一致性较好，约为12%，因此，在勘探早期可以用12%作为多层段统一的海相有效储层孔隙度下限。

2. 有效储层物性下限综合分析

通过前面对不同层段有效储层孔隙度下限分析，发现干层孔隙度相对较低，水层孔隙度相对较高，气水层、含气层和气层孔隙度介于之间，且琼东南盆地有效储层孔隙度下限具有较好的一致性，说明该盆地不同层段有效储层物性下限可以类比。有效储层物性下限包括储层孔隙度下限和渗透率下限。储层孔隙度较储层渗透率更容易获取，储层孔隙度不仅可以由实验室测得，还可以通过测井资料计算获取，然而储层渗透率则只能通过实验室测得，因此，不是所有储层都既有孔隙度数据又有渗透率数据。本研究利用琼东南盆地多口井多层段既有孔隙度数据又有渗透率数据储层的试气资料综合分析来确定研究区有效储层物性下限，试气结果包括干层、水层、气水层、含气层和气层，其中气水层、含气层、气层发生过天然气充注，为有效储层。一共统计出琼东南盆地多套地层136个试气层段，根据试气结果做出不同试气结果储层物性交会图（图6-8）。根据不同试气结果储层孔隙度—渗透率交会图，通过统计确定出琼东南盆地深水区有效储层孔隙度下限为12%，渗透率下限为0.3mD。

（三）有效泥岩盖层评价参数确定

与石油分子相比，天然气分子小，重量轻，活动性强，易扩散，在地下具有很强的散失性[18]。这些特征决定了天然气成藏需要更高的盖层条件。依其封闭性的好坏，可作为盖层的岩石大致排列为盐岩和石膏、泥岩、硬石膏、粉砂质泥岩、灰质泥岩、泥灰岩、泥

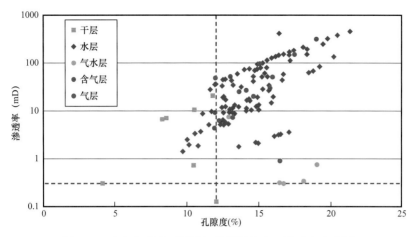

图 6-8 琼东南盆地不同试气结果孔隙度—渗透率交会图

质粉砂岩、石灰岩、致密砂岩。泥岩在封闭油气的盖层中占有极大的分量。琼东南盆地盖层就是以泥岩盖层为主。

1. 泥岩盖层封闭能力评价参数选取

盖层对油气的封盖作用既受自身形成及发育条件（如沉积环境、岩性、厚度、分布、埋深、压实成岩程度、孔渗性、黏土矿物转化和油气生成等）的影响，又受到后期断裂破坏与改造的影响[19]。琼东南盆地深水区天然气成藏发生在 3Ma 之后，这一阶段盆地构造活动较弱，因此，后期盖层保存条件较好，不发生破坏和改造。

泥岩盖层研究分宏观和微观两个部分。宏观上主要研究泥岩盖层的厚度和连续性。大量研究表明，泥岩盖层的厚度和连续性受控于其形成环境，在沉积物供给充足的条件下，较大厚度的泥岩盖层往往形成于浅海相、半深海—深海相、开阔的潮坪相、潟湖相、前三角洲亚相和半深—深湖相等相对稳定且空间展布面积较大的沉积环境中，这些沉积环境形成的泥岩盖层不仅厚度大，空间分布面积也大，还有较好的连续性[19]。琼东南盆地盖层以浅海相和半深海相泥岩盖层为主，其厚度较大，连续性较好，故对其厚度和连续性不予详细研究。

微观上主要研究泥岩盖层的封闭能力，广泛采用盖层的排替压力、渗透率、孔隙度、密度、比表面积和微孔隙结构等参数进行泥岩盖层封闭性能评价，也可用所能封闭的气柱高度表示[20]。其他泥岩物性参数在盖层物性封闭能力评价中起的作用，可以由泥岩盖层排替压力代替，泥岩排替压力是反映泥岩盖层物性封闭能力最直接、最有效的评价参数[21]。因此，选用泥岩排替压力来定量评价盖层的有效性。

2. 有效泥岩盖层排替压力下限确定

理论上能够封闭 1000m 以上气柱高度的盖层为 I 类；能够封闭 500～1000m 气柱高度的盖层为 II 类；能够封闭 200～500m 气柱的盖层为 III 类；能够封闭 100～200m 气柱的盖层为 IV 类；理论上能够封闭 100m 以下气柱的盖层，实际在正常压力下突破压力小于 1MPa，郑德文认为其不具备封闭气田的能力[22]。据大量的统计资料，当盖层的排替压力达到 0.1MPa 时，可以封闭近 10m 高的气柱，表明其已初具封闭游离相天然气能力，付广等将其定义为盖层毛细管封闭能力开始形成时期的下限，其对应时期称为盖层毛细管封闭能力

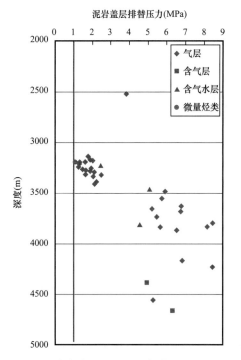

泥岩盖层排替压力(MPa)

图6-9　琼东南盆地已发现气藏泥岩盖层排
替压力与深度交会图

的形成时期[23]。房德权等认为盖岩的排替压力达到1MPa时，就开始具备了一定的封气能力，并将对应盖层初具封闭能力的地质条件定义为盖层封气门限[24]。康德江等[25]在研究海拉尔盆地贝尔断陷布达特群泥岩盖层时，认为排替压力小于1MPa时，泥岩盖层封盖性能差。Hao等在研究琼东南盆地泥岩盖层质量时，提出埋深小于2000m，排替压力小于1MPa的盖层封闭性能较差[26]。本研究通过计算的方法计算出琼东南盆地已发现气藏的直接泥岩盖层排替压力，然后绘制泥岩盖层排替压力与深度交会图（图6-9），发现该盆地有效泥岩盖层排替压力最小值分布在1MPa左右，因此将琼东南盆地深水区有效泥岩盖层排替压力的下限值定为1MPa。

（四）储层和盖层性质评价参数计算模型建立

砂岩储层物性和泥岩排替压力最准确和最直接的确定方法是通过取心样品实验测试来获取，受井孔约束，且测试费用过高，通过测试获取的数据有限，因此，无法开展区域内储层评价和泥岩封闭能力研究。为了满足研究需要，很多学者就提出了通过计算的方法来获取储层物性和泥岩排替压力。计算法是在实验数据的基础上，建立储层物性和排替压力与声波时差之间的函数关系，然后根据此关系利用声波时差数据或地震层速度数据求取大量的储层物性值和泥岩盖层排替压力值。

1.砂岩储层物性计算模型

Wyllie等[47-50]很早就提出双向介质孔隙度与地层速度之间遵循时间平均方程：

$$\frac{1}{v}=\frac{\phi}{v_{\mathrm{f}}}+\frac{1-\phi}{v_{\mathrm{ma}}} \qquad (6-1)$$

式中，v为地层速度，m/s；v_{ma}为岩石骨架颗粒速度，m/s；v_{f}为孔隙流体速度，m/s；ϕ为孔隙度，%。v_{ma}和v_{f}相对于v变化较小，通常这两个参数可作为常数处理。由于地层速度和声波时差之间存在倒数关系，式（6-1）可以转换成：

$$\phi=\frac{\Delta t-\Delta t_{\mathrm{ma}}}{\Delta t_{\mathrm{f}}-\Delta t_{\mathrm{ma}}}\times100\% \qquad (6-2)$$

式中，Δt为地层声波时差，μs/m；Δt_{ma}为岩石骨架声波时差，μs/m；Δt_{ma}为孔隙流体声波时差，μs/m；ϕ为孔隙度，%。Δt_{ma}和Δt_{ma}相对于Δt变化较小，通常作为常数处理，因此，从式（6-2）可以看出ϕ与Δt之间存在线性关系。

由于没有实测的岩石骨架和孔隙流体声波时差数据，应用测井声波时差和测井解释孔隙度数据进行拟合求取时间平均方程的相关参数。根据琼东南盆地纯砂岩在测井曲线上的响应，读取其声波时差数据及相对应的测井解释孔隙度，通过多井拟合确定出琼东南盆地砂岩孔隙度计算公式（图6-10）：

$$\phi = 0.1989\Delta t - 32.6087 \qquad (6-3)$$

式中，ϕ 为孔隙度，%；Δt 为地层声波时差，μs/m。

2. 泥岩排替压力计算模型

前人针对不同的研究区提出很多利用地球物理数据获取泥岩盖层排替压力的方法：利用测井声波时差数据计算泥岩排替压力[26-31]和利用地震层速度计算泥岩排替压力[32, 33]。利用声波时差数据计算泥岩盖层排替压力较实测泥岩排替压力有更大的信息量，可以开展泥岩盖层物性封闭能力剖面研究；利用地震层速度数据计算泥岩盖层排替压力可获得较利用声波时差计算泥岩排替压力更多的信息，可以在探井稀少的地区开展泥岩物性封闭能力平面研究[21]。

针对琼东南盆地泥岩盖层定量计算方面，郝石生等[26]通过测量琼东南盆地44个样品的岩石物理特性，如孔隙度、渗透率、密度、排替压力等，发现在岩石物理参数、测井值及地震速度之间存在一定的经验关系，并建立了琼东南盆地泥岩排替压力与声波时差之间的关系式（图6-11）：

$$p_{dm} = \exp\left[(123.22 - \Delta t) / 23.78\right] \qquad (6-4)$$

式中，Δt 为地层声波时差，μs/ft；p_{dm} 为泥岩排替压力，MPa。本研究采用郝石生等[26]在琼东南盆地建立的泥岩排替压力计算模型开展泥岩封闭性定量研究。

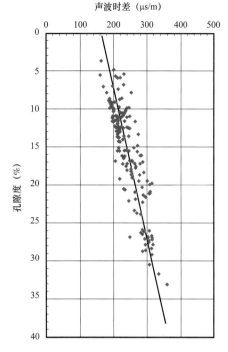

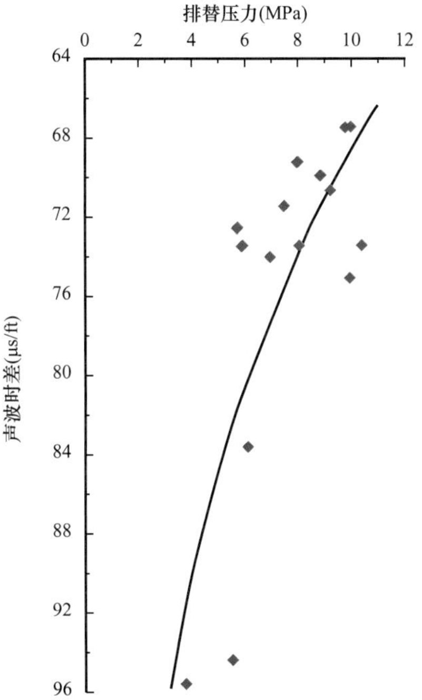

图6-10　琼东南盆地深水区测井解释孔隙度与声波时差交会图

（五）单井有效储盖组合窗口预测

本次研究提出基于测井声波时差资料的储盖组合定量分析方法，并利用该方法在琼东南盆地深水区分区带（陡坡带、缓坡带和中央峡谷）开展单井有效储盖组合定量预测。

1. 陡坡带单井有效储盖组合窗口预测

陡坡带以BD19井、LS4井和CC26井为典型代表，进行单井有效储盖组合窗口预测。

1）BD19井有效储盖组合窗口预测

BD19井钻探于宝岛19-2含气构造，该构造距离我国海南省万宁市直线距离约87km，上覆水深

图6-11　琼东南盆地泥岩排替压力和声波时差的关系图[26]

约200m，位于宝岛凹陷北部陡坡带、松涛凸起东北部倾末端，是琼东南盆地东部宝岛区内部数个已发现气藏中较为典型的一个，目前已钻3口探井。古近系构造发育在松涛凸起倾末端花状构造内部，储层被多条小型断层切割，为典型断块构造。

BD19井主要钻探目的层段是陵水组，次要目的层段是梅山组。实际完钻层位是陵水组，在梅山组钻遇差气层，累计厚度16m；在陵三段钻遇气层和差气层，气层累计厚度达34.8m，差气层累计厚度达27.1m，其中CO_2占到80%以上，而烃类气体含量相对较低，测井解释为CO_2气藏。不管气层还是差气层都来源于扇三角洲砂体，其中梅山组差气层孔隙度较高，超过15%，为优质储层；而陵三段孔隙度整体偏低，气层和含气水层孔隙度相对较高，超过12%，差气层相对较低，储层质量差——一般。陵三段气层上覆发育陵二段浅海相泥岩直接盖层，梅山组差气层上覆发育浅海环境下沉积的泥岩和粉砂质泥岩直接盖层。同时，黄流—莺歌海组发育大套泥岩作为区域盖层，为天然气保存创造了良好条件。

从BD19井砂岩孔隙度剖面图（图6-12a）可以看出，该井砂岩孔隙度剖面具有分段性，亚二段顶部以上砂岩孔隙度随埋深的增加逐渐减小，且在半对数坐标系内随埋深呈线性变化；亚二段顶部开始出现两个次生孔隙溶蚀带，分别发育于陵一段—亚二段和陵三段上部—陵二段下部，且溶蚀带内砂岩孔隙度随深度增加有减小的趋势。根据前面确定的有效储层评价参数，确定出BD19井有效储层发育在陵三段中上部及以上地层。

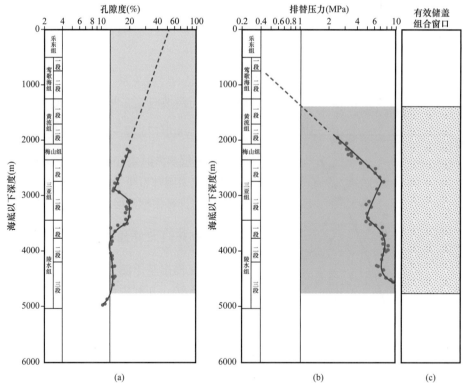

图6-12 琼东南盆地BD19井有效储盖组合窗口预测

从BD19井泥岩排替压力剖面图（图6-12b）可以看出，该井亚二段以上地层泥岩属于正常压实段，泥岩排替压力在半对数坐标下随深度增加成线性增加，由于浅部无测井数据，浅部泥岩排替压力数据由半对数坐标系统下趋势线外推得到；亚二段开始发育欠压实，泥岩排替压力随着深度的增加有增大的趋势，局部变小（欠压实带）。根据前面确定的有效盖层评价参数，确定出BD19井有效泥岩盖层发育在黄一段顶部及以下地层。

根据有效储层和有效盖层的匹配关系确定出BD19井发育陵三段中上部—黄一段顶部单个有效储盖组合窗口（图6-12c）。

2）LS4井有效储盖组合窗口预测

LS4井属于陵水4-2含气构造，该构造距海南岛陵水县约85km，上覆海水深度189m，位于松南凹陷西南部，陵水凹陷北部陡坡带，处于长期活动断裂2-1号断裂的上升盘。LS4井主要钻探目的层段是陵三段，次要目的层段是陵二段，同时兼探三亚组。实际钻探结果在多个层段中气测异常，其中莺歌海组、陵二段和陵三段气测量较大，测井最终解释陵二段为含气水层，其他层段为干层。钻遇陵水组储层属于扇三角洲砂岩，陵二段含气水层仅两层，厚度分别为11m和24m，其他均低于10m，砂岩孔隙度有9层超过10%，最高可达12.5%，总体孔隙度一般；陵三段中下部砂体孔隙度低于10%，储层物性较差。陵二段含气水层上覆发育浅海相泥岩直接盖层，陵三段储层上覆发育陵二段海相泥岩直接盖层，为天然气保存创造了良好条件。

从LS4井砂岩孔隙度剖面图（图6-13a）可以看出，该井砂岩孔隙度剖面具有分段性，黄流组以上砂岩孔隙度随埋深的增加逐渐减小，且在半对数坐标系统下随埋深增加呈线性变化；黄流组开始出现次生孔隙溶蚀，一直持续至陵二段，溶蚀带内砂岩孔隙度随深度增加有减小的趋势。根据前面确定的有效储层评价参数，确定出LS4井有效储层发育在陵二段及以上地层。

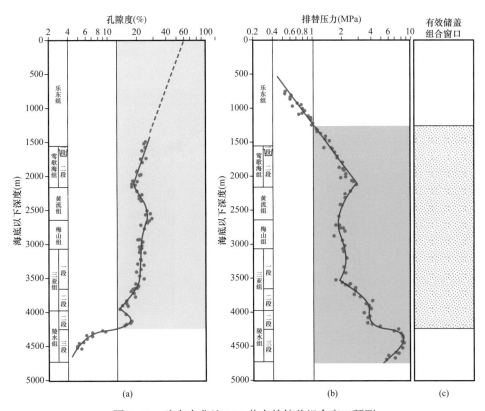

图6-13　琼东南盆地LS4井有效储盖组合窗口预测

从 LS4 井泥岩排替压力剖面图（图 6-13b）可以看出，该井黄流组以上地层泥岩属于正常压实段，泥岩排替压力在半对数坐标下随深度增加成线性增加；黄流组开始发育欠压实。根据前面确定的有效盖层评价参数，确定出 LS4 井有效泥岩盖层发育在乐东组底部及以下地层。

根据有效储层和有效盖层的匹配关系确定出 LS4 井发育陵二段—乐东组底部单个有效储盖组合窗口（图 6-13c）。

3）CC26 井有效储盖组合窗口预测

CC26 井属于长昌 26-1 含气构造，该构造位于长昌凹陷北部陡坡带，在北面神狐隆起向南伸入长昌凹陷形成的鼻状带上，其上覆海水深度 2154m。CC26 井钻探目的层段包括亚二段、陵一段、陵二段和陵三段，完钻层位是崖一段。实际钻遇亚二段、陵一段和陵三段岩性较细，主要为大套泥岩，较薄层粉砂质泥岩和泥质粉砂岩，陵二段发育大套细砂岩，砂岩孔隙度都在 12% 以上，平均孔隙度 19%，为优质储层，测井解释可能为含气水层。CC26 井共发育两套储盖组合：陵水组浊积水道砂与浅海相泥岩构成泥包砂储盖组合；亚二段海底扇水道复合砂体与亚一段海相泥岩形成良好储盖组合。

从 CC26 井砂岩孔隙度剖面图（图 6-14a）可以看出，该井砂岩孔隙度剖面为倾斜的直线，在半对数坐标系统下随着深度增加孔隙度呈线性减小，至崖一段底部砂岩孔隙度减小到约为 12%。由于浅部无测井数据，浅部砂岩孔隙度数据由半对数坐标系统下趋势线外推得到。该井不发育次生溶蚀带。根据前面确定的有效储层评价参数，确定出 CC26 井有效储层发育在崖一段及以上地层。

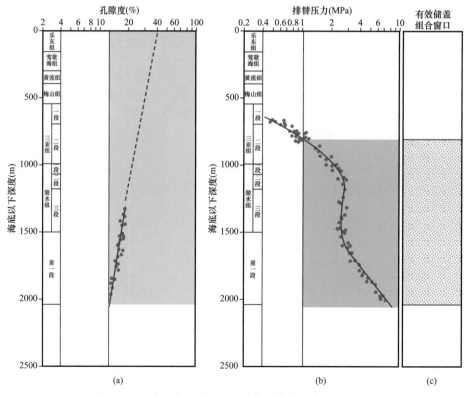

图 6-14 琼东南盆地 CC26 井有效储盖组合窗口预测

从 CC26 井泥岩排替压力剖面图（图 6-14b）可以看出，该井陵二段以上地层泥岩属于正常压实段，泥岩排替压力在半对数坐标下随深度增加成线性增加；陵二段开始发育欠压实。整体上，泥岩排替压力随深度的增加快速增大。根据前面确定的有效盖层评价参数，确定出 CC26 井有效泥岩盖层发育在亚二段中部及以下地层。根据有效储层和有效盖层的匹配关系确定出 CC26 井发育崖一段—亚二段中部单个有效储盖组合窗口（图 6-14c）。

2. 缓坡带单井有效储盖组合窗口预测

缓坡带以 LS33 井、YL2 井和 YL19 井为典型代表，进行单井有效储盖组合窗口预测。

1）LS33 井有效储盖组合窗口预测

LS33 井属于陵水 33-1 含气构造，该构造位于陵南低凸起北部，靠近陵水凹陷南部斜坡带，基底隆起上发育起来的披覆背斜和断背斜，其上覆海水深度约 1460m。LS33 井是南海西部深水区第一口钻探层位较全的探井，钻探目的层段包括亚二段滨海沙坝、陵一段和陵三段滨海相砂岩，实际钻穿崖城组。钻探过程中在黄流组、梅山组和三亚组钻遇大套钙质泥岩，主要目的层段泥质含量较高，全过程未见任何气测异常：亚二段岩性以泥岩为主，夹薄层（泥质）灰岩和（泥质）粉砂岩；陵一段岩性为（灰质）泥岩主，夹薄层（泥质）粉砂岩和（泥质）灰岩；陵三段岩性以（灰质）泥岩为主，夹薄层泥质粉砂岩和泥质灰岩；在崖城组钻遇细砂岩，单层厚度较薄，从 0.9～5.3m 不等，孔隙度介于 8.5%～21.9%，平均孔隙度 16.30%，属于良好储层，但测井解释崖二段和崖三段为水层或干层。

从 LS33 井砂岩孔隙度剖面图（图 6-15a）可以看出，该井砂岩孔隙度剖面具有分段性，三亚组以上砂岩孔隙度随埋深的增加逐渐减小，且在半对数坐标系统下随埋深增加呈线性变化，黄流组和梅山组无测井数据，可根据莺二段数据外推得到；三亚组开始出现次生孔隙溶蚀，以陵二段为界，发育上下两套次生孔隙带，溶蚀带内砂岩孔隙度随深度增加有减小的趋势。根据前面确定的有效储层评价参数，确定出 LS33 井有效储层发育在崖三段顶部及以上地层。

从 LS33 泥岩排替压力剖面图（图 6-15b）可以看出，该井亚二段以上地层泥岩属于正常压实段，泥岩排替压力在半对数坐标下随深度增加成线性增加；亚二段开始发育欠压实，随着深度增加泥岩排替压力快速增大。根据前面确定的有效盖层评价参数，确定出 LS33 井有效泥岩盖层发育在莺二段及以下地层。

根据有效储层和有效盖层的匹配关系确定出 LS33 井发育崖三段顶部—莺二段单个有效储盖组合窗口（图 6-15c）。

2）YL2 井储盖组合窗口预测

YL2 井属于永乐 2-1 含气构造，该构造位于宝岛凹陷南部斜坡带，紧邻松南低凸起，其上覆海水深度约 1900m。YL2 井钻探目的层段包括黄一段中央峡谷水道砂岩、亚二段海底扇和陵三段滨海相砂岩，实际完钻层位是崖一段。钻探过程中黄一段上部钻遇厚层深海相泥岩，下部钻遇浊积水道，岩性以粉砂质泥岩和细砂岩为主；亚二段钻遇海底扇水道 / 席状砂，岩性以粉砂岩、细砂岩与泥岩不等厚互层为主；陵三段钻遇浅海泥 / 席状砂，泥岩与泥质粉砂岩不等厚互层，且向上粉砂岩含量减少。YL2 井未钻遇含气层，测井解释

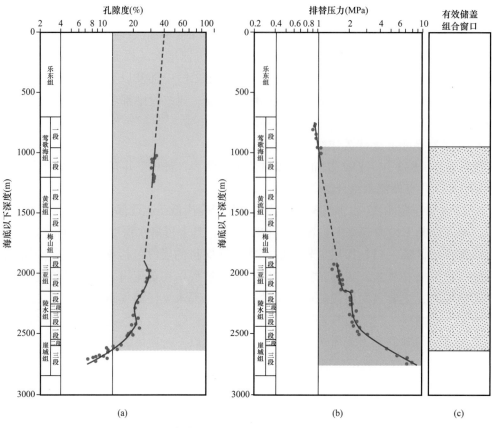

图6-15 琼东南盆地LS33井有效储盖组合窗口预测

成果为水层或干层，其中水层泥质含量低、孔隙度大于25%，含水饱和度较高，为优质储层；干层孔隙度差别较大，黄一段、亚二段和陵一段孔隙度均大于15%，为好储层，而陵二段和陵三段孔隙度相对偏低。钻后烃类检测结果证明黄一段水道砂体中有微量烃类，说明天然气曾运移到这里。YL2井共发育三套储盖组合：黄一段浊积水道砂体与上覆深海相泥岩储盖组合；亚二段海底扇水道/席状砂与黄流—莺歌海组海相泥岩储盖组合和陵三段海底扇、滨海砂岩与上覆陵水组浅海相泥岩储盖组合。

从YL2井砂岩孔隙度剖面图（图6-16a）可以看出，该井砂岩孔隙度剖面具有分段性，亚二段以上砂岩孔隙度随埋深的增加逐渐减小，且在半对数坐标系统下随埋深增加呈线性变化；亚二段开始出现次生孔隙溶蚀，发育两个次生孔隙带，溶蚀带内砂岩孔隙度随深度增加有减小的趋势。根据前面确定的有效储层评价参数，确定出YL2井有效储层发育在陵三段上部及以上地层。

从YL2泥岩排替压力剖面图（图6-16b）可以看出，该井亚二段以上地层泥岩属于正常压实段，泥岩排替压力在半对数坐标下随深度增加成线性增加；亚二段开始发育欠压实，局部泥岩排替压力减小。根据前面确定的有效盖层评价参数，确定出YL2井有效泥岩盖层发育在黄一段顶部及以下地层。

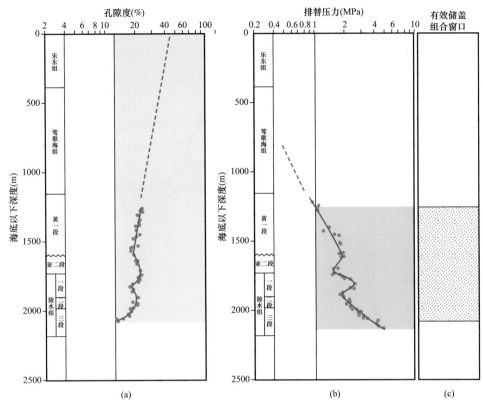

图 6-16　琼东南盆地 YL2 井有效储盖组合窗口预测

根据有效储层和有效盖层的匹配关系确定出 YL2 井发育陵三段上部—黄一段顶部单个有效储盖组合窗口（图 6-16c）。

3）YL19 井有效储盖组合窗口预测

YL19 井属于永乐 19-1 含气构造，该构造位于北礁凹陷内部缓坡带，为斜坡带反向断层控制的断背斜构造，圈闭构造主要发育在崖城组，其上覆海水深度约 1600m。YL19 井钻探目的层段包括陵三段、崖一段、崖三段滨海相砂岩和扇三角洲砂体，实际钻穿崖城组。钻探过程中莺歌海组、黄流组、梅山组、三亚组和陵水组主要钻遇厚层泥岩，崖三段钻遇细砂岩—砂砾岩，其中三亚组厚层泥岩夹薄层灰岩。亚二段钻遇两套油层，C_1—C_5 组分较全，为灰岩储层，泥质含量低，孔隙度较高，但单层厚度较薄，且含水饱和度较高，崖三段录井发现天然气。

从 YL19 井砂岩孔隙度剖面图（图 6-17a）可以看出，由于陵水组以上地层砂岩不发育，无法确定浅部孔隙度随变化趋势线，砂岩孔隙度剖面从陵三段开始，随着深度增加孔隙度快速减小。根据前面确定的有效储层评价参数，确定出 YL19 井有效储层发育在崖二段中上部及以上地层。

从 YL19 井泥岩排替压力剖面图（图 6-17b）可以看出，该井崖一段以上地层泥岩属于正常压实段，泥岩排替压力在半对数坐标下随深度增加成线性增加；崖一段开始发育欠压实，泥岩排替压力随深度增加快速增大。根据前面确定的有效盖层评价参数，确定出 YL19 井有效泥岩盖层发育在亚二段底部及以下地层。

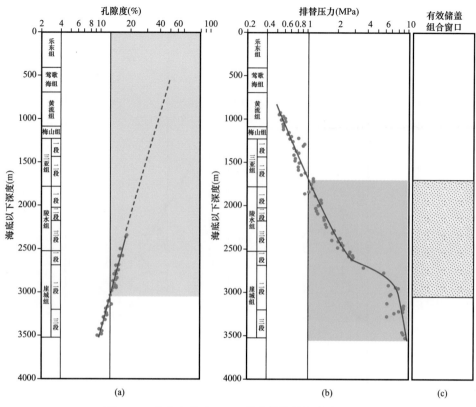

图 6-17　琼东南盆地 YL19 井有效储盖组合窗口预测

根据有效储层和有效盖层的匹配关系确定出 YL19 井发育崖二段中上部—亚二段底部单个有效储盖组合窗口（图 6-17c）。

3. 中央峡谷单井有效储盖组合窗口预测

琼东南盆地中央峡谷位于深水区中央坳陷，为一大型轴向深海峡谷系统，整体呈 NE 向 "S" 形展布，西起莺歌海盆地，经乐东—陵水凹陷、松南低凸起、宝岛—长昌凹陷，向东进入西沙海槽，绵延 425km，最大宽度 48.5km，面积 $50 \times 103km^2$。总体上看，中央峡谷平面位置在东部表现为与盆地现今最大水深相对一致，在西部两者略有偏移，即中央水道偏向浅水区。

中央峡谷平面上具有很好的分段性[35, 36]，可分为近 NE 向乐东—陵水—松南段、近 EW 向宝岛段和 NE 向长昌段，以此表现为三段式，即峡谷西段、转换段和峡谷东段，且西段宽度明显大于东段。东段发育主控因素为构造作用，西段乐东—陵水段为重力流沉积作用[36]。垂向上，中央峡谷显示很好的期次性，峡谷具 3 个底界面，自下而上依次为：黄流组Ⅲ–h1 层序底界面 S40、莺歌海组Ⅲ–ygh2c 层序底界面 S30 以及莺歌海组Ⅲ–ygh2b 层序底界面 S29，这些界面均不同程度侵蚀下部地层，其中以 S40 下切能力最强，S29 下切能力最弱。中央峡谷不同地段底界面不同，其中，西段和转换段峡谷底界面为 S30，东段底界面为 S40。剖面形态主要存在 "V" "W" "U" 和复合型共 4 种类型[36]。

目前，在深水区中央峡谷内已发现的陵水 22-1 气藏以及陵水 17-2 和陵水 25-1 大中型气田都位于中央峡谷西段，即乐东—陵水段，水深超过 1300m，为大型岩性油气藏群，是深水勘探的重要目标。本研究选取陵水22-1气藏的LS22井和陵水17-2大气田的LS17-A井开展有效储盖组合窗口预测。

1）LS22井有效储盖组合窗口预测

LS22井属于陵水22-1气藏，该气田距离海南省三亚市144km，上覆海水深度约1350m，是在中央峡谷内发现的第一个气藏。LS22井钻探目的层位黄流组中央峡谷水道，实际钻至梅一段地层。钻探过程中在黄流组一段海底峡谷中钻遇上下两套砂体（Ⅰ层组和Ⅱ层组），为浊积水道沉积，其中在上部砂体发现连续气层，显示73m连续气测异常，测井解释气层厚度58.4m，含气饱和度75.1%。总体上，浊积水道孔隙度高、泥质含量低，物性好，为优质储层：Ⅰ层组孔隙度平均值27.5%，泥质含量平均值7.8%；Ⅱ层组孔隙度平均值30.2%，泥质含量平均值为61.9%。黄流组浊积水道砂上覆发育莺歌海组半深海—深海相泥岩为天然气提供了极好的保存条件。

从LS22井砂岩孔隙度剖面图（图6-18a）可以看出，该井砂岩孔隙度剖面具有分段性，莺二段底部以上地层砂岩孔隙度随埋深的增加逐渐减小，且在半对数坐标系统下随埋深增加呈线性变化；莺二段底部开始出现次生孔隙溶蚀，发育一个次生孔隙带。LS22井钻探层位较浅，砂岩孔隙度整体较大，根据前面确定的有效储层评价参数，推测出该井有效储层发育在梅一段及以上地层。

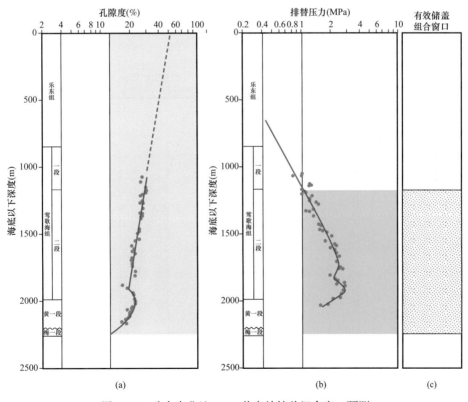

图6-18　琼东南盆地LS22井有效储盖组合窗口预测

从LS22井泥岩排替压力剖面图（图6-18b）可以看出，该井莺二段下部以上地层泥岩属于正常压实段，泥岩排替压力在半对数坐标下随深度增加成线性增加；莺二段下部开始发育欠压实，泥岩排替压力局部减小。根据前面确定的有效盖层评价参数，确定出该井有效泥岩盖层发育在莺一段底部及以下地层。

根据有效储层和有效盖层的匹配关系确定出 LS22 井发育梅一段—莺一段底部单个有效储盖组合窗口（图 6-18c）。

2）LS17-A 井有效储盖组合窗口预测

LS17-A 井属于陵水 17-2 大气田，该气田上覆海水深度约 1500m，是在中央峡谷内的又一大发现，也是南海深水区第一个自营大气田。LS17-A 井钻探目的层位黄流组中央峡谷水道，实际钻穿黄流组。钻探过程中钻遇 YGH_Ⅱ、HL_Ⅰ、HL_Ⅱ、HL_Ⅲ 和 HL_Ⅳ 5 个浊积砂体，岩性以细—极细石英砂岩为主，部分粉砂质极细粒，组分成熟度中等偏高，碎屑分选中等，次棱角状—次圆状，普遍为点接触，泥质杂基比较常见。黄流组砂岩成岩作用较弱，处于早成岩 B 期，物性整体较好，已钻砂体均为（中）高孔—（中）高渗及以上储层。以主力气组 HL_Ⅰ 为例，其中主力气组 HL_Ⅰ 海底以下埋深在 2100～1700m 之间，厚度在 50～100m 之间，该气组砂岩孔隙度分布在 26%～35% 之间，平均为 27%，渗透率分布在 4～2048mD 之间，渗透率 100mD 以上占了绝大部分。黄流组浊积水道砂上覆发育莺歌海组半深海—深海相泥岩为天然气提供了极好的保存条件。

从 LS17-A 井砂岩孔隙度剖面图（图 6-19a）可以看出，该井砂岩孔隙度剖面具有分段性：莺二段底部以上地层砂岩孔隙度随埋深的增加逐渐减小，且在半对数坐标系下随埋深增加呈线性变化；莺二段底部开始出现次生溶蚀孔隙，发育一个次生孔隙带。LS17-A 井钻探层位较浅，砂岩孔隙度整体较大。根据前面确定的有效储层评价参数，推测出 LS17-A 井有效储层发育在梅山组及以上地层。

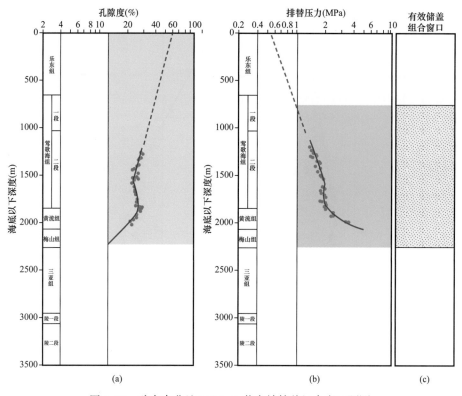

图 6-19　琼东南盆地 LS17-A 井有效储盖组合窗口预测

从 LS17-A 井泥岩排替压力剖面图（图 6-19b）可以看出，该井莺二段下部以上地层泥岩属于正常压实段，泥岩排替压力在半对数坐标下随深度增加成线性增加，由于浅部缺少测井数据，根据泥岩排替压力随深度变化趋势线外推得到；莺二段下部开始发育欠压实，泥岩排替压力出现局部减小的现象。根据前面确定的有效盖层评价参数，确定出 LS17-A 井有效泥岩盖层发育在莺一段顶部及以下地层。

根据有效储层和有效盖层的匹配关系确定出 LS17-A 井发育梅山组—莺一段顶部单个有效储盖组合窗口（图 6-19c）。

通过单井储盖组合定量分析，发现琼东南深水区有效储盖组合具有单一窗口特征，不同区带窗口大小有明显差异，但都包含多套储盖组合，有效储盖组合窗口的顶界面受控于单井有效泥岩盖层发育的深度上限，底界面受控于单井有效储层发育的深度下限。

第二节　储盖组合分布地震预测方法

在前文中已指出，新提出的单井储盖组合预测虽然达到了定量预测的水平，但是该方法需要应用井孔资料开展预测工作，故只能适用于有钻井的勘探地区，对于无井地区或钻井稀少的低勘探程度地区则不适用。利用地震资料预测储层已经比较普遍，依据地震资料预测盖层分布也有尝试，但尚未见到利用地震资料预测油气储盖组合发育情况的报道。然而对于勘探程度较低的稀井或无井区，地震数据是开展油气地质勘探工作的基本依据，因此需要探索利用地震资料开展储盖组合分析的新方法。

本研究借鉴井孔储盖组合预测方法，提出了基于地震速度反演资料的储盖组合定量预测的新方法，并将该方法应用于琼东南盆地深水区，开展有效储盖组合分布的地震预测。

一、储盖组合地震预测方法

（一）储盖组合地震预测流程

首先，根据录井、试油或试气资料确定有效储层物性下限，根据已发现气藏泥岩盖层排替压力下限，并结合文献调研综合确定有效泥岩盖层排替压力下限；其次，根据地震有色反演和地震低频反演，合成地震绝对阻抗速度剖面，进一步将其转化成高质量的地震绝对速度剖面；然后，在地震绝对速度剖面合成的基础上，分别识别出单地震道（类似于井）砂岩绝对速度和泥岩绝对速度，进一步转化成单地震道砂岩孔隙度剖面和泥岩排替压力剖面，结合有效储层和有效盖层评价参数，可以开展单地震道有效储层和有效盖层窗口预测，进而将所有地震道重新组合起来建立二维有效储层和有效盖层窗口预测剖面；最后，将二维有效储层窗口和有效盖层窗口叠合开展二维有效储盖组合窗口预测（图 6-20）。

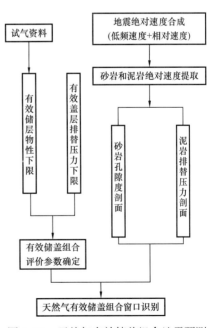

图 6-20　天然气有效储盖组合地震预测方法流程图

（二）地震绝对速度剖面反演

合成高质量的绝对速度是有效储盖组合地震预测的关键。郭志峰等[37]认为地震绝对速度包含低频速度分量和中频速度分量，其中中频速度分量为相对速度。笔者利用地震速度谱资料，在地质层位的约束下开展低频反演，得到低频阻抗剖面；利用有色反演方法从地震资料中提取相对阻抗，即中频阻抗，然后将低频阻抗分量和中频阻抗分量叠加即可合成地震绝对阻抗。最后根据在研究区拟合的阻抗—速度关系式，将地震绝对阻抗剖面转化成地震绝对速度剖面（图6-21）：

$$v_p=2.62*Z^{0.8} \qquad (6-5)$$

式中，v_p 为速度，m/s；Z 为阻抗，Ω。利用该方法获得的井旁道地震绝对速度与测井声波时差速度的相对误差基本控制在 9% 之内[37]，说明该方法计算出的绝对速度剖面精度较高，具有很强的可信度。

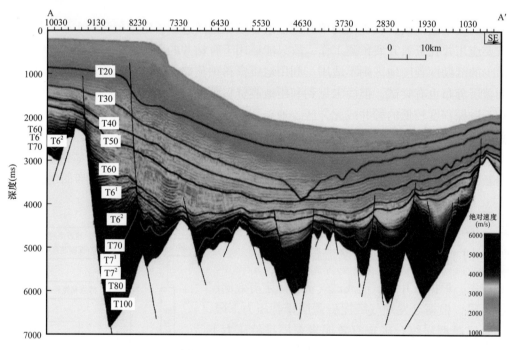

图6-21　琼东南盆地陵水凹陷某地震绝对速度剖面

（三）有效储盖组合窗口地震预测

有效储层和有效盖层相互匹配才能形成有效储盖组合。前面合成的绝对速度剖面既包含了砂岩绝对速度也包含了泥岩绝对速度，从上到下绝对速度随着深度的增加有增大的趋势，抽取的单道地震速度曲线可以与测井声波速度曲线类比，砂岩绝对速度对应着地震绝对速度曲线的相对高值，泥岩绝对速度对应着地震绝对速度曲线的相对低值（图6-22）。因此，本研究效仿单井砂岩和泥岩测井声波速度的提取方法，在抽取单道绝对速度数据的基础上，分地震道挑选砂岩绝对速度（对应绝对速度曲线的相对高值）和泥岩绝对速度（对应绝对速度曲线的相对低值），进而得到单道砂岩孔隙度剖面和泥岩排替压力剖面。然后利用已经确定的有效储层及有效泥岩盖层评价参数分别确定出每个地震道的有效储层窗口和有效泥岩盖层窗口，两者重叠的深度段即为有效储盖组合发育窗口。基于该思想，将所抽取地震道（等间隔抽取）的砂岩孔隙度剖面和泥岩排替压力剖面分别组合起来，可以形成该条测线所对应的二维砂岩孔隙度剖面和二维泥岩排替压力剖面，结合评价参数，可以确定出二维有效储层发育窗口（图6-23a）和二维有效泥岩盖层发育窗口（图6-23b）。借用单井有效储盖组合窗口预测的理念，可以开展二维有效储盖组合预测，有效储层窗口和有效盖层窗口相互重叠的深度段即是有效储盖组合发育窗口（图6-24），窗口顶界面受控于有效泥岩盖层发育的深度上限，窗口底界面受控于有效储层发育的深度下限。

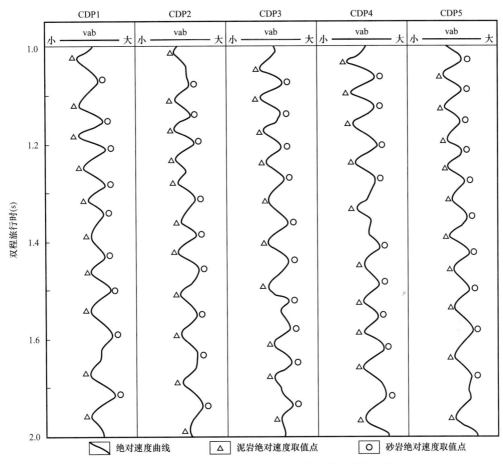

图 6-22　地震单道砂岩和泥岩绝对速度取值示意剖面图

二、有效储层窗口预测

图 6-25 至图 6-28 为深水区四条二维地震测线相对应的有效储层窗口预测图。从图中可以看出，随着埋深的增加砂岩孔隙度逐渐减小，结合前面确定的有效储层评价参数，确定出有效储层发育深度下限。由此可见，并不是所有的储层都有效，琼东南盆地现今发育单个有效储层窗口，包含多套地层。

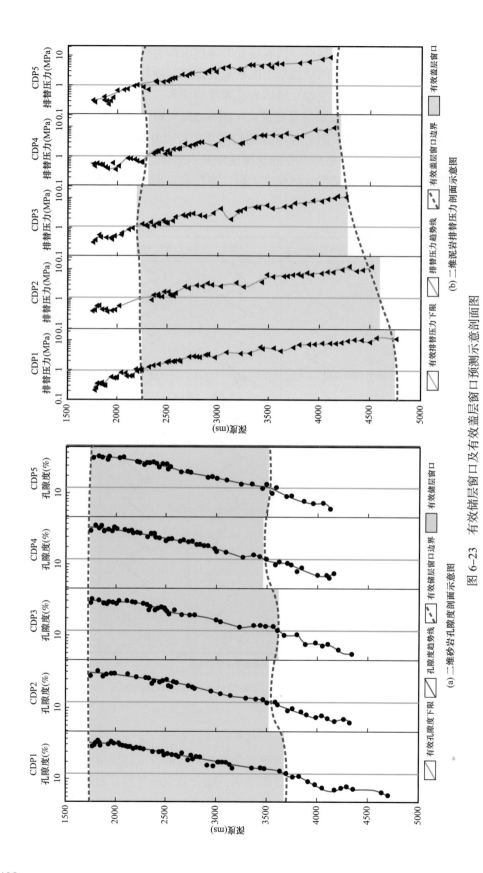

图 6-23 有效储层窗口及有效盖层窗口预测示意剖面图

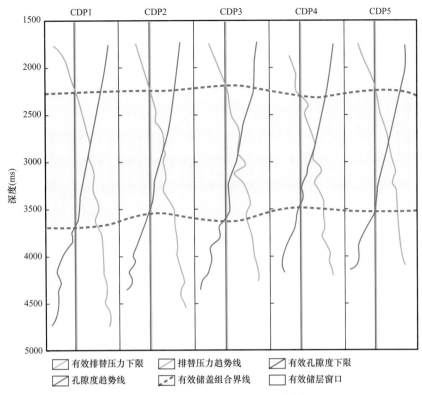

图 6-24 二维有效储盖窗口预测示意剖面图

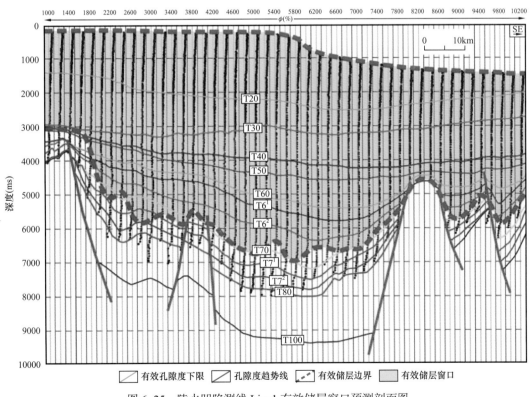

图 6-25 陵水凹陷测线 Line1 有效储层窗口预测剖面图

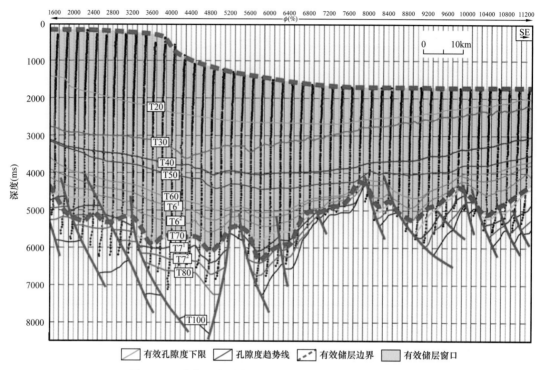

图 6-26 陵水凹陷测线 Line2 有效储层窗口预测剖面图

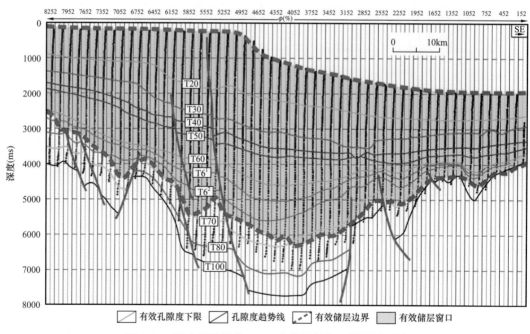

图 6-27 陵水凹陷测线 Line3 有效储层窗口预测剖面图

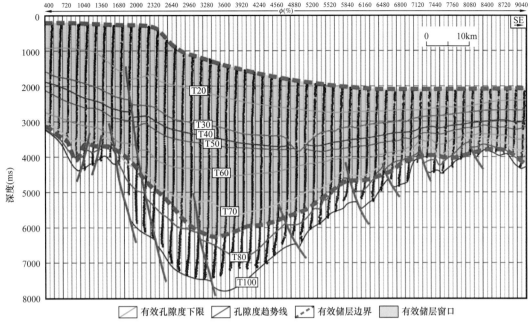

图 6-28　陵水凹陷测线 Line4 有效储层窗口预测剖面图

三、有效盖层窗口预测

图 6-29 至图 6-32 为深水区四条二维地震测线相对应的有效盖层窗口预测图。从图中可以看出，随着埋深的增加泥岩排替压力逐渐快速增大，结合前面确定的有效盖层评价参数，确定出有效盖层发育深度上限。由此可见，并不是所有盖层都有效，琼东南盆地现今发育单个有效盖层窗口，且有效泥岩盖层窗口顶界与海底界面一致性较好。

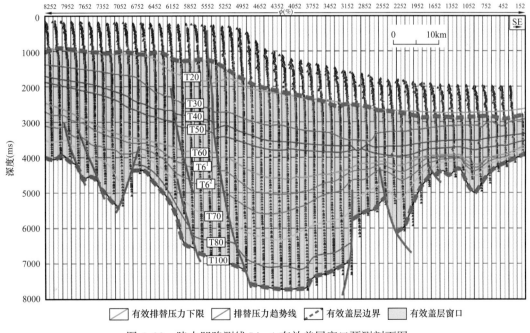

图 6-29　陵水凹陷测线 Line1 有效盖层窗口预测剖面图

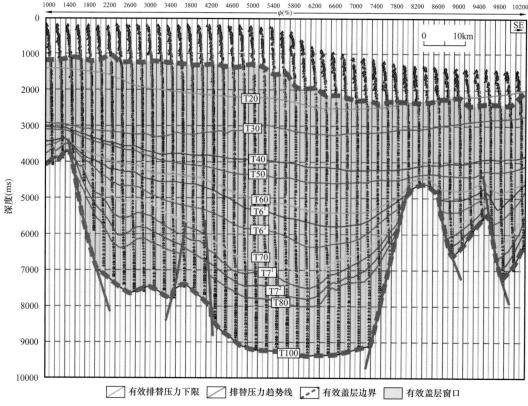

图 6-30　陵水凹陷测线 Line2 有效盖层窗口预测剖面图

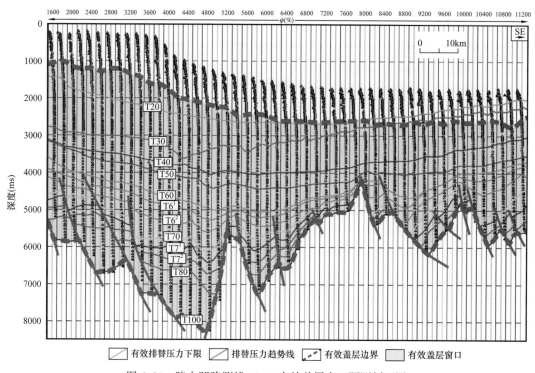

图 6-31　陵水凹陷测线 Line3 有效盖层窗口预测剖面图

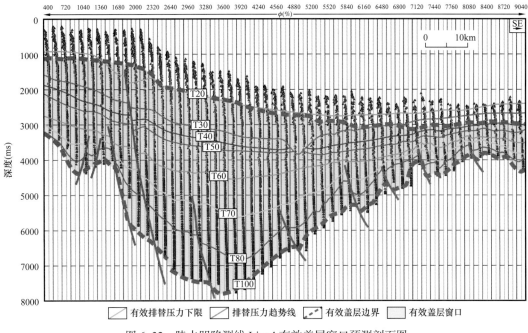

图 6-32　陵水凹陷测线 Line4 有效盖层窗口预测剖面图

图例：有效排替压力下限　排替压力趋势线　有效盖层边界　有效盖层窗口

四、有效储盖组合窗口地震预测

纵向上有效储层窗口与有效盖层窗口相互重叠的深度段即为有效储盖组合发育窗口，据此，在琼东南盆地开展二维地震有效储盖组合窗口预测应用。

（一）陵水凹陷有效储盖组合窗口地震预测

测线 Line4 南北向穿过陵水凹陷主洼，从有效储盖组合地震预测图（图 6-33）可以看出，陵水凹陷主洼发育单个有效储盖组合窗口，储盖组合窗口的顶界面受控于有效泥岩盖层窗口的上限，即受控于泥岩的封盖条件，底界面受控于有效储层窗口的下限，即受控于储层的物性条件。然而，在不同构造位置窗口的大小以及窗口所包含的地层存在一定差异：北部陡坡带、过渡带和南部缓坡带储盖组合窗口所包含的地层一致性较好，包括崖城组顶部—莺歌海组顶部；南部缓坡带以外储盖组合窗口包括始新统—黄流组底部。测线 Line4 是过陵水凹陷 LS22 井的二维地震测线，该井位于南部缓坡带中央峡谷内。单井储盖组合预测结果显示，LS22 井处发育单个有效储盖组合窗口，包含梅一段—莺一段底部，受钻井深度限制，无法对梅一段以下地层进行预测。储盖组合地震预测方法结果显示，测线 Line4 过 LS22 井处也发育单个有效储盖组合窗口，包含崖城组上部—莺歌海组顶部。用 LS22 井单井储盖组合预测结果来标定地震储盖组合预测结果，发现单井预测结果与地震预测结果的窗口顶界面一致性较好，由于 LS22 井钻遇地层较浅（钻至梅一段），单井预测方法无法预测出有效储盖组合窗口的真实底界面，而地震预测方法则不受钻井深度限制，可以预测出有效储盖组合窗口的底界面，弥补了单井预测方法的缺陷，进一步扩宽了陵水凹陷中央峡谷下方的勘探层位。

测线 Line3 南北向穿过陵水凹陷西段，从有效储盖组合地震预测图（图 6-34）可以

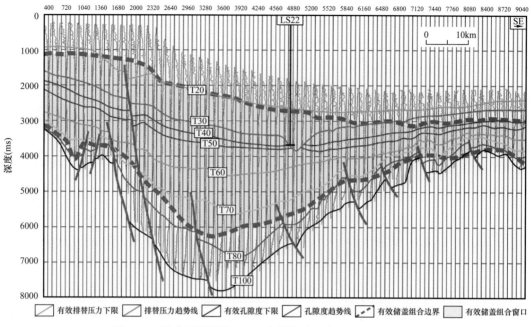

图 6-33　陵水凹陷测线 Line4 有效储盖组合窗口预测剖面图

看出，陵水凹陷西段发育单个有效储盖组合窗口：北部陡坡带以外储盖组合窗口包括陵二段上部—莺歌海组；北部陡坡带和过渡带储盖组合窗口包括陵水组—乐东组底部；南部缓坡带储盖组合窗口包括崖城组顶部—莺歌海组顶部；南部缓坡带以外（陵南低凸起）储盖组合窗口包括崖城组底部—莺歌海组下部。测线 Line3 是过 LS33 井的二维地震测线，该井位于陵南低凸起的北部，靠近陵水凹陷南部缓坡，是南海深水区第一口钻探层位最全的井。单井储盖组合预测结果显示，LS33 井处发育单个有效储盖组合窗口，包含崖三段顶部—莺二段。储盖组合地震预测方法结果显示，测线 Line3 过 LS33 井处也发育单个有效储盖组合窗口，包含崖城组底部—莺歌海组下部。用 LS33 井单井储盖组合预测结果来标定地震储盖组合预测结果，发现两种预测方法在 LS33 井处的预测结果一致性较好，说明地震预测结果可靠。

测线 Line5 南北向穿过陵水凹陷东段，从有效储盖组合地震预测图（图 6-35）可以看出，琼东南盆地陵水凹陷东段发育单个有效储盖组合窗口，然而，在不同构造位置窗口的大小及窗口所包含的层位存在一定差异：北部陡坡带储盖组合窗口包括陵二段—莺歌海组顶部；过渡带储盖组合窗口包括陵三段—莺歌海组顶部；南部缓坡带储盖组合窗口包括崖一段上部—莺歌海组顶部；南部缓坡带以外储盖组合窗口仅包括陵水组。

（二）乐东凹陷有效储盖组合窗口地震预测

测线 Line1 南北向穿过乐东凹陷主洼，从有效储盖组合地震预测图（图 6-36）可以看出，乐东凹陷主洼发育单个有效储盖组合窗口，然而，在不同构造位置窗口的大小及窗口所包含的地层存在一定差异：北部陡坡带和南部缓坡带储盖组合窗口包括陵水组—乐东组底部；陵南低凸起储盖组合窗口包括陵一段—莺歌海组，陵南低凸起以外储盖组合窗口包括陵三段上部—莺歌海组上部。

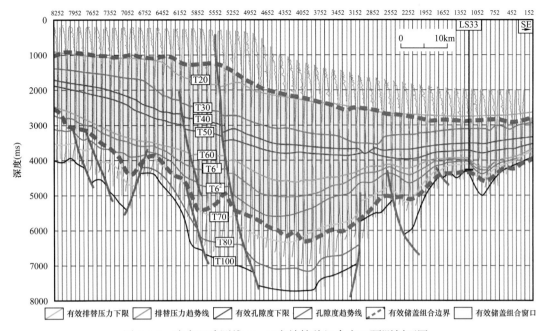

图 6-34　陵水凹陷测线 Line3 有效储盖组合窗口预测剖面图

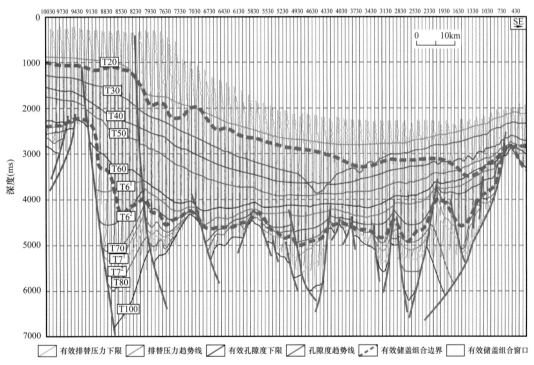

图 6-35　陵水凹陷测线 Line5 有效储盖组合窗口预测剖面图

测线 Line2 南北向穿过乐东凹陷东段，从有效储盖组合地震预测图（图 6-37）可以看出，乐东凹陷东段发育单个有效储盖组合窗口，然而，在不同构造位置窗口的大小及窗口所包含的地层存在一定差异：北部陡坡带储盖组合窗口包括崖城组上部—乐东组底部；南部缓坡带储盖组合窗口包括崖二段—莺歌海组；南部陡坡带以外储盖组合窗口包括陵三段上部—黄流组顶部。

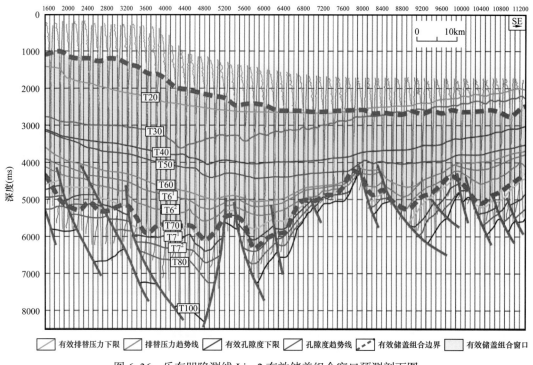

图 6-36　乐东凹陷测线 Line2 有效储盖组合窗口预测剖面图

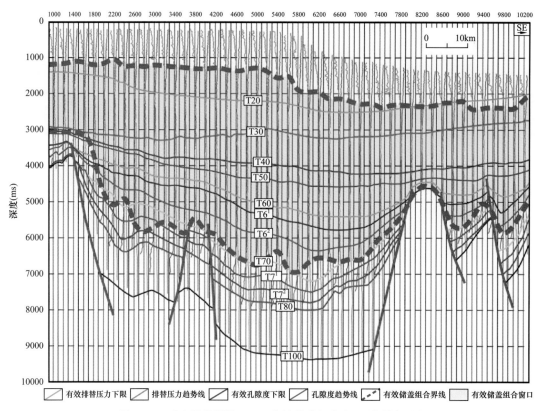

图 6-37　乐东凹陷测线 Line1 有效储盖组合窗口预测剖面图

（三）宝岛凹陷有效储盖组合窗口地震预测

测线 Line6 南北向穿过宝岛凹陷主洼，从有效储盖组合地震预测图（图 6-38）可以看出，宝岛凹陷主洼发育单个有效储盖组合窗口，然而，在不同构造位置窗口的大小及窗口所包含的层位存在一定差异：北部陡坡带储盖组合窗口包括三亚组—莺歌海组底部；过渡带储盖组合窗口包括陵一段—黄流组；南部缓坡带储盖组合窗口包括崖城组顶部—黄流组，南部缓坡带以外储盖组合窗口包括崖城组上部—陵水组。

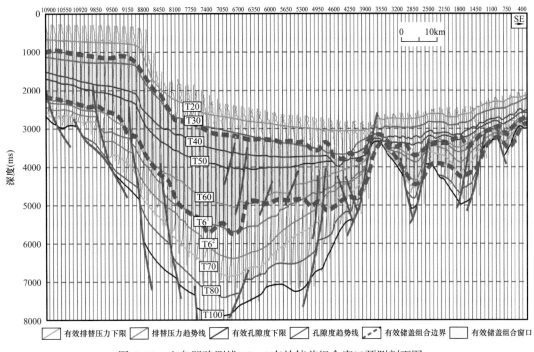

图 6-38　宝岛凹陷测线 Line6 有效储盖组合窗口预测剖面图

（四）长昌凹陷有效储盖组合窗口地震预测

测线 Line8 南北向穿过长昌凹陷东段，从储盖组合预测图（图 6-39）可以看出，琼东南盆地长昌凹陷东段发育单个有效储盖组合窗口，且窗口的顶界面一致性较好，位于三亚组中部。北部陡坡带储盖组合窗口包括陵水组—三亚组下部；过渡带储盖组合窗口包括崖一段—三亚组下部；南部陡坡带内侧储盖组合窗口包括陵二段上部—三亚组下部；南部陡坡带以外储盖组合窗口包括崖二段上部—三亚组下部。测线 Line8 是过 CC26 井的二维地震测线，单井有效储盖组合预测结果显示，CC26 井处发育单个有效储盖组合窗口，包含崖一段—亚二段下部。储盖组合地震预测方法结果显示，测线 Line8 过 CC26 井处也发育单个有效储盖组合窗口，包含崖一段—三亚组下部。用 CC26 井单井储盖组合预测结果来标定储盖组合地震预测结果，发现两种预测方法在 CC26 井处的预测结果一致性较好，说明地震预测结果可靠。

测线 Line7 南北向穿过长昌凹陷主洼，从有效储盖组合地震预测图（图 6-40）可以看出，琼东南盆地长昌凹陷主洼发育单个有效储盖组合窗口，然而，在不同构造位置窗口的大小及窗口所包含的层位存在一定差异：北部陡坡带储盖组合窗口包括陵二段顶部—三亚组；过渡带储盖组合窗口包括陵一段上部—三亚组；南部陡坡带储盖组合窗口包括陵三段顶部—三亚组顶部；南部陡坡带以外储盖组合窗口包括崖二段—三亚组底部。

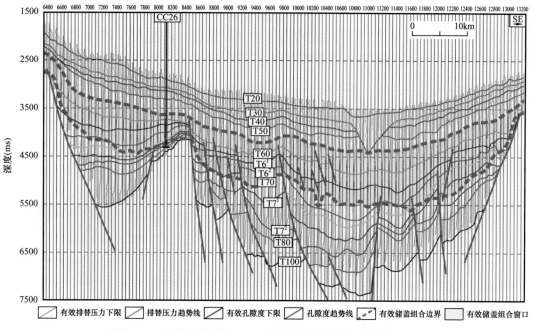

图 6-39　长昌凹陷测线 Line8 有效储盖组合窗口预测剖面图

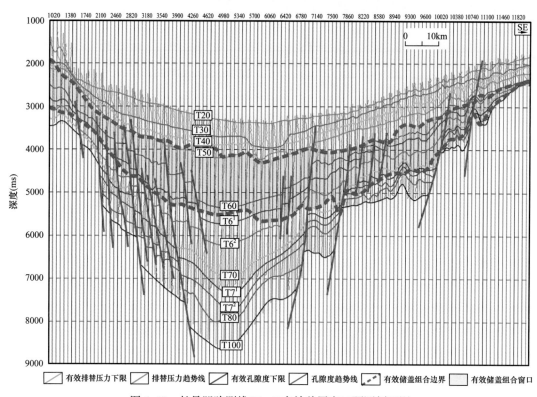

图 6-40　长昌凹陷测线 Line7 有效盖层窗口预测剖面图

用单井有效储盖组合预测结果标定地震储盖组合预测结果，二者一致性较好，说明地震预测结果可靠，因此，可以利用储盖组合地震预测方法开展研究区储盖组合分布特征研究。通过对比发现，琼东南盆地西部断陷陵水凹陷和乐东凹陷有效储盖组合窗口较东部断陷长昌凹陷和宝岛凹陷大；东部断陷有效储盖组合窗口顶界面发育地层较老，发育于黄流组顶部，甚至三亚组；西部断陷有效储盖组合窗口顶界面发育地层较新，发育于莺歌海组，甚至乐东组。西部断陷有效储盖组合窗口较大，所包含的地层较多，其有利勘探层系也较多；现今有效储盖组合预测显示，浅层黄流—莺歌海组在西部断陷包含在有效储盖组合窗口内，是有利勘探层系，而东部断陷则不是，这与央斜谷储盖组合现今勘探结果吻合。东西部断陷有效储盖组合特征差异对于油气勘探具有重要指导意义。

第三节　储盖组合分布动态预测方法

储层和盖层在地质历史过程中都是在不断演化的，现今储层和盖层特征并不能反映成藏期的储层和盖层特征。刘静静等[38]认为油气充注后，由于机械压实和胶结交代作用导致储层物性变差，现今储层特征并不能反映成藏期的储层特征，因此在成藏期储层孔隙度恢复的基础上，提出储层动态评价的新思路。付广等[39]认为泥岩盖层处于不同的演化阶段对天然气聚集和保存过程中所起的作用明显不同。吕延防等[20]认为评价盖层的封闭能力时应包括三方面的研究内容：（1）盖层现今封闭能力评价；（2）盖层封闭性演化史的恢复；（3）盖层封闭性的有效性评价。盖层自沉积以来至今，受机械压实、后期构造抬升及断层活动的影响，其对天然气的封闭能力是不断在变化的，因此恢复盖层封闭性演化史对于成藏期盖层封闭能力评价意义重大。

有效储层和有效盖层相互匹配才能形成有效的储盖组合，在地质历史过程中储层和盖层性能都是在不断变化的，那么有效储盖组合也是在变化的。现今储盖组合评价方法大都是在现今储层物性特征和现今盖层封盖条件的基础上进行的，并不能反映地质历史过程中油气充注时期的储盖组合特征，因此，开展储盖组合动态评价可以为油气分布规律研究提供更可靠的依据。本节结合琼东南盆地深水区油气成藏特征和新近系构造演化特征，提出天然气储盖组合动态评价新方法，然后在前文有效储盖组合窗口预测的基础上，恢复主成藏期有效储盖组合窗口，进行储盖组合动态评价。

一、成藏期有效储盖组合恢复方法

成藏期有效储盖组合恢复的首要任务就是确定油气藏形成的时期。油气成藏期次研究对于弄清盆地油气成藏机理和成藏规律研究十分重要，中国含油气盆地石油地质条件比国外有些含油气盆地复杂得多，其含油气系统具有多源多灶、混源供烃、多期成藏的特征[40]，因此搞清盆地的主成藏期是研究油气成藏过程的关键因素，也是研究油气储盖组合形成演化过程的重要环节。

琼东南盆地现已发现陵水 22-1 气藏以及崖城 13-1、陵水 17-2 和陵水 25-1 三个大中型气田，另外还发现十几个含油气构造。许多学者对它们的油气成藏期进行了研究[41-46]。本研究通过对前人有关油气成藏期次的研究成果总结（图 6-41），得出现已发现油气成藏期均分布在新近纪—第四纪，时间跨度从 20Ma 到现今，整体上主要分布在晚中新世—第四纪（10.5Ma之后），绝大部分构造的油气成藏期分布在上新世—第四纪（5.5Ma之后）。较为特殊的是宝岛19-2陵水组气藏，成藏期为早—中中新世，明显早于盆地内部其他构造。不同构造带之间油气成藏时间也存在一定差异：北部坳陷及北部隆起油气成藏期总体上早于中央坳陷（除宝岛19-2气藏外），前者内部油气在黄流组、莺歌海组和乐东组沉积时期均有充注，主要集中在5.5Ma之后；而中央坳陷崖城35-1、陵水13-1、陵水15-1、陵水4-2、陵水22-1和松涛36-1构造油气充注时间主要分布在3Ma之后，明显晚于北部油气成藏期。宝岛19-2气藏位于松涛凸起东北部倾末端，该处2号和2-1号深大断裂长期活动，同时宝岛凹陷自陵二段沉积以来持续生烃，为油气的运聚成藏提供了通道和烃源岩条件。

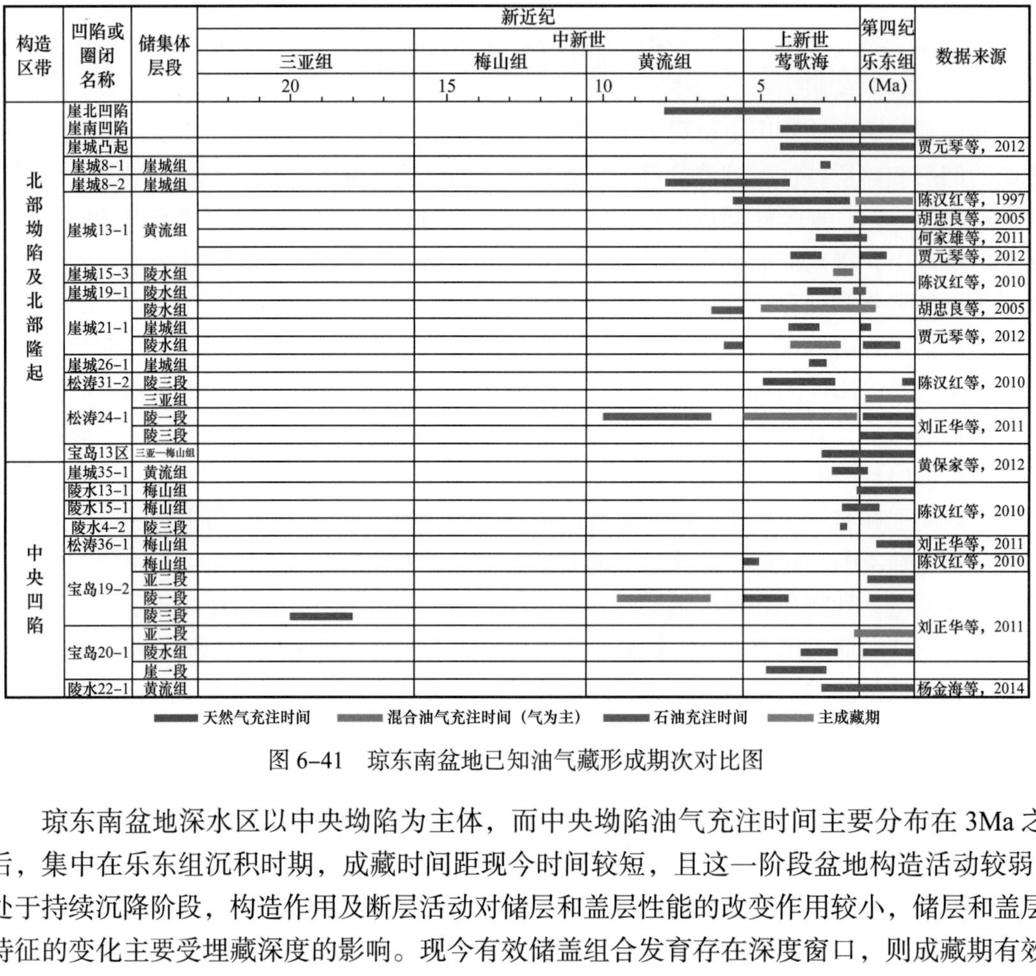

构造区带	凹陷或圈闭名称	储集体层段	新近纪				第四纪	数据来源
					中新世		上新世	
			三亚组	梅山组	黄流组	莺歌海	乐东组	
			20	15	10	5	(Ma)	
北部坳陷及北部隆起	崖北凹陷							
	崖南凹陷							
	崖城凸起							贾元琴等，2012
	崖城8-1	崖城组						
	崖城8-2	崖城组						
	崖城13-1	黄流组						陈汉红等，1997；胡忠良等，2005；何家雄等，2011；贾元琴等，2012
	崖城15-3	陵水组						陈汉红等，2010
	崖城19-1	陵水组						
	崖城21-1	崖城组／陵水组						胡忠良等，2005；贾元琴等，2012
	崖城26-1	崖城组						
	松涛31-2	陵三段						陈汉红等，2010
	松涛24-1	三亚组／陵一段／陵二段						刘正华等，2011
	宝岛13区	三亚-梅山组						
中央凹陷	崖城35-1	黄流组						黄保家等，2012
	陵水13-1	梅山组						
	陵水15-1	梅山组						陈汉红等，2010
	陵水4-2	陵三段						
	松涛36-1	梅山组						刘正华等，2011
	宝岛19-2	梅山组／亚二段／陵一段／亚二段／陵三段						陈汉红等，2010；刘正华等，2011
	宝岛20-1	陵水组／崖组						
	陵水22-1	黄流组						杨金海等，2014

▬▬ 天然气充注时间　　▬▬ 混合油气充注时间（气为主）　　▬▬ 石油充注时间　　▬▬ 主成藏期

图6-41　琼东南盆地已知油气藏形成期次对比图

琼东南盆地深水区以中央坳陷为主体，而中央坳陷油气充注时间主要分布在3Ma之后，集中在乐东组沉积时期，成藏时间距现今时间较短，且这一阶段盆地构造活动较弱，处于持续沉降阶段，构造作用及断层活动对储层和盖层性能的改变作用较小，储层和盖层特征的变化主要受埋藏深度的影响。现今有效储盖组合发育存在深度窗口，则成藏期有效储盖组合发育也存在深度窗口，且琼东南盆地深水区有效储盖组合窗口与深度有关。在地质历史过程中，地层是不断沉积的，也就是说现今发育在有效储盖组合窗口内的地层成藏期不一定发育在有效储盖组合窗口内，而现今不发育在有效储盖组合窗口内的地层成藏期可能发育在有效储盖组合窗口内。根据"将今论古"原理，在成藏期地层古埋深恢复的基础上就可以预测成藏期有效储盖组合窗口所对应的地层。要得到成藏期有效储盖组合窗口内发育的地层，成藏期地层古埋深恢复是关键。利用地层回剥法来恢复成藏期地层古埋深，天然气充注后，盆地又沉积了第四系乐东组，因此将乐东组剥去，去压实后就可得到成藏期地层埋深。然后，结合有效储盖组合窗口发育深度段，即可得到成藏期有效储盖组合发育层段。利用该方法分别将单井储盖组合预测结果和储盖组合地震预测结果恢复至成藏期，开展储盖组合动态评价。

二、成藏期单井有效储盖组合恢复

单井有效储盖组合恢复过程中，确定成藏期到现今沉积的地层厚度是关键。天然气充注之后，盆地又沉积了第四系乐东组，因此将乐东组剥去，去压实后就可得到成藏期的地层埋深。下面分区带（陡坡带、缓坡带和中央峡谷）开展单井有效储盖组合恢复。

（一）陡坡带有效储盖组合恢复

针对第 2 节陡坡带单井有效储盖组合预测的三口井（BD19 井、LS4 井、CC26 井）开展成藏期有效储盖组合恢复。

1. BD19 井成藏期有效储盖组合窗口恢复

天然气充注后，BD19 井又沉积了 540m 厚的乐东组，将乐东组剥去，再经过去压实，得到 BD19 井成藏期地层埋深。BD19 井现今发育单个有效储盖组合窗口，包含陵三段中上部—黄一段顶部（图 6-42a），恢复至成藏期，BD19 井有效储盖组合窗口包含陵崖城组顶部—亚一段（图 6-42b）。BD19 井在梅山组钻遇的差气层及陵三段钻遇气层和差气层，既分布在成藏期有效储盖组合窗口内，又分布在现今有效储盖组合窗口内。

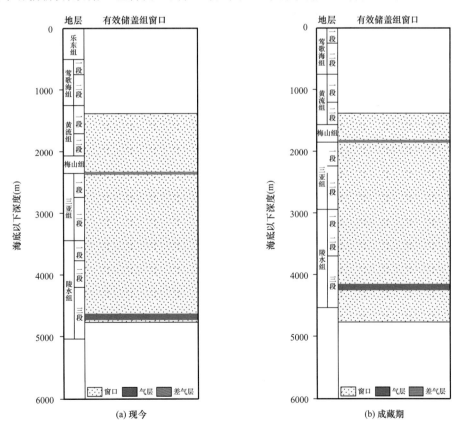

图 6-42　琼东南盆地 BD19 井现今与成藏期有效储盖组合窗口对比

2. LS4 井成藏期有效储盖组合窗口恢复

天然气充注后，LS4 井又沉积了 1569m 厚的乐东组，将乐东组剥去，再经过去压实，得到 LS4 井成藏期地层埋深。LS4 井现今发育单个有效储盖组合窗口，包含陵二段—乐东组底部（图 6-43a），恢复至成藏期，LS4 井有效储盖组合窗口包含陵水组—梅山组下部（图 6-43b）。LS4 井在陵二段钻遇含气水层，既分布在成藏期有效储盖组合窗口内，又分布在现今有效储盖组合窗口内。

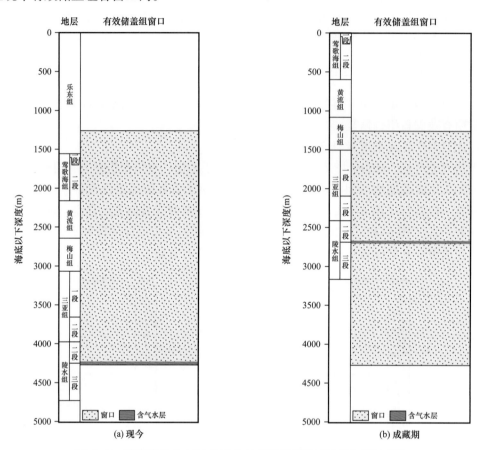

图 6-43　琼东南盆地 LS4 井现今与成藏期有效储盖组合窗口对比

3. CC26 井成藏期有效储盖组合窗口恢复

天然气充注后，CC26 井又沉积了 155m 厚的乐东组，将乐东组剥去，再经过去压实，得到 CC26 井成藏期地层埋深。CC26 井现今发育单个有效储盖组合窗口，包含崖一段—亚二段中部（图 6-44a），恢复至成藏期，CC26 井有效储盖组合窗口包含崖二段—亚二段底部（图 6-44b）。CC26 井在陵二段钻遇含气水层，既分布在成藏期有效储盖组合窗口内，又分布在现今有效储盖组合窗口内。

（二）缓坡带有效储盖组合恢复

针对第 2 节缓坡带单井有效储盖组合预测的三口井（LS33 井、YL2 井和 YL19 井）开展成藏期有效储盖组合恢复。

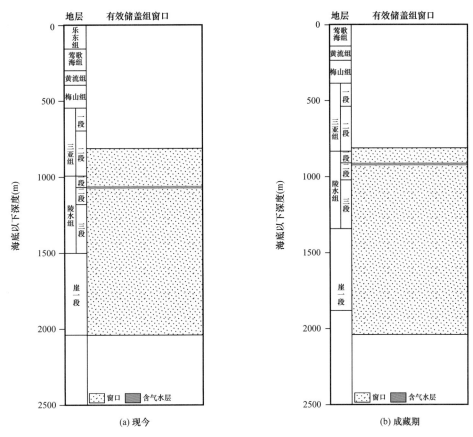

图 6-44　琼东南盆地 CC26 井现今与成藏期有效储盖组合窗口对比

1. LS33 井成藏期有效储盖组合窗口恢复

天然气充注后，LS33 井又沉积了 752m 厚的乐东组，将乐东组剥去，再经过去压实，得到 LS33 井成藏期地层埋深。LS33 井现今发育单个有效储盖组合窗口，包含崖三段顶部—莺二段（图 6-45a），恢复至成藏期，LS33 井有效储盖组合窗口包含崖城组—梅山组（图 6-45b）。LS33 井整个钻探过程中未见油气显示，崖城组钻遇细砂岩，单层厚度较薄，孔隙度较好，属于良好储层，发育良好储盖组合。但是，陵南低凸起泥岩 TOC 含量低，且处于低成熟阶段，而陵南低凸起与乐东—陵水凹陷之间发育的若干反向断层又阻止了深洼生成的油气向低凸起运移，导致 LS33 井钻探失败。

2. YL2 井成藏期有效储盖组合窗口恢复

天然气充注后，YL2 井又沉积了 398.5m 厚的乐东组，将乐东组剥去，再经过去压实，得到 YL2 井成藏期地层埋深。YL2 井现今发育单个有效储盖组合窗口，包含陵三段上部—黄一段顶部（图 6-46a），恢复至成藏期，YL2 井有效储盖组合窗口包含陵水组—亚二段下部（图 6-46b）。钻后烃类检测结果显示 YL2 井在黄一段水道砂体中有微量烃类。成藏期黄一段水道砂体不分布在有效储盖组合窗口内，现今分布在有效储盖组合窗口内，有效储盖组合形成在第三次生排烃高峰期的晚期（乐东组沉积期—现今），可能成藏期天然气曾运移到这里，由于泥岩盖层的封堵条件不好，导致天然气又散失掉，仅保留微量烃类。

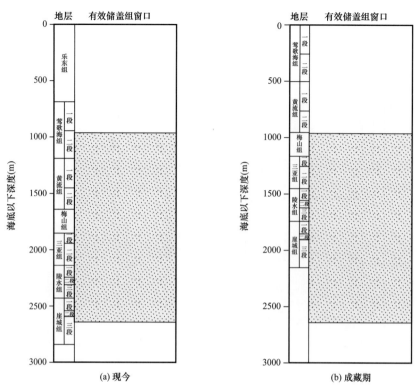

图 6-45　琼东南盆地 LS33 井现今与成藏期有效储盖组合窗口对比

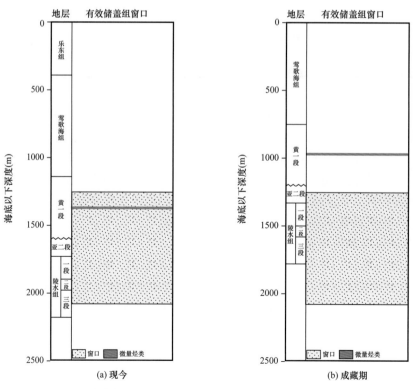

图 6-46　琼东南盆地 YL2 井现今与成藏期有效储盖组合窗口对比

3. YL19 井成藏期有效储盖组合窗口恢复

天然气充注后，YL19 井又沉积了 433.60m 厚的乐东组，将乐东组剥去，再去压实，得到 YL19 井成藏期地层埋深。YL19 井现今发育单个有效储盖组合窗口，包含崖二段中上部—亚二段底部（图 6-47a），恢复至成藏期，YL19 井有效储盖组合窗口包含崖三段底部—陵二段下部（图 6-47b）。YL19 井在崖三段录井发现天然气，成藏期分布在有效储盖组合窗口内，现今不在有效储盖组合窗口内。

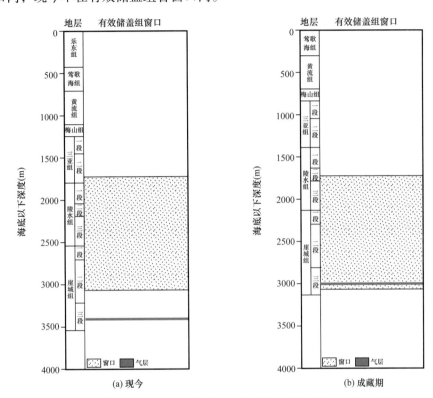

图 6-47　琼东南盆地 YL19 井现今与成藏期有效储盖组合窗口对比

（三）中央峡谷有效储盖组合恢复

针对第二节中央峡谷单井储盖组合预测的两口井（LS22 井和 LS17-A 井）开展成藏期有效储盖组合恢复。

1. LS22 井成藏期有效储盖组合窗口恢复

天然气充注后，LS22 井又沉积了 863m 厚的乐东组，将乐东组剥去，再经过去压实，得到 LS22 井成藏期地层埋深。LS22 井现今发育单个有效储盖组合窗口，包含梅一段—莺一段底部（图 6-48a），成藏期 LS22 井有效储盖组合窗口包含梅一段—黄一段顶部（图 6-48b）。LS22 井在黄一段海底峡谷砂体中发现的连续气层，既分布在成藏期有效储盖组合窗口内，又分布在现今有效储盖组合窗口内。

2. LS17-A 井成藏期有效储盖组合窗口恢复

天然气充注后，LS17-A 井又沉积了 650m 厚的乐东组，将乐东组剥去，再经过去压实，得到 LS17-A 井成藏期地层埋深。LS17-A 井现今发育单个有效储盖组合窗口，包含梅山组—莺一段顶部（图 6-49a），恢复至成藏期，LS17-A 井有效储盖组合窗口包含三亚

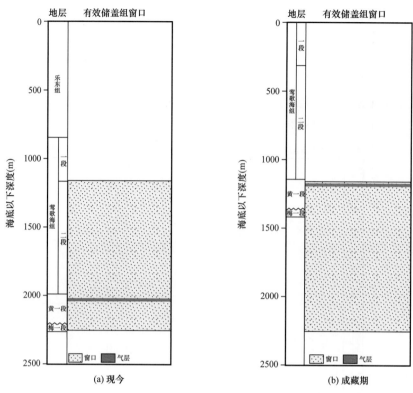

图 6-48　琼东南盆地 LS22 井现今与成藏期有效储盖组合窗口对比

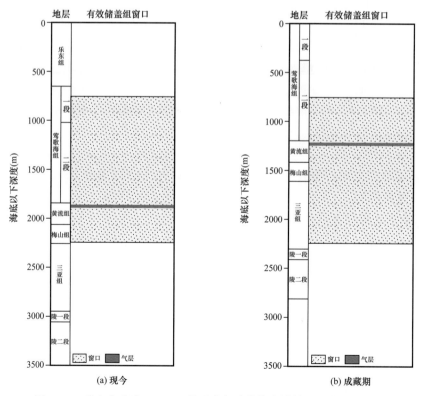

图 6-49　琼东南盆地 LS17-A 井现今与成藏期有效储盖组合窗口对比

组底部—莺二段下部（图 6-49b）。LS17-A 井在黄一段海底峡谷砂体中发现较大厚度的气层，既分布在成藏期有效储盖组合窗口内，又分布在现今有效储盖组合窗口内。

三、成藏期地震有效储盖组合分布窗口预测

在地震预测的储盖组合窗口动态恢复过程中，恢复成藏期二维地层古埋深是关键。油气充注之后，盆地又沉积了第四系乐东组，因此利用平衡剖面技术将乐东组剥去（T20 界面以上地层），再经过去压实和层拉平，得到莺歌海组沉积末期的平衡剖面，然后再加上水深，即可得到成藏期二维地层剖面，在该剖面上可以进行成藏期的地震有效储盖组合窗口发育特征恢复。

（一）陵水凹陷成藏期有效储盖组合恢复

测线 Line4 南北向穿过陵水凹陷主注，现今发育单个有效储盖组合窗口：北部陡坡带、过渡带和南部缓坡带储盖组合窗口所包含的地层一致性较好，包括崖城组顶部—莺歌海组顶部；南部缓坡带以外储盖组合窗口包括始新统—黄流组底部（图 6-50a）。利用平衡剖面技术恢复成藏期地层古埋深，成藏期北部陡坡带有效储盖组合窗口包括始新统—莺歌海组底部；成藏期过渡带有效储盖组合窗口包括始新统上部—莺歌海组底部；成藏期南部缓坡带有效储盖组合窗口包括始新统—黄流组；成藏期南部缓坡带以外有效储盖组合窗口包括始新统—崖城组（图 6-50b）。储盖组合地震预测结果显示，测线 Line4 过 LS22 井处现今有效储盖组合窗口包含崖城组上部—莺歌海组顶部，成藏期有效储盖组合窗口包含始新统—黄流组顶部。单井储盖组合预测结果显示，LS22 井现今有效储盖组合窗口包含梅一段—莺一段底部，成藏期有效储盖组合窗口包含梅一段—黄一段顶部。用单井储盖组合预测结果来标定储盖组合地震预测结果，不管是现今还是成藏期，两种预测结果在 LS22 井处窗口顶界面一致性都较好，受钻井深度限制，单井预测方法得出的有效储盖组合窗口底界面由推测而来，而地震预测方法则不受钻井深度限制，可以预测出有效储盖组合窗口的底界面，弥补了单井预测方法的缺陷。

测线 Line3 南北向穿过陵水凹陷西段，现今发育单个有效储盖组合窗口：北部陡坡带以外储盖组合窗口包括陵二段上部—莺歌海组；北部陡坡带和过渡带储盖组合窗口包括陵水组—乐东组底部；南部缓坡带储盖组合窗口包括崖城组顶部—莺歌海组顶部；南部缓坡带以外（陵南低凸起）储盖组合窗口包括崖城组底部—莺歌海组下部（图 6-51a）。利用平衡剖面技术恢复成藏期地层古埋深，成藏期北部陡坡带以外储盖组合窗口包括崖城组上部—黄流组下部；成藏期北部陡坡带储盖组合窗口包括始新统—莺歌海组下部；成藏期过渡带储盖组合窗口包括崖城组上部—莺歌海组底部；成藏期南部缓坡带储盖组合窗口包括崖城组—莺歌海组底部；成藏期南部缓坡带以外（陵南低凸起）储盖组合窗口包括崖城组—梅山组（图 6-51b）。储盖组合地震预测结果显示，测线 Line3 过 LS33 井处现今有效储盖组合窗口包含崖城组底部—莺歌海组下部，成藏期有效储盖组合窗口包含崖城组—梅山组。单井储盖组合预测结果显示，LS33 井现今有效储盖组合窗口包含崖三段顶部—莺二段，成藏期有效储盖组合窗口包含崖城组—梅山组。用单井储盖组合预测结果来标定储

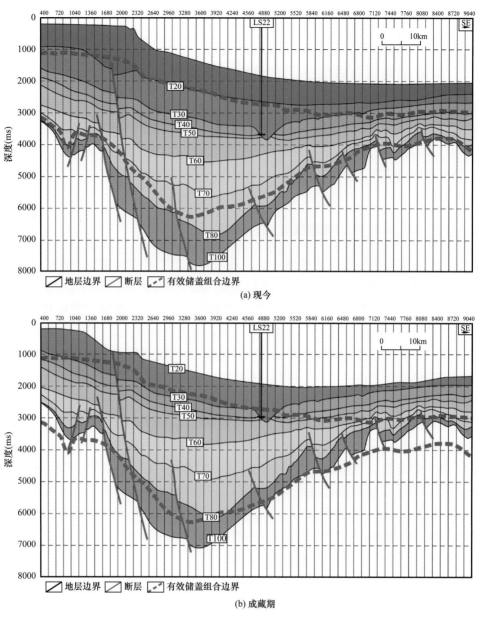

(a) 现今

(b) 成藏期

图 6-50 陵水凹陷测线 Line4 现今与成藏期有效储盖组合窗口对比剖面图

盖组合地震预测结果，不管是现今还是成藏期，两种预测结果在 LS33 井一致性都较好，说明地震预测结果可靠。

测线 Line5 南北向穿过陵水凹陷东段，现今发育单个有效储盖组合窗口：北部陡坡带储盖组合窗口包括陵二段—莺歌海组顶部；过渡带储盖组合窗口包括陵三段—莺歌海组顶部；南部缓坡带储盖组合窗口包括崖一段上部—莺歌海组顶部；南部缓坡带以外储盖组合窗口仅包括陵水组（图 6-52a）。利用平衡剖面技术恢复成藏期地层古埋深，成藏期北部陡坡带以外储盖组合窗口包括始新统—梅山组下部；成藏期北部陡坡带储盖组合窗口包括崖城组—黄流组；成藏期过渡带储盖组合窗口包括始新统—黄流组下部；成藏期南部缓坡

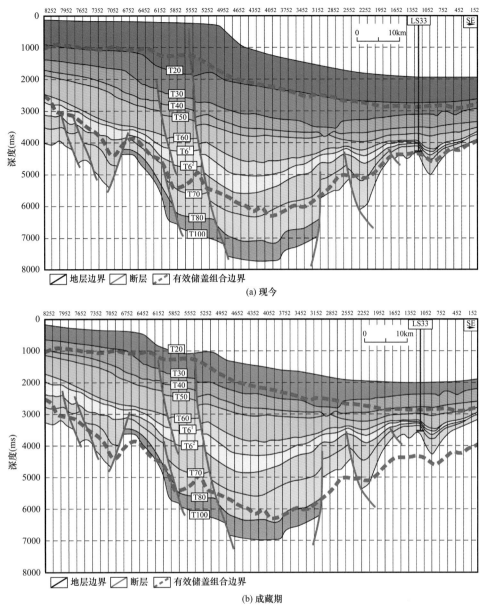

(a) 现今

(b) 成藏期

图 6-51　陵水凹陷测线 Line3 现今与成藏期有效储盖组合窗口对比剖面图

带储盖组合窗口包括始新统顶部—黄流组；成藏期南部缓坡带以外储盖组合窗口仅包括崖城组—三亚组下部（图 6-52b）。

（二）乐东凹陷成藏期有效储盖组合恢复

测线 Line1 南北向穿过乐东凹陷主洼，现今发育单个有效储盖组合窗口：北部陡坡带和南部缓坡带储盖组合窗口包括陵水组—乐东组底部；陵南低凸起储盖组合窗口包括陵一段—莺歌海组；陵南低凸起以外储盖组合窗口包括陵三段上部—莺歌海组上部（图 6-53a）。利用平衡剖面技术恢复成藏期地层古埋深，成藏期北部陡坡带储盖组合窗口

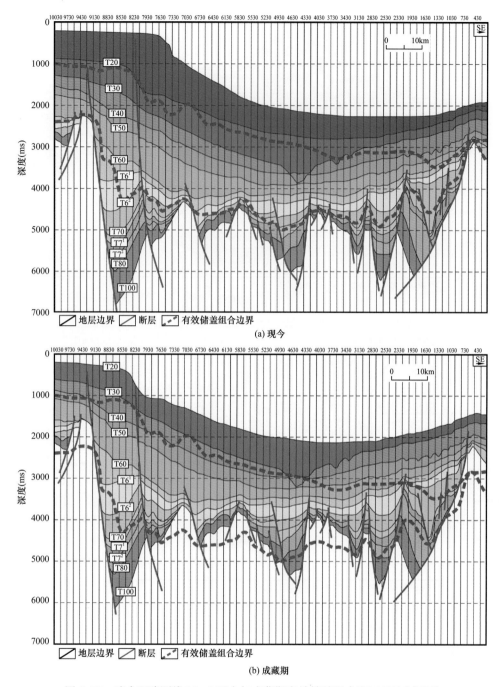

图 6-52　陵水凹陷测线 Line5 现今与成藏期有效储盖组合窗口对比剖面图

包括始新统顶部—莺歌海组下部；成藏期南部缓坡带储盖组合窗口包括始新统顶部—黄流组下部；成藏期陵南低凸起及以外储盖组合窗口包括崖城组—黄流组下部（图 6-53b）。

测线 Line2 南北向穿过乐东凹陷东段，现今发育单个有效储盖组合窗口：北部陡坡带储盖组合窗口包括崖城组上部—乐东组底部；南部缓坡带储盖组合窗口包括崖二段—莺歌海组；南部陡坡带以外储盖组合窗口包括陵三段上部—黄流组顶部（图 6-54a）。利用平衡剖面技术恢复成藏期地层古埋深，成藏期北部陡坡带储盖组合窗口包括始新统—莺歌海组底部；成藏期南部缓坡带侧储盖组合窗口包括始新统—黄流组底部；成藏期南部陡坡带以外储盖组合窗口包括始新统—梅山组底部（图 6-54b）。

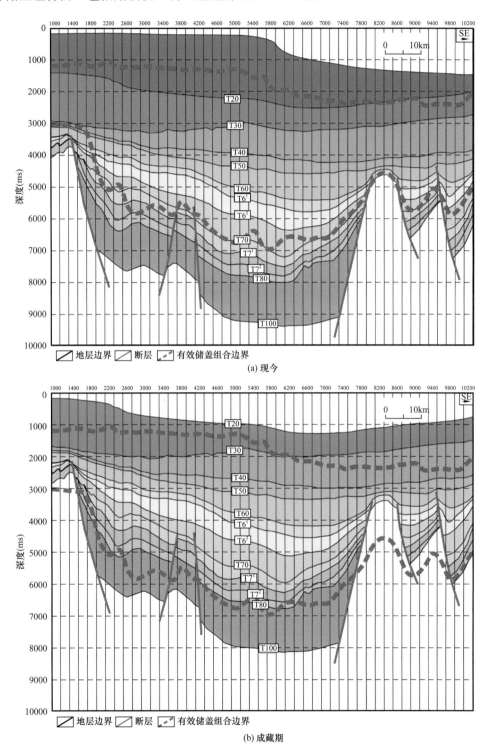

(a) 现今

(b) 成藏期

图 6-53　乐东凹陷测线 Line1 现今与成藏期有效储盖组合窗口对比剖面图

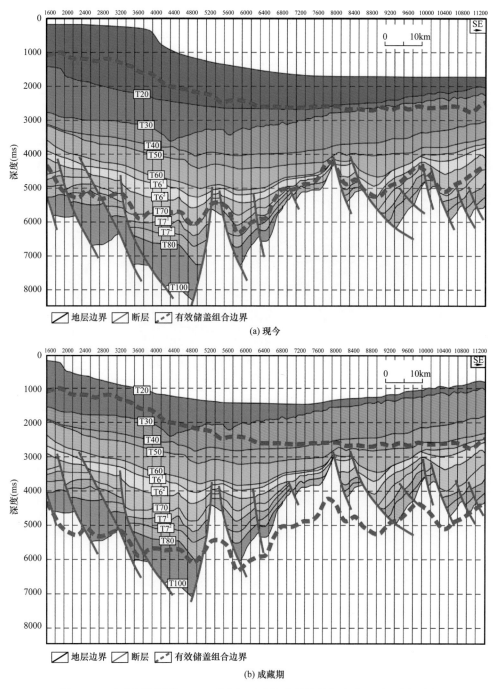

(a) 现今

(b) 成藏期

图 6-54　乐东凹陷测线 Line2 现今与成藏期有效储盖组合窗口对比剖面图

（三）宝岛凹陷成藏期有效储盖组合恢复

测线 Line6 南北向穿过宝岛凹陷主洼，现今发育单个有效储盖组合窗口：北部陡坡带储盖组合窗口包括三亚组—莺歌海组底部；过渡带储盖组合窗口包括陵一段—黄流组；南部缓坡带储盖组合窗口包括崖城组顶部—黄流组，南部缓坡带以外储盖组合窗口包括崖城组上部—陵水组（图6-55a）。利用平衡剖面技术恢复成藏期地层古埋深，成藏期北部陡坡带储盖组合窗口包括陵水组—黄流组下部；成藏期过渡带储盖组合窗口包括陵二段—梅山组；成藏期南部缓坡带储盖组合窗口包括始新统—三亚组；成藏期南部缓坡带以外储盖组合窗口包括始新统—陵二段下部（图6-55b）。

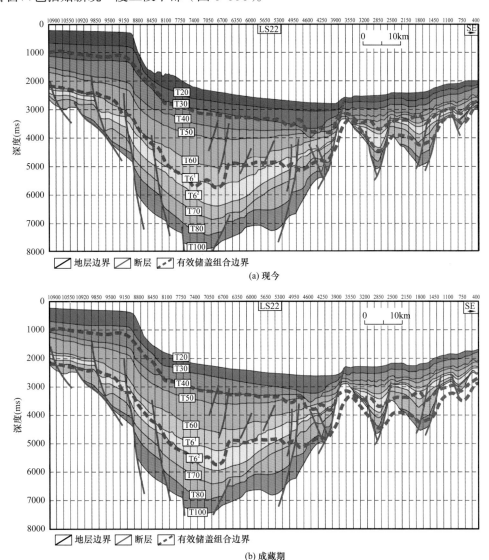

图6-55　宝岛凹陷测线Line6现今与成藏期有效储盖组合窗口对比剖面图

（四）长昌凹陷成藏期有效储盖组合恢复

测线Line8南北向穿过长昌凹陷东段，现今发育单个有效储盖组合窗口：北部陡坡带储盖组合窗口包括陵水组—三亚组下部；过渡带储盖组合窗口包括崖一段—三亚组下部；南部陡坡带内侧储盖组合窗口包括陵二段上部—三亚组下部；南部陡坡带以外储盖组合窗口包括崖二段上部—三亚组下部（图6-56a）。利用平衡剖面技术恢复成藏期地层古埋深，成藏期北部陡坡带储盖组合窗口包括崖一段—三亚组底部；成藏期过渡带储盖组合窗口包括崖二段上部—三亚组底部；成藏期南部陡坡带内侧储盖组合窗口包括陵二段底部—三亚组下部；成藏期南部陡坡带以外储盖组合窗口包括崖二段—三亚组底部（图6-56b）。储盖组合地震预测结果显示，测线Line8过CC26井处现今有效储盖组合窗口包含崖一段—亚二段中部，成藏期有效储盖组合窗口包含崖二段—亚二段底部。单井储盖组合预测结果显示，CC26井现今有效储盖组合窗口包含崖一段—亚二段下部，成藏期有效储盖组合窗口包含崖二段—亚二段底部。用单井储盖组合预测结果来标定储盖组合地震预测结果，不管是现今还是成藏期，两种预测结果在CC26井处窗口顶界面一致性都较好，说明地震预测结果可靠。

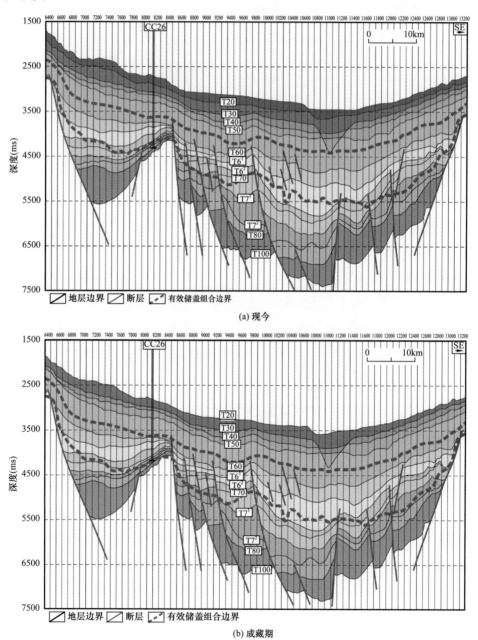

图6-56　长昌凹陷测线Line8现今与成藏期有效储盖组合窗口对比剖面图

测线 Line7 南北向穿过长昌凹陷主洼，现今发育单个有效储盖组合窗口：北部陡坡带储盖组合窗口包括陵二段顶部—三亚组；过渡带储盖组合窗口包括陵一段上部—三亚组；南部陡坡带储盖组合窗口包括陵三段顶部—三亚组顶部；南部陡坡带以外储盖组合窗口包括崖二段—三亚组底部（图 6-57a）。利用平衡剖面技术恢复成藏期地层古埋深，成藏期

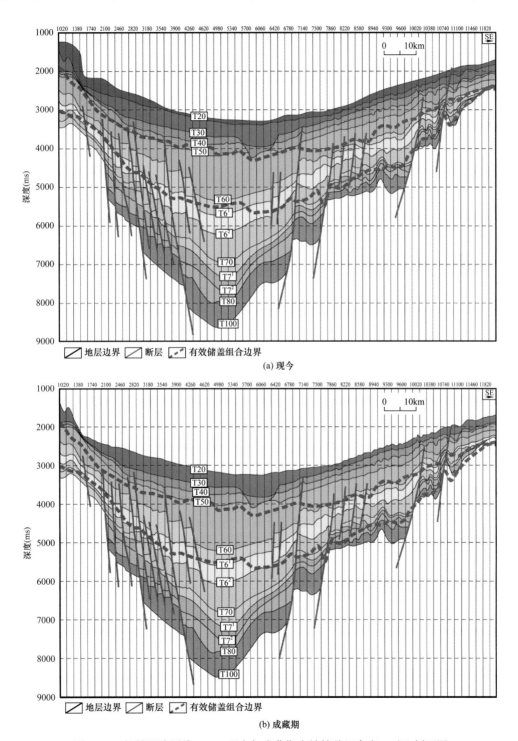

图 6-57　长昌凹陷测线 Line7 现今与成藏期有效储盖组合窗口对比剖面图

北部陡坡带储盖组合窗口包括陵二段—三亚组下部；成藏期过渡带储盖组合窗口包括陵一段—三亚组；成藏期南部陡坡带储盖组合窗口包括陵三段顶部—三亚组下部；成藏期南部陡坡带以外储盖组合窗口包括崖城组—陵水组（图6-57b）。

通过单井储盖组合动态分析，除YL19井和YL2井外，已发现气层、差气层或者含气水层现今和成藏期都分布在有效储盖组合窗口内。YL19井崖三段气层成藏期分布在有效储盖组合窗口内，现今不发育在有效储盖组合窗口内，本研究认为成藏期发生天然气聚集，后期由于储层致密导致崖三段气层现今不包含在有效储盖组合窗口内；而YL2井黄一段水道砂体成藏期不在有效储盖组合窗口内，而现今在有效窗口内，本研究认为该处成藏期可能发生过天然气充注，由于盖层保存条件不好而散失，所以仅检测到微量烃类。整体上来说，储盖组合动态分析更好地解释了现今的钻探结果，只有那些成藏期分布在有效储盖组合窗口内的地层才有可能发生成藏。显然，对地震预测的储盖组合开展动态分析可以进一步提高储盖组合成藏评价的准确性。

本章讨论的利用地震资料开展储盖组合定量研究方法是一种先手型勘探技术，特别是进行成藏期有效储盖组合预测，对于盆地或区带早期评价具有重要的实用意义。

本章小结

综上所述，油气储盖组合地震预测是一项非常有潜力的地震预测技术。过去一般认为有了砂岩泥岩组合，就算是储盖组合了，没有考虑储层和盖层的有效性组合关系，没有认识到过于致密的砂岩油气无法注入，而欠压实的泥岩也不能有效封闭天然气。另外井孔中确定的有效储盖组合只是现今的结果，而成藏期的有效储盖组合可能与现今不同。本章较好地解决了这两个关键地质问题，并利用地震波阻抗反演资料实现了现今有效储盖组合分布地震预测，指出现今有效储盖组合发育窗口，并恢复出成藏期有效储盖组合的古发育窗口。本项新技术创意突出，具有明显的地震先手预测特点，值得读者推广应用。

参 考 文 献

[1]张炳.ZJK盆地西部地层与地震层序划分以及生储盖组合的初步分析[J].石油物探，1990，29（1）：82-97.

[2]郭文平，胡受权.泌阳断陷下第三系陆相层序中油气生储盖及其组合特征：以双河—赵凹地区下第三系核三上段为例[J].西安石油学院学报（自然科学版），2002，17（2）：5-9.

[3]陶维祥，赵志刚，何仕斌，等.南海北部深水西区石油地质特征及勘探前景[J].地球学报，2005，26（4）：359-364.

[4]王改云，王英民，韩建辉，等.松辽盆地北部浅层层序格架中的储盖组合特征[J].沉积与特提斯地质，2009，29（2）：71-76.

[5]李俊良，左倩媚，解习农，等.琼东南盆地深水区新近系沉积特征与有利储盖组合[J].海洋地质与第四纪地质，2012，31（6）：109-116.

[6]石强.塔东地区志留系储盖组合测井评价[J].石油勘探与开发，1996，23（6）：73-77.

[7]李国平，石强，王树寅.储盖组合测井解释方法研究[J].测井技术，1997，1（2）：98-104.

[8]谭成仟，雷启鸿，宋子齐.测井综合评判技术在某地区储盖组合解释研究中的应用[J].石油物探，1999，38（4）：57-65.

［9］刘震，梁全胜，肖伟，等．内蒙古二连盆地岩性圈闭早期形成和多期形成特征分析［J］．现代地质，2005，19（3）：403-408．

［10］刘震，赵阳，梁全胜，等．隐蔽油气藏形成与富集［M］．北京：地质出版社，2007．

［11］李文浩，张枝焕，李友川，等．琼东南盆地古近系渐新统烃源岩地球化学特征及生烃潜力分析［J］．天然气地球科学，2011，22（4）：700-708．

［12］王子嵩，刘震，孙志鹏，等．琼东南深水区乐东－陵水凹陷渐新统烃源岩早期预测及评价［J］．中南大学学报（自然科学版），2014，45（3）：876-888．

［13］刘正华，陈红汉．琼东南盆地东部地区油气形成期次和时期［J］．现代地质，2011，25（2）：279-288．

［14］许怀智，蔡东升，孙志鹏，等．琼东南盆地中央峡谷沉积充填特征及油气地质意义［J］．地质学报，2012，86（4）：641-650．

［15］张功成，米立军，吴时国，等．深水区——南海北部大陆边缘盆地油气勘探新领域［J］．石油学报，2007，28（2）：15-21．

［16］王振峰，李绪深，孙志鹏，等．琼东南盆地深水区油气成藏条件和勘探潜力［J］．中国海上油气，2011，23（1）：7-13．

［17］何家雄，夏斌，孙东山，等．琼东南盆地油气成藏组合、运聚规律与勘探方向分析［J］．石油勘探与开发，2006，33（1）：53-58．

［18］戴金星，宋岩，张厚福．中国大中型气田形成的主要控制因素［J］．中国科学（D辑）：地球科学，1996，26（6）：481-487．

［19］付广，孟庆芬．油气封盖的主控因素及其作用分析［J］．海洋石油，2003，23（3）：29-35．

［20］吕延防，陈章明，付广．松辽盆地朝长地区青山口组天然气盖层封闭特征及封闭有效性研究［J］．石油勘探与开发，1993，20（1）：55-61．

［21］付广，陈章明．盖层物性封闭能力的研究方法［J］．中国海上油气，1995，9（2）：83-88．

［22］郑德文．天然气毛细封闭盖层评价标准的建立［J］．天然气地球科学，1994，23（5）：29-33．

［23］付广，陈章明，王朋岩．泥岩盖层对各种相态天然气封闭能力的综合评价研究［J］．断块油气田，1998，5（3）：16-20．

［24］房德权，宋岩，夏新宇．准噶尔盆地南缘西部天然气封盖层的有效性［J］．石油实验地质，1999，21（2）：137-140．

［25］康德江，付广，吕延防．贝尔断陷布达特群泥岩盖层综合评价［J］．油气地质与采收率，2006，13（5）：44-46．

［26］Hao S，Huang Z，Liu G，et al. Geophysical properties of cap rocks in Qiongdongnan basin，South ChinaSea［J］. Marine and Petroleum Geology，2000，17（4）：547-555．

［27］吕延防，陈章明，万龙贵．利用声波时差计算盖岩排替压力［J］．石油勘探与开发，1994，21（2）：43-47．

［28］付广，陈章明，王朋岩，等．利用测井资料综合评价泥质岩盖层封闭性的方法及应用［J］．石油地球物理勘探，1997，32（2）：271-276．

［29］付广，庞雄奇，姜振学．利用声波时差资料研究泥岩盖层封闭能力的方法［J］．石油地球物理勘探，1996，31（4）：521-528．

［30］付广，苏玉平．声波时差在研究非均质盖层综合封闭能力中的应用［J］．石油物探，2005，44（3）：296-299．

［31］牟敦山，付广，胡明．徐深气田盖层封气有效性研究［J］．沉积学报，2011，29（1）：158-163．

［32］姜振学，傅广，庞雄奇，等．利用地震层速度计算排替压力的方法探讨［J］．石油地球物理勘探，1995，30（2）：284-290．

［33］付广，刘厚发．利用地震资料研究盖层及其封闭能力［J］．石油物探，1996，35（4）：97-105．

［34］付广，陈章明．盖层物性封闭能力的研究方法［J］．中国海上油气，1995，9（2）：83-88．

［35］苏明，李俊良，姜涛，等.琼东南盆地中央峡谷的形态及成因［J］.海洋地质与第四纪地质，2009，29（4）：85-93.

［36］王振峰.深水中央油气储层—琼东南盆地中央峡谷体系［J］.沉积学报，2012，30（4）：646-653.

［37］郭志峰，刘震，吕睿，等.南海北部深水区白云凹陷钻前地层压力地震预测方法［J］.石油地球物理勘探，2012，47（1）：126-132.

［38］刘静静，刘震，潘高峰，等.鄂尔多斯盆地安塞地区长6段低孔渗储层动态评价［J］.地质科学，2014，49（1）：131-146.

［39］付广，吕延防，薛永超.泥岩盖层封气性演化阶段及其研究意义［J］.中国海上油气，2001，15（2）：148-152.

［40］赵文智，邹才能，宋岩，等.石油地质理论与方法进展［M］.北京：石油工业出版社，2006.

［41］杨金海，李才，李涛，等.琼东南盆地深水区中央峡谷天然气成藏条件与成藏模式［J］.地质学报，2014，（88）11：2141-2149.

［42］黄保家，李里，黄合庭.琼东南盆地宝岛北坡浅层天然气成因与成藏机制［J］.石油勘探与开发，2012，39（5）：530-536.

［43］陈红汉，付新明，杨甲明.莺—琼盆地YA13-1气田成藏过程分析［J］.石油学报，1997，18（4）：32-37.

［44］胡忠良，肖贤明，黄保家.储层包裹体古压力的求取及其与成藏关系研究——琼东南盆崖21-1构造实例剖析［J］.天然气工业，2005，25（6）：28-31.

［45］何家雄，马文宏，祝有海，等.南海北部边缘盆地天然气成因类型及成藏时间综合判识与确定［J］.中国地质，2011，38（1）：145-159.

［46］贾元琴，胡沛青，张铭杰，等.琼东南盆地崖城地区流体包裹体特征和油气充注期次分析［J］.沉积学报，2012，30（1）：189-196.

［47］Wyllie M R，Gregory A R，Gardner L W. Elastic wave velocities in heterogeneous and porous media［J］. Geophysics, 1956, 21（1）：41-70.

［48］Wyllie M R，Gregory A R，Gardner G H. An experimental investigation of factors affecting elastic wave velocities in porous media［J］. Geophysics, 1958, 23（2）：400.

［49］Wyllie M R. Log interpretation in sandstone reservoirs［J］. Geophysics, 1960, 25（4）：748-778.

［50］Wyllie M R, Gardner G H F, Gregory A R. Some phenomena pertinent to velocity logging［J］. Journal of Petroleum Technology, 1961, 13（7）：629-636.

［51］刘震，黄艳辉，潘高峰，等.低孔渗砂岩储层临界物性确定及其石油地质意义［J］.地质学报，2012，86（11）：1815-1825.

第七章 异常地层压力地震预测

异常地层压力是油气勘探和开发面临的重要地质问题。超压与油气的生成、运移、聚集关系密切，是油气藏形成和分布的重要控制因素。地层超压与完井方法、井身结构、泥浆比重和工程套管程序等息息相关，掌握地层压力特征是实现安全钻探的保障。因此，地层压力的准确预测意义重大。

地层压力预测是通过建立地球物理参数与地层压力之间关系模型，利用这些参数完成地层压力预测。地层压力预测方法通常包括两类，一是以测井技术为主导的方法，二是以地震技术为主导的方法。前者预测结果的精度较高，但并非真正意义上的预测，此技术只能在钻井结束后应用，并且无法预测井底以下及远井区的地层压力。后者主要依据地震波在地层中的传播速度信息进行压力预测，可以弥补测井方法预测的范围局限。但是获得准确的地震速度难度较大，精度不足的地震速度会影响地层压力预测结果。本章将在分析传统地层压力预测方法技术的基础上，探索地震与测井相结合的高精度地层压力预测技术。该技术包括三个关键环节：一是建立基于孔隙性岩石静力平衡的地层压力计算模型，二是提取高精度地震绝对速度，三是基于超压成因进行异常高压的补偿和校正。三者结合形成一套完整、合理、先进的地震地层压力预测方法体系。

第一节 地层压力基本概念和异常高压成因

一、地层压力相关概念

静水压力由地层水柱单位重量及垂直高度决定，液体柱的形态和粗细都不影响静水压力的大小，表达式为

$$p_w = \rho_w g h \tag{7-1}$$

式中，p_w 为静水压力；ρ_w 为地层水平均密度；g 为重力加速度；h 为埋深。在实际地质环境中，如果地层处于开放的水动力环境，地层压力会一直保持静水压力状态，压力的大小只与地层水密度和水柱高度有关。

地层压力，即地层孔隙流体压力，若地层压力等于静水压力称为正常地层压力，大于对应深度的静水压力称为异常高压（也称超压），小于对应深度的静水压力称为异常低压。地层压力由上覆负荷和岩石骨架有效应力共同决定，三者之间关系可表示为

$$p_f = p_{ov} - \sigma \tag{7-2}$$

式中，p_f 为地层压力；σ 为岩石有效应力。图7-1可以形象地描述静水压力、地层压力和上覆负荷三者之间的关系。

二、异常高压主要成因

异常高压的成因比较复杂，概括起来有十几种成因：非均衡压实、水热增压、生烃作用、压力传递、地层水渗透、浮力作用、构造挤压（断层、褶皱、盐丘或泥岩底辟运动）、流体运移、黏土矿物转化、地层抬升剥蚀、等势面的不规则性等。对具体盆地而言，异常高压的形成起主导作用的成因通常是一种或者几种叠加[1-3]。下面对常见的几种异常高压成因进行介绍。

（一）非均衡压实作用

非均衡压实作用是沉积盆地异常高压形成的主要成因。在地层埋深过程中，由于上覆负荷逐渐增大，地层孔隙度逐渐减小导致孔隙流体被排出。当地层处于开放的水动力环境，地层压力等于静水压力，这个过程流体压力增高趋势对应图 7-2 中 AB 段，即正常压实段；随着地层埋深增大，到达某个埋深时（B 点）地层孔隙度和渗透率降低，导致孔隙流体不能顺畅排出，流体被束缚在孔隙中与岩石骨架共同承载上覆负荷，流体压力大于同等深度段的静水压力，这个过程对应 BC 段，即非均衡压实段。这种由于地层孔隙流体被低渗透岩层束缚不能自由排出，承担部分上覆负荷的地质现象称为非均衡压实作用。

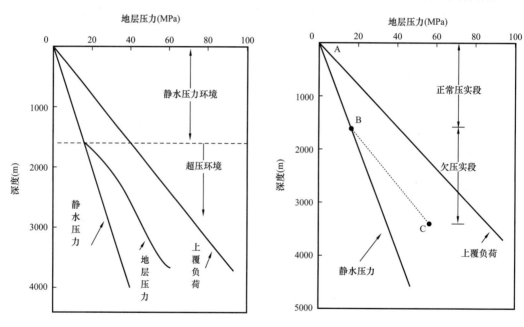

图 7-1　地层压力相关概念示意图　　　图 7-2　非均衡压实作用示意图

快速沉积和低渗透环境是非均衡压实作用产生的两个关键地质因素。通常厚层泥岩在埋深过程中容易发生非均衡压实作用，如果砂岩储层被低孔渗性泥质地层包裹，会发生非均衡压实作用。在实际地质条件下，砂岩和泥岩的非均衡压实过程存在较大差异，砂岩孔隙度随着埋深增大逐渐减小，当孔隙度被压缩为 15% 左右之后，机械压实单因素很难继续使砂岩孔隙度继续减小[4]；与砂岩不同，泥岩在压实过程中泥岩骨架颗粒更容易重新排列和调整，压实作用发生更持久，不过当泥岩孔隙度减小到 5% 左右时就不易再被机械压实[5]。目前，世界范围内已发现许多非均衡压实作用主导的异常高压盆地，比如墨西哥湾、里海和北海等海域盆地，以及国内的莺歌海盆地、琼东南盆地、北部湾盆地、西湖凹陷等地区。

（二）构造挤压作用

构造挤压作用一直被认为是沉积盆地非常重要的超压成因，但目前人们对这种异常高压机制研究还很不深入，还停留在定性描述和估算的水平[6-7]。构造挤压对沉积地层作用的方式可视为一种侧向上的压实作用。构造挤压造成的孔隙流体压力增高与非均衡压实造压过程相似，只是时间因素是应变速度而非沉积作用速度。在构造运动中，当水平方向有一附加构造挤压，如果孔隙流体在构造运动期内都能够自由排出，则不会产生构造挤压造成的异常高压；如果在构造挤压过程中，某一特定时间或深度内，由于构造应力造成孔隙度降低，流体排出受阻，即构造应力所造成的岩石压实速度大于流体排出速度，则会产生构造挤压引起的异常高压。

目前，全球范围内已证实多个构造挤压导致的异常高压盆地，Berry 曾探讨过美国太平洋西海岸地区沉积盆地内构造挤压应力作用造成超压增加的机制[8]。Sleep 等论证了 San Andreas 大断裂附近长 $680 \sim 800 km$、宽 $40 \sim 130 km$ 的异常压力带内的超压是构造活动的结果[9]。罗晓容利用数值盆地模型模拟了对构造应力直接作用于沉积地层之上对地层压力的影响，发现在地层完全封闭条件下作用于地层的构造应力的 $30\% \sim 50\%$ 可转化为地层压力[10]。

（三）水热增压

Barker 基于水的压力—温度—密度关系首次提出水热增压概念，指出在开放体系中，随温度升高流体压力沿直线增加；在密闭体系中，由于流体的体积和密度不发生改变，流体压力随温度升高沿等密度线增加[11]。这种温度升高和封闭环境造成的流体压力增大现象称为水热增压。在开放体系中，温度从 T_1 增至 T_2，流体压力沿曲线 LN 增长；在密闭体系中，相同的温度升高，流体压力将沿曲线 LM 增长，MN 代表了两种体系中相同的温度增量对应压力增幅差，即水热增压量（图 7-3）。

（四）黏土矿物转化作用

黏土矿物是含油气盆地中普遍存在的一种铝硅酸盐矿物，在成岩过程中矿物晶格束缚水逐渐被释放，束缚水转化为自由水时体积膨胀会导致流体压力增高，这种黏土矿物的转化作用被认为是沉积盆地超压形成机制之一，最为常见的是蒙脱石向伊利石转化形成超压。在沉积盆地中蒙脱石向伊利石转化形成超压主要通过两种方式实现，一是流体体积膨胀，二是形成封闭条件。首先，蒙脱石转变为伊利石的过程中释放出大量结构水和束缚水，流体总体积增大导致流体压力增高，此外，由于吸附水的密度大于自由水，析出后体积膨胀进一步促使孔隙流体压力增高；其次，蒙脱石向伊利石转化的过程中会释放出硅、钙、铁和镁等离子，这些离子沉淀可能形成胶结物质，降低地层孔隙度和渗透率，同时伊利石以桥塞式或网络状生长模式容易造成岩石喉道堵塞，进一步降低地层孔隙度和渗透率[12]；Bruce 认为蒙脱石向伊利石转化具有过渡性，在很多泥质岩为主的盆地中，通常与盆地常压到超压的过渡带比较吻合，并且该过渡带主要受地层温度控制[13]。

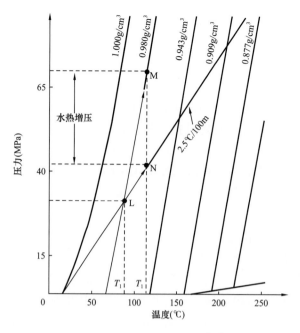

图 7-3　水热增压示意图[11]

（五）生烃作用

固体干酪根达到成熟门限后开始生成液态的烃类物质，这个过程干酪根和烃类的总体积逐渐增大，由于烃源岩层通常渗透性比较低，新生烃物质得不到释放空间，流体压力逐渐增大。Meissner 较早提出了干酪根成熟生烃作用与地层超压形成存在联系，认为当地层处于封闭环境时，固体干酪根转化为液态烃会引起高达 25% 的体积膨胀，体积膨胀导致流体压力增大[14]；Ungerer 在研究法国巴黎盆地黑色页岩中的 II 型干酪根时发现干酪根生烃作用引起的体积变化与 R_o 关系密切，当 R_o 小于 1.3% 时，固体干酪根向液态烃转化时总体积随着 R_o 增大反而降低，当 R_o 达到 2.0% 时，固体干酪根向液态烃转化会引起约 40% 的体积膨胀[15]（图 7-4）；有学者认为干酪根向液态烃转化对超压形成的影响十分微弱，甚至可以忽略。根据经典的干酪根生烃模型，无论有机质类型好坏，如果 R_o 偏低不会大量生烃，对超压形成的贡献可以忽略。

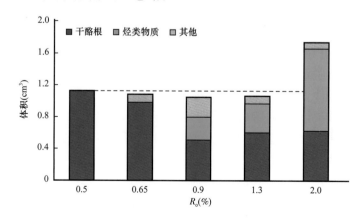

图 7-4　干酪根生烃 R_o 与体积变化关系柱状图[15]

第二节　地层压力预测模型改进

随着勘探开发工作的深入，遇到的地层压力体系越来越复杂，对地层压力预测精度越来越高，工业需求推动地层压力预测技术不断向前发展，实现高精度地层压力预测能够实现。

一、地层压力预测的传统模型

目前地层压力计算模型从基本原理上大体分为两类：一类是基于压实成因的预测方法，利用各种地球物理参数随埋深的变化，在正常压实段建立压实趋势，然后根据偏离趋势的程度来估算地层压力，如经验关系法、趋势模型法和等效深度法、伊顿法等；另一类不需建立正常压实趋势，而是建立测量值与地层压力之间的经验关系，直接计算地层压力，如菲利普恩法和改进的菲利普恩法等。下面对几种主要的地层压力预测方法加以阐述。

（一）等效深度法

Magara1968 年提出的等效深度法是基于压实成因基础上的地层压力预测方法，是非常经典的地层压力预测方法，在国内外得到了广泛的应用。等效深度法的基本理论基础是假设处在不同埋深的泥岩孔隙度相同，则有效应力相等[16]。如图 7-5 所示，虚线表示正常压实情况下的孔隙度随深度的变化趋势，实线表示的是非均衡压实发生时孔隙度随埋深的变化趋势。欠压实趋势线又可分为两个阶段，即浅层的正常压实趋势和深层的欠压实段。等效深度法认为，在欠压实段中 A 点处泥岩孔隙度与其正上方正常压实段投影点 B 处泥岩孔隙度相等，则A 点的有效应力与 B 点的有效应力相等。根据特察模型可以得到 A、B 两点处的压力平衡方程为

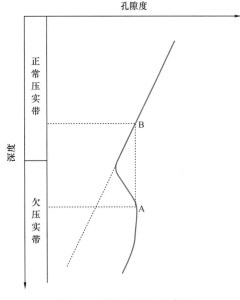

图 7-5　等效深度法示意图

$$p_{\mathrm{ovA}} = \sigma_{\mathrm{A}} + p_{\mathrm{fA}} \tag{7-3}$$

$$p_{\mathrm{ovB}} = \sigma_{\mathrm{B}} + p_{\mathrm{fB}} \tag{7-4}$$

式中，p_{ovA}、p_{ovB} 分别为 A、B 两点处的上覆负荷；σ_{A}、σ_{B} 分别为 A、B 两点处的有效应力；p_{fA}、p_{fB} 分别为 A、B 两点处的地层压力。等效深度法的假设 σ_{A} 与 σ_{B} 相等，可得

$$p_{\mathrm{fA}} = p_{\mathrm{ovA}} - p_{\mathrm{ovB}} + p_{\mathrm{fB}} \tag{7-5}$$

式中，上覆负荷只受地层密度和埋深控制，p_{fB} 为正常压实情况下的静水压力，只受埋深

控制。

Athy 很早就提出在正常压实情况下，孔隙度和埋深之间的关系式：

$$\phi = \phi_0 e^{-ch} \tag{7-6}$$

式中，ϕ 为埋深为 B 点泥岩孔隙度；ϕ_0 为地表泥岩孔隙度；c 为地区经验常数。根据经典的 Wyllie 时间平均方程，孔隙度和声波时差的关系为

$$\phi = \frac{\Delta t - \Delta t_m}{\Delta t_f - \Delta t_m} \tag{7-7}$$

式中，Δt 为泥岩声波时差；Δt_f 和 Δt_m 分别为泥岩孔隙流体和泥岩骨架声波时差。最终，欠压实段 A 点的地层压力可表示为

$$p_{fA} = \rho_r gh + (\rho_w - \rho_r) g \frac{\ln \phi_0 - \ln\left[(\Delta t - \Delta t_m) / (\Delta t - \Delta t_f)\right]}{c} \tag{7-8}$$

式中，ρ_r 和 ρ_w 分别代表岩石和地层水的平均密度。

等效深度法在地层压力预测中应用广泛，但是该方法本身的假设条件较为苛刻。在地质环境中，不同埋深段泥岩孔隙度相等则对应的岩石骨架有效应力相等这一条件难以满足。因此，等效深度法只是一个近似的地层压力计算方法。另外，在应用等效深度法之前需要建立研究区的正常压实趋势线，对于钻井稀少且构造复杂的地区，难以建立全区的正常压实趋势，这在一定程度上限制了等效深度法的应用。

（二）伊顿法

伊顿法也称压力梯度法，是一种利用声波时差、电阻率或钻井指数等测井和钻井资料计算地层压力的方法，该方法通过压力梯度建立地层压力计算模型，有多种表达形式[17]：

$$\frac{p_f}{d} = \frac{s}{d} - \left[\frac{s}{d} - \left(\frac{p}{d}\right)_n\right]\left(\frac{\Delta t_n}{\Delta t_0}\right)^3 \tag{7-9}$$

$$\frac{p_f}{d} = \frac{s}{d} - \left[\frac{s}{d} - \left(\frac{p}{d}\right)_n\right]\left(\frac{dc_0}{dc_n}\right)^{1.2} \tag{7-10}$$

$$\frac{p_f}{d} = \frac{s}{d} - \left[\frac{s}{d} - \left(\frac{p}{d}\right)_n\right]\left(\frac{R_0}{R_n}\right)^{1.2} \tag{7-11}$$

式中，p_f/d 为地层压力梯度；s/d 为上覆负荷梯度；$(p/d)_n$ 为对应的静水压力梯度；Δt_n、dc_n 和 R_n 分别代表声波时差、钻井指数和电阻率；Δt_0、dc_0 和 R_0 分别代表地表的声波时差、钻井指数和电阻率。

伊顿法是一种常用的地层压力计算方法，该方法考虑了非均衡压实成因以外的超压成因影响，同时参考了钻井实测压力与各种测井参数之间的关系，实用性较强。但是，应用伊顿法计算地层压力也需要建立研究区的正常压实趋势线，对于钻井较少的地区而言，建立全区可靠的压实趋势并不容易，会影响伊顿法在地层压力预测中的应用。

（三）菲利普恩法

菲利普恩法[18]是菲利普恩在研究墨西哥湾地层压力预测方法时提出的一种简明的地层压力计算方法，该方法假设地层压力与地层速度之间是线性关系，其表达式可表示为

$$p_f = \frac{v_{max} - v_{int}}{v_{max} - v_{min}} p_{ov} \tag{7-12}$$

式中，v_{min}、v_{max} 分别代表流体速度和岩石骨架速度；v_{int} 为地层速度。

菲利普恩于 1982 年对该方法进行修正，添加了校正系数：

$$p_f = C_n \frac{v_{max} - v_n}{v_{max} - v_{min}} p_{ov} \tag{7-13}$$

式中，C_n 为地区经验系数，可根据测井资料统计获得。

二、改进的趋势地层压力计算模型

在勘探早期钻井资料较少，趋势地层压力预测可以确定压力变化趋势、异常压力带埋深和分布范围。趋势压力计算模型与经验关系式和地区系数密切相关，前文提及的定量模型中，比如伊顿法具有很强的经验因素，不同研究区应用效果可能存在较大差别。为了降低对经验系数对压力预测结果的影响，刘震等 1993 年基于弹性介质理论提出了一个改进的趋势地层压力计算模型。

由初等弹性理论可得

$$K = \frac{\sigma}{\Delta V / V} \tag{7-14}$$

式中，K 为岩石体积模量；σ 为围压应力也即有效应力，因为孔隙压力不引起岩石变形，只有有效应力才能决定压缩变形程度，所以围压就相当于有效应力 $\Delta V/V$ 为体积应变。纵波速度和岩石弹性模量之间存在如下关系：

$$v_P = \sqrt{K + \frac{4}{3}\mu \Big/ \rho} \tag{7-15}$$

式中，v_P 为纵波速度；K 为体积模量；μ 为剪切模量；ρ 为岩石密度。

将式（7-14）和式（7-15）合并，忽略岩层的横向应变，即单位厚度压缩量，可得有效应力表达式：

$$\sigma = \frac{1+\nu}{3-3\nu} \rho V_P^2 \frac{\Delta H}{H} \tag{7-16}$$

利用式（7-16）计算地层压力时，需要用到地层的泊松比、密度、纵波速度、单位厚度压缩量等参数，通过实验室测定或者测井资料提取这些参数的过程中会存在一定的误差，尤其是岩石的泊松比和单位厚度压缩量很难确定。另外，这些参数直接相乘会导致误差放大，进而影响地层压力计算结果。为了降低误差，引入压缩因子：

$$\eta = \frac{1+\nu}{3-3\nu}\frac{\Delta H}{H}$$ （7-17）

将岩石泊松比和单位厚度压缩量合并成一个参数，那么有效应力可以表示为

$$\sigma = \eta \rho V_p^2$$ （7-18）

根据实测数据可以获得地层有效应力，将纵波速度代入式（7-18）可以拟合出压缩因子随深度变化函数，进而得到趋势地层压力计算模型的改进公式。显然，压缩因子的提出回避了地层的泊松比和单位厚度压缩量难以获取以及相乘导致的误差放大效应。

研究表明，准噶尔盆地压缩因子与埋深存在对数关系，南海北部珠江口盆地白云凹陷压缩因子和埋深存在对数关系[19]：

$$\mu = m\ln h + n$$ （7-19）

那么，趋势地层压力改进公式可以表示为

$$p_f = ah - \left[m\ln(h) + n\right]\rho \cdot v_p^2 + D$$ （7-20）

式中，h 为埋深；m、n 和 D 是地区经验系数。该地层压力计算趋势模型已在准噶尔盆地和南海北部珠江口盆地白云凹陷取得了较好的应用效果。

三、基于颗粒应力的地层压力计算模型

传统地层压力计算方法以特察模型为基础，认为流体压力等于上覆负荷与有效应力之差。特察模型是基于饱和水黏土的压实固结理论提出的，目的是模拟压实过程中黏土内部的受力情况，未考虑岩石骨架和孔隙之间的相互作用。从压力的角度讲，该模型是没有问题的。但是，地层压力描述的是地层孔隙中流体所受到的压强，即单位面积流体所受到的压力。所以，从压强的角度来看，特察模型存在问题，模型中有效应力描述的并不是真正的骨架支撑力，而是在单位岩层面积上，岩石骨架所受到的力。孔隙流体压力也并非真正的孔隙流体所受到的压力，而是单位岩层面积上孔隙流体所受到的压力。下面从岩石的微观孔隙结构出发，利用孔隙性岩石静力平衡方程建立地层压力和地层速度之间的精确的表达式，从本质上揭示二者之间的联系。相对于传统的地层压力计算模型，新模型考虑到骨架和孔隙之间的关系，理论基础更加合理。

考虑岩石在微观结构下的受力情况，上覆岩石的总负荷是由岩石骨架和孔隙流体按各自所占面积大小来承担，即孔隙流体压力只作用到相当于孔隙度覆盖面积上，颗粒应力 σ_g 仅作用到孔隙之外的面积。因此，当压实达到平衡时，可得

$$p_{ov} = (1-\phi)\sigma_g + \phi p_f$$ （7-21）

式（7-21）称为孔隙性岩石静力平衡方程。此时，地层压力的表达式为

$$p_f = \frac{1}{\phi}\left[p_{ov} - (1-\phi)\sigma_g\right]$$ （7-22）

该模型能够更加真实地反映地下岩层的受力情况，同时也引入了一个新的参数颗粒应

力。可以从弹性力学角度出发，推导出颗粒应力的数学表达式，来揭示地层压力和颗粒应力及上覆地层压力之间的关系。颗粒应力描述的是微观的岩石颗粒所受到的平均颗粒支撑力，颗粒应力的求取也应该从微观的角度分析。从弹性力学的应力应变关系可知，体应变和颗粒应力之间的关系为

$$K = \frac{\sigma_g}{\theta_t} \qquad (7-23)$$

式中，K 为体变模量；θ_t 为单位体积的应变量。

由于岩石主要受到垂向上的压缩，单位体积的应变量 θ_t 可以表示为

$$\theta_t = \frac{\Delta V}{V} = \frac{\mathrm{d}x\mathrm{d}y\mathrm{d}z - \mathrm{d}x\mathrm{d}y(1-\varepsilon_z)\mathrm{d}z}{\mathrm{d}x\mathrm{d}y\mathrm{d}z} = \varepsilon_z = \frac{\Delta H}{H} \qquad (7-24)$$

式中，ε_z 表示在骨架应力为 σ_g 时岩石所产生的应变量。

将式（7-24）代入式（7-23），体变模量可表示为

$$K = \frac{\sigma_g}{\Delta H / H} \qquad (7-25)$$

引入纵波、拉梅常数后可得

$$\sigma_g = \rho v_p^2 \left(1 - \frac{4/3\mu}{\lambda + 2\mu} \right) \frac{\Delta H}{H} \qquad (7-26)$$

泊松比和拉梅常数关系式为

$$\nu = \frac{\lambda}{2(\lambda + \mu)} \qquad (7-27)$$

将式（7-27）代入式（7-26），得到颗粒应力表达式为

$$\sigma_g = \frac{1+\nu}{3-3\nu} \rho v_p^{\,2} \frac{\Delta H}{H} \qquad (7-28)$$

上覆地层压力可通过对密度关于深度的积分求得，表达式为

$$p_{ov} = \int_0^h \rho g \mathrm{d}h \qquad (7-29)$$

地层孔隙度可以通过式（7-7）求取，最终可得静力平衡地层压力计算公式为

$$p_f = \frac{\Delta t_f - \Delta t_m}{\Delta t - \Delta t_m} \left[\int_0^h \rho g \mathrm{d}h - \left(1 - \frac{\Delta t - \Delta t_m}{\Delta t_f - \Delta t_m} \right) \frac{1+\nu}{3-3\nu} \frac{\Delta H}{H} \rho v_p^2 \right] \qquad (7-30)$$

从式（7-7）看出，地层压力与纵波速度之间既不是线性关系，也不是对数关系，而是关于纵波速度、孔隙度和上覆地层压力之间复杂的函数关系。该式揭示了地层压力和上覆地层压力及颗粒应力之间的本质关系。

第三节　地震绝对速度合成

地震波传播速度与沉积岩特点关系密切，沉地层岩性、孔隙度的变化会影响地震波速度。以往通过地震资料获取速度信息主要是利用地震的速度谱进行速度分析，在此基础上求取层速度，研究速度和地层压力的关系，该方法预测的地层压力精度较低。围绕如何利用地震资料获取高精度的速度，地球物理研究人员做出了极大的努力，Dutta 和 Ray 提出了一个拾取高精度速度的流程，其核心是在地质模型控制下，利用叠前偏移数据拾取叠加速度，获得高精度的速度数据[20]。近年来有使用 AVO 和 4D 地震的方法开展高精度地震地层压力预测，但仅适用于地震资料齐全的高勘探程度地区。在勘探早期，井资料较少，如何获取高精度的地震速度一直是地球物理工作的难题，本节针对这个问题，探索一种高精度地震速度提取方法。

利用速度谱获取的速度频带很窄（0～8Hz），它反映的只是低频背景速度，缺少相对高频速度分量。测井获取的速度有较高的频带（0～200Hz），它能更真实地反映地层的速度。但由于在勘探早期，井资料有限，利用井资料来获得精确的区域速度信息不现实。地震资料的带宽一般在 5～80Hz 范围内，虽没有测井资料频带宽，但频带比叠加速度谱宽很多。利用地震这种有限带宽范围内的资料，在井约束下通过地震反演，获取相对高频的速度信息，再与叠加速度谱分析获取的低频速度分量相加，可以合成宽频带、高精度的地震绝对速度。下面以琼东南盆地陵水凹陷为例，利用四口钻井及二维地震资料，介绍高精度地震速度合成方法。

一、相对速度提取方法

提取地震相对速度分量，即中频速度分量，是合成地震绝对速度的关键。在少井区可以通过有色反演提取相对速度。有色反演是在有色滤波技术的基础上发展起来的一种新的反演方法，最早由国外的学者 Lancaster 提出用来解决测井约束反演中处理速度慢、流程复杂的问题[64]。近几年来国内外陆续有研究人员用有色反演方法进行岩性预测、储层预测等方面的研究，取得了较好的应用效果[23-26]。有色反演实质是一种频率域测井约束波阻抗反演方法，在地震资料的有效频谱范围内，将测井的声波阻抗谱与地震的振幅谱匹配后得到频率域的匹配算子，进而得到相对波阻抗（图 7-6）。这种反演方法没有子波提取过程，不需要初始模型约束，纵向分辨率比稀疏脉冲反演高，对井的依赖程度小，全局优化，反演过程人为因素少，反演结果能够更加客观反映地质现象。

为对琼东南盆地陵水凹陷二维地震测线 Line-1 开展有色反演得到的相对速度剖面，可以看出相对速度值变化范围为 –1500～1500m/s，各层内速度值主要在 –500～500m/s，正值代表速度高于地层背景速度，负值代表低于地层背景速度，反映了局部的岩性、孔隙度、流体性质变化等地质现象。

二、低频速度模型构建

低频速度也称趋势速度或背景速度，低频速度分量对地震绝对速度的贡献量高达 60%以上，低频速度模型的准确度是获取高精度地震速度的基础。构建低频速度模型可以依靠

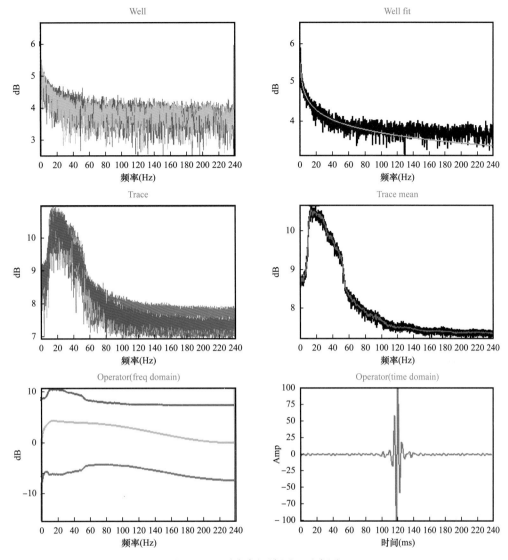

图 7-6　地震有色反演原理示意图

井资料或者地震速度谱资料。在井资料比较丰富的地区，通过井点处低频速度模型构建和井间低频速度内插及外推可建立全区低频速度模型；在少井区，单纯依靠少量的井资料无法构建合理的全区低频速度模型，必须借助地震资料才能完成全区低频速度模型构建。

在少井区可通过以下步骤实现低频速度模型构建：（1）对地震资料进行速度分析获取叠加速度，将叠加速度转化为均方根速度，利用 dix 公式将均方跟速度转化为层速度；（2）根据低频速度分量的频率范围对层速度进行滤波处理，获得单道低频速度分量（图 7-8）；（3）在地层格架约束下将单道低频速度分量在横向延展；（4）进行系统误差校正后得到全区低频速度模型。

根据上述步骤完成测线 Line-1 的低频速度模型构建，可以看出低频速度主要分布在 2000～5000m/s 之间，纵向上低频速度随埋深增大逐渐增加，反映了地层速度随着埋深增大而增大，横向上低频速度在地层格架内部变化幅度很小，反映同一套地层的沉积环境与岩石类型及组合变化幅度不大。

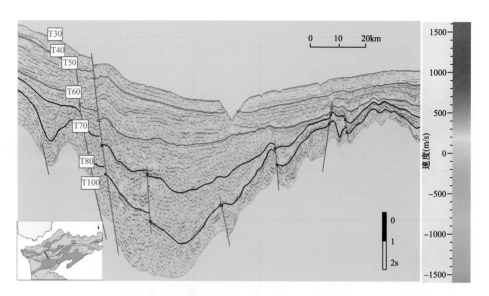

图 7-7　地震有色反演获取的 Line-1 相对速度

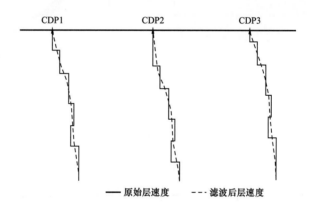

——原始层速度　　- - - 滤波后层速度

图 7-8　地震层速度滤波示意图

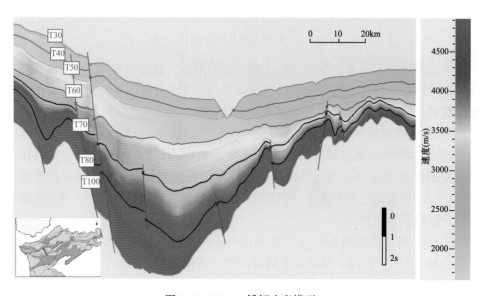

图 7-9　Line-1 低频速度模型

三、地震绝对速度合成

低频速度分量能够反映地层速度趋势变化特征，相对速度分量能够反映地层速度相对大小，将两个速度分量叠加可以得到宽频带的地震绝对速度，能够反映真实的地层速度变化特征。在实际应用中，合成的地震绝对速度需要进行系统误差校正，系统误差校正可以通过对比测井声波速度实现。因为地震绝对速度和测井声波速度的频带范围不一致，开展系统误差校正工作前需对测井声波速度进行滤波处理，将超出地震频带范围的速度分量滤除，确保测井声波速度和地震绝对速度在统一的频带范围内对比。根据合成的地震绝对速度频带范围，对测井声波速度进行滤波处理，完成了四口井的速度对比与校正（图 7-10 至图 7-13）。

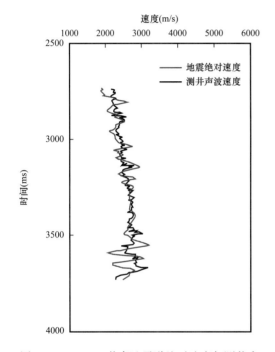
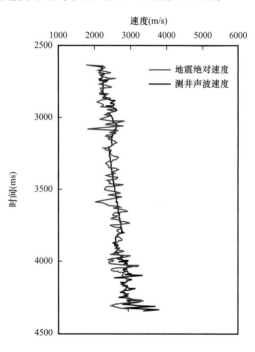

图 7-10　Well-1 井旁地震道绝对速度与测井声波速度对比图

图 7-11　Well-2 井旁地震道绝对速度与测井声波速度对比图

对比井旁道地震绝对速度与滤波后的测井声波速度，地震绝对速度在井点处的平均绝对误差约为 189m/s，平均相对误差约为 6.92%，说明在井点处合成的地震绝对速度与测井声波速度误差较小，按照该方法合成的地震绝对速度能够反映出地层的真实速度信息（表 7-1）。

表 7-1　绝对速度误差统计表

井名	水深（m）	绝对速度平均误差（m/s）	校正后绝对速度平均误差（m/s）	绝对速度平均相对误差（%）
Well-1	1335	300	186	6.65
Well-2	1462	216	165	6.34
Well-3	1908	233	208	7.83
Well-4	2154	211	198	6.87

注：地震绝对速度相对误差平均值为 6.92%。

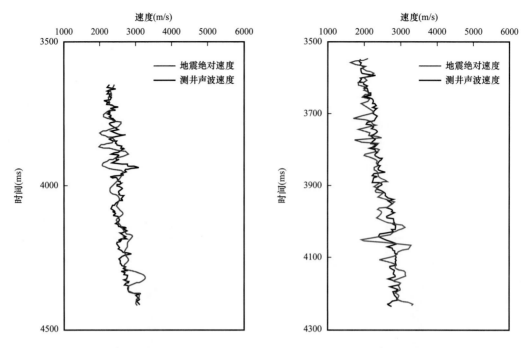

图 7-12 Well-3 井旁地震道绝对速度与测井声
波速度对比图

图 7-13 Well-4 井旁地震道绝对速度与测井声
波速度对比图

从 Line-1 绝对地震速度可以看出，速度值在 2000～5000m/s 之间，合成的地震绝对速度既在纵向上呈现地层随埋深增大逐渐增加的趋势，也在层段内呈现出局部速度变化，体现了地层内岩性及岩石组合差异（图 7-14）。整体上，通过这种方法合成的地震绝对速度误差小，能够反映真实的地层速度变化情况，是这一种行之有效的利用地震资料获取地层速度的方法。

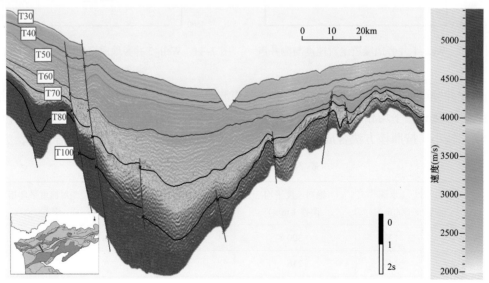

图 7-14 Line-1 绝对地震速度剖面

第四节　异常地层压力预测的校正和补偿

地层压力预测属于工程预测，预测结果必然存在预测误差，需要进行预测结果的误差校正，目的是消除计算模型产生的系统性偏差。但是，由于存在多种差异巨大的超压成因，仅仅利用误差校正方法也难以消除计算压力的明显偏差，就需要对个别特殊成因的超压进行专门的压力补偿，才能达到理想的压力预测结果。实际上，在超压预测过程中，地层压力预测结果的校正和补偿方法极大影响了超压预测的精度，需要给予高度重视。

一、异常高压地震地层压力预测实例

以琼东南盆地陵水凹陷为例，利用静力平衡的地层压力计算模型和合成的高精度地震绝对速度开展地震地层压力预测。分别求取覆负荷、孔隙度、有效应力及颗粒应力入手，完成凹陷地震地层压力预测。

（一）上覆负荷求取

上覆负荷可以表示为密度函数对深度的积分，所以求取地层上覆负荷关键是估算地层密度随埋深变化关系。通常盆地经历相似的构造运动及沉积充填过程，地层发育特征接近，地层密度在平面上差别不大。通过拟合四口井密度随埋深变化数据可以求取上覆负荷，可以看出盆地地层密度与埋深具有良好的对应关系（图7-15）。

（二）孔隙度求取

式（7-27）提供了利用声波时差计算地层孔隙度的方法，在获取地层岩石骨架声波时差、孔隙流体声波时差及压实校正系数后，可以计算出地层孔隙度。琼东南盆地统计资料显示，泥岩骨架声波时差约为167μs/m，砂岩骨架声波时差约为155μs/m，孔隙流体声波时差约为629μs/m。砂岩孔隙度计算公式为

$$\phi = \frac{1}{C_p}(0.0021\Delta t - 0.327) \tag{7-31}$$

压实校正系数 C_p 的求取取决于真实孔隙度和计算孔隙度的校正量，而琼东南盆地深水区探井稀少，实测孔隙度资料十分少，直接根据少量的孔隙度测试数据校正计算孔隙度获取压实校正系数 C_p 的做法并不可靠。式（7-31）揭示了地层孔隙度与声波时差之间具备线性关系，可通过直接线性拟合测试孔隙度与测井声波时差求取各项地区经验系数，能够降低依靠少量孔隙度测试数据求取压实系数 C_p 时带来的误差。研究区探井实测砂岩孔隙度和对应深度的声波时差具备相当好的相关性（图7-16），相关系数约为0.9，表明建立起来的孔隙度和声波时差的关系比较可靠。

最终，建立地层孔隙度与砂岩声波时差的对应关系为

$$\phi = 0.15\Delta t - 23.1 \tag{7-32}$$

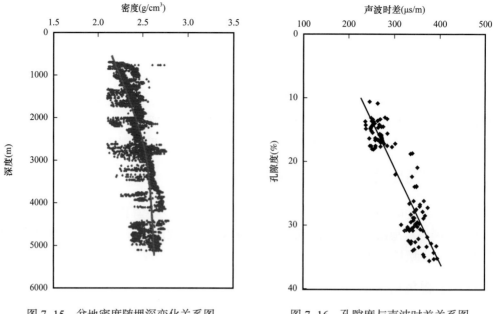

图 7-15　盆地密度随埋深变化关系图　　　图 7-16　孔隙度与声波时差关系图

（三）颗粒应力求取

颗粒应力求取是基于孔隙岩石静力平衡方程求解地层压力的关键。式（7-19）中泊松比 ν 和单位厚度岩石压缩量 $\dfrac{\Delta H}{H}$ 是未知量，大量的实测统计资料表明，琼东南盆地泊松比可以近似取 0.25。$\dfrac{\Delta H}{H}$ 是单位厚度压缩量，它受埋深的控制。随着埋深加大，$\dfrac{\Delta H}{H}$ 先是逐渐增大，当达到一个极大值后，$\dfrac{\Delta H}{H}$ 开始趋于定值。

（四）地震地层压力预测实例分析

地震地层压力计算与单井计算过程相似，在计算过程用地震速度代替测井声波速度，获取相关的模型参数，完成地震地层压力预测。地震剖面孔隙度是利用单井统计的声波时差和孔隙度之间的关系计算得到。颗粒应力的计算是通过单井建立的颗粒应力与地震波速度、不同深度单位厚度压缩量之间的关系来求取的。最后将上述求得的上覆地层压力、孔隙度以及颗粒应力代入式（7-30）可求得到地震地层压力预测结果。可以看出，琼东南盆地陵水凹陷自上中新统黄流组（T40）开始普遍发育超压，且随着埋深增大，超压幅度也逐渐增大。上中新统黄流组（T40）和中中新统梅山组（T50）主要为过渡带超压，压力系数在 1.0~1.6 之间变化；下中新统三亚组（T60）和上渐新统陵水组（T70）为超压，压力系数主要在 1.6~1.9 之间变化。渐新统崖城组（T80）和始新统岭头组（T100）为强超压，压力系数基本在 1.9 以上（图 7-17 至图 7-21）。

对陵水凹陷所有二维地震数据开展地震地层压力预测，可以得到特定层段的地层压力平面分布。从陵水凹陷陵水组高位体系域地层压力分布特征（图 7-22）可以看出：高位体系域存在两个强超压带，一是在凹陷中心部位，压力系数约为1.6，另一个位于凹陷西南部与乐东凹陷接壤地区，压力系数高达1.7；地层压力整体分布特征是从凹陷中心向凹陷边缘地层压力幅度逐渐减低；凹陷东南部区域发育弱幅超压，压力系数约为1.4。

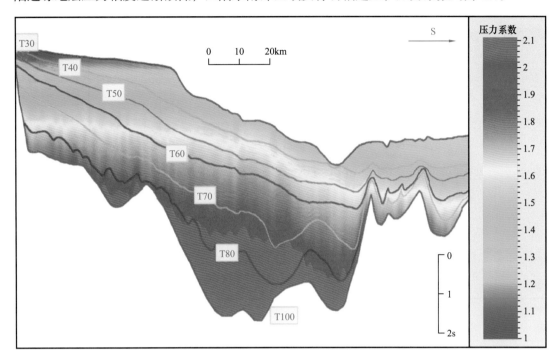

图 7-17　Line-1 地震地层压力预测结果

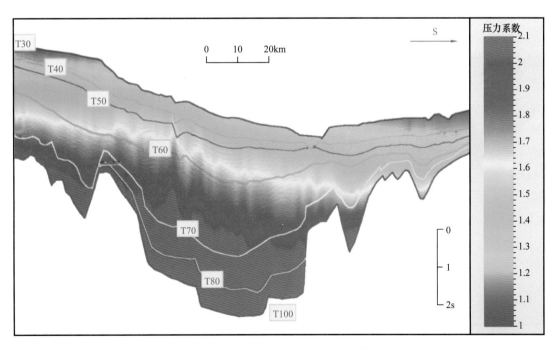

图 7-18　Line-2 地震地层压力预测结果

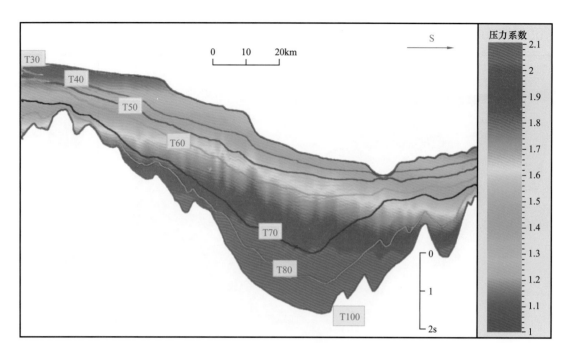

图 7-19　Line-3 地震地层压力预测结果

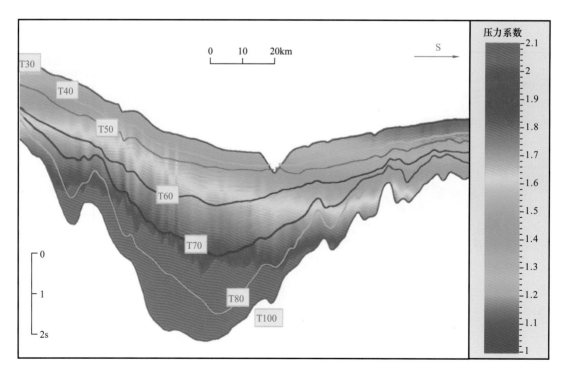

图 7-20　Line-4 地震地层压力预测结果

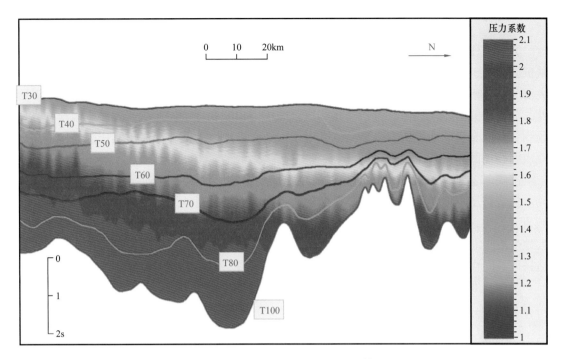

图 7-21　Line-5 地震地层压力预测结果

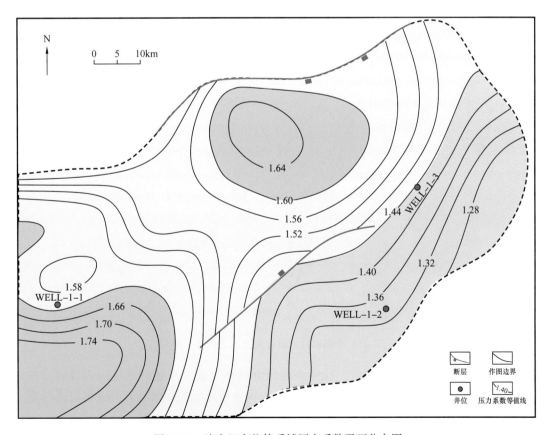

图 7-22　陵水组高位体系域压力系数平面分布图

二、异常高压补偿原理分析

异常高压的形成存在多种成因，沉积盆地异常高压的出现可以是单一成因，也可以是某成因为主，其他因素为辅，或是多种因素的叠加所致。目前，地层压力预测方法和技术大部分是基于沉积压实成因建立模型，预测结果不包含非压实成因对超压形成的贡献。因此，分析研究区超压成因，进行非压实成因的压力预测和补偿，才能实现多成因异常高压预测，获取真实的地层压力。下面以准噶尔盆地南缘地区为例，探讨压实成因与构造挤压双成因叠加的异常高压预测。

准噶尔盆地南缘受燕山运动和喜马拉雅运动影响，区域上受到强烈的南北向挤压运动。构造挤压不但使区域内形成复杂的构造和地应力场，对地层压力造成了显著影响。区域研究表明，准噶尔盆地南缘高幅超压的形成既与上新世以来快速的沉积作用有关，也极大地受控于北天山挤压作用于沉积物的构造应力，高幅超压的产生应该是欠压实作用和构造挤压共同作用的结果[21, 22]。

通过区域超压成因分析，可以得到准噶尔盆地南缘地层压力包括三个分量，分别是静水压力、压实型压力和构造型压力。地层超压实际是压实型超压和构造型超压之和（图7-23）。比如对于压力封存箱的顶、底板的古近系安集海河组及下白垩统吐谷鲁群，超压是由沉积和构造两个成因共同作用的结果，超压量为压实型超压和构造型超压之和。

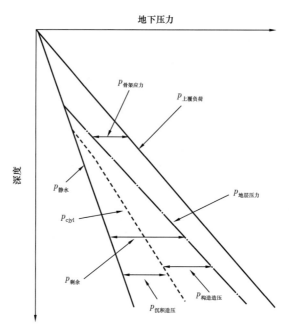

图 7-23　准噶尔盆地南缘地层压力成因分解图

对准噶尔盆地南缘地区而言，压实型超压可以利用前文所述的地层压力计算方法求取，超压补偿，即补偿构造挤压造成的超压量，构造挤压型超压量计算公式可以表示为

$$p_{应力附加} = p_{实际} - p_{欠压实} - p_w \tag{7-33}$$

式中，$p_{应力附加}$为侧向附加构造应力导致的超压部分。

三、异常地层高压预测的补偿实例

压实型超压可以利用前文所述的地层压力计算方法求取。但是构造挤压导致的超压量很难由地层速度求取，但是可以通过建立相应的超压补偿体系来实现，这也就是本节的研究重点。

通过对准噶尔盆地南缘地区的构造应力附加地层压力部分进行了提取，来构建构造挤压超压补偿体系。首先，根据测井资料建立泥岩压实曲线，结合研究区实际地层压力发育情况，针对不同区域建立了相应的补偿模型。图7-24至图7-27分别为准噶尔盆地南缘西部地区、中部地区和东部地区超压发育模式图。

然后，通过对研究区内的主要探井进行分析，收集实测压力资料，利用改进压力计算模型计算一套地层压力，然后与实测压力进行对比，按照500m深度段为区间提取应力附加地层压力部分，绘制平面图。以准噶尔盆地南缘东部山前地区为例，可以看出1000～1500m深度范围内构造应力附加超压部分很少，所造成的压力系数增量小于0.1。2000m以下深度范围应力附加部分明显增强，最高达到0.7左右。平面上在博格达山前阜康断裂带区域应力附加部分明显较大，向盆地内部逐渐减小（图7-28、图7-29）。

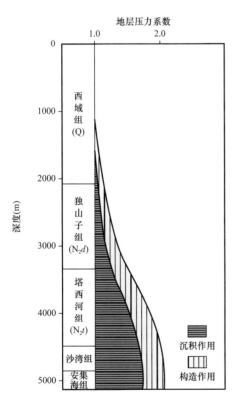

图7-24 准噶尔盆地南缘西部超压发育
成因模式图

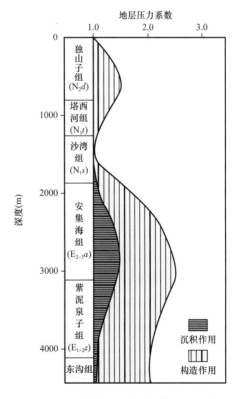

图7-25 准噶尔盆地南缘中部超压发育
成因模式图

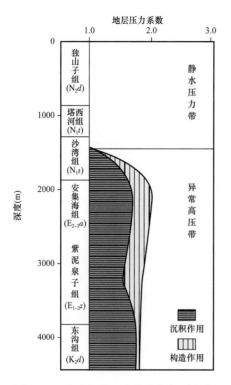

图 7-26　准噶尔盆地南缘东部超压发育
成因模式图

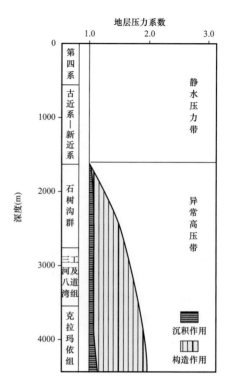

图 7-27　准噶尔盆地南缘东部三台地区
超压发育成因模式图

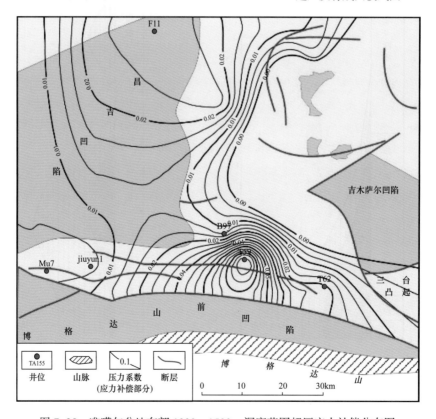

图 7-28　准噶尔盆地东部 1000～1500m 深度范围超压应力补偿分布图

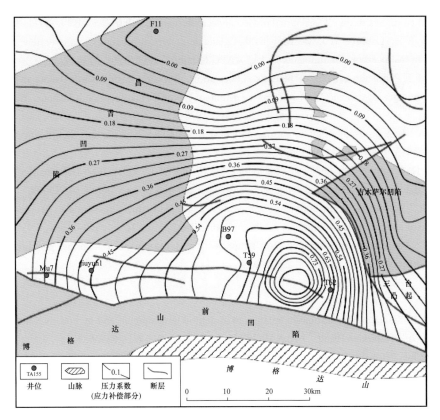

图 7-29   准噶尔盆地东部 3500～4000m 深度范围超压应力补偿分布图

本 章 小 结

地震压力预测是一项重要的勘探应用技术。由于目前地震压力预测的精度不是很理想，使得异常地层压力钻前预测的可信度不是很高。本章通过不断改进异常压力预测模型，并利用地震低频速度与地震相对速度合成方法，获得较高质量的地震绝对速度资料，然后依据超压成因差别改进压力计算误差的补偿方式，最终获得较高精度的超压预测结果。这样一套实用的技术流程比较好地解决了地震压力预测的三大关键问题，将地震压力预测技术提升到一个新的阶段。

参 考 文 献

[1]Osborne M，Richard E S. Mechanisms for generating overpressure in sedimentary basins：a reevaluation[J].
　　AAPG Bulletin，1997，81（6）：1023-1041.

[2]马启富，陈思忠，张启明，等 . 超压盆地与油气分布 [M]. 北京：地质出版社，2000.

[3]赵靖舟 . 前陆盆地天然气成藏理论及应用 [M]. 北京：石油工业出版社，2003.

[4]Lundegard P D. Sandstone porosity loss-a big picture view of the importance of compaction [J]. Journal of
　　Sedimentary Petrology，1992，62（2）：250-260.

[5]Sclater J G，Christie P A. Continental stretching：an explanation of the post mid-Cretaceous subsidence of

the central North Sea basin［J］. Journal of Geophysical Research, 1980, 85（B7）: 3711–3739.

［6］Swarbrick R E, Osborne M J. Mechanisms that generate abnormal pressures; an overview（in Abnormal pressures in hydrocarbon environments）［J］, AAPG Memoir, 1998（70）: 13–34.

［7］Meissner F F. Petroleum geology of the Bakken Formation, Williston Basin, North Dakota and Montana（in the economic geology of the Williston Basin; Montana, North Dakota, South Dakota, Saskatchewan, Manitoba, Rehrig）［J］.Montana Geology Society, 1978: 207–227.

［8］Berry F A. High fluid potentials in California Coast Ranges and their tectonic significance［J］.AAPG Bulletin, 1973, 57（7）: 1219–1249.

［9］Sibson R H. Conditions for fault value behavior［C］//Knipe R J, Rutter E H. Deformation mechanisms, rheology and tectonics.London: Geological Society Special Publication, 1990, 54: 15–28.

［10］Luo X R, Vasseur G. Contributions of compaction and aquathermal Pressuring to geopressure and the influence of environmental conditions. AAPG Bulletin, 1992, 76（10）: 1550–1559.

［11］Barker C. Aquathermal pressuring–role of temperature in development of abnormal pressure zones［J］. AAPG Bulletin, 1972, 56（10）: 2068–2071.

［12］罗蛰潭, 崔秉荃, 黄思静, 等.粘土矿物对碎屑岩储集层的影响及控制［J］.天然气工业, 1991, 11（4）: 24–27.

［13］Bruce C H. Smectite dehydration–its relation to structural development and hydrocarbon accumulation in northern Gulf of Mexico Basin［J］.AAPG Bulletin, 1984, 68（6）: 673–683.

［14］Meissner F F. Petroleum geology of the Bakken Formation, Williston Basin, North Dakota and Montana［M］. Billings: Montana Geological Society, 1978.

［15］Ungerer P, Behar E, Discamps D. Tentative calculation of the overall volume expansion of organic matter during hydrocarbon genesis from geochemistry data: implications for primary migration［J］. Chichester: Advances in organic geochemistry, 1983: 129–135.

［16］Magara K.Compaction and migration of fluids in Miocene mudstone, Nagaoka plain, Japan［J］. AAPG Bulletin, 1968, 52（12）: 2466–2501.

［17］Eaton B A. The equation for geopressure prediction from well logs［J］. Fall Meeting of the SPE of AIME, Dallas, 1975: 1–8.

［18］Fillippone W R. On the prediction of abnormally pressured sedimentary rocks from seismic data［J］. Offshore Technology Conference, Houston, 1979: 2667–2676.

［19］郭志峰, 刘震, 吕睿, 等.南海北部深水区白云凹陷地层压力钻前地震预测［J］.石油地球物理勘探, 2011, 47（1）: 126–132.

［20］Dutta N, Mukerji T, Prasad M et al. Seismic detection and estimation of overpressure. Part two: field applications［M］. Canada: CSEG Recorder, September, 2002.

［21］况军.准噶尔盆地南缘超压泥岩层及其构造意义［J］.石油实验地质, 1993, 15（2）: 168–173.

［22］徐国盛, 匡建超, 李建林.天山北侧前陆盆地异常高压成因研究［J］.成都理工学院学报, 2000, 27（3）: 255–262.

第八章　剩余油分布时移地震预测

在21世纪初期，地震勘探技术渗透到油气田开发领域，开发地震成为热门课题。三维地震精细解释技术为油藏地质模型建立提供等时性井间油藏变化图像，为开发调整井位部署提供直接的地质依据。同时，时移地震技术为油藏动态监测提供了目前最有效的手段，为油藏剩余油分布位置提供直接的预测。目前在海上油气田开发中，时移地震技术应用比较广泛。

深水区油气田开发兼具高收益与高风险。单井成本上亿美元，一座海上平台成本可达数十亿美元。深水油藏的稀井条件与低分辨率三维地震资料不利于剩余油分布预测；静态的井、地震资料无法直接反映动态的油藏流体变化。时移地震可以直接对井间流体变化成像，已经成为深水开发的主流流体监测手段，是国际石油公司深水勘探开发的常用技术与关键技术。良好的一致性采集和互均化处理使得不同时间节点地震数据体之间的差异足以反映油藏的变化。但在时移地震解释的过程中还需注意，这种差异响应的形态和强度不仅受控于油藏的变化，还取决于地质、地震等多方面因素，忽略了某些因素的影响往往导致时移地震解释与油藏生产动态无法较好地匹配，影响应用效果。如何去除时移地震解释中的多解性，更有效地利用时移地震中所包含的丰富的流体变化信息是时移地震解释的关键问题之一。

经过近20年的科研攻关，笔者研究团队提升了对时移地震反射的主要影响地质因素的认识，形成了包含差异波形解释法与振幅比值定量解释法在内的一整套的用于剩余分布预测的时移地震定量解释方法体系，实际应用资料表明新方法有效降低了时移地震解释多解性，提升了已开发油藏剩余油分布预测的科学性。这些特色鲜明的时移地震解释技术已经成为海洋油气田开发的创新技术，同时这些时移地震解释新方法可能对于我国陆上油气田开发也具有一定的借鉴潜力。

第一节　时移地震基本概念

时移地震技术可定义为利用不同时间测量的地震数据属性之间的差异变化来研究油气藏特性变化的技术。其大致流程为：每隔一定时间进行一次地震测量；对不同时间观测的数据进行匹配处理，使得与油气藏变化无关的地震响应具有一致性，仅保留油气藏变化导致的地震响应差异；综合利用岩石物理、地质、开发等多种信息，对流体在空间范围内进行动态监测（图8-1）。

时移地震是一项综合性很强的技术，在应用的过程中往往要综合地质、地震、储层和岩石物理多方面信息。其发展依托于一系列技术链条，包含但不限于时移地震采集、处理及解释。

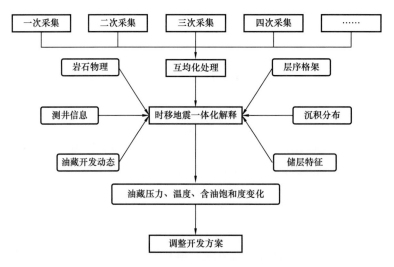

图 8-1　时移地震技术应用基本流程

一、时移地震采集

时移地震技术利用不同地震数据间差异，因此需要两次或多次地震采集。根据采集目的，时移地震数据可分为三类：（1）在不同时间采集地震数据，但没有考虑后续时移地震技术的应用时，这类时移地震数据称为继承性数据；（2）预先考虑时移地震应用的采集称为目的性重复采集，这种采集方程成本高于继承性数据，但重复性更高；（3）21世纪初，业界提出 E-FIELD 或仪器化油田概念，即在油田开发初期就将检波器安置在地表和井中，真正做到按需激发，构成时间维度，也可以说永久性检波器采集，其成本最高，但对于油藏整个开发周期获得的效果最好，也代表未来时移地震采集发展方向。

二、时移地震处理

不经任何处理，不同时间采集的地震数据间往往会存在很大差异，油藏变化引起的差异往往被这种由于采集或处理引起的不希望得到的差异掩盖。地表条件、环境变化、震源、激发观测系统、采集仪器的变化都会引起不同地震数据间较大的差异。特别对于继承性地震数据，由于技术的进步，新的重复地震不可能与原有的地震采集用同样的设备，这导致了时移地震数据间的不一致是绝对的，一致是相对的，而直接比较两个地震数据体不可能得到真正由于油藏变化引起的地震响应差异。

时移地震资料处理的主要目标之一就是使资料的可重复性最大，消除储层之外因素引起的差异。时移地震处理分为两类：（1）归一化处理，即在常规处理过程中，针对时移地震数据的时间、振幅、频率和相位方面的差异，利用校正归一化算子分别对地震剖面的主要差异逐个进行匹配校正；（2）互均衡处理，即在完成常规处理后，为了提高可重复性，对不同时间的地震响应进行匹配。

在实际资料处理时，由于目的和对象的不同，时移地震和三维地震处理（如高分辨率处理）的算法和参数可能不同，因此往往准备两套相对独立的处理方案——一个为了时移地震，另一个用来解决其他的处理问题。虽然时移地震的第一目标是提高不同时间采集的地震数据的可重复性并降低时移地震解释中的不确定性，但是另一方面，我们也不能将基础与监测地震处理得过分相似而破坏了时移差异信号。

三、时移地震解释

对于时移地震技术，针对性的岩石物理分析、地震模拟、采集和处理都为时移地震解释提供了必要的支持。时移地震技术能否真正有效用于油藏管理在很大程度上取决于时移地震解释。解释方法和步骤的选择关系到整个时移地震技术所能发挥的效益。另外，时移地震的目的是及时、高效地指导油藏开发，提高采收率和加速开采进程。因此，时移地震解释具有很强的时效性。通过岩石物理分析，我们可以判断形成时移地震差异响应的主要原因，是时移地震解释的基础。时移地震属性分析和基于油藏模拟的时移地震解释是目前比较主流的两种时移地震解释方法。

（一）岩石物理基础

对于地震勘探，岩石物理技术是连接地震响应和油藏参数（压力、流体饱和度等）的桥梁。在生产过程中，储层流体饱和度、压力、孔隙度和压力的变化导致了速度和密度的变化，进而形成了差异响应。

前人通过大量的岩石物理实验和理论分析，发现温度、压力、脱气以及生产过程中的流体饱和度变化是储层岩石物理性质（如波阻抗）变化的主要因素，岩石物理性质变化导致不同时间节点的地震响应差异。Domenico（1976）通过岩心测定发现在气水饱和储层中反射振幅与含水饱和度并非线性相关，指出不能直接用地震振幅估算储层含气饱和度。在20世纪80年代中后期和90年代初期，Nur等做了大量岩石物理学实验，为时移地震发展奠定了岩石物理基础。Wang（2000）曾对注水和注CO_2两种情形下流体替换对地震响应影响的Gassmann方程理论预测结果和实验数据进行过比较，认为二者吻合很好，为利用Gassmann方程进行水驱和CO_2驱理论分析提供了可能。在此基础上，Wang[58]对影响岩石物理特性的各种因素进行了系统分析和总结，确定了地震岩石物理学准则。国内方面，云美厚等[59-61]从Gassmann方程理论计算、测井资料分析仪器实验数据等方面，尝试使用经验公式拟合对水驱时移地震岩石物理关系进行分析研究。

岩石物理分析对于时移地震技术应用的另外一种重要意义是它可以作为时移地震技术可行性分析的判别标准。例如，Lumley曾提出，小于4%的波阻抗变化难以被时移地震检测到。在时移地震的准备阶段，充足的岩石物理分析工作是可行性分析的基础。

（二）时移地震属性分析

时移地震属性分析往往是一种定性分析方法，它直接利用地震反射特征的变化判断油藏变化，所利用的反射特征主要包括层间时差、振幅和反演得到的属性（如速度、密度和波阻抗）。

层间时差法适用于物性变化大、厚度大的储层。在这种情况下，储层层间地震波旅行时间就会有明显变化，进而导致时差的变化。稠油热采、蒸汽驱、火烧油藏都是上述情况典型的开发方式。相对于基础地震剖面，在监测地震剖面中可能出现旅行时滞后或超前的现象，利用这一变化，通过求取基础地震与监测地震剖面中旅行时差可以估计注入流体的波及或影响范围和运动方向。这一方法受储层非均质性影响较小，需要储层在开发过程中可以产生明显的时差变化。

在开发过程中储层的流体饱和度、压力、温度的变化会导致储层地球物理特征的变化，进而导致反射系数强度变化，形成差异振幅。对于较厚的气层，当含气饱和度降低到20%时，振幅变化幅度可达到100%[63]。利用振幅变化可以快速得到注入流体分布范围和方向。由于振幅的变化受控于多种因素，因此这种直接利用振幅变化得到的时移地震解释结果往往是定性的。

对基础地震和监测地震分别进行反演并求差可以得到储层物性差异，如速度差异或波阻抗差异。速度分析法不仅可揭示储层横向分布范围变化，而且可确定储层动态的纵向分布状态。如果在前期的岩石物理实验（或岩心分析）和理论研究中已经建立了速度与地层压力、温度以及流体饱和度等的定量关系，那么就可以利用速度或波阻抗差异对上述参数进行定量分析。基础地震与监测地震分别反演需要地震资料具有较高的品质和相当好的重复性。用于反演的测井资料与地震资料间的匹配程度、反演算法都影响最终解释结果的可靠性。然而，监测地震采集时往往不会相应地进行重测井。

（三）基于油藏模拟的时移地震解释

在这一解释过程中，以时移地震的差异性做动态历史拟合的约束，并不断修改模型，直至满足动态历史和时移地震的差异性。在这一方法中，剩余油气分布只是数值模拟的结果。这种方法的好处在于，只要时移地震的差异反映了油藏变化的模式，即可作为约束，而剩余油气是通过数值模拟产生的。

时移地震只经历了四十年的发展。19世纪70年代时移地震只是一个初步的概念。到了80年代，一些关于岩石物理研究的文章中首先探讨了时移地震的潜力[4-6]。时移地震的应用效果往往取决于地震资料的品质、采集的可重复性和储层的变化程度，所以最初时移地震往往应用于开发前后储层地球物理性质差异较大的热采项目[7-9]。到了90年代初，虽然还没有针对性的时移地震采集，但该技术已经开始应用于传统水驱油藏。90年代末，时移地震的经济价值得到了证实，业界也开始了更具针对性的时移地震采集。当前，时移地震还在继续发展，应用的地点也已经从最初的北海，发展到了墨西哥湾、西非、巴西、亚洲、澳洲以及北非。应用的目的层也从古近—新近系碎屑岩（对流体和压力变化更加敏感）逐渐发展到了更老的碎屑岩和碳酸盐岩。永久固定的检波器也使得"按需采集"成为一种选择。

第二节　薄油藏时移地震差异响应特征

时移地震解释是基于不同时间点采集的地震资料间的差异性，结合其他各种不同类型的资料，判断油藏流体、压力和温度变化。本质上是一个反问题的求解过程，属于广义上的反演问题。正演是解决反演问题的基础，即首先应该研究开发过程中油藏流体、温度或压力发生了怎样的变化，产生了怎样的油藏物理属性（如速度、密度），对应的何种变化，最终形成了怎样的地震数据间的差异。这一正问题也是对时移地震响应形成机理的研究。研究的方法包括但不限于理论分析、基于模型的关系推导、正演模拟及岩石物理分析。

在常规地震勘探中，根据褶积模型，对于零相位子波，厚油藏的地震响应与顶底界面的反射系数成正比；厚油藏顶底与波峰或波谷相对应。油藏顶底可以在剖面中进行识别，厚层油藏分布范围和特征可以通过地震属性或反演进行刻画。而薄油藏的顶底反射发生干涉，产生调谐效应，振幅强度无法代表反射系数强度，振幅的波峰与波谷与反射界面也不再相互对应。因此，有限带宽的地震资料难以解释薄层的分布和性质。在时移地震解释的过程中，厚油藏往往存在较大的时差、油藏顶底的反射系数变化产生的差异响应相对独立，为油藏变化的解释提供了较好的地震条件，对于这种情况，传统的三维解释方法可以直接应用于时移地震解释。但由于分辨率的限制，这种勇于厚油藏的时移地震解释方法并不能直接用于解释薄油藏的时移地震响应。因此，需要对薄油藏的时移地震响应特征进行更加细致的分析，这是找出对薄油藏更具针对性的解释方法的基础。

一、开发效应对岩石物理属性的影响

（一）流体替换

不同的开采方式、开采过程中的不同阶段都可能产生不同的流体替换效应。注水过程是水驱替油、气的过程，热采通过提高稠油温度降低其黏度，溶解气驱一方面通过使得原油中溶解气增多降低黏度，另一方面利用气体驱替原油。

利用 Gassmann 方程可以预测流体替换带来的岩石物理性质的变化，它利用已知的固体基质、骨架和孔隙流体的体积模量计算流体饱和的多孔介质体积模量。对于一种岩石，固体基质由形成岩石的矿物组成，骨架是指岩石样品的格架，孔隙流体可能是气、油、水或者是三者的混合，即

$$K^* = K_\mathrm{d} + \frac{(1 + K_\mathrm{d} / K_\mathrm{m})^2}{\dfrac{\phi}{K_\mathrm{f}} + \dfrac{1 - \phi}{K_\mathrm{m}} - \dfrac{K_\mathrm{d}}{K_\mathrm{m}^2}} \tag{8-1}$$

式中，K^* 为以体积模量为 K_f 的流体所饱含的一种岩石的体积模量；K_d 为骨架的体积模量；K_m 为岩石基质（颗粒）的体积模量；ϕ 为孔隙度。当一种体积模量更大的流体替换了原先孔隙内的流体时，则岩石的体积模量变大。Gassmann 公式也阐明了流体替换造成地震差异响应的机理。

（二）油藏压力变化

油藏中存在两种不同的压力：上覆地层压力和油藏压力。上覆地层压力也称为围压，受全部上覆岩层控制。油藏压力也称为流体压力或孔隙压力，这种压力受流体物质控制。围压和流体压力之差称为净上覆岩层压力。由于孔隙流体压力抵消了一部分上覆地层压力，因此控制油藏岩石地震特性的是净上覆岩层压力。

地震速度和波阻抗，包括 P 波和 S 波，随净上覆岩层压力增加而增加，但这一关系并非线性。压力越小时，这一效应越明显。在生产和提高采收率的过程中，油藏压力和流体

饱和度都在变化。压力和饱和度的影响可能彼此加强或相消。这些结果在地震特征（速度和波阻抗）上的变化取决于压力和饱和度变化的综合效应。例如，在水驱过程中，水取代油导致了含油饱和度的下降，由于水的体积模量往往大于轻质油或活性油，因此含油饱和度的下降带来的效应是体积模量的增加。当油藏压力由于开采下降时，净围压增加，其效应是增加岩石体积模量，因此含油饱和度的变化和油藏压力的变化两种效应相互加强。当油藏压力由于注水升高时，则两种效应相互抵消，可能基本上或全部消除彼此对地震特性的影响。这个例子也说明了在进行时移地震监测时充分了解油藏开发过程和岩石特性变化的重要性。

（三）油藏温度变化

地震速度和波阻抗在被气或水饱和的岩石中随着温度的增加而稍有降低。但当岩石被原油饱和时，地震特性随着温度的增加而大幅降低，尤其在未固结重油砂岩中。速度对温度的依赖关系为利用地震方法进行热提高采收率监控提供了物理基础。Tosaya 等[81] 率先展示了纵波速度在重油砂中的降低。当温度从 25℃升高至 125℃时，v_p 速度几乎降低到了原来的 35% 到 90%。Wang 和 Nur[82] 研究了众多的重油砂和油气饱和的岩石。研究结果表明，v_p 和 v_s 速度随着温度的增加而降低。当温度从 25℃升高至 125℃时，v_p 速度几乎降低了 40% 以上。

二、薄油藏时移地震反射特征

（一）薄油藏差异响应模型模拟

根据地震薄层的调谐原理，按照油藏厚度与调谐厚度之间的关系，将油藏分为薄油藏和厚油藏。为了模拟薄油层的时移地震响应，建立一个三层地质模型，采用褶积模型模拟地震响应。图 8-2 显示薄油藏的地震响应为一个单峰复合波。

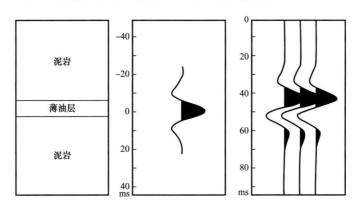

图 8-2　薄油藏模型及其地震响应

按照油藏与围岩的速度大小以及油藏的速度变化，将薄油藏的速度及其变化分为四种类型（表 8-1）。

表 8-1　薄油藏速度及变化类型

薄油层模型	油层与围岩相对速度关系	油层速度变化
模型 1	$v_{油层} > v_{围岩}$	增速
模型 2	$v_{油层} > v_{围岩}$	减速
模型 3	$v_{油层} < v_{围岩}$	增速
模型 4	$v_{油层} < v_{围岩}$	减速

根据表 8-1 中的四种薄油藏模型,选择了四组速度组合进行时移地震的差异波形模拟。经过互均化处理的时移地震资料具有相同的主频,并且初始相位也相同。因此采用 40Hz 的零相位雷克子波进行时移地震模拟。在模拟过程中,采用 1ms 的采样间隔,地质模型及模拟结果是按照地层的双程旅行时间进行显示,这样可以清楚地看到油层旅行时的变化,并且原始地震数据、开发地震数据和差异地震数据的振幅具有统一的显示比例。模拟结果如图 8-3 至图 8-6 所示。

(二)正演模拟分析

在模型 1(图 8-3)中,油藏的原始速度为 2700m/s,开发后的油层速度变为 2900m/s,速度增加 7.4%,不同厚度的薄油层产生的时差也不同(在 0.25~0.13ms 之间变化)。在这种情况下,无法利用时差进行时移地震分析。从图中能够看出开发前、后地震数据的振幅变化十分明显。

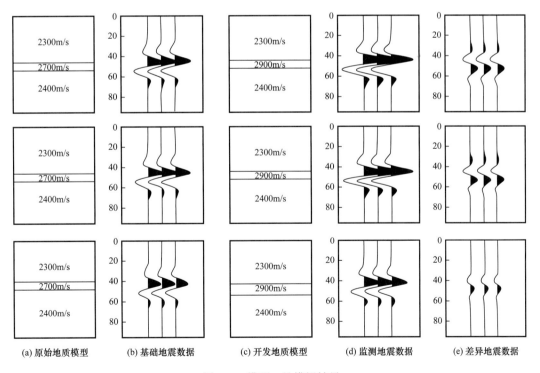

图 8-3　模型 1 的模拟结果

图 8-4 是模型 2 的模拟结果。模型 2 开发之后的油层速度为 2500m/s，速度减小 7.4%，不同厚度油层产生的时差分别为 –0.3ms、–0.24 ms、–0.15ms，很难识别时差的变化。与模型 1 类似，开发前、后的主要差别是振幅的变化。图 8-3 与图 8-4 的差别体现在差异波形中，模型 1 的差异波形是波谷在上部、波峰在下部，而模型 2 的差异波形是波峰在上部、波谷在下部，这与模型 1、模型 2 的不同油层速度变化相对应。

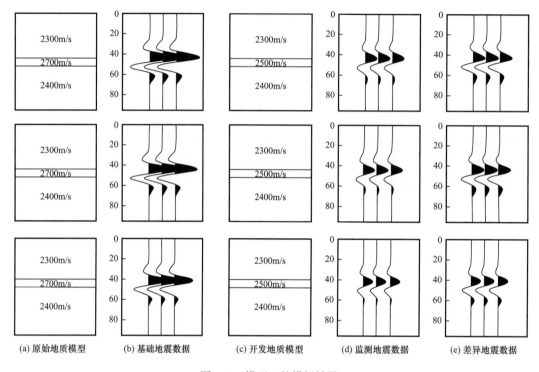

(a) 原始地质模型   (b) 基础地震数据   (c) 开发地质模型   (d) 监测地震数据   (e) 差异地震数据

图 8-4　模型 2 的模拟结果

图 8-5、图 8-6 分别为模型 3 与模型 4 的模拟结果。差异波形也与模型的不同油层速度变化相对应。薄油层差异波形的形态与泥岩和油层的相对速度关系无关，差异波形的形态只与油层的速度变化有关。在图 8-3、图 8-5 中，尽管泥岩与油藏的速度大小关系不同，图 8-3 的地质模型是高速油层和低速泥岩，而图 8-5 中的地质模型和高速泥岩和低速油层，但由于油层的速度都是增加，所得到的差异波形特征相同。在图 8-4、图 8-6 中可以得出类似的结果，即油层的减速也导致相同特征的差异波形。

（三）差异波形的成因类型

由上述正演模拟结果可知，油层增速产生波谷在上、波峰在下的差异波形，而当油层减速时，产生波峰在上、波谷在下的差异波形。由于油层增速和减速导致的差异波形为正波形，油层速度减小导致的差异波形为负波形。据此，在时移地震数据的差异剖面中，可根据差异波形的形态判断油层的速度变化，即正波形由油层速度增加引起，负波形由油层速度减小引起（图 8-7）。

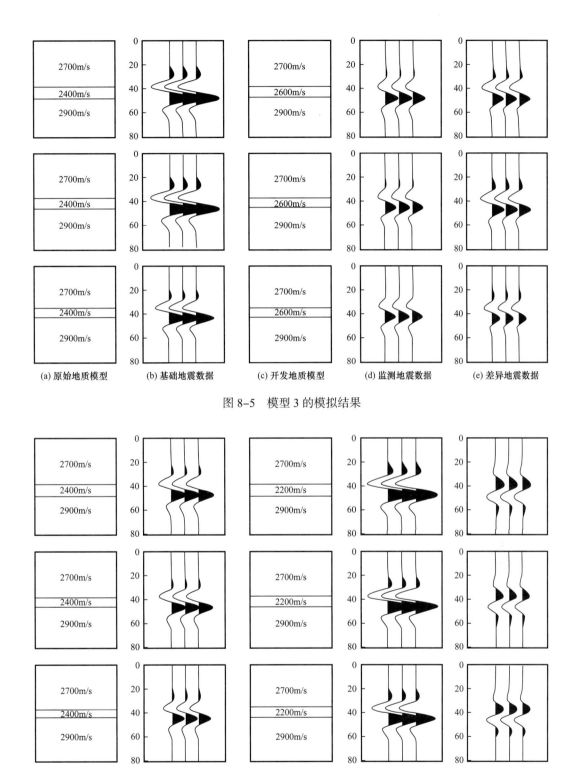

(a) 原始地质模型　　(b) 基础地震数据　　(c) 开发地质模型　　(d) 监测地震数据　　(e) 差异地震数据

图 8-5　模型 3 的模拟结果

(a) 原始地质模型　　(b) 基础地震数据　　(c) 开发地质模型　　(d) 监测地震数据　　(e) 差异地震数据

图 8-6　模型 4 的模拟结果

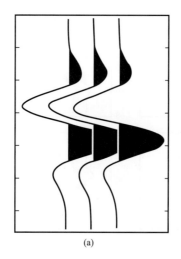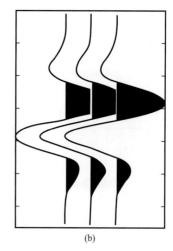

图 8-7　差异波形的两种成因类型

（a）正波形（油层增速形成）；（b）负波形（油层减速形成）

三、薄油藏差异振幅变化规律

在三维地震勘探中，薄层反射总是存在调谐现象，影响储层预测效果。但调谐在时移地震中尚未引起足够的重视。近年来人们发现实际时移地震差异响应往往比实验室中测定的响应要大[62]，一些学者通过时移地震数值模拟探讨了时移地震中的调谐现象。黄旭日通过流体替代计算与正演模拟对水驱气藏时移地震振幅响应变化进行模拟，提出时移地震中的调谐效应对时移地震差异振幅可能存在较大影响。易维启等[64]提出三维地震中只存在"厚度调谐"，而时移地震由于储层速度的变化同时存在"厚度调谐"与"速度调谐"两种调谐作用，并通过理论计算与数值模拟分别分析了两者对差异振幅的影响。Bertrand[65]将三维地震调谐原理应用于时移地震调谐研究，分析了层间旅行时变化对时移地震调谐的影响。Meadows 等[66]分析了厚度和温度对注 CO_2 模型时差和振幅的综合影响，发现厚度对振幅存在控制作用。鲍祥生[67]对楔状储层的三层地质模型的时移地震响应进行模拟，提出了时移差异大小与储层厚度不存在正比关系。显然，与三维地震相似，以上研究说明调谐对时移地震响应确实存在影响。只考虑储层物理性质（如速度、密度）变化对时移地震差异响应影响的解释方法显然已经不适合于储层厚度存在变化的时移地震解释。

（一）模拟分析

假设存在一楔形砂质油藏，围岩为泥岩。储层或围岩为均匀、各向同性介质（图8-8）。油藏正在经历着水驱开发，假设含油饱和度统一均匀变化，因此开发过程中每个时刻油藏波阻抗的变化也是相同的。为了研究厚度与含油饱和度的变化如何影响差异振幅，我们假设油藏的波阻抗从 7000 [（g/cm³）·（m/s）] 逐渐变化至 7500 [（g/cm³）·（m/s）]，泥质围岩波阻抗为 6200 [（g/cm³）·（m/s）]，使用零相位主频为 25Hz 的雷克子波进行基于褶积模型的正演模拟。由于储层物理性质变化较小，储层厚度薄，因此假设层间时差不影响振幅变化。

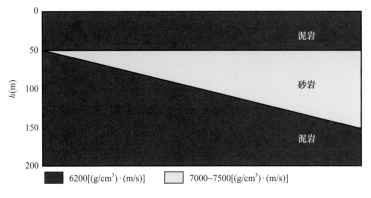

图 8-8　楔形油藏模型

由图 8-9 可知，差异振幅不仅受油藏波阻抗的影响（与流体饱和度变化控制），还受储层厚度的影响。如果砂岩油藏具有一个恒定的厚度，那么差异振幅会随着波阻抗的变化而线性变化，这是一个简单的规律。根据这种线性变化，我们可以定性的估计油藏的相对变化。但对于相同的流体变化（波阻抗变化相同），厚度对差异振幅强度产生较强影响，且两者间不存在线性关系。图 8-9 中显示出厚度对差异振幅主要产生两种影响：（1）厚度接近于调谐厚度时，差异振幅表现为异常高值；（2）厚度小于调谐厚度至逐渐尖灭时，差异振幅表现为异常低值。由于调谐作用对三维地震的影响，储层厚度的精确值难以确定，因此对求差异振幅的解释将会存在较强多解性。

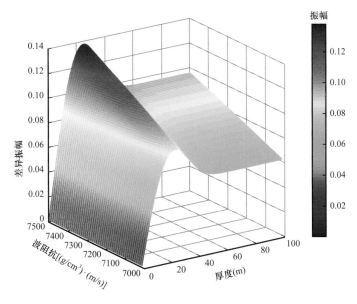

图 8-9　差异数据最大振幅

（二）理论分析

为了进一步深入研究波阻抗变化和厚度对差异振幅的影响，建立了三层介质模型（图 8-10）。砂岩厚度为 d，基础地震和监测地震采集时储层砂岩波阻抗分别为 I_b 和 I_m，围岩具有一个恒定的波阻抗 I_s。基础地震和监测地震时的反射系数和地震响应都进行了图

示。储层顶界面在基础地震和监测地震时的反射系数可表示为

$$R_{\mathrm{b}} = \frac{I_{\mathrm{b}} - I_{\mathrm{s}}}{I_{\mathrm{b}} + I_{\mathrm{s}}} \tag{8-2}$$

$$R_{\mathrm{m}} = \frac{I_{\mathrm{m}} - I_{\mathrm{s}}}{I_{\mathrm{m}} + I_{\mathrm{s}}} \tag{8-3}$$

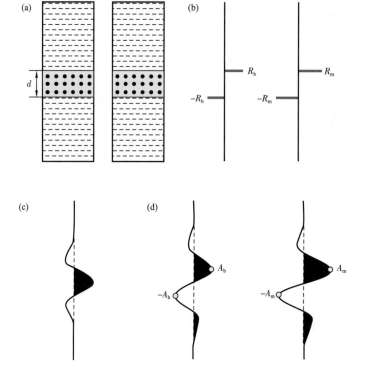

图 8-10 薄储层基础与监测的理论地震响应

（a）包含储层与围岩的三层介质；（b）开发前后储层反射系数；
（c）零相位的雷克子波；（d）薄油藏的基础和监测地震响应

基础地震和监测地震间砂岩储层的波阻抗变化为

$$\Delta I = I_{\mathrm{m}} - I_{\mathrm{b}} \tag{8-4}$$

基础地震和监测地震时的储层底界面的反射系数为 $-R_{\mathrm{b}}$ 和 $-R_{\mathrm{m}}$。图 8-10 中所示的响应基于褶积模型和零相位雷克子波。假设层间旅行时不变，基础地震和监测地震的地震响应可以表示为

$$S(t)_{\mathrm{b}} = R_{\mathrm{b}} \left[W(t) - W(t - \Delta t) \right] \tag{8-5}$$

$$S(t)_{\mathrm{m}} = R_{\mathrm{m}} \left[W(t) - W(t - \Delta t) \right] \tag{8-6}$$

可以注意到：在式（8-5）和式（8-6）等号右侧具有一个相同的因子 $W(t) - W(t - \Delta t)$，受控于子波和储层的时间厚度。因此，基础地震和监测地震的差异振幅变化可以表示为：

$$A_{\text{dif}} = (R_{\text{m}} - R_{\text{b}})[W(t) - W(t - \Delta t)] \qquad (8-7)$$

式（8-7）表明，地震子波形态和储层的时间厚度旅行时造成了时移地震调谐，其中，储层的时间厚度难以精准确定。

第三节　时移地震差异波形解释方法

地震波形分类技术是基于地震波形特征处理的属性分析技术，通过对由地震波形所表征的地震相的处理、分类和分析，来研究目的层在岩石物理性质、含流体性质等方面的差异。具体实现方法为：在一定时窗范围内统计地震波的几何形状、频率、能量变化快慢及各种地震属性，从而在剖面或平面上划分各种地震属性特征综合相近的区域，在此基础上结合地质资料得出有关的地质认识。

理论研究表明薄储层的时移地震响应存在正波形和负波形两种模式，在实际工区的时移地震解释工作中发现，地震差异数据剖面中确实存在着稳定的地震波形。由于这种波形强调不同时间点采集的地震资料间的差异，因此将其定义为差异波形。利用差异波形判断油层波阻抗变化是可行的。本节首先介绍该方法的基本原理与大致流程，再介绍该方法在国内外工区中的成功应用实例。

一、差异波形解释方法基本原理

在油田开发过程中，由于油层纵波速度和密度的变化，导致开发前、后的地震响应差异。通过分析薄层时移地震资料波形特征与油层波阻抗变化之间的关系，有以下认识：（1）薄油层差异波形的形态与围岩和砂岩的原始波阻抗没有关系，只与砂岩油层的波阻抗变化有关，薄油层的波阻抗变化导致的差异波形具有规律性，即波阻抗增加产生正波形，波阻抗降低产生负波形；（2）在其他研究手段的基础上，利用差异波形可以直接、定性地解释油层波阻抗的变化，即利用正波形判断油层波阻抗增加，利用负波形判断油藏波阻抗降低（图8-7）。

波阻抗是储层地球物理参数，对于油藏管理，波阻抗变化不够直观，因此不能直接用于指导油藏开发。岩石物理是储层属性变化（如流体饱和度、温度和压力等的变化）和储层物性（如波阻抗）变化间的桥梁，可用于将波阻抗变化转化为流体变化。开发动态资料是验证时移地震解释结果合理性的重要标准。因此，时移地震差异波形解释技术包含以下主要步骤（图8-11）：

（1）生产动态分析，判断实际工区生产方式可能引起的主要油藏变化；

（2）岩石物理分析，建立储层物性参数与地球物理参数关系，判断上述油藏变化可能产生的储层地球物理参数变化；

（3）地震数据求差处理，获得差异地震数据体，结合生产动态分析与岩石物理分析得到的结论，对差异波形进行综合解释；

（4）差异数据体平面和剖面结合，解释油藏流体在三维空间中的变化方式和变化范围，指导油藏开发方案调整。

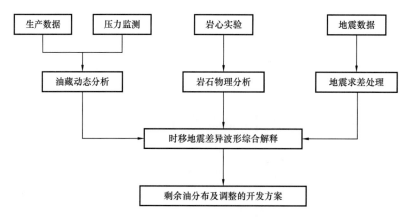

图 8-11　时移地震差异波形解释技术流程

二、时移地震差异波形解释在 SZ-36-1 油田的应用

（一）油藏特征

该油田属于在披覆背斜背景下受断层、岩性因素控制的层状油藏。油藏类型比较简单，油水系统简单，主要为岩性—构造油藏，油田西北侧的边界断层是油藏的重要边界，对油气起着封堵作用。在油田走向上，其含油边界受到砂岩尖灭的控制。

该油田储层碎屑颗粒以石英、长石和岩屑为主，砂岩成分成熟度较高，填隙物含量为 9.2%～16%。油层疏松，胶结性差，为高孔隙度、中—高渗透性储层。储层孔隙度主要分布在 25%～35% 之间，渗透率主要分布在 100～1000mD 之间。地层原油密度平均为 0.89g/cm^3，溶解气中甲烷含量为 95%，CO_2 含量为 0.07%～0.38%。地层水属于碳酸氢钠型，矿化度较高，达到 6579mg/L。

（二）储层岩石物理特征

该油田开采前后油层温度降低量大约为 1～4℃，开采后的地层压力降低幅度为 1～4MPa，温度压力的变化对储层物性影响很小。典型油藏的含油饱和度从开发前的 70% 降到开发后的 30%，开发后地下原油溶解气量有所减少。

岩心实验表明：在相同的条件下，水替换稠油之后，疏松砂岩纵波速度变化 60～160m/s，主要在 80～110m/s 之间。

气体对地震速度的影响有两种形式。一种是溶解气，当开发前后压力变化较小时，地层压力大于饱和压力，气体以溶解气的形式存在于原油中。气油比的变化导致岩石纵波速度的变化。随着原油中溶解气量的增大，岩石纵波速度呈线性减小（图 8-12）。另一种是游离气，当地层压力降低至饱和压力以下时，原油中溶解的气体脱出。气体相从无到有时，岩石速度变化明显；气体到一定量后再增加时，岩石速度趋于稳定，变化幅度很小（图 8-13）。

综合上述岩石物理分析可知，影响储层物理性质的因素主要是流体替换、气油比的变化以及脱气的影响。

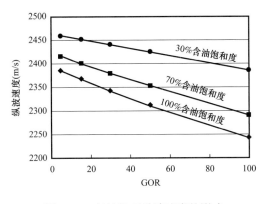

图 8-12　气油比对纵波速度的影响

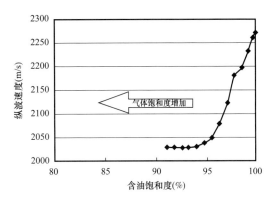

图 8-13　脱气对岩石纵波速度的影响

53# 松散砂岩测试结果（实验参数：温度 25℃，围压 32MPa，流压 16MPa）

（三）开发对油藏性质的影响分析

油田以注水采油为主要开采方式。由于注水采油中注入的是盐水，同时原油的密度又比较高，开采过程中流体的密度变化不大；部分区域的综合含水饱和度、孔隙流体压力变化较大，进而导致了脱气现象和含气饱和度的改变。结合岩石物理分析，目的层储层开发前后的流体变化主要体现在油层的含油饱和度、孔隙流体压力、含气饱和度的变化，并主要导致了开发前后储层速度的变化。开发对油藏岩石物理的影响可以概括为：压力减小导致纵波速度增大，含水饱和度的增大将导致纵波速度增大，脱气将导致纵波速度减小。

（四）典型求差地震剖面波形解释

图 8-14 是过 SZ36-1 油田 A26 井的时移地震剖面。在剖面中发现第 3 层的差异波形是一个正波形，依据差异波形的成因模型，判断第 3 层在开发后引起速度增大。A26 井开发动态资料表明，开发之后 A26 井含水情况及压力发生了明显变化，而气油比的变化很小。由岩石物理实验结果可知，当地层条件下的原油被谁取代或压力降低时，油层的体积模量会增大，这时油层的纵波速度也会相应地增大。这种情况下，由于油层的波速小于泥岩的波速，造成油层与泥岩的波阻抗差异减小，从而引起波阻抗界面的反射系数绝对值减

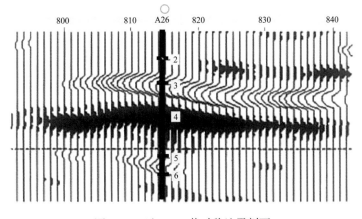

图 8-14　过 A-26 井时移地震剖面

小。与开发前先比，开发后的波阻抗界面对应地震波谷反射能量会减弱。在互均化的振幅条件下面与波阻抗界面对应的开发前、后的地震数据会产生差异，第3小顶层界面产生正波形（图8-15），这与前文分析的正波形对应油层的速度增大这一结论一致。

图8-15是过SZ36-1油田B6井的时移地震剖面。在剖面中发现第9层的差异波形是一个负波形，依据建立的差异波形解释模型，判断第9层在开发后引起速度减小。B6井发开动态资料表明，开发之后B6井气油比发生了明显的变化，而含水情况及压力变化较小。由岩石物理实验结果可知，当地层条件下的原油脱气时，油层的体积模量会急剧减小，这时油层的波阻抗也会相应地减小，造成油层与泥岩的波阻抗差异变大。在这种情况下，引起波阻抗界面的反射系数绝对值增大（由于油层的速度小于泥岩的速度，波阻抗界面的反射系数为负值，相应的反射系数更小）。与开发前相比，开发后的波阻抗界面对应地震波谷反射能量会增大。在互均化的振幅条件下，与波阻抗界面对应的开发前、后的地震数据会产生差异，第9小层顶层界面产生负波形，这与前文分析的负波形对应油层的速度减小这一结论一致。

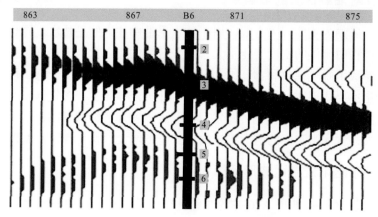

图 8-15　过 B-6 井时移地震差异剖面

井位处岩石物理、储层开发效应与差异波形解释的良好匹配说明了该方法对于该储层的有效性，为剩余油分布解释奠定了基础。

三、西非深水水道油藏时移地震差异波形解释

西非深水 A 油藏经过数年的注水开发，含水率上升至 22.5%。三口生产井中，有一口含水率上升较快，达到 65%，其他井处于低含水期。在开发后的第四年进行了继承性地震数据的采集和解释（图8-16），并对开发前后的地震数据进行了重新匹配处理。AKPO 油田水道储层为疏松砂岩，原始含油饱和度高，以轻质油为主，高孔隙度和油水间地震特性的强差异有利于水驱开发时移地震监测。

（一）岩石物理实验分析

前人在进行岩石物理分析时多基于实验室岩心测定，测定周期长，与实际资料匹配性较差。而同时利用动态开发动态信息与静态开发前测井解释数据进行时移地震岩石物理分析，具有原理简单、分析周期短、与地震匹配性较高的特点。具体研究内容包括三个方

面：单井油水层速度、密度和波阻抗差异分析（图8-17）；油藏整体油水层速度、密度和波阻抗差异分析；不同孔隙度区间内油藏速度、密度和波阻抗随含油饱和度变化分析。

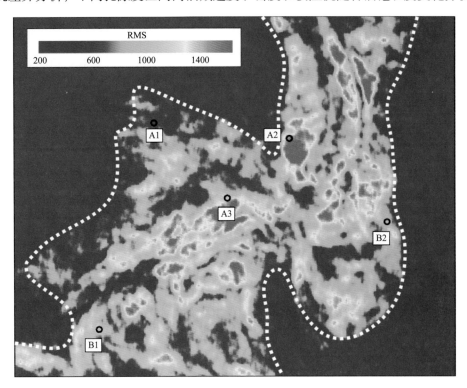

图8-16　西非深水工区基础地震储层内RMS属性

（以油藏范围为时窗的基础地震RMS属性）

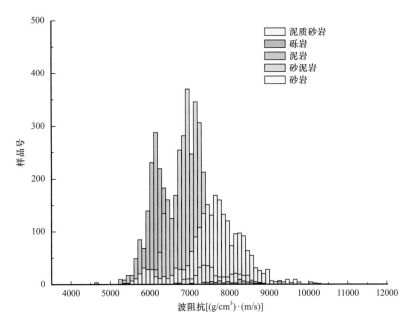

图8-17　油藏多种岩性波阻抗分布图

（二）单井范围油水层波阻抗对比分析

将含油饱和度大于 60% 的储层定义为油层，含油饱和度低于 15% 的储层定义为水层。对同一井中的水层与油层的速度、密度和波阻抗进行对比，结果表明：水层的速度、密度及波阻抗均比油层的速度、密度及波阻抗大（图 8-18、图 8-19）。

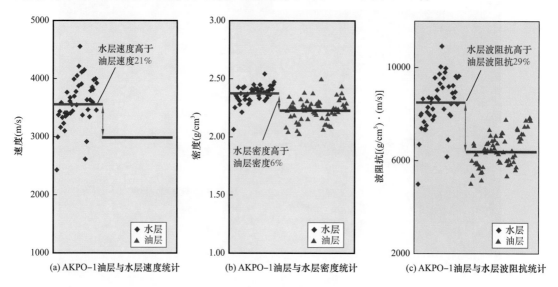

图 8-18　A-1 井油层与水层岩石物理属性对比

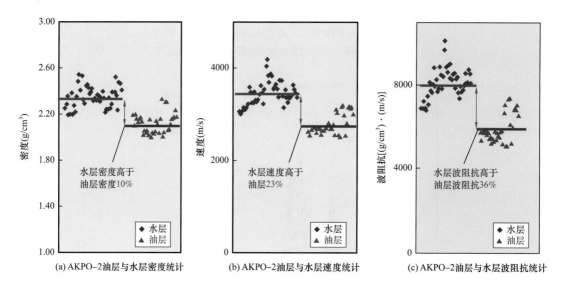

图 8-19　A-2 井油层与水层岩石物理属性对比

（三）油藏范围内油水层波阻抗对比分析

统计 AU 油藏所有井水层与油层的速度、密度和波阻抗并进行对比，结果表明：水层的速度、密度及波阻抗分别比油层的速度高 6.3%、5.6% 和 12%（图 8-20）。

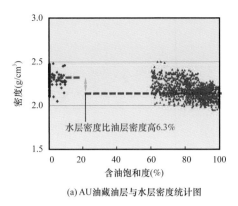

(a) AU油藏油层与水层密度统计图

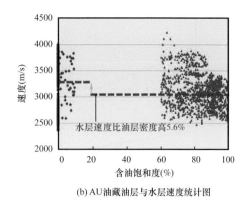

(b) AU油藏油层与水层速度统计图

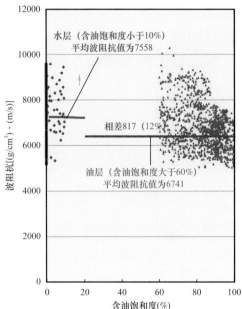

(c) AU油藏油层与水层波阻抗统计图

图 8-20　A 油藏油层与水层岩石物理参数对比

1. 不同孔隙度范围区间内储层波阻抗随含油饱和度增大而降低

将孔隙度限制在一个小范围内，对含油饱和度与纵波速度间关系进行分析，得到以下认识：无论储层介于何种孔隙度区间，储层的纵波速度、密度及波阻抗都随含油饱和度的增加而降低；对于中低孔隙度储层，随含油饱和度的变化，其速度变化更加显著（图 8-21、图 8-22）；对于高孔隙度储层，随含油饱和度的变化，其密度变化更加明显（图 8-23）；对于不同孔隙度区间的储层，当含油饱和度变化确定时，其波阻抗变化幅度较为一致。

2. 储层波阻抗随含油饱和度变化规律

基于岩石物理分析结果，分别统计不同孔隙度范围储层不同的含油饱和度变化对应的波阻抗变化百分比，统计结果表明：当储层水洗程度较弱时（20% 含油饱和度变化），波阻抗变化接近于 3%（表 8-4）；当储层中等水洗程度时（40% 含油饱和度变化），波阻抗变化超过 5%（表 8-3）；注水开发最为理想的情况下（含油饱和度由 100% 降低至 0%），

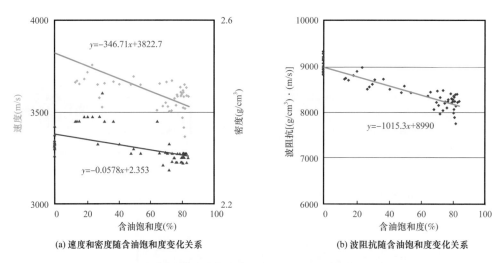

(a) 速度和密度随含油饱和度变化关系　　　　(b) 波阻抗随含油饱和度变化关系

图 8-21　低孔隙度储层岩石物理属性与含油饱和度交会分析

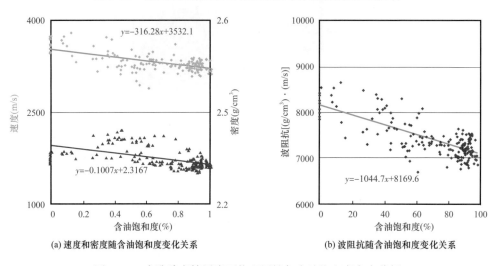

(a) 速度和密度随含油饱和度变化关系　　　　(b) 波阻抗随含油饱和度变化关系

图 8-22　中孔隙度储层岩石物理属性与含油饱和度交会分析

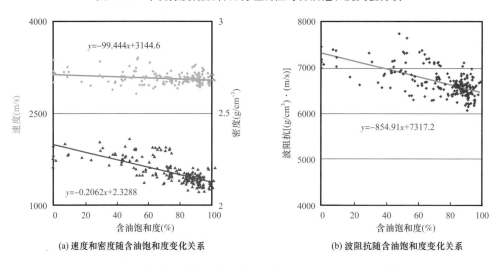

(a) 速度和密度随含油饱和度变化关系　　　　(b) 波阻抗随含油饱和度变化关系

图 8-23　高孔隙度储层岩石物理属性与含油饱和度交会分析

波阻抗变化将高达 12%（表 8-2）。AKPO 油田 AU 油藏储层砂岩疏松，原始含油饱和度较高（80%），油藏中赋存轻质油，注水波及油藏含油饱和度变化较大，AU 油藏的岩石物理分析结果对于分析时移地震主要影响因素和时移地震定量解释具有指导作用。

表 8-2 含油饱和度降低 100% 时油层岩石物理属性变化

单位：%

孔隙度范围	速度变化	密度变化	波阻抗变化
中低孔隙度	2.01	0.63	2.69
中等孔隙度	1.61	1.34	3.01
高孔隙度	0.79	2.05	2.89

表 8-3 含油饱和度降低 40% 时油层岩石物理属性变化

单位：%

孔隙度范围	速度变化	密度变化	波阻抗变化
中低孔隙度	4.02	1.25	5.38
中等孔隙度	3.22	2.67	6.03
高孔隙度	1.57	4.11	5.78

表 8-4 含油饱和度降低 20% 时油层岩石物理属性变化

单位：%

孔隙度范围	速度变化	密度变化	波阻抗变化
中低孔隙度	10.05	3.13	13.45
中等孔隙度	8.05	6.69	15.07
高孔隙度	3.93	10.27	14.43

（四）差异波形解释与生产动态信息的匹配分析

结合岩石物理分析结论，对 A 油藏典型井处生产动态信息和差异波形解释进行匹配分析，验证了利用地震差异解释油藏含油饱和度变化的可靠性，判断出 A 油藏时移地震差异成因机制为：注水导致油藏含油饱和度下降，引起油藏波阻抗增加，形成了正波形差异振幅响应。

虽然由于调谐的影响，差异振幅的强度无法定量反映油藏真实的流体变化强度，但仍可以利用差异波形特征定性解释油藏波阻抗变化增减。结合岩石物理分析结论，可以实现差异波形解释到油藏波阻抗变化定性解释，再到油藏流体变化方式定性解释的过程。另外，由产油井或注水井的生产动态信息可以推测邻近储层的流体性质。当产油井的产液成分中不包含水或含水量极少时，说明邻近油藏含油饱和度依旧处于高值；当产油井中已经开始产水时，说明邻近油藏的油受到水的驱替，含油饱和度发生明显降低；对于注水井，由于大量海水注入油藏，注水井周围的油藏在开发过程中经历了强烈的水洗作用，含油饱和度通常发生大幅降低。差异波形解释与生产动态信息分析间的匹配对于解释油藏时移地震差异响应形成机制、判断利用地震差异性解释流体变化的可靠性具有重要意义。

1. 典型井差异波形解释与生产动态匹配

1）A6 产油井综合匹配解释

（1）生产动态信息分析。

A6 井位于油藏南部上倾方向。自投产以来具有速率稳定的产油、产气（图 8-24）。稳定的气油比（图 8-27 红色实线）说明产气是由原油在井中举升过程中压力下降造成的，而不是油藏发生脱气引起的。A6 井无产水，说明井邻近油藏含油饱和度仍保持高位，含油饱和度在开发前后变化较小。A6 井井底压力变化较小，波动范围不超过 2 MPa，说明油藏压力变化较小，也说明没有脱气产生的条件。

图 8-24　A6 井产液量变化

由 A6 井生产信息可知，油藏含油饱和度、压力变化较小，无脱气现象。结合岩石物理分析相关结论，推测 A6 井邻近储层波阻抗变化较小。

（2）差异波形解释。

基础地震中的强振幅说明了水道储层的位置和空间分布范围（图 8-26a）。差异地震剖面中存在不连续、微弱差异振幅，说明油藏波阻抗变化微弱或无变化（图 8-26b）。

生产信息与差异波形解释结论一致，即 A6 井附近储层性质没有受到开发的影响。

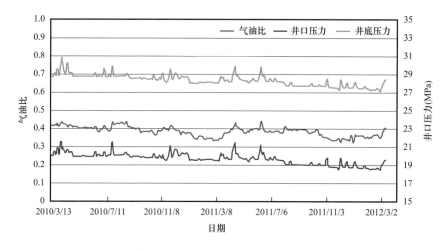

图 8-25　A6 井气油比与压力变化

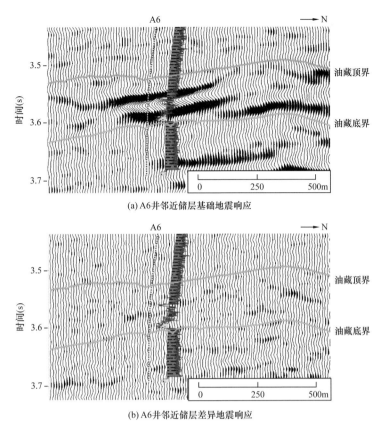

(a) A6井邻近储层基础地震响应

(b) A6井邻近储层差异地震响应

图8-26　A6井时移地震差异波形特征综合分析

2）A10产油井综合匹配解释

（1）生产信息分析。

A10井位于油藏北部上倾方向。产油、产气量先增加，后有所回落（图8-27）。A10井只有极少量产水，说明井邻近油藏含油饱和度仍保持高位，含油饱和度在开发前后变化较小。A10井井底压力波动范围不超过3 MPa，变化较小，也说明没有脱气产生的条件。气油比为0.3～0.4，没有突然的升高，说明附近油藏中没有脱气现象（图8-28）。

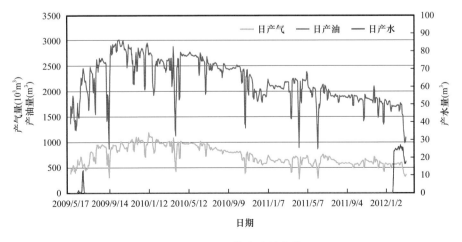

图8-27　A10井产液量变化

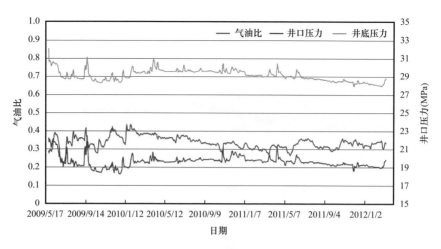

图 8-28　A10 井气油比与压力变化

推测 A10 井邻近油藏含油饱和度、压力变化较小，无脱气现象。结合岩石物理分析相关结论，A10 井邻近储层波阻抗变化较小。

（2）差异波形特征。

基础地震中的中、强振幅说明了油藏砂岩的横向展布范围（图 8-29a）。差异地震剖面中只有连续性差的微弱振幅，说明油藏波阻抗变化较小（图 8-29b）。

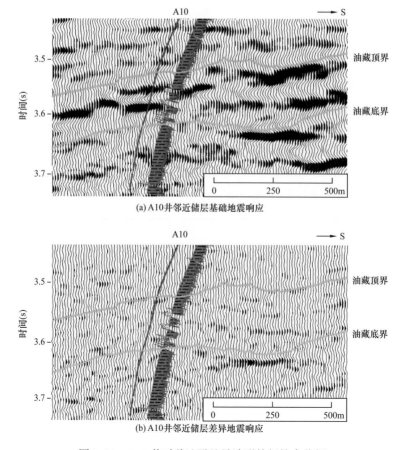

图 8-29　A10 井时移地震差异波形特征综合分析

显然，生产动态信息分析与差异波形解释的结论得到了匹配。

3）A33 产油井综合匹配解释

（1）生产信息分析。

水平井 A33 在开发初期有效地加快了油藏的开发。作为高产井，投入开发后产量迅速升至 4000m³/d（图 8-30）。但一年内 A33 井的含水率开始逐步升高，最终达到 1500m³/d。随着含水率的上升，产油速率也随之逐渐降低至 1500 m³/d。高含水率导致注水低效，开发速率降低。高含水率说明邻近油藏含水饱和度已处于高值，开发前后含油饱和度差异较大。A33 井井底压力波动范围不超过 3 MPa，变化较小，也说明没有脱气产生的条件。气油比为 0.3～0.4，没有突然的升高，说明附近油藏中没有脱气现象（图 8-31）。

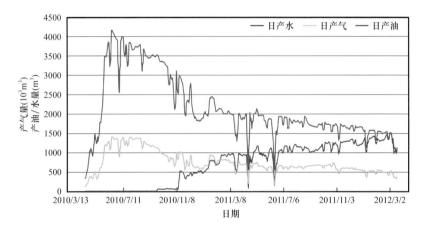

图 8-30　A33 井产液量变化

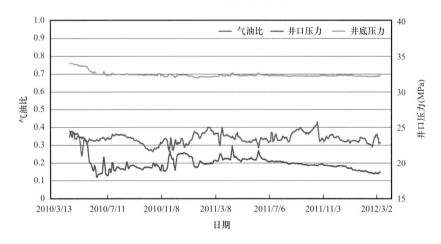

图 8-31　A33 井气油比与压力变化

由 A33 井生产信息可知，邻近压力变化较小，无脱气现象，但含油饱和度变化较大。基于井资料的岩石物理分析说明含油饱和度的降低将导致油藏波阻抗上升。

（2）差异波形解释。

基础地震中强振幅说明了油藏砂岩厚度大，储层砂岩与泥质围岩波阻抗差异大（图 8-32）。差异剖面中存在强振幅正波形，解释为油藏波阻抗明显增加，含油饱和度降低（图 8-32）。

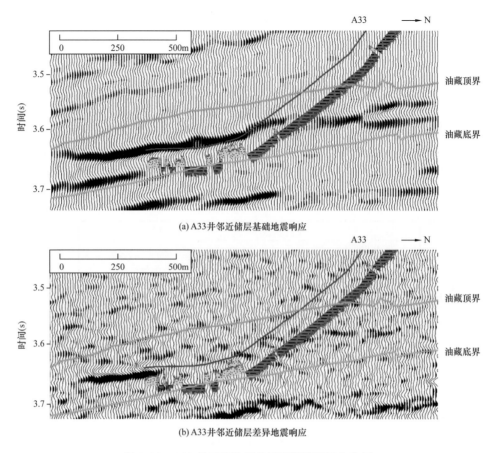

(a) A33井邻近储层基础地震响应

(b) A33井邻近储层差异地震响应

图 8-32　A33 井时移地震差异波形特征综合分析

A33 井差异波形解释得到了井生产动态信息较好的匹配。

4）A13 及 A28 注水井综合匹配解释

A 油藏共有四口注水井，其中 A13 井与 A28 井属于边缘注水，A15 井与 A28 井属边内注水。开发中后期，每口注水井日注水量都超过 4000m³（图 8-33），对邻近油藏产生了强烈的水洗作用。

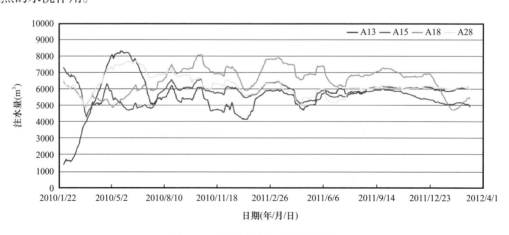

图 8-33　实际油藏注水井注水量

当采油井不断将油藏中的油采出时，注水井通过向油藏中大量注水补充油藏地层压力，进一步驱替油流向产油井。根据岩石物理分析结果，注水所导致的 A 油藏含水饱和度增加将引起油藏波阻抗的显著增加。A 油藏采取边缘注水方式，油藏边缘在开发前是油水过渡带，因此在开发前，边缘注水井 A13 井与 A28 井邻近油藏的含油饱和度向上倾方向逐渐增大。经过开发后的水洗作用，注入水对注水井邻近油藏中的油的驱替程度较高。因此，开发前后含油饱和度的变化从注水井向上倾方向逐渐增大。根据波阻抗随含油饱和度降低而增大的规律，储层的波阻抗变化从注水井向上倾方向逐渐增大。

A13 井、A28 井差异波形解释结论与上述生产动态分析结果一致。A13 井向上倾方向存在断续但不断增强的正波形差异振幅（图 8-34），说明储层波阻抗增加。

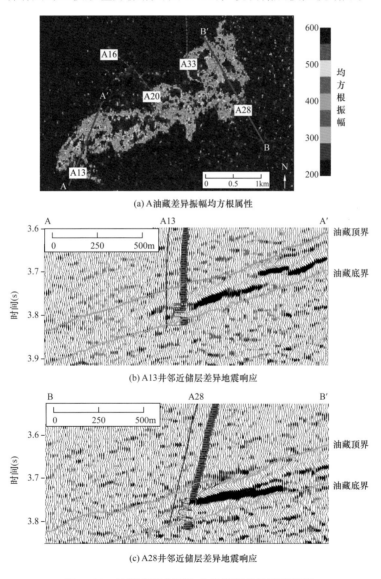

(a) A油藏差异振幅均方根属性

(b) A13井邻近储层差异地震响应

(c) A28井邻近储层差异地震响应

图 8-34　油藏南部典型注水井附近差异波形特征

上述数口典型产油井及注水井的生产动态和差异波形解释的匹配分析表明，注水开发导致油藏含水饱和度增加是时移地震数据间差异性的主要成因。时移地震差异的解释目标是含油饱和度的变化。

2. A油藏井间时移地震差异形成机制综合解释

A油藏内差异振幅均位于油藏范围内，在注水井与生产井间存在强差异振幅（图8-35、图8-36）。所有波形都属于正波形类型或正波形叠置类型，开发前后正波形分布区域中储层波阻抗增加。A油藏压力稳定，无脱气现象，储层的波阻抗随含油饱和度的降低而升高。推测注水开发导致井间油藏含油饱和度降低，形成了差异地震剖面中的强振幅正波形。

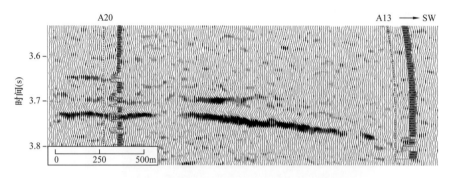

图8-35　A13注水井与A20生产井连井差异剖面

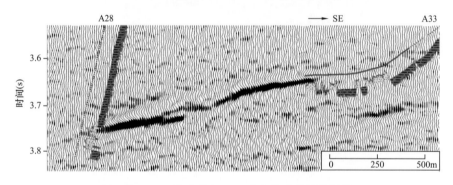

图8-36　A28注水井与A33生产井连井差异剖面

上述数口典型产油井及注水井的生产动态和差异波形解释的匹配分析以及井间差异波形解释都表明，注水开发导致油藏含水饱和度增加是时移地震数据间差异性的主要成因。时移地震差异的解释目标是含油饱和度的变化，排除了多解性。

第四节　比值法时移地震解释技术

三维地震中储层厚度对振幅强度具有非线性控制作用，该现象称为振幅调谐（amplitude tuning）。少数学者发现厚度对时移地震求差处理后得到的差异振幅同样存在着非线性控制作用，即时移地震振幅调谐。时移地震振幅调谐导致基于差异振幅的后续时移地震解释存在较强多解性。本节基于楔形油藏的正演模拟，分析了储层厚度对差异振幅的控制规律，提出全新的比值法时移地震数据解释新方法，利用新的处理手段消除了时移地震调谐及其带来的差异振幅多解性，为油藏变化定量解释提供了理论基础。基于振幅比值属性（RAA），提出先通过 RAA 定量预测油藏波阻抗、再通过波阻抗变化定量预测含油饱和度变化的解释模型，提高了基于时移地震数据预测含油饱和度变化的合理性与科学性。

一、基于比值算法的时移地震数据解释方法

前人在进行时移地震解释时全部基于求差这样一种单一的差异数据提取方式，提取手段单一，由于时移地震调谐的影响往往存在较强的多解性，提出了一种全新的基于开发前后地震振幅属性比值的波阻抗定量求取方法。该方法从原理上消除了调谐对解释结果的干扰，原理简单，较易实现。使用该方法求取 AU 油藏各小层波阻抗变化，相比于求差数据振幅解释，基于振幅比值法的时移地震解释与开发动态更为匹配，流动单元形态更加清晰。

针对调谐引起的时移地震差异振幅多解性问题，作者提出比值法时移地震数据解释新方法。比值法处理获得的振幅比值属性不受厚度影响，可以真实反映油藏变化。

（一）利用比值处理方法获得振幅比值属性

由三层介质模型理论分析可知，基础地震与监测地震表达式中具有相同的因子 $\left[W(t) - W(t - \Delta t)\right]$，且求差运算无法消除这一因子的影响。因此，下面将比值算法引入时移地震数据处理中，目的是突显时移地震数据间差异性的同时，消除时移地震调谐的影响，降低后续解释的多解性。

基础地震最大振幅属性 A_B 与监测地震最大振幅属性 A_M 可分别表达为

$$A_B = \text{MAX}\left\{R_B\left[w(t) - w(t + \tau)\right]\right\} \tag{8-8}$$

$$A_M = \text{MAX}\left\{R_M\left[w(t) - w(t + \tau)\right]\right\} \tag{8-9}$$

定义一种全新的时移地震属性——时移地震振幅比值属性（ratio of amplitude attribute，简称 RAA），RAA 是基础地震振幅与监测地震振幅间的比值，可表示为

$$\text{RAA} = \frac{A_M}{A_B} \tag{8-10}$$

式中，A_B 与 A_M 分别是基础地震和监测地震采集时薄油藏最大振幅属性。

对于顶底反射系数极性相反、强度相同的薄夹层，振幅与反射系数呈正比。因此，可进一步得出振幅比值属性（RAA）与储层与围岩间开发前后的反射系数（R_B 与 R_M）的关系为

$$\text{RAA} = \frac{R_M}{R_B} \tag{8-11}$$

式中，R_B 与 R_M 分别是基础地震和监测地震采集时储层与围岩间的反射系数强度。

由式（8-11）可知，RAA 只与储层界面的反射系数相关，而与储层厚度无关。时移地震差异振幅调谐通过比值算法得以消除。

（二）振幅比值属性特征

为说明差异振幅与振幅比值属性对于油藏厚度的敏感性差异，依旧利用楔形油藏开发地质模型交会分析振幅比值与储层厚度、油藏波阻抗之间的关系。在油藏波阻抗不断增加的过程中，不断采集监测地震数据并提取最大振幅属性，并与基础地震（油藏100%含油饱和度）最大振幅求比值，得到RAA属性。储层厚度、波阻抗变化和振幅比值交会分析结果如图8-37所示。

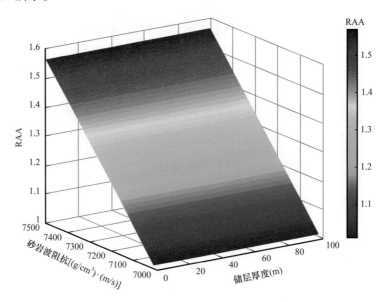

图8-37　监测地震与基础地震振幅比值随厚度与波阻抗变化规律

正演模拟结果分析表明，厚度的变化不影响RAA的数值。RAA受控于储层波阻抗，且这种控制作用接近于线性。上述规律为基于时移地震比值处理定量解释储层波阻抗变化提供了理论基础。

（三）比值处理方法的优势和适用条件

1. 方法优势

（1）消除厚度变化带来的多解性。比值处理新方法最显著的特征是所获得的振幅比值属性（RAA）不受油藏厚度控制，在突出了不同地震数据体之间的差异性的同时从处理原理上消除了时移地震调谐带来的多解性。

（2）不同时期地震资料间得到了良好的耦合。新方法解释的对象是不同地震间振幅的比值。先将不同年代数据进行了耦合关联，保障了后续解释过程中不会引入更多的人为因素来破坏不同期地震体之间的耦合性。

2. 适用的油藏类型

（1）储层顶底界面反射系数极性不变。振幅比值的表达式中，R_B与R_M是储层与围岩反射系数强度，是正数。当储层顶底的反射系数极性在开发前后发生变化时，RAA可能无法表达反射系数的真实变化。储层岩石物理分析通常可以验证实际油藏是否满足这一假设条件。

A 油藏不同岩性的波阻抗数值范围统计如图 8-38 所示。储层岩性以砂岩为主，围岩以泥岩为主。通过波阻抗属性可以将砂岩与泥岩进行很好的区分。由于采取早期注水开发，而水比油更难以压缩，因此油藏波阻抗整体呈现增加的趋势。储层界面反射系数极性不会发生变化。

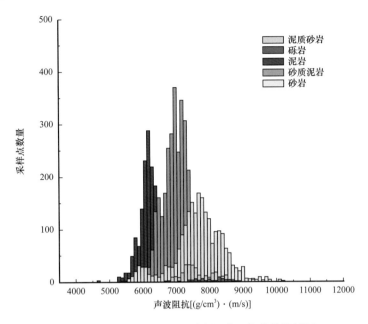

图 8-38　A 油藏目的层不同岩性波阻抗数值统计图

在达到一定埋深的油藏中，成岩作用与压实作用通常导致砂岩储层的波阻抗大于泥岩围岩。水驱开发方式通常会导致油藏砂体阻抗增加。因此，多数水驱开发油藏将满足这一假设。尽管如此，在应用比值处理法之前，利用岩石物理分析判断油藏是否满足这一假设条件仍很有必要。

（2）该方法假设层间时差变化影响较小。

理论上，储层流体变化会引起纵波速度变化，进而在基础地震与监测地震采集时形成油藏层间旅行时差，但大多数储层基本显示不出旅行时变化，只显示出沿层的振幅变化[79]。对于厚度较小的油藏，只有开发前后流体性质发生强烈改变时（如气驱油藏），才有可能产生可检测的时差变化。多数水驱油藏的层间时差可忽略不计。

比值处理新方法的适用条件分析表明，该方法目前适用于具有一定埋深的、以水驱开发方式为主的油藏中。在中国或世界范围内，此类油藏都较为常见。

二、基于时间平均方程建立含油饱和度变化定量预测模型

获得了确定性的油藏波阻抗变化后，需要通过适当的岩石物理模型才能将油藏波阻抗变化转换为油藏流体饱和度变化。常用的岩石物理模型包括理论模型与岩心实验拟合模型两类。应用最为广泛的岩石物理理论模型是 Gassmann 方程，但输入参数复杂，需要横波资料才能准确确定各项模型参数。岩心实验结果确定性强，但与地震资料存在较大的尺度差异，难以直接应用，往往需要大量数据才能得到可靠的结论，且实验费用昂贵。

实际油藏常缺乏横波资料与岩心实验，限制了储层岩石物理属性变化向油藏流体变化转换的效果。针对上述问题，本次研究参考时间平均方程基本原理，提出一种只需要纵波参数的基于时间平均方程的油藏流体变化解释方法。

（一）时间平均方程基本原理

Wyllie 等对合成树脂和铝的压片进行了岩石物理实验，发现整体的速度可以用以下表达式拟合，称之为时间平均方程：

$$\frac{1}{v} = \frac{\phi}{v_{\mathrm{L}}} + \frac{1-\phi}{v_{\mathrm{Al}}} \qquad (8-12)$$

时间平均方程假设地震波在不同介质中传播的路径长度与其所占体积呈正比，岩石整体的速度可以由包含的物质的各自速度和相对数量求取。对于双相介质，当已知两种物质各自速度和岩石整体速度时，即可求取两种物质各自占据的体积分数。

（二）基于时间平均方程计算含油饱和度变化

假设储层满足 Wyllie 时间平均方程模型条件，储层速度、流体速度与岩石骨架速度间存在如下关系：

$$\frac{1}{v} = \frac{\phi}{v_{\mathrm{f}}} + \frac{1-\phi}{v_{\mathrm{ma}}} \qquad (8-13)$$

假设孔隙中包含油、水两种液体，且孔隙流体同样满足 Wyllie 时间平均方程，则孔隙流体速度、油速度、水速度及含油饱和度存在如下关系：

$$\frac{1}{v_{\mathrm{f}}} = \frac{S_{\mathrm{o}}}{v_{\mathrm{o}}} + \frac{1-S_{\mathrm{w}}}{v_{\mathrm{w}}} \qquad (8-14)$$

式中，v 为油藏速度，v_{f} 为流体速度，v_{ma} 为岩石骨架速度，v_{o} 和 v_{w} 分别为油和水的纵波速度。该模型如图 8-39 所示。

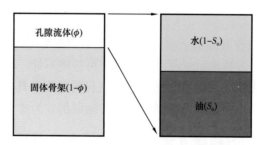

图 8-39　油和水饱和砂岩储层时间平均方程模型

含油饱和度变化量可表示为

$$\Delta S_{\mathrm{o}} = \int_{v_{\mathrm{Base}}}^{v_{\mathrm{Mon}}} -\frac{1}{\varphi\left(\dfrac{1}{v_{\mathrm{o}}} - \dfrac{1}{v_{\mathrm{w}}}\right)v^2}\,\mathrm{d}v \qquad (8-15)$$

式中，v_{Base} 和 v_{Mon} 分别为储层开发前后的纵波速度。当速度与含油饱和度之间为线性关系时，式 8-15 可简化为

$$\Delta S_o = \frac{1}{\phi} \cdot \left(\frac{1}{v_{Base} + \Delta v} - \frac{1}{v_{Base}} \right) \bigg/ \left(\frac{1}{v_o} - \frac{1}{v_w} \right) \tag{8-16}$$

通过式（8-16）可以获得定量的储层含油饱和度变化。这一含油饱和度变化求取模型中不需要储层横波属性的参与。必要的输入参数只包括开发前的储层速度、储层速度变化、纯油的速度、纯水的速度以及地层孔隙度。结合 Gardner 经验公式，开发前储层速度和储层速度变化可通过开发前储层波阻抗与储层波阻抗变化获得。

三、时移地震剩余油分布综合预测方法及应用

（一）波阻抗变化定量计算

根据开发层系，A 油藏可划分为两个开发主力小层 a1 与 a2，分别对两个小层进行波阻抗变化定量计算。

在进行流体变化解释前，需要确定砂体范围。A 油藏均方根振幅属性与砂体厚度具有良好的相关性，因此先依据均方根属性勾勒砂体边界（图 8-40）。边界内存在纵向叠置、横向连续的中强振幅，指示泥岩背景下砂岩储层的位置。

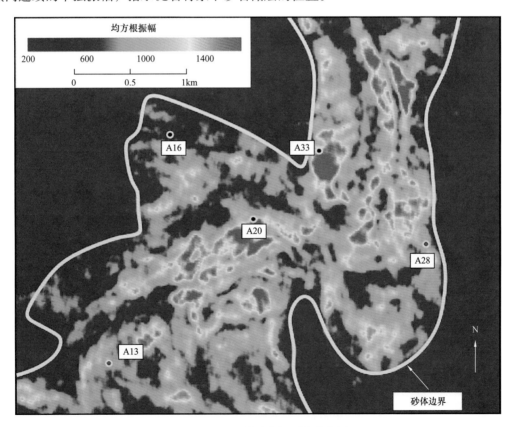

图 8-40　A 油藏均方根属性分布图

1. a1 小层波阻抗变化

当利用比值属性求取波阻抗变化时，需要储层和泥质围岩的平均波阻抗与平均孔隙度。储层与围岩的平均波阻抗通过波阻抗反演获得。平均孔隙度则需要利用 Gardner 公式与 Wyllie 时间平均方程获得。根据 Gardner 模型，储层波阻抗可以转换为储层速度。本次研究解释的储层范围是开发前油水界面之上的那一部分储层，假设流体中完全含油，则开发前的储层由纯油与岩石骨架构成，二者的速度可以通过岩石物理分析获得。已知储层整体速度、流体速度和骨架速度，则可以通过时间平均方程获得孔隙度参数。

将已知的 RAA 属性、开发前储层波阻抗（图 8-41）和围岩波阻抗及孔隙度参数代入式（8-16），即可获得储层波阻抗变化（图 8-42）。

由于注水的影响，整体上储层的波阻抗都有所增加，油藏下倾方向阻抗增加量更大，范围更广。这一解释成果与差异振幅解释间最明显的区别是对 A20 井附近储层变化的解释。在波阻抗变化图（图 8-42）中，A20 井处波阻抗存在较小变化，说明该井附近的储层变化较小，这与 A20 井中压力变化小、无脱气、无产出水的生产信息更加匹配。

2. a2 小层波阻抗变化

a2 小层的波阻抗变化求取过程与方式与 a1 小层相似。经过基础地震与监测地震最大振幅属性的提取并求比值，获得了 a2 小层的 RAA 属性分布（图 8-43）。a2 小层的波阻抗变化（图 8-44）显示出 A20 井处于阻抗变化低值区域，与 A20 井生产信息分析结果匹配。

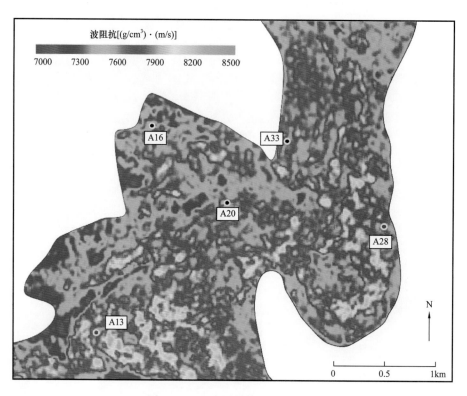

图 8-41　a1 小层砂体平均波阻抗

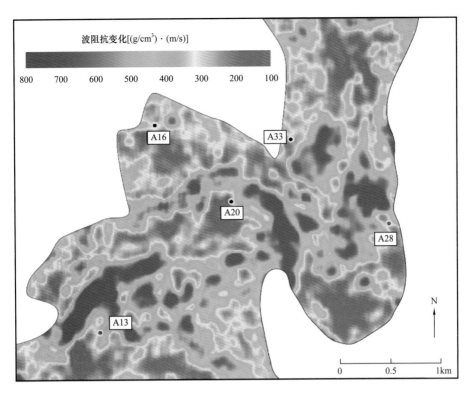

图 8-42　a1 小层砂体波阻抗变化

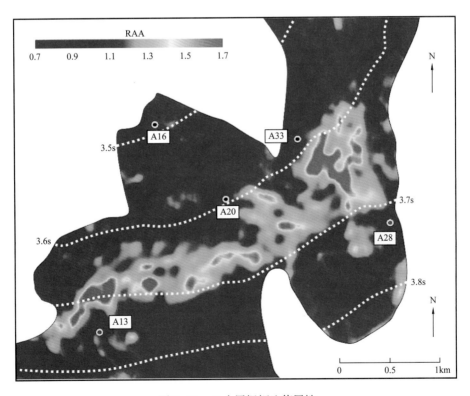

图 8-43　a2 小层振幅比值属性

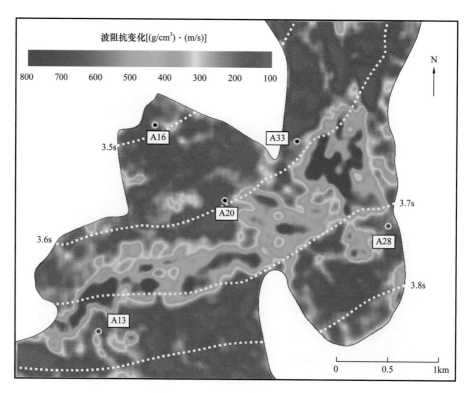

图 8-44　a2 小层砂体波阻抗变化

（二）A 油藏剩余油分布预测

开发前油藏含油饱和度减去含油饱和度变化量即可获得监测地震采集时的含油饱和度分布。根据油藏测井曲线解释成果，油藏初始含油饱和度约为 83%。结合含油饱和度变化，可计算出监测地震采集时 a1 和 a2 小层含油饱和度分布，如图 8-45 和图 8-46 所示。冷色代表较低的含油饱和度，暖色代表较高的含油饱和度。

a1 小层的剩余油饱和度平面分布十分清楚地展示了实际油藏中流体变化情况和注入水运动路径（图 8-45）。A13 井与 A28 井的注入水首先驱替了油藏低部位的油，使这一区域的油藏含水饱和度大幅上升。在进一步向高部位驱替油的过程中，"绕"过了 A20 井，导致 A20 井的下倾方向还存在大量剩余油。

a2 小层的油藏流体变化相对简单（图 8-46）。油藏含油饱和度的变化主要集中于油藏低部位，但 A20 井及其下倾方向仍显示出一定范围的剩余油富集。

（三）A 油藏储层连通性分析及开发方案调整

西非深水区海底扇 A 油藏储层主要沉积相为深水水道。不同时期的水道横向上相互切割，纵向上互相叠置。水道砂体整体较薄（厚度普遍小于 30m），厚度横向变化快。水道砂体之间可能存在薄的泥岩隔夹层，导致砂体间流体无法沟通。由于地震分辨率限制，泥岩隔夹层很难通过地震响应直接识别；即使识别出泥岩隔夹层，其渗流性质也很难判别。时移地震综合解释获得的定量剩余油饱和度分布为推测砂体间连通性提供了可能。本

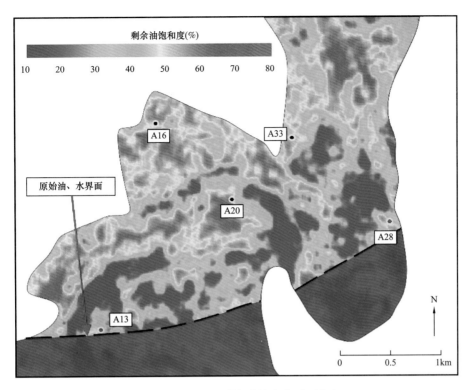

图 8-45　a1 小层剩余油饱和度平面分布

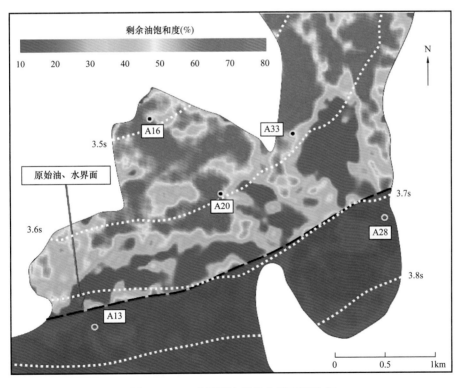

图 8-46　a2 小层剩余油饱和度平面分布

次研究基于时移地震解释得到的剩余油分布，结合三维地震响应中识别的储层分布，对油藏砂体间连通性进行了解释，为开发方案的合理调整提供了依据。

1. 储层连通性分析

在三维地震剖面中，油藏单一水道砂体的地震微相特征为单峰波形，振幅强度可在一定程度上反映砂体的厚度：强振幅往往对应厚层水道储层，弱振幅对应薄层水道储层。根据这一规律，可以在基础地震剖面中对水道进行识别。A油藏水道地震响应多呈现"顶平底凸"的响应特征，但通过地震剖面无法确定水道储层间连通性。

根据a1小层剩余油分布特征和注水运动在横向上的连续性，将a1小层划分为4个区域。这四个区域在空间上不连续，相邻区域的剩余油分布特点完全不同，因此认为这四个区域之间的砂体之间不具有连通性。以A20井附近储层为例，A20井处a1小层水道砂体厚度接近调谐厚度。在三维地震中A20井钻遇的砂岩储层地震响应形态为"顶平底凸"，具有较好的连续性和较强的振幅（图8-47b和图8-47c中R3区域）。A20北部存在一顶平底凸、连续性好但振幅较弱的地震响应（图8-47b和图8-47c中R2区域），解释为薄水道砂体。由于地震分辨率的限制，三维地震剖面中上述两个区域中的砂体地震响应有所重合，无法判断两者间是否存在具有封堵作用的泥岩隔夹层。通过分析a1小层含油饱和度分布，可知注水开发对R2区域中的砂体产生了影响，而对R3区域基本没有影响。由此可判断R2与R3区域中水道砂体间弱连通或不连通。以目前的开发方案继续生产，R3区域中剩余油可能在相当长的一段时间内无法得到采出。

2. 油藏开发方案调整

1）A油藏关键开发问题剖析

根据剩余油分布解释成果，对导致A油藏开发问题的原因有了清楚的认识。

（1）A33井的高含水率问题。水平生产井A33已经位于a2小层含水饱和度高值区边缘（图8-47），说明注水已经波及这一区域。如不调整开发策略，随着油藏中含油饱和度的进一步下降，井中含水率还将继续升高。继续生产会造成注水的低效或无效循环，增加深水油藏开发成本，降低开发速率。

（2）高部位A33井先于低部位A20井见水问题。虽然开发前流体分布受重力影响，具有较为统一的油、水界面，但开发过程中由于水道储层强烈的非均质性导致储层不同区域的注水受效程度存在较大差别。由于泥岩隔夹层的存在，导致A20井所钻遇砂体与A33井钻遇砂体间并不连通。

2）开发方案调整建议

根据A油藏开发问题和监测地震采集时的剩余油分布情况，参考储层连通性分析结果，结合深水油藏高勘探、开发成本的客观条件，提出了以下开发方案调整建议：

（1）A33井关井或转注水井，在其北部上倾方向剩余油富集区域钻一加密生产井，加速油藏剩余油气的开采；

（2）A20井下倾方向（图8-47a中R3区域中的西南部位）钻一注水井，加速这一区域油藏的开发开采。

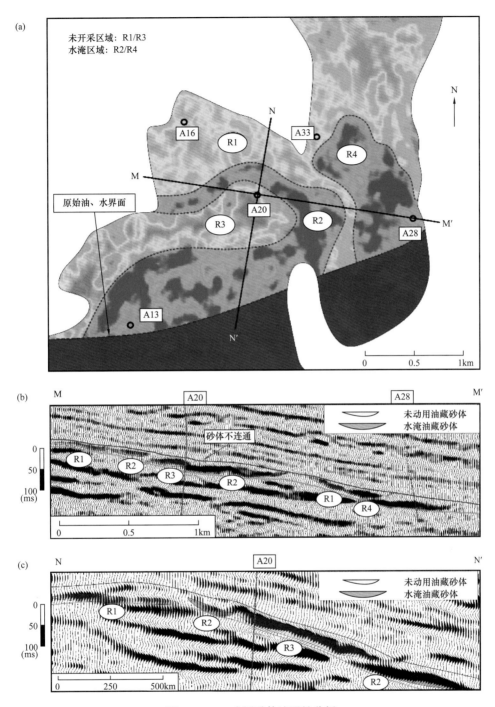

图 8-47　a1 小层砂体连通性分析

本 章 小 结

　　利用时移地震解释剩余油分布在油气开发领域一直是备受关注也同时备受质疑的新技术。本章提出了利用波形法直接快速确定油藏开发效应，经过不同油田的应用，证明了该方法的科学性。另外，通过时移地震理论模型证明了油层厚度干扰"四维地震"差异振幅的解释，证明了时移地震差异振幅中仍然存在振幅调谐作用对油层开发效果解释的较大干扰。为了消除这两个干扰，作者提出了"比值法"时移地震解释新思路，摒弃了传统的差值法时移地震解释思路，利用前后两次地震的振幅比值来计算油藏开发产生的波阻抗差，进而计算出油藏含油饱和度的变化量，最终计算出剩余油的分布范围。这是一项全新的思路和全新的方法，应用实例证明"比值法"时移地震预测成果符合油藏开发实际结果，具有重要的推广应用价值。

参 考 文 献

[1]甘利灯.四维地震技术及其在水驱油藏监测中的应用［D］.北京：中国地质大学（北京），2002.

[2]Gabriels P W, Horvei N A, Koster J K, et al. Time lapse seismic monitoring of the Draugen Field ［C］. SEG Technical Program Expanded Abstracts, 1999, 18（1）: 2061-2063.

[3]Anderson R N, Boulanger A, He W, et al. 4-D seismic : The fourth dimension in reservoir management. Part 1: What is 4-D and how does it improve recovery efficiency ？ ［J］. World Oil, 1997, 218（3）: 45-49.

[4]Nur A. Seismic imaging in enhanced recovery ［C］. SPE Enhanced Oil Recovery Symposium, 1982: 99-108.

[5]Nur A, Tosaya C, Vo-Thanh D. Seismic monitoring of thermal enhanced oil recovery processes ［C］. SEG Technical Program Expanded Abstracts, 1984: 337-340.

[6]Nur A, Wang Z, et al. In-situ seismic monitoring EOR : The petrophysical basis ［C］. SPE Annual Technical Conference and Exhibition, 1987: 307-314.

[7]Greaves R J, Fulp T J. Three-dimensional seismic monitoring of an enhanced oil recovery process ［J］. Geophysics, 1987, 52（9）: 1175-1187.

[8]Pullin N E, Matthews L, Hirsche K. Techniques applied to obtain very high resolution 3-D seismic imaging at an Athabasca tar sands thermal pilot ［J］. The Leading Edge, 1987, 6（12）: 10-15.

[9]Stang H R, Soni Y. Saner ranch pilot test of fractures assisted steamflood technology ［J］. Journal of Petroleum Technology, 1987, 39（6）: 684-696.

[10]Eastwood J, Lebel P, Dilay A, et al. Seismic monitoring of steam-based recovery of bitumen ［J］. The Leading Edge, 1994, 13（4）: 242-251.

[11]Jenkins S D, Waite M W, Bee M F. Time-lapse monitoring of the Duri steamflood : A pilot and case study ［J］. The Leading Edge, 1997, 16（9）: 1267-1274.

[12]Waite M W, Sigit R. Seismic monitoring of the Duri steamflood : Application to reservoir management［J］. The Leading Edge, 1997, 16（9）: 1275-1278.

[13]Foster D G. The BP 4-D story : Experience over the last 10 years and current trends ［C］. International Petroleum Technology Conference, 2007: 11757.

[14]易维启, 李清仁, 张国才, 等.大庆 TN 油田时移地震研究与剩余油分布规律预测［J］.勘探地球物理进展, 2003, 26（1）: 61-65.

[15]桑淑云, 姜秀娣, 李丽霞, 等.时移地震技术在绥中 36-1 油田脱气监测中的应用研究 ［J］.中国海上油气, 2008, 20（4）: 246-249.

[16]王开燕, 云美厚, 张晓梅.稠油热采时移地震监测研究与应用［J］.地球物理学进展, 2008, 23（1）: 157-161.

[17]谢玉洪, 陈志宏, 周家雄, 等.东方 1-1 气田时移地震技术研究与应用［C］.泛珠三角港澳台地区地球物理研讨平台成立暨首届学术交流会, 广州, 2009: 60-68.

［18］周家雄，谢玉洪，陈志宏，等.时移地震在中国海上气田的应用［J］.石油地球物理勘探，2011，46（2）：285-292.

［19］邵敏.辽河油田曙一区SAGD时移地震采集技术研究及应用［D］.荆州：长江大学，2012.

［20］王延光.胜利油区时移地震技术应用研究与实践［J］.油气地质与采收率，2012，19（1）：50-54.

［21］鲍祥生，丁建荣，李红彩.高集地区时移地震技术可行性研究［J］.石油天然气学报，2014，36（12）：81-85.

［22］李金泉，范久霄，党丹.时移地震在WB油田提高石油采收率方面的可行性研究［C］.中国地球科学联合学术年会：油藏地球物理，北京，2014：1092.

［23］蔡志东，王艳华，王玉伟，等.时移垂直地震剖面技术在准噶尔和塔里木盆地的应用分析［J］.地球物理学进展，2016，31（1）：159-163.

［24］凌云，黄旭日，孙德胜，等.3.5D地震勘探实例研究［J］.石油物探，2007，46（4）：339-352.

［25］云美厚，张国才，李清仁，等.大庆T30井区注水时移地震监测可行性研究［J］.石油物探，2002，41（4）：410-415.

［26］孙德胜，凌云，夏竹，等.3.5维地震勘探方法及其应用研究［J］.石油物探，2010，49（5）：460-471.

［27］凌云，郭向宇，蔡银涛，等.无基础地震观测的时移地震油藏监测技术［J］.石油地球物理勘探，2013，48（6）：938-947.

［28］Nguyen P K, Nam M J, Park C. A review on time-lapse seismic data processing and interpretation［J］. Geosciences Journal, 2015, 19（2）：375-392.

［29］Lafet Y, Duboz P, Deschizeaux B, et al. 4-D stratigraphic inversion of the Girassol Field - Towards a more quantitative approach［C］. 67th EAGE Conference & Exhibition, 2005：205-208.

［30］Ouair Y E, Str Nen L K. Value creation from 4D seismic at the Gullfaks Field：achievements and new challenges［C］. SEG Technical Program Expanded Abstracts, 2006：3541-3544.

［31］Lafet Y, Roure B, Doyen P M, et al. Global 4D seismic inversion and time-lapse fluid classification［C］. SEG Technical Program Expanded Abstracts, 2009：3830-3834.

［32］Sarkar S, Gouveia W P, Johnston D H. On the inversion of time-lapse seismic data［C］. SEG Technical Program Expanded Abstracts, 2003：1489-1492.

［33］Coulon J P, Lafet Y, Deschizeaux B, et al. Stratigraphic elastic inversion for seismic lithology discrimination in a turbiditic reservoir［C］. SEG Technical Program Expanded Abstracts, 2006：2092-2095.

［34］Maver K G, Rasmussen K B. Simultaneous AVO inversion for accurate prediction of rock properties［C］. Offshore Technology Conference, 2004：16925.

［35］Cosban T, Helgesen J, Cook D. Beyond AVO：Examples of elastic impedance inversion［C］. Offshore Technology Conference, 2002：14147.

［36］Lumley D E. 4-D seismic monitoring of an active steamflood［C］. SEG Technical Program Expanded Abstracts, 1995：203-206.

［37］Berryman J G, BERGE P A, Bonner B P. Transformation of seismic velocity data to extract porosity and saturation values for rocks［J］. Journal of the Acoustical Society of America, 2000, 107（6）：3018-3027.

［38］Domenico S N. Rock lithology and porosity determination from shear and compressional wave velocity［J］. Geophysics, 1984, 49（49）：1188-1195.

［39］Landro M. Discrimination between pressure and fluid saturation changes from time-lapse seismic data［J］. Geophysics, 2001, 66（3）：836-844.

［40］Landro M, Stammeijer J. Quantitative estimation of compaction and velocity changes using 4D impedance and traveltime changes［J］. Geophysics, 2004, 69（4）：949-957.

［41］Sigit R, Morse P J, Kimber K D. 4D seismic that works : A successful large scale application, Duri Steamflood, Sumatra, Indonesia［C］. SEG Technical Program Expanded Abstracts, 1999: 2055-2058.

［42］李来林, 牟永光, 陈小宏. 用时距曲线议程研究四维地震时差［J］. 石油物探, 2002, 41（4）: 391-395.

［43］李来林, 牟永光, 陈小宏. 层状介质时移时差的分析研究［J］. 油气藏评价与开发, 2003, 26（1）: 35-40.

［44］云美厚, 丁伟. 层状介质时移时差属性分析［J］. 石油物探, 2005, 44（2）: 101-104.

［45］Geertsma J. Land subsidence above compacting oil and gas reservoirs［J］. Journal of Petroleum Technology, 1973, 25（6）: 734-744.

［46］Byerley G, Pedersen J, Roervik K O, et al. Reducing risk and monitoring water injection using time-lapse（4D）seismic at the Ekofisk field［C］. SEG Technical Program Expanded Abstracts, 1949, 25（1）: 3210-3213.

［47］Barkved O I, Kristiansen T. Seismic time-lapse effects and stress changes : Examples from a compacting reservoir［J］. The Leading Edge, 2005, 24（12）: 1244-1248.

［48］Zou Y, Bentley L R, Lines L R. Integration of reservoir simulation with time-lapse seismic modeling［C］. CSEG National Convention, 2004: 850-858.

［49］Zou Y, Bentley L R, Lines L R. Integration of seismic methods with reservoir simulation, Pikes Peak heavy oil field, Saskatchewan［J］. The Leading Edge, 2006, 25（6）: 764-781.

［50］Brown L T. Integration of rock physics and reservoir simulation for the interpretation of time-lapse seismic data at Weyburn field, Saskatchewan［D］. Golden : Colorado School of Mines, 2007.

［51］Johnston D H. A tutorial on time-lapse seismic reservoir monitoring［C］. Offshore Technology Conference, 1997: OTC-8289-MS.

［52］Clifford P J, Robert T, Parr R S, et al. Integration of 4D Seismic Data into the management of oil reservoirs with horizontal wells between fluid contacts［C］. Offshore Europe, 2003: SPE-83956-MS.

［53］Elde R M, Haaland A N, Ro H E, et al. Troll west-reservoir monitoring by 4D seismic［J］. Society of Petroleum Engineers, 2000: SPE-65154-MS.

［54］Huang X, Will R, Meister L, et al. Integration of production and time-lapse seismic data［C］. SEG Expanded Abstracts, 1999: 2042-2045.

［55］Lumley D E. Time-lapse seismic reservoir monitoring［J］. Geophysics, 2001, 66（1）: 50-53.

［56］Buland A, El Ouair Y. Bayesian time-lapse inversion［J］. Geophysics, 2006, 71（3）: 43-48.

［57］Buland A, Omre H. Bayesian wavelet estimation from seismic and well data［J］. Geophysics, 2003, 68（6）: 2000-2009.

［58］Domenico S N. Effect of brine-gas mixture on velocity in an unconsolidated reservoir［J］. Geophysics, 1977, 41（5）: 882-894.

［59］Wang Z. Fundamentals of seismic rock physics［J］. Geophysics, 2001, 66（2）: 398-412.

［60］云美厚, 易维启. 砂岩的弹性模量与孔隙率、泥质含量、有效压力和温度的经验关系［J］. 石油地球物理勘探, 2001, 36（3）: 308-314.

［61］云美厚, 丁伟, 王新红, 等. 油藏水驱时移地震监测岩石物理基础研究［C］. 中国地球物理学会第二十届年会, 2004: 107.

［62］云美厚, 丁伟, 杨长春. 油藏水驱开采时移地震监测岩石物理基础测量［J］. 地球物理学报, 2006, 49（6）: 1813-1818.

［63］Batzle M, Hofmann R, Han D H, et al. Fluids and frequency dependent seismic velocity of rocks［J］. The Leading Edge, 2001, 20（2）: 168-171.

［64］Huang X, Will R, Khan M, et al. Integration of time-lapse seismic and production data in a Gulf of Mexico gas field［J］. The Leading Edge, 2001, 20（3）: 278-289.

［65］易维启. 时移地震方法概论［M］. 北京：石油工业出版社，2002.

［66］Bertrand A, Thiebaud J. Detectability and time-shift estimation with high-resolution, time-lapse seismic ［J］. The Leading Edge, 2008, 27（5）：636-640.

［67］Meadows M. Time-lapse seismic modeling and inversion of CO_2 saturation for storage and enhanced oil recovery［J］. The Leading Edge, 2008, 27（4）：506-516.

［68］鲍祥生，张金淼，尹成，等. 时移地震平均能量属性差异与储层速度变化的关系［J］. 石油物探，2008，47（1）：24-29.

［69］Miall A D. Facts and principles of world petroleum occurrence［M］. Calgary：Canadian Society of Petroleum Geologists, 1980.

［70］Rogers J J, Unrug R, Sultan M. Tectonic assembly of Gondwana［J］. Journal of Geodynamics, 1995, 19（1）：1-34.

［71］Bumby A J, Guiraud R. The geodynamic setting of the Phanerozoic basins of Africa［J］. Journal of African Earth Sciences, 2005, 43（1-3）：1-12.

［72］Petters S W. Regional geology of Africa［M］. Germany：Verlag Berlin Heidelberg, 1991.

［73］Nürnberg D, Müller R D. The tectonic evolution of the South Atlantic from Late Jurassic to present［J］. Tectonophysics, 1991, 191（1-2）：27-53.

［74］Fairhead J D, Binks R M. Difference opening of the Central and South Atlantic Oceans and the opening of the West African rift system［J］. Tectonophysics, 1991, 187（1-3）：191-203.

［75］Ruig M J D, Hubbard S M. Seismic facies and reservoir characteristics of a deep-marine channel belt in the Molasse foreland basin, Puchkirchen Formation, Austria［J］. AAPG Bulletin, 2006, 90（5）：735-752.

［76］张国涛，张尚锋，李媛，等. 尼日尔深水区海底扇水道地震形态与迁移历史［J］. 大庆石油学院学报，2012，36（1）：19-24.

［77］邓荣敬，邓运华，于水，等. 尼日尔三角洲盆地油气地质与成藏特征［J］. 石油勘探与开发，2008，35（6）：755-762.

［78］Whiteman A. Nigeria：Its petroleum geology, resources and potential［M］. Graham & Trotman, 1982.

［79］李艳玲，孙国庆. 尼日尔三角洲盆地成藏规律分析［J］. 大庆石油地质与开发，2003，22（1）：60-62.

［80］Lumley D E, Behrens R A, Wang Z. Assessing the technical risk of a 4D seismic project［J］. The Leading Edge, 1997, 16（9）：1287-1292.

［81］Gassmann F. Elastic waves through a packing of spheres［J］. Geophysics, 1961, 16（4）：673-685.

［82］Tosaya C, Nur A, Vo-Thanh D, et al. Laboratory seismic methods for remote monitoring of thermal EOR［M］. Society of Petroleum Engineers, 1987：235-242.

［83］Wang Z, Nur A. Wave velocities in hydrocarbon-saturated rocks：Experimental results［J］. Geophysics, 1990, 55（6）：723-733.

［84］鲍祥生，尹成，符志国，等. 油田注水过程中油藏物性变化规律研究［J］. 西南石油大学学报（自然科学版），2004，26（2）：18-21.

［85］孙金，邓金根，蔚宝华，等. 注水开发油藏温度对地应力的影响研究［J］. 中国海上油气，2016，28（4）：100-106.

［86］Widess M B. How thin is a thin bed？［J］. Geophysics, 1973, 38（6）：1176-1180.

［87］凌云研究小组. 应用振幅的调谐作用探测地层厚度小于1/4波长地质目标［J］. 石油地球物理勘探，2003，38（3）：268-274.

［88］黄真萍，王晓华，王云专. 薄层地震属性参数分析和厚度预测［J］. 石油物探，1997（3）：28-38.

［89］Zeng H. How thin is a thin bed？ An alternative perspective［J］. The Leading Edge, 2009, 28（10）：1192-1197.

[90] Kallweit R S. The limits of resolution of zero-phase wavelets [J]. Geophysics, 1982, 47 (7): 1035-1046.

[91] Lindseth R O. Synthetic sonic logs-a process for stratigraphic interpretation[J]. Geophysics, 1979, 44(1): 3-26.

[92] Levy S, Fullagar P K. Reconstruction of a sparse spike train from a portion of its spectrum and application to high-resolution deconvolution [J]. Geophysics, 1981, 46 (9): 1235-1243.

[93] Berteussen K A, Ursin B. Approximate computation of the acoustic impedance from seismic data [J]. Geophysics, 1983, 48 (10): 1351-1358.

[94] Cooke D A, Schneider W A. 1983. Generalized linear inversion of reflection seismic data [J]. Geophysics, 1983, 48 (6): 665-676.

[95] 周竹生, 周熙襄. 宽带约束反演方法 [J]. 石油地球物理勘探, 1993, 28 (5): 523-536.

[96] 李宏兵. 具有剔除噪音功能的多道广义线性反演 [J]. 石油物探, 1996, 35 (4): 11-17.

[97] 林小竹, 杨慧珠, 汤磊. 无井多道反演 [J]. 石油地球物理勘探, 1998, 33 (4): 448-452.

[98] 林小竹, 杨慧珠, 赵波, 等. 有井多道反演 [J]. 石油物探, 1999, 38 (4): 44-50.

[99] 陈广军, 段智斌, 马在田. 关于"波阻抗反演热"的讨论 [J]. 油气地球物理, 2003, 1 (3): 7-10.

[100] 马劲风, 王学军, 钟俊, 等. 测井资料约束的波阻抗反演中的多解性问题 [J]. 石油与天然气地质, 1999, 20 (1): 9-12.

[101] 云美厚. 地震分辨率 [J]. 勘探地球物理进展, 2005, 28 (1): 12-18.

[102] Payton C. Seismic stratigraphy: applications to hydrocarbon exploration [M] //Sheriff R E. Limitations on resolution of seismic reflections and geologic detail derivable from them: Section 1. Fundamentals of stratigraphic interpretation of seismic data. Tulsa, Oklahoma, U.S.A.: American Association of Petroleum Geologists, 1977: 3-14.

[103] 俞寿朋. 高分辨率地震勘探 [M]. 北京: 石油工业出版社, 1993.

[104] 罗斌, 刘学伟, 尹军杰. 炮检距对地震分辨率影响的研究 [J]. 石油物探, 2005, 44 (1): 16-20.

[105] 施剑, 吴志强, 刘江平, 等. 动校正拉伸分析及处理方法 [J]. 海洋地质与第四纪地质, 2011, 31 (4): 187-194.

[106] Lancaster S. Fast-track 'coloured' inversion [C]. SEG Technical Program Expanded Abstracts, 1999: 2484-2487.

[107] Blache-Fraser G, NEEP J. Increasing seismic resolution using spectral blueing and colored inversion: Cannonball Field, Trinidad [C]. SEG Technical Program Expanded Abstracts, 2004: 1794-1797.

[108] 杨瑞召, 赵争光, 马彦龙, 等. 利用谱蓝化和有色反演分辨薄煤层 [J]. 天然气地球科学, 2013, 24 (1): 156-161.

[109] 刘力辉, 陈珊, 倪长宽. 叠前有色反演技术在地震岩性学研究中的应用 [J]. 石油物探, 2013, 52 (2): 171-176.

[110] 黄艳辉, 刘震, 陈婕, 等. 利用地震信息定量预测烃源岩热成熟度——以琼东南盆地乐东—陵水凹陷为例 [J]. 石油地球物理勘探, 2013, 48 (6): 985-994.

[111] 汪勇, 曾婷, 桂志先. 基于正演模拟的时移地震属性分析 [J]. 工程地球物理学报, 2011, 8 (2): 131-136.

[112] Riedel M. 4D seismic time-lapse monitoring of an active cold vent, northern Cascadia margin [J]. Marine Geophysical Research, 2007, 28 (4): 355-371.

[113] Gardner G H F, Gardner L W, Gregory A R. Formation velocity and density; the diagnostic basics for stratigraphic traps [J]. Geophysics, 2012, 39 (6): 770-780.

[114] 栾海波, 林景晔, 崔月霞, 等. 砂岩储层原始含油饱和度的求取与发展 [J]. 大庆石油地质与开发, 2008, 27 (5): 18-20.

编 后 语

书稿经过近四年的修编，终于要和读者见面了。今年是导师张厚福教授九十二华诞，作为弟子，把该书的出版当作是导师对自己多年精心培养所结出的果实，谨用该书的出版来为自己敬爱的导师张厚福老师祝寿庆福，以表达学生的感恩和感激之情。

地震地层学是舶来品。张厚福老师 20 世纪 80 年代初从美国做访问学者回国后，就开始大力推广地震地层学研究。很快在 1984 年张厚福老师指导师兄曾洪流和师姐陈冬晴完成了廊固凹陷和束鹿凹陷两个地区的地震地层学研究工作，成为当时国内石油系统内最早的地震地层学研究成果，也在行业内树立了标杆。

1987 年当我开始攻读博士研究生时，张厚福老师把"储层地震地层学"确定为我的博士论文研究方向，给我阅读了大量从国外带回来的书籍和报告，启发和引导我开展薄层地震定量研究。

在张万选老师和张厚福老师退休之后，自己还是在坚持地震地层学方法和应用研究。同时还承担了研究生和本科生的地震地层学教学工作。由于长期做地震地层学方法研究，对地震地层学这门交叉学科产生了浓厚的兴趣，自然就会产生汇总和集成自己在该领域的研究成果并与同行开展交流的想法，也非常期望广大读者同行提出宝贵的批评和指导意见。

本书的出版应该可以展示出地震地层学宽广的油气工业应用领域，为读者提供不少实用的参考案例，有助于广大的地震解释同行们更好地应用地震地层学方法，为行业发展再出一份力量。